ED-3160을 이용한

유비쿼터스 센서 네트워크

구조 및 응용

남상엽 · 정교일 · 김성동 공저

도서출판 상학당

머 리 말

유비쿼터스 센서 네트워크(USN : Ubiquitous Sensor Network)란 '필요한 모든 곳에 전자 태그를 부착하여 사물의 인식정보를 기본으로 주변의 환경정보(온도, 습도, 오염정보, 균열 정보 등)까지 탐지하고, 이것을 실시간으로 네트워크에 연결하여 정보를 관리하는 것'을 말한다. 이것은 궁극적으로 모든 사물에 컴퓨팅 및 커뮤니케이션 기능을 부여하여 언제, 어디에서나 모든 통신이 가능한 환경을 구현하기 위한 것이다.

유비쿼터스화된 생활공간은 언제, 어디서든 네트워크로부터 자신이 필요로 하는 정보를 얻을 수 있는 환경으로 정의할 수 있다. 유비쿼터스 생활공간 속에서는 환경과 사물들의 상태변화에 대한 정보를 개개인의 욕구에 맞게 실시간으로 획득하고 환경과 사물 스스로 사람에게 필요한 정보를 고지하거나 상황에 적절한 조치를 취할 수 있다.

그러므로 USN 기술은 다가올 유비쿼터스 사회에서 사회적 기반 환경이 될 중요한 기술 중의 하나로서, 이를 통해 전반적인 산업구조 및 시장구조의 큰 변화를 주도할 기술이다.

유비쿼터스 센서 네트워크는 유비쿼터스 네트워크에 적용되는 범위로 실생활의 모든 분야에 적용할 수 있으며, 스마트 홈, 물류/유통, ITS, 헬스케어, 국방, 환경, 로봇, 자동차, 공장 자동화 등에 주로 응용한다.

또한 USN은 '**브로드밴드**'를 통해 유선 · 무선, 통신 · 방송을 불문한 다양한 네트워크상에서 데스크탑 및 모바일 PC는 물론 휴대전화, PDA(Personal Digital Assistant), 카 내비게이션 단말기, 정보가전 등 이른바 '**모바일**' 정보통신 기기가 '**IPv6**'로 접속되어 '**상시접속**'과 '**배리어프리 인터페이스**'에 의하여 지금과 비교하면 훨씬 더 자유롭고 쾌적한 콘텐츠를 양방향으로 이음매 없이 주고받는 환경을 창출할 수 있다.

국내의 센서 네트워크 기술 개발동향은 최근 차세대 성장동력 10대 과제, IT839와 같이 IT 신기술 확보의 중요성이 인식되면서 ETRI, KETI 같은 연구기관 및 대학 그리고 산업체에서 센서 네트워크 관련 연구를 활발히 진행하고 있다.

이러한 유비쿼터스의 센서 네트워크 시대에 맞추어 적용될 요소의 기초 센서 네트워크 제어 기술력이 필요해짐에 따라 '**유비쿼터스 센서 네트워크 구조 및 응용**'을 구성하여 발간하게 되었다. 이전까지는 단순히 각종 센서 제어는 복잡하고 까다로운 시스템으로 인식되고 있으므로 이러한 약점을 보강하여 작고 강하게 구성한 새로운 개념의 유비쿼터스 센서 네트워크 제어 실습 및 응용으로 구성하였다. 특히 새로운 시대의 변화에 발맞추어 기초 센서 네트워크 제어를 이론만 구현되던 것을 유비쿼터스 센서 네트워크 제어 프로그램을 통하여 유비쿼터스 센서 네트워크 이론과 제어실습을 동시에 구현할 수 있다.

이 책은 각 과정의 핵심적인 실험 목적을 숙지하고 기초적인 이론을 이해하며, 실험을 통하여 이론을 검증하는 데 주안점을 두었다.

또한 ED-3160 유비쿼터스 센서 네트워크 응용 시스템과 병행하여 컴퓨터, 전자, 제어, 통신 분야에 관련 학생 및 초보개발자를 대상으로 한 기초 유비쿼터스 센서 네트워크에 대한 기본학습 및 실습을 위한 교재로서, 처음 기초 센서 및 무선 센서 네트워크구조의 응용을 접하는 학생에게 쉽고 빠르게 접근할 수 있도록 하는 데 초점을 맞추어 편찬되었다. 따라서 유비쿼터스 센서 네트워크 이론의 작동원리에 대한 이해와 감각을 키우기 위하는 데 부족함이 없을 것이라 생각된다.

이 책의 주요 구성은 다음과 같다.

제1장은 제1장 **유비쿼터스 센서 네트워크의 개요 및 활용**, 제2장 **유비쿼터스 센서 네트워크 관련 표준화 및 보안동향**, 제3장 **유비쿼터스 센서 네트워크 관련 기술동향**, 제4장 **유비쿼터스 센서 네트워크 응용 시스템(ED-3160)의 구성 및 설치**, 제5장 **TinyOS 및 nesC 프로그래밍**, 제6장 **유비쿼터스 센서 네트워크 응용 시스템의 응용실습**을 통하여 이해하도록 하였다.

끝으로 이 책을 집필하는 데 많은 도움을 주신 (주)ED의 박용후 사장님, 김창일 상무님 그리고 기술연구소의 김석중 본부장님, 유비쿼터스 센서 네트워크의 고일한 팀장, 최 호진 주임님, 소프트웨어팀의 원진희 연구원, 기구팀의 이연수 팀장님, 한규동 연구원, u-IT 마케팅의 양영규 팀장님, 곽석민 과장님, 서동찬 과장님, 최도석님, 출판홍보팀의 최정윤 대리님 등 관계자 여러분과 도서출판 상학당의 관계자 여러분에게 감사의 마음을 전한다. 그리고 어려운 환경 속에도 묵묵히 이 책의 집필에 많은 도움을 준 ETRI 및 KETI 관계자 여러분과 남상석님에게 감사의 말을 전한다.

어떤 일이든 첫발을 내딛고 개척하는 것이 가장 힘든 일일 것이다. 그러나 그 어려움을 극복하였을 때 얻는 것이 무엇보다 값진 결실이 될 것이다. 아직은 열악하고 힘든 개발환경이지만 이 책이 보다 많은 유비쿼터스 센서 네트워크 인력 양성에 힘이 되어주기 바란다.

저 자 씀

차 례

제1장 유비쿼터스 센서 네트워크의 개요 및 활용

제2장 유비쿼터스 센서 네트워크 관련 표준화 및 보안동향

제 1 장

유비쿼터스 센서 네트워크의 개요 및 활용

1.1 유비쿼터스 공간

1.2 유비쿼터스 센서 네트워크의 개요 및 특징

1.3 유비쿼터스 센서 네트워크의 주요 프로젝트 및 응용

1.4 유비쿼터스 센서 네트워크의 시장동향

1.1 유비쿼터스 공간

1) 유비쿼터스 사회

유비쿼터스화된 생활공간은 언제, 어디서든 네트워크로부터 자신이 필요로 하는 정보를 얻을 수 있는 환경으로 정의할 수 있다. 유비쿼터스 생활공간 속에서는 환경과 사물들의 상태변화에 대한 정보를 개개인의 욕구에 맞게 실시간으로 획득하고 환경과 사물 스스로 사람에게 필요한 정보를 고지하거나 상황에 적절한 조치를 취할 수 있다. 즉, 도로 · 다리 · 터널 · 빌딩 · 건물벽 · 천장 · 화분 · 냉장고 · 구두 · 시계 · 종이 · 물컵 · 책상 등 도시공간을 구성하는 수많은 환경과 대상물 속에 보이지 않는 컴퓨터를 심는 것이다. 또 모든 사물과 대상은 지능화되고 전자공간에 연결되어 서로 정보를 주고받는 유비쿼터스 공간(Ubiquitous space)이 만들어진다.

그리고 언제, 어디서나 제한없는 접속(Ubiquitous access)이 이뤄진다. 이와 같이 유비쿼터스 사회를 앞당기기 위해 통신업계에서 보여지는 움직임은 유선망과 융합된 무선서비스를 들 수 있다.

첨단 사무실의 각종 정보기기들은 수많은 선으로 연결되어 있으나, 21세기 IT의 화두는 어떻게 복잡한 선들을 잘라버리고 무선의 시대로 넘어갈 수 있을 것인가에 집중되었다.

[그림 1-1] 유비쿼터스 사회

2) 유비쿼터스 컴퓨팅

유비쿼터스 컴퓨팅은 크게 6단계를 거치며 발전하고 있다.

1단계는 자동차, 전자기기 등에 MPU를 내재화하는 단계
2단계는 기기지능화, 휴대폰 PDA, N/PC 등 휴대폰 정보기기의 보급이 확대되는 단계
3단계는 모바일 단말기를 지나 면도기, 의류 등 일상생활용품에 센서 등을 내재화하는 단계
4단계는 컴퓨팅 기기를 이용하여 휴대의 부담감을 해소한 착용형 소자 단계
5단계는 생활공간에서 센서 및 컴퓨팅 기기가 내재화된 환경의 내재화 단계
6단계는 환경+사물+인간의 유기적이고 매듭이 없는 네트워크를 구성하는 단계로 유비쿼터스 컴퓨팅 환경으로 발전할 전망이다.
현재는 제2단계에 해당한다.

유비쿼터스 컴퓨팅의 미래 모습은 정보가 자유롭게 흘러 다니고 인간과 사물 모두 살아 있는 인터페이스의 주체가 되어 지금까지는 상상만 했던 생활이 우리에게 다가올 것이다. 따라서 우리 주변 곳곳에 있는 모든 것이 유비쿼터스 네트워크로 연결될 것이다. '유비쿼터스 컴퓨팅의 아버지'라고 할 수 있는 마크 와이저 박사는 유비쿼터스 컴퓨팅의 특징에 대해 '모든 컴퓨터는 네트워크에 연결되고, 인간화된 인터페이스로서 눈에 보이지 않는다.'라고 설명했다. 그리고 마크 와이저는 미래의 컴퓨팅 환경이 2005년에서 2020년 사이에 본격적으로 '유비쿼터스 컴퓨팅'으로 일반화될 것으로 추정했다. 그의 말대로 이제 막 유비쿼터스 컴퓨팅의 세상이 열리고 있는 것이다.

1.2 유비쿼터스 센서 네트워크의 개요 및 특징

1) USN의 개요

최근 정보통신 환경에서는 음성 데이터, 영상 멀티미디어 등 모든 정보의 디지털화를 바탕으로 네트워크 기술의 적용 범위를 일반 생활의 영역으로 확장시켜 가고 있다

유비쿼터스 센서 네트워크(USN : Ubiquitous Sensor Network)란 '필요한 모든 곳에 전자태그를 부착하여 사물의 인식정보를 기본으로 주변의 환경정보(온도, 습도, 오염정보, 균열정보 등)까지 탐지하고, 이것을 실시간으로 네트워크에 연결하여 정보를 관리하는 것'을 말

한다. 이것은 궁극적으로 모든 사물에 컴퓨팅 및 커뮤니케이션 기능을 부여하여 언제, 어디에서나, 모든 통신이 가능한 환경을 구현하기 위한 것이다.

USN 기술은 다가올 유비쿼터스 사회에서 사회적 기반 환경이 될 중요한 기술 중의 하나로서, 이를 통해 전반적인 산업구조 및 시장 구조의 큰 변화를 주도할 기술이다. 그러나 USN 기술 하나로는 큰 변화를 주도하기에는 부족하다.

즉, 정부의 IT839 전략의 3대 인프라인 BcN, IPv6, USN의 통합이 이루어져야 한다.

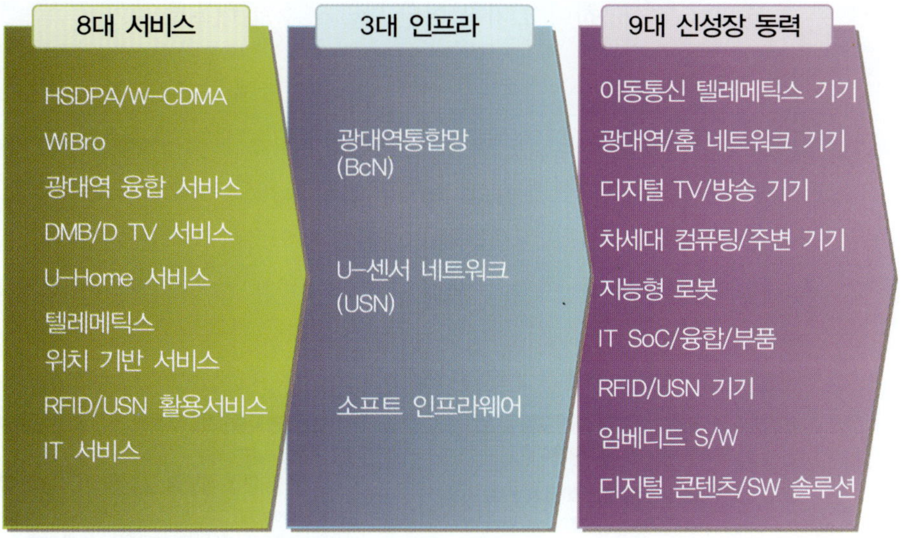

[그림 1-2] U-IT839 전략

USN은 정부 중심으로 이루어지고 있는 IT839전략의 핵심인 3대 인프라의 구성요소 중 하나로 모든 사물에 전자태그 또는 센서를 부착하여 사물과 환경 정보를 수집하고 네트워크를 통하여 실시간 정보를 구축·관리할 수 있는 환경을 제공함에 목표를 두고 있다. 또한, USN은 다양한 분야에 대한 자동화가 가능하게 하며, 이러한 기술을 통해 텔레메틱스, 홈네트워크, 재고관리, 환자관리, 동물관리, 자연재해관리, ITS 시스템 등 인간에게 편리한 다양한 서비스를 제공할 수 있다.

USN에 관련된 연구, 즉 센서 및 센서 네트워크에 대한 연구는 오래 전부터 계속되어 왔다. 국내에서뿐만 아니라 국외에서는 이미 WSN(Wireless Sensor Networks)이라는 이름으로 많은 연구가 진행되어 오고 있다.

USN분야에 가장 대표적인 것으로 ZigBee Alliance를 꼽을 수 있다. ZigBee는 물리 계층과 데이터 링크 계층을 IEEE 802.15.4 기반으로 네트워크 계층부터 상위 계층을 구축한 저전력 센서 네트워크로 AA 배터리 두 개만으로 몇 달 동안의 수명을 유지할 정보로 전력 효율이 높다. 또한 ZigBee는 블루투스보다 더 큰 PAN(Personal Area Network)을 구성할 수 있다.

USN은 5가지 기술이 합하여 형성된다.

① 브로드밴드(broadband)를 통하여 동영상을 이용하는 정보량이 풍부한 통신
② 모바일 단말기를 통한 '언제 어디서나'의 실현
③ 상시접속에 의한 자연스러운 통신
④ 배리어프리(barrier-free) 인터페이스로 어린이, 고령자, 장애인 모두 쉽게 이용
⑤ IPv6를 채용하여 ID가 부여된 단말기 수의 대폭적 증가

USN은 5가지 요소가 맞물려 ① '브로드밴드'를 통해 유선 · 무선, 통신 · 방송을 불문한 다양한 네트워크상에서 ② 데스크탑 및 모바일 PC는 물론 휴대전화, PDA(Personal Digital Assistant), 카 내비게이션 단말기, 정보가전 등 소위 '모바일' 정보통신 기기가 'IPv6'로 접속되어 ③ '상시접속'과 '배리어프리 인터페이스'에 의하여 지금과 비교하면 훨씬 더 자유롭고 쾌적한 콘텐츠를 양방향으로 이음매 없이 주고받는 환경을 창출할 수 있다.

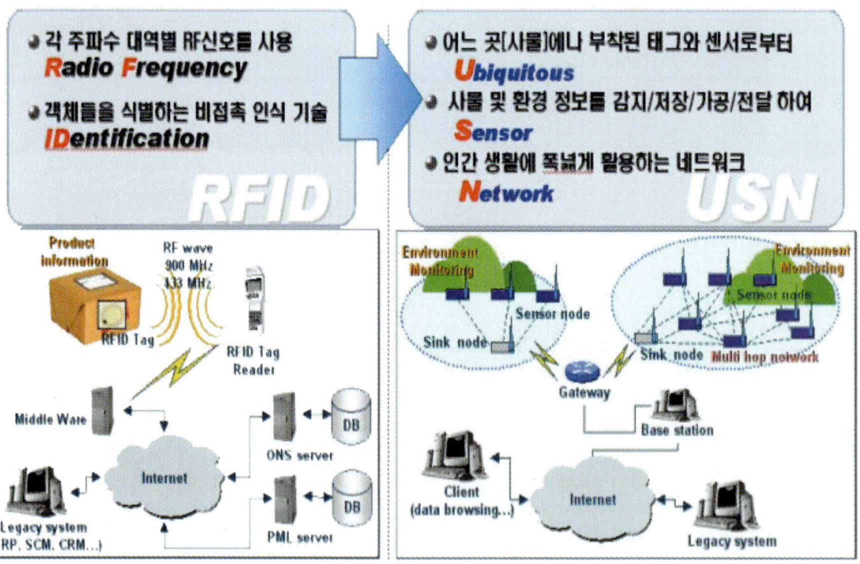

태그	수동형(Real/Write) 능동형(Battery : Long range)
리더	제품정보 인식
미들웨어	수집된 상품 정보데이터 처리

센서 노드	센서, 통신 모듈, 배터리 포함, 환경정보 센싱/전달
싱크 노드	외부 네트워크 통신을 위한 중계 노드
USN 미들웨어	대량의 센서 데이터를 수집/필터링
USN 응용플랫폼	다양한 산업 분야에 응용 서비스 제공을 위한 플랫폼

[그림 1-3] USN의 개념

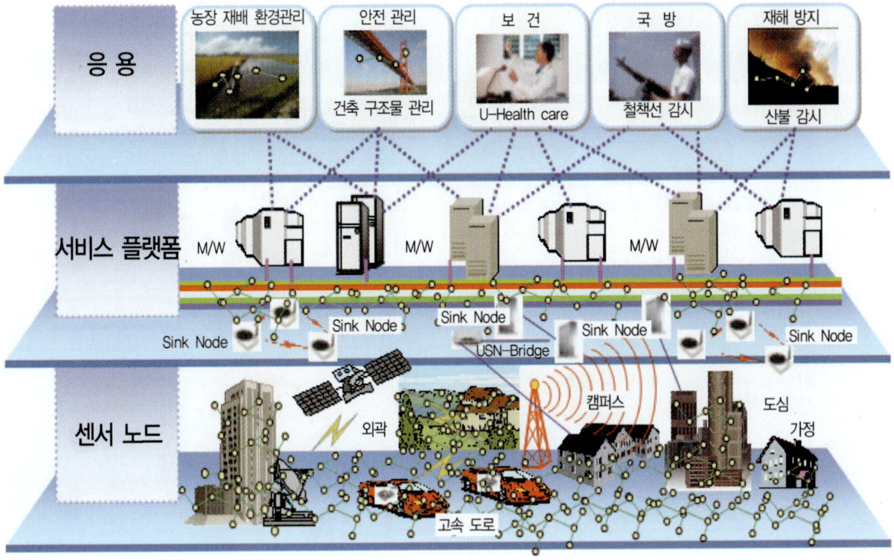

[그림 1-4] USN의 구성

그 결과 브로드밴드가 가져오는 '유통 콘텐츠의 대용량화', 모바일, IPv6가 가져오는 '네트워크에 접속되는 기기의 증대', 상시접속, 배리어프리 인터페이스가 가져오는 '사용자와 네트워크 관계성의 다양화' 등의 변화가 일어난다. 이러한 변화는 각각 독립적으로 일어나는 것이 아니라 복합적, 상승적으로 일어나고 있다

2) USN의 특징

(1) 저가이며 공격 받기 쉬운 많은 센서 노드로 구성

- 10～100,000개의 노드
- 센서 노드의 위치는 사전에 정해지지 않음
- 각 센서 노드는 저가로 구현되어야 함
- 간섭 저항하는 노드를 구성하기 어려움

(2) 저전력 소비 특성

- USN의 노드의 구조 및 특성은 소비 전력에 크게 의존
- USN 토폴로지 및 동작 특성 등은 소비 전력에 크게 의존

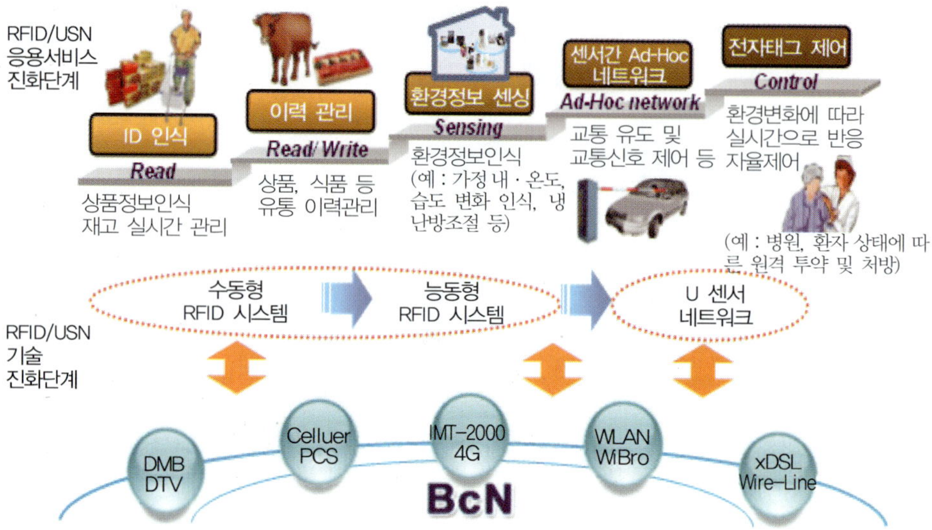

[그림 1-5] RFID/USN의 기술전망

(3) 자가 설정이 가능한 네트워크

- 수많은 노드 및 복잡한 네트워크 구성으로 인해 사전 구성이 어려움
- 센서 노드의 실패 가능성 및 새로운 센서 노드 추가시 USN 설정이 가능해야 함
- Ad-hoc 네트워크 특성을 가짐

(4) 보안 특성 및 협력적 특성

- 기존의 보안 위협(도청, DOS 공격, 프라이버시 침해 문제) 및 USN만의 보안 위협이 존재함
- 지엽적 동작들이 협력적으로 수행되어 어떤 원하는 동작을 수행하게 됨

3) USN의 구성

유비쿼터스 센서 네트워크의 궁극적인 목적은 모든 사물에 컴퓨팅 능력 및 무선통신 능력을 부여하여 '언제, 어디에서나' 사물들끼리 통신할 수 있는 유비쿼터스 환경을 구현하는 것이다.

유비쿼터스 센서 네트워크는 유비쿼터스 환경을 구성하는 초소형, 저가격, 초저전력 센서 소자의 무선통신 네트워크 기술을 말한다. 기본적으로 센서 필드 안에 있는 센서 노드는 감지된 정보를 베이스 스테이션(기지국/0)으로 전달하고, 베이스 스테이션은 인터넷과 같은 기존의 네트워크를 통해 사용자에게 해당 정보를 제공한다.

센서 네트워크를 구성하는 3가지 노드들로서

① 순간적으로 환경 정보를 감지하고 변환하여 임시로 저장하는 센서 노드
② 센서 노드를 다양한 동기로 자극하여 정보를 취득하고 상황을 인지하며 사용자 명령에 따라 보고하는 싱크 노드
③ 센서 네트워크를 관리하고 정보 취득 명령을 내리며 보고를 접수하여 사용자에게 표현하는 사용자 노드

가 있다.

이것들이 외부의 인터넷과 연결되기 위해서 필요한 게이트웨이 또는 사용자 노드가 수시로 요구하는 네트워크 채널, 다수의 센서 노드들과 싱크 노드가 요구하는 센서 채널이 존재하는 시간 동안 센서 네트워크는 정보를 송수신한다.

이러한 센서 네트워크를 구성하기 위해 필요한 요구사항은 다음과 같다.

① 대규모 센서 노드의 배치(수천 개나 수만 개의 센서 노드 배치)
② 저전력 에너지 소모로 인한 센서 노드 수명 최대화

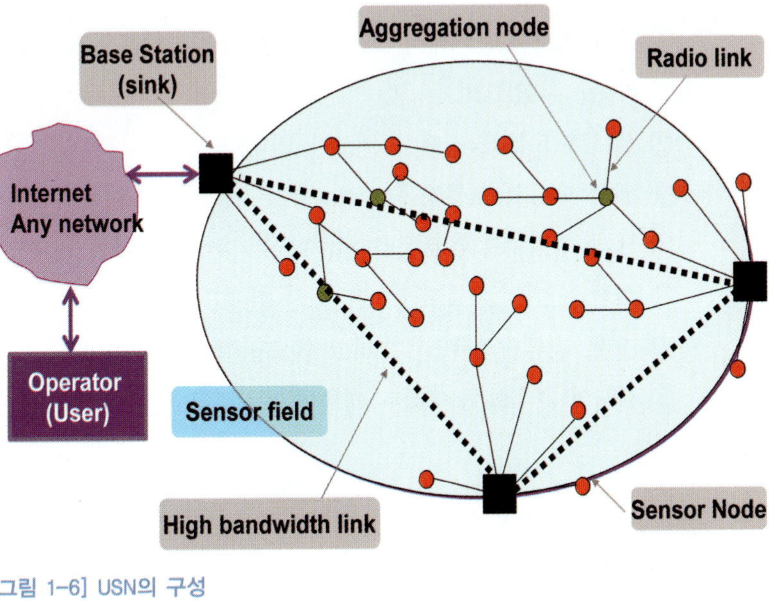

[그림 1-6] USN의 구성

③ 네트워크 토폴리지 변화의 수용 및 자가구성(self-organization) 네트워크
④ 제한된 병렬 처리능력과 하드웨어 제어구조

4) Ad-hoc 네트워크

센서 네트워크에서의 주요 이슈는 기기의 소형화, 센싱능력, 그룹관리, 안전하고 효율적인 라우팅이며 표준화를 위한 아이템으로는 그룹관리를 위한 키관리와 안전한 라우팅을 위한 전송 프로토콜 분야가 주요 이슈가 된다.

라우팅은 상황인지(context aware)라는 새로운 인자가 부가되어서 소규모 컴퓨팅 환경에서 어떻게 상황인지를 하여, 이웃의 센서 기기의 오동작을 인식하여 우회루트 발견을 실시간적으로 처리할 수 있는 경량의 프로토콜 개발을 목표로 한다. 현재 각광받고 있는 표준은 저전력 저속 무선 네트워크 규격인 Zigbee이다.

이 규격은 Ad-hoc 기반의 무선 링크 계층 기반 네트워크와 상위응용과의 관계를 기술하고 있다. 그러나 p2p(peer-to-peer) 프로토콜로는 수많은 센서 기기들과의 통신을 완벽하게 관리한다는 것은 그 전제부터가 어려움에 부딪히게 된다. 만약 센서 기기의 수를 p2p 프로토콜이 관리할 수 있는 한계 수준 이하로 제한한다면 문제를 해결할 수 있지만 그 수보다 많은 센서 기기를 이용하는 환경이 전개가 된다면 네트워크 토폴로지에서부터 문제점을 발생하게 된다.

이러한 관점에서 센서 네트워크와 Ad-hoc 네트워크와의 차이점을 비교하면 다음과 같다.

① 센서 네트워크의 센서 노드의 수가 Ad-hoc 네트워크에서 사용하는 노드 수의 수배가 될 수 있으며,
② 센서 노드는 밀집되어 분포가 되며,
③ 센서 노드의 오동작을 허용하며,
④ 센서 네트워크의 토폴로지는 매우 수시로 변화를 하며,
⑤ 센서 노드는 브로드캐스트 통신 환경을 사용하며,
⑥ 전력, 컴퓨팅 능력과 그리고 메모리에 제한적이며,
⑦ 센서의 개수와 오버헤드 때문에 센서 노드는 글로벌 인식자(ID)를 갖지 않아야 할 것이다.

Ad-hoc 네트워크는 AP가 없이 흩어져 있는 무선으로 통신이 가능한 노드들끼리 서로 통신하는 네트워크 구조이다. 이 구조에서는 중간에서 제어하는 노드가 없으므로 각 노드

들은 자신이 가질 수 있는 정보를 최대한 활용하여 네트워크에서 통신이 가능하도록 라우팅해야 한다.

이러한 통신특성 때문에 센서 네트워크에서 노드들 간의 무선통신은 Ad-hoc 통신으로 이루어진다. 즉, Ad-hoc 네트워크의 경우에는 이동단말들이 유선환경에 기반을 둔 기지국이나, AP를 중심으로 구성되는 인프라가 있는 네트워크와는 완전히 다르다.

즉, Ad-hoc 네트워크로, 무선 센서 네트워크 시스템에서는 센서 필드 안에 있는 센서 노드들이 네트워크를 구성할 때 사용되는 네트워크 방식이다.

이러한 Ad-hoc 네트워크는 다음과 같은 몇 가지의 주요한 특징을 가지고 있다.

① 유선 기반망 없이 무선이동 호스트로만 구성
② 각 호스트는 라우터의 역할 병행
③ 유선망을 구성하기 어렵거나 단기간 사용에 적합
④ 호스트의 이동에 제약이 없음
⑤ 빠른 망 구성과 비용의 저렴화
⑥ 용도-긴급구조 상황, 전쟁, 착용가능 컴퓨팅(wearable computing)

(1) Ad-hoc 네트워크의 응용분야

Ad-hoc 네트워크의 응용분야는 기존의 기반 통신시설을 배제한다. 그리고 순수한 이동 Ad-hoc 네트워크로만 구성할 수 있는 서비스에는 회의 및 그룹통신 서비스, 긴급구조 서비스, 그리고 군용통신 서비스 등이 있다. 다음은 미국의 표준연구원(NIST, http://www.antd.nist.gov/wahn.home.shtml)에서 요약한 무선 Ad-hoc 센서 네트워크의 응용분야이다.

① 적의 침투나 이동, 폭발과 같은 정보를 얻거나 감지하기 위한 군사용 센서 네트워크
② 화학적, 생물학적, 방사선, 핵과 같은 공격이나 물질을 감지하기 위한 센서 네트워크
③ 평원, 숲, 대양에서의 환경적 변화를 모니터하거나 감지하기 위한 센서 네트워크
④ 고속도로나 도시의 혼잡지역의 교통량을 모니터링하기 위한 무선 교통 센서 네트워크
⑤ 쇼핑몰, 주차장, 주유소 등과 같은 곳의 안전을 위한 무선 감시 센서 네트워크
⑥ 어느 곳이 비어 있고, 어느 곳에 주차되어 있는지를 결정하는 무선 주차 센서 네트워크

1.3 유비쿼터스 센서 네트워크의 주요 프로젝트 및 응용

1) USN의 주요 프로젝트

센서 네트워크는 유비쿼터스 네트워크에 적용되는 범위로 실생활의 모든 분야에 적용할 수 있다. 스마트 홈, 물류/유통, ITS, 헬스케어, 국방, 환경, 로봇, 자동차, 공장 자동화 등에 주로 응용한다.

〈표 1-1〉 USN의 주요 프로젝트

프로젝트명	주관 회사	주요 내용	관련 사이트
Future Store	Metro GroupSAP, Intel 등	소비자의 구매 편리성을 증대하고 소매업 내부에서 발생하는 프로세서 향상	www.future-store.org
Smarts-Its	ETH(스위스) 칼스루헤대학(독일) VTT(핀란드) 랭커스터대학(영국) 등	일상 사물에 칩, 센서, 프로센서 등을 포함한 Smart-Its를 식재하여 위치, 시간 등에 따른 상태 변동을 감지할 수 있는 환경을 구축	www.smart-its.org
ParcelCall	EU에서 태그 업체, 대학 등의 9개 컨소시엄	수·배송/물류 영역과 통신 네트워크 기술의 통합을 통한 새로운 기회의 발견 및 전 세계적인 지능추적 시스템 실현	www.eltrun.aueb.gr/mygrocer
Smart Dust	미국 국방성, 버클리대학	실리콘 Mote라는 입방체안에 자율적인 센싱과 통신 플랫폼 능력을 갖추어 에너지 관리, 제품의 품질 관리 및 유통 경로 관리, 군사 목적으로 이용	robotics.eecs.berkeley.edu/~pister/SmartDust

(1) 스마트 유치원 프로젝트

미국 UCLA의 '스마트 유치원(Smart Kindergarten)' 프로젝트(http://nesl.ee.edu/projects/smartkg)는 유비쿼터스 컴퓨팅과 센서 기반의 무선 네트워크를 통해 유치원이라는 물리 공간 속에서 유치원 원아들이 어떻게 학습하는지를 규명하기 위한 연구이다. 이 프로젝트는 원아들이 어떻게 말을 배우고, 장난감을 어떻게 활용하면서 학습하며, 원아들 간 또는 원아들과 선생님 간에 어떤 상호작용이 일어나고, 그것이 아동에게 어떤 영향을 미치는지를 분석하고 있다.

즉, 스마트 유치원 프로젝트에서의 무선 인식 기술을 활용하여 센서 네트워크 기술로 아이배지(iBadge)를 부착한 아동과 장난감의 이름과 위치를 실시간으로 파악하고, 상황인식(context awareness) 기술을 통해 원아들이 사용하는 언어인식, 상호작용 특성, 행동감지와 동태적인 변화도 추적했다.

(2) 스마트 더스트 프로젝트

미국 버클리대학에서 1999년부터 추진된 '지능화된 먼지(Smart Dust)' 프로젝트(http://robotics.eecs.berkeley.edu/~pister/SmartDust)는 공중에 뜰 정도로 미세한 입자에 컴퓨터, 센서, 태양전지 등을 쌓고 다수의 입자가 서로 통신하면서 자유도가 높은 센서를 만들고, 이를 이용하여 센서 네트워크를 구현하는 시스템이다. 먼지 크기의 매우 작은 센서들을 건물, 도로, 의복, 인체 등에 먼지처럼 뿌려서 주위의 온도, 습도, 가속도, 압력 등의 정보를 무선 네트워크로 감지 및 관리할 수 있다는 개념의 기술을 구현하려고 했다.

스마트 먼지는 크기가 1~2mm로 매우 작은 먼지이다. 또한 센서, 컴퓨팅 능력, 양방향 무선통신, 태양전지 등의 전력공급 장치를 갖춘 지능형 센서를 구현하려는 프로젝트 명칭으로, '스마트 먼지'라고도 한다. 스마트 먼지 또는 모트(motes)들은 데이터를 수집하고, 간단한 데이터 분석 등의 컴퓨팅을 수행하며, 무선통신으로 서로 30m 거리에서 정보를 교환한다. 그리고 여러 개의 먼지들이 주변의 무선 LAN, 블루투스, 초광대역(UWB) 모듈 등과 함께 상황에 따라 Ad-hoc 네트워크를 구성하거나 코어 네트워크에 직접 연결될 수 있다. 또한 아주 작고 가볍기 때문에 공기 중에서 떠다닐 수도 있는데 주로 군사적인 용도로 응용되며, 일상생활 속에서도 응용할 수 있도록 고안되었다. UC 버클리대학의 Kris Pister 교수를 중심으로 Dust Networks(www.dustnetworks.com)를 설립하여 현재 1.2인치 ×1.1인치 크기의 초소형 센서 노드인 '모트'를 사용했다. 현재는 이것을 빌딩 자동화, 공업용 모니터링, 안전 시스템에 응용하는 것을 목표로 상용화하고 있다.

(3) Smart Its 프로젝트

Smart Its 프로젝트는 스위스 취리히의 연방기술연구소 산하 분산 시스템 연구 그룹에서 프리드만 머턴의 주도로 진행되었다. 이 프로젝트는 유럽연합의 정보사회기술(IST) 연구 프로그램의 지원을 받아 수행되고 있는 '사라지는 컴퓨터 이니셔티브(Disappearing Computer Initiative)'의 16개 연구 프로젝트(http:// www.disappearingcomputer.net/ projects.html) 중에서 가장 대표적인 것이다.

Smart Its 프로젝트의 목적은 사람 주변의 모든 사물들에게 센서와 스스로 정보를 처리할 수 있는 마이크로컨트롤러, 무선통신 및 전력을 공급할 수 있는 장치들을 삽입하여 스마트 사물들 간의 협력상황을 인식시키고 활동하게 하는 것이다. 특히 사물들 간의 의사소통과 관련하여 라벨처럼 부착할 수 있는 RFID 기술의 개발, 블루투스 무선통신 기반, 위치 및 안정성, 스마트 사물과 환경과의 상호작용 등에 관한 연구에 중점을 두고 있다

(4) Habitat Monitoring 프로젝트

인텔(Intel)이 지원하고 있는 센서 네트워크의 대표적인 프로젝트인 'Habitat Monitoring on Great Duck Island'는 미국 메인주 앞바다의 작은 섬(Great Duck Island)에서 서식하고 있는 바다제비의 생태를 원격지에서 모니터링할 수 있는 거대한 무선 센서 네트워크의 프로젝트 테스트베드로 구축되어 진행 중이다.

(5) 교량의 안전도 모니터링 프로젝트

2004년부터 UC 버클리대학의 연구팀(http://www.cs.berkeley.edu/binetude /ggb)은 미국 캘리포니아의 상징이라고 할 수 있는 금문교(Golden Gate)의 구조의 안정성과 지진이 발생했을 때의 피해정도를 점검하고 있다. 또한 교통을 통제하기 위해 강풍에 의해 주 교각과 상판의 최대 흔들림 정도를 모니터링하기 위해 교량의 각 요소에 MEMS 가속도 센서와 무선 센서 노드를 설치하여 센서 네트워크를 형성했다. 이것을 이용하여 실험하고 있는데, 이러한 센서 네트워크로 구조 안정성을 모니터링 할 수 있다는 것을 실제로 증명하고 있다.

(6) 송유관의 테러 모니터링 프로젝트

미국의 오하이오주와 UC 버클리대학팀은 송유관을 테러로부터 보호하고 모니터링하기 위한 실험으로 약 25km에 이르는 송유관을 중심으로 송유관 주변 500m를 400노드/km^2의 밀도로 총 1만 개의 노드를 분포 설치하여 실험했다. 이때 무선 센서 노드 하나의 가격은 150달러로, 하나의 노드를 이용하여 사방으로 50m까지의 침입을 탐지할 수 있었다. 이 실험의 목표는 긴 파이프라인 구조에서 무선 센서 노드로 Ad-hoc 통신의 기능성을 테스트하는 것이었다.

(7) 유비쿼터스 헬스케어 프로젝트

유비쿼터스 헬스케어와 관련된 대표적인 프로젝트는 유럽연합에서 추진하고 있는 Mobile Health 프로젝트와 하버드대학의 Code Blue 프로젝트가 유명하다. 이 밖에도 GMP

Wireless Medicine과 Health Frontier, Nonin Medical 회사 등에서 무선통신 기법을 이용한 의료계측 시스템을 활발하게 개발하고 있다.

① MobiHealth 프로젝트

MobiHealth 프로젝트는 'mobile health care'를 의미한다. 이것은 EU로부터 '정보 사회 기술' 프로그램의 일환으로 재정지원을 받으면서 EU 5개국으로부터 14개의 관련 기간이 컨소시엄의 형태로 참여하고 있다. 이러한 관련 기관들 중에는 병원, 의료 서비스 공급사, 대학, 모바일망 사업자, 모바일 기기사업자 등이 포함되어 있다.

이 프로젝트는 'MBU(Mobile Base Unit)'라고 부르는 중앙통제부, 센서 및 엑추에이터(actuator)와 다양한 멀티미디어 장치들로 구성되어 있다. MBU는 센서 및 엑추에이터와의 상호작용 기능, 계산(computation)과 통신기능을 갖는다. 또한 Native OS, java VM과 BAN ware로 구성된 BAN(Body Area Network) 운영체제(OS)도 MBU에서 기능을 제공받는다.

시스템의 동작은 MobiHealth BAN을 통해 측정한 ECG와 혈압에 대한 센서정보를 MBU에 전달하면서 이루어지는데, 이러한 정보는 그대로 병원이나 건강센터에 전달된다. MobiHealth 시스템은 환자가 건강을 모니터링하는 동안에 일상생활에 전혀 불편함을 느끼지 않으면서 자유롭게 이동할 수 있도록 환자에게 꼭 필요하면서도 적합한 아주 가벼운 시스템으로 구성된다. 이 시스템은 환자에게 응급상황이 발생했을 때 빠르게 대응하면서 처치를 가능하게 하고, 환자의 상태나 질병의 진행상황을 연속적으로 모니터링할 수 있는 상황을 목표로 하고 있다.

② Code Blue 프로젝트

하버드대학에서 추진 중인 Code Blue 프로젝트는 센서 네트워크를 기반으로 하는 아주 대표적인 헬스케어 프로젝트이다. 이 프로젝트에는 하버드대학과 보스턴 메디컬 센터뿐만 아니라 미국 국가과학재단, 건강연구소(National Institutes of Health), 미군, 선마이크로시스템즈, 마이크로소프트 등이 참가하고 있다. 이 프로젝트는 무선 센서 네트워크 기술을 의료영역까지 확장한 것으로, 병원에 오기 전과 병원에서의 응급처치 및 응급대처 상황, 발작 환자의 재활 등에 활용하기 위해 계획되었다. 즉 건강신호를 자동적 · 지속적으로 수집하고, 병원기록과 장기적인 관찰 등을 합쳐서 실시간 처치에 활용할 수 있게 지원하는 것이 목표이다.

Code Blue 프로젝트에서는 센서 노드 플랫폼인 Mica2, MicaZ(Crossbow회사, 미국)

와 Telos(Moteiv회사, 미국)를 기반으로 하는 초소형의 웨어러블 환경의 무선 plus oximeter와 2-lead EKG를 개발했다. 이 장치는 심전도, 혈중 산소포화도(SpO2)와 EKG 데이터를 측정할 수도 있고, 실시간으로 PC/PDA를 통해 센서 데이터를 디스플레이할 수도 있다.

가속도 센서, 회전 센서, 근전도 센서 등이 부착되어 있어서 뇌졸중 등의 치명적인 발작증세가 나타났을 때 신속하게 대처할 수 있다. 즉, 착용이 가능한 초소형 맥파 산소포화도 메터와 2선 EKG 센서 노드를 개발하고, 이들 소자를 이용해서 심장박동수, 산소포화도, EKG의 데이터를 약 100m 안에 위치한 PDA, 랩톱 컴퓨터, 구급차를 기반으로 하는 터미널로 전달하는 시스템을 구성했다.

이 데이터는 실시간으로 보여지거나 선병원 보호기록에도 저장된다. 센서 소자들은 응급상황의 위기신호에서는 경고를 발생하여 주위에 있는 구급의료진이나 준의료 종사자에게 그 신호를 전달할 수 있게 구성되었다. 여기에서 'Code Blue'는 이러한 무선 의료 소자를 위한 '계량 가능한 소프트웨어 인프라스트럭처(infrastructure)'를 의미하는 약어이다. Code Blue 프로젝트에서 구현한 센서 노드 플랫폼의 주요 사양은 〈표 1-2〉와 같다.

〈표 1-2〉 센서 노드 플랫폼의 주요사양

시스템	주요 스펙
저전력 마이크로컨트롤러	Atmel Atmega128L 또는 T1 MSP430
저전력 RF 모듈	Chipcon CC2420 compliant with IEEE 802.15.4, 2.4GHz
프로그래밍	TinyOS
배터리	2개의 A4 배터리로 동작수(수개월~수년)
센서 인터페이스	MicaZ와 Telos의 노드에 센서 인터페이스 부착

③ UbiMon 프로젝트

영국 런던의 임페리어대학에서 진행 중인 UbiMon은 'Ubiquitous Monitoring Environment for Wearable and Implantable Sensors'의 약어로, 환자와 관련된 착용하거나 이식된 센서로부터의 모바일 모니터링을 위한 프로젝트이다.

UbiMon 프로젝트는 부정맥 심장병을 가진 환자를 지속적으로 모니터링하고 관리하기 위한 시스템에 적용할 수 있다. 즉, 심장혈관 관련 질환은 처치방법과 진료기술이 크게 진보했어도 여전히 치명적이면서도 사망률이 매우 높은 질환으로 남아 있기 때문에 임상적으로 이러한 환자를 위해 자연적인 생리학 상태에서 연속적으로 모니터링하여 환자의 상태를 감지 및 예측할 수도 있는 것이다. 또한 수술 후의 환자에게 센서를 주입하여 환자를 관할하는 연구도 수행했다. UbiMon은 학제 간의 컨소시엄의 형태로 수행되었는데, 연구에는 컴퓨팅, 전자공학, 생체공학, 의학에 관한 전문가들이 참여했다.

UbiMon 시스템은 크게 5부분, 즉 LPU(Local Process Unit) 또는 베이스 스테이션(기지국), 데이터 처리역할을 하는 중앙 서버, 환자의 데이터베이스부, 모니터링을 담당하는 워크스테이션으로 구성되어 있다.

BSN 노드는 이 프로젝트에서 사용하는 센서 노드를 말한다. 이 노드는 기존의 센서 노드의 기능과 같이 배터리를 장착한 초소형의 모듈로서 환자의 상태정보(ECG, SpO2, 체온 등)를 모니터링한다.

BSN 노드에 장착된 ECG 센서 인터페이스에서 획득한 ECG에 대한 생체정보를 베이스스테이션 역할을 하는 PDA쪽으로 전송한다. 이 정보는 PDA뿐만 아니라 PC에서도 실시간으로 생체정보를 디스플레이할 수 있다.

이 연구를 위해 환자의 몸에 부착할 수 있는 BSN 노드는 크기가 $26mm^2$로 아주 작다.

〈표 1-3〉 UbiMon 프로젝트의 사양

시스템	주요 스펙	
마이크로컨트롤러	T1 MSP430	
저전력 RF 모듈	Chipcon CC2420 compliant with IEEE 802.15.4, 2.4GHz	
플래시 메모리	64KB+256B 플래시 메모리	
프로그래밍	TinyOS 기반 프로그래밍 지원	
전력 소모	Active 모드	280uA at 1MHz 2.2V
	Idle 모드	1.6uA
	Sleep 모드	0.1uA
거 리	50m	
채 널	6개의 채널	

UbiMon 프로젝트에서는 BSN에 대한 연구가 활발하게 진행중이다. 그리고 2004년에 처음 워크샵을 개최했고, 매년 워크샵 행사를 열었다. 또한 매년 BSN 플랫폼에 대한 강의도 개최하고 있다.

④ Smart Medical Home 프로젝트

아침에 일어나 화장실문을 여는 순간 손잡이에 장착된 센서는 혈압과 체온상태를 체크한다. 변기에 배설하는 소변을 통해 당뇨를 검사하고, 스마트거울에 부착된 센서를 통해 심장박동률을 체크한다. 이러한 검사결과는 주치의의 단말기에 전달되고, 주치의는 원격검진을 받아볼 것을 제안한다. 개인의료상담(PMA ; Personal Medical Advisor) 시스템은 자연스럽게 대화할 수 있는 인터페이스를 제공한다. 환자의 데이터를 전달받은 의사, 간호사, 간병인은 처방전을 회신하거나 상황에 따라서는 가정 방문도 할 수 있다.

로체스터대학의 미래건강센터는 완전한 개인건강 시스템(personal health system)을 개발하는 것이 목표이다. 가정 공간을 그대로 본떠서 설계된 스마트 의료 홈은 5개의 방으로 이루어졌고, 적외선 센서와 컴퓨터, 바이오센서, 비디오 카메라 등으로 구성된다. 이 시스템을 이용하면, 개인이 집에서 건강을 유지하면서 사전에 병을 찾아낼 수도 있고, 건강상태를 체크할 수도 있다. 또한 치밀한 사전 건강관리로 병을 미리 예방할 수도 있고, 자기 집에서 건강관리를 받을 수도 있다. 미래건강센터에서는 이 시스템을 통해 의료영상 저장 및 전송 시스템, 처방전 전달 시스템 및 전자 의무기록 차트를 도입했다. 그리고 집에서 행동하는 여러 가지 모습-걷는 모양, 행동 원형, 수면 포즈, 기타 일반 행위-을 통해 컴퓨터로 자료를 수집하여 가장 먼저 혈압, 맥박 등 기본적인 건강을 측정한다.

스마트 의료 홈을 구성하는 개별사업 중에서 스마트 밴드 프로젝트(Smart Bandage Project)가 가장 두드러진다. 이 프로젝트는 초소형 센서(micro based sensor)를 이용하여 몸에 침투하거나 생성된 각종 유해 바이러스를 찾아낸다. 스마트 양말(smart socks)은 혈압 센서가 포함된 직물로 만들어져서 양말을 신으면 혈압을 체크할 수 있다. 여기서 더 발전된 형태는 두통이 있을 때 어떤 약을 복용해야 하는지 거실에 달린 LCD를 통해 이야기하면 화면에 컴퓨터가 추천한 약이 나타나는 것이다.

이와 같이 스마트 의료 홈이 실현되면, 거주하는 공간 자체가 자신의 건강까지 책임지는 장소로 변한다. 그래서 큰 병이 아니라면 특별히 병원을 찾을 일이 없는 것이다. 하지만 이러한 특화된 기술에도 불구하고 스마트 의료 홈은 아직까지 사생활 보호 차원과 의료 서비스에 대한 가격 측정기준이 없어서 인프라를 구축하는 데 많은 시간이 필요하다. 바로 이러한 이유 때문에 유비쿼터스 기술은 이렇게 발전가능성이 무궁무진한 환경을 구축할 것으로 기대된다. 왜냐하면 유비쿼터스는 인간 중심형 환경이기 때문이다.

⑤ Smart Toilet 프로젝트

일본의 거대 전자회사인 마쓰시타의 Smart Toilet 프로젝트는 센서와 마이크로칩을 장착한 변기에 앉으면 체중과 체지방, 당뇨수치 등을 자동으로 측정하여 매일 건강상태를 확인하고, 네트워크와 연결되어 건강과 식단에 대한 정보를 제공해주는 시스템이다.

이밖에도 헬스 케어 관련 프로젝트에는 2000년 9월 미국 오레곤주 밀워키에 설립된 엘리트 케어(Elite Care) 프로젝트가 있다. 이 시설은 은퇴 후의 노년층이나 장애를 가진 노년층을 위한 시설로서 집단 노년층 거주지에서 거주자를 위한 지속적인 모니터링과 간호를 제공한다. 그리고 가족 포털 서비스를 이용하면 인터넷을 이용하여 어디에서든지 노인들의 건강상태를 모니터링할 수 있다.

⑥ 무선병원 프로젝트

무선병원(wireless hospital) 시스템은 세계 최초로 핀란드에서 추진되고 있는 프로젝트이다. 이 프로젝트의 최종목적은 환자와 각종 계측장치 사이에 있는 '선'뿐만 아니라, 병원의 데이터베이스 시스템과 계측장치 사이에 있는 '선'도 없애는 것이 목표이다.

이러한 프로젝트의 목적은 환자가 자유롭게 움직여도 병원이나 병원 밖에서도 필요한 진단결과가 무선으로 병원 서버에 연결되어 DB로 저장되는 것이다. 그래서 의사나 간호사가 필요할 때마다 언제든지 PDA 등을 이용하여 환자의 데이터를 점검할 수 있다. 특히 병원 서버에 데이터 마이닝(data mining) 인공지능 소프트웨어를 설치해서 특정한 위험이 발생했을 때 환자와 의사, 간호사에게 메시지를 전달하는 것이 가능해진다.

무선병원 프로젝트는 핀란드의 수도 헬싱키로부터 북쪽으로 600km 떨어진 오울루 지역에서 대학-산업체-연구소-병원의 컨소시엄 형태로 추진되고 있다. 이 프로젝트는 오울루 지역에 무선병원 시스템을 적용할 파일로트 병원을 만들고 있다.

오울루 지역은 핀란드의 최고의 테크노파크인 오울루 테크노폴리스와 세계최대의 셀룰러폰 회사인 노키아가 있다. 또한 국정 연구기관인 VTT 일렉트로닉스와 핀란드 제2의 대학인 오울루대학이 최고의 산학연 컨소시엄을 이루고 있는 지역이다. 무선병원 프로젝트는 크게 다음과 같이 나누어져 있다.

- 환자의 무선 모니터링 장치 및 시스템 개발

- 환자와 의료장비 사이의 무선 모니터링 인터페이스
- 병원 데이터 시스템 개발분야

무선병원 프로젝트는 앞으로 무선 센서 기술과 유비쿼터스 컴퓨팅 기술의 발전에 따라 병원에서 24시간 환자를 관리해야 하는 시스템이 필요할 때 더 많이 이용할 것으로 예상된다. 또한 통합 데이터 자동관리 시스템의 필요성이 증가되고, 노령인구의 증가에 의한 '지능형 홈에서의 헬스케어' 기술분야의 필요성에 따라 이러한 무선병원 기술은 전 세계적으로 더욱 크게 확대될 것이다. 한편 이 프로젝트에는 국내의 대학 연구팀이 공동 연구팀의 일원으로 참가하고 있다.

(8) 입는 컴퓨터 프로젝트

영화 속에서나 볼 수 있었던 일들이 눈앞의 현실로 다가오고 있다. 1990년대에 들어 엄청난 속도로 발전해 온 컴퓨터가 이제는 '입는 컴퓨터(wearable computer)'로 거듭나면서 또 하나의 혁명을 예고하고 있다. 인간은 컴퓨터와 더욱 밀접한 관계를 유지하기 위해 책상에 올려놓은 모니터나 키보드가 아니라 스스로의 몸을 커뮤니케이션의 장소로 활용하려는 것이다.

입는 컴퓨터는 컴퓨터의 배터리와 CPU, OS 등을 초절전 · 초소형화하여 옷 속에 분리하여 장착한 상태에서, 각종 컴퓨터의 기능을 수행할 수 있는 컴퓨터를 말한다. 각각의 독립적 기능을 수행할 수 있는 구성단위인 모듈별로 컴퓨터를 분해한 후 마치 안경이나 의복을 착용하는 것처럼 신체에 편하게 부착해서 첨단기술을 활용하는 것이다. 얼굴에는 모니터가 내장된 안경, 등에는 배낭형태의 소형 컴퓨터, 허리에는 벨트전지, 머리에는 헤드 마운티드 디스플레이(HMD, 머리에 쓰고 화면을 볼 수 있는 디스플레이), 손목에는 터치패드나 키보드, 그리고 어깨에는 무선통신 모듈 등을 부착하여 컴퓨팅 시스템으로 온 몸을 무장하는 것이다.

매우 복잡한 비행기를 수리할 때는 입는 컴퓨터를 이용하여 실시간으로 원하는 부분의 매뉴얼을 읽거나 멀리 떨어져 있는 수리전문가의 도움을 받을 수 있다. 이 밖에도 입는 컴퓨터는 비상통신 수단이 필요한 군인이나 경찰, 비상 의료기술자 및 환자, 소방수 등에게도 매우 유용하다. 그러므로 환자의 건강상태나 군인이나 경찰 같은 특수임무를 수행하는 사람들의 상황을 인지할 수 있는 착용형 컴퓨터는 반드시 상용화되어야 한다.

만약 개인이 착용하는 컴퓨터가 지리정보 시스템 등과 통합되어 운용된다면 개인적으로 처하는 심각한 상황을 같은 단체의 다른 멤버들이 쉽게 알 수 있다. 그래서 그들이 어떻게 위기

상황에 대처할 것인가를 판단하는 데 큰 도움을 줄 수 있을 것이다.

특히 의료분야에서 입는 컴퓨터에 대한 기술동향은 미국 피츠버그 소재 Body Media의 스마트 밴드(smart band)를 예로 들 수 있다. 팔뚝의 위쪽 부분에 찰 수 있는 이 스마트 밴드는 사용자의 체온과 관련된 건강상태를 수집한다.

입는 컴퓨터 기술의 의료 분야 응용에서 사용되는 Life Shirt는 ECG, 혈압, 맥박 산소 측정 등과 같은 환자의 상태를 모니터링 할 수 있는 시스템이다.

입는 컴퓨터의 주요 프로젝트를 살펴보면 다음과 같다.

① MIT의 입는 컴퓨터 프로젝트

1960년대부터 MIT에서 연구해 온 입는 컴퓨터가 1990년대부터 비약적으로 발전하면서 군사 및 항공분야에서 상용화되었다는 것을 알 수 있다. 현재 입는 컴퓨터는 조지아 공과대학, 토론토대학 등 여러 대학과 소니, MS, IBM, HP, 에릭슨, 노키아 등의 기업으로부터 꾸준한 관심을 받고 있다.

② MIT공대의 스마트칩이 내장된 Build-a-Bag 프로젝트

MIT공대의 아주 작은 스마트칩이 내장된 Build-a-Bag이다. 이 시스템은 전기전달체인 Velcro와 조립되어 하나의 가방에 들어간다. 스마트백은 지갑이나 우산을 깜빡 잊고 나가면 알려주고, 필요한 음악을 스카프에 업로딩 해주는 시스템이다.

MIT의 MIThril은 조끼와 재킷 형태로 만들어진 옷으로, 이 옷에는 '3대'의 컴퓨터가 장착되어 있다. 하지만 이들 모두 신용카드 크기의 보드형태로 만들어져서 보통 옷과 전혀 구분할 수 없는 정도이다. 새끼손가락 크기의 액정화면을 사용한 표시장치는 안경에 붙일 수 있어서 안경을 쓰면 화면을 볼 수 있다. 심지어 자신의 감정까지 휴대폰으로 전송하여 볼 수 있게 하는 시스템도 개발되었다.

미국이나 유럽에서는 이미 수년전부터 스마트 웨어(입는 컴퓨터)와 관련된 연구개발 프로젝트를 대대적으로 추진해서 이미 상용화 단계에 이르렀다. 미국의 국방부나 우주항공국(NASA) 등에서는 엄청난 연구개발비를 투자하여 컴퓨터 기술과 특수의복 기술을 결합하는 연구를 수행하고 있다.

③ 핀란드의 스노모빌용 옷 프로젝트

눈이 많이 오는 핀란드의 연구팀도 '입는 컴퓨터' 형태의 스노모빌용 옷을 개발했다. 이 옷에는 휴대폰, 위치추적 동작온도 센서, 전기전도도 센서, 가속도 센서(충돌 센서) 등이 들어 있어서 일어날 경우 재킷이 자동으로 이것을 감지한다. 그래서 휴대폰의 문자 메시지 서비스를 이용해서 병원과 경찰에 스노모빌을 운전하는 사람의 위치와 심장 상태, 주변의 날씨 등의 데이터를 보내 응급구조를 요청한다.

④ 독일의 인피니온 '컴퓨터 내장형 카펫'과 '오디오 재킷' 프로젝트

독일의 인피니온도 '컴퓨터 내장형 카펫'과 '오디오 재킷'을 발표했다. 이 카펫은 원하지 않는 침입자의 움직임을 감지하면서 화재가 발생했을 때 출구로 탈출할 수 있게 길을 밝혀 준다.

⑤ 국내의 프로젝트

삼성종합기술원에서 몇 년째 이 분야를 계속 연구하고 있고, 국내대학에서도 119 구급대원용 '패트롤 재킷'을 개발하여 상용화를 추진하고 있다. 산업분야에서 입는 컴퓨터의 가장 커다란 장점은 핸드프리와 장소나 시간에 구애받지 않고 빠르게 데이터를 수집 및 액세스하는 것이다. 그래서 양손을 이용하여 작업하는 작업자에게 실시간으로 생산라인 상태나 기계 상태에 대한 정보를 제공하여 컨설팅할 수 있게 만든다. 또한 입는 컴퓨터는 복잡한 기계에 대한 수리나 운영(maintenance) 분야에도 효과적으로 이용할 수 있다.

2) USN 시스템의 응용

온도와 습도, 이동 특성, 빛, 압력, 소리, 객체의 유무, 물리적인 접촉, 속도, 방향 등과 같은 외부 환경 정보를 원격으로 센싱하여 특정 목적에 활용하고 있다.

Great Duck Island 프로젝트와 같은 환경 모니터링 및 위치 추적 등이 개발되고 있으며 최근 들어 지능형 환경인식으로 그 범위가 확대되고 있다.

Intel, Crossbow, moteIV, Microsoft 등 산업들도 개별적인 연구팀을 구축중이며 Millennial Net과 같은 벤처기업에서도 빌딩 및 공장자동화를 위한 센서 네트워크 기술을 개발하고 있다.

유럽이나 일본도 EYES 프로젝트나 TRON 프로젝트 같은 대규모 프로젝트를 통해 시스템 소프트웨어 및 요소 기술 그리고 응용들을 개발하고 있다.

센서 네트워크 응용 제품군은 생태 모니터링 프로젝트[Great Duck Island(UC Berkeley), CORIE(Oregon Graduate Institute), The Most Sensed Campus(CMU), REM(University of Western Australia)], 위치추적 프로젝트[Counter sniper System(Vanderbilt), RADAR (Microsoft), Cricket(MIT), Active Badge(AT&T), MoteTrack(Harvard), AHLOS(UCLA) 등], 지

능형 환경인식 프로젝트[Smart Kindergarten(UCLA), Proactive Agriculture(Intel), Active Visitor Guidance System(USC), Surveillance System(Arkansas) 등], 기타 유비쿼터스 컴퓨팅 등[Smart Brick(UIUC), Structural Monitoring(USC), Cabled Ocean Observatories(University of Washington), Robomote(USC), HM of Highway bridges(UCSD)]으로 구분할 수 있다.

① 환경 응용

- 시설물 안전 모니터링 및 관리, 도로 환경 모니터링 등
- 농업 응용 및 산불 감시, 홍수 감시 등
- 수해 방지 및 감시, 오염 관리, 생태학 및 지구 물리학 응용 등

② 헬스 응용

- 장애인 및 노약자, 어린이 모니터링, 인식 등
- 인간의 건강 상태 모니터링 등

③ 홈 응용

- 홈 네트워크 응용
- 스마트 빌딩 및 홈 오토메이션 등

④ 군사용

- 휴전선 무인 감시 및 침입 탐지, 추적용 등

(1) 시설물 안전 모니터링 및 관리 시스템

① 댐, 교량, 건물 등 대규모 시설물에 기울기 변화, 진동감지, 온도변화 등의 센서를 설치

② USN을 통해 관련 정보를 수집, 시설물의 균열, 붕괴를 조기 진단 및 사전 관리

③ 긴급 상황으로 판단시 재해 관리 기관에 경보를 전달 재난을 방지

④ 대규모 시설물의 안전관리 및 USN을 이용하여 비용절감 및 다양한 응용 서비스 개발 가능

[그림 1-7] 시설물 안전 모니터링 및 관리 시스템

(2) 산불 등 실시간 화재 감시 시스템

① 산불 및 화재 발생 빈도가 높은 지역에 산불감지 센서가 부착된 센서노드를 설치

② 소방시스템과 연계 실시간 산불(화재) 발생을 모니터링 및 초기 진압 대응체제 구축

③ 산불 및 화재 발생에 신속히 대응함에 따라, 이로 인한 재산 및 인적 손실 감소

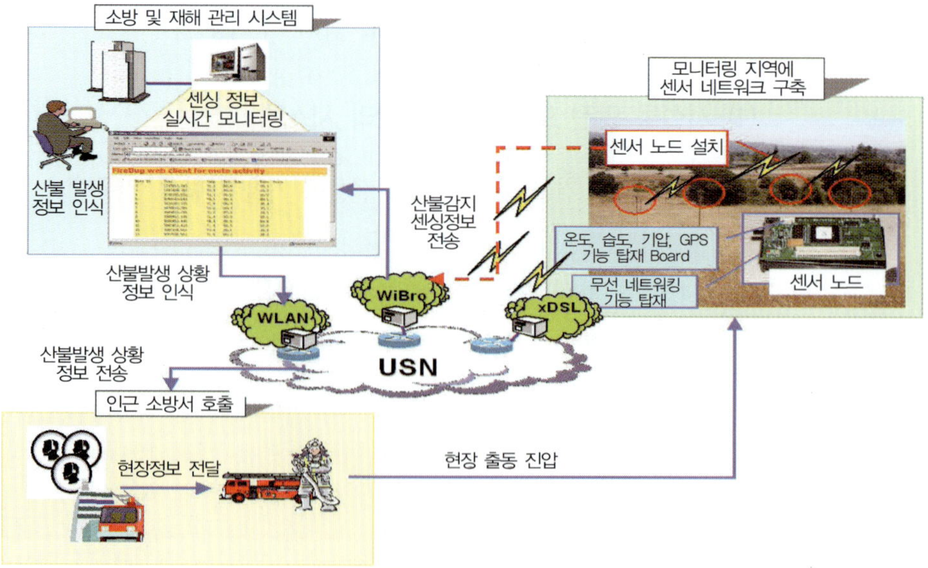

[그림 1-8] 산불 실시간 화재 감시 시스템

(3) 수해 방지 및 감시 시스템

① 수해 피해 다발 지역 인근 하천, 댐 등지에 강우량 및 유속, 유량 측정 센서 노드를 설치 실시간 상태 모니터링

② 신속 조치 및 시설 제어를 통해 대규모 피해 방지

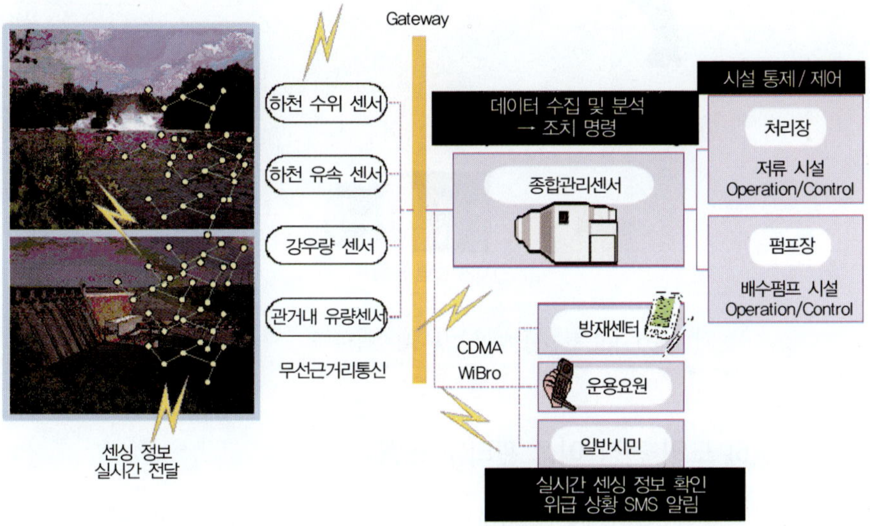

[그림 1-9] 수해 방지 및 감시 시스템

(4) 휴전선 무인 감시 시스템

① 휴전선에 감시 및 정찰 기능을 수행하는 센서 설치, 적 침투 조기 발견, 신속하게 대응할 수 있는 시스템 구축

② USN을 이용한 군사지역 감시 관리를 통해 군의 주·야간 전투력 향상 및 각종 시설물에 대한 무인 감시 관리 영역으로의 발전 가능

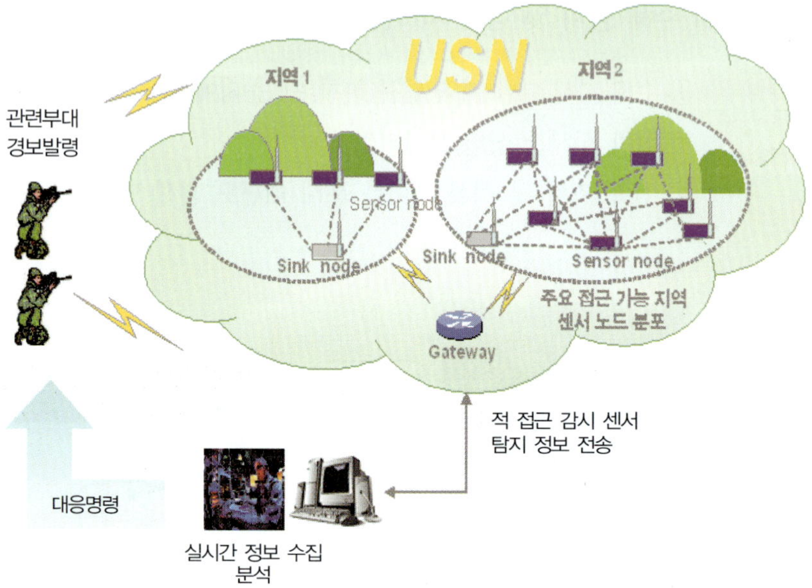

[그림 1-10] 휴전선 무인 감시 시스템

(5) 노인 건강 이상 관리 시스템

- 노인들에게 심박동수, 근전도, 산소농도 등의 데이터를 수집할 수 있는 센서를 부착
- 관련 정보를 인근 병원/보건소, 간호사에게 통보하여, 건강 이상시 대응
- 노인들의 건강 이상을 실시간으로 관리, 이상 발생시 신속한 대응 가능한 서비스 제공

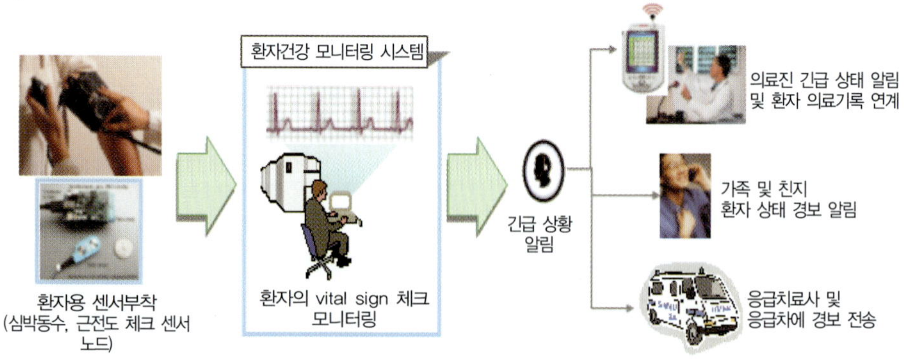

[그림 1-11] 노인 건강 이상 관리 시스템

① 유비쿼터스 헬스케어의 개념과 필요성

최근 급성장하고 있는 BT, NT, IT 기술을 기반으로 언제, 어디에서나 진료 및 상담이 가능한 유비쿼터스 헬스케어에 대한 관심이 고조되고 있다.

유비쿼터스 헬스케어 시스템은 생활 곳곳에 의료와 관련된 칩과 센서들의 도움으로 언제, 어디에서나 자연스럽게 의료서비스를 제공받을 수 있다. 건강진단이나 질병관리, 응급관리, 의사와의 만남 등 그 동안 병원에서만 이루어지던 의료행위가 유비쿼터스 헬스케어를 통해 자연스럽게 우리 일상생활 안으로 들어오는 것이다.

유비쿼터스 헬스케어 시스템의 개념은 기존의 생체계측기와 치료기기의 크기와 중량을 최소화하여 사용자가 항상 휴대하게 한 후 언제, 어디에서나 질병 및 건강을 모니터링하고, 위험상황을 미리 예측하여 통지할 수 있게 만든 시스템이다.

따라서 이 시스템을 이용하면 응급상황이 발생했을 때 자동으로 구조요청을 하고, 경우에 따라 치료까지 가능하다.

현재까지의 헬스케어 시스템들은 유선으로 연결된 시스템을 이용해서 건강을 진단했다. 하지만 최근에는 기존의 유선방식과는 달리 사용자가 의식하지 않는 상황에서 건강상태를 모니터링하기 위해 모바일기술을 기반으로 하고 있다. 즉, 유비쿼터스 컴퓨팅 기술과 헬스케어 기술을 접목한 유비쿼터스 헬스케어 기술이 크게 발전할 것이다.

현재의 의료 서비스는 특정 장소(병원)에 한정하여 의료진을 중심으로 대형의 실험실 장비를 이용한다. 하지만 앞으로 실현될 유비쿼터스 헬스케어 기술을 융합시켜 유비쿼터스 헬스케어로 발전할 것이다. 그래서 미래에는 언제, 어디에서나 무선 인터넷과 모바일 환경에서의 질병 및 건강상태를 모니터링하는 것이 가능해진다.

② 유비쿼터스 헬스케어 시스템

유비쿼터스 헬스케어 시스템은 크게 '센서 노드'와 '베이스 스테이션', 그리고 생체정보를 디스플레이할 수 있는 'PC/PDA'로 구성된다.

환자의 몸에 부착된 센서 노드에 대한 생체정보는 BAN(Body Area Network)를 통해 기지국으로 전달된다. 그리고 이렇게 전달된 생체정보는 인터넷이나 IEEE 802.11 무선랜을 통해 PC나 PDA에 디스플레이된다. 환자의 몸에 부착된 센서(심전도, 혈압, 체온, 산소포화도 등)는 병원에서 무구속, 무자각 형태로 생체정보를 센싱하여 병원의 데이터베이스 서버로 전송된다. 그러면 병원의 의사나 간호사는 전송된 생체정보를 바탕으로 환자를 치료하는 것이다. 이러한 시스템을 구축하면 환자는 언제, 어디에서나 자신의 몸상태를 검진할 수 있다. 또한 수시로 건강상태를 체크해서 몸상태를 검진할 때 축적된 데이터를 바탕으로 이전의 건강상태 데이터까지 참고하여 좀더 정확하게 검진할 수 있다.

센서 노드들 간의 BAN은 센서 노드들의 구성범위 인체로 한정된 초근거리망 통신기술을 기반으로 하는 센서 네트워크를 의미한다. 그리고 개인 영역 통신망인 PAN (Personal Area Network)보다 더 작은 범위의 영역을 말한다. PAN은 대개 10m 안팎의 개인영역 안에 있는 정보 기술 장치들 간의 상호 통신을 말한다.

유비쿼터스 헬스케어용으로 사용하는 생체 센서의 종류는 매우 다양하다. 그래서 심전도, 맥박, 체온, 혈압, 혈중 산소포화도 등 사용자의 몸상태에 대한 파라미터를 통해 예방 및 진단이 가능하다. 유비쿼터스 헬스케어를 위한 생체 센서의 종류는 〈표 1-4〉와 같다.

〈표 1-4〉 생체 센서의 종류

생체 신호	종 류
전기신호	심전도, 호흡, 체지방, 스트레스, 요실금
자기신호	심자도
호기가스	폐활량, CO_2, O_2
광학신호	SpO_2, 체온, 맥파, 체지방, 혈당, 레이저 치료
압력신호	혈압, 요실금
초음파신호	혈압, 요실금, 심음, 미용

(6) 스마트 오피스/빌딩 관리 시스템

- 쾌적한 환경, 효율적인 에너지 사용, 구조물의 안전 등과 관련된 정보를 수집
- 침입/화재와 같은 긴급 상황으로 판단시 관련 기관에 경보를 전달, 피해 미연방지

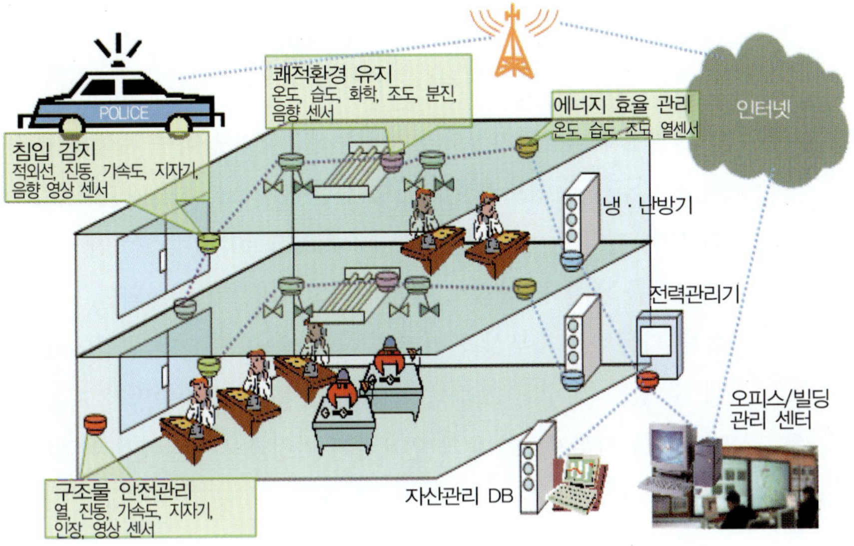

[그림 1-12] 스마트 오피스/빌딩 관리 시스템

(7) 도로 환경 모니터링 시스템

- 사고 다발지역 등지에 기상 변동에 따른 도로 노면 상태 모니터링
- 도로상태 정보 실시간 확인 가능, 사고 예방 및 제설 작업 등 신속한 조치

① 텔레매틱스

이제 자동차를 운전하면서 인터넷에 접속도 하고 사무도 볼 수 있는 텔레매틱스

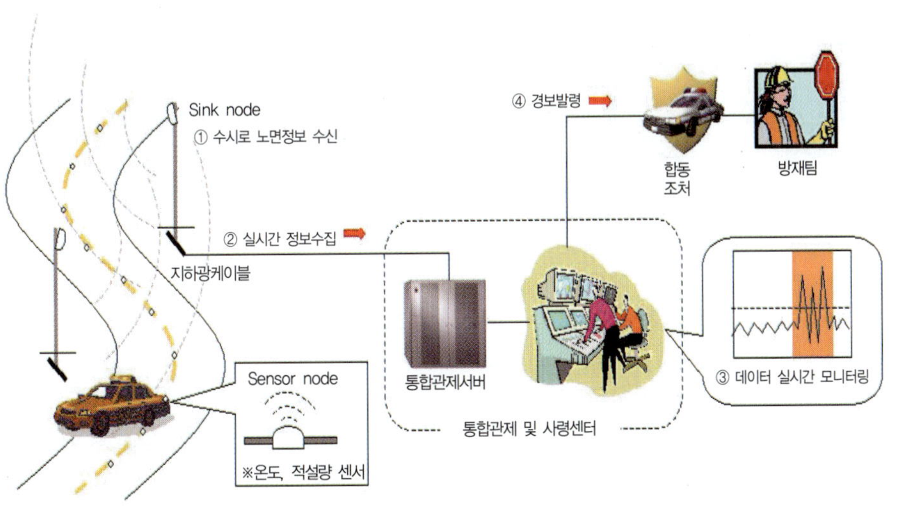

[그림 1-13] 도로 환경 모니터링 시스템

(telematics) 시대가 도래하고 있다. 텔레매틱스는 '통신'을 의미하는 'telecommunication'과 '정보과학'을 의미하는 'informatics'가 결합된 용어이다.

텔레매틱스는 위치정보와 무선통신망을 이용하여 자동차 운전자에게 교통을 안내하고, 긴급구조 정보와 원격차량 진단 서비스를 제공하며, 동승자에게 인터넷이나 영화 또는 게임 등 인포테인먼트(infortainment) 서비스를 제공하는 '차량용 멀티미디어 서비스'를 말한다. 따라서 텔레매틱스 서비스가 실현되면, 유·무선통신 및 방송망을 통해 자동차를 사무실과 가정에 이어 제3의 인터넷 공간(connected car)으로 재구성할 수 있을 것이다. 그래서 이종(異種) 통신 및 방송망과 지능형 단말기를 통해 홈네트워크나 사무자동화 등과 연계하여 가정과 사무실에서 이용하는 서비스를 자동차에서도 이용할 수 있다.

텔레매틱스 시대에는 운전석에 앉아 인터넷과 비즈니스도 척척 할 수 있다. 이 서비스가 본격화되면, 시간과 장소에 구애받지 않고 비즈니스를 할 수 있어서 일상생활에서 자동차가 차지하는 비중이 더욱 커질 것으로 예상이 된다. 텔레매틱스는 자동차에서 인터넷 등 외부세계와 접속해 운전 외에도 다양한 작업을 할 수 있게 하므로 자동차를 더 이상 이동수단으로만 머물게 하지 않을 전망이다. 결국 '자동차의 사무실'화가 실현되는 것이다.

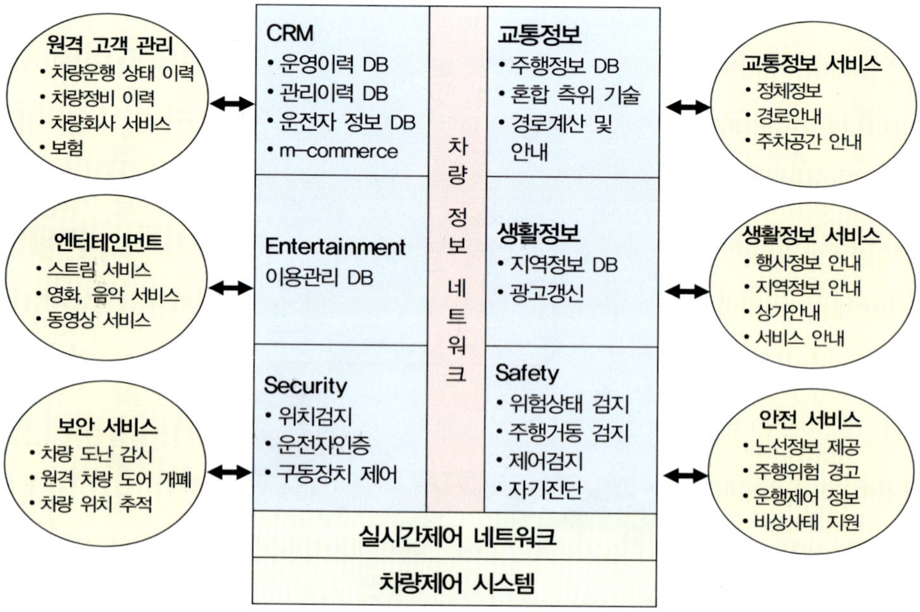

[그림 1-14] 텔레매틱스의 구성

앞으로 내비게이션, PC 게임기, 인터넷, 전자메일, 차량고장 진단, DVD 플레이어, MP3, CDP, 라디오, 텔레비전 등에 텔레매틱스 서비스를 이용할 전망이다.

최근에는 국내 기업들이 홈 네트워크 기술과 텔레매틱스 기술을 조합해서 달리는 차에서 집 현관문이나 전등 등을 제어하는 기술을 개발하고 있다.

우리나라에서 텔레매틱스가 크게 주목받는 이유 중의 하나는 이제까지 서로 다른 산업이었던 세계적인 수준의 자동차산업과 정보통신산업이 융합되어 시너지 효과를 극대화할 수 있는 새로운 개념의 부가가치 서비스를 창출할 수 있기 때문이다. 특히 우리나라는 이동통신 서비스 이용률이 높고, 인터넷과 자동차가 빠르게 보급되었기 때문에 텔레매틱스 서비스를 활성화하기 위해 필요한 매우 유리한 여건을 가지고 있다. 이렇게 텔레매틱스를 이용하면, 자동차산업의 경쟁력강화를 통한 새로운 마케팅 기회와 수익도 제공할 수 있다. 뿐만 아니라 성장정체 상태에 이른 이동통신 사업자에게 새로운 사업기회 및 발전가능성도 제공할 것으로 기대하고 있다.

② LBS를 응용한 표적 마케팅

위치 기반 서비스(LBS ; Location Based Service)는 이동 중인 사용자에게 위치와 관련된 정보를 제공하면서 부가가치를 창출할 수 있는 정보까지 제공하는 서비스이다. LBS는 'L－커머스(Location-Based Commerce)'의 약자로서 휴대폰이나 PDA 등의 이동통신 단말기의 위치를 기반으로 개인의 위치정보를 이용해 광고하고, 현장에서 각종 상품을 구매하게 만드는 상거래를 말한다. 예를 들어 서울 종로의 한 식당에서는 LBS를 활용하여 12시 10분 전에 식당에서 500m 안에 있는 휴대폰 소지자에게 식당의 메뉴를 SMS로 보내는 광고를 할 수 있다.

LBS가 급속하게 확대되면서 이러한 서비스가 광고, 게임, 엔터테인먼트, 보안, 전자상거래 등에 걸쳐 산업 전반으로 크게 확산될 것이라고 전망되고 있다. 이러한 흐름 속에 모바일을 이용한 상거래인 M－커머스의 장점인 이동성과 특정한 장소, 특정한 시간대의 고객만 상대하는 1대 1마케팅을 충분히 활용할 수 있게 해 준다.

차를 몰고 직장으로 가던 중 특정 지역에 들어서자 휴대폰 배경화면이 갑자기 바뀌면서 그 지역 캐릭터와 함께 특산물이 소개된다. 그리고 휴대폰에 뜬 화면을 보여주면 구매할 때 쿠폰을 제시한 것처럼 할인을 받을 수 있다.

(8) 도시환경 통합관리 시스템

- 아파트 단지나 빌딩의 상하수도, 가로등, 가로수, 기타 전기 시설 등을 제어하는 센서 노드를 설치하여 관리부서에서 실시간 모니터링 제어
- 에너지 절감 및 효율적인 단지 운영 관리 가능

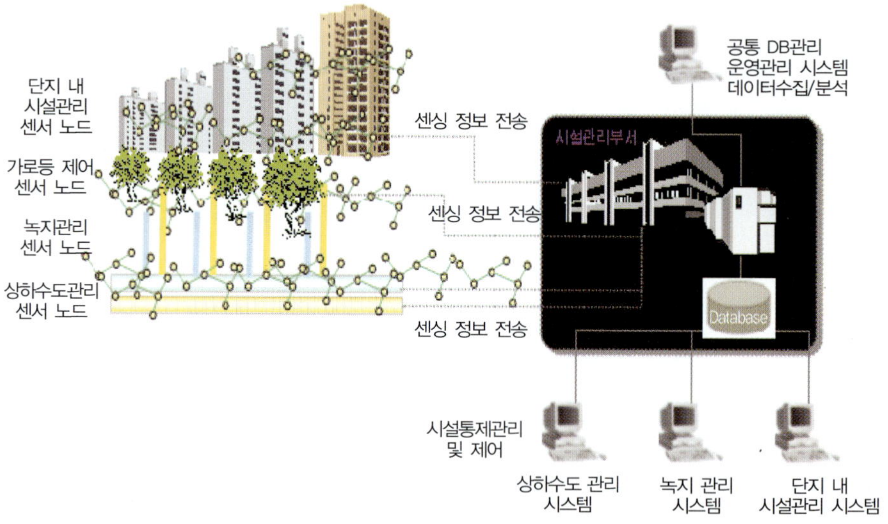

[그림 1-15] 도시환경 통합관리 시스템

1.4 유비쿼터스 센서 네트워크의 시장동향

현재 상업적으로 대량 생산되어 구체적으로 USN들이 쓰이고 있지는 않지만 최근 몇 년간 USN 시장은 점차 커져가고 있다. 점차 센서 네트워크를 위한 표준안이 나오고 있으며 많은 기관들이 상업화를 위한 솔루션을 제안하고 있다.

2005년 현재 노드당 가격은 10~100달러 선이지만 시장이 더 커져 안정화가 되는 2007~2010년에는 1~10달러 정도로 진입할 것으로 예상된다. 또, 현재 모든 분야에 백만 개가 조금 넘게 사용되고 있는 데 반해 2010년쯤에는 1억 3천~1억 8천 개의 노드가 사용될 것으로 예상되고 있다.

이는 다량의 센서를 배치하는 커다란 스케일의 WSN을 이용한 응용이 등장하고 있음을 나타낸다. 실제 Coronis System의 경우 프랑스 전 도시를 네트워크화하기 위해 25,000개의 노드를 사용했으며 50,000노드를 배치하기 위해 준비 중이다.

Eka Systems의 경우도 올해 30,000노드를 사용할 예정이며, 누리 텔레콤도 가스, 전기 원격검침을 위해 올해 60,000노드를 사용할 예정이다.

RF 모듈 같은 경우 2010년 1억 6천 개의 802.15.4 RF 모듈이 생산될 것으로 추정되며, 노드의 65% 정도가 802.15.4/ZigBee를 사용할 것으로 예측된다.

이는 ZigBee가 USN에 사실상 표준으로 자리잡았음을 뜻한다.

1) 세계시장 전망

- USN 시장은 연평균 25.5%의 고성장
- 2007년에는 HW 117.5억 달러, 서비스 85.7억 달러 등 총 203.2억 달러의 시장을 형성
- 2010년에는 HW 278.5억 달러, 서비스 162.3억 달러 등 총 440.8억 달러 형성
- RFID 시장을 합하여 총 540.8억 달러 시장을 형성

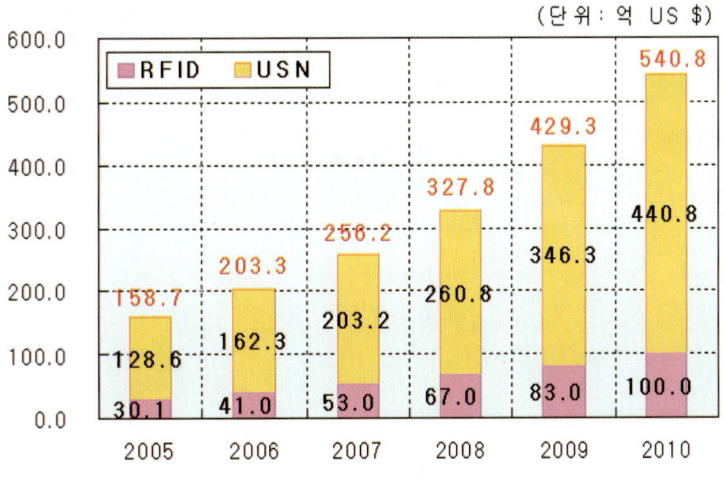

[그림 1-16] USN의 세계시장 전망

2) 국내시장 전망

- USN 시장은 2007년 HW 1.8억 달러, 서비스 1.3억 달러 등 총 3.1억 달러의 시장 형성
- 2010년에는 HW 10억 달러, 서비스 10.9억 달러 등 총 20.9억 달러의 시장 형성
- RFID 시장을 합하여 총 38억 달러 시장 형성

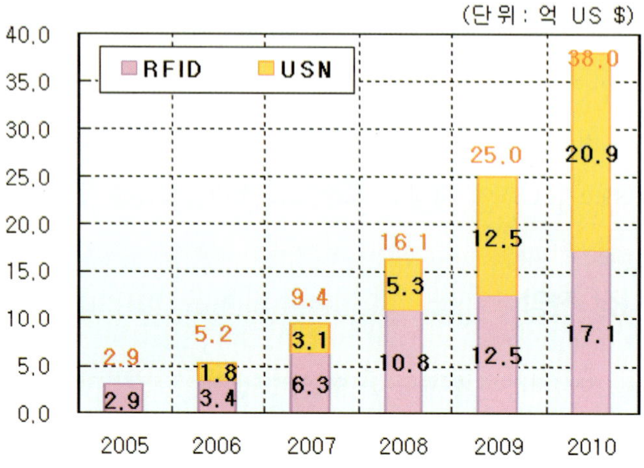

[그림 1-17] USN의 국내시장 전망

제 2 장

유비쿼터스 센서 네트워크 관련 표준화 및 보안동향

2.1 유비쿼터스 센서 네트워크 관련 표준화

2.2 유비쿼터스 센서 네트워크 정보보호 및 보안기술

2.1 유비쿼터스 센서 네트워크 관련 표준화

전 세계적으로 이미 USN(Ubiquitous Sensor Network)의 기반기술인 센서 네트워크에 대한 연구는 활발히 이루어지고 있다. 특히, IEEE(Institute of Electrical and Electronics Engineers)와 IETF(Internet Engineering Task Force) 등의 연구단체, 그리고 ZigBee Alliance와 같은 기업 단체를 통해 센서 네트워크의 각 요소들에 대한 표준화가 이루어지고 있다.

1) IEEE 1451 워킹 그룹

1993년 9월, NIST(National Institute of Standards and Technology)와 IEEE의 기술위원회를 중심으로 스마트 센서 통신 인터페이스의 표준에 대한 논의가 이루어졌다. 이후, 스마트 센서의 공통된 통신 인터페이스를 제정하기 위해 IEEE 1451이라는 워킹 그룹을 조직하였다. 현재 7개의 하위 워킹 그룹을 통해 표준 연구가 진행 중이다(표 2-1).

〈표 2-1〉 IEEE 1451 워킹 그룹의 목적

구 분	목 적
P1451.0	IEEE 1451 지능형 변환기 표준을 위한 공통된 기능, 명령, TEDS(Transducer Electronic Data Sheet)를 정의
P1451.1	네트워크화된 지능형 변환기와 각 모델을 대표하는 클래스의 소프트웨어 인터페이스 특성을 위한 공통의 오브젝트 모델 정의
P1451.2	TEDS와 TEDS의 데이터 형식, 10-wire 유선 디지털 인터페이스 및 변환기와 마이크로 프로세서간의 통신 프로토콜 정의
P1451.3	디지털 통신 및 분산 멀티 시스템을 위한 TEDS 포맷을 지원
P1451.4	아날로그(analog) 변환기를 위한 인터페이스 정의 아날로그와 디지털(digital) 운용 모드를 지원하는 아날로그 변환기를 위한 혼합 모드(mixed-mode) 인터페이스 정의
P1451.5	IEEE 802.11(WiFi), IEEE 802.15.1(Bluetooth), IEEE 802.15.4(ZigBee) 프로토콜을 물리계층으로 사용하는 무선 센서 인터페이스를 정의
P1451.6	고속 CANopen 기반의 변환기 네트워크 인터페이스를 위한 표준 정의

IEEE 1451 워킹 그룹은 1994년 '제1회 IEEE/NIST 스마트 센서 인터페이스 표준화 워크숍'의 개최를 통해 표준화 활동을 시작하였으며, 'Sensors Expo'에서 그 성과를 발표하고 워크숍을 개최하는 등의 활발한 활동을 통해 센서 인터페이스의 표준화를 진행하였다. 그 결과,

1997년에 발표된 P1451.2 워킹 그룹의 'IEEE Std 1451.2-1997' 표준문서를 시작으로 각각의 그룹을 통해 표준문서가 작성되어, 1999년에는 'IEEE Std 1451.1-1999', 2003년에 'IEEE-Std 1451.3-2003', 2004년에 'IEEE Std 1451.4-2004'가 각각 공개되었다. 현재, P1451.5, P1451.6 워킹 그룹은 드래프트를 작성 중이다.

2) IEEE 802.15 워킹 그룹

IEEE 802.15 워킹 그룹은 무선 개인 영역 네트워크(WPAN ; Wireless Personal Area Networks) 또는 단거리 무선 네트워크를 위한 표준을 제정하는 것을 목표로 한다.

WPAN은 PC, PDA, 셀룰러 폰 등의 무선 이동 기기간의 통신을 가능하게 하며, 다른 무선 통신 기술에 비해 에너지 소비가 낮고 저가이기 때문에 센서 네트워크에 도입되기에 적합한 통신 기술로 부각되고 있다. 특히, IEEE 802.15.4 표준은 센서 네트워크에서 가장 적합한 통신 기술로 인정받고 있으며, 현재 ZigBee와 6LoWPAN의 MAC(Medium Access Control)/PHY(Physical) 계층 표준으로 사용되고 있다. [그림 2-1]과 〈표 2-2〉는 IEEE 802.15의 워킹그룹과 산하기관을 보여준다.

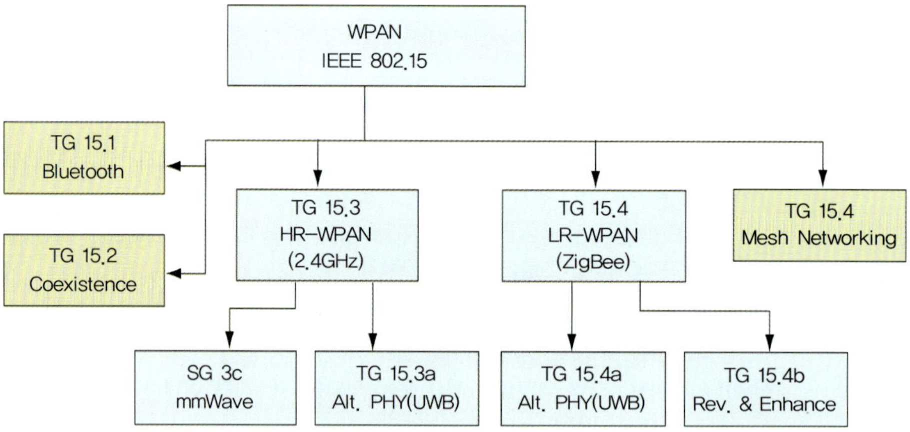

[그림 2-1] IEEE 802.15 워킹 그룹 구성

IEEE 802.15 TG1은 블루투스(Bluetooth) v1.1을 기반으로 WPAN을 구성한다. 2002년 6월, TG1에서는 표준문서 'IEEE Std 802.15.1-2002'를 발표하였으며, 2005년에는 'IEEE Std 802.15.1-2002'의 개정판인 'IEEE Std 802.15.1-2005'를 발표하였다. 표준은 블루투스의 하위 트랜스포트 계층인 L2CAP(Logical Link Control and Adaptation Protocol), LMP(Link Manager Protocol), 기저대역(baseband) 및 물리계층을 정의하며, 이동 기기들의 단거리 RF

〈표 2-2〉 IEEE 802.15 워킹 그룹 산하의 Task Group

구 분	Task Group	업 무
IEEE 802.15	WPAN(TG1) 블루투스	10미터 정도 근거리에서의 무선 통신 기술에 대한 표준 제정, MAC & PHY 블루투스 규격 채용
	Coexistence(TG2)	WPAN과 WLAN과의 전파 간섭 축소 방법 연구
	High Rate(TG3)	20Mbps 이상의 전송률 지원을 위한 MAC 및 PHY 연구 2.4GHz ISM 대역(11, 22, 33, 44, 55Mbps까지 전송)
	High Rate(TG3a) Alt. PHY UWB	TG3에서 PHY를 100Mbps 이상 고속화하기 위한 alternative PHY(UWB) 연구
	mmWave(SG3c)	TG3에서 밀리미터파(60GHz)를 활용한 초고속 alternative PHY 연구
	Low Rate(TG4a) ZigBee	최대 전송 속도 20~250Kbps의 MAC 및 PHY 연구 2.4GHz ISM 대역, 868/915MHz Dual PHY
	Low Rate(TG4a) alt. PHY UWB	UWB PHY를 이용한 저속 위치인식 네트워킹 연구
	Mesh Networking(TG5)	WPAN에서 메시 네트워킹을 위한 MAC 및 PHY 연구

기반의 연결성을 제공한다. 또한, ISO 8802-2 LLC(Logical Link Control)를 위한 LLC/MAC 인터페이스를 포함하는 SAP(Service Access Point)를 정의한다.

IEEE 802.15 TG2는 WPAN과 WLAN(Wireless Local Area Networks)의 공존에 대한 연구를 수행한다. TG2에서는 WLAN과 WPAN의 상호 간섭을 정량화하기 위한 'Coexistence Model'과 WLAN과 WPAN의 공존을 용이하게 하는 'Coexistence Mechanism'을 개발하였으며, 2003년에 'IEEE Std 802.15.2-2003' 표준을 발표한 뒤 활동을 잠시 멈추고 있다.

IEEE 802.15 TG3는 고속의 WPAN에 대한 연구를 진행한다. TG3에서는 MAC과 PHY 계층을 정의하며, 데이터 전송 속도는 11~55Mbps 정도이고 이동 기기에서 이미지 및 멀티미디어 응용 서비스 제공에 초점을 맞추고 있다. TG3의 표준 제정 이후, TG3은 TG3a와 TG3b로 분리되어 운영되고 있다. TG3a는 이미지 및 멀티미디어를 위해 TG3보다 더욱 빠른 속도의 PHY를 제정하는 것을 목표로 하며, TG3b는 TG3 MAC의 구현 및 상호운용성의 개선, 오류 수정 등을 목적으로 한다.

IEEE 802.15 TG4는 데이터 전송률이 낮고 수개월 또는 수년간 지속되는 배터리를 이용하는 저가의 장비를 위한 데이터 표준을 제정한다. TG4에서 정의한 MAC과 PHY는 ISM(Industrial, Scientific and Medical) 밴드에서 동작하며 센서, 장난감, 스마트 배지, 무선 컨트롤러 등에 사용 가능할 것으로 예상된다. 2003년에 발표된 'IEEE Std 802.15.4-2003' 표준에 따르면 TG4의 MAC과 PHY 계층은 250kbps 이하의 데이터 전송률을 지원하며, 2개의 주소 모드, 네트워크 설정 자동화, 낮은 에너지 소비 등의 특징을 갖는다.

TG4의 표준 제정 이후, TG4는 TG4a와 TG4b로 분리되어 운영되고 있다. TG4a에서는 TG4의 표준을 기반으로 통신 능력뿐만 아니라 1미터 또는 그 이상의 정확성을 갖는 위치 인식 능력, 높은 전송 효율, 다양한 데이터 전송률을 제공하는 저가 및 저전력 PHY 계층을 제정하는 것을 목적으로 한다.

또한, TG4b는 TG4에서 제정한 표준을 더욱 명확하게 하고, 불필요한 복잡성을 줄이는 등 좀더 명확한 IEEE 802.15.4 표준을 제공하는 것을 목적으로 한다.

IEEE 802.15 TG5는 WPAN의 메시 네트워킹(mesh networking)을 위해 PHY와 MAC 계층에서 필수적으로 제공되어야 하는 메커니즘들을 정의하기 위한 그룹이다. 다른 그룹에 비해 늦게 구성되었으며, 아직까지 특별한 성과는 보이지 않고 있다.

3) ZigBee Alliance

ZigBee Alliance의 프로모터는 Chipcon, Philips, Mitsubishi, Motorola, Honeywell, Freescale, Ember, 삼성으로 구성되어 있으며, 100개 이상의 참여 기업이 존재한다. 국내에서도 LG, TTA, 한국무선네트워크(Korwin), 한국전자통신연구원(ETRI) 등 다수의 기업 및 연구단체가 참여 기업으로 활동하고 있다. [그림 2-2]는 ZigBee Alliance의 프로모터 기업들을 보여준다.

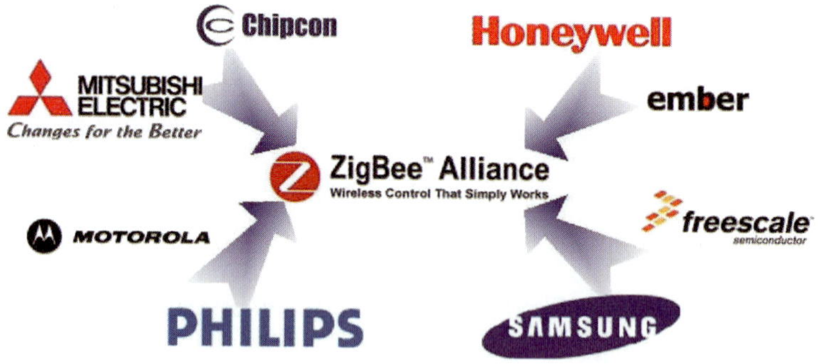

[그림 2-2] ZigBee Alliance 프로모터

ZigBee Alliance는 2003년 완성된 IEEE 802.15.4 표준을 기반으로 저전력 무선 네트워킹이 가능한 모니터링 및 제어 제품을 위해 상위 프로토콜 표준을 정의하는 것을 목표로 한다. ZigBee Aliance에서는 IEEE 802.15.4의 물리적 규격을 기반으로 하여 보안, 네트워크 계층, 응용 하위계층, 마케팅 그리고 세부 프로파일에 대한 표준화 작업이 진행되고 있다.

ZigBee Alliance에는 5개의 워킹 그룹이 있다. 즉 마케팅 워킹 그룹, 구조 프레임 워킹 그룹, 네트워킹 워킹 그룹, 보안 워킹 그룹, 자격조건(qualification) 워킹 그룹이다.

ZigBee는 단순 기능이 요구되는 초소형, 저전력, 저가격 시장에 적합한 기술로 우선 홈 오토메이션과 같은 홈네트워크 분야에 적용에 초점을 맞추고 있으나, 궁극적으로 [그림 2-3]과 같이 다양한 분야에 적용시키는 것을 목적으로 하고 있다.

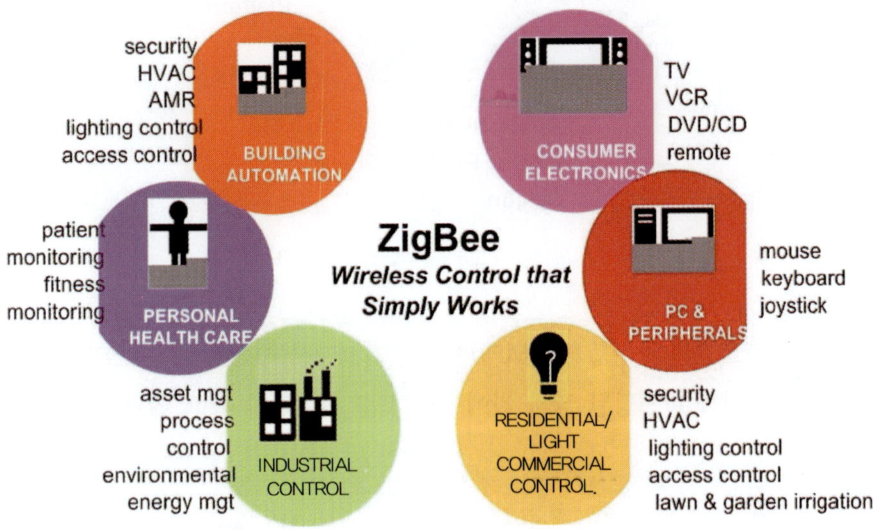

[그림 2-3] ZigBee 응용 분야

ZigBee Alliance는 ZigBee 네트워크를 구성하기 위해 [그림 2-4]와 같이 네트워크 계층, 응용 프로그램을 지원하기 위한 응용 지원 부계층(application support sublayer), 응용 프레임워크(application framework), 보안 계층, ZDO(ZigBee Device Object) 등에 대한 표준화를 진행하여, 2004년에 ZigBee Alliance 0.92 버전을 발표하고 2004년 12월에 1.0 버전을 발표하였다. 그 후 ZigBee Alliance 멤버에게만 공개되었던 문서가 2005년 6월 ZigBee 표준 1.0 버전으로 공개되었다.

ZigBee 스택은 OSI(Open Systems Interconnection) 7계층 모델을 기반으로 계층적 구조를 가지고 있으며, IEEE 802.15.4 표준을 기반으로 네트워크 계층에서 응용 계층까지 모든 계층을 정의하고 있다. [그림 2-5]는 ZigBee 스택의 계층적 구조에 대해 보여준다.

ZigBee의 계층적 구조는 논리적으로 명확히 구분이 되어 있다. 우선 네트워크 계층에서는 노드들이 네트워크에 접속하고 접속을 끊는 메커니즘과 보안이 적용된 데이터 프레임, 그리고 원하는 목적지까지 데이터 프레임을 전송하기 위해 경로를 찾는 라우팅 알고리즘과 프레임 전달 메커니즘 등이 정의되어 있다.

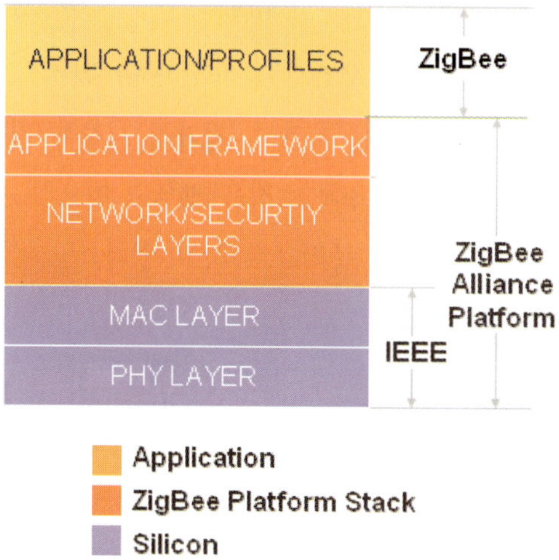

[그림 2-4] ZigBee Alliance 표준화 작업 범위

응용 지원부 계층(APS)에서는 2개의 서로 간의 장치를 연결하기 위한 바인딩 테이블 관리와 바인딩된 장치 간에 메시지를 전송하기 위한 메커니즘이 정의되어 있다.

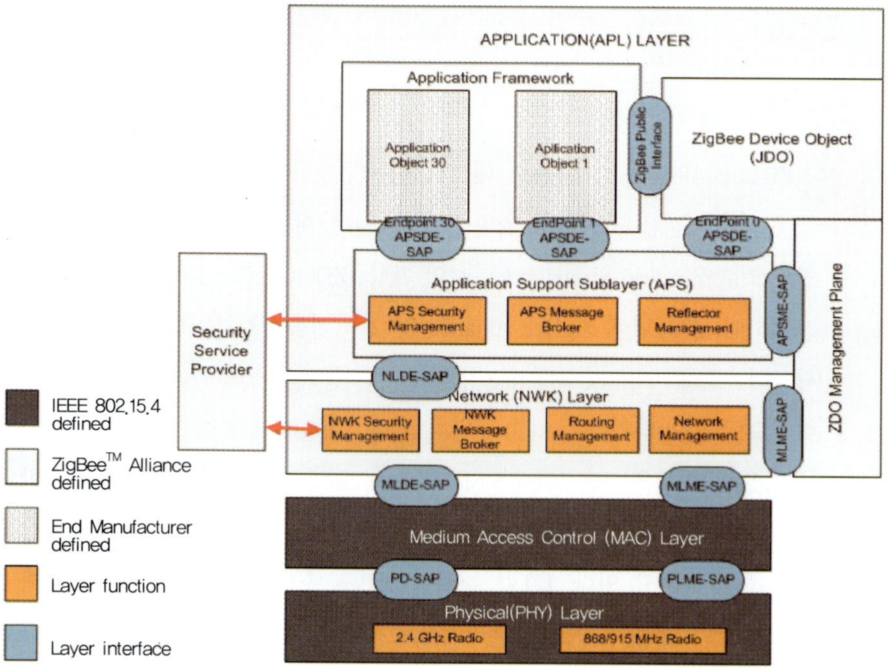

[그림 2-5] ZigBee 스택 구조

ZDO에는 네트워크에서 각 장치의 역할에 대한 정의와 바인딩에 대한 초기화와 바인딩이 되는 과정, 네트워크 장치 간의 보안과 장치들이 제공하는 서비스를 발견하는 방법 등이 정의되어 있다.

ZigBee Alliance는 기업들이 주축이 된 만큼, 표준 제정과 동시에 참여 기업들에 의한 제품생산이 이루어지고 있다. 〈표 2-3〉은 ZigBee Alliance의 주요 기업들이 개발한 제품들을 정리하였다.

〈표 2-3〉 ZigBee Alliance 주요 기업들이 개발한 제품

기 업	제품명	기 능
Chipcon	CC2420	2.4GHz IEEE 802.15.4 시스템
CompXs	CX1540	단일 칩으로 구성된 IEEE 802.15.4
Freescale Semiconductor	MC13193	IEEE 802.15.4를 위한 2.4GHz 저전력 송수신기
Ember Corporation	EmberZNet	ZigBee 프로토콜 스택
Figure 8 wireless	Z-stack	ZigBee 프로토콜 스택

2.2 유비쿼터스 센서 네트워크 정보보호 및 보안기술

차세대 무선통신 세계에 대한 비전과 연구 방향 및 기술개발 대상들에 대한 논의가 이루어지고 있는 Wireless World Research Forum(WWRF) 산하의 근거리 무선통신 시스템 표준 그룹 WG5에서 발표된 백서 중에 Wireless Body Area Network(WBAN)과 Wireless Sensor Network(WSN)이 포함되어 있을 만큼 USN은 차세대 네트워크의 주류임은 분명하다. 그리고 WSN 정보 보안 기술 및 효율적인 전력 제어 기술, 스마트 센서 구현 기술에 대한 내용을 센서 노드 구현 관점에서의 향후 주요 핵심기술로 정의하였으며, 정보보호 이슈는 매우 중요하다.

센서 네트워크는 센서 노드들이 좁은 영역에 조밀하게 분포되고, 대량의 노드들이 산재하며 이 노드들의 동작이 항상 성공적이지는 못하다는 특징으로 네트워크의 토폴로지는 매우 빈번하게 변경되어야 함은 물론 방송(broadcast) 방식의 통신 방식을 사용하는 등의 특징을 가진다.

또한 주위의 노드들이 믿을 수 있는 상태인지에 대한 판단조차 어려운 열악한 배터리와

컴퓨팅 파워 제약성을 가진 무선 Ad-hoc 형태로써, 센서 정보를 통해 목적지까지 전달하기 위한 경로를 설정하거나 유지하는 라우팅 시에도 네트워크 형성에 비협조적인 노드를 경로에서 제외하여 라우팅의 신뢰도를 높이거나, 노드의 오버헤드를 최소로 하는 인증 기능도 필요하다. 즉, 하나의 센서 노드가 통신하는 노드의 수가 하나가 아닐 뿐만 아니라 통신인 그물망 통신(mesh)으로 이루어지는 센서 네트워크에서는 노드들의 상호 인증과, 제한된 센서 자원을 이용하여 인증과 암호화에 사용될 암호키 관리의 문제가 주 이슈 중의 하나이다. 또한 센서 네트워크가 가지는 Ad-hoc 환경은 노드들이 네트워크 진입과 탈퇴가 빈번하므로 비합법적인 노드가 라우팅 정보를 혼란시키거나 잘못된 정보를 계속적으로 전파함으로써 생길 수 있는 서비스 거부(denial of service) 공격에도 대응할 수 있어야 한다. 센서 네트워크에서의 보안 요구사항을 정리하면 아래와 같다.

- 암호키를 관리할 수 있는 기능을 제공하여야 한다.
- 센서 환경에 적합한 경량화된 암호 및 인증 기능을 제공하여야 한다.
- 라우팅 시에 보안 기능을 제공하여야 한다.
- 서비스 거부 공격에 강한 구조이어야 한다.
- 사용자에 대한 위치 정보와 센서 노드의 집합정보에 대한 암호 기능을 제공하여야 한다.

1) USN 정보보호의 개요

센서 네트워크는 일반적으로 특정 지역에 수없이 많은 센서들이 무작위로 뿌려져서 대상에 대해 감지하고 감지된 데이터를 중앙의 베이스 스테이션으로 전송하는 구조를 갖는다. 각 센서 노드가 다른 노드의 데이터를 중계해주는 기능을 한다는 점에서 기존의 모바일 Ad-hoc 네트워크의 한 특수한 형태로 인식하는 경우도 있지만 센서 노드는 일회성을 갖는 경우가 많아 가격도 매우 저렴하고 크기도 작아야 하며 작은 기억 공간, 제한된 계산능력 등을 특성으로 하므로 사실상 Ad-hoc 네트워크보다도 훨씬 제약 사항이 많다.

센서 네트워크는 수많은 노드들이 감지된 정보를 베이스 스테이션에게 보내야 하므로 중복된 데이터도 많고 베이스 스테이션이 각각의 데이터를 일일이 취합하기에 어려움이 많을 뿐 아니라 불필요한 트래픽의 증가로 이를 중계해야 하는 노드들에게 부담이 되어 수명을 줄이는 결과를 가져올 수 있으므로 중간에 애그리게이터(aggregator : 게이트웨이)를 두는 구조를 취하는 형태가 대부분이다. 즉, 제한된 능력을 갖는 일반 센서 노드들과 이 센서 노드들로부터 데이터를 전송받아 취합하여 베이스 스테이션으로 보내거나 베이스 스테이션으로부터의 쿼리를 센서 노드로 전달하는 애그리게이터 노드, 각 애그리게이터로부터 데이터를 받아 이를 취합하여 다음 기능을 수행하거나 필요시 데이터 쿼리를 각 애그리게이터로 전달하는 베이스 스테이션으로 구성된 형태를 갖는다.

센서 네트워크는 네트워크가 갖는 근본적 특성으로 인해 일반 네트워크보다 훨씬 보안에 취약하다는 특성을 갖는다. 우선 센서 노드의 제약으로 인해 다양한 보안 스킴을 적용하기 힘들 뿐 아니라 노드가 배치된 물리적 환경이 공격에 그대로 노출되어 전송되는 정보가 쉽게 변경되거나 정당하지 않은 노드가 데이터를 전송함으로써 전체 정보의 무결성을 쉽게 무너뜨릴 수 있다. 또한 악의적인 노드가 센서 노드로 가장하여 불필요한 정보를 계속 발생시켜 중간 노드의 자원을 소모시킴으로써 네트워크의 수명을 단축시킬 수도 있다.

이처럼 간단한 공격만으로도 네트워크 전체를 쉽게 와해시킬 수 있을 뿐 아니라 특히 센서 네트워크의 목적에 따라서는 그 위험성이 상상을 초월할 수도 있다. 이렇게 보안에 취약함에도 불구하고 센서 네트워크의 보안 연구에 관한 필요성이 간과되는 경우가 많을 뿐 아니라 기존 보안 기법을 그대로 적용하기도 힘들다. 그러므로 센서 네트워크 기반 기술 연구의 초기 단계인 지금이 센서 네트워크의 특성에 적합한 보안 기술 연구가 같이 진행되어야 하는 시점이다.

제2장

(1) USN 환경하에서의 정보보호 필요성

- USN전력 소비공격, 도청, DoS공격, 프라이버시 문제 등 다양한 해킹기법 출현
- USN 네트워크에서의 기밀성, 인증 및 부인봉쇄, 무결성 확보 필요
- 기존의 Firewall, IDS, 라우팅 정보보호기술 적용불가
- 경량암호기술, 라우팅보안, 키관리, Ad-hoc 네트워크 보안, USN 보안 플랫폼, 침입대응기술 등 USN 정보보호기술 개발

(2) USN 환경에서의 보안위협(BcN 환경에서의 보안위협)

- 기존의 BcN 환경에서의 보안위협은 USN 환경에도 위협요소임
  –DoS, Worm, Spoofing, Sniffing, ID 변조 등
  –SCA(Side Channel Analysis) 등

(3) USN 환경에서 더욱 중요하게 다뤄지는 위협요소

- 사용자 프라이버시 침해

-언제, 어디서나 태그 소유자 및 환경 정보 모니터링 가능
-태그 소유자 및 태그 부착 아이템에 대한 위치 추적
-여러 개의 리더로부터의 정보를 가공하여 거래내역 추적 가능

- 기존의 가상공간 공격은 물리적인 공간으로 확대됨
  -센서 및 액추에이터와 같은 USN I/O 장치에 대한 공격으로 물리적 공격 가능
- 센서 노드/태그 위변조 방지 및 접근 제어기술 구현의 어려움
  -간섭 저항 기술 적용의 어려움
  -기존의 보안 기술을 사용한 위변조 방지 및 접근 제어 기술 적용의 어려움

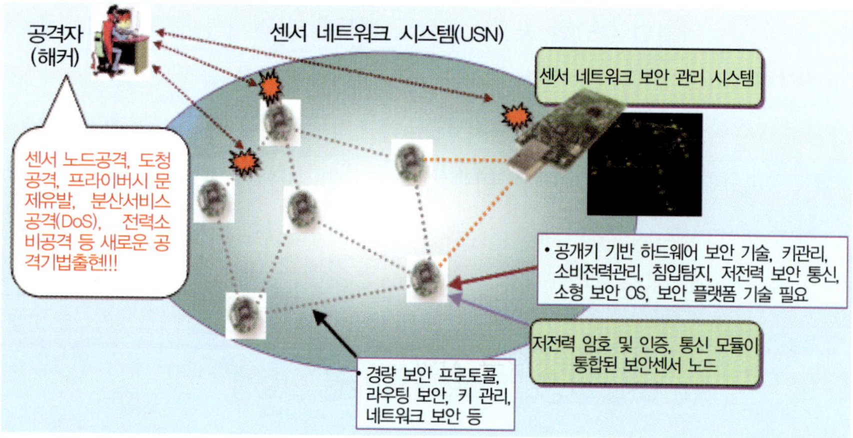

[그림 2-6] USN 환경하의 정보보호

(4) USN의 보안 취약성

- 센서 노드의 보안 취약성
  -I/O 장치 및 무선 통신을 사용하므로 공격받기 쉬운 구조를 가짐
  -높은 자원의 제약성으로 인해 기존의 보안 기술 적용이 어려움
  -제작비용 등의 이유로 간섭 저항 기술을 구현하기 어려움
- 센서 네트워크 도청 및 공격의 용이성
  -노드 사이의 통신 정보를 모니터링 함으로써 정보를 쉽게 얻을 수 있음
  -무선 jamming 등을 사용한 DoS 공격의 용이성
  -전원 고갈 공격(power exhaustion attack)의 용이성
  -센서 노드에 대한 공격의 용이성으로 인해, 네트워크 내에서의 잠입공격(insidious attack)이 용이함

- 프라이버시 침해 가능성이 높음
  - –공격자는 네트워크에서 수집된 데이터에 대한 공격 혹은 통신 채널에 대한 도청을 통해 쉽게 주요 데이터를 얻을 수 있음
  - –공격자는 여러 센서 노드로부터 얻은 낮은 정보량의 데이터를 가공하여 주요 정보를 얻을 수 있음

2) USN 정보보호 요구 사항

USN 환경에서 센서 노드들이 사용 가능한 자원은 제한적이기 때문에 센서 노드들 사이에 안전한 통신 서비스를 제공하는 보안 프로토콜의 설계가 쉽지 않고, 무선 통신으로 데이터를 교환하기 때문에 공격자들에게 다양한 공격을 시도할 수 있는 기회를 제공한다. 현재까지의 보안 프로토콜들은 제한된 자원들 사이의 절충을 통해 설계되고는 있지만 아직까지는 기존의 네트워크에서의 보안 서비스만큼 안전성을 제공하지 못하고 있다. 또한 공격자들이 쉽게 물리적으로 접근하여 센서 노드를 획득할 수 있기 때문에 기존의 네트워크에서 고려하지 않았던 추가적인 보안 요구 사항도 필요로 한다.

(1) 기본적인 요구 사항

① 확장성(scalability)

USN 환경은 10～100,000개의 센서 노드들을 사용하여 구성된다. 또한 응용 분야에 따라서 센서 노드들을 대단히 밀집된 상태로 사용할 수 있다. 따라서 유비쿼터스 센서 네트워크에 적용할 라우팅 알고리즘이나 보안 알고리즘들은 많은 수의 센서 노드들이 밀집된 형태로 배치된다는 사실을 고려하여 설계되어야 한다. 또한 공격자에 의한 노드의 손실이나 배터리 소모와 같은 다른 물리적인 원인에 의한 노드의 손실에 대해 네트워크 내에서 삭제시킬 수 있어야 하고, 안정적이고 효율적인 데이터의 전송을 위해 노드가 삭제되거나 파괴된 지역에 새로운 노드를 추가할 수 있도록 설계되어야 한다.

② 가용성(availability)

유비쿼터스 센서 네트워크에 가용성을 제공하기 위해서는 네트워크가 예정된 수명이 끝날 때까지 본래의 기능을 수행해야 한다. 만약 유비쿼터스 센서 네트워크가 산업 분야에서 사용될 경우 가용성을 잃게 되면 잠재적인 사고를 감지하는 데 실패하게

되어 재정적인 손해를 가져온다. 또한 전쟁터에서 적의 행동을 감시하기 위해 유비쿼터스 센서 네트워크가 사용될 때 가용성을 잃어버리게 될 경우 적의 은밀한 침입을 막지 못한다.

③ 유연성(flexibility)

공격자가 시도할 수 있는 다양한 공격에 유연하게 대처하기 위해서는 네트워크 내에서 공격자에 의해 노출된 센서 노드의 삭제가 신속하게 이루어져야 한다. 또한 네트워크 내의 센서 노드들 사이에 그룹을 만들어 다른 센서 노드들에게 그 그룹 내의 데이터를 감추고자 할 때에도 그룹에 참가하는 센서 노드들의 추가와 삭제가 유연하게 이루어져야 한다.

④ 자가구성(self-organizing)

기존의 IP 기반으로 구성되어 있는 유·무선 네트워크와는 다르게 유비쿼터스 센서 네트워크는 Ad-hoc 네트워크와 마찬가지로 자가 구성 능력을 갖추고 있어야 한다. 센서 노드들은 센서 필드에 배치되기 전에 노드들 사이에 서로 인증을 할 수 있는 정보를 가지고 있어 필드에 배치된 후 이 인증정보를 가지고 메인 서버나 중간 매개체를 거치지 않고 자신의 이웃 노드들에 대한 정보를 얻는 과정(neighbor discovery)을 수행한다. 이 과정을 통해서 센서 노드들 사이에 네트워크가 자가 구성된다.

⑤ 탐지범위

센서 노드들에 탑재된 센서들이 감지할 수 있는 영향력 있는 범위가 센서 노드의 탐지범위(coverage)이다. 그리고 전체 유비쿼터스 센서 네트워크의 탐지범위는 탐지해야 할 관심 영역(the area of interest)에서 센서 노드들이 탐지할 수 있는 범위의 수준을 측정한다. 밀집되지 않은 형태의 배치는 단지 관심 영역의 부분 지역만을 센서 노드들이 탐지할 수 있으나 밀집된 형태의 배치는 관심 영역을 거의 완벽하게 탐지할 수 있다. 중복되는 영역은 다수의 센서들이 같은 물리적인 장소를 탐지하는 경우이다. 실제적으로 센서 노드들의 탐지범위의 수준을 정할 때는 주로 관찰되는 데이터들의 정확도와 중복 영역에 따라 결정된다.

(2) 외부 공격자에 대한 보안 요구 사항

① 기밀성

기밀성(confidentiality)은 통신 당사자 간에 공유되는 정보가 공격자로부터 도청(eavesdropping), 트래픽 분석(traffic analysis) 방법 등을 통해 노출되는 것이 방지되어야 함을 의미한다. 일반적으로 기밀성은 DES 같은 암호 알고리즘의 적용을 통해 제공된다. 수백, 수천 개의 노드로 구성되는 유비쿼터스 센서 네트워크의 암호키는 전체 네트워크의 데이터 기밀성을 유지하기 위해 센서 노드 하나에 대한 암호키 공격의 영향이 전체 네트워크로 확산되지 않도록 세밀한 키 제어(fine key granularity)의 특성을 가져야 한다.

② 인증/무결성

인증(authenticity)과 무결성(integrity)은 수신자가 통신하고 있는 송신자가 정당한 송신자인지와 주고받는 데이터의 내용이 공격자의 불법적인 위·변조 과정 없이 원래의 메시지임을 확인할 수 있는 방법을 제공한다. 인증의 방법에는 통신 피어(peer) 사이의 대칭키 기반의 MAC 방식과 RSA, ECDSA와 같은 전자서명 기술이 있다. 하지만 공개키 암호 방식의 전자서명 기법은 많은 연산처리를 필요로 하기 때문에 아직까지 유비쿼터스 센서 네트워크에 적용되기 어렵다.

(3) 내부 공격자에 대한 보안 요구 사항

① 공격자의 노드 포획에 대한 탄력성

공격자가 획득한 노드로부터 얻은 보안에 관련된 정보를 이용하여 다른 노드들 사이에 설정되어 있는 보안키를 알게 된다면 노드들 사이의 통신은 더 이상 안전성을 제공받지 못하며, 공격자는 보안키를 이용하여 악의적인 데이터를 정당한 데이터로 인증 받아 베이스 스테이션에 전송할 수 있다. 공격자에게 노드가 노출되었을 때 이상적인 대처 방법은 노출된 노드를 탐지하여 노드 안에 저장되어 있던 보안 관련 정보에 의한 피해를 최소화시키는 것이다. 하지만 많은 센서 노드들이 배치되는 유비쿼터스 센서 네트워크 환경에서 공격자에게 노출된 소수의 노드들을 탐지하는 것은 어려운 문제이다. 그러므로 보안 프로토콜을 설계할 때 노드 포획으로 인해 발생할 수 있는 문제들을 고려하여야 한다.

② 급격한 성능저하 방지

급격한 성능저하 방지(graceful degradation)는 시스템의 일부가 파괴되었을 경우에 원래 제공받던 데이터 전송속도에 비해 전송속도가 많이 저하되더라도 지속적인 데이터를 받을 수 있도록 하는 방법이다. 센서 네트워크 환경에서는 일부의 센서 노드가 공격자에게 포획되었을 경우 이웃 노드들이 노출된 키를 삭제하고 그 지역에 새로운 노드가 추가되어 안전한 링크가 설정될 때까지 베이스 스테이션으로 데이터를 전달되는 시간이 길어지더라도 우회경로를 통해서 지속적인 데이터를 제공해야 한다.

(4) 그 밖의 보안 서비스

USN 환경에서는 대부분 인증된 사용자만이 오직 베이스 스테이션에 접근할 수 있거나 전체 네트워크에 원하는 데이터를 전파할 수 있는 권한을 가질 것이다. 하지만 네트워크 내부에 존재하는 센서 노드의 에너지 상태나 하드웨어의 오작동과 같은 상태 변화는 해당 센서 노드가 베이스 스테이션으로 정보를 보내지 않는 한 탐지할 수가 없을 것이다. 따라서 센서 노드들의 내부 상태에 관해 질문(query)을 보내고 내부의 이벤트들에 관한 정보를 받기 위한 하부 시스템이 필요하다.

그리고 USN 환경에서는 몇 개의 센서 노드들이 감지한 데이터가 베이스 스테이션으로 전달되는 과정에서 많은 수의 센서 노드들이 라우팅에 참여하게 된다. 따라서 불필요한 데이터 전송을 막기 위해 중간에서 데이터를 모으는 역할을 하는 센서 노드가 사용된다. 이러한 노드가 공격자의 목표가 될 가능성이 높으므로 이에 대한 안전성이 제공되어야 한다.

3) USN 정보보호 기술동향

현재 이루어지고 있는 대부분의 센서 네트워크 보안 기술은 키분배 및 관리, 인증, 보안을 위한 네트워크 구조, 라우팅 등 다양한 보안 요소들이 결합된 형태로 이루어진다. 여러 가지 보안 요소가 동시에 포함되므로 다양한 기준으로 분류할 수 있으나 편의상 가장 강조된 개념을 중심으로 인증 메커니즘, 그룹키 위주의 키관리 메커니즘, pairwise 키설정 메커니즘, 보안을 위한 네트워크 구조, 기타로 분류하여 소개한다.

(1) 키관리 기술

USN을 구성하기 위해 가장 먼저 고려해야 할 사항은 암호학적 키(cryptographic key)를 설정하는 문제이다. 이러한 키는 센서 노드 사이의 인증이나 센서 노드 사이에서 교환되는 정보의 보호를 제공하는 데 사용된다.

우선 공개키를 이용한 전통적인 키 설정 방법을 고려할 수 있다.

이 방법의 주요한 이점은 노드가 네트워크 내의 다른 노드와 안전하게 키를 설정할 수 있다는 것이다.

그러나 현재의 센서 노드들은 제한된 컴퓨팅 파워를 가지기 때문에 공개키를 이용한 키 설정은 비현실적으로 판단된다. 키 설정 기술은 수백 또는 수천의 노드를 가지는 네트워크에서 적용된다. 게다가 기존의 네트워크와는 달리, 센서 네트워크 내의 센서 노드는 자신 근방의 노드 및 데이터 집합 노드(data aggregation node)와 키를 공유할 필요가 있다.

키 설정에 대한 단순한 방법은 네트워크 전체가 하나의 키를 공유하는 것이다.

그러나 이 방법은 네트워크 내의 단지 하나의 노드가 훼손됨으로써 공유된 비밀키가 드러날 수 있고, 이에 따라 모든 네트워크의 트래픽에 대한 복호화가 가능해진다. 이러한 아이디어의 다른 적용으로 하나의 공유키를 링크키(link key)들을 설정하는 데 사용하는 방법이 있다. 하나의 공유키는 통신하는 노드 쌍 사이의 세션키를 설정하는 데 사용하며, 세션키 설정 후에는 노드들은 공유키를 삭제한다. 그러나 이 방법은 초기키 설정 이후, 새로운 노드의 추가가 불가능하다는 단점이 존재한다.

다른 기본적인 방법으로는 사전에 각각의 노드들의 쌍 사이에 유일한 대칭키를 공유하는 방법이 있다.

n개의 노드를 가지는 센서 네트워크에서, 각각의 노드는 n−1개의 키를 저장해야 하며, n(n−1)/2개의 키들이 설정될 필요가 있다. 이 방법은 전체 노드의 키를 저장해야 하는 메모리 요구사항 때문에, 메모리 제한적인 센서 네트워크 환경에서는 비현실적이다.

인가된 베이스 스테이션을 이용한 키 설정기법이 대안일 수 있다.

여기에서, 각각의 노드는 베이스 스테이션과 단지 하나의 키를 공유하며, 베이스 스테이션을 통해 다른 노드와 키를 설정한다. 이 방법은 베이스 스테이션이 single point of failure가 되게 한다. 그러나 하나의 베이스 스테이션만이 존재하기 때문에, 네트워크는 베이스 스테이션에 물리적 공격에 대한 위협을 개선한 간섭−저항 패키징을 결합함으로써 이러한 문제점을 해결할 수 있다. 최근에는 대칭키의 큰 풀(pool)을 선택하고, 풀의 랜덤한 부분 집합을 각각의 센서 노드에 분배하는 random-key predistribution 프로토콜이 제안되었다.

통신하기를 원하는 2개의 노드는 그들이 공통키(common key)를 공유할 수 있는지의 여부를 결정하기 위해 그들의 풀을 조사한다. 만약 원하는 키를 찾았다면, 그들은 공통키를 공유한다.

그러나 모든 노드들의 쌍이 공통키를 공유할 수 있는 것은 아니다. 만약 키 설정 확률이 충분히 크다면, 노드들은 충분히 많은 노드와 키를 설정할 수 있다.이러한 키 설정 방법은 인가된 베이스 스테이션 없이 키 설정을 할 수 있다는 장점이 있다.

하지만 이러한 접근 방법은 충분히 많은 노드를 훼손시킬 수 있는 공격자가 키 풀을 완전히 재구성함으로써 이 스킴을 깰 수 있다는 단점이 존재한다.

향후 노드 훼손에 대한 회복력을 가지는 보다 좋은 random-key predistribution 프로토콜이나 공개키 암호에 대한 하드웨어 지원에 대한 조사 및 보다 효율적인 공개키 암호 스킴 등이 연구되어야 할 것으로 보인다. 궁극적으로 큰 규모의 센서 네트워크에 대한 단순한 키 설정을 지원하는 안전하고 효율적인 키 분배 메커니즘이 필요할 것으로 예상된다.

센서 노드들이 배치되었을 때 처음으로 요구되는 보안 요소는 이웃 노드 사이의 보안키를 안전하고 효율적으로 설립하는 것이다. 일반 네트워크 환경에서는 PKI(Public key infrastructure)에 기반한 공개키(public key) 교환 방식을 사용하고 있지만 USN에서는 센서 노드의 자원 제약 때문에 많은 비용을 요구하는 공개키 방식의 키 교환을 직접 사용할 수 없다. 또한, 공격자에 의해 일부 센서 노드들이 쉽게 포획될 수 있고 포획된 센서 노드들의 비밀 정보가 유출될 경우, 전체 USN에 미치는 영향도 고려해야 한다.

① Sybil Attack

- 하나의 노드가 여러 ID를 가장함
  - 통신할 수 있는 RF 대역을 상대적으로 많이 장악함
  - 라우팅 경로가 공격 노드로 집중되게 함
- 해결방안
  - 사전 키 분배를 통하여, 노드 ID와 키를 미리 연관시킴
  - 키를 알지 못하면 ID를 가장하는 것이 불가능

② HELLO Flood Attack

- 노트북과 같은 공격도구를 사용하여, 강력한 전파로 HELLO 메시지를 브로드캐스트
  - 대부분의 노드들이 공격자를 가장 가까운 이웃 노드로 인식
- 해결 방안
  - 링크 키를 사용한 노드 사이의 상호 인증

센서 노드 간에 키를 설정하는 가장 간단한 방법은 모든 센서 노드가 동일한 그룹키를

공유하게 하는 방식이다. 하지만 이 경우 하나의 센서 노드라도 공격자에게 포획되면 전체 그룹키가 유출되고 전체 센서 노드 사이의 통신은 안전하지 않게 된다. 다른 극단적인 방법으로 모든 센서 노드 쌍마다 유일한 키들을 할당하는 방식이 있다. 이 경우, 임의의 노드가 공격자에게 포획되어도 다른 센서 노드 간의 통신은 여전히 안전할 수 있다. 그러나 각각의 센서 노드는 전체 센서 노드의 수만큼 키들을 저장해야 한다. 이 방법은 센서 노드의 메모리 제약조건 때문에 필요한 키들을 모두 저장할 수 없어서 비현실적인 방법이다.

이렇듯 USN에서 안전하게 키를 설립하는 것은 어려운 문제이다. 그러나 최근에는 여러 가지 효율적이면서 안전한 키 설립 방법들이 제안되고 있다. SPINS에서는 신뢰하는 베이스 스테이션을 가정하고 베이스 스테이션을 경유하여 통신 가능한 이웃 센서 노드와 키를 교환하는 방식을 사용하고 있다. 그러나 각 노드들은 키 교환을 위해 베이스 스테이션과 통신을 해야 하기 때문에 베이스 스테이션 주위의 노드들의 급격한 에너지 소모가 발생한다. 그렇기 때문에 SPINS는 대규모 센서 네트워크 환경에 적합하지 않다.

최근 Eschenauer와 Gligor에 의해 제안된 임의의 키 사전 분배 방법에서 발전되었다. 이 방법들은 임의의 키 집합을 크게 정하고 각 노드에게는 이 집합에 속한 일부 키들을 임의로 선택해 할당하는 방법을 사용하고 있다. 만약 두 노드 각각에게 할당된 부분 집합들 중에 공통된 키가 존재한다면 두 노드 사이의 키는 설립된다. 이렇게 두 노드가 키를 설립할 확률은 birthday paradox에 의해 예상보다 높다. 두 노드 사이의 키가 직접 설정되지 않은 경우라도 키가 설정된 주위의 다른 센서 노드를 경유하여 키를 안전하게 교환할 수 있다. 이 방법의 장점은 대규모 네트워크를 지원하면서 신뢰하는 베이스 스테이션을 가정할 필요가 없다는 것이다. 하지만 공격자가 충분히 많은 센서 노드를 포획하면 전체 키 집합을 예측할 수 있다는 단점도 있다.

최근에 소모형 센서 네트워크 환경에 적합한 효율적인 키 교환 방법들도 제안되었다. 이 방법들은 사전에 잠재적인 키들의 저장을 요구하지 않는다. 대신 현실적인 공격 모델을 가정한다. 현실적으로 공격자는 센서 배치 초기에 적극적인 대응을 할 가능성이 낮다. 따라서 초기 키 설립 동안에 공격자는 노드 포획 같은 물리적인 공격을 하지 못하고, 전체 통신의 일부만 도청할 수 있다. 그러나 초기 키 설립 이후에는 모든 공격이 100% 가능하다. 이 공격 모델은 강한 가정이지만, 소모형 센서 네트워크와 같은 일반적인 센서 환경에서는 타당한 가정이다. 사용자는 가능성이 낮은 초기 공격에 대응하기 위해 많은 비용을 소비하기보다 적은 비용으로 네트워크를 형성하고 유지하는 것이 더욱 현명한 선택일 수 있다. USN 키 관리 연구의 목표는 제한된 능력의 센서 노드들로 구성된 다양한 센서 네트워크 환경에 적합한 안전하고 효율적인 키 설립 방법을 설계하는 것이다.

(2) 암호와 인증 기술

일반적인 네트워크와 같이 USN에서도 정보의 도청, 삽입, 변조에 대한 보호를 요구한다. 키 관리에서와 비슷하게 암호와 인증 기술을 사용할 경우에도 센서 노드의 에너지, 계산, 통신, 메모리 한계를 고려하여야 한다. 따라서 USN에서는 일반적으로 사용되는 공개키 알고리즘이나 인증 기술들이 제한적으로 사용된다. 공개키 방식은 많은 계산 비용과 큰 사이즈의 키를 요구하기 때문에 대칭형 암호 시스템(symmetric cipher)이나 속도가 빠른 해시 함수(hash function)를 사용하여 암호와 인증 기술을 구성하는 것이 바람직하다. 물론, 암호 시스템의 하드웨어 지원으로 센서 노드의 계산 효율성을 증가시킬 수 있지만 구현 비용에 비해 전체적으로 큰 이익을 얻을 수 없다. 왜냐하면 센서 노드의 에너지 소모의 대부분은 통신 패킷 전송에서 발생하는데, 하드웨어 지원은 계산 비용만 줄여 주기 때문이다.

보안이 적용되지 않은 USN 기술은 개인프라이버시 위협을 비롯한 다양한 문제점에 노출될 수 있다. USN에서의 이러한 보안 문제를 해결하기 위한 다양한 연구가 진행되고 있다.

① SPINS

버클리대학은 스마트 더스트 프로그램의 일환으로 작은 센서 디바이스의 네트워크에 대한 프로토타입을 구성하였다. 이 프로토타입은 외부 네트워크와의 연결을 담당하는 보다 강한 파워를 가지는 베이스 스테이션과 베이스 스테이션과 통신하는 작은 배터리 파워를 가지는 디바이스인 노드들로 구성된다. 〈표 2-4〉는 이러한 스마트 더스트 노드들의 프로토타입에 대한 특징을 나타낸다. 버클리대학은 이러한 센서 네트워크 프로토타입에 대한 보안 프로토콜로 SNEP(Sensor Network Encryption Protocol)

〈표 2-4〉 스마트 더스트 노드들의 프로토 타입에 대한 특징

CPU	8bit, 4 MHz
	8 kbytes 명령어 플래시
저장용량	512 bytes RAM
저장용량	512 bytes EEPROM
통신	916 MHz 무선
대역폭	10 kbps
운영체제	TinyOS
OS 코드 공간	3500 bytes
가능한 코드 공간	4500 bytes

과 μTESLA로 구성된 SPINS(Security Protocol for Sensor Networks)를 채택하였다. SNEP는 기밀성, 양자간 데이터 인증, 무결성 및 적시성(freshness)을 제공하며, μTESLA는 데이터 브로드캐스트에 대한 인증을 제공한다.

SPINS는 베이스 스테이션이 소스 라우팅(source routing)을 사용하여 노드들에 접근하는 아키텍처를 나타낸다. SNEP에서 각각의 노드 Nj는 베이스 스테이션과 마스터 키 Kj를 공유하며, 이 마스터 키는 모든 다른 키를 유도하는 데 사용된다.

데이터 암호화 과정에서, 노드는 Kj로부터 유도된 키와 카운터를 암호 알고리즘 RC5의 입력으로 사용하며, RC5는 one time 키로서 사용되는 비트 스트림을 생성한다.

이러한 one time 키를 메시지와 XOR하여 전송하며, 다음 메시지의 전송을 위해 카운터 값을 증가시킨다. 노드의 카운터 값과 마스터 키로부터 유도된 키를 알고 있는 베이스 스테이션은 같은 one time 키를 생성하여, 암호화된 메시지에 XOR함으로써 원래의 메시지를 알 수 있다(그림 2-7 참조).

μTESLA는 TESLA의 확장이라고 볼 수 있다. TESLA는 초기 패킷을 인증하기 위해 디지털 서명을 사용하기 때문에, 이 기법을 센서 네트워크에 적용하는 것은 비현실적이다. μTESLA는 지연된 대칭키 공개 기법을 통해 비대칭키 도입에 따른 이러한 문제점을 극복하고 있다. μTESLA에서 베이스 스테이션이 인증된 정보를 노드에게 브로드캐스트하는 과정은 다음과 같다.

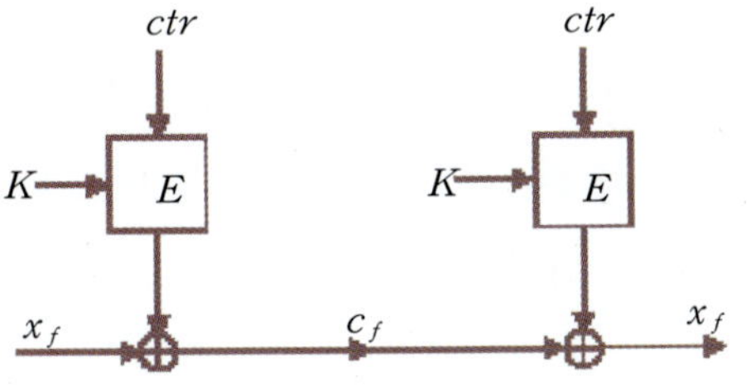

[그림 2-7] counter를 이용한 암호화 과정

베이스 스테이션은 패킷을 인증하기 위해 그 당시에는 비밀로 유지되고 있는 키를 사용하여 패킷에 대한 MAC을 계산한다. 센서 노드가 패킷을 전송받았을 때, 노드는 해당되는 MAC 키가 베이스 스테이션에 의해 아직 공개되지 않았다는 것을 증명할 수 있다. 노드는 MAC 키가 단지 베이스 스테이션만이 알고 있다는 사실을 알 수 있기 때문에, 어떤 공격자도 전송된 패킷을 변경할 수 없다는 사실을 확신할 수 있다.

이때에 노드는 버퍼에 패킷을 저장한다. 키 공개 시기가 오면, 베이스 스테이션은 모든 노드에게 증명 키를 브로드캐스트한다.

공개된 키를 전송받은 노드는 그 키가 정당하다는 것을 증명할 수 있다. 이러한 키의 정당성을 입증하기 위해서 μTESLA는 한 방향 함수(one-way function)를 이용한 한 방향키 체인(one-way key chain) 기법을 사용한다.

만약 전송받은 키가 정당하다면, 노드는 전송받은 키를 이용하여 버퍼에 저장된 패킷을 인증한다. 이 기법은 수천 개 이상이 노드로 구성될 수 있는 큰 규모의 센서 네트워크에서는 비효율적이 될 수 있다.

② 도 청

- 노드간 통신을 모니터링함으로서 정보획득(예 : 옥외에 설치된 수신기에 대한 도청)
  - –개인의 상세한 생활 정보를 모두 빼낼 수 있음
- 도청문제 해결방법
  - –통신 채널에 대한 암호화(기밀성)를 제공함으로써 일부 문제의 해결이 가능하지만, 키 분배 및 관리의 문제가 발생함 : 센서 노드의 자원 제약성으로 인해 암호 기능을 제공하는 것은 쉽지 않음
  - –인접 노드 사이의 암호화 기능 제공 : 인접 노드 간에만 키를 공유하면 됨. 하지만 위/변조된 노드가 존재하는 경우, 인접 노드 사이에만 형성된 보안 채널은 의미 없게 됨
  - –다중 경로 라우팅(multi-path routing) 기법 사용 : 독립적인 다중 경로를 통해 메시지를 분할해서 전송하고, 목적지 센서 노드에서 이를 다시 취합하여 중간 경로에 대한 도청 위험 극복

(3) 프라이버시 보호

유비쿼터스 환경에서는 다양한 분야에서 다양한 장치들을 통해 개인에 관련된 정보들이 디지털 형태로 데이터베이스에 저장된다. 이때 이런 정보들이 개인이나 회사, 정부의 이익을 위해 악용된다면 개인의 프라이버시를 침해하는 결과를 낳게 된다.

프라이버시는 익명성과 밀접한 관계가 있다. 프라이버시는 대중 속에 섞여 구분되지 않는 한 보장되지만, 반대로 익명성을 악용한 불법적인 행위를 막아야 한다.

따라서 익명성 보호를 위한 암호 프로토콜은 법적인 분쟁이 있을 때를 대비한 추적 기능도 포함하는 경우가 많다. 익명성을 보호하는 암호 프로토콜은 그룹 서명(group signature), blind 서명, ring 서명, anonymous credential, mix network 등이 있다.

유비쿼터스 환경에서는 정보보호의 대상이 일 대 일 관계가 아니라 개인 대 그룹, 그룹 대 그룹으로 바뀌어 간다. 따라서 전통적인 방법으로는 안전성을 유지할 수 없다. 비밀키를 그룹의 일원이 공유함으로써 비밀 유출을 막는 것을 threshold cryptography라 하며, 현재 활발히 연구되고 있는 분야이다.

① 그룹 서명

그룹 서명은 1991년 D. Chaum과 Van Heyst에 의해 처음으로 제안되었다. 그룹 서명은 그룹의 구성원이 그룹을 대표하여 서명하며, 서명자가 누구인지 알려져서는 안 되며, 분쟁 시 그룹 관리자에 의해 서명자의 신원이 밝혀져야 한다.

그룹 서명은 효율성 제고와 부가기능 향상이라는 두 가지 측면에서 발전하여 왔다. 현재 가장 효율적인 그룹 서명은 Strong-RSA 가정에 기반을 둔 것이다. 그룹 서명에는 위의 세 가지 성질 이외에 다른 부가적인 기능을 갖고 있는 것들이 있는데 예를 들면, 그룹 멤버가 탈퇴할 경우 전체 그룹 서명에 영향을 미치지 않는 것 등이 있다.

최근에 그룹 서명의 성질을 요구하는 여러 프로젝트들이 있었다. 일례로 미국 Department of Transportation이 진행 중인 Vehicle Safety Communications 시스템은 그룹 서명을 이용한다. 이 시스템은 자동차에 근거리 송신기를 장착하여 위급 상황이 되면 주변 자동차에 자신의 정보를 알려준다. 예를 들어 급브레이크를 밟는 상황이 되면 주변의 모든 자동차에게 주의 메시지를 보내는 식이다. 메시지 스푸핑을 막기 위해 이 시스템에서 전송되는 모든 메시지는 서명이 되어야 하며 자동차 운전자의 프라이버시 보호를 위해 그룹 서명을 사용하게 된다. 효율적인 그룹 서명을 위해 서명의 길이가 짧아야 하며 현재 가장 짧은 그룹 서명은 대략 200비트 정도이다.

② Ring 서명

ring 서명은 2001년 Rivest, Shamir 그리고 Tauman에 의해 제안되었다. ring 서명은 그룹 서명과 거의 유사하며, 그룹 관리자가 없다는 점이 다르다. 따라서 서명자가 누구인지 추적할 수가 없다.

ring 서명의 응용으로는 내부 고발을 생각할 수 있다. 내부의 비리를 외부 언론에 알릴 때 그룹 서명을 이용하면 그룹 관리자에 의해 누가 고발자인지 알 수 있지만 ring 서명을 하면 고발자에 대한 무조건적인 익명성이 지켜진다.

또 다른 응용으로는 Ad-hoc 그룹에 대한 것이 있다. 유비쿼터스 환경에서는 수많은 컴퓨팅 디바이스들이 통신을 하며 필요에 따라 그룹을 만들기도 하고 해체하기도 한다. 이를 Ad-hoc 그룹이라고 하는데, 그룹 관리자를 두는 것이 불가능하기 때문에 그룹 구성원 n명 중 k명의 동의에 의해 서명을 만드는 threshold ring 서명으로 응용된다.

③ Blind 서명

blind 서명은 프라이버시 보호를 위한 기본 프리미티브로서 전자화폐를 위한 프로토콜이며, 1981년에 Chaum이 RSA에 기반을 둔 프로토콜을 제안하였다.

blind 서명이란 사용자가 메시지에 대한 서명을 받는 경우, 서명자는 서명한 메시지에 대한 정보를 전혀 알 수 없도록 해야 하며, 사용자는 메시지 하나에 오직 한 번만 유효한 서명을 받아야 한다.

예를 들어, 은행은 서명을 통해 화폐에 대한 신용을 보장하지만, 화폐 소유자에 대한 익명성을 보증해야 하고 중복 발행을 막아야 한다. 필요에 따라서는 불법적인 돈의 유통을 막기 위해 법 집행기관을 통한 추적기능을 첨가하는 추세이다. 실제 사용 가능한 시스템은 Brands에 의해 1993년에 제안되었고, 안전성에 대한 증명은 2001년에 Bellare 등에 의해 이루어지기 시작했다.

blind 서명은 사용자에게 완벽한 익명성을 주기 때문에 전자 투표에 이용되기도 한다. 현재 blind 서명에 대한 연구 동향은 효율성 향상, 추적기능 강화에 있다.

④ Anonymous Credential

anonymous credential 시스템은 pseudonym 시스템이라고도 불리며, 1985년 Chaum에 의해 제안되었다. 이 시스템은 기관과 사용자로 구성되며 기관은 사용자의 가명(pseudonym)만을 알고 그에 대한 credential을 발급할 뿐 사용자의 신원에 대해선 알 수 없다.

한 사용자가 여러 개의 가명을 사용할 수 있고, 반대로 한 기관이 사용자의 가명에 대해 발급한 credential을 다른 기관에 사용할 수 있다.

기관은 credential을 받은 사용자의 가명 이외의 어떠한 정보도 알 수 없으므로 사용자의 프라이버시를 보호한다. anonymous credential 시스템은 최근에 와서야 실용적인 스킴이 제안되었다.

Camenisch와 Lysyanskaya은 최근 bilinear 사상을 이용한 효율적인 anonymous credential을 제안하였다. 유비쿼터스 환경에서 제공되는 많은 서비스에 대한 가입시 발생되는 프라이버시 보호문제를 해결해 줄 것으로 기대된다.

⑤ Mix Network

익명성을 보호하는 여러 가지 방법이 있지만 실제 통신하는 네트워크상에서 익명성을 유지하지 못한다면 아무 소용이 없다. mix network는 1981년 Chaum에 의해 고안되었으며, 네트워크에서 익명성을 유지하도록 해준다.

mix network는 암호화된 메시지를 입력받아 재암호화한 후 랜덤한 순서로 출력하는 방식으로 입력 메시지와 출력 메시지 간의 대응관계를 알 수 없게 한다. 이것은 anonymous 이메일, 웹 브라우징, 익명화 지불 시스템 등에 응용된다. 현재 연구 동향은 ad-hoc, peer-to-peer 네트워크처럼 동적인 환경에서 익명성을 유지하는 효율적인 mix network를 개발하는 것과 mix network에 의해 얻게 되는 익명성의 정도를 수치화하려는 데 있다.

⑥ Threshold Cryptography

전통적인 암호학에서는 주로 송신자 한 명과 수신자 한 명이 있는 상황을 고려했지만 실제 상황은 다르다. 개인과 그룹 사이의 통신이 있을 수 있고 그룹과 그룹 사이의 통신이 있을 수 있다.

유비쿼터스 환경에서는 수많은 컴퓨팅 디바이스들이 잠시 동안 그룹을 이루었다가 흩어지는 일이 반복될 것이므로 전통적인 암호학으로는 접근할 수가 없다. 이런 상황에 대한 해결책으로 threshold cryptography가 유력하다. threshold cryptography는 분산 암호(distributed cryptography)라고도 한다.

1979년 Shamir가 최초로 마스터 비밀키에 대한 비밀 공유 문제를 다루었다. 마스터키를 한 사람에게 맡겨 놓는 것은 정보보호 차원에서 매우 위험하다. 왜냐하면 키가 유출되었을 경우나 키를 맡은 사람이 배신을 할 경우 대책이 없기 때문이다. 그러므로 키에 대한 정보를 모두에게 나누어서 위험을 줄이려는 것이다. n명의 구성원이 있다면 적어도 k명 이상이 모여야 키를 복구할 수 있고, k명 이하일 경우는 키에 대한 어떤 정보도 얻을 수 없는 (n, k)-threshold 스킴을 만든다.

대부분의 전통적인 암호 스킴은 threshold 형태로 바꿀 수 있으며 이에 대한 연구가 계속 진행 중이다. 예를 들면 그룹 암호의 경우 그룹 관리자가 필요한데, 그룹 관리자 역할을 임의의 k명 이상인 집단이 맡도록 하는 threshold 그룹 암호로 바꿀 수 있다. threshold cryptography에 대한 안전성 분석은 현재 진행되고 있는 연구 과제이다. 프라이버시 보호를 위한 암호 프로토콜 분야에서 랜덤 오라클 모델이 아닌 실용적인 모델에서의 안전성 증명 기법 개발, 계층 구조(hierarchical structure)를 갖는 기법 또는 멤버십을 대리할 수 있는 기법 개발, mix network에서 익명성의 정도를 측정하는 도구 개발 등이 앞으로 활발히 연구되어야 할 대표적인 분야이다.

유비쿼터스 센서 네트워크가 구성되어 있는 장소에서 센서 노드들로부터 개인의 위치와 같은 민감한 정보들이 감지될 경우 이런 정보들이 개인의 의사와는 상관없이 저장되고 다른 목적으로 악용될 수 있다. 앞으로 유비쿼터스 센서 네트워크는 많은 응용 분야에서 사용될 전망이다. 이에 따른 프라이버시 문제를 해결하기 위해서 개인의 정보가 어떻게 이용되는지에 대해 개인이 인지하도록 해야 하며 수집된 정보들에 대해 허가된 사람들만이 접근할 수 있도록 규제를 하는 등 사회적인 규범, 새로운 법, 기술적인 대응을 종합하여 접근할 필요가 있다. 따라서 USN 기술의 발전과 더불어 PET(Privacy Enhancing Technology)에 대한 지속적인 연구가 필요하다.

센싱 데이터에 대한 프라이버시 문제

- 센서 노드에 저장된 데이터에 대한 불법적인 접근 및 도청으로 중요정보에 대한 접근

  예 : 센서 노드에 대한 불법적인 접근을 통해,

  –개인 프라이버시 정보 추출 가능

  –환경 정보에 대한 직접적인/원격 모니터링 가능
- 허위 acknowledgement 응답

  –약한 링크, 또는 더 이상 작동하지 않는 노드를 대신하여 링크계층의 Ack를 전송
- 해결방법

  –데이터 암호화 및 접근 제어 기법 사용

  –USN 네트워크의 데이터 수집 능력 제한

  • 센서 노드의 위치 정보(또는 ID 정보)와 센싱된 데이터의 연관성을 제거함

  –분산 쿼리 처리 기법 사용

  • 단일 센서 노드로는 USN 네트워크상의 데이터를 수집할 수 없도록 함

  –링크 계층 제어 메시지 보안

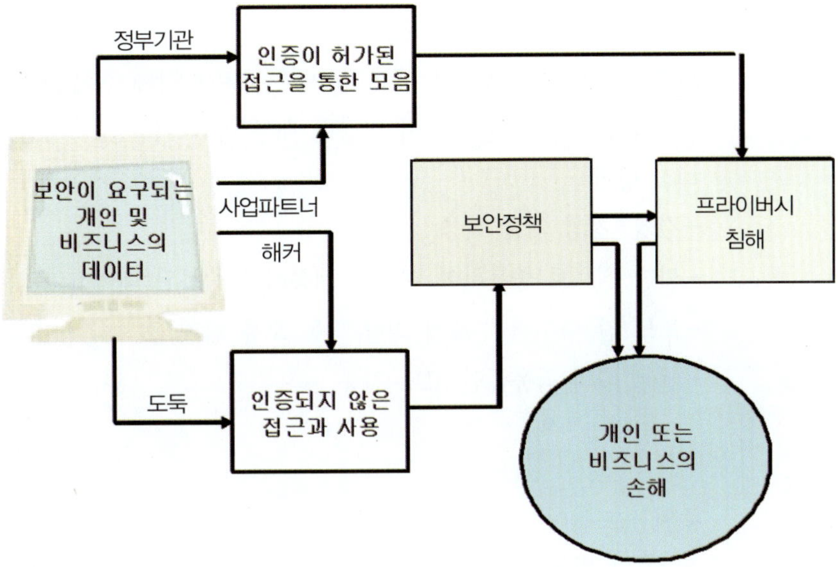

[그림 2-8] 프라이버시와 보안의 차이점

보안(security)과 프라이버시(privacy)의 차이점은 [그림 2-8]과 같다. 즉 보안이 요구되는 개인 및 비즈니스의 데이터를 정부기관이나 사업파트너에 의하여 인증이 허가된 접근을 통하여 오용되고 있는 것은 프라이버시 침해이고, 해커나 도둑에 의하여 인증되지 않은 접근과 사용으로 개인이나 비즈니스에 손해를 끼치는 경우를 보안침해로 구분할 수 있다.

프라이버시 문제의 초점은 개인 또는 기업의 프라이버시 침해로 야기하는 불법 사용자에 의한 데이터의 오용에 관한 것이고 프라이버시 침해는 보안 침해 때문에 발생할 수 있다.

(4) DoS 공격에 대한 대응

공격자는 DoS 공격으로 USN의 통신을 제한할 수 있다. 예를 들어, 공격자가 높은 에너지 신호를 보내면, 네트워크는 전파 방해 때문에 통신을 제한받을 수 있다. 만약 전파 방해가 오직 네트워크 일부에서 발생할 경우 전파 방해 영역을 감지하여 대응하는 방법이 제안되었다.

다른 유형의 DoS 공격으로는 센서 노드에게 계속적으로 접근 신호를 보내어 센서 노드의 에너지를 고갈시키는 방법도 있다. 이러한 DoS 공격에 대응하기 위한 필수적인 요구 사항은 에너지를 적게 사용하는 프로토콜을 구성하는 것이다.

① Node Capture

- 노드가 외부에 노출되어 있고, 물리적 공격에 약해 쉽게 공격받음
  -공격 받은 노드를 통하여 다양한 내부 공격 가능
- 해결 방안
  -간섭-저항 기술 적용
  -다중 경로로 중복하여 메시지 전송하고 중복된 데이터의 일관성 검증
  -노드 간 다수결 투표에 의한 작동 오류 탐지
  -센서 내의 작동중인 코드 검증

② Sinkhole Attack

- 주위 노드들이 접속을 선호하도록 가장
  -라우팅 비용 등의 정보를 허위로 배포, 공격 노드로 데이터 집중
- 해결 방안
  -링크계층 보안

③ Wormholes Attack

- 싱크 노드와 공격 지역에 공격 노드들을 설치함
- 두 공격 노드 사이에 터널을 생성하여 패킷 재전송
- 해결 방안
  -위치정보와 클러스터링 정보 이용

④ Side Channel Analysis 공격

- 센서 노드에 대한 부채널 공격(side channel analysis)의 용이성

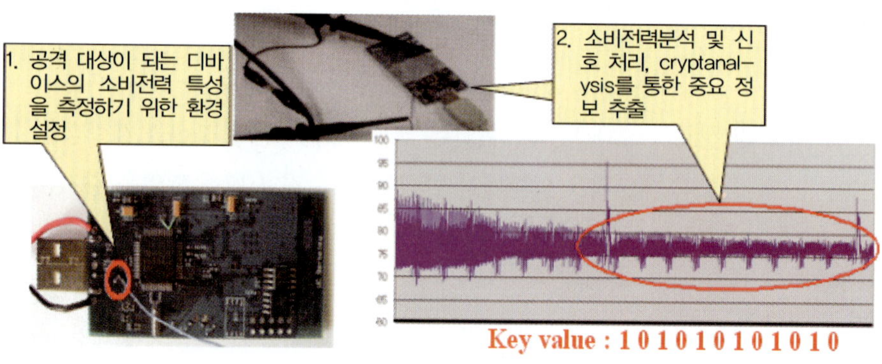

[그림 2-9] 센서 노드에 대한 부채널 공격의 해결방안

–센서 노드에서 소비되는 전력의 패턴을 분석하여 내부의 중요한 정보를 알아내는 DPA(Differential Power Analysis) 공격 가능성이 높음

–센서 노드인 경우, low cost 특성 때문에 DPA resistant 기술을 적용하기 어려움

(5) 안전한 라우팅 프로토콜

라우팅 프로토콜은 USN에서 정보를 전달하는 기본적인 요소이지만, 현재까지 제시되어 있는 대부분의 라우팅 프로토콜들은 보안적으로 매우 취약하다.

악의적인 라우팅 정보를 삽입하는 단순한 공격은 간단한 인증으로 대응할 수 있지만 대부분의 라우팅 프로토콜은 일부 센서 노드를 포획하는 공격에 특히 취약하다. 안전한 라우팅은 일부 센서 노드가 공격되어도 전체 시스템은 여전히 정상적인 기능을 유지하는 것을 목표로 한다.

Routing Attack

- 메시지가 목적지까지 제대로 전송되지 못하게 하는 공격
  –라우팅 경로 중에 침입한 공격 노드에 의한 패킷 손실
  –selective forwarding
  –허위 라우팅 정보에 의한 혼란
- 해결 방안
  –multi-path routing
    • 서로 겹치는 구간이 없는 여러 라우팅 경로를 사용
    • 서로 다른 라우팅 경로가 모두 공격 당하지 않는 한 적어도 하나 이상의 안전한 라우팅 경로 확보
    • 네트워크 자원 사용 증가
  –secure routing

현재 안전한 라우팅 프로토콜을 구성하기 위한 몇 가지 방법들이 제안되었다. 예를 들어, 독립적인 여러 경로로 같은 정보를 보낸 후 목적지에서 수신된 정보를 비교함으로써 라우팅 공격을 감시하는 방법이 있다. 하지만 노드 포획에 의한 라우팅 프로토콜의 위험은 여전히 다루기 어려운 문제이다.

유비쿼터스 센서 네트워크 기술은 온도, 습도, 압력, 성분, 소리 등을 감지하는 센서 관련 기술과 센싱 정보를 센서 노드 간에 전달하고 공유하기 위한 라우팅을 비롯한 통신 프로토

콜 기술과 센서 응용에 따른 이동성 제공 기술 등이 융합된 복합 기술이지만 서비스 관점에서의 보안과 연계된 체계적인 연구는 부족한 상태이다. 따라서 센서 네트워크 정보보호 기술 개발은 각 발전 단계에 따라 달라질 수 있는 센서 노드, 전송 메커니즘, 센서 OS, 응용 서비스의 제원들을 파악하여 개발 초기단계부터 보안 기능에 대한 고려가 충분하여야 한다. 즉, USN의 초기 단계인 RFID기반 센서 네트워크 기술 개발 단계에 적절한 보안서비스를 제공하느냐에 따라 센서 네트워크가 우리나라의 초고속 인터넷을 능가하는 IT 분야의 새로운 인프라로 자리잡을 수 있는지 여부가 판가름 날 것이다.

센서 네트워크의 정보보호 기술은 크게 센서 노드에 대한 보안, 시큐어 라우팅과 정보집합, 키 관리 및 인증 그리고 보안 프로토콜 기술로 분류될 수 있으며, 키 관리와 인증은 센서 노드의 제한적인 컴퓨팅 능력을 고려한 대칭키 기반의 연구에 집중되어 있다. 하지만 공개키의 비밀 정보를 각 노드에 분산하여 저장하고 관리하는 threshold cryptography 기법과 같이 노드들이 협력하여 키 관리가 가능한 방식을 포함하여 소출력/저성능의 센서에서도 충분히 수행 가능한 공개키 방식에 대한 연구는 매우 중요하다.

센서 정보의 접근이 비교적 손쉬운 개방된 센서 네트워크는 공격 위협을 조기에 찾아내고 방지할 수 있는 보안 관리와 서비스 거부 공격에 충분히 감내할 수 있는 구조가 필수적이며, 이러한 보안 개념이 설계시부터 적절하게 반영되어야 한다. 아울러 유비쿼터스 보안 환경에 걸맞은 법과 제도 정비가 선행된 상태에서 USN 정보보호 기술 개발이 이루어져야 함은 물론이다.

제한적 환경을 가지고 있는 USN에서의 보안은 통신, 에너지, 메모리 등의 요구 조건을 전체적으로 고려해서 선택하여야 한다. 특히, 물리적으로 노출되어 있는 환경에서 발생할 수 있는 다양한 공격 가능성을 예측한 대응도 필요하다.

USN 보안에 대한 연구는 아직 초기 단계로 일반 네트워크에서 보여주는 보안 수준을 제공하지는 못하고 있으며 표준화된 기술도 없다. 하지만 유비쿼터스 센서 네트워크는 정보통신부의 IT839 추진과 더불어 앞으로 사회 여러 분야에서 각광받게 될 것이다.

따라서 USN이 적용되는 다양한 환경에 따라 가능한 여러가지 공격들을 분석한 후 이에 따른 개별적인 보안 방법의 연구가 필요하다. 예를 들면, 경작지에서 온도를 측정하는 환경과 홈네트워크 시스템 환경에서의 USN에 대한 공격과 보안 요구 수준은 분명하게 구별될 것이다. 앞으로 집중적인 연구와 투자로 안전한 USN의 실용화가 가능할 것으로 예상된다. 하지만 상용화에 앞서 급속한 변화에서 발생하게 될 사회적, 기술적 문제들을 위한 제도적 법률도 마련해야 할 것이며, USN 환경에서의 프라이버시 보호를 위한 윤리적 가치관의 재정립과 성숙된 시민의식 또한 필요할 것이다.

제 3 장

유비쿼터스 센서 네트워크 관련 기술동향

3.1 유비쿼터스 센서 네트워크의 기술 개요
3.2 센서 네트워크 요소 기술
3.3 센서 인터페이스 기술
3.4 MAC 계층 기술
3.5 ZigBee 센서 네트워크 기술
3.6 유비쿼터스 센서 네트워크의 미들웨어 기술

3.1 유비쿼터스 센서 네트워크의 기술 개요

1) USN의 기술 개요 및 특징

유비쿼터스 센서 네트워크 연구는 미국의 버클리, UCLA, USC, MIT, 하바드 등의 주요 대학들을 중심으로 활발히 진행되고 있다.

버클리대학의 경우 센서 네트워크 운영체제인 TinyOS를 중심으로 다양한 라이브러리 요소 기술 개발과 함께 대규모 센서 응용을 구축하고 있으며, 기타 주요 연구기관들과 버클리 대학과 협조하여 다양한 응용을 개발하고 있다.

라이브러리 및 요소 기술의 경우 네트워킹 기술을 중심으로 많은 연구 결과가 발표되고 있다. 네트워킹 기술은 저전력 라우팅 기술, 데이터 전파 및 신뢰보장 기술과 같은 정보 전달 기술에 초점이 맞추어져 있다.

시스템 기술은 센서 위치 인식 기술, 코드 전파 기술 등이 주로 연구되고 있다.

국내의 센서 네트워크 기술 개발동향은 최근 차세대 성장동력 10대 과제, IT839와 같이 IT 신기술에 확보의 중요성이 인식되면서 ETRI, KETI 같은 연구기관 및 대학 그리고 산업체에서 센서 네트워크 관련 연구를 활발히 진행하고 있다.

ETRI는 나노 Qplus 운영체제 플랫폼에 기초로 한 센서 노드용 나노 커널을 개발하고 있어, 곧 가시적인 결과가 나오리라 예상된다.

KETI의 경우, 센서 네트워크 소프트웨어보다는 RFID와 USN을 비롯한 하드웨어 및 무선 환경 등에 대한 요소 기술에 대한 연구에 집중하고 있다.

삼성전자/삼성종합기술원/삼성전기 등의 산업체에서도 IEEE 802.15.4 기반의 ZigBee 기술을 중심으로 센서 네트워크 기술을 연구 중이다.

미국 등의 기술 선진국들은 능동형 센서 네트워크 기술을 연구의 초점으로 맞추고 있는 반면, 국내 산업계에서는 RFID 전자태그와 같은 수동형 센서 네트워크 기술을 주로 개발하고 있다. 향후 산업화를 고려하여 활발하게 연구가 이루어지고 있는 국외의 경우와 달리, 국내의 능동형 센서 네트워크 관련 기술은 아직 초보적인 수준에 머무르고 있는 실정이다.

센서 네트워크는 유선환경에서부터 시작되었다. 하지만 유선환경에서는 이동성 망 구축의 신속성, 구조 변경, 설치 유지 보수의 유연성 등의 측면에서 한계를 보였기 때문에 무선 기술을 이용하는 방향으로 발전해 왔다. 무선 자원은 여러 장치들에 의해 공유되며 주변환경에 의한 영향을 많이 받고, 센서는 기능적인 측면에서의 제약이 많기 때문에 무선 센서 네트워크에서 원활한 네트워킹을 수행하기 위해서는 무선 환경 및 센서 네트워크에 특화된 기술이 요구된다.

무선 센서 네트워크는 단말기의 이동성과 유연성을 갖추어 신속한 망 구축이 필요하기 때문에 무선 Ad-hoc 네트워크를 기반으로 낮은 데이터 전송률과 다수의 노드를 지원하는 연구가 진행되고 있다.

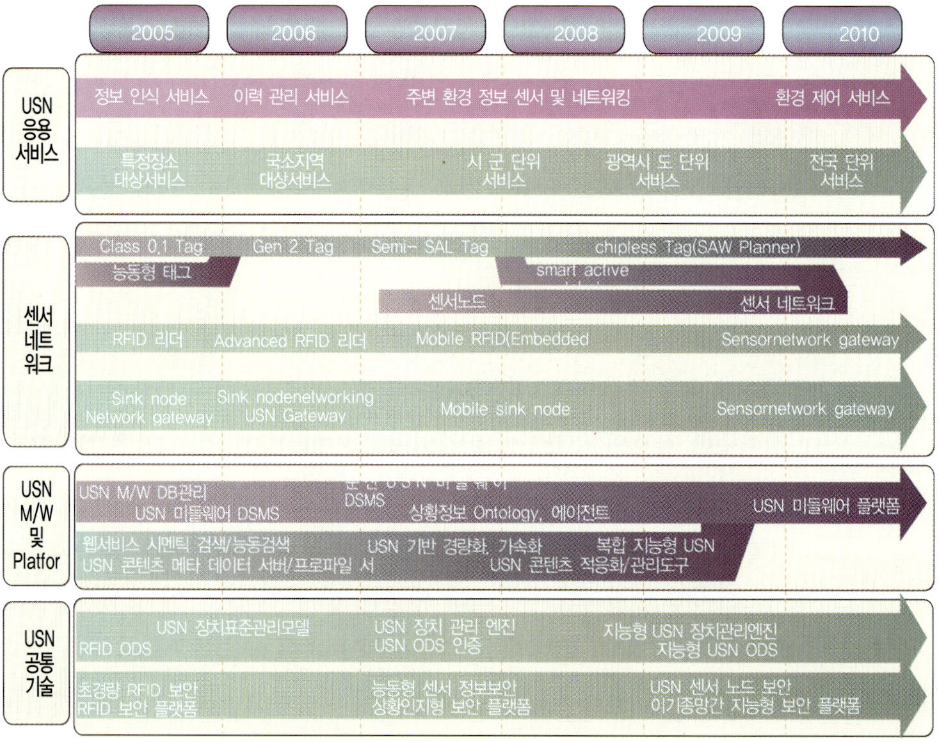

[그림 3-1] USN 기술 및 로드맵

2) 센서 네트워크의 고려사항

센서 네트워크에서 가장 고려해야 할 문제는 일반적인 Ad-hoc 네트워크와는 달리 센서 네트워크를 구성하는 노드들은 상당히 제한적인 자원을 가지고 있다는 점이다. 네트워크를 구성하는 노드는 센서이며, 센서 네트워크의 가장 큰 목적은 센서들에 의해 센싱된 정보를 수집하는 것이므로 목적에 맞는 라우팅 프로토콜이 필요하다.

센서 네트워크의 특징에 따라 일반적인 Ad-hoc 네트워크에서는 고려하지 않지만 다음과 같은 사항들을 센서 네트워크에서는 고려해야 한다.

① 센서 필드의 생명주기

센서 필드의 생명주기란 센서 네트워크의 네트워크 구축 후 네트워크가 유지되는 시간을 말하며 센서 필드의 생명주기는 각 노드들이 가지고 있는 에너지와 밀접한 관계를 가진다. 센서 노드는 데이터를 전송하고 받는 데 가장 많은 에너지를 소모한다.

② 싱크 노드의 이동성

센서가 수집한 정보는 싱크 노드로 전송되기 때문에 싱크 노드의 이동은 센서 필드에서 데이터의 흐름을 변화시키는 역할을 한다.

따라서 싱크 노드가 자주 이동하는 경우 주위 노드들의 정보갱신이 요구된다. 또한 데이터 이동 경로가 자주 변하게 되면서 수집된 데이터의 신뢰성은 떨어지게 된다.

그러므로 센서 네트워크의 설계 과정에서 싱크 노드의 이동성을 고려해야 할 필요가 있다.

③ 센서 노드의 이동성

센서 노드의 이동 유무가 네트워크의 연결성에 미치는 영향은 상당하다. 노드의 이동이 없을 경우에는 한번의 라우팅 갱신을 통해 연결성을 확보할 수 있지만 노드가 자주 이동하는 환경에서 연결성을 유지하기 위해 다양한 기법을 고려해야 한다.

특히 센서 네트워크의 연산 능력 및 자원이 제한적이므로 라우팅 경로가 삭제되는 경우에 경로 회복을 위한 방법 또한 복잡하지 않은 방법을 이용해야 할 필요성이 있다.

④ 센서 노드의 설치 방식

센서 노드들을 설치하는 방식은 사람에 의해서 위치가 지정되어 설치하는 방식과 사람이 위치를 고정하지 않고 무작위로 유포하는 방법이 있다.

사람에 의해서 인위적으로 설치되었을 때에는 지역정보가 확실하고 설치자가 원하는 라우팅 경로를 가지는 네트워크를 구성할 수 있고 최적의 라우팅 테이블을 구성할 수 있다. 하지만 유포에 의해서 설치되는 경우에는 여러 개의 센서 노드들이 같은 지역의 정보를 획득하게 되는 센서 필드 겹침(overlap) 문제가 발생한다.

이 문제를 해결하기 위해서 중복되는 정보는 하나의 노드에서 전송되어 불필요한 전송을 막는 것이 필요하다.

⑤ 이벤트의 처리

이벤트의 발생은 크게 센서 노드에서 발생한 이벤트와 싱크 노드 또는 사용자 단말에서 요청한 이벤트 2가지로 나눌 수 있다 .

센서 노드에서 발생하는 실시간 이벤트의 경우에는 이 이벤트를 유효한 시간 이내에 전송시키는 것과 데이터를 보낼 싱크 노드로의 경로 탐색이 중요하다.

싱크 노드 또는 사용자 단말에서 이벤트를 요청했을 경우에는 그 이벤트가 특정한 센서 노드의 정보를 요청하는 메시지인지, 특정한 속성 값을 가지고 전체 센서 노드들에서 보내는 쿼리 메시지인지에 따른 적절한 라우팅 알고리즘 및 미들웨어가 필요하다.

⑥ 데이터의 신뢰성

센서 노드의 이벤트로 인해 발생된 데이터가 얼마나 안정적으로 전달 가능한지에 대한 여부는 센서 네트워크의 궁극적인 목표이다. 무선 네트워크는 무선이라는 환경의 근본적인 문제 때문에 노드 간의 메시지 전달을 수행하는 과정에서 유선 네트워크에서는 나타나지 않는 다른 문제점들이 발생된다. 따라서 무선 환경에서 데이터를 신뢰성 있게 전달할 수 있는 방법에 대한 연구가 필요하다.

3.2 센서 네트워크 요소 기술

1) 하드웨어 플랫폼 기술동향

USN의 가장 큰 장점은 센서 네트워크 노드들이 독자적으로 네트워크를 구성한다는 것에 있다. 즉, 무선 네트워크 기술을 이용해 Ad-hoc 네트워크를 구성해야 되는데 지금까지 개발된 블루투스나 무선 랜 등의 무선 네트워크 기술들은 반드시 컴퓨터나 PDA 같은 고급 컴퓨팅 장치를 필요로 했다.

하지만 센서 네트워크의 특성상 센서 노드는 가격과 유지 보수 문제 등으로 고급 컴퓨팅 장비를 사용할 수 없다.

그래서 센서 노드를 위한 하드웨어 플랫폼은 다음과 같은 특징을 가져야 한다.

- 한번 배치되면 유지보수가 어렵기 때문에 강인한 구조에 저전력으로 설계되어야 한다.

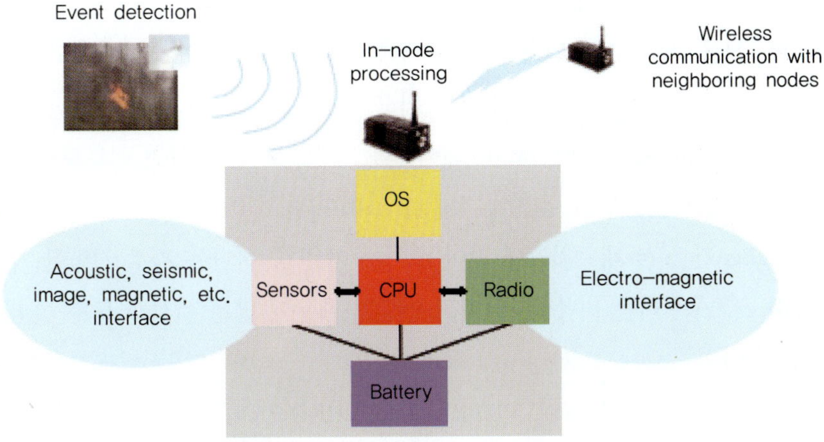

[그림 3-2] 센서 네트워크 플랫폼

- 응용 분야에 따라 크게 달라질 수 있기 때문에 어떠한 구조에도 효과적으로 사용될 수 있도록 유연성과 모듈성을 갖추고 있어야 한다.
- 유비쿼터스 컴퓨팅 환경에 맞게 무선 네트워크 기술을 지원해야 한다.
- 많은 센서 노드가 산재되기 위해 가격이 저렴하고 크기가 작아야 한다.

이와 같은 특징을 만족시키기 위해 많은 하드웨어와 노드들이 개발되고 있다. 이 중 전력을 가장 많이 소모하고 기능적으로 중요한 핵심 부품인 CPU, 무선 모듈에 대해 간단히 알아보고 개발되어 사용 중인 노드들에 대해서 다루도록 한다.

(1) MCU

스마트 센서 노드에 들어가는 저전력 CPU의 경우 Atmel, ARM, Motolora 등에서 개발되고 있다.

기존 국내 MCU 시장을 보면 마이크로칩스사의 PIC 계열과 인텔의 8051이 공개된 회로와 애플리케이션이 많이 사용되었다. 하지만 센서 네트워크에서는 에너지 효율성을 위해 대부분 8bit 계열에 낮은 클록을 가지는 RISC CPU가 많이 사용된다.

최근 들어 Atmel의 AVR ATmega 시리즈가 널리 이용되고 있는데 이는 PIC처럼 RISC 및 하버드 구조를 가지는 고성능 8bit 마이크로 컨트롤러이면서 프로그램용 코드 메모리로 플래시 메모리를 내장하고 있어 쉽게 반복적인 프로그래밍이 가능하기 때문이다. 또한 8bit RISC 계열의 MCU인 AVR은 한 클록당 한 명령어를 처리하기 때문에 동일 클록에서 동작 시 PIC나 8051을 채택한 MCU보다 몇 배 이상 빠르다. 그래서 가장 늦게 출시되었음에도 불구하고 단시간 내에 많은 인기를 얻었으며 현재 USN에 가장 많이 사용되고 있다.

RF 모듈 센서 네트워크 노드를 위한 RF 모듈로는 IEEE 802.15.4/ZigBee가 de facto standards로 사실상 표준으로 사용되고 있다. ZigBee는 저가, 저전력을 특징으로 IEEE 802.15.4의 표준화된 PHY/MAC 레이어를 기반으로 하여 상위 프로토콜 및 애플리케이션을 규격화한 단거리 무선 통신에 적합한 스펙이다.

ZigBee가 센서 네트워크에 많이 쓰이는 이유 중 하나는 바로 저렴한 가격이다. 시스템에 ZigBee를 구현하는 비용이 2달러도 안되기 때문에 많은 센서 노드를 설치해야 하는 USN에 적합하다.

또 802.11x 무선 LAN이나 IEEE 802.15.3 HR-WPAN, 블루투스보다도 구현 측면에서 훨씬 간단한 것도 ZigBee의 장점으로 들 수 있다.

실제 ZigBee 실행 코드 사이즈는 32KB 이하로 구현이 가능하며 RFD와 같은 단순한 기능을 가진 노드의 경우 4KB 이하의 사이즈로 구현이 가능하다.

전력 소모를 극소화한 것도 가장 큰 장점으로 들 수 있는데 네트워크 안에 하나의 코디네이터를 명하여 송/수신의 활동에 필요한 경우에만 동작하고 나머지 시간은 슬립 모드로 보내기 때문에 한 번 배터리를 장착하면 최대 2~3년 정도 사용이 가능하다.

주요 ZigBee 반도체 업체로는 국내의 경우 레이디오펄스가 ZigBee 칩을 생산하고 있으며, 외국의 경우 Chipcon, Motorola, Texas Instruments, ST Microelectronics, Ember 등이 있다.

(2) 센서 노드 하드웨어 플랫폼

① Crossbow Mica Series

미국 국방성의 DARPA 프로젝트의 스폰서를 받아 개발된 미국 버클리대학 Mote 시리즈는 미국 정부와 관련 대학과 기업의 노력으로 가장 널리 사용되는 하드웨어 플랫폼으로 자리잡고 있다. 이는 하드웨어뿐만 아니라 TinyOS라는 센서 네트워크용 OS와 각종 시뮬레이터 및 공개 애플리케이션을 통한 인프라가 구축되었기 때문이다.

1999년 처음으로 WeC라는 플랫폼이 개발되었으며 매년 Rene, dot, Mica, Mica2, MicaZ와 같은 센서 노드 하드웨어가 개발되어 왔다. 해당 노드들은 버클리대학 출신이 만든 벤처회사 Crossbow를 통해 상업화되어 시장에 공급되고 있다.

〈표 3-1〉은 Mote 시리즈의 하드웨어 사양으로 그동안 발표된 메인 보드별 사양을 나타낸다. 이 메인보드에 온도, 조도, 지자기 센서 등과 같은 센서를 탑재한 센서 보드를 스택 형식으로 장착할 수 있다.

〈표 3-1〉 Mote 시리즈의 하드웨어 사양

Mote	WeC	Rene	Rene2	dot	Mica	Mica2	MicaZ
Released	1998	1999	2000	2001	2002	2003	2004
Clock	4MHz	4MHz	4MHz	4MHz	4MHz	7.37MHz	7.37MHz
CPU	Atmel 90LS8535	Atmel 90LS8535	Atmel Atmega164	Atmel Atmega163	Atmel Atmega103L	Atmel Atmega128L	Atmel Atmega128L
Program Memory(KB)	8	8	16	16	128	128	128
RAM(KB)	0.5	0.5	1	1	4	4	4
RF Module	RFM TR1000	RFM TR1000	RFM TR1000	RFM TR1000	RFM TR1000	Chipcon CC1000	Chipcon CC2420
Modulation	OOK	OOK	OOK	OOK	ASK	FSK	O-QPSK
Data Rate(KB)	10	10	10	10	40	38.4	250
TinyOS	-	V0.6.1	V0.6.1	V1.0 up	V1.0 up	V1.0 up	V1.1.7 up

CPU 스펙의 경우 앞서 얘기한 Atmel의 Atmega 시리즈를 사용하고 있으며, 노드별 가장 큰 차이는 RF 인터페이스에서 찾아볼 수 있는데 Mica는 916MHz의 무선 트랜시버를 사용한 데 반해 Mica2는 433/868/915MHz의 다양한 무선 밴드를 지원한다.

또 MicaZ 같은 경우 Mica2가 비슷하지만 RF 모듈을 Chipcon사의 CC2420을 사용하여 ZigBee를 지원한다.

② Intel Mote(iMote)

역시 버클리대학의 산업체 파트너인 인텔에서 개발된 Mote 시리즈로 ARM 기반의 마이크로프로세서를 사용한다. 이는 센서 네트워크의 응용분야를 조사하고 다양한 응용을 위해 성능을 향상시킨 디자인이다.

센싱 정보의 복잡한 계산이나 라우팅 등의 상위 레벨의 정보 처리, 보안 등에 더 치중하기 위해 Intel의 iMote는 강력한 32bit ARM7TDMI CPU를 사용했다. 12MHz의 클록으로 기존 Mica Mote보다 4배 정도의 성능을 보이며, 메모리 측면에서도 Mica 시리즈보다 훨씬 큰 512KB의 프로그램 메모리와 64KB의 RAM을 사용한다.

RF 모듈은 Zeevo사의 2.4GHz band의 블루투스를 사용하여 최대 720kbps의 전송률을 가지기 때문에 250kbps의 전송률을 가지는 ZigBee보다 훨씬 많은 데이터를 전송할 수 있으며, 크기는 [그림 3-3]에서 보는 바와 같이 3×3cm 정도로 아주 작다.

[그림 3-3] Intel Mote의 형태(3×3cm)

센서 네트워크 OS의 경우 Mica Mote 시리즈와 같이 TinyOS를 사용하지만 ARM 명령어 세트에 맞게 포팅하고 새로운 로우 레벨의 디바이스 드라이버를 지원한다.

③ Moteiv Telos, Tmote SKY

2004년 초에 출시된 Telos는 IEEE 802.15.4 표준을 지원하는 최초의 센서 노드이다. MCU로는 Texas Instruments의 MSP430을 사용하며 Chipcon사에서 개발된 CC2420 ZigBee 칩을 RF 모듈로 사용한다.

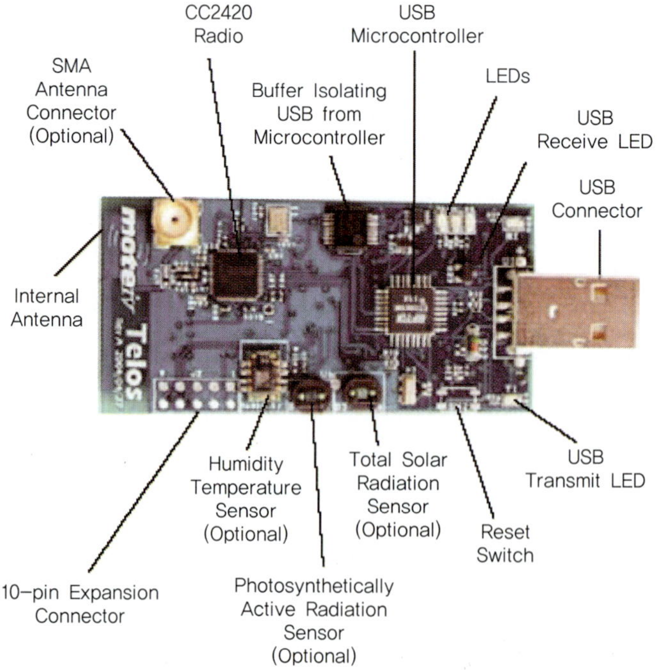

[그림 3-4] Moteiv Telos Hardware

Telos의 경우 Revison A, B가 있는데 두 제품의 차이는 RAM, flash가 틀리고 거의 비슷하다.

일반적으로 Telos라고 하면 rev A를 지칭하며, rev A는 현재 생산이 중단되었다. 그리고 Telos rev B의 경우 TMote Sky라는 이름으로 변경되어 팔리고 있다(그림 3-4 참조).

Telos에서 사용한 MSP430의 장점으로는 wakeup time이 Mica, Mica2가 180㎲인 데 비해 6㎲면 가능하며 전력 소모 역시 active power일 때 15mW, sleep power일 때 15㎼로 Mica2의 33mW, 75㎼에 비해 소비 전력이 훨씬 적다.

또 ATmega128 MCU가 2.7V 이하에서 제대로 작동을 안 하는 데 반해 MSP430은 1.8V까지 떨어져도 작동이 가능하다.

Tmote SKY 역시 센서 노드 OS로는 TinyOS가 사용되고 있다

2) 센서 OS 기술

센서 네트워크 운영체제 기술은 운영체제 기술과 프로그래밍 기술로 구분된다.

센서 노드는 마이크로 컨트롤러를 내장한 소형 컴퓨터 시스템으로 센싱 응용처리와 노드 간 통신 등을 위한 운영체제를 필수적으로 요구한다.

이 같은 센서 운영체제는 자원이 제한적인 센서 노드 하드웨어에서 수행되어야 하므로 크기가 작고 전력 소모가 적어야 하며, 센서 노드 간에 저전력 통신을 제공하면서도 프로세스와 메모리를 효율적으로 관리하도록 설계되어야 한다. 또한 다수의 하위 레벨 이벤트 발생과 상위 레벨의 프로세싱이 상존하므로 이들을 동시에 처리할 수 있는 정밀한 프로세싱 동시성 기능이 요구된다.

센서 노드는 일반적으로 제한된 병렬처리 능력과 하드웨어 제어구조를 가지며, 센서와 같은 하드웨어 I/O 장치를 지능형 제어기가 아닌 원시적인 직접 접근 방식에 의해 제어하므로 이러한 I/O 제약 사항 역시 운영체제 설계에 고려되어야 한다.

그리고 다양한 응용 분야를 가지는 센서 네트워크에서는 범용 하드웨어와 소프트웨어가 존재하는 것이 아니라 응용 분야에 따라 크게 달라질 수 있으므로 운영체제가 어떠한 하드웨어 구조에서도 효과적으로 사용할 수 있도록 유연성과 모듈성을 갖추고 있어야 한다.

센서 노드들은 한번 배치가 이루어지면 유지보수가 어려우며 운용 환경 또한 열악할 수 있으므로 이들을 고려해 강인한 구조로 설계되어야 한다.

마지막으로 센서 네트워크의 핵심 프로토콜인 Ad-hoc 라우팅 프로토콜과 프로그래밍 용이성도 고려되어야 한다.

센서 운영체제는 TinyOS(UC Berkeley), SOS(UCLA), MANTIS(Colorado), MagnetOS (Cornell), SensorWare(UCLA), EYES(University of Twente), TRON(동경대학) 등과 프로그래밍 시스템은 nesC(UC Berkeley), galsC(UC Berkeley), TinyTCL(UCLA), SQTL(Delaware) 등이 개발되었다.

대표적인 이벤트 기반 센서 네트워크의 운영체제를 〈표 3-2〉에 나타내었다.

〈표 3-2〉 센서 네트워크의 운영체제

운영체제	개발 그룹	세부 내용
TinyOS	미국 버클리대학	• 이벤트 발생에 의한 상태 천이방식을 채택한 State Machine 기반 • Virtual Machine인 Bombillia, TinyDB 데이터베이스 엔진, TOSSIM 시뮬레이터, TinySec과 같은 시큐리트 모듈들을 모두 지원
MANTIS	미국 콜로라도대학	• 초소형 스레드를 기반으로 하는 멀티스레드 구조 채택 • TinyOS와 달리 일반 프로그래머들이 익숙한 구조로 프로그래밍 용이
PEEROS	EU	• Preemptive EYES RTOS • 센서 노드끼리 협력하기 위해 메시지 통신을 강조한 EYES 프로젝트에 관련된 운영체제
T-Engine 마이크로커널	일본 T-Engine	• 일본의 T-Engine 표준에서 제안한 유비쿼터스 플랫폼용 프로젝트 TRON에서의 센서 네트워크용 표준 마이크로 커널 • 동경대학/YRP 유비쿼터스 네트워크 연구소의 센서 네트워크용 운영체제

(1) TinyOS

TinyOS는 미국 버클리대학에서 개발한 현재 가장 널리 쓰이고 있는 컴포넌트 기반, 이벤트 구동 방식의 센서 네트워크 운영체제로서, 제한된 자원을 가진 작은 크기의 센서 노드에서 효율적인 자원의 사용과 프로세싱 동시성을 지원해 준다. 센서 네트워크의 제약 사항과 새로운 요구 사항을 만족시키기 위해서 TinyOS는 다음 3가지 큰 특징들을 가지고 있다.

첫째, 하드웨어 추상화(hardware abstraction)부터 고수준(high level) 소프트웨어까지 모두 재사용 가능한 컴포넌트들로 구성되어 있다. 메시징 컴포넌트에서와 같이 각 컴포넌트는 입/출력 커맨드(command)와 입/출력 이벤트(event)로 구성된 인터페이스(interface)를 통해 다른 컴포넌트들과 상호 작용한다.

하위 컴포넌트가 제공하는 서비스를 이용하기 위해 상위 컴포넌트는 자신의 출력 커맨드를 통해서 해당 함수를 호출하면, 하위 컴포넌트는 자신의 입력 커맨드를 통해 호출된 함수의 기능을 수행한다. 하위 컴포넌트는 자신의 출력 이벤트를 통해 신호를 전달하면, 상위 컴포넌트는 자신의 입력 이벤트를 통해 신호를 전달받는다. 또는 입력 이벤트를 통해서 특정 이벤트의 발생이 알려지면 해당 컴포넌트의 이벤트 핸들러에 의해 처리된다. 이러한 컴포넌트들의 인터페이스를 연결함으로써 하나의 응용 프로그램을 구현할 수 있다. 이때, 이미 구현된 컴포넌트는 재사용 가능하며 기존에 없는 새로운 컴포넌트들만 구현하게 되는데, 경우에 따라서는 기존의 컴포넌트들만을 사용해서 손쉽게 새로운 응용 프로그램을 구현할 수도 있다.

둘째, 상태 머신 프로그래밍 모델을 기반으로 함으로써 전체 시스템은 여러 상태 머신들로 구성되어 있다. 여기서 각각의 컴포넌트가 해당 상태를 나타내며, 컴포넌트의 커맨드 또는 이벤트 핸들러들은 한 상태에서 다른 상태로 빠르게, 그리고 적은 부가처리와 논블로킹의 특성을 가지며 전이시킨다.

셋째, 제한된 자원만을 가진 노드들로 구성된 센서 네트워크의 가장 큰 문제인 저전력 소모를 위해서 TinyOS는 CPU가 사용되지 않을 동안 휴지 상태로 들어가게 함으로써 불필요한 전력 소모를 줄인다.

실제 센서 네트워크의 설치 및 유지, 관리를 고려해 볼 때, 변화하는 요구 사항을 반영하기 위해서 무선 인터페이스를 이용해 응용 프로그램을 교체하는 네트워크 프로그래밍이 센서 네트워크 운영체제 연구에 있어 최근 이슈 중의 하나이다.

제3장

(2) SOS

SOS는 미국 UCLA에서 개발된 시스템으로 런타임시에 응용 프로그램은 물론 커널 모듈까지 업그레이드가 가능하도록 설계되었다. 이는 TinyOS의 시스템 업그레이드 구조가 아주 적은 양의 코드 수정임에도 불구하고, 전체 시스템 커널 이미지를 변경해야 하는 구조적 한계에 비해 진보적인 방법으로 수정된 응용 프로그램 또는 커널 모듈만을 변경할 수 있는 프레임워크를 제공한다. 실행시간 중의 시스템 업그레이드를 위해 SOS는 마이크로 커널의 small kernel 구조를 취하였으며, 그에 따라 시스템 커널을 크게 static kernel image와 dynamically loaded module로 나누었다. [그림 3-5]는 SOS 커널의 전체 구조를 나타낸다.

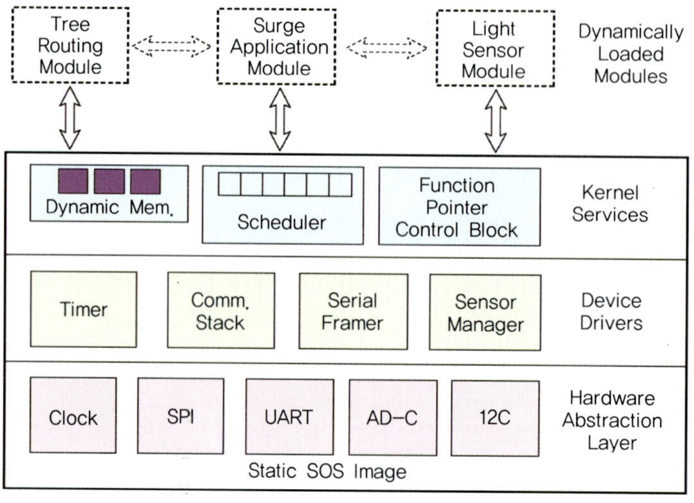

[그림 3-5] SOS 커널 구조

static kernel image는 커널의 하부 서비스가 되는 HAL과 디바이스 드라이버를 포함하며, 모듈 형상정보 관리를 위한 자료구조와 모듈간 통신을 위한 커뮤니케이션 인터페이스를 제공한다. dynamic module은 동적 탑재가 가능한 위치 독립적인 실행코드를 지칭하는 것으로, 위치 독립적인 실행코드라는 것은 다시 말해 각각의 모듈이 임의의 커널 메모리 영역에 로드된 메모리 주소와 상관없이 실행 가능하다는 것을 의미한다. SOS에서는 사용자 응용 프로그램 또한 모듈로 정의하고 있으며, 하나의 응용 프로그램은 여러 개 모듈간의 상호 협력을 통한 공동 작업이라고 할 수 있다. [그림 3-6]은 SOS 커널에서의 모듈 인터액션을 보여준다.

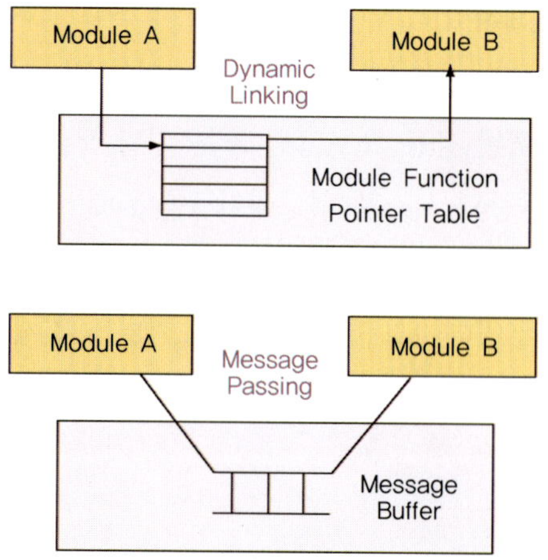

[그림 3-6] SOS 커널에서의 모듈 인터액션

모듈-모듈간, 커널-모듈간의 통신을 위하여 SOS에서는 〈표 3-3〉과 같이 모두 2가지 형태의 총 4가지 통신방법을 제공한다.

〈표 3-3〉 SOS의 통신 메커니즘

	Dynamic Linking	Message Passing
Module-Kernel	Jump Table	High-priority Message Queue
Module-Module	Function Control Block	Low-priority Message Queue

SOS 커널은 동기형 통신 방법(synchronous communication method)으로 dynamic linking을 지원하는데, 이는 해당 함수에 대한 function pointer를 시스템이 보관, 유지하면서 해당 함수 변경시에 함수 포인터의 대상 값만을 변경하여 시스템 중단 없이 시스템 모듈을 업그레이드할 수 있는 방법을 제공한다. dynamic linking을 위해 SOS는 module-kernel 통신을 위한 Jump Table, 모듈 간 통신을 위한 FCB(Function Control Block)을 가지고 있다.

비동기형 통신 방법(asynchronous communication method)을 위해서 SOS는 메시지 전달 기능을 제공하는데, 이를 위해 다중 우선순위 큐(multiple priority ququе)를 사용한다. 우선순위가 높은 하드웨어 이벤트는 module-kernel간 고순위 메시지로 전달되며, 모듈 간 메시지는 저순위의 메시지로 변환되어 스케줄러 내에 있는 메시지 큐에 저장된다. 저장된 메시지는 스케줄러에 의해 메시지 핸들러를 호출하게 됨으로써 전달된다.

SOS는 TinyOS에 비해 구조적으로 추가적인 오버헤드를 가지지만, 더욱 범용적인 OS 구조를 통해서 실행시간 중에 사용자 애플리케이션 및 커널 모듈을 업그레이드할 수 있다는 것 이외에도 많은 장점을 가진다.

(3) ANTS

ANTS(An evolvable Network of Tiny Sensors) 시스템은 한국정보통신대학교(ICU)에서 개발 중인 진화형 네트워크 개념을 가지는 시스템 아키텍처로서, 시스템의 실행시간 중 소프트웨어의 재구성과 진화에 초점을 맞추고 있다.

진화형 센서 네트워크의 개념은 미래의 센서 네트워크가 어떤 용도로 이용되는가에 따라 그 구조가 다를 수 있으며 상황이나 환경 변화에 효율적으로 대처해야 한다는 요구 사항에서 대두되었으며, ANTS는 센서 네트워크 응용이 실행 환경에 필요한 구성 요소들을 자동으로 디자인하여 소프트웨어 구조를 재구성할 수 있다. ANTS 플랫폼은 일본의 TRON 프로젝트와 유사하게 H/W 및 S/W 구조에 대한 표준을 지향하며, 센서 네트워크에 최적화된 시스템 제공을 목표로 한다.

ANTS 플랫폼은 기본적으로 4가지의 H/W표준 플랫폼을 지원하는 이기종 시스템으로, 다양한 RF 모듈을 지원하는 MAC 계층과 ZigBee를 포함한 네트워크 계층으로 구성된 네트워크 스택, 효율적 전력관리, 시각동기, localization, security 모듈, 미들웨어, 망관리 그리고 진화성을 지원하는 EOS(Evolvable Operating System) 운영체제로 구성된 시스템 프레임워크이다. ANTS 아키텍처의 핵심인 ANTS EOS운영체제는 SOS와 마찬가지로 마이크로 커널 기반의 경량 코어 커널 위에, 여러 개의 모듈들이 서로 통신하여 하나의 OS를 이루는 구조를 가지고 있으나 이중 스레드 모델을 지원한다는 점에서 TinyOS나 SOS와는 차별성을 가진다. ANTS EOS는 센서 네트워크에서 필요한 능력을 효율적으로 제공하기 위해서 두 종류의 스레드(공유 스택 스레드와 개별 스택 스레드)를 제공하는 이중 스레드 방식의 운영체제이며, 또한 강력한 병행처리(strong concurrency) 모델, 적은 메모리 풋프린트, 저전력, Fault tolerant 구조, 그리고 협력 및 분산 처리 능력을 포함하고 있다. ANTS EOS는 이 외에도 여러 종류의 서로 다른 하드웨어 타입을 가진 센서 노드를 지원하기 위한 유동적 하드웨어 추상화 계층, POSIX와 같은 포괄적인 API, 그리고 로컬과 원격 통신 모두를 지원하는 효율적인 메시지 핸들링 엔진 등의 진보된 기능을 제공한다.

ANTS OS 진화성의 기본은 업그레이드 과정을 편리하게 해주는 인터페이스를 제공하는 잘 정의된 모듈로 이루어진 모듈 기반 설계인데, 커널과 유저 레벨 업그레이드를 제공하고 미들웨어, 모니터링, 다이내믹 업데이트 등을 지원하는 강인한 운영체제이다.

(4) 나노 Qplus

나노 Qplus 운영체제는 한국전자통신연구원(ETRI)에서 개발된 센서 네트워크용 운영체제로서 다음의 특징을 가진다. 첫째, 에너지 소모를 최소화하기 위하여 센서 네트워크를 구성하는 노드들 간의 시간 동기화 기법을 제공하며, 또한 슬립 모드와 활성 모드를 반복함으로써 저전력 파워 소비를 지원한다.

둘째, 제한된 메모리의 사용을 최소화하기 위하여 멀티 스레드 간의 스택을 공유한다. 셋째, 멀티 스레드 스케줄러 방식(FIFO, 시간 기반 라운드 로빈 방식, 우선 순위에 따른 스레드 선점형 방식)으로, 실시간 운영체제의 특성을 지원한다. 넷째, 응용 프로그래머들이 손쉽게 센서 프로그램을 개발할 수 있게 C 기반의 프로그램 작성 기법을 제공한다. 나노 Qplus의 구조를 보면 다음과 같다(그림 3-7 참조).

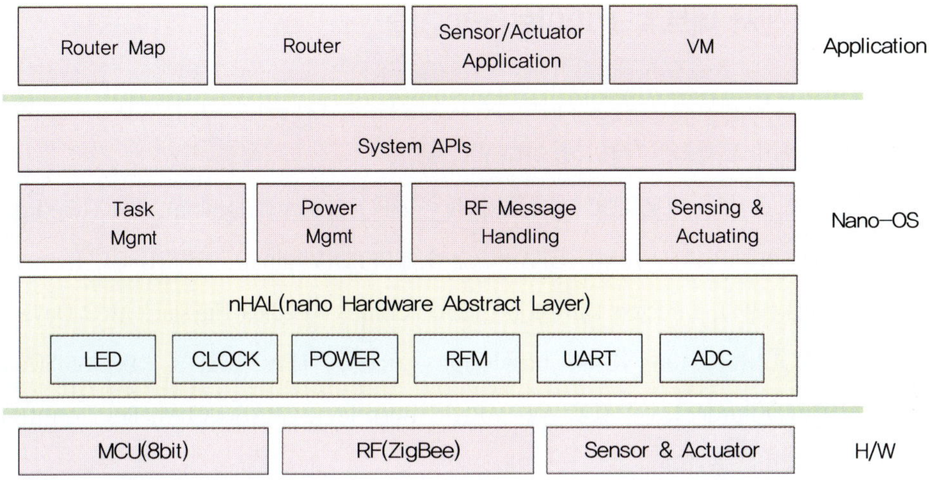

[그림 3-7] 나노 Qplus의 구조

- Nano-HAL : Nano-HAL 부분은 하드웨어를 추상화하기 위하여 개발된 나노 Qplus의 디바이스 드라이버 영역이다. Nano-HAL은 LED, Clock, Power, RF 모듈, UART, and ADC의 하드웨어를 제공한다.
- 태스크 스케줄러(task scheduler) : 나노 Qplus의 태스크 스케줄러는 전통적인 Linux 스타일의 스케줄러와 유사하지만, 저전력 및 효율적인 리소스 관리를 제공한다는 데에서 차이를 두고 있다. 태스크 스케줄러의 특징으로는 POISIX 스레드 기반의 API를 통하여 멀티 스레드 간의 메시지 교환이 가능하도록 하고 있다.
- 동적 전원관리(dynamic power management) : 시스템이 동작하는 과정에서 처리할 태스크가 없는 경우에 전원 소비가 낮은 실행모드로 전환하여 배터리 에너지를 절약하도록 하여 노드뿐만 아니라 네트워크 전체의 생존 시간을 늘리는 역할을 수행한다.
- RF 메시지 핸들링(RF message handling) : 이 모듈은 에너지 효율적인 무선 통신을 센서 노드들 사이에서 지원하며, IEEE 802.15.4의 기반의 멀티 홉 라우팅 형성을 지원하여 준다.
- 시간 동기화(time synchronization) : 시간 동기화는 정확한 타임 스탬핑과 정밀하게 조절된 센서 노드들 사이의 듀티 사이클을 조정하기 위하여 중요한 모듈이다. 나노 Qplus에서는 시간 동기화를 위하여 트리 기반의 시간 동기화 기법을 제공한다. 또한 나노 Qplus는 멀티홉 라우팅을 제공하기 위하여 클러스트 기반의 라우팅 기법인 스타-메시 라우팅 기법을 제공하며, RF 무선 통신을 위하여 ZigBee 프로토콜을 지원하는 것이 특징이다.

3) 센서 네트워크 라이브러리 기술

센서 네트워크 라이브러리 및 요소 기술은 네트워크 라이브러리, 시스템 라이브러리, 미들웨어 등으로 구성되어 있다.

대표적인 네트워크 라이브러리는 PSFQ/CODA(Columbia), ESRT(Georgia Tech), RMST (USC), GPSR(Harvard), GEAR(UCLA), SPEED(Virginia), GBR(USC), Rumer routing(UCLA), SPIN(MIT), Directed Diffusion(UCLA), Combs Needles Haystacks(UC Davis), TTDD(UCLA), ACQUIRE(USC), KPT(Pennsylvania State), LEACH(MIT), PEGASIS(AeroSpace Co.), HEED(Purdue), GAF(UCLA), EAR(UC Berkeley), GRAB(UCLA), ReInForm(Rutgers), HAR(동경대학) 등이다.

대표적인 시스템 라이브러리는 TinyDB(Berkeley), Cougar(Cornell), QPSN(MIT), Calamari(UC Berkeley), Distributed Localization(MIT), MDS(Pennsylvania), APS(Rutgers), SeRLoc(Washingthon), LASN(UIUC) R-FLS(Virginia), Deluge(UC Berkeley), MOAP(UCLA), XnP(UC Berkeley), Drip(UC Berkeley), FTSP(Vanderbilt), RBS(UCLA), TPSN(UCLA), LEAP(George Mason University), TinySec(UC Berkeley), SPINS(UC Berkeley), SIA(CMU) 등이다. 미들웨어는 Mate(UC Berkeley), Impala(Prinston), SINA(Delaware), DSWare(Virginia) 등이 대표적이다.

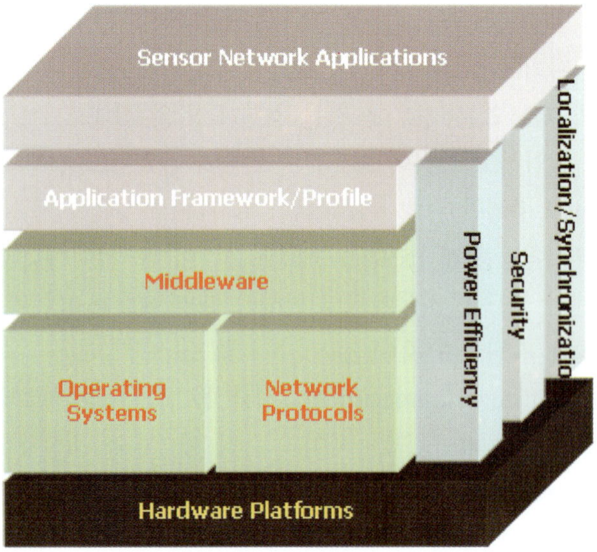

[그림 3-8] 유비쿼터스 센서 네트워크 기술요소

3.3 센서 인터페이스 기술

마이크로프로세서는 지능형 센서와 장치들을 현실화시켰는데 이것을 통해 지능형 센서는 장치들 및 시스템과 직접 통신하는 것이 가능해졌다. 하지만 어떤 응용 프로그램에서도 센서나 네트워크의 사용은 각자의 요구사항에 따라 독립적으로 이루어지기 때문에 현실적으로 이러한 기능을 하는 모듈들은 공통의 인터페이스 없이는 쉽게 통합되기 어렵다.

IEEE 1451 지능형 변환기 인터페이스 표준은 다양한 형태의 변환기들을 마이크로프로세서, 네트워크, 데이터 및 각종 시스템에 연결하기 위한 공통의 인터페이스를 정의하여, 시스템이나 네트워크 제어를 위한 변환기의 연결을 단순화시킨다.

또한 소자레벨에서 각기 다른 제어망을 형성하고 있는 1451에 호환성이 있는 센서나 작동기에 대해 플러그 앤 플레이(plug and play)를 지원하여 센서 제작자나 사용자에게 다중 제어망의 지원을 용이하게 한다.

센서의 제어망 연결이 용이해지면 센서 및 제어망의 확산을 가져올 수 있을 뿐만 아니라 유선을 연결하는 데 드는 비용 및 유지 보수비용을 절약할 수 있으며, 플러그 앤 플레이로 설치가 간편해지고, 점 대 점 연결 시스템보다 풍부한 유연성을 가질 수 있다.

일반적으로 센서나 컨트롤 네트워크는 유선으로 연결된 최대 256개의 네트워크 노드로 구성된다. 각 노드는 마이크로프로세서를 포함하며 센서는 인터페이스를 통해 각 노드에 연결된다.

센서와 작동기를 위한 표준인 IEEE P1451 프로젝트의 목적은 작동기들을 마이크로프로세서에 기반한 시스템 및 장치들에 네트워크를 독립적으로 연결할 수 있는 공통의 인터페이스를 정의하는 것이다.

IEEE P1451 프로젝트는 7개의 서브 그룹으로 나누어져 있는데 그 서브 그룹들마다 지능형 센서와 네트워크 연결을 위한 하드웨어와 소프트웨어의 표준화된 방법들을 정의하는 일을 담당하고 있다. 따라서 이 인터페이스를 통해 신호 상태와 처리 기술, 아날로그-디지털 변환, 마이크로프로세서, 네트워크 프로토콜, 네트워크 통신 매체의 제한 없이 네트워크화된 지능형 변환기를 개발하고 변형시킬 수 있다.

이 표준들은 여러 개의 변환기들과 네트워크간의 호환성 제공 및 하나의 변환기로 다양한 네트워크를 이용 가능하게 하는 것을 궁극적 목표로 두고 있다. 또한 최소한의 노력으로 변환기들을 대체하거나 이동시킬 수 있게 하며, 수동 시스템 설정 방식을 탈피하여 에러가 일어날 가능성을 제거한다.

이를 위한 핵심요소는 확장 가능한 TEDS, 변환기를 위한 일반적인 측정, 보정 모델 및

IEEE 부동소수점 수와 같은 공통된 표준에 기반한 데이터 모델, SI 단위에 기반한 물리적 단위 표시, 다른 종류의 변환기를 위한 제어 및 작동 모델, 유연한 보정 엔진 등이다.

앞서 언급했듯이 IEEE 1451 표준은 기본적으로 소프트웨어 인터페이스와 하드웨어 기반의 인터페이스로 나누어질 수 있다. 소프트웨어 영역은 오브젝트 모델에 접근을 시도하는 지능형 변환기의 행동에 대한 정보 및 네트워크 연결을 위한 경로로 이루어진다. 네트워크 독립적인 지능형 변환기 객체 모델을 정의하여 다양한 네트워크와 프로토콜을 지원 가능하게 한 이 작업은 1999년 IEEE 1451.1 표준이 승인됨으로써 이루어졌다.

센서의 사용은 다양한 산업 분야에 걸쳐 있기 때문에 IEEE 1451 표준의 하드웨어 부분은 그들의 특별한 요구사항에 따라 1451.0, 1451.2, 1451.3, 1451.4, 1451.5, P1451.0로 나누어져 있다.

IEEE 1451.0은 새로운 물리적 계층을 사용하여 IEEE 1451표준의 개발을 용이하게 하기 위해 2003년에 승인되었다.

IEEE 1451.2. 표준은 낮은 신호 대역폭을 요구하는 변환기의 인터페이스에 초점이 맞추어져 있으며 1997년에 승인되었다.

이 표준은 STIM(Smart Transducer Interface Module)과 TEDS(Transducer Electronic Data Sheet), 그리고 데이터에 접근하기 위한 디지털 인터페이스를 정의하며 센서의 자동 인식을 통한 플러그 앤 플레이가 가능하게 한다.

IEEE 1451.3은 센서와 작동기를 위한 지능형 변환기 인터페이스로서 분산형 멀티드롭 시스템을 위한 디지털 통신 방식이 정의되어 있다.

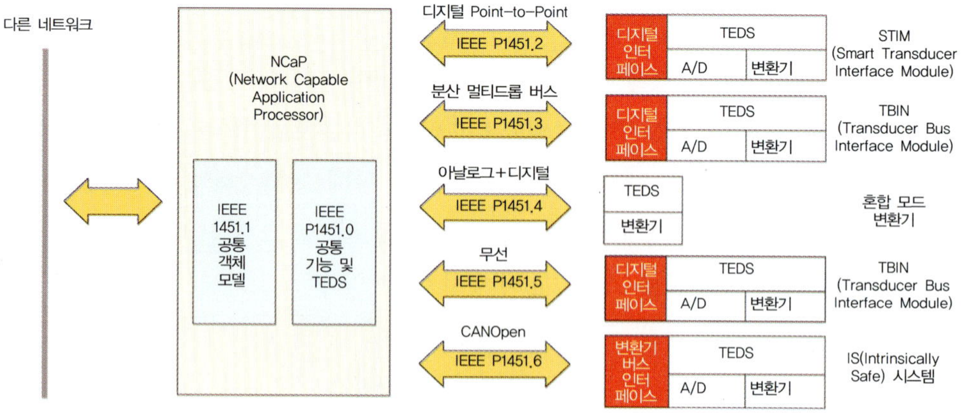

[그림 3-9] IEEE 1451 지능형 변환기 인터페이스 표준

IEEE 1451.4 표준은 아날로그와 디지털 형태의 신호로 통신할 수 있는 혼합된 방식의 변환기 인터페이스 표준을 정의했고, IEEE P1451.5 무선 표준은 보편적인 무선 통신 프로토콜 사용을 위해 제안되었으며, 변환기들의 무선 통신 방식 및 데이터 형식을 정의하였다.

IEEE P1451.6 은 가장 최근에 구성되었으며 멀티 채널 모듈을 위한 CANopen에 기반한 네트워크를 형성하는 것을 그 목표로 한다.

각 표준에 대한 주요 컨셉은 [그림 3-9]에 잘 나타나 있다.

1) IEEE 1451.0

IEEE P1451.0은 단순히 기본적인 명령어 집합이나 통신 프로토콜을 포함하는 것이 아니라 NCAP(Network Capable Application Processor)변환기 모듈 인터페이스에 독립적인 하나의 새로운 물리적 계층이다. 따라서 IEEE P1451을 이용하기 위해서는 TEDS를 포함하는 물리적 계층을 정의하고, 선택된 물리적 계층을 지원하기 위해 필요한 함수들과 명령어들이 추가되어야 한다. IEEE 1451.0의 장점은 복사를 위한 노력을 줄일 수 있고, 모든 IEEE 1451 표준들과의 공통성 및 호환성을 제공할 수 있다는 것이다. 또한 매체가 아닌 메시지를 표준화하여 모든 장치들이 공통의 네트워크 관점을 가질 수 있게 함으로써 필요할 때마다 새로운 물리적 매체 추가를 용이하게 할 수 있다(그림 3-10 참조).

2) IEEE 1451.1

IEEE P1451.1 프로젝트는 네트워크화된 지능형 변환기와 각 모델을 대표하는 클래스의 소프트웨어 인터페이스를 위한 공통의 오브젝트 모델을 정의한다. 이 클래스 중의 일부는 블록, 구성, 요소, 개념적 변환기의 서비스를 구성한다. 네트워크화된 지능형 변환기 오브젝트 모델은 변환기 실행에 대한 세부사항을 간단히 프로그램하여 모델 안에 넣었으며, 입출력드라이버 형태를 이용하여 복잡하지 않은 센서 및 작동기 인터페이스를 프로그램할 수 있게 하였다. 네트워크화된 지능형 변환기 객체 모델은 다음 2가지의 인터페이스를 제공하며 [그림 3-10]은 그 모델을 나타낸다.

- 변환기 하드웨어 실행을 위한 세부사항을 포함하는 변환기 블록에 대한 인터페이스
- 통신 방식이 다른 네트워크 프로토콜 실행을 위한 세부사항을 포함하는 NCAP 블록이나 포트에 대한 인터페이스

IEEE 1451.1에서는 NCAP(Network Capable Application Processor)에 대해 정의했는데, NCAP 정보 모델은 스마트를 가능하게 하며 간단하면서도 세부적인 분산 모델을 제공하고 응용 프로그램을 동작시키기 위한 변환기 기능도 한다.

또한 스마트 노드들의 시스템으로의 통합을 용이하게 한다. 이것은 공통의 오브젝트 모델을 정의하며 오브젝트 간의 통신 방식과 환경 설정 및 진단기능 같은 관리방식을 정의한다.

이러한 NCAP는 1451.2 드라이버를 통해 STIM에 접속이 가능하며 P1451.2 측정모델을 지원하는 보정엔진을 포함한다. 보정엔진의 역할은 STIM으로부터 얻은 원시 센서 데이터를 모으는 것이다. 네트워크화된 지능형 변환기 모델은 [그림 3-10]과 같다.

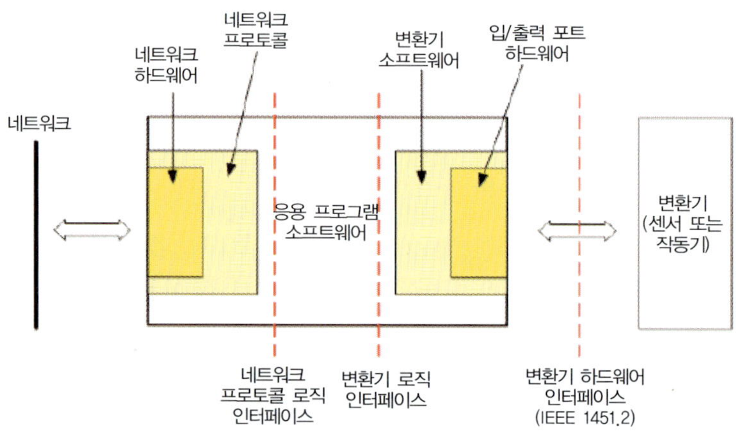

[그림 3-10] 네트워크화된 지능형 변환기 모델

3) IEEE 1451.2

IEEE 1451.2 프로젝트는 TEDS(Transducer Electronic Data Sheet)와 그것의 데이터 형식, 10-wire 유선 디지털 인터페이스 및 변환기와 마이크로프로세서 간의 통신 프로토콜을 정의하였다.

이 프로젝트의 목적은 이러한 전기적 인터페이스와 전자적 데이터 시트를 통해 다중 네트워크에 접근을 용의하게 하며 자기인식을 통한 시스템 통합, 설치, 운영을 편리하게 하는 것이다. 또한 이 인터페이스는 STIM(Smart Transducer Interface Module)을 정의하여 한 STIM에 디지털과 아날로그의 센서 및 작동기가 최대 255개까지 연결될 수 있게 하였다.

STIM은 SPI(Serial Peripheral Interface) 프로토콜을 변형한 형태로 데이터 전송을 위해 변환기에 독립적인 인터페이스를 통해 NCAP에 연결될 수 있다.

IEEE 1451.2 인터페이스의 구조는 [그림 3-11]에서 살펴볼 수 있다.

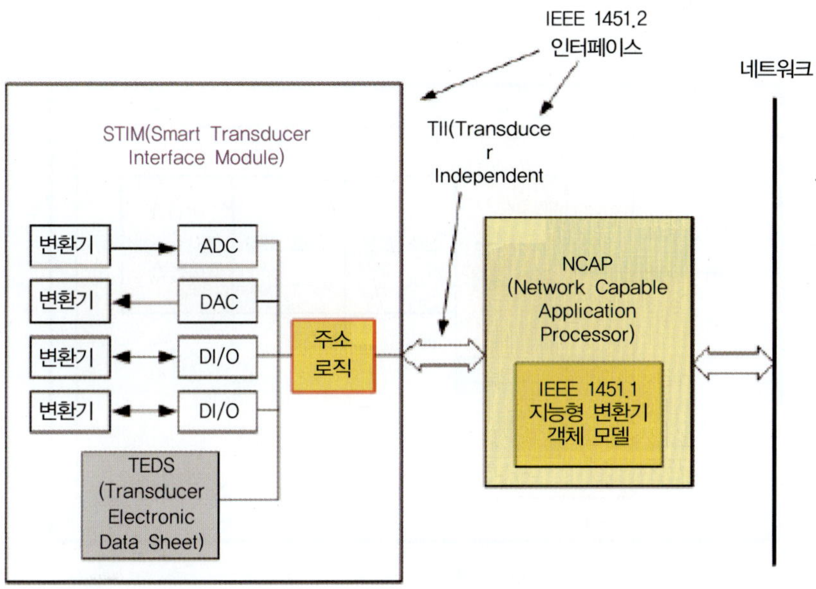

[그림 3-11] IEEE 1451.1과 IEEE 1451.2의 인터페이스 구조

비휘발성 메모리에 저장된 TEDS는 변환기의 유형, 속성, 연산, 교정에 대한 설명을 포함하고 있다. 메모리에 저장되는 이러한 필수 데이터는 오직 178바이트만 차지하기 때문에 TEDS는 확장성이 있다. 또한 TEDS에 포함된 변환기는 네트워크에서 자동인식이 가능하다.

TEDS 내의 변환기 제조 데이터는 항상 변환기와 같이 제공되며 이 정보는 자동적으로 NCAP나 호스트 컴퓨터에게 전송되므로 센서 매개변수를 잘못 입력할 오류는 발생하지 않는다. 또한 제조 데이터와 교정 데이터는 TEDS 내에 저장되기 때문에 변환기 데이터를 잃어버릴 염려가 없다.

TEDS의 특징은 더 정확하고 우수한 성능을 가진 변환기로 업그레이드 및 새로운 변환기로의 대체가 간단히 플러그 앤 플레이로써 작동되는 것이다.

다음은 IEEE 1451.2에서 정의된 STIM과 TEDS에 대한 내용이다.

(1) STIM

STIM(Smart Transducer Interface Module)은 TEDS, 실제 변환기, 데이터 변환기, 주소 로직, 제어 로직으로 구성되며 255개의 독립적 변환기들을 포함한다. 각 변환기는 센서 및 작동기 등을 포함하며 각 변환기 채널은 TEDS로 기술한다.

각 채널의 TEDS기술은 보정 계수를 포함하며, 계수에 기초한 보정은 원시 변환기 데이터, STIM 자체 또는 NCAP 보정엔진에 적용된다. [그림 3-12]는 각 모듈 사이의 인터페이스와 함께 STIM의 블록 다이어그램을 나타낸다.

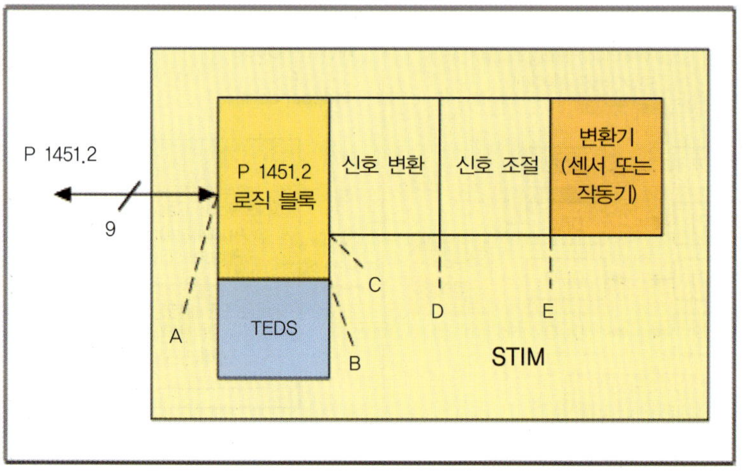

[그림 3-12] STIM 블록 다이어그램

[그림 3-12]에서 볼 수 있듯이 TEDS는 STIM 내에 통합되어 있으며, STIM은 P1451.2 인터페이스, 변환기와 다른 신호 조절과 변환 등을 실행하기 위한 로직을 포함하고 있다.

P1451.2는 오직 인터페이스 A만 정의하고 있으며, 인터페이스 B, C, D, E는 변환기 제조자들이 이 인터페이스들을 어떻게 이용할지에 따라 성능, 질, 특징과 가격을 다르게 할 수 있게 하였다.

동시에 P1451.2는 다양한 네트워크와 응용 프로그램 사이에서 같은 변환기의 사용이 가능하도록 STIM과 NCAP 사이의 공통 인터페이스를 갖는 변환기를 디자인할 수 있게 한다.

[그림 3-12]에서 보이는 P1451.2 로직 블록은 여러 방법으로 적용될 수 있다. 워킹 그룹은 로직 블록으로서의 서비스 제공을 위해 FPGA(Field Programmable Gate Array)와 값싼 마이크로 제어기를 사용하는 STIM을 사용해 왔다.

이러한 방식은 P1451.2 STIM이 규격품으로 만들어질 수 있다는 것을 의미한다. 마이크로 제어기 옵션은 P1451.2 로직 블록이 마이크로 제어 펌웨어를 사용하여 이용될 때 잠재적으로 모든 로직, TEDS, 신호 변환을 하나의 회로 안에 통합시켜 추가적인 이익을 가져다준다.

[그림 3-13]은 저렴한 마이크로 제어기를 사용하는 STIM의 4가지 설정 방식의 예를 보여준다.

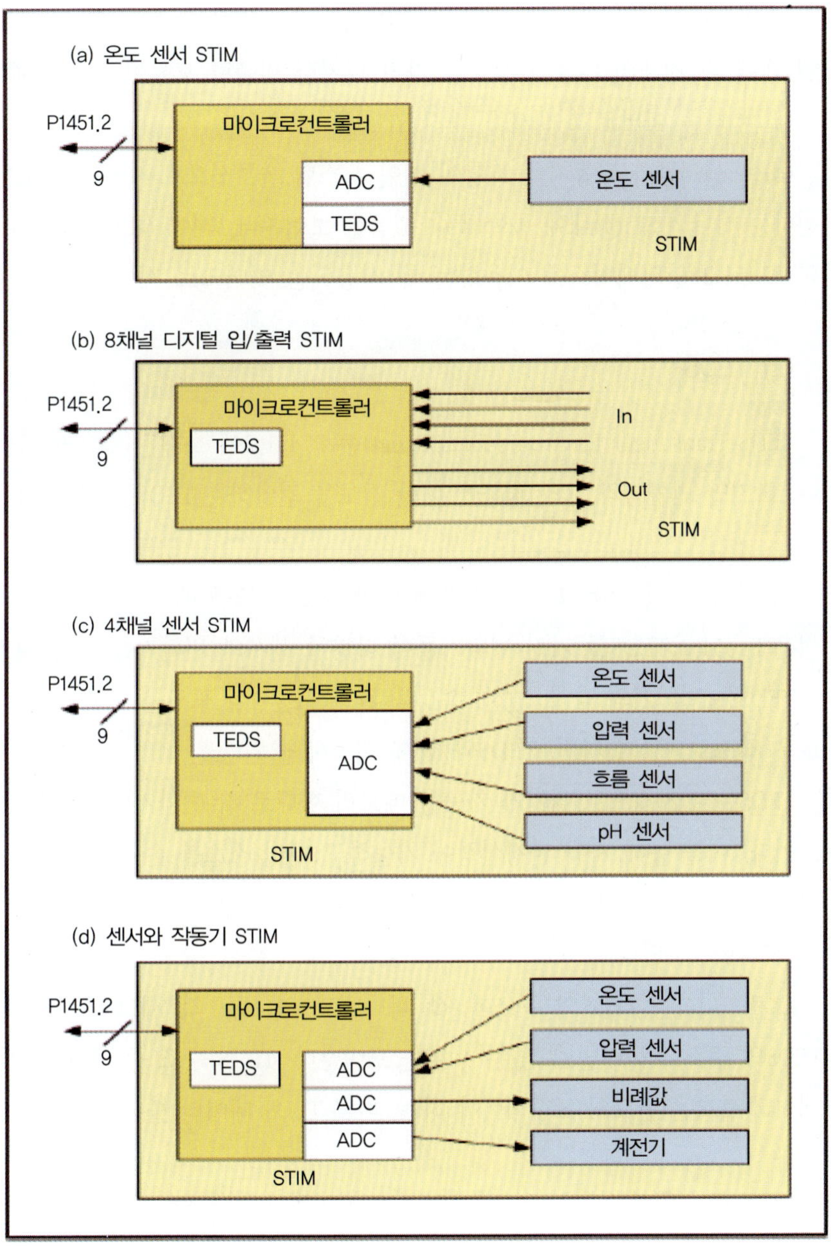

[그림 3-13] STIM의 예

[그림 3-13]의 (a)는 하나의 채널을 사용하는 아날로그 센서에 적용되는 경우이다.

(b)는 4개의 디지털 입력과 4개의 디지털 출력을 갖는 디지털 입출력(I/O) 모듈을 적용한 경우이다.

P1451.2 내의 TEDS 모델은 STIM을 8개 채널의 STIM이나 각각 4개의 길이를 갖는 하나

의 입력 채널과 하나의 출력 채널의 STIM으로써 설명할 수 있다. 이것은 필요하다면 한 모델 내에 수 천개의 입출력 장치를 가진 디지털 입출력 모듈이 이용될 수 있음을 뜻한다.

(c)는 다중 아날로그 센서를 가진 STIM을 보여준다.

(d)는 센서들과 작동기의 조합이 제어 시스템 솔루션으로 사용되는 모든 변환기들을 지원하는 하나의 STIM 내에 통합될 수 있음을 보여준다. 제어 루프를 적용하는 코드는 NCAP나 P1451.2 인터페이스를 이용하는 데 사용되는 마이크로 제어기 내에 존재할 수 있다.

(2) TEDS

TEDS(Transducer Electronic Data Sheet)는 P1451.2에 소개된 주요한 기술혁신 중 하나이다. 하지만 변환기와 그의 성능에 대한 정보를 전달하는 TEDS는 사실 새로운 컨셉은 아니다.

회사들은 오랫동안 그 회사 제품에 대한 자료 구조를 메모리 내에 저장해왔는데 달라진 점은 P1451.2 TEDS를 가진 변환기들이 다양한 센서와 변환기를 널리 지원한다는 점이다.

TEDS는 변환기의 타입, 연산, 속성을 완전히 설명한 필드를 포함하며, 만약 변환기가 새로운 장소로 이동한다면, TEDS와 함께 이동하게 된다.

TEDS는 전자적으로 읽기가 가능한 메모리 형태로 각 변환기의 특성을 기술한 데이터 시트이다. 이를 통해 자동 환경설정이 가능하고 에러 소스를 손쉽게 제거할 수 있으며, 메커니즘과 정보의 표준을 제공할 수 있기 때문에 상호운영이 가능한 소자를 제조하는 데 핵심이라고 할 수 있다.

[그림 3-14]는 TEDS의 구조를 잘 나타내고 있는데, 각 세그먼트를 위한 정보와 함께 TEDS의 주소로 불러낼 수 있는 부분을 보여준다. TEDS 구조 중 메터-TEDS와 채널-TEDS 데이터 블록은 반드시 포함되어야 하며, 다른 TEDS 데이터 블록은 선택적으로 포함시킬 수 있다.

데이터는 모든 기본 필드가 채워지면 나머지 필드는 0으로 채워지게 된다. 메타 TEDS는 반드시 하나의 STIM당 하나를 가지고 있어야 하며, TEDS 데이터 구조, 최악의 경우 STIM시간 변수, 그리고 채널에 접근하기 위해 필요한 채널에 공통적인 정보를 제공한다. 채널 TEDS는 STIM채널당 하나씩 가지고 있으며 상한선과 하한선의 경계, 물리적 단위, 시동 시간, 자가 테스트의 존재 여부, 불안정성, 데이터 모델, 교정 모델, 트리거 변수를 포함한다.

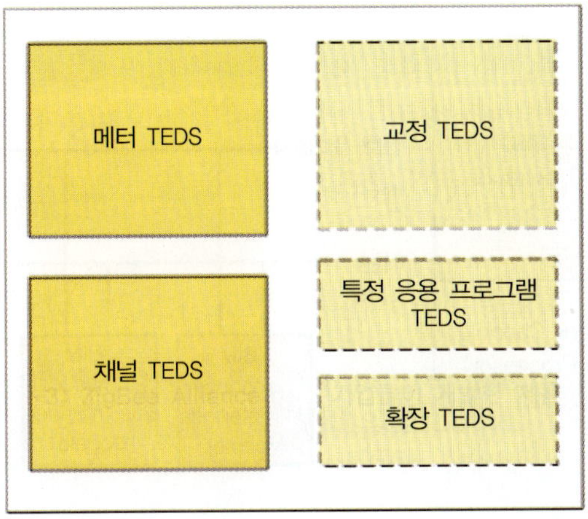

[그림 3-14] TEDS의 구조

점선으로 나타낸 교정 TEDS, 특정 응용 프로그램 TEDS, 확장 TEDS는 옵션이다. 교정 명세는 STIM채널당 하나를 가질 수 있으며 마지막 교정날짜 및 다중 세그먼트 모델을 지원하는 모든 교정 변수를 포함하여 센서 제작자가 각 채널마다 다차원의 교정을 설명할 수 있게 한다.

또한 고차원의 다항식을 제거하기 위해 각 세그먼트가 다양한 폭과 오프셋을 가질 수 있는 교정에 각각 명시할 수 있다.

일반적인 교정 엔진은 비록 변환기가 연결되어 있다 하더라도 보이지 않게 실행시키기 위해 이러한 교정 개요를 이해할 수 있는 NCAP 내에 존재할 수 있다.

특정 응용 프로그램 TEDS는 STIM당 여러 개를 가질 수 있으며 이것은 특정 응용 프로그램을 사용할 수 있으며 차후에 P1451.2의 산업 확장에 이용될 수 있다.

4) IEEE 1451.3

분산 시스템에서는 많은 수의 센서들이 동기화된 방법으로 읽혀질 필요가 있다. 이러한 센서의 통신을 위해 수백 kHz 정도의 큰 대역폭이 필요한데, IEEE P1451.3 프로젝트는 그러한 표준의 특성을 정의하기 위해 생겨났다. 제안된 IEEE P1451.3표준은 디지털 통신 및 분산 멀티 시스템을 위한 TEDS포맷을 지원하며 물리적 특성은 [그림 3-15]에 잘 나타나 있다.

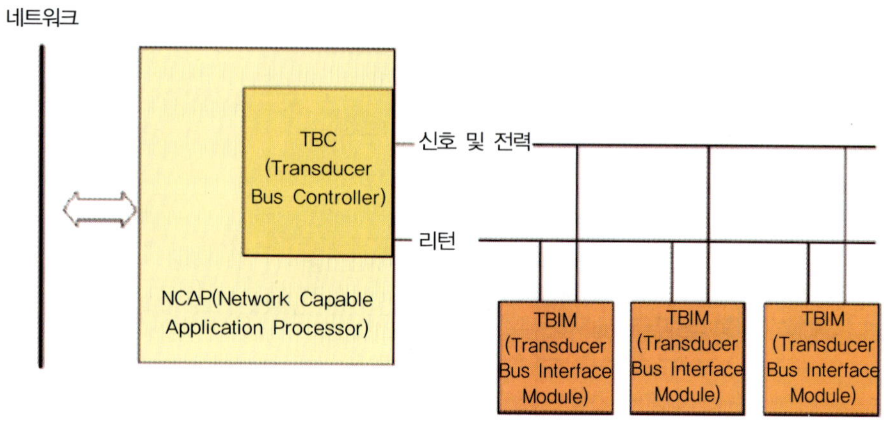

[그림 3-15] IEEE P1451.3의 물리적 특성

하나의 전송선은 변환기에 전력을 공급하고 버스 제어기와 TBIM(Transducer Bus Interface Modules) 사이의 통신에 사용되도록 제안되었다. 변환기 버스는 하나의 버스 제어기에 많은 수의 TBIM을 갖게 되며 하나의 TBIM은 하나 이상의 다른 변환기들을 포함한다. NCAP는 버스와 많은 다른 버스들을 지원하는 네트워크 인터페이스를 위한 제어기를 포함한다. IEEE 1451.3은 대역 확산 변조 방식을 사용하여 하나의 케이블을 통해 다음과 같은 기능이 수행될 수 있도록 제안되었다.

- 여러 센서들을 위한 데이터 획득의 동기화
- 여러 TBIM(Transducer Bus Interface Modules)의 동시 통신
- 버스와 관련 전자 장치가 있는 변환기의 작동을 위한 전력 공급

5) IEEE 1451.4

IEEE 1451.4 표준은 아날로그와 디지털 형태의 신호로 통신할 수 있는 혼합 방식의 변환기 인터페이스 표준을 정의한 것으로 이 표준의 목적은 다음과 같다.

- 기존의 변환기와 호환성이 있는 공통의 IEEE 1451.4 변환기 통신 인터페이스를 이용하여 변환기 수준에서 플러그 앤 플레이가 가능하게 한다.
- 지능형 변환기의 기능을 작동시킬 수 있게 하며 단순화시킨다.
- 다중 통신망 제공을 용이하게 한다.
- 기존의 변환기와 네트워크화된 변환기 사이에 브리지를 만든다.
- 최소의 메모리를 사용하는 지능형 변환기의 이용을 가능하게 한다.

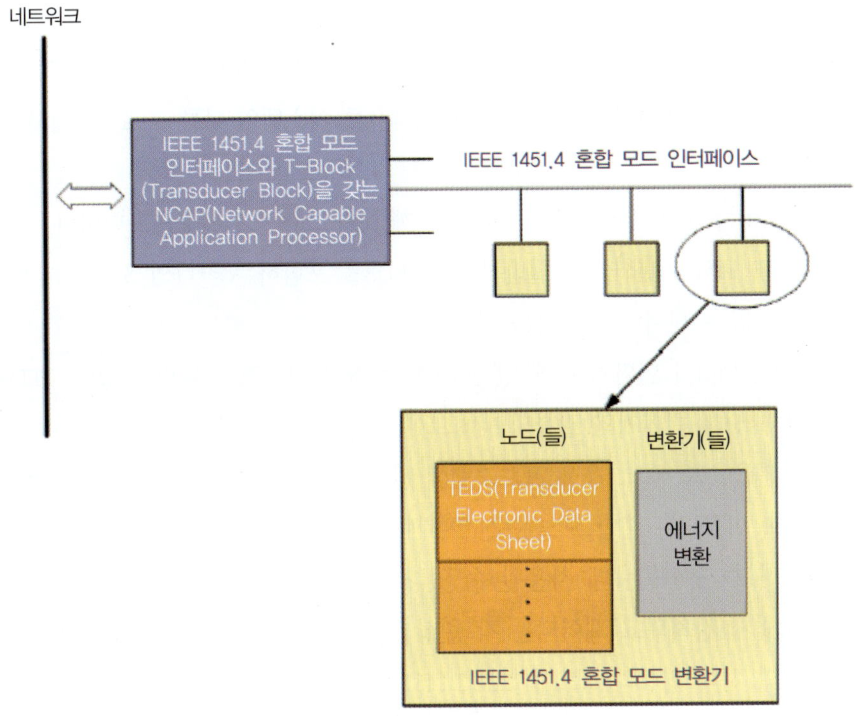

[그림 3-16] 혼합모드의 변환기와 인터페이스

[그림 3-16]은 혼합 모드의 변환기의 구조와 그 인터페이스를 나타낸다.

그림에서 보듯이 IEEE 1451.4변환기는 MMI(Mixed-Mode Interface)와 TEDS를 갖는다.

MMI는 2개의 선과 마스터 슬레이브, 멀티드롭 방식, 직렬 연결로 되어 있으며 정해진 시간 순서에 따라 각각 슬레이브 또는 노드를 가지고 각각의 트랜잭션을 초기화하기 위한 하나의 마스터 장치를 필요로 한다. 또한 전력 공급 및 아날로그와 디지털 신호를 동시에 연결하기 위해 두 가닥의 선을 사용한다.

TEDS는 MMI 내에 하나 이상의 메모리 노드에 들어 있는 정적이거나 동적인 데이터이며, IEEE 1451.4 변환기에 들어 있는 TEDS는 타입, 연산, 하나 이상의 변환기 요소에 대한 속성 정보를 포함한다.

TEDS 템플릿은 TEDS의 데이터 구조에 대해 설명해놓은 소프트웨어 항목으로서 기술 언어에 의해 실행될 수 있으며 T-블록(Transducer block) 내에 들어 있다. 기술 언어는 IEEE 1451.4 변환기의 기능을 설명하기 위한 표준화된 방식을 제공한다.

변환기 블록 IEEE 1451.4는 변환기를 설명한 소프트웨어 항목인데 장비나 데이터 획득 시스템 같은 마스터 장치의 NCAP 내에 들어 있다.

IEEE 1451.4 프로토콜은 T-블록으로부터 IEEE 1451.4 인터페이스의 통신을 위해 시간을 분배하는 데 사용된다.

T-블록 객체는 NCAP 내에 존재하는데 사용자를 위한 TEDS 데이터의 해석을 다루기 위해 사용되며 데이터의 가공은 NCAP와 더 큰 시스템의 다른 프로세서에서 동시에 이루어진다.

NCAP는 IEEE 1451.4 T-블록과 함께 IEEE 1451.1 객체를 포함한다.

IEEE 1451.4 변환기는 일반적으로 TEDS를 포함하는 하나의 노드로써 하나의 주소를 가질 수 있는 센서나 작동기를 말한다.

IEEE 1451.4 변환기 내에 있는 TEDS는 자기 기술적인 능력이 있다. TEDS가 물리적으로 IEEE 1451.4 변환기와 결합되면서 그에 따른 하드웨어 부분은 IEEE 1451.4 변환기 내의 측정부분을 포함하고, 응용 프로그램에 관련된 부분은 NCAP나 그 대안으로 TEDS에 저장된다. 이 변환기는 혼합 모드 통신 프로토콜과 TEDS 포맷을 지원하며 다양한 물리적 현상을 감지하고 제어하는 데 사용될 수 있다.

이렇게 감지되고 제어되는 각 현상들은 하나의 노드와 관련이 있다.

만약 하나 이상의 노드가 IEEE P1451.4 변환기 안에 포함되어 있다면 그 노드들 중 하나는 반드시 그 노드 리스트를 갖는 블록을 메모리 내에 갖고 있어야 하며, 한 노드 리스트는 다른 노드들에 대한 정보를 갖고 있게 된다.

망을 연결하고 인터페이스로 접속하는 데 드는 비용을 줄이기 위해 다른 유선 설정을 사용하는 모델이 인터페이스 연결 변환기로 선택된다. 만약 하나의 유선 모델이 사용된다면 장치나 네트워크로의 아날로그 변환기 신호 전송과 디지털 TEDS 데이터 통신은 서로 다른 시간에 같은 유선을 통해 이루어진다. 그러나 다수의 유선 모델이 사용되면 디지털 데이터와 아날로그 신호의 통신은 동시에 이루어질 수 있다. 디지털 통신은 TEDS정보를 읽고 IEEE P1451.4 변환기 설정을 위해 사용될 수 있다. 스위치 노드를 가진 다양한 IEEE 1451.4 변환기들은 멀티 드롭 방식으로 이러한 변환기들 중 하나는 활성화 모드로 나머지는 비활성화 모드로 설정된다. 스위치 노드는 각 IEEE 1451.4 변환기들의 모드를 바꾸는 데 이용된다.

IEEE P1451.4를 위해 제안된 콤팩트 TEDS는 비록 템플릿 파일이 콘텐츠의 대부분을 제공한다고 하더라도 완전한 IEEE P1451.0 TEDS를 포함할 수 없다.

또한 P1451.4 장치를 위한 데이터들은 아날로그 형태이기 때문에 많은 TEDS 콘텐츠는 적용할 수 없다. 하지만 P1451.4 장치가 연결된 모듈은 완전한 콘텐츠를 번역할 수 있으며 디지털과 아날로그 P1451.0 사이에서 변환작업도 제공한다.

6) IEEE 1451.5

IEEE P1451.5 무선 표준은 변환기들의 무선 통신 방식과 데이터 형식을 정의한 표준이다. 이 표준은 여러 MAC/PHY조합을 포함하며 하나의 모델로써 IEEE 802로의 접근을 시도하여 블루투스(IEEE 802.15.1), Zigbee(IEEE 802.15.4), IEEE 802.11의 모든 무선 표준들과 개인의 무선 링크를 포함한다.

IEEE 1451.5 무선 인터페이스 표준은 다른 1451 프로젝트로부터 센서 네트워킹 특성을 영향받았다. 1451.1로부터 지능형 변환기 오브젝트 모델을, 1451.2로부터 TEDS 컨셉을, 1451.3으로부터 동기화 및 XML TEDS를, 1451.4로부터 콤팩트 TEDS와 변환기 인터페이스를 받아들였다. 또한 계층 구조를 가짐으로써 현존하는 제품들의 사용을 크게 증가시킬 수 있으며 차후 확장도 가능하게 하였다.

[그림 3-17]은 P1451.5 프로토콜 구조를 보여준다. 그림에서 1451.1 관리 영역은 1451 애플리케이션과 QoS제어 사이의 정보 교환을 하는 능력과 관리 함수들을 제공한다. 1451.5 애플리케이션 영역은 센서 응용 프로그램 정보의 전송을 담당하며, QoS 제어 영역은 QoS 보장을 위해 필요한 연결 성립과 해지, 다른 제어 기능 등을 다룬다.

IEEE P1451.5의 프레임 구조는 NCAP와 변환기들, 변환기 서비스와 인터페이스, 변환기 전자 데이터 시트와 인터페이스 사이의 무선통신과 인터페이스를 포함한다.

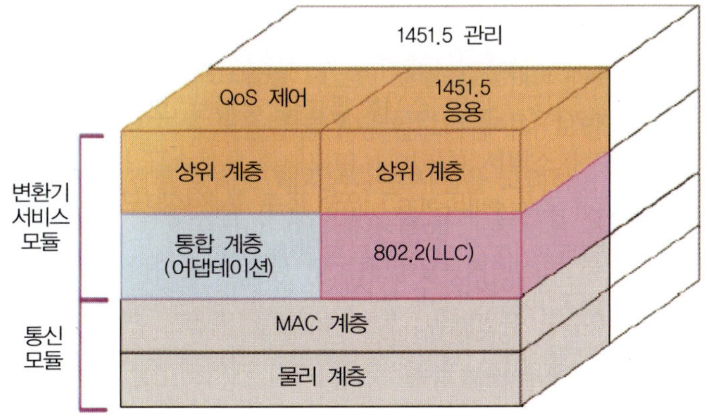

[그림 3-17] 프로토콜 구조

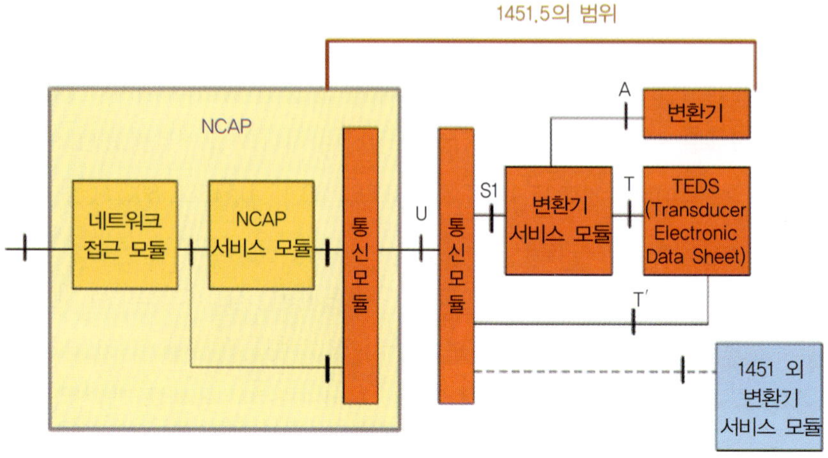

[그림 3-18] IEEE 1451.5 프레임 구조

[그림 3-18]에서 보면 U지점은 통신 모듈 사이의 논리적, 물리적 인터페이스의 성격을 포함한다. 무선 브리지 같은 점 대 점 연결은 하나의 통신 케이블을 대체할 수 있으며, IEEE 802.11과 블루투스 같은 점 대 다 연결 링크는 네트워크 내에 모든 다른 무선 노드들과의 통신이 하나의 액세스 포인트를 통해서 이루어질 수 있다.

감지와 산업적인 제어를 위한 무선 그물형망 토폴로지는 Ad-hoc이나 멀티 홉 네트워크라고 불리는 시스템이나 점 대 점(peer-to-peer)으로 이루어진다.

한 노드는 그물형망 내에서 메시지를 보내고 받을 수 있다. 각 노드는 또한 라우터의 역할을 하며 그 이웃에게 데이터를 전달할 수 있다. 이러한 전달 과정을 통해 무선 데이터 패킷은 신뢰할만한 통신 링크를 가진 중간 노드들을 거쳐 그것의 목적지로 가는 길을 찾게 된다.

S1 지점은 통신 모듈과 변환기 서비스 모듈 사이 인터페이스의 논리적, 물리적 특성을 가지고 있다. SAP(Service Access Point)를 가지며 직렬의 점 대 점 연결로 물리적 인터페이스가 구성되어 있다.

T 지점은 변환기 서비스 모듈과 변환기의 전기적 데이터 시트 사이 인터페이스의 논리적, 물리적 특성을 나타내는 부분이다.

A 지점은 변환기 서비스 모듈과 아날로그에 기초한 변환기 사이 인터페이스의 논리적, 물리적 특성을 갖는다.

7) IEEE 1451.6

IEEE P1451.6은 멀티 채널 모듈을 위해 CANopen에 기반한 네트워크 형성을 그 목표로 한다. 이 표준은 IEEE 1451 TEDS에 CANopen뿐만 아니라 메시지, 처리 데이터, 설정 변수와 진단 정보들을 사전 엔트리에 매핑하는 것을 정의한다. 이 표준은 장치 측정과 폐쇄회로 제어를 위해 CANopen장치 프로파일을 채택하였으며, IS(Intrinsically Safe) CAN 물리 계층을 정의한다. 현재 CiA DS 404장치 프로파일에 기반한 CANopen 네트워크 인터페이스가 구현된 것이 많이 있다.

그러나 IEEE 1451 TEDS컨셉을 이용하고 하나의 센서에서부터 고성능 폐쇄회로 제어기까지의 데이터 호환성을 위해서는 TEDS 변수들을 맞출 필요가 있다. 이 프로젝트는 IEEE 1451과 CANopen의 결합된 명세에 기초한 린(lean) 게이트웨이와 종속된 변환기 네트워크들을 개발 가능하게 한다. 현재 IEEE 1451.6의 관련 문서들은 공개되어 있지 않으며 드래프트 작업이 진행 중이다.

3.4 MAC 계층 기술

1) IEEE 802.15.4

(1) USN에 대한 IEEE 802.15.4의 특성

IEEE 802.15.4를 센서 네트워크에 사용하기 위해서는 센서 네트워크가 필요로 하는 기능이 충분히 지원되는지에 대한 고찰이 필요하다. 센서 네트워크는 응용 목적에 따라 센서 노드로부터 다양한 기능과 특성이 요구된다.

다음은 공통적으로 만족시켜야 할 요구사항을 간략하게 열거하며 IEEE 802.15.4에서는 어떻게 해결하고 있는지 살펴보겠다.

① 저전력 설계로 센서 노드 수명 최대화

센서 노드가 설치되는 장소는 물리적인 접근이 불편하거나 용이하지 않은 곳이 많기 때문에 배터리를 사람이 직접 교체하거나 충전하는 것은 현실적으로 어려우므로 최대한 전력소모가 적게 설계하여 센서 노드의 수명을 최대화하여야 한다.

IEEE 802.15.4는 PAN 코디네이터가 네트워크를 관리하며 슈퍼프레임 구조를 이용하여 네트워크를 주기적으로 깨우고 재우면서 저전력을 구현하였다.

PAN 코디네이터가 주기적인 비콘을 동기화하여 하나의 프레임을 구성한다. 이 프레임은 active 프레임과 inactive 프레임으로 구분되어 있어 비콘 주기 inactive 시간을 늘리고, 시간을 늘리면 시간당 통신 가능한 시간은 줄어들지만 센서 노드의 생명주기는 늘릴 수 있다.

PAN 코디네이터는 이와 같은 방법을 통해 네트워크의 수명을 조절할 수 있다. IEEE 802.15.4 표준화 문서에서는 AA사이즈의 건전지를 이용하여 2년간 통신이 가능함을 보여주는 계산식이 있다.

② 저가격으로 제작

센서 네트워크 디바이스는 다양한 사물에 내장되어 대량 생산되는 제품에 포함될 수 있으므로 가격이 낮아야 한다. 이와 같은 조건을 만족하기 위해서 IEEE 802.15.4는 FFD(Full-Function Device)와 RFD(Reduced-Function Device)의 2가지 디바이스를 제공한다.

FFD는 IEEE 802.15.4의 표준에 해당하는 모든 기능을 포함하고 있지만 RFD는 몇 가지 제약이 있으나, 이는 단순한 기능을 하는 디바이스를 위한 배려이며 저렴한 가격으로 구현이 가능하다.

RFD의 제약 사항으로는 라우팅 기능이 없으며 PAN 코디네이터의 역할을 수행할 수 없다. 이는 센서 네트워크의 응용 목적에 맞게 적절한 기능을 수행하기 위한 선택이 가능하도록 한 것이다.

③ 네트워크 토폴로지 변화의 수용 및 해결 능력

센서 필드에 배치되는 센서 노드들은 인터넷과 같은 고정된 네트워크기반 구조에 직접 연결되는 것이 아니라, 자동 구성 가능한 Ad-hoc 네트워크를 형성한 후 내부에서 통신하며, 인터넷과 같은 외부로의 통신은 게이트웨이 역할을 하는 베이스 스테이션을 통해 이루어진다.

센서 노드가 이동을 하거나, 고장이 나거나, 새로운 노드들이 추가적으로 배치되는 등의 상황에 의해서 네트워크 토폴로지는 항상 변할 수 있는 소지가 있다. 따라서 이러한 변화를 적절히 받아들여 해결할 수 있는 능력도 요구된다.

IEEE 802.15.4의 네트워크 토폴로지는 Star 또는 peer-to-peer로 구성되며, 네트워크 형성과 베이스 스테이션 등의 내용은 MAC에서 직접 제공하고 있지는 않다.

다만 상위 계층인 네트워크 계층의 정책에 따라 유연하게 동작하도록 지원하고 있다. 특히 MAC 계층에서는 PAN 코디네이터로부터 직접 할당받을 수 있는 16비트 주소와 디바이스마다 고정된 주소인 64비트 주소 등 다양한 주소 형식을 지원하고 있으며 이들 주소 간의 데이터 전송이 가능하도록 MAC에서 지원하고 있다.

뿐만 아니라 이종의 PAN 영역에서도 사용 가능하도록 소스의 PAN ID와 목적 노드의 PAN ID에 대한 관리 기능을 지원하고 있다. 또한 다양한 PAN이 어울려 클러스터 헤드와 같은 형태의 네트워크가 가능하도록 고려하고 있다.

이종 PAN 네트워크에 비해 직접 할당이 가능한 16비트 주소와 PAN ID는 PAN이라는 좁은 공간에서도 수많은 노드를 특별한 어려움 없이 수용가능하고 PAN ID로 이들 노드를 관리할 수 있어 USN에 적합한 확장성과 네트워크 형성의 편의성을 제공한다.

(2) IEEE 802.15.4 소개

USN의 네트워크 디바이스는 가정의 가전기기, 사무기기 및 각종 사물들을 위해 간편한 근거리 무선 네트워크의 표준이 필요하다.

특히 USN은 다양한 사물들에 부착되어 사용하기 위해서 무선 네트워크가 필요하며, 제한된 프로세스 파워를 가지고 있는 사물에 기존 무선 LAN 디바이스를 사용하기에는 다소 무리가 있기 때문에 USN의 사물들에게 필요한 네트워크 디바이스는 통신 프로토콜이 가벼워야 한다.

아울러 플러그 앤드 플레이형의 간편한 설치로 다양한 사물들 간의 상호 협력적 네트워크를 도모하기 위한 확장성이 요구된다. 뿐만 아니라 USN사물들은 이동성과 휴대가 가능한 디바이스도 고려해야 하므로 저전력인 특성과 산업적인 측면에서 가격이 저렴해야 하는 특성이 요구된다.

일반적으로 USN의 네트워크 표준으로 IEEE 802.1X의 무선 네트워크 표준을 따르게 되는데, 기존의 IEEE 802.11 표준으로부터 LAN보다 작은 범위를 갖는 PAN을 위한 표준인 IEEE 802.15 표준이 제정되었다.

WPAN의 기반 기술은 WLAN(Wireless Local Area Network)의 저전력 소모와 복잡도가 낮은 영역에서 무선기술을 바탕으로 WPAN WG(Working Group)에서 연구 중이며, 사람의 생활공간 10m 내에서 통신을 가능하게 할 물리 계층과 데이터 링크 계층의 표준화를 이루어 가고 있다.

IEEE 802.15.4는 low-rate wireless personal area 네트워크의 MAC과 PHY에 대한 표준이며 저속의 통신대역과 저전력을 목표로 하는 프로토콜로서 현재 센서 네트워크 구현에 가장 적합한 통신기술로 인식되고 있다.

IEEE 802.15.4는 저전력, 저비용으로 낮은 전송률과 전송 거리가 비교적 짧은 무선 개인 영역 네트워크 기기에 적합하도록 설계가 되었고, 국제적인 제약이 없는 주파수 대역인 ISM밴드로 통신을 한다.

IEEE 802.15.4의 주요 기능은 다음과 같다.

- IEEE 802.15.4는 2.4GHz, 868/915MHz 3가지 밴드를 지원한다.
  - 2.4GHz에서 250kbps, 868/915MHz에서 20/40kbps 정도의 전송속도를 가진다.
  - 2.4GHz에서 16채널, 915MHz에서 10채널, 868MHz에서 1채널을 지원한다.
- IEEE 802.15.4는 16비트, 64비트의 2가지 주소를 가진다.
- IEEE 802.15.4의 접근 방법은 CSMA-CA를 기반으로 하고 있다.
- IEEE 802.15.4는 Energy Detection(ED), Link Quality Indication(LQI)를 지원한다.
- IEEE 802.15.4 는 다음과 같은 2가지 디바이스를 지원한다.
  - FFD(Full-Function Device) : peer-to-peer를 지원하고 코디네이터 서비스 가능
  - RFD(Reduced-Function Device) : 네트워크 말단에서 접속만 가능
- IEEE 802.15.4의 네트워크 토폴로지는 Star 또는 peer-to-peer로 구성된다.

FFD는 IEEE 802.15.4가 지원하는 모든 네트워크 토폴로지를 지원하며 FFD와 RFD 사이에서 데이터를 주고받을 수 있고 PAN 코디네이터의 역할을 수행할 수 있으며, IEEE 802.15.4에 기술된 모든 일을 수행한다.

이에 비해 RFD는 좀 더 작고 가벼운 디바이스에 적합하도록 디자인되었다. 이러한 디바이스는 단순 기능과 간단한 동작으로 에너지 소비율을 낮추고 디바이스의 가격을 낮추는

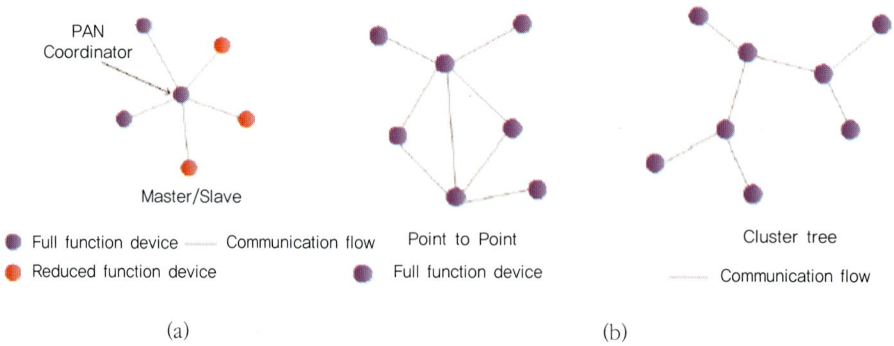

[그림 3-19] Star 토폴로지(a)와 peer-to-peer토폴로지(b)

효과를 얻었다. RFD는 모든 네트워크 토폴로지의 말단에서만 데이터의 전송이 가능하다. 이는 RFD가 peer-to-peer 데이터를 전송할 수 없음을 의미하고 더불어 PAN 코디네이터의 역할을 수행할 수 없음을 뜻한다.

하나의 PAN 코디네이터에 다양한 기능을 갖춘 RFD와 FFD로 구성된 Star 토폴로지는 홈 네트워크, PC의 주변장치, 장난감, 게임, 건강보조기 등의 부족한 무선 인터페이스 부분을 해결할 것으로 기대가 된다.

peer-to-peer 통신은 네트워크 계층에서 제공하는 Ad-hoc 라우팅 기능을 이용하여 지원 가능하다. 이는 센서 네트워크, 원격제어, 액추레이터 등 다양하게 응용될 것이다.

IEEE 802.15.4에서는 MAC 계층에서 지원하는 PAN 코디네이터를 통하여 슈퍼프레임 구조를 정의한다. 이 슈퍼프레임 구조에는 PAN 코디네이터가 주기적으로 발생시키는 비콘이 포함된다. 비콘이 발생하는 주기에 의해 모든 디바이스는 일정시간 잠들었다가 동시에 깨어나서 수행을 하게 되는데 이러한 기능으로 인해 IEEE 802.15.4를 이용한 디바이스가 에너지 자원이 제한적인 환경에서 건전지로 수개월 또는 수년간 수명을 연장할 수 있는 저전력 기술의 구현이 가능하다.

(3) IEEE 802.15.4 계층적 구조

IEEE 802.15.4의 ISO-OSI 계층적 네트워크 모델(그림 3-20)은 IEEE 802.15.4의 ISO의 OSI 계층적 네트워크 모델을 보여주며, OSI 계층적 구조에서 IEEE 802.15.4는 MAC 계층과 PHY 계층의 규격을 다루고 있다. 네트워크 계층은 현재 ZigBee 컨소시엄을 통하여 활성화된 산업계 규격을 만들고 있다.

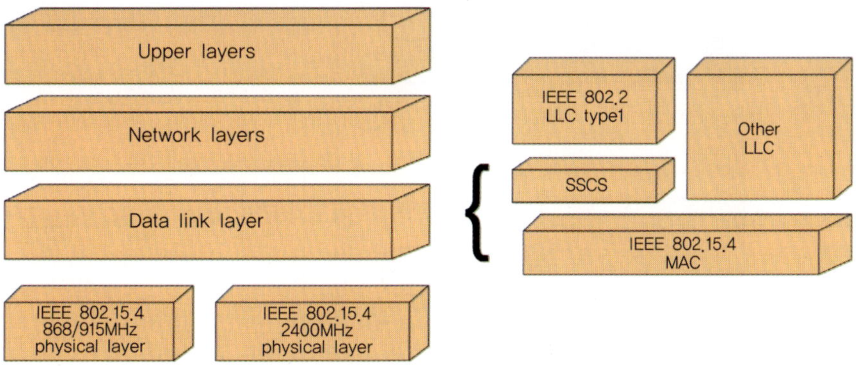

[그림 3-20] IEEE 802.15.4의 ISO-OSI 계층적 네트워크 모델

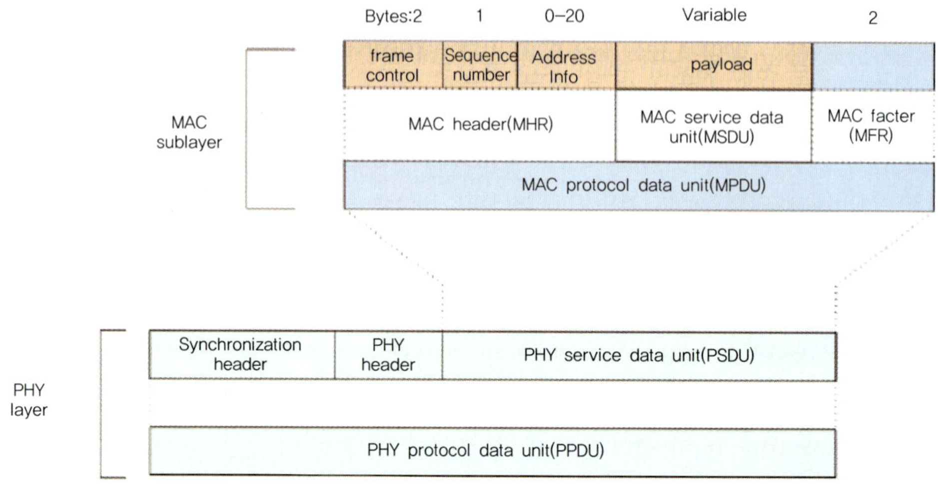

[그림 3-21] IEEE 802.15.4의 프레임 포맷

IEEE 802.15.4의 프레임 포맷(그림 3-21)의 MAC 프레임은 MAC 프로토콜 데이터 유닛(MPDU)이라 부르며, MAC 헤더(MHR), MAC 서비스 데이터 유닛(MSDU), 그리고 MAC 푸터(MFR)로 구성된다.

IEEE 802.15.4 참조 모델(그림 3-21)은 PHY 계층과 MAC 계층을 정의하고 각 계층에서는 데이터 서비스와 관리 서비스를 지원한다.

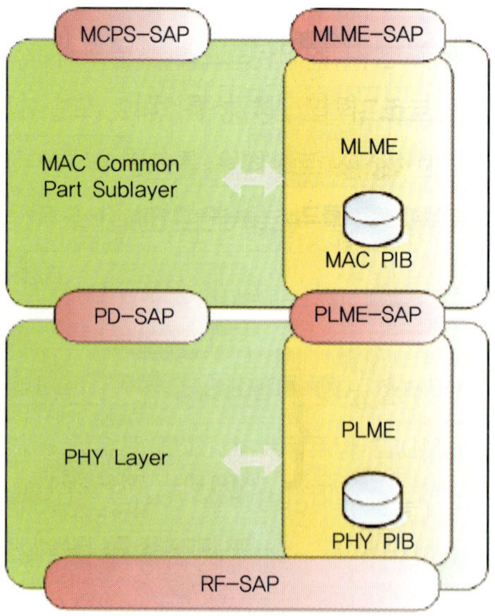

[그림 3-22] IEEE 802.15.4

네트워크 계층에서 MAC 계층으로 데이터를 보낼 때에는 MCPS-SAP(MAC Common Part Sublayer-Service Access Point)를 통하여 보내며, MAC 계층의 관리는 MLME-SAP(MAC Sublayer Management Entity-Service Access Point)를 통해 관리한다.

PHY 계층도 MAC 계층과 동일한 방법으로 데이터 서비스와 관리 서비스를 지원한다. MAC 계층에서 PHY 계층으로 데이터를 보낼 때에는 PD-SAP를 통하여 데이터를 보내고 PHY 계층 관리는 PLME-SAP를 통하여 이루어진다.

(4) IEEE 802.15.4의 네트워크 구성

IEEE 802.15.4는 MAC의 유연성에 의해 다양한 네트워크 토폴리지를 나타낼 수 있다. 계층적 센서 네트워크 구조(그림 3-23)은 IEEE 802.15.4의 대표적인 응용 사례이다. Level 1에서는 라우팅 기능이 있는 FFD로 메시 네트워크의 형성이 가능하며 이 네트워크의 코디네이터로 Level 2가 PAN 코디네이터의 역할을 수행한다. Level 1과 Level 2로 하나의 PAN을 구성하고 이를 Level 3 클러스터 트리 네트워크의 부모로 하는 계층적인 구성을 가질 수 있다. FFD는 자식 노드 및 클러스터 헤드, 부모 노드까지 다양하게 적용이 가능하지만 RFD는 자식 노드로만 적용이 가능하다.

① Full Function Device(FFD)

FFD는 IEEE 802.15.4의 일반적인 노드이다. 네트워크 토폴로지에 대해서는 Star 토폴로지, 메시 네트워크, peer-to-peer를 지원하면서 각 노드의 라우팅 기능과 PAN 코디네이터로써 하나의 네트워크를 관리하는 기능까지 가지고 있다. 이는 FFD 또는 RFD와 어떠한 토폴로지를 형성하더라도 FFD는 다른 노드와 통신이 가능하다. FFD는 디바이스 간 데이터를 주고받을 수 있으며, 디바이스 간의 라우팅 기능을 수행하거나 코디네이터의 역할도 수행 가능하도록 IEEE 802.15.4에서 지원하는 대부분의 기능을 가지고 있다.

② Reduced Function Device(RFD)

RFD는 FFD의 기능 중 상당부분을 제한하여 가격과 기능을 간소화한 디바이스이다. 큰 특징으로 peer-to-peer 기능이 상실되어 있으며, 다른 디바이스를 위해 데이터의 전달이 불가능하여 코디네이터의 역할을 수행하지 못한다.

RFD는 Star 토폴로지의 말단에 놓여 있으며 RFD와 데이터 교환을 수행할 수 없다. 즉 RFD는 항상 FFD를 통해서만 데이터를 교환할 수 있다.

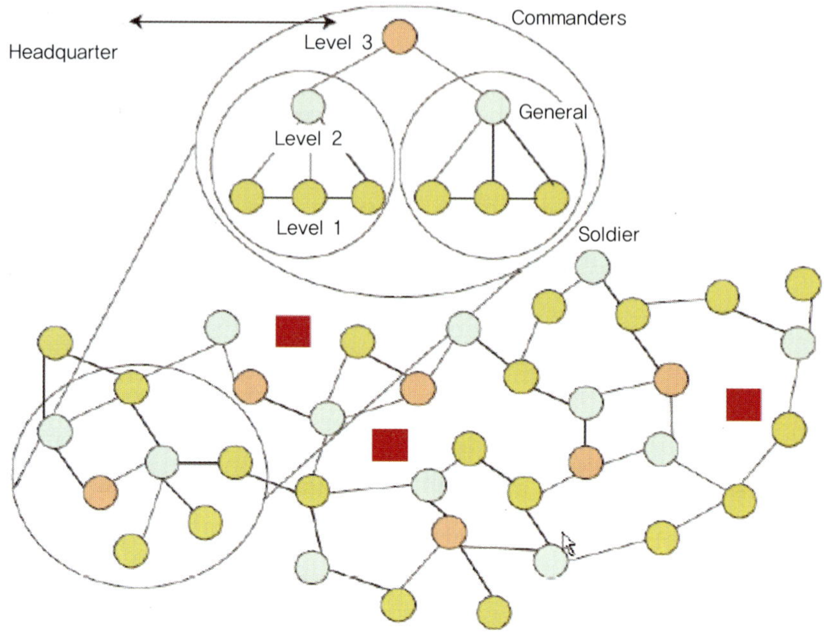

[그림 3-23] 계층적 센서 네트워크 구조

RFD는 작고 가벼우며 메모리를 적게 차지하는 단순한 데이터를 FFD에게 전달한다. 예를 들어 형광등의 on/off나 현재 형광등의 상태 정보를 FFD를 통하여 전달하는 등의 단순한 제어 기능을 수행할 것이다.

③ 네트워크 코디네이터

코디네이터는 FFD 중 PAN의 관리를 수행하는 디바이스이다. 코디네이터는 슈퍼프레임 구조를 결정할 수 있는 기능을 갖고 있으며 PAN의 상태를 파악하여 관리한다. 코디네이터는 PAN의 QoS를 보장하고 PAN 전체의 에너지를 고려하며 새로이 가입하는 디바이스를 인증하는 역할을 하게 된다.

코디네이터의 대부분의 기능은 슈퍼프레임을 결정하고 관리하는 일이며 자세한 사항은 슈퍼프레임 구조에서 설명한다.

④ 슈퍼프레임 구조

IEEE 802.15.4에서는 다양한 응용분야에 따라 선택적으로 운영이 가능한 슈퍼프레임을 운영할 수 있도록 지원하고 있다.

슈퍼프레임에서는 PAN 코디네이터라고 불리는 네트워크 코디네이터가 예정된 간격으로 슈퍼프레임 비콘을 송신한다.

비콘 프레임 간격은 최소 15ms에서 최대 245sec가 되며 첫 번째 비콘을 포함하여 다음 비콘 수신 전의 시간으로 하나의 BI(Beacon Interval)를 구성한다.

슈퍼프레임은 BI를 기준으로 IEEE 802.15.4 노드의 active 구간과 inactive 구간으로 나눠지게 된다. active한 구간은 BI 구간보다 작거나 같은 시간을 가질 수 있으며 active 구간과 BI가 같을 경우에는 inactive 구간은 존재하지 않게 된다.

슈퍼프레임 구조에서 active 구간인 SD(Superframe Duration)은 CAP와 CFP로 다시 세분화된다. CAP(Contention Access Period)는 네트워크 디바이스가 CSMA/CA (Carrier Sense Multiple Access with Collision Avoidance) 기반의 경쟁을 하게 되는 구간이며, 대부분의 네트워크 디바이스 간의 통신은 이 부분에서 일어나게 된다.

하지만 CFP(Contention Free Period)는 경쟁 없이 다른 디바이스에 접근이 가능하다. 이는 CFP 구간에서 대부분의 디바이스가 송신 없이 수신만 가능하며 코디네이터에 의해 CFP 구간이 예약된 디바이스만이 송신 가능하기 때문이다. 따라서 CFP 구간은 예약된 IEEE 802.15.4 노드만이 사용가능한 구간으로 무경쟁 구역이 된다.

IEEE 802.15.4의 CFP 구간은 시간 할당을 효율적으로 관리하기 위해 SD를 16개의 타임 슬롯으로 세분화시킨다. 이는 가변적인 SD 시간을 효율적으로 관리하기 위해 16개의 타임 슬롯으로 동일하게 나눠 0에서 최고 7개의 CFP 슬롯으로 할당이 가능하다. 할당 방식은 [그림 3-24]에서 보듯이 SD의 16개 슬롯 중 제일 오른쪽부터 할당을 하게 된다.

대부분의 네트워크 디바이스는 그림에서 CAP를 제외하고 네트워크의 전송을 할 수 없게 된다. 단 모든 디바이스는 코디네이터로부터 비콘을 수신하고 active 시간인 SD

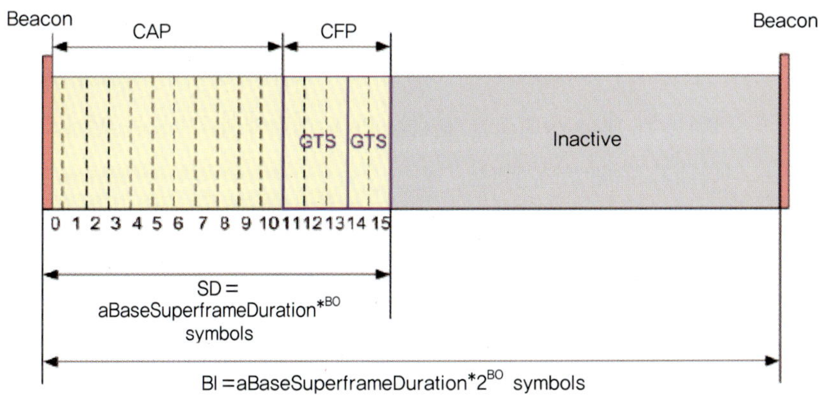

[그림 3-24] 슈퍼프레임의 구조

제3장

구간 동안 리시버를 켜두고 있어야 하며 CAP 구간 동안 자신이 가지고 있는 데이터를 전송하게 된다. 그리고 inactive 시간에는 송수신 디바이스를 끄고 대기에 들어가게 되어 무선 네트워크에서의 가장 많은 에너지 소비 장치인 무선 디바이스를 꺼두어 에너지소비를 최소화한다. 만약 그림과 같은 사이클로 돌아가는 네트워크에 새로운 디바이스가 참여하기 위해서는 비콘을 들을 때까지 리시버를 켜둔다.

(5) IEEE 802.15.4 물리 계층(PHY)

IEEE 802.15.4는 국제적인 제약이 없는 주파수 대역인 ISM밴드를 기본주파수로 한다. 2,400~2,483.5MHz는 세계적으로 널리 쓰는 ISM밴드이고, 868~868.6MHz대역은 유럽지역에서 사용되는 주파수이며, 902~928MHz는 북아메리카에서 사용되는 주파수이다.

〈표 3-4〉에서 알 수 있듯이 2.4GHz에서 250kbps의 속도를 가지며 16채널로 구성되어 있고, 915MHz에서 10개의 채널과 40kbps 정도의 전송 속도를 가진다. 868MHz에서는 1개의 채널을 가지며 20kbps의 속도를 지원한다. 현재 Chipcon사의 IEEE 802.15.4를 지원하는 칩인 CC2420은 2,400MHz를 지원하고 있다.

〈표 3-4〉 주파수 밴드와 데이터 전송률

PHY (MHz)	주파수 밴드(MHz)	Spreading 파라미터		데이터 파라미터		
		Chip rate (kchip/s)	Modulation	Bit rate (kb/s)	Symbol rate (Ksymbol/s)	Symbols
868/915	868-898.6	300	BPSK	20	20	Binary
	902-928	600	BPSK	40	40	Binary
2450	2400-2483.5	2000	O-QPSK	250	62.5	16-ary

IEEE 802.15.4 PHY 프레임 포맷은 [그림 3-25]와 같으며, Preamble은 물리 계층의 송신측과 수신측의 싱크를 맞추기 위해 32비트를 패킷의 시작점을 알리는 8비트를 사용한다.

PSDU의 패킷 사이즈를 알리는 PHY 헤더에서 7비트는 0~127바이트의 페이로드 길이를 나타내기 위해 사용된다.

일반적으로 IEEE 802.15.4의 응용기술로 모니터링, 보안, 등화 관리, 온도 제어 등의 간단한 가전제품의 컨트롤 패킷은 30~60바이트 정도를 넘지 않을 것으로 예측되며 대화형 게임, 컴퓨터 주변 장치들은 좀더 긴 패킷을 필요로 할 것이다.

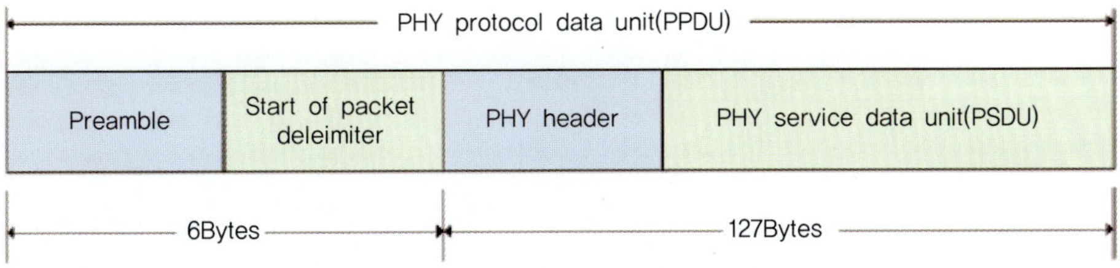

[그림 3-25] IEEE 802.15.4 PHY 프레임 포맷

IEEE 802.15.4의 PHY 계층은 MAC 계층을 위한 데이터 서비스와 PHY 관리 서비스를 지원한다. 데이터 서비스는 PD-SAP(PHY Data-Service Access Point)를 통하여 MAC 계층의 데이터를 교환한다.

MAC 계층에서 관리메시지는 PLME-SAP(Physical Layer Management Entity-Service Access Point)에서 관리한다. 네트워크 계층에서는 PLME-SAP를 통하여 물리 계층을 슈퍼프레임 구조에 맞게 설정하는 역할을 한다.

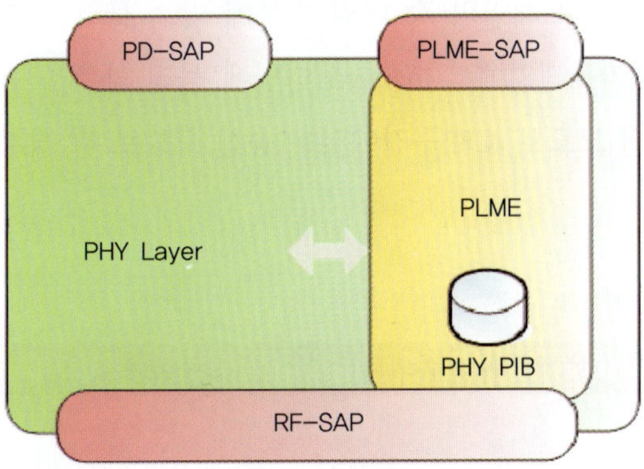

[그림 3-26] PHY 리퍼런스 모델

① PHY 데이터 서비스

IEEE 802.15.4의 MPDU가 지원하는 4가지 프레임 타입인 비콘 프레임, 데이터 프레임, 확인 프레임과 MAC 명령 프레임은 PD-SAP를 통하여 서비스된다.

대부분의 프레임은 물리계층에서 PD-SAP나 RF(Radio Frequency)-SAP를 통하여 다른 노드에게 전송되거나 MAC 계층에 전송된다.

제3장

〈표 3-5〉 PD-SAP primitive

PLME-SAP primitive	Request	Confirm	Indication
PD-DATA	O	O	O

PD-SAP에서는 MPDU(MAC protocol data unit)를 전송하기 위한 명령어가 존재한다. 네트워크에 속한 모든 노드들이 동일한 조건에서 데이터를 전송할 수 있는 권리를 보장하기 위해서 PD-SAP는 일정한 규칙을 제공하고 타 노드에 의한 간섭을 피한다. 데이터를 전송하기 위해서는 우선 PHY 계층에서 현재 통신이 가능한 상태인지를 알아야 하기 때문이다.

② PHY 관리 서비스

IEEE 802.15.4의 PHY 관리 서비스는 대부분 상위 계층인 MAC으로부터 MPDU를 전송하기 위해 현재의 네트워크 상태 또는 물리 계층의 상태를 파악하기 위한 메시지가 대부분이다. 그리고 슈퍼프레임의 각 타임 슬롯에 맞는 물리 계층을 설정하기 위한 명령이 내려온다. 슈퍼프레임에서 inactive 타임에 물리 계층을 슬립 모드, active 타임에 물리 계층을 수신 모드로, CFP구간에서는 송신 모드로 각 상황에 맞도록 세팅하기 위해 사용된다.

〈표 3-6〉 PLME-SAP primitive

PLME-SAP primitive	Request	Confirm
PLME-CCA	O	O
PLME-ED	O	O
PLME-GET	O	O
PLME-SET-TRX-ST ATE	O	O
PLME-SET	O	O

- cPLME-CCA

현재의 네트워크가 TRX_OFF인지 TX_ON, 바쁜지 또는 IDLE인지를 받아, 현재 네트워크의 상태를 확인한다. TRX_OFF는 슈퍼프레임의 inactive구간에서 설정되며, 이는 네트워크 디바이스가 어떠한 동작도 하지 않으면서 잠들어 있음을 의미한다. 네트워크 디바이스가 상태를 확인하는 것은 데이터를 전송하거나 네트워크 디바이스의 상태를 확인하기 위해 반드시 필요한 절차이다.

- PLME-ED

ED(Energy Detection)은 에너지를 확인하기 위한 것이다. 현재의 네트워크 디바이스가 TRX_OFF인지 TX_ON인지를 확인하고 현재의 채널에 대한 에너지 레벨 값을 반환한다.

- PLME-SET-TRX-STATE

대표적으로 네트워크 디바이스는 다음과 같이 3가지 상태로 나눌 수 있다. TRX_OFF 송수신을 모두 꺼버린 상태로 네트워크에 동참하지 않는 경우이다. 이는 슈퍼프레임 구조에서 inactive 구간에 해당되며, 이 시간 동안 모든 디바이스는 송수신을 금한다. 그리고 그 외의 특별한 상황이 발생하지 않는다면 대부분 RX_ON 상태이다.

이는 공중파를 쓰는 네트워크 디바이스이기 때문에 송신과 수신이 동시에 일어날 수 없기 때문이며, 슈퍼프레임의 active 시간 동안 데이터의 송신 요청이 없다면 RX_ON 상태가 된다. TX_ON 상태는 데이터를 송신하고 있는 경우이다.

(6) Medium Access Control(MAC)

IEEE 802.15.4의 MAC계층은 다양한 응용과 네트워크 토폴로지를 위해 유연한 구조를 가지며 유연한 관리를 위해 데이터 서비스와 MAC 관리 서비스를 지원한다.

프레임은 MAC MPDU(MAC Protocol Data Unit)이라 부르며, [그림 3-27]과 같이 MHR(MAC header), MSDU(MAC Service Data Unit) 및 MFR(MAC Footer)로 구성되어 있다.

MPDU의 MAC 헤더의 프레임 컨트롤 필드에서는 전송되는 프레임의 타입을 나타내며, 주소 필드 포맷을 규정하고 정의하고 있다.

MAC 프레임은 4가지 프레임 형태를 가지고 있으며, 비콘 프레임, 데이터 프레임, 확인 프레임, MAC 명령 프레임이 존재한다. 4가지의 MAC 프레임 중 데이터 프레임과 비콘 프레

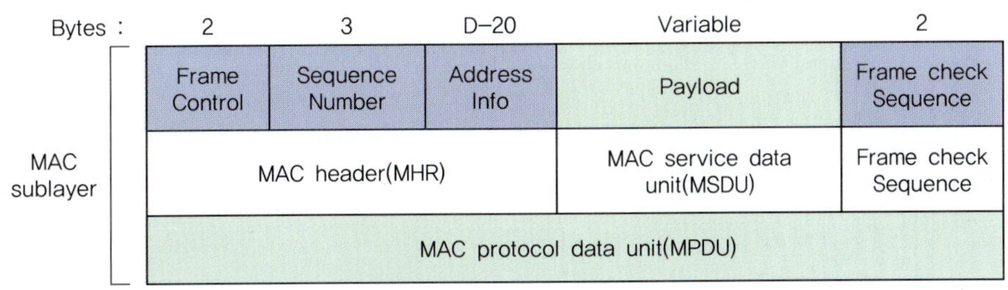

[그림 3-27] IEEE 802.15.4 MAC 프레임 포맷

임만 상위 계층에 전달되고, 확인 프레임과 MAC 명령 프레임은 MAC 계층 간의 제어를 위해 사용된다.

MAC 프레임의 sequence number 필드와 frame check sequence 필드는 데이터의 전송에 있어 에러 검출과 제어에 사용된다.

IEEE 802.15.4의 주소 필드는 [그림 3-28]과 같이 0~20바이트의 가변 길이로 응용에 따라 유연성을 가지고 있다. 특히 주소 지정 방법에 따라 코디네이터로부터 할당받아 사용이 가능한 16비트 주소와 노드에게 부여된 고정된 64비트 주소를 사용할 수 있으며 Destination PAN ID와 Source PAN ID가 존재하여 이종 PAN 간의 데이터 전송이 가능하도록 여지를 두었다.

이러한 필드의 존재는 다양한 PAN을 연결하여 하나의 클러스터 트리의 네트워크 형성이 가능하게 한다.

주소 필드는 일반적인 Star 토폴로지 및 메시 형태의 토폴로지를 비롯하여 peer-to-peer 네트워크의 형성에 있어 제약이 없도록 유연하게 구성되어 있다.

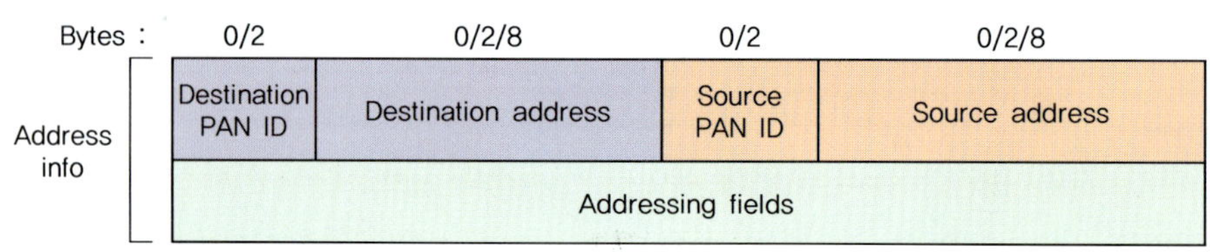

[그림 3-28] 주소 필드

MPDU의 프레임 제어 필드에서는 [그림 3-29]와 같이 정의되어 있다.

프레임 타입은 3비트로 구성되어 있으며, MPDU가 지원하는 4가지 프레임 타입(비콘 프레임, 데이터 프레임, 확인 프레임, MAC 명령 프레임)이 정의된다. security enabled는 상호 네트워크가 보안 기능을 사용할 것인지를 알리는 필드이며, ACK request 필드는 프레임을 전달한 뒤 ACK 메시지를 보낼 것인지에 대한 필드이다.

소스와 목적지 주소 모드는 2비트로 구성되어 있으며 다음 3가지 모드가 존재한다.

- PAN 코디네이터로 주소를 받지 못해 주소가 없는 경우
- IEEE 802.15.4의 16비트 주소를 사용하는 경우
- 64비트 주소를 사용하는 경우

또한 목적지 어드레스 모드(destination addressing mode)와 소스 어드레스 모드(source addressing mode)가 각기 다른 주소로 정의가 가능하도록 하였다.

이는 PAN과 PAN뿐만 아니라 주소를 받지 못한 노드까지 데이터 통신이 가능하도록 유연성을 강조했다는 것을 알 수 있다.

Bytes :	3	1	1	1	1	2	2	2	2
Frame Control info	Frame type	Security enabled	Frame pending	ACK request	Intra PAN	Reserved	Destination addressing mode	Reserved	Source addressing mode
	프레임 제어 필드								

[그림 3-29] 프레임 제어 필드

IEEE 802.15.4의 MAC 계층에서 PSDU를 PD-SAP를 통하여 전송하기 위해 PLME-SAP를 통하여 현재 네트워크의 상태와 슈퍼프레임 구조에 따라 물리 계층의 송수신 모드를 설정하고 관리한다.

IEEE 802.15.4의 MAC 계층에는 상위 계층인 네트워크 계층을 위한 데이터 서비스인 MCPS-SAP(MAC Common Part Sublayer-Service Access Point)를 통하여 전달되며, MAC 프레임 중 비콘 프레임과 데이터 프레임만이 MCPS-SAP를 통하여 전달된다.

네트워크 계층에서 관리 메시지는 MLME-SAP(MAC Layer Management Entity-Service Access Point)를 통하여 관리하며, 네트워크 계층과 연동하여 MAC PIB를 설정하고 네트워크 계층에서 필요한 MAC 동작을 관리한다.

확인 프레임과 MAC 명령 프레임은 PD-SAP를 통하여 동일 계층의 다른 노드의 MAC과 상호 작용을 통하여 MAC 프레임을 관리한다.

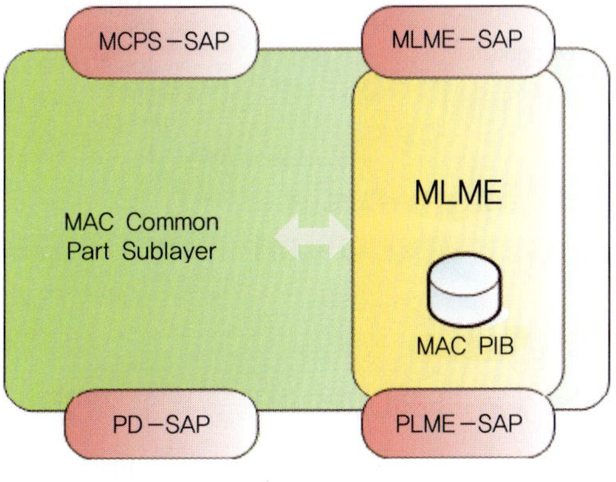

[그림 3-30] MAC 서브 계층 리퍼런스 모델

① MAC 데이터 서비스

MCPS-SAP에서는 FFD의 경우 네트워크 계층을 위한 MCPS-DATA.request를 지원한다. 이는 PHY 계층에게 데이터의 전송을 요청하는 것으로 정상적인 데이터 전송이 이루어졌다는 메시지 ACK를 받았을 경우 MCPS-DATA.confirm을 통해 상위 계층으로 전달된다. 데이터를 받은 노드의 계층은 MAC MCPS-DATA.indication을 상위 계층에게 전달함으로써 새로운 데이터가 도착했음을 알린다. 이 과정은 [그림 3-32]와 같다.

MCPS-SAP에서 RFD와 FFD는 동일한 기능을 하지만 MCPS-PURGE.Indication이 없으므로 데이터를 보낼 수 있으나 받지 못한다. 또한 옵션이 없고 MSDU의 handle도 구성에서 빠져 있다.

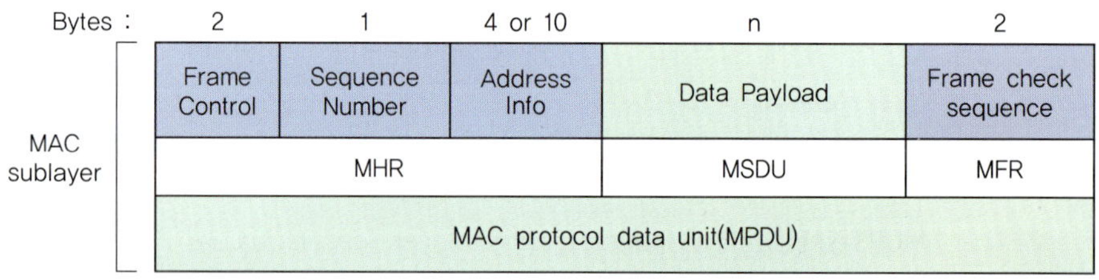

[그림 3-31] 데이터 프레임

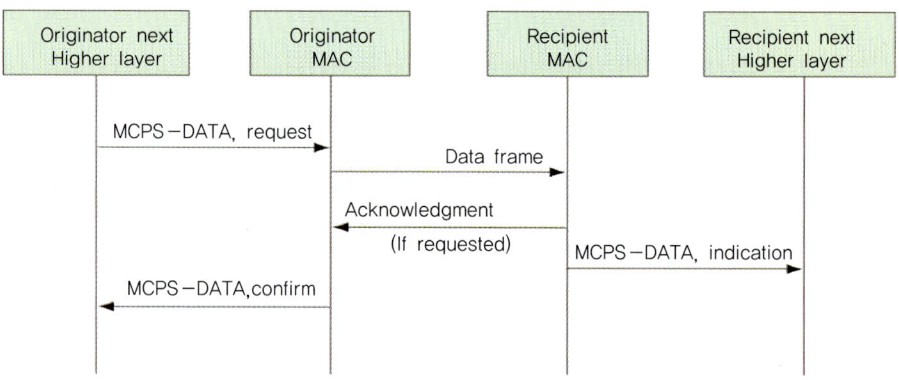

[그림 3-32] MAC 데이터 전송을 위한 순서도

② MAC 관리 서비스

MAC 계층의 관리 서비스는 IEEE 802.15.4 네트워크를 형성할 수 있는 주소 할당방법과 슈퍼프레임 구조의 정립으로 이루어진다. 그리고 PHY 계층의 물리적 송수신장치의 설정과 관리를 하는 역할을 수행한다.

IEEE 802.15.4의 특징이라고 말할 수 있는 것은 PAN 코디네이터의 비콘 프레임이다. 비콘 프레임은 PAN을 형성하고 있는 네트워크의 동기화를 위해 사용되고 있으며 송수신장치의 활성화와 비활성화를 동기화하여 송수신을 통한 에너지 소모를 최소화하고 특정 노드가 네트워크를 점유할 수 있는 기능을 지원한다.

비콘 프레임의 송신 및 슈퍼프레임의 규약은 PAN 코디네이터가 정의하고 송신하며, 수신은 네트워크에 참여한 모든 노드에 의해 이루어지는데 비콘 프레임에 한해서는 수신한 노드가 수신확인 프레임을 송신하지 않는다.

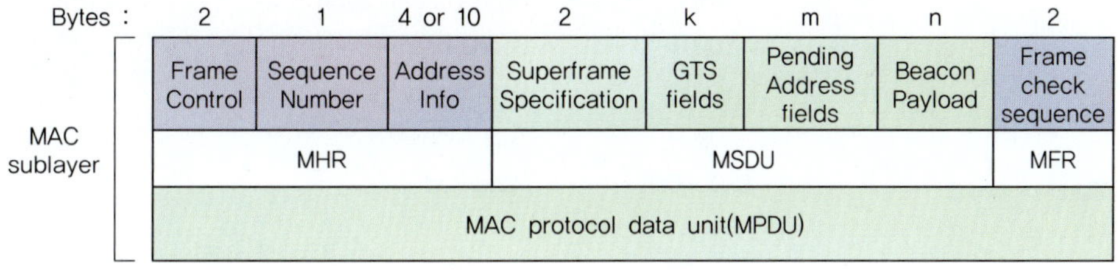

[그림 3-33] 비콘 프레임

MAC 명령 프레임

MAC 명령 프레임은 네트워크 계층의 정책에 따른 네트워크 형성을 위해 다른 노드의 MAC과 연계하여 네트워크를 형성하기 위한 메시지 전달 프레임이다. 대부분의 내용은 네트워크 형성에 필요한 주소 요청, 비콘 프레임 요청 및 데이터 전송 요청 등이 있다.

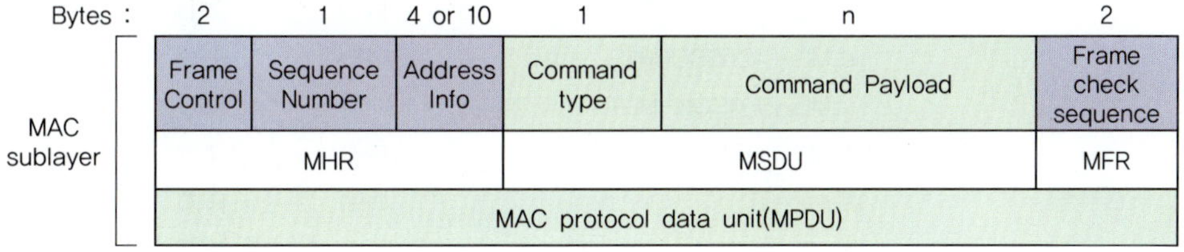

[그림 3-34] MAC 명령 프레임

〈표 3-7〉은 MAC 명령 프레임에 사용되는 구성 요소들이다.

〈표 3-7〉 MAC 커맨드 프레임

Command frame identifier	Command name	RFD	
		Tx	Rx
0x01	Association request	X	
0x02	Association response		X
0x03	Disassociation notification	X	X
0x04	Data request	X	
0x05	PAN ID conflict notification	X	
0x06	Orphan notification	X	
0x07	Beacon request		
0x08	Coordinator realignment		X
0x09	GTS request		
0x0a–0xff	Reserved		

MAC 관리 명령

MAC 관리 서비스는 상위 계층인 네트워크 계층을 위해 사용되는 서비스이다. IEEE 802.15.4의 MAC은 아직까지 거론된 다양한 네트워크 토폴로지 형성에 필요한 요소를 관리하기 위해 존재한다. 〈표 3-8〉에서는 네트워크 형성에 필요한 MAC 요소의 관리를 위한 함수를 나열하고 간단히 소개한다.

〈표 3-8〉 MAC 관리 명령

MLME-SAP primitive	Request	Indication	Response	Confirm
MLME-ASSOCIATE	FFD	RFD	RFD	FFD
MLME-DISASSOCIATE	FFD	FFD		FFD
MLME-BEACON-NOTIFY		FFD		
MLME-GET	FFD			FFD
MLME-GTS	RFD	RFD		RFD
MLME-ORPHAN		RFD	RFD	
MLME-RESET	FFD			FFD
MLME-RX-ENABLE	FFD			FFD
MLME-SCAN	FFD			FFD
MLME-COMM-STATUS		FFD		
MLME-SET	FFD			FFD
MLME-START	RFD			RFD
MLME-SYNC	FFD			
MLME-SYNC-LOSS		FFD		
MLME-POLL	FFD			FFD

- MLME-ASSOCIATE

IEEE 802.15.4는 64비트 고정 주소와 부모로부터 받을 수 있는 16비트 주소로 구성되어 있다. MLME-ASSOCIATE는 64비트 주소를 가지고 16비트 주소를 부모 노드로부터 받기 위한 명령이다. 16비트의 주소는 물리 계층의 짧은 데이터 프레임을 사용하고 주소기반 라우팅 프로토콜 개발에 용이하다.

- MLME-DISASSOCIATE

MLME-DISASSOCIATE는 부모 노드가 자식 노드를 연결에서 해제하거나 자식 노드가 본 네트워크를 떠나거나 새로운 주소를 할당받기 위해 기존에 사용하던 16비트 주소를 반환하는 명령이다. 자식 노드가 본 네트워크에서 이탈했을 때 사용되기도 하는데 이는 자식 노드가 갑작스러운 이동 또는 에너지의 소모로 네트워크에 참여하지 못했을 때 부모 노드가 자식 노드의 16비트 주소를 회수한다. 또한 자식 노드가 비콘 신호를 잃어버리거나 네트워크에 참여하지 못하는 상황에 처했을 때 MLME-DISASSOCIATE를 사용한다.

- MLME-BEACON-NOTIFY

MLME-BEACON-NOTIFY는 비콘 정보를 담고 있다. 비콘 정보에는 PAN 코디네이터의 주소와 PAN 주소와 슈퍼프레임 구조에 사용되는 기준 값을 상위 계층에 전달한다. 코디네이터로부터 받은 비콘 프레임에는 비콘 프레임의 발생 주기와 노드의 active기간을 계산할 수 있는 BO 값과 SO 값이 들어 있다. 이를 이용하여 IEEE 802.15.4 노드는 주기적으로 깨어나고 동작할 수 있다.

- MLME-GET

MLME-GET은 MAC에 있는 MAC PIB에 저장된 정보를 상위 계층이 얻을 때 사용한다. MAC PIB에는 기본적으로 PAN의 주소와 슈퍼프레임 구조에 사용되는 여러 가지 기준 값을 가지고 있으며, PHY 계층의 물리적 네트워크의 설정 시간을 가지고 있다.

- MLME-GTS

MLME-GTS는 슈퍼프레임 구조에서 비경쟁 구간을 할당받아 사용하기 위해 CFP 구간을 할당받고자 할 때 이용된다. GTS(Guaranteed Time Slot)은 선택된 하나의 노드가 채널의 사용권을 보장받는 시간 단위이다. 상위 계층에서 비콘 주기 중 CFP를 이용하여 데이터를 보내야 할 경우 PAN 코디네이터에게 요청함으로써 GTS를 할당받을 수 있다. 그리고 다음 비콘에서 GTS를 할당받은 노드의 주소와 사용 시간을 알려 준다.

- MLME-ORPHAN

MLME-ORPHAN은 노드가 비콘 신호를 잃었을 때 수행한다. 일반적으로 노드는 마지막에 들은 비콘 프레임 내의 정보를 이용하여 다음 비콘이 도착할 시간을 예측하게 된다. 그러나 노드의 급격한 이동, 에너지 부족 등의 이유로 예측한 시간에 비콘 프레임을 수신하지 못할 경우 그 노드는 MLME-ORPHAN을 수행하게 된다. MLME-ORPHAN의 목적은 네트워크에 다시 참여하기 위한 일종의 과정이다.

- MLME-RESET

MLME-RESET은 네트워크를 재설정하기 위해 사용하는 명령이다. PAN 코디네이터나 일반 네트워크를 초기화하기 위해 사용된다.

- MLME-RX-ENABLE

상위 계층은 MLME-RX-ENABLE을 사용하여 IEEE 802.15.4 장치의 송수신기의 상태를 송신 모드 또는 수신 모드로 변경할 수 있다.

- MLME-SCAN

MLME-SCAN은 활성화된 네트워크를 찾을 경우에 사용된다. 기본적으로 IEEE 802.15.4 표준에서 정의하고 있는 3개의 주파수 영역 중 해당되는 주파수의 모든 채널을 읽어들인다.

- MLME-SYNC

MLME-SYNC는 특정 채널의 비콘 정보를 받기 위해 사용된다. 네트워크에 참여를 원하는 노드가 MLME-SCAN을 한 후 활성화된 네트워크에 참여하고자 할 때 비콘을 수신하기 위해 사용된다.

(7) IEEE 802.15.4의 MAC과 PHY 데이터 통신 절차

① PAN start 메시지 흐름도

IEEE 802.15.4는 네트워크를 관리하는 PAN 코디네이터 기능이 있다. PAN 코디네이터는 물리적인 계층의 채널을 선정하여 네트워크에 참여하고자 하는 다른 노드들에게 슈퍼프레임 규약을 비콘으로 송신하고, 새롭게 참여하는 노드의 16비트 주소를 할당하며, 네트워크를 동기화하는 역할을 수행한다. [그림 3-35]는 IEEE 802.15.4 노드가 PAN 코디네이터가 되기 위한 일련의 과정을 나타낸다. PAN 코디네이터의 설정 권한과 물리적인 채널의 설정 및 코디네이터의 주소는 IEEE 802.15.4 MAC 상위 계층의 정책에 따라 달라질 수 있다.

IEEE 802.15.4 노드가 PAN 코디네이터의 기능을 수행하기 위해서는 기존에 정의된 네트워크 설정을 초기화하고 생성하고자 하는 네트워크의 물리적인 채널을 검색한다. 만약 기존 네트워크와의 연결을 고려한다면 동일한 물리적인 채널을 선택하고 독립적인 네트워크를 생성하기 위해서는 네트워크가 활성화되지 않은 물리적인 채널을 선택한다. 이러한 정책과 채널의 선택은 IEEE 802.15.4의 네트워크의 유연성을 위해 MAC의 상위 계층에서 결정하도록 정의되어 있다.

네트워크를 설정하기 위한 기본 정보와 MAC 상위 계층의 정책에 따른 슈퍼프레임 구조가 정의되면 MAC은 PHY 계층을 통해 네트워크 형성을 위한 슈퍼프레임 구조를 비콘으로 송신하기 위해 물리적인 장치를 송신 모드로 설정하고 비콘을 주기적으로 송신하기 시작한다.

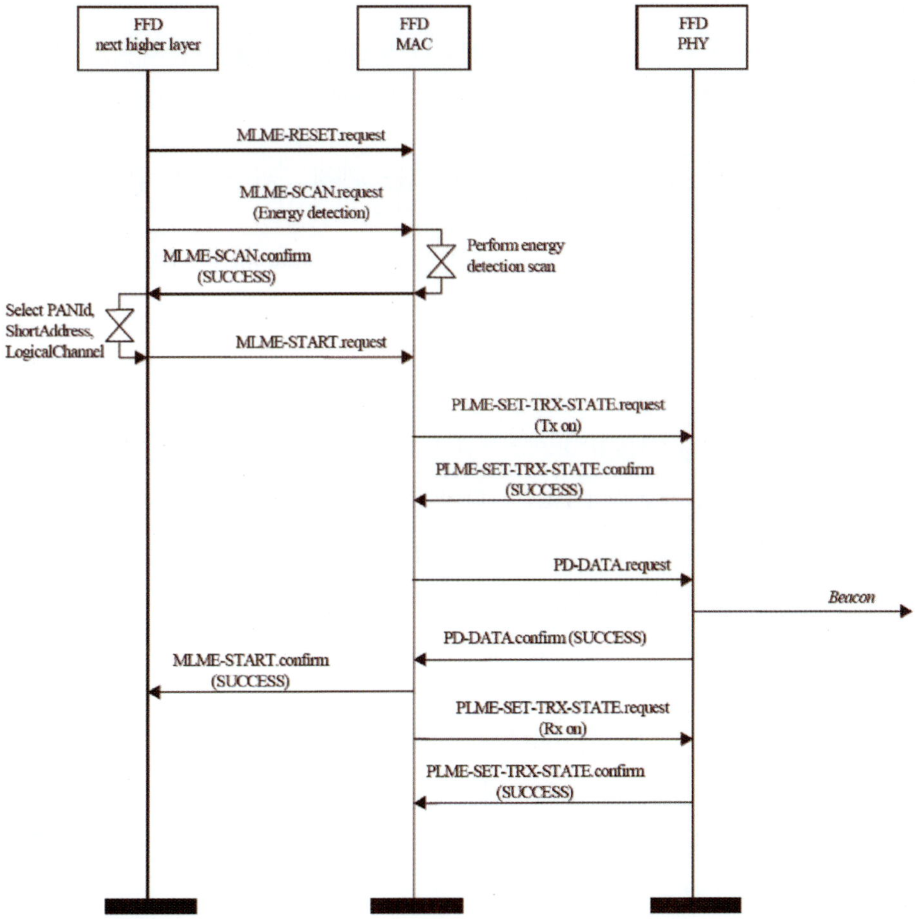

[그림 3-35] PAN start 메시지 흐름도

② ED scan 메시지 흐름도

IEEE 802.15.4 노드가 네트워크에 참여하거나 네트워크를 생성할 때, 네트워크 정책에 따라 채널을 선택할 수 있다. IEEE 802.15.4는 [그림 3-36]과 같이 물리적으로 다양한 채널을 지원하고 있으며, 각 채널당 PAN 네트워크는 각기 다른 에너지의 크기를 가지고 생성될 것이다. 이때 참여하고자 하는 노드는 네트워크 정책에 따라 IEEE 802.15.4에서 제공하는 모든 채널에 대해 ED를 하게 될 것이다. 또는 네트워크 생성을 위해 PAN 네트워크가 활성화되지 않은 채널을 찾기 위해서 사용된다.

③ Association 메시지 흐름도(디바이스)

[그림 3-37]은 IEEE 802.15.4 노드가 PAN 코디네이터로부터 16비트 주소를 할당받는 일련의 과정을 나타낸 것이다. 16비트 주소를 할당받아 사용하는 IEEE 802.15.4 노드는 네트워크 계층의 정책에 따라 진행되는데 이는 peer-to-peer 통신을 하는 무선 노드가 특별한 라우팅 테이블이나 노드의 관리 및 PAN 네트워크의 규모를 선정하는데 효율적으로 사용할 수 있도록 유연성을 부여하기 위해 제공되었다.

IEEE 802.15.4 노드가 PAN 코디네이터로부터 16비트 주소를 할당받기 위해서는 PAN 코디네이터를 찾아야 한다. 이를 위해서는 우선 각 채널에서 활성화된 코디네이터를 찾아 채널을 선택한 후, 16비트 주소를 요청한다. PAN 코디네이터로부터 16비트 주소를 할당받으면 네트워크에 참여하게 된다.

④ Association 메시지 흐름도(코디네이터)

[그림 3-38]은 IEEE 802.15.4 노드로부터 16비트 주소를 할당받기 위해 요청이 왔을 때, IEEE 802.15.4 PAN 코디네이터가 수행하는 일련의 과정을 나타낸 것이다. PAN 코디네이터는 16비트 주소를 할당받기 원하는 IEEE 802.15.4 노드에게 네트워크 계층의 정책에 따라 사용가능한 16비트 주소를 할당한다.

⑤ 데이터 전송 메시지 흐름도(송신측)

[그림 3-39]는 데이터를 전송하기 위한 일련의 과정을 나타낸 것이다. 데이터를 송신하기 위해서는 현재의 채널에서 다른 노드의 송신 데이터와의 충돌을 피하기 위해 현재 채널의 상태를 확인한다. 현재 송신을 요청한 노드가 데이터를 수신중이면 수신이 끝나기를 기다리며 대기하고, 수신이 끝나면 송신을 위해 다른 노드의 송신이 있는지 확인하면서 대기한다. 현재 채널이 대기 상태이면 MAC은 물리 계층을 송신 모

드로 변환하고 데이터를 전송한 후 물리계층을 수신 모드로 바꾼다. 만약 확인 메시지를 받기를 원하면 일정 기간 동안 확인 메시지를 받기 위해 대기한다.

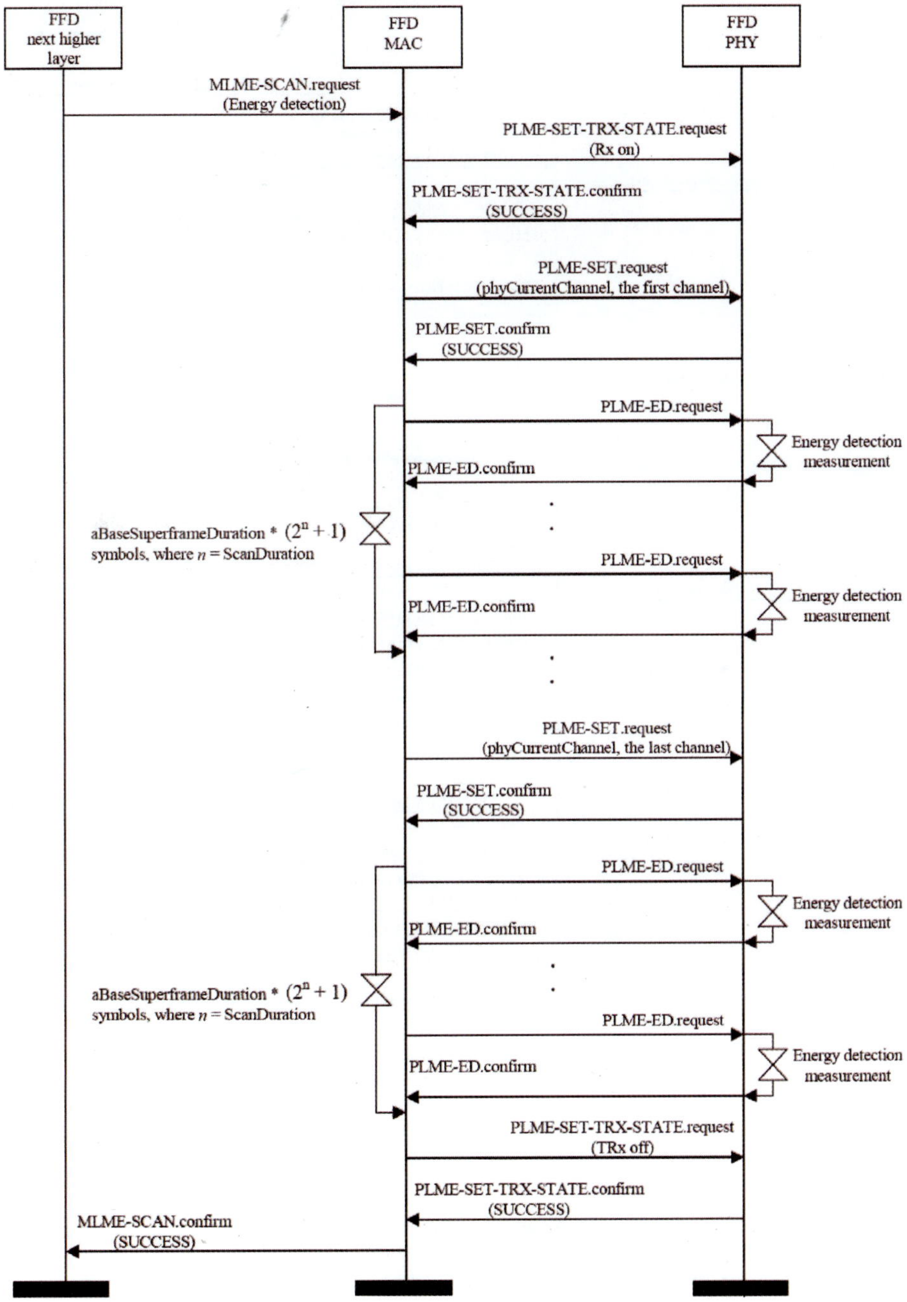

[그림 3-36] ED scan 메시지 흐름도

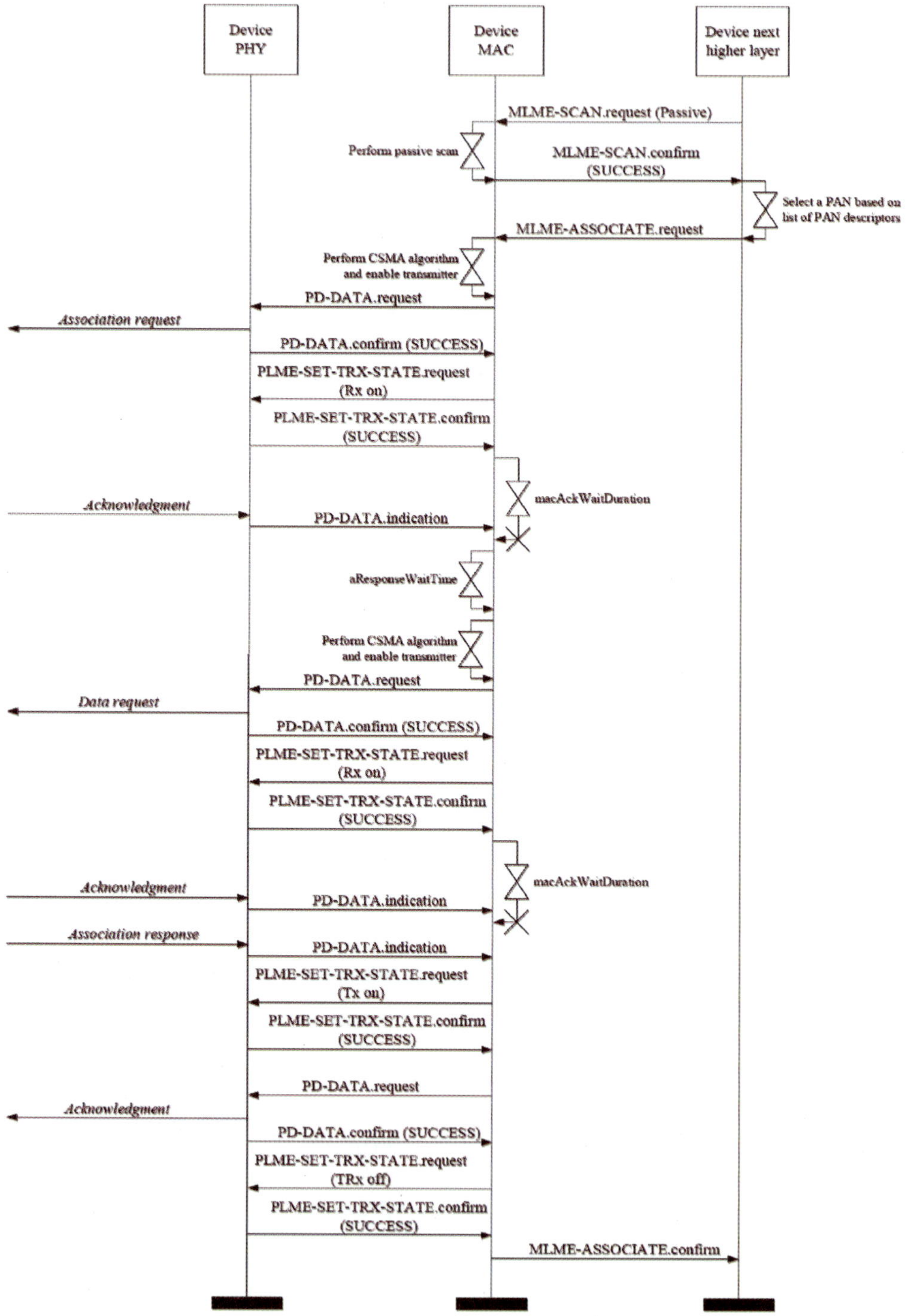

[그림 3-37] Association 메시지 흐름도(디바이스)

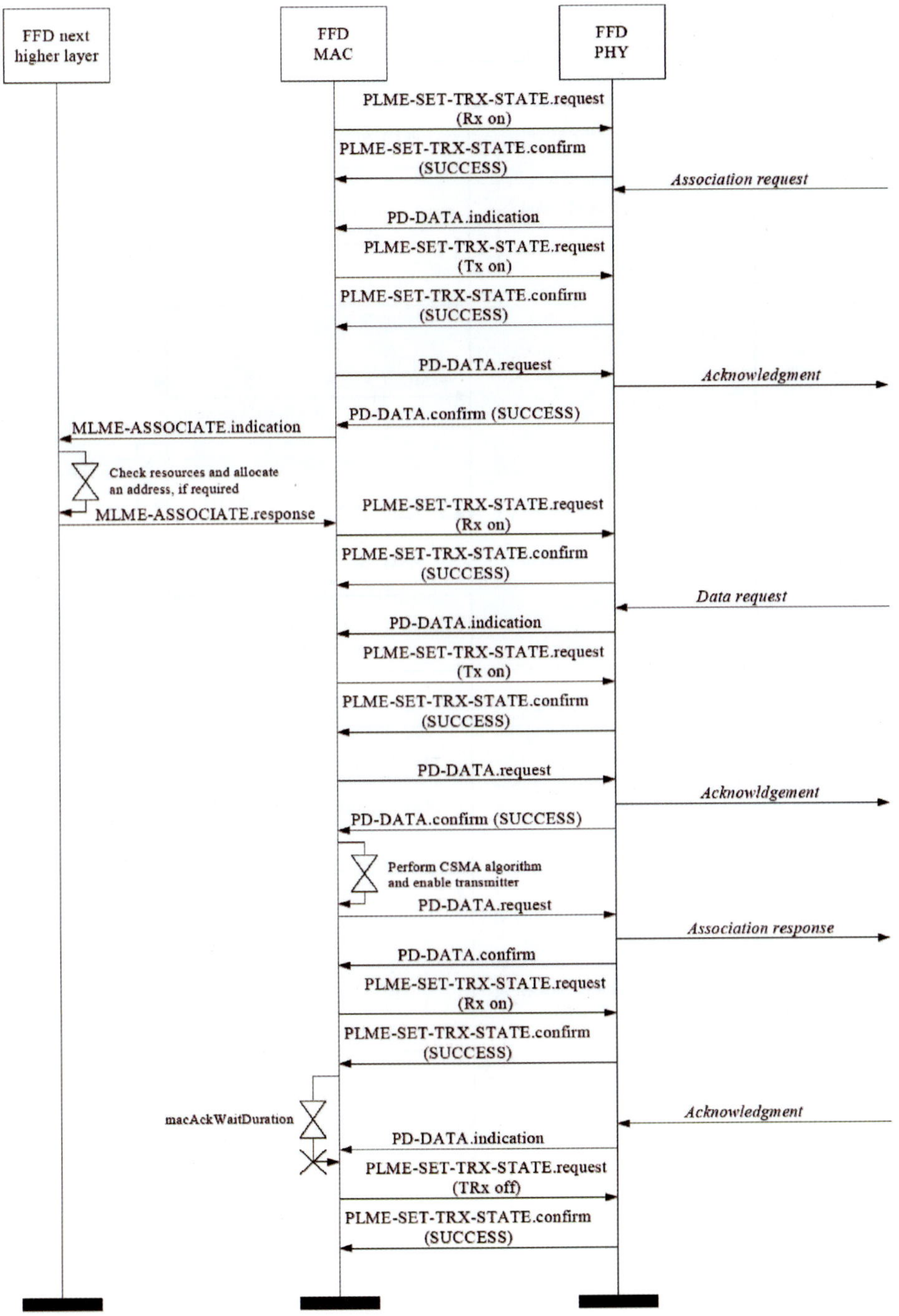

[그림 3-38] Association 메시지 흐름도(코디네이터)

제3장

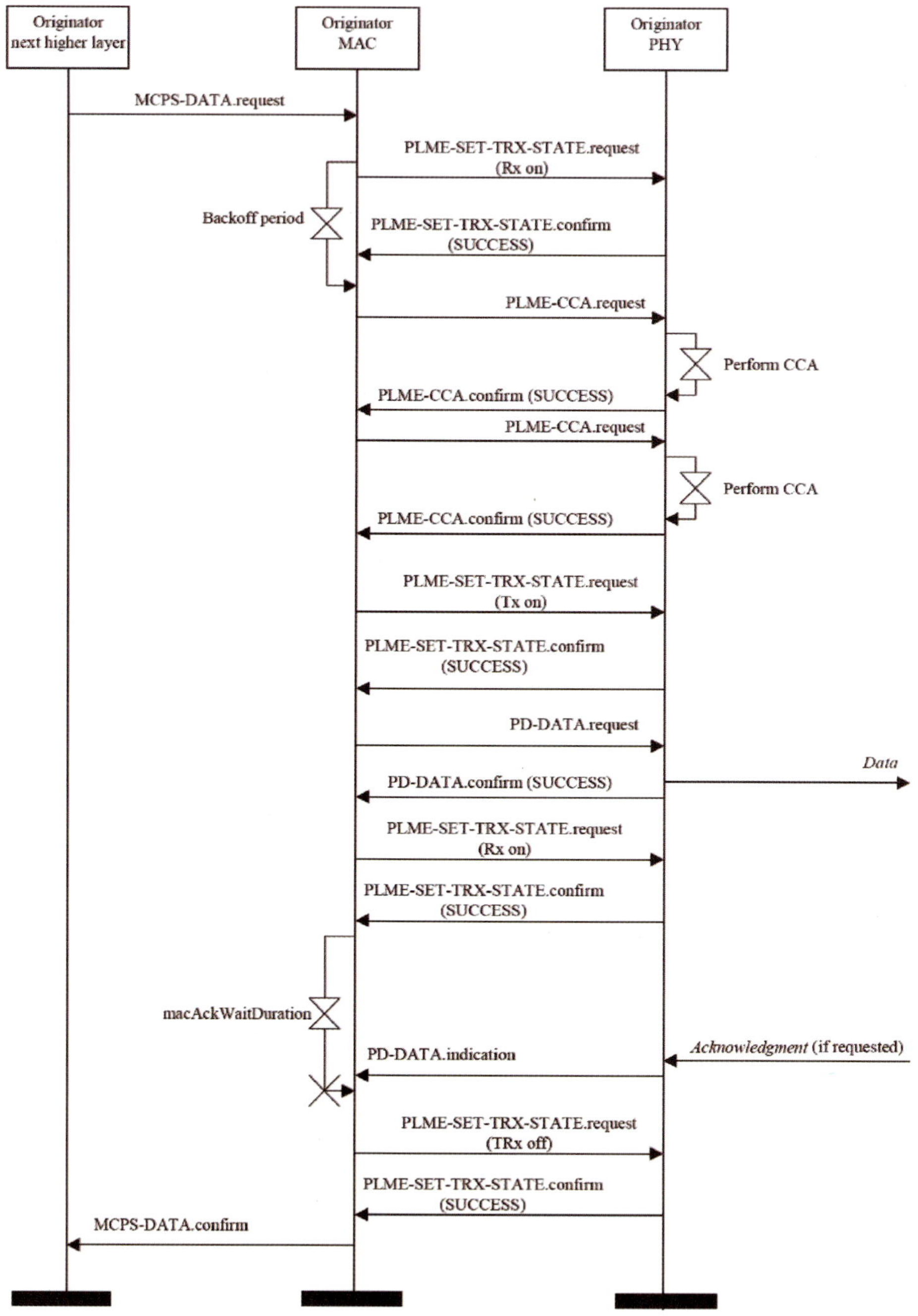

[그림 3-39] 데이터 전송 메시지 흐름도(송신측)

⑥ 데이터 전송 메시지 흐름도(수신측)

수신하는 노드는 [그림 3-40]과 같이 물리 계층이 수신 모드일 때 데이터를 수신하게 된다. 메시지를 수신한 노드는 PHY 계층에서 MAC 계층으로 전송하게 되고 MAC은 수신받은 메시지를 확인하고 필요한 경우 상위 계층으로 전송하게 된다. 만약 송신 측에서 확인 메시지를 받도록 설정되어 있다면 확인 메시지를 송신한다.

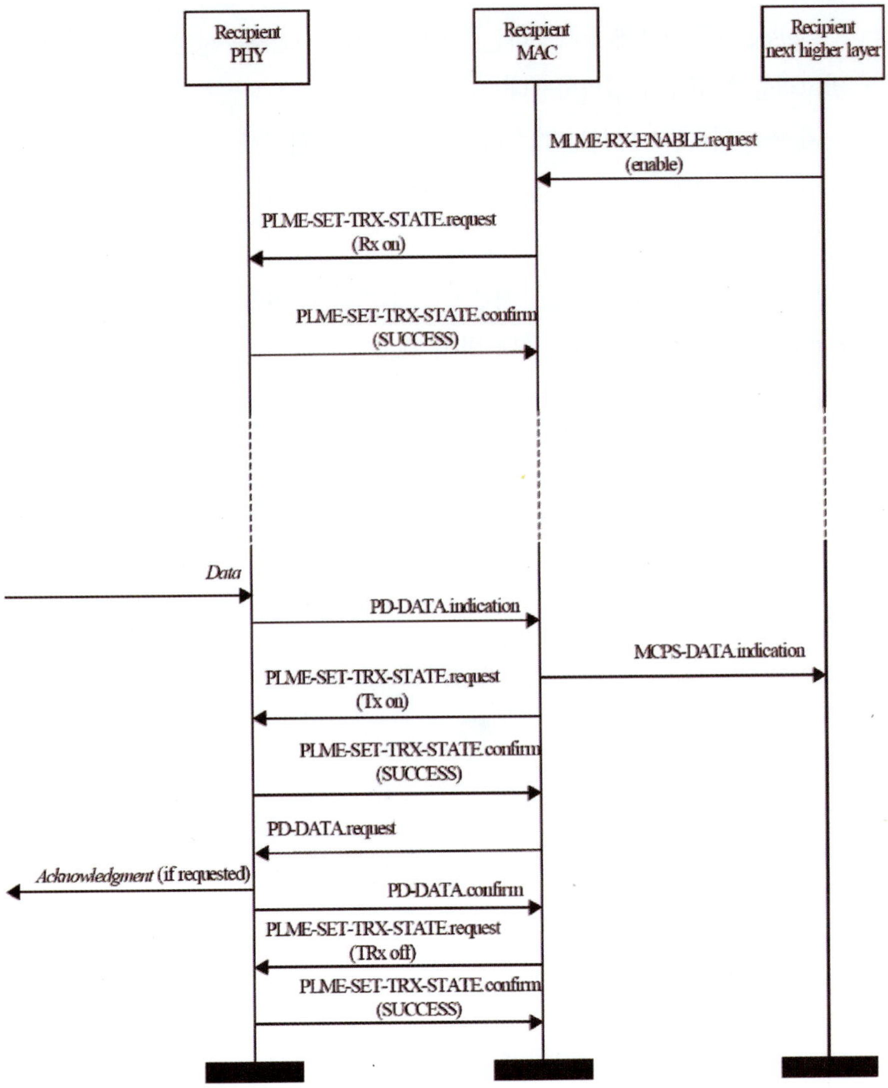

[그림 3-40] 데이터 전송 메시지 흐름도(수신측)

3.5 ZigBee 센서 네트워크 기술

1) ZigBee 네트워크

ZigBee 네트워크는 저전력 센서 네트워크 구성을 위한 IEEE 802.15.4 표준의 PHY (Physical) 계층과 MAC(Medium Access Control) 계층을 기반으로 ZigBee 사양서 v1.0을 적용하여 만들어졌다.

ZigBee 네트워크에서 사용하는 데이터 포맷과 ZigBee 사양서 v1.0에서 사용하는 라우팅 알고리즘에 대해서 설명하겠다.

ZigBee 네트워크에서는 데이터 프레임을 전송하거나 수신하는 등 다른 계층 간의 상호 통신을 위한 인터페이스를 정의하고 있다. 또한 ZigBee 네트워크는 프레임 핸들링, 경로 탐색 및 유지 보수, 네트워크 관리 및 주소 할당 그리고 디바이스 관리 기능을 수행한다.

IEEE 802.15.4 표준에서는 사용되는 장치를 FFD(Full Function Device)와 RFD(Reduce Function Device)로 분류하는 데 반해 ZigBee 네트워크에서는 이를 기능적인 측면에서 세분화하여 총 3가지 장치로 구분하고 있다.

① ZigBee 코디네이터는 FFD(Full Function Device)만이 될 수 있으며, 하나의 ZigBee 네트워크 내에서 하나의 ZigBee 코디네이터가 필요하고 네트워크 정보를 초기화하거나 다른 장치들을 관리하는 중심역할을 한다.

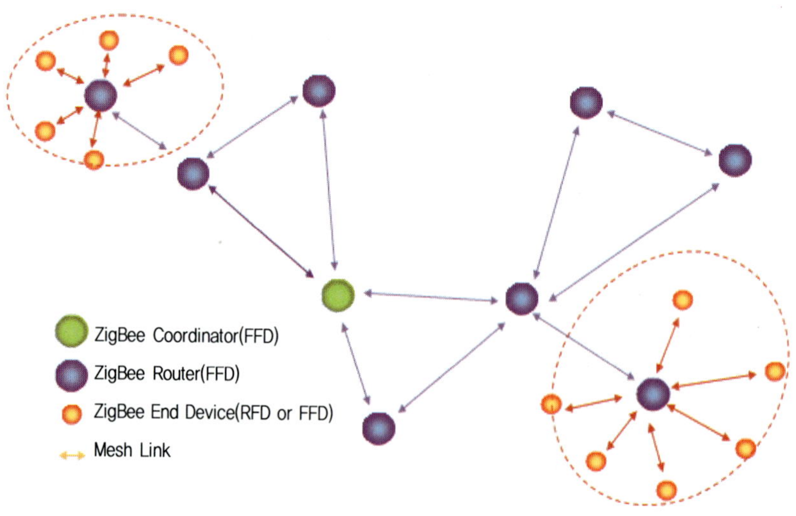

[그림 3-41] ZigBee 네트워크 토폴로지의 예

② ZigBee 라우터는 코디네이터와 마찬가지로 FFD만이 될 수 있으며, 하나의 ZigBee 네트워크 내에서 멀티 홉 라우팅을 위해 여러 개의 ZigBee 라우터가 존재할 수 있다.

③ ZigBee 단말장치는 RFD(Reduce Function Device)로서 직접적인 네트워크 라우팅에는 참여하지 않지만 ZigBee 코디네이터 또는 이미 네트워크에 형성된 ZigBee 라우터를 통해 네트워크에 참여할 수 있다. 또한 하나의 네트워크 내에는 여러 개의 ZigBee 단말장치가 존재할 수 있지만 오직 하나의 FFD와 연결이 가능하다.

[그림 3-41]은 위에서 설명한 3가지로 분류된 장치들로 구성된 ZigBee 네트워크의 기본적인 토폴로지를 나타내었다.

그림에서 알 수 있듯이 하나의 ZigBee 단말장치는 하나의 ZigBee 코디네이터 또는 ZigBee 라우터와 네트워크를 형성하고 통신함으로써 불필요한 기능을 줄일 수 있고, ZigBee 코디네이터의 비콘 모드 사용을 통해 상당한 절전 효과를 가져 올 수 있다. 따라서 ZigBee 네트워크에서는 단순한 저전력 센서 네트워크를 형성할 수 있게 된다.

(1) 데이터 포맷

여기에서는 ZigBee 네트워크 프레임을 상세히 분석한다. 각각의 네트워크 프레임은 다음과 같은 기본 요소들로 구성되어 있다.

- 네트워크 헤더 : 프레임 컨트롤을 포함하며 주소정보와 순차정보를 갖고 있다.
- 네트워크 페이로드 : 가변적인 길이를 갖고 있으며, 프레임 타입에 대한 구체적인 정보를 포함하고 있다.

네트워크 계층에서 프레임은 일정한 순서대로 순차적인 필드에 따라서 정의되어 있다. 모든 프레임 포맷은 왼쪽부터 오른쪽 방향으로 MAC 하위 계층에서 특정한 순서에 따라 표현된다. 비트 번호는 왼쪽부터 0부터 n-1까지의 숫자로 표현되며, 이때 전체 비트 수는 n이다. 한 개의 옥텟 크기보다 큰 필드들은 옥텟 단위로 MAC 하위 계층에 왼쪽부터 오른쪽으로 순차적으로 전달된다. 네트워크 프레임 포맷은 네트워크 헤더와 네트워크 페이로드로 구성된다. 네트워크 헤더필드는 고정된 순서로 나타내어지며, 항상 주소와 순서필드가 포함되지는 않는다.

[그림 3-42]는 일반적인 네트워크 프레임의 구조를 나타낸다.

Octet : 2	2	2	1	1	Variable
Frame Control	Destination address	Source address	Radius	Sequence Number	Frame Payroad
	Routing Filds				
NWK Header					Network Payroad

[그림 3-42] 일반적인 네트워크 프레임 포맷

① 프레임 제어 필드

프레임 제어 필드는 16비트 길이로 프레임 타입, 주소정보, 순서 정보와 제어 정보 등을 포함한다. 프레임 제어 필드는 [그림 3-43]에 자세히 나와 있다.

Bits : 0–1	2–5	6–7	8	9	10–15
Frame type	Protocol version	Discover route	Reserved	Security	Reserved

[그림 3-43] 프레임 제어 필드

처음 2비트는 프레임 타입을 나타내며 '00'이면 데이터, '01'이면 네트워크 커맨드이다. '10'과 '11'은 추후 사용을 위한 예약이 되어 있는 상태다. 다음으로 오는 4비트는 프로토콜 버전을 나타낸다. 그리고 7~8번째 비트는 경로 탐색 옵션을 나타낸다. 보안에 관련된 옵션은 1비트로 나타내며 단지 사용여부만 나타낸다.

② 목적지 주소 필드

목적지 주소(destination address) 필드는 항상 명시가 되어 있어야 한다. 이 필드는 2개의 옥텟으로 구성되며 목적지 디바이스나 브로드캐스트 주소의 16비트 네트워크 주소를 나타낸다. 이 때 디바이스의 네트워크 주소는 IEEE 802.15.4 MAC 주소와 같은 구조로 되어 있다.

③ 소스 주소 필드

소스 주소(source address) 필드 또한 항상 명시되어 있어야 한다. 2개의 옥텟의 길이로 이루어져 있으며 프레임의 소스 네트워크 주소를 가지고 있다. 이 필드 역시 802.15.4 MAC 주소와 같은 구조로 되어 있다.

④ 전송 범위 필드

전송 범위(radius) 필드는 1개의 옥텟의 길이로 되어 있으며, 전송 반경 범위를 나타낸다.

⑤ 순차 번호 필드

순차 번호(sequence number) 필드는 모든 프레임에서 1개의 옥텟의 길이로 표현된다. 유일성을 보장하기 위하여 이 값은 새로운 프레임을 전송받을 때마다 1씩 증가한다.

⑥ 프레임 페이로드 필드

이 필드는 필드의 길이가 가변적이며 각각의 프레임 타입마다 서로 상이한 상세 정보를 담고 있다.

(2) ZigBee AODV(Ad-hoc On-demand Vector) 라우팅

ZigBee 네트워크에서는 어떤 노드가 하나의 경로를 생성하기 위하여 AODV 라우팅과 유사한 경로 탐색 알고리즘을 사용한다.

이 알고리즘은 데이터가 목적지로 전송되기 위해 경로를 요구하는 시점에서 경로를 찾는 on-demand 라우팅 프로토콜이며, 각 노드들이 소스로부터 목적지까지 가장 적합한 다음 경로를 찾아가기 위한 거리 벡터 라우팅 성격을 지니고 있다.

라우팅 능력을 지닌 ZigBee 코디네이터와 라우터는 경로 탐색과 경로를 유지, 보수하는 동안에 경로 코스트 미터법을 이용하여 여러 경로를 비교하고 최적의 경로를 찾는다. 이러한 미터법은 경로 안의 각 노드들 간의 연결된 링크 코스트와 (식 1)을 사용하여 전체적인 경로 코스트를 구할 수 있다.

$$C\{P\}\sum_{i-1}^{L-1} C\{[E_i,\ D_{i+1}]\} \qquad \text{(식 1)}$$

(식 1)에서 디바이스 $[D1,\ D2 \cdots DL]$의 거리 L에 대한 경로를 P로 놓고, $[D_i,\ D_{i+1}]$를 링크로 표현하면 위와 같은 경로 코스트($C\{P\}$)를 나타낼 수 있다. 여기서 $C\{[D_i,\ D_{i+1}]\}$의 각 값은 두 노드가 연결된 링크 코스트로서 링크 코스트 $C(l)$는 (식 2)에서 정의한 [0...7] 사이의 값을 갖는다.

(식 2)에서 P_l은 링크 l에서의 패킷 전송 확률을 나타낸다. 따라서 라우팅 비용을 구하

게 되면 상수 7 또는 확률 P_l에 대한 값을 얻게 된다.

$$C(l)=\begin{cases}7, \\ \min\left(7, \text{round}\left(\frac{1}{P_l^4}\right)\right)\end{cases} \qquad (식\ 2)$$

여기서 P_l을 어떻게 측정하고 구할 것인가가 라우팅 비용을 결정하는 데 있어서 중요한 문제가 된다.

실질적으로 P_l은 비콘과 데이터 프레임의 횟수를 시간을 기준으로 측정할 수 있다. 그러나 가장 직접적인 방법은 IEEE 802.15.4 표준에서 제공하는 프레임 당 LQI(Link Quality Indicator) 값의 평균을 이용한 측정 방법이다.

비록 다른 방법을 사용하더라도 초기 비용 측정은 평균 LQI를 토대로 할 것이다. 따라서 링크 비용(Cl) 값은 〈표 3-9〉에서 보는 바와 같이 LQI값과 매핑을 통해서 얻을 수 있다.

〈표 3-9〉 LQI 값과 링크 코스트 매핑

LQI	Link Cost
> 75	1
50 75	3
< 50	7

ZigBee 코디네이터와 라우터는 〈표 3-10〉에서 보는 바와 같이 목적지와 주위 노드들의 관계를 저장하는 라우팅 테이블(routing table)을 유지하고 관리한다. ZigBee 네트워크 계층에서는 데이터 전송시 이 라우팅 테이블을 기반으로 소스 노드로부터 목적지 노드까지의 경로를 구하게 된다. 〈표 3-11〉은 〈표 3-10〉의 'Status' 필드의 경로 상태에 따른 값들을 나열한 것이다.

〈표 3-10〉 라우팅 테이블

필드명	크 기	설 명
Destination address	2 bytes	목적지 노드의 16비트 네트워크 주소
Status	3 bits	경로의 상태(표 3-13 참조)
Next-hop address	2 bytes	목적지 노드로 가는 경로상의 주위 노드의 16비트 네트워크 주소

〈표 3-11〉 경로 상태 값

값	상 태
0×0	active
0×1	discovery_underway
0×2	discovery_failed
0×3	inactive
0×4 - 0×7	reserved

만약 데이터 프레임의 목적지 노드 주소에 대한 정보가 라우팅 테이블에 없다면, 소스 노드는 주위 노드들에게 목적지 노드 주소로의 경로 요청(route request) 명령을 내리게 된다.

이 프레임은 하나의 ZigBee 네트워크에 있는 노드들에게 목적지로 가는 경로를 알고 있는 노드(이하 응답 노드)를 찾을 때까지 플러딩(flooding)된다.

이때 이 경로 요청 프레임은 ZigBee 네트워크의 노드들을 거쳐 가면서 노드와 노드 사이의 링크 코스트를 계산하고 이를 저장한다. 응답 노드는 여러 개의 경로 요청 프레임을 받게 되는데 이 노드는 경로 코스트가 가장 낮은 경로를 선택하고 경로 응답(route response) 프레임을 경로 요청을 한 소스 노드에게 보내게 된다.

소스 노드와 응답 노드 사이의 모든 노드들은 경로 탐색 테이블(route discovery table)에 경로 요청 프레임에 대한 새로운 엔트리를 만들고 정보를 저장한다.

〈표 3-13〉은 경로 탐색 테이블에 새로운 엔트리가 만들어질 때 저장되는 필드들의 정보이다. 만약 같은 ID를 가진 다른 경로 요청 프레임을 받을 경우, 그 해당 노드는 경로 비용을 비교하여 보다 적은 비용을 가진 경로의 정보를 저장하고 나머지를 버리게 된다. 경로 응답 프레임이 거쳐 가는 경로는 가장 적은 경로 비용을 가졌던 경로 요청 프레임이 거쳐 온 길이다.

이것은 〈표 3-13〉의 경로 탐색 테이블의 'sender address' 필드에 의해서 결정된다. 'sender address' 필드의 주소를 따라가면 결국 처음 경로 요청 프레임을 보낸 소스 노드로 돌아갈 수 있다. 경로 응답 프레임이 거쳐 가는 모든 노드들은 그 정보를 종합해 경로 테이블에 새로운 엔트리를 만든다.

만약 소스 노드가 경로 요청을 통해 찾은 경로로 데이터 프레임이 전송되는 도중에 라우팅 테이블에 저장된 다음 노드가 어떠한 문제로 인해 데이터의 전송이 불가능해지는 상황이 발생하면, 현재 데이터 프레임을 가지고 있는 노드를 소스 노드로 하여 목적지 노드로의 경로를 다시 구하게 된다.

〈표 3-13〉 경로 탐색 테이블

필드명	크기	설 명
Route request ID	1 byte	경로 요청 프레임을 위한 순차번호이다. 이것은 디바이스가 새로운 경로 요청 명령 프레임이 생성될 때마다 1씩 증가한다.
Source address	2 bytes	경로 요청을 한 소스 노드의 16비트 네트워크 주소이다.
Sender address	2 bytes	가장 경로 비용이 낮고(링크 질이 높은) 엔트리의 경로 요청 아이디와 소스 주소가 일치하는 경로 요청 명령 프레임을 보낸 최근 노드의 16비트 네트워크 주소. 이 필드는 경로 응답 명령 프레임이 따라가면서 최적의 길을 결정하는 데 사용된다.
Forward cost	1 bytes	경로 요청을 한 소스 노드로부터 현재 노드까지의 누적된 경로비용(Accumulated path cost)
Residual cost	1 bytes	현재 노드로부터 목적지 노드까지의 누적된 경로 비용(Accumulated path cost)
Expiration time	2 bytes	경로 요청 시간이 만료될 때까지의 시간(ms)을 가리키는 카운트다운 타이머이다.

만약 경로 탐색이 성공한다면 새로운 경로를 통해 데이터 프레임을 전송하지만 실패한다면 처음 데이터를 보낸 소스 노드에게 경로 에러(route error) 프레임을 보내게 된다.

경로 에러 프레임을 받은 최초의 소스 노드는 발생한 문제에 따라서 새로운 경로를 찾기 위해 경로 요청 프레임을 다시 보내게 된다.

라우팅 테이블과 경로 탐색 테이블의 차이점은 경로 탐색 테이블의 엔트리가 오직 하나의 경로 탐색 동작을 하거나 재사용할 때만 유지되며 일정시간이 지난 후 지워지는 반면에, 라우팅 테이블은 지속적이고 오랜 시간 유지하여 다음 경로 요청시 이용된다.

(3) ZigBee 계층 구조(Hierarchical) 라우팅

위에서 살펴보았듯이 ZigBee AODV 라우팅은 많은 센서 노드들이 라우팅 테이블, 경로 탐색 테이블 그리고 많은 경로 요청 명령 프레임들을 보냄으로써 최적의 길을 탐색하여 하나의 경로를 만든다. 하지만 이로 인해 수 많은 센서 노드가 ZigBee 네트워크에서 많은 트래픽을 야기시킬 수 있다.

따라서 ZigBee의 계층 구조 라우팅은 이러한 ZigBee AODV 라우팅의 문제점을 해결하기 위해 라우팅 테이블과 경로 탐색 테이블을 사용하지 않고, 이웃 테이블(neighbor table)(표 3-14 참조)에 인접한 노드와 자식 노드들의 정보를 저장하여 경로를 찾음으로써 ZigBee 네트워크의 트래픽과 오버헤드를 줄일 수 있다.

〈표 3-14〉 이웃 테이블

필 드 명	유효 범위	설 명
PAN ID	0x0000–0x3fff	16비트 PAN 식별자
Extended address	An extended 64-bit IEEE address	64비트 IEEE 주소
Network address	0x0000–0xffff	16비트 네트워크 주소
Device type	0x00–0x02	0x00 - ZigBee 코디네이터 0x01 - ZigBee 라우터 0x02 - ZigBee 단말장치
Relationship	0x00–0x02	0x00 - 부모 노드 0x01 - 자식 노드 0x02 - 형제 노드 0x03 - 위의 사항에 해당하지 않는 경우

또한 ZigBee 계층 구조 라우팅을 위해 이웃 테이블의 각 엔트리 이외에도 ZigBee Specification v1.0에서는 실질적인 구현을 위한 부수적인 엔트리를 아래와 같이 열거한다.

- RxOnWhenIdle
- Extended address(any neighbor)
- Beacon order
- Depth
- Permit joining
- Transmit failure
- Potential parent

ZigBee 계층 구조 라우팅에서는 하나의 ZigBee 네트워크 안의 모든 노드들에게 계층적으로 주소 할당이 이루어진다. 따라서 어떤 노드가 새롭게 ZigBee 네트워크에 참여할 때 이 노드의 부모가 되는 코디네이터 또는 라우터 노드가 정해진 식에 따라 분산 주소 할당 메커니즘(distributed address assignment mechanism)을 이용하여 16비트 주소를 부여한다.

ZigBee 코디네이터와 같이 하나의 노드가 모든 정보를 가지고 주소를 부여하는 대신, ZigBee 코디네이터 또는 ZigBee 라우터가 자신의 자식이 될 노드에게 주소를 부여할 수 있기 때문에 네트워크에서의 트래픽을 줄일 수 있다.

이때 부여되는 주소가 하나의 ZigBee 네트워크 내에서 노드들을 구분하는 유일한 주소가 된다.

다음은 분산 주소 할당 메커니즘을 위해 (식 3)을 정의하였고, 여기에서 사용되는 변수들에 대한 설명을 나열하였다. 이 식을 이용하여 $Cm=3$, $Rm=3$, $Lm=3$ 값을 가지는 경우의 네트워크 깊이에 따른 오프셋 값, $Cskip(d)$ 등의 예시를 〈표 3-15〉에서 보이고 있다. 또한 [그림 3-44]에서는 ZigBee 네트워크의 16비트 주소를 할당하는 예를 보이고 있다.

$$Cskip(d) = \begin{cases} 1 + Cm \cdot (Lm - d - 1), & \text{if } Rm = 1 \\ \dfrac{1 + Cm - - \mathrm{Cm} \cdot ^{\mathrm{Lm-d-1}}}{1 -}, & \text{otherwise} \end{cases}$$ (식 3)

Cm : 최대 자식의 개수

Lm : 네트워크 트리의 최대 깊이

Rm : 자식으로 가질 수 있는 최대 ZigBee 라우터 개수

d : 현재 노드의 깊이

$Cskip(d)$: 깊이 d 노드가 가질 수 있는 주소의 부분 블록 크기

n : 어떤 부모 노드를 통해 네트워크에 참여한 노드의 순서

$Aparent$: 부모 노드의 주소

An : n번째 자식의 주소

〈표 3-15〉 네트워크 깊이에 따른 오프셋 값($Cm=3$, $Rm=3$, $Lm=3$)

네트워크의 깊이, d	오프셋 값, $Cskip(d)$
0	13
1	4
2	1
3	0

위에서 살펴 보았듯이 ZigBee 계층 구조 라우팅에서는 16비트 주소가 논리적인 수식을 통해 부여되기 때문에 (식 4)를 데이터 프레임의 목적지 16비트 주소를 통해 목적지가 자신의 주소 블록 내에 존재하는지를 알 수 있다.

(식 4)에서처럼 만약 목적지의 주소 A가 자신의 주소와 자신의 주소에 $Cskip(d-1)$값을 더한 것보다 작다면 목적지는 자신의 자손들 중 하나라는 의미이다. 노드는 이러한 계산을 자식들에게 적용시켜 자신의 자식들 중 목적지를 자손으로 가진다고 계산된 노드에게 데이터 프레임을 포워딩하면 된다.

$$An = Aparent + Cskip(d) \cdot Rm + n$$ (식 4)

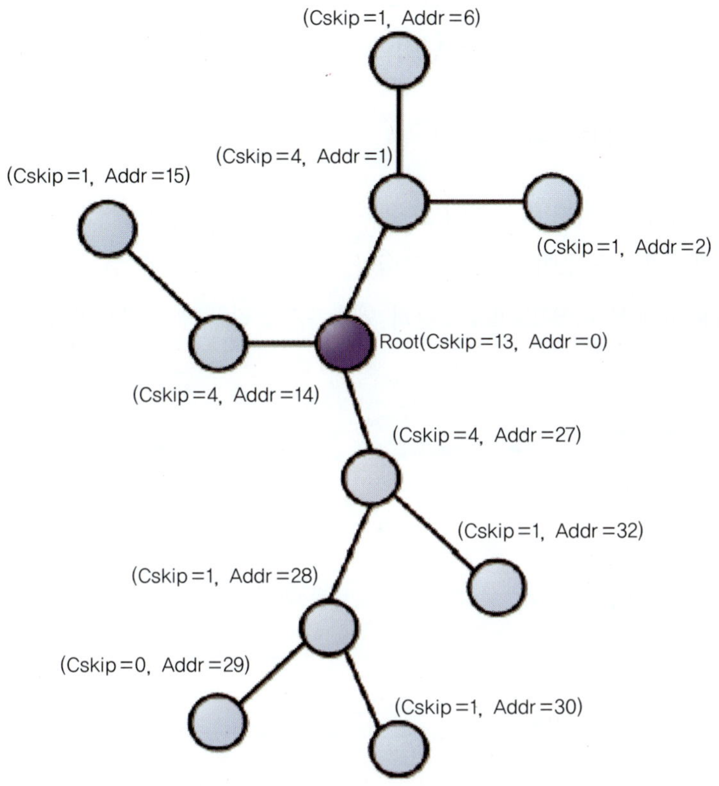

[그림 3-44] ZigBee 네트워크 16비트 주소 할당(Cm=3, Rm=3, Lm=3)

이와 같이 계층 구조 라우팅은 라우팅 테이블과 같은 추가적인 자원을 소비하지 않으며 간단한 알고리즘으로 구성된다는 장점이 있다. 그러나 [그림 3-45]와 같이 1홉 내에 있는 노

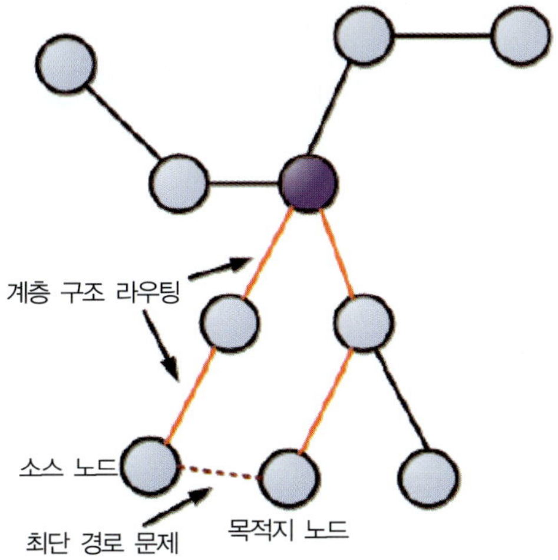

[그림 3-45] 계층적 라우팅에서의 최단 경로 문제

드일지라도 소스 노드가 목적지 노드를 찾아가기 위해 비효율적으로 여러 노드를 거쳐 가는 최단 경로 문제가 발생하는 단점이 있다.

(4) ZigBee 네트워크 라우팅

[그림 3-46]은 데이터 프레임이 ZigBee 네트워크 계층에 도착할 경우 데이터 프레임을 처리하는 알고리즘을 보여주는 순서도이다. 이 순서도에서 알 수 있듯이 ZigBee에서는 위에서 살펴본 AODV 라우팅 프로토콜과 계층 구조 라우팅 프로토콜을 모두 사용한다.

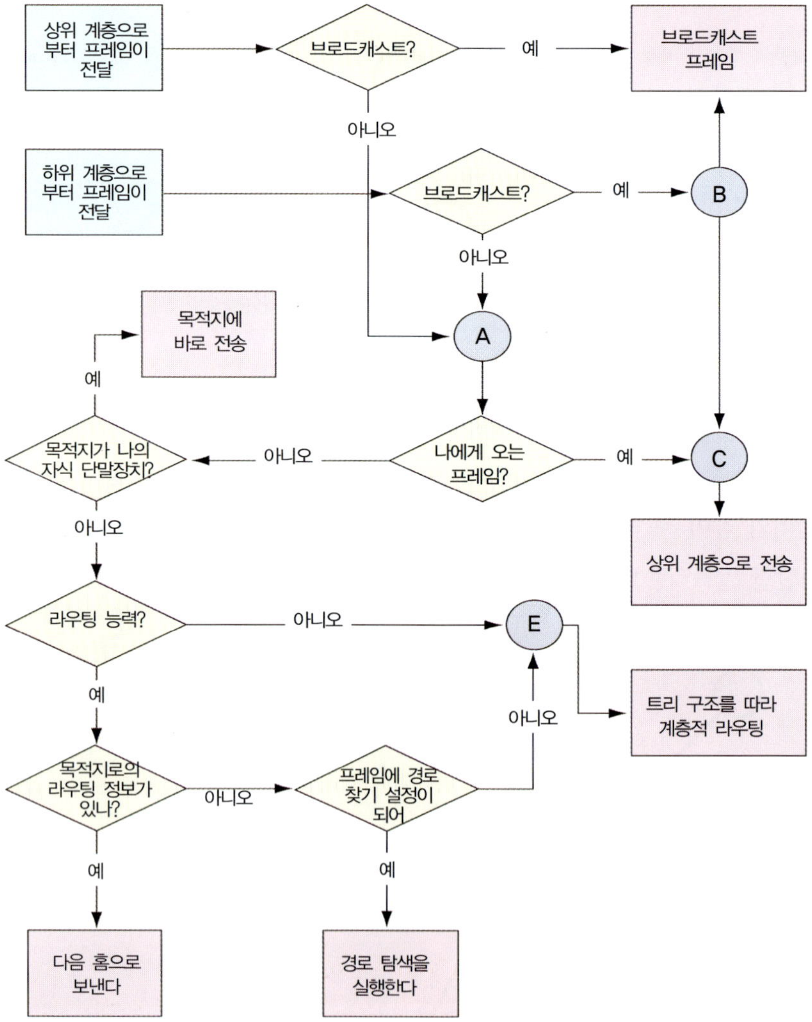

[그림 3-46] 기본적인 ZigBee 네트워크 라우팅 알고리즘

이것은 2가지 프로토콜이 각각의 장단점을 지니고 있기 때문이다. 즉, AODV 라우팅은 테이블을 유지하고 관리해야 한다는 단점이 있는 반면 최적 경로로 라우팅을 해줄 수 있으며, 계층 구조 라우팅 프로토콜은 최적의 경로가 아니어도 계층적 구조에 따라 라우팅을 하는 단점이 있는 반면 라우팅 테이블을 관리할 필요가 없기 때문에 메모리에 대한 부담이 줄어든다.

ZigBee에서는 먼저 AODV 라우팅이 가능한가의 여부를 체크한다. 만약 라우팅 테이블 또는 경로 탐색 테이블을 만들지 못하거나 AODV 라우팅을 제공할 수 없다면 계층 구조 라우팅 프로토콜을 통해 라우팅을 해주게 된다. 이러한 알고리즘을 통해 2가지 프로토콜의 장점을 살리고 더욱 효율적인 라우팅을 제공하는 것이 ZigBee 네트워크의 장점이라고 할 수 있다.

(5) ZigBee 게이트웨이의 구조

ZigBee 네트워크는 ZigBee 내에서의 통신에 중점을 두고 있으며, ZigBee 사양서 v1.0에서도 외부 네트워크와의 호환에 대해서는 정의되어 있지 않다. 현재 가장 많이 사용되는 IP 네트워크와 통신하기 위한 ZigBee 게이트웨이는 [그림 3-47]과 같은 구조를 지녀야 한다. ZigBee는 모든 계층이 기존의 IP와 다른 ZigBee만의 프로토콜 구조를 가지고 있기 때문에 응용 계층 수준의 게이트웨이가 필요하다.

그러나 IPv6가 주류가 되는 시대에는 네트워크 트래픽이 급증할 것이다. 엄청난 트래픽이 발생할 것을 예상한다면 응용 계층 수준의 게이트웨이는 프로세싱 딜레이가 크다는 점에서 데이터 전송의 지연 패킷 손실과 같은 문제점을 예상할 수 있다.

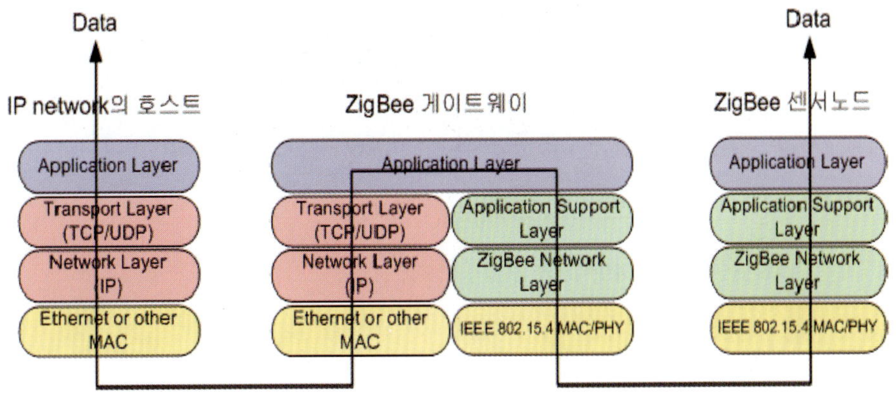

[그림 3-47] Zigbee 게이트웨이의 구조

3.6 유비쿼터스 센서 네트워크의 미들웨어 기술

1) USN 미들웨어의 정의

이기종 센서 네트워크로부터 수집한 센싱 데이터를 필터링/통합/분석하여 의미있는 상황정보를 추출/저장/관리/검색하고, 응용 서비스로 전달 및 서비스 간 연계, 통합하는 기술이다.

USN은 먼저 인식정보를 제공하는 전자태그를 중심으로 발전한다. 그리고 여기에 센싱 기능을 추가하고, 이들 간의 네트워크가 구축되는 형태로 발전하는 것이다. 현재 유비쿼터스 센서 네트워크 시스템에 대한 연구는 환경정보 센싱 단계까지 진행 중이다.

USN 환경에서 미들웨어 기술은 가장 다양한 측면으로 연구가 이루어져야 한다. 특히 위치인식 기술은 현재의 중앙 집중형 모델에서 분산형 모델로 발전이 될 필요가 있으며 서비스 검색을 위한 범위 및 검색 대상은 점차 확대될 필요가 있다.

상황인지를 위한 기술 또한 계속해서 연구되어야 하는 부분이며 지능화된 통합 미들웨어의 개발을 목적으로 연구가 진행되어야 한다.

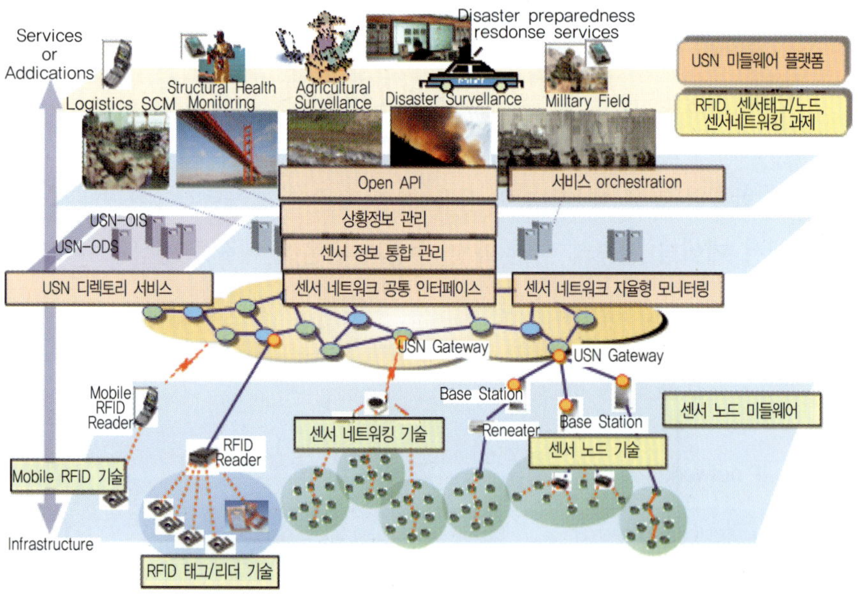

[그림 3-48] USN 미들웨어의 구성

2) 센서 데이터베이스

(1) 센서 노드와 질의처리

센서 데이터베이스 시스템의 주요 목적은 센서 네트워크 환경에 흩어져 있는 센싱 정보들에 대하여 센서 노드들의 제한된 리소스들-저성능의 CPU, 작은 용량의 메모리, 저용량의 통신 대역폭-을 고려하면서 효율적으로 사용자의 질의를 만족시켜 주는 것이다.

다시 말하면, 각 센서 노드들에서의 에너지 소모율을 최소화시키면서 질의에 대한 정확성 및 신속성을 최대화시킬 수 있는 질의처리기(query processor)를 만드는 것이다.

센서 데이터베이스에서의 질의처리기는 센서 네트워크 상에서 센싱 정보들이 어디에 저장되는가에 따라서 다양한 방법들이 제안되고 있는데, 센싱 정보들을 내부 저장, 외부 저장 그리고 데이터 중심 저장에 저장하는 방법에 따라 구분되고 있다.

① 내부 저장 기반 질의처리기

내부 저장은 각 센서 노드들이 수집한 정보들을 자신의 저장에 직접 저장하는 방식으로, 사용자가 원하는 질의 결과를 얻기 위해서는 질의를 각 센서 노드들에게 범람하게 해야 하고, 각 노드들이 질의를 처리하여 사용자에게 결과를 전송해주는 방법을 이용해야 한다.

센서 노드 레벨에서 질의가 처리되는 방식이므로 각 노드들은 작고 단순한 형태의 질의처리기를 반드시 보유하고 있어야 한다. 이 방식에서 각 센서 노드들에서 이용되는 에너지 효율적인 질의처리기를 구현하기 위해서는 다음의 상황을 반드시 고려해야 한다.

- 센서 노드들이 수집된 데이터들을 내부 저장에 저장하기 때문에 센서 노드들 간에 데이터 통신에 대한 비용은 거의 문제가 되지 않지만, 질의를 모든 노드들에게 범람하는 방식으로 인하여 야기되는 질의 전송에 대한 비용이 매우 크므로 이를 줄이기 위한 노력이 필요하다. 이를 위하여 SRT(Semantic Routing Tree) 방식 등과 같이 질의를 전송해야 하는 노드의 수를 줄이기 위한 많은 연구들이 진행되고 있다.

② 외부 저장 기반 질의처리기

외부 저장은 내부 저장과 반대로 각 센서 노드들이 자신의 저장을 전혀 가지지 않는 방식으로 노드들에서의 센싱 정보가 바로 베이스 스테이션(data sink라고 부르기도 함)으로 범람되는 방식이다.

이 방식은 모든 센싱 정보가 서버 측에 저장되고, 사용자 질의가 서버 내에서 모두 처리되기 때문에 센서 노드들에게 질의를 범람해야 하는 질의 전송 오버헤드는 필요 없는 장점을 가지고 있다.

그러나 이 방식은 모든 센서 노드들의 센싱 정보들을 네트워크를 통하여 모두 서버 측으로 전송해야 하는 데이터 범람의 비용이 매우 크게 증가하게 되는 단점을 가지고 있다. 즉, 서버가 모든 센싱 정보를 수집하는 데이터 범람 과정에서 각 노드들이 너무 많은 에너지를 소모함으로써 노드들의 수명이 짧아지는 단점을 가지게 되는 것이다.

외부 저장 기반 질의처리기의 경우는 서버에 수집된 정보들에 대하여 기존 데이터베이스의 질의처리기를 이용하면 되기 때문에 센서 데이터베이스 관련 연구 이슈가 크게 없으며 현재 수행된 연구도 많지 않은 실정이다.

③ 데이터 중심 저장 기반 질의처리기

데이터 중심 저장은 내부 저장 방식과 외부 저장 방식을 혼합한 방식으로 각 센서 노드들로부터 센싱된 정보를 분석하여 그 정보가 의미하는 값의 특징에 따라 그룹을 결정한 다음, 각 그룹을 대표하는 센서 노드(home node)에게 정보들을 전송하여 각 그룹 대표 노드가 그룹 내의 모든 정보들을 저장하는 방식이다.

이 방식은 베이스 스테이션에서 각 그룹 대표 노드에게만 질의를 보내기 때문에 질의처리에 소요되는 비용이 획기적으로 줄어드는 장점을 가지고 있다.

그러나 각 센싱 노드들과 대표 노드 사이에 지속적인 데이터 범람에 대한 비용문제는 여전히 존재하게 되고, 대표 노드에서의 에너지 소모가 매우 커지는 단점을 가지고 있다. 현재 데이터 중심의 저장 방식과 관련하여 많은 연구가 진행되고 있다.

예를 들어 대표 노드를 상황에 따라서 주기적으로 바꾸는 방법, 센싱 정보들을 분석하여 전체 센서 네트워크를 효율적으로 그룹하는 방법, 센서 노드들과 대표 노드 사이에서의 에너지 효율적인 데이터 범람 방법 등에 대한 연구가 진행되고 있다.

(2) 센서 데이터베이스

① 질의 언어(query language)

센서 데이터베이스에서는 온도, 속도, 빛 등의 각 센싱 정보 타입을 하나의 컬럼 정보로 간주하고, 센서들로부터 수집되는 컬럼 정보들을 통합하여 하나의 데이터베이스 테이블로 간주하여 질의처리를 수행할 수 있다.

이와 같이 센싱 정보들을 데이터베이스 테이블로 간주하는 경우에는 기존의 SQL을 단순 확장한 질의 언어를 정의하는 것이 비용 및 성능면에서 바람직한데, 센서 데이터베이스에서 사용되는 특징들을 고려하여 SQL을 확장해야 한다.

우선 센서 데이터베이스를 위한 SQL은 끊임없는 스트림 형식의 센싱 정보 테이블이 주어졌을 때, 특정 관심영역만을 지정할 수 있는 윈도우 질의, 특정한 이벤트가 발생하였을 때에만 질의를 수행하는 이벤트 기반 질의, 그리고 사용자가 지정한 기간 동안 반드시 질의를 성공적으로 수행해야 하는 존재 기간 기반 질의 등이 정의될 수 있다.

② 질의 최적화(query optimization)

센서 데이터베이스에서 질의 최적화의 목적은 베이스 스테이션에서 전송된 질의를 각 센서 노드들에서 수행하고자 할 때 각 노드에서의 에너지 소모를 최소화하는 방향으로 수행할 수 있도록 질의 수행 계획(query execution plan)을 작성하는 것이다.

질의 최적화와 관련하여 최근 연구를 살펴보면, 질의 파싱 및 최적화 과정은 베이스 스테이션에서 수행하는 방법이 많이 있으며, 질의 최적화 방법으로는 센서 노드가 실세계로부터 정보를 센싱하는 작업이 많은 에너지를 소모한다는 점에 착안하여 센싱되는 컬럼들과 질의의 내포된 것들을 분석하여 효율적인 센싱과 내포된 순서를 조정하는 방안들이 제안되고 있다.

이외에도 센서 노드들의 에너지 소모에서 비효율적인 질의를 효율적인 질의로 다시 쓰는(rewritting) 방안들도 제안되고 있다.

③ 질의 분배(query dissemination)

센서 데이터베이스에서 효율적인 질의 분배를 수행하는 목적은 베이스 스테이션에 사용자의 질의가 주어졌을 때, 라우팅 방법 등을 이용하여 가능하면 최대한도로 질의에 대한 결과를 가지고 있지 않은 센서 노드들을 모두 발견하여 여과시킴으로써 사용자 질의가 수행되어야 하는 노드의 수를 최소화시키는 것이다.

이러한 효율적인 질의 분배를 위해서는 미리 트리 또는 해싱 등의 기법들을 이용하여 각 센서 노드들에 대한 색인정보를 구축해 놓아야 하는데 예를 들어 각 센서 노드들이 유지하고 있는 센싱 정보의 범위를 이용하여 센서 노드들 간의 라우팅 트리를 구성하는 SRT(Semantic Routing Tree) 방법 등이 제시되고 있다.

④ 질의 수행(query execution)

일반적으로 센서 노드들은 컴퓨팅 능력의 제약으로 인하여 끊임없이 센싱되는 정보들을 자신이 모두 저장할 수 있는 충분한 버퍼를 가지고 있지 않다. 그러므로 각 센서들은 필요에 따라서 버퍼가 가득차기 전에 수집된 정보들을 베이스 스테이션으로 전송하기도 하는데, 만약 센서의 정보 수집 비율이 베이스 스테이션으로의 정보 전송 비율보다 커지게 되면 버퍼에서의 오버플로 문제가 발생하게 된다.

오버플로가 발생하게 되면 각 센서 노드들은 자신들이 보유한 정보와 새로이 수집되는 정보들 중에서 임의의 정보를 포기해야 하는데, 질의 수행의 목적은 이러한 오버플로 상황에서 정보들의 우선순위를 효율적으로 관리함으로써 고품질의 데이터를 베이스 스테이션에 전달하도록 하는 것이다.

최근 연구 동향을 살펴보면, 단순히 FIFO 방식을 따르는 방식에서부터 버퍼 내 정보들의 일부에 대하여 평균을 내고 그 빈 공간에 새로운 정보들을 받아들이는 방식, 그리고 기존 버퍼 내의 정보들의 값과 새로이 수집되는 정보 값과의 비교를 통하여 차이가 가장 작은 정보를 포기하는 방식 등이 제안되고 있다.

다른 방향으로는 처음부터 이러한 버퍼에서의 오버플로가 발생하지 않도록 센서의 정보 수집 비율과 정보 전송 비율을 센서 네트워크 상황에 따라서 수시로 바꾸어 주는 방법도 제시되고 있다.

3) 센서 네트워크 미들웨어의 기술동향

센서 네트워크 애플리케이션은 센서 네트워크의 제한된 능력(프로세싱 파워, 저장공간, 데이터 전송)과 제한된 전원 그리고 라디오 채널의 불완전성 때문에 일반 응용 개발과는 다른 개발 특성을 지니게 된다.

센서 네트워크에서 각 응용에 따라 요구되는 기능은 모두 다르며 따라서 응용에 대한 의존도가 일반적인 응용 프로그래밍보다 크고 이는 응용 개발 과정의 복잡도가 증가함을 의미한다.

센서 네트워크 미들웨어는 [그림 3-49]와 같이 센서 운영체제와 애플리케이션 사이에 존재하며 하드웨어에 의존적인 구현에서 오는 복잡함과 하위 레벨 종속적인 특징들을 추상화하여서 애플리케이션 개발자에게 API를 제공하는 계층으로 정의할 수 있다.

센서 네트워크 미들웨어의 가장 주요한 개념인 추상화는 센서 네트워크를 위해서 필수적인 데이터의 수집, 이벤트 처리 메커니즘, 전력 관리 그리고 네트워킹 등의 기능을 사용자에게 숨겨서 최종적으로는 센싱 결과들이 마치 하나의 블랙박스와 같이 인식될 수 있도록 하며 다양한 응용이 하위 계층에 대한 고려없이 쉽게 개발할 수 있도록 도와준다.

이러한 다양한 미들웨어 도입은 센서 네트워크 응용이 개발, 배포되고 운영되는 전체 센서 네트워크 구현 흐름의 변화를 의미한다.

예를 들어, 스마트 홈과 같은 특정 환경을 위한 센서 네트워크 응용 개발은 개개의 노드와 하위 레벨 프로그래밍이 아닌 시스템 추상화를 통한 절차적인 쿼리 언어 등을 이용하게 되며, 미들웨어는 센서 네트워크의 다양한 기능을 상위 레벨에게 제공해서 마치 센서 네트워크 전체가 하나의 데이터베이스나 스프레드시트와 같이 인식될 수 있도록 한다.

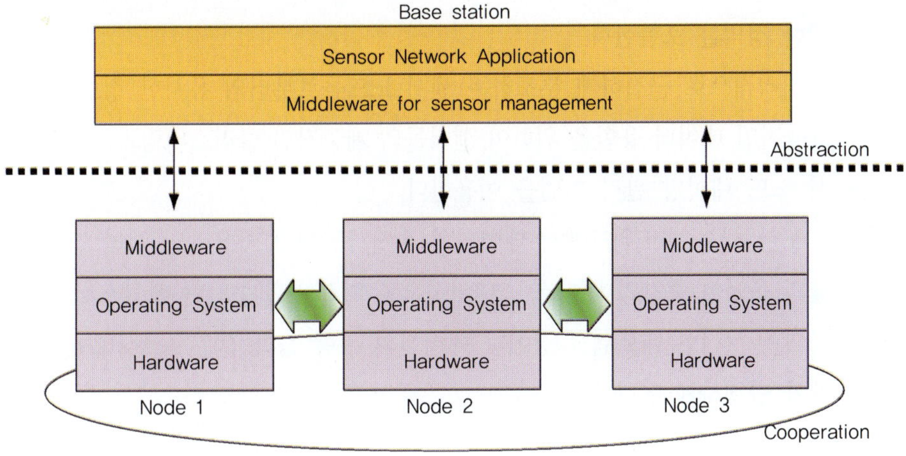

[그림 3-49] 미들웨어 관점에서의 센서 네트워크 구조

애플리케이션에 대한 의존도가 높고 하위 레벨 프로그래밍과 애플리케이션 사이의 경계가 명확하지 않은 센서 네트워크에서의 미들웨어 연구는 주로 특정 기능의 구현에 초점을 맞추어서 수행되어 왔으며, 여러 가지 기능이 복합적으로 수행되기도 한다.

센서 네트워크 미들웨어의 기능별 분류에 따라서 대표적인 센서 네트워크 미들웨어를 설명한다.

(1) 데이터 처리 중심 센서 네트워크 미들웨어

센서 네트워크의 주된 목적은 센싱 데이터를 수집하는 것으로, 센싱 데이터의 효율적인 수집과 in-network processing을 지원하는 것이 센서 네트워크 미들웨어의 가장 기본적인 역할이라고 할 수 있다.

하지만 센서 네트워크에서 각각의 노드를 식별하고 데이터를 이용하는 것은 일반적으로 어렵기 때문에 센서 네트워크 미들웨어는 이들 각각 센서 노드들의 입력을 추상화하여서 센서 네트워크 전체가 마치 데이터베이스와 같이 인식되도록 한다.

이러한 추상화의 내부에는 각각의 센서 노드로부터 데이터를 수집하기 위한 인터페이스 언어가 사용되게 되며 이를 위해서 SQL과 같은 질의가 미들웨어 레벨에서 제공된다.

센서 네트워크를 하나의 분산된 데이터베이스로 정의하고, 쿼리 형식을 사용하여 센서 네트워크의 정보에 접근한다.

베이스 스테이션의 query optimiser가 데이터를 수집하고 쿼리 결과의 계산에 소모되는 에너지를 작게 하도록 쿼리를 센서 노드에 분산시킴으로써 전력 소모를 줄인다.

이러한 쿼리는 센서 노드들 사이에서의 데이터의 흐름과 각각의 센서에서의 프로세싱에 대한 정의를 포함한다.

지리적으로 근접하게 분포하는 센서 노드들로부터의 유사한 정보의 재전송을 제한하고 효율적인 데이터 융합을 위하여 센서들의 계층적인 클러스터링과 속성(attribute) 기반의 센서 노드 네이밍 관리 기법을 이용한다.

또한 센서 네트워크에서 데이터의 수집과정에서 사용자의 쿼리 질의에 대한 해당 노드들의 응답이 중앙의 베이스 스테이션으로 일시에 집중되면 베이스 스테이션 근접 센서 노드의 일시적인 네트워크 장애나 데이터의 누락 등과 같은 network response implosion 문제가 발행하게 된다.

〈표 3-16〉 다양한 미들웨어 구조의 특징

미들웨어 구조	특 징	관련연구
데이터 중심 구조	· 다양한 센서와 수집된 데이터의 비일관성 · 불필요한 자료 수집으로 비효율적 · 효율적인 신뢰성 있는 데이터의 필요성	Cougar SAMANTA SINA
이벤트 중심 구조	· 이벤트는 센서가 데이터를 취득하는 시점 · 불특정 발생하는 이벤트로 데이터 신뢰성 저하 · 사용자의 필요성에 따른 이벤트 발생으로 신뢰성 높임	DSWare
원격 관리 구조	· 관리가 취약한 곳에 장시간 효율적인 관리 필요 · 응용 프로그램 및 프로토콜 업데이트 필요성	SensorWare Maté
제한 자원 보호구조	· 제한된 에너지로 교환 없이 장시간 사용 · 에너지 및 메모리, 계산기 절감 서비스 필요성	Impala MiLAN PADS
서비스 중심 구조	· 하드웨어 및 운영체제에 독립적 · 자동 설정을 통한 사용자의 편의 도모 · 서비스 발견 방법 제공 · USN을 위해 필수적인 기능	UPnP JINI SSLP

이를 해결하기 위한 3가지 메커니즘이 있다.

① 노드에서의 응답을 확률적인 방법으로 제한하는 sampling operation

② 응답 시간의 스케줄링을 이용하는 self orchestrated operation

③ 센서 노드의 데이터를 인접 중간 노드에서 수집 계산하여 재전송하는 diffused computation operation

센싱 데이터의 수집은 SQTL(Sensor Query and Tasking Language)을 이용해서 이루어지며 내부적으로 센서 노드들에 대한 스크립트로 변경되고 실행 엔진인 SEE(Sensor Execution Environment)에서 처리된다. [그림 3-50]은 센서 네트워크 미들웨어와 SINA모델을 보여준다.

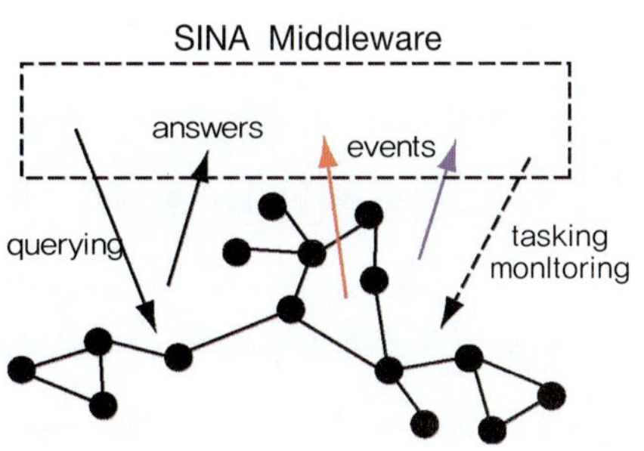

[그림 3-50] 센서 네트워크 미들웨어(a)와 SINA 모델(b)

(2) 이벤트 처리 센서 네트워크 미들웨어

센서 네트워크의 주된 기능은 데이터의 센싱을 통해서 산불 탐지와 같이 특정 상황에 대해서 적절한 판단을 하고 그에 반응할 수 있도록 물리적 상황을 인식하기 위한 정보를 제공하는 것이다.

따라서 센서 네트워크에서는 각 노드를 통해서 수집되는 정상적인 정보보다는 비정상적이거나 탐지 조건을 만족하는 상황을 인지하고 경보 등의 시그널을 제공하는 기능이 필요하다는 것을 알 수 있다.

일반적으로 인터넷에서 사용되는 요청/응답 방식으로 동작하는 메커니즘은 데이터의 폴링(polling)을 위해서 프로세싱을 지속적으로 사용해야 하며 불필요한 데이터의 전송을 필요로 하기 때문에 특정 상황에 반응하는 센서 네트워크의 속성에는 적합하지 않다. 따라서 센서 네트워크에서는 이벤트 중심의 메커니즘이 필요하며 이는 센서 네트워크 미들웨어의 중요한 기능 중 하나이다.

시간 기반(time trigger)의 센싱 데이터 처리 메커니즘은 주요 이벤트의 발생 빈도가 낮을 경우 전체적으로 낮은 효율을 보이게 되지만, 상황 이벤트 기반의 센싱 데이터 처리 메커니즘은 수신자와 전송자를 분리하고 비동기적으로 동작하게 함으로써 전체적으로 데이터 처리의 효율을 높일 수 있게 된다.

이벤트 기반 방식의 센서 네트워크는 데이터를 가진 노드가 데이터를 publish하고 특정 센싱 데이터를 필요로 하는 베이스 스테이션이 해당 노드에 subscribe를 하는 publish/subscribe 방법이 사용된다. 이러한 publish/subscribe 방식은 비동기적인 특성과 멀티포인트 커뮤니케이션 속성을 지닌다.

DSWare는 다양한 센서 네트워크를 위한 실시간 데이터 서비스의 통합을 제공하는 데이터 서비스 미들웨어이다.

센서 네트워크 응용은 이벤트 서브스크립션 작성, 이벤트 탐지, 데이터 저장, 노드와 노드그룹 관리, 스케줄링 등의 여러 서비스를 지원해야 하지만 기존의 센서 네트워크는 응용에 의존적인 방법으로 제한적인 데이터 서비스만을 지원하는 한계가 있다.

DSWare는 여러 센서 응용에서 공통적으로 필요한 서비스를 추상화하여 데이터 서비스로 제공하기 때문에 응용은 센서 네트워크의 저수준의 복잡한 오퍼레이션과 상관없이 표준 SQL을 사용하여 센서 네트워크로부터 원하는 데이터를 얻을 수 있다. DSWare layer는 네트워크 계층과 응용 계층 사이에 위치하며 여러 응용에 필요한 공통적인 데이터 서비스를 제공함으로써 이들 기능이 중복되는 것을 방지한다. DSWare는 [그림 3-51]과 같이 DSWare 프레임 워크데이터 서브 스크립션 컴포넌트, 이벤트 탐지 컴포넌트, 데이터 스토리지 컴포넌트, 데이터 캐싱 컴포넌트, 그룹관리 컴포넌트, 스케줄링 컴포넌트로 구성된다.

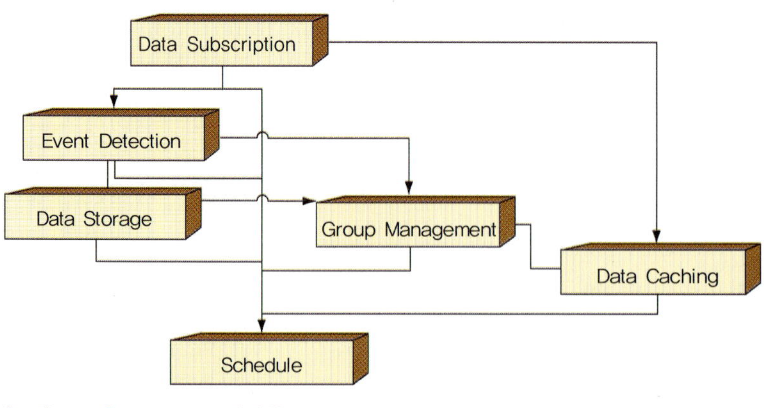

[그림 3-51] DSWare 프레임워크

4) Qos 기반 센서 네트워크의 미들웨어

센서 네트워크에서는 제한된 기능을 가지는 센서와 네트워크의 불확실성 등으로 인해 개개의 노드들에 의해서 제공되는 센싱 값들을 전적으로 신뢰하기 어렵다. 또한 네트워크의 신뢰도와 가용성이 센서 네트워크가 사용하는 무선의 환경보다 더 낮기 때문에 통신의 실패는 훨씬 자주 발생하며, 전력 소진이나 노드의 대체 등으로 일부 센서 노드가 사용될 수 없는 경우도 발생할 수 있다.

센서 네트워크 미들웨어는 이러한 상황의 변화에 상관없이 응용에 적합한 수준의 센싱 데이터의 품질을 보장할 수 있는 메커니즘을 제공한다.

센서 네트워크에서의 서비스 품질과 관련된 가장 대표적인 미들웨어로는 MiLAN이 있다.

MiLAN에서는 응용이 어느 센서들이 센싱된 데이터를 보낼 것인지, 각각의 센서들은 어떤 라우팅 기법으로 통신을 할 것인지 등의 내용을 사전에 기술하고, 응용이 원하는 서비스 품질(QoS ; Quality of Service)을 만족시키기 위해 동적으로 네트워크를 구성한다.

이를 위해 MiLAN은 응용 시스템, 그리고 센서 네트워크로부터 발생하는 3가지의 정보를 사용한다.

① 응용으로부터 원하는 QoS를 기술한 정보와 해당 요구 사항을 만족시키기 위해 어느 센서들을 이용해야 할지에 대한 정보를 얻는다.

② 미들웨어에서 동작하는 응용들의 중요도 및 상호 작용을 기술한 정보를 시스템으로부터 얻는다.

③ 센서 네트워크에 속하는 각 센서는 에너지 및 채널 대역폭 등 자원(resource)에 관한 정보를 이용한다.

MiLAN은 응용이 보낸 요구 사항을 받은 다음, 각각의 센서 네트워크의 상황을 모니터링 하면서, 요구 사항을 만족시키기 위해 동적으로 센서 네트워크의 구성을 최적화하는 역할을 한다.

MiLAN은 기존의 센서 네트워크 미들웨어가 응용과 운영체제 사이에 위치하는 것과는 달리, 네트워크 프로토콜 스택을 확장한 구조를 가진다.

[그림 3-52]와 같이 MiLAN은 응용이 필요로 하는 서비스의 퀄러티를 표현하기 위해서 사용하는 API와 MiLAN의 명령을 특정 네트워크 프로토콜의 명령으로 변경함으로써 여러 가지의 물리 네트워크를 연결해 줄 수 있는 추상화 계층으로 구성된다.

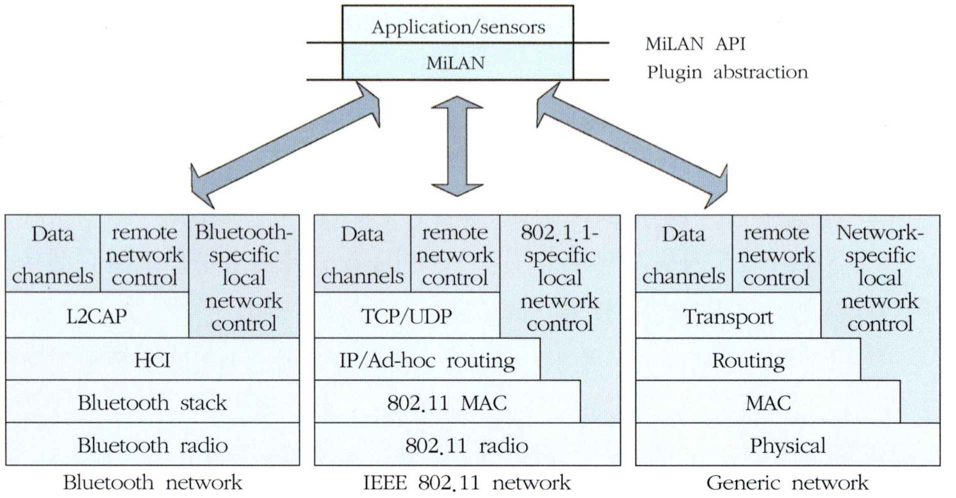

[그림 3-52] MiLAN 컴포넌트

제4장

유비쿼터스 센서 네트워크 응용 시스템(ED-3160)의 구성 및 설치

4.1 유비쿼터스 센서 네트워크 응용 시스템의 구성

1) USN 응용 시스템의 개요

ED-3160(ED-ZigNet)은 유비쿼터스 센서 네트워크 시스템으로써 총 16종의 센서 키트를 갖고 있으며, 각 센서 노드 간 유기적인 통신을 하고 서버(server)와 클라이언트(client) 간의 데이터 통신을 한다.

ED-3160의 특징은 다음과 같다.

① 소형으로 어디든지 설치 가능하다.
② 소비전력이 적다(AA size 배터리 사용시 2년).
③ 지그비(ZigBee) 통신 프로토콜을 사용한 시스템이다.
④ 각 노드와 게이트웨이 시스템인 임베디드 시스템과 연동이 가능하다.
⑤ 이동 및 휴대가 용이하도록 가방형태의 실습키트이다.
⑥ 유비쿼터스 센서 네트워크의 응용실습은 10여 종 이상 구성되어 있다.
⑦ 통합형 그래픽 유저 인터페이스(GUI)를 이용하여 각 센서 노드의 상태를 전체 모니터링하는 것이 가능하다.

ED-3160은 유비쿼터스 센서 네트워크의 환경을 실습을 통해 이해할 수 있는 응용 시스템이다.

2) USN 응용 시스템의 구성

USN 응용 시스템(ED-3160)은 다음과 같이 구성되어 있다.

USN 응용 시스템의 하드웨어 구성은 ED-ZigM(마스터), ED-ZigS(슬레이브)와 16개의 센서 노드(조도 센서, 자기 센서, 온도 센서, 습도 센서, IR 센서, 음향 센서, 압력 센서, 가스 센서, RFID 리더, 가속도 센서, 방위각 센서, PH 센서, GPS 센서, 지문인식 센서, 릴레이 모듈, USB 인터페이스 모듈)로 구성되어 있다. 그리고 각 센서 노드에는 필수적으로 조도(광) 센서와 온도 센서가 포함되어 구성되어 있다.

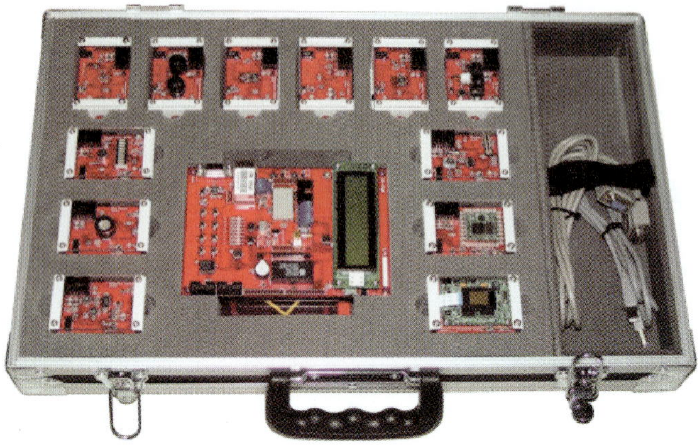

[그림 4-1] USN 응용 시스템(ED-3160)

(1) ED-ZigM(ED4525)

ED-3160의 호스트(host) 역할을 하는 ED-ZigM은 데이터를 수집, 디스플레이하고 PC 또는 임베디드 시스템에 RS-232나 USB로 연결되어 데이터 전송을 한다.

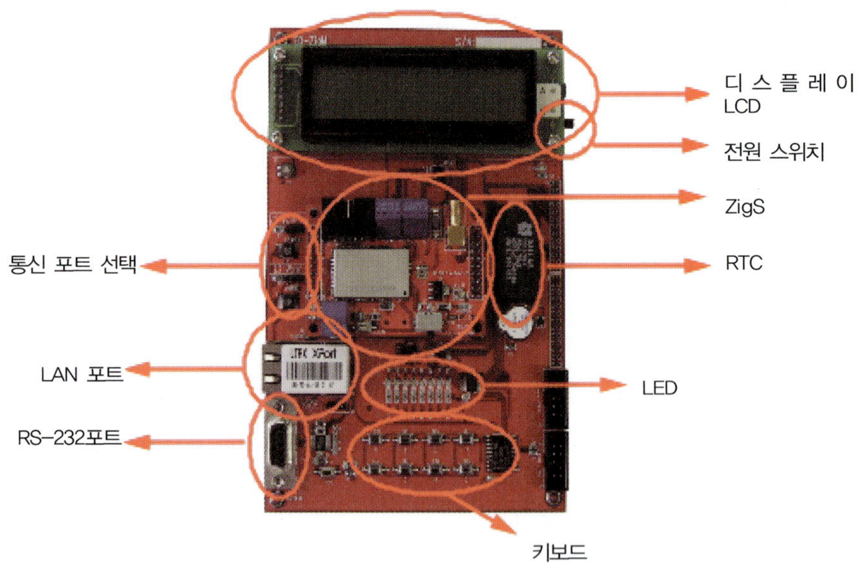

[그림 4-2] ED-3160 호스트 보드(ED-ZigM)

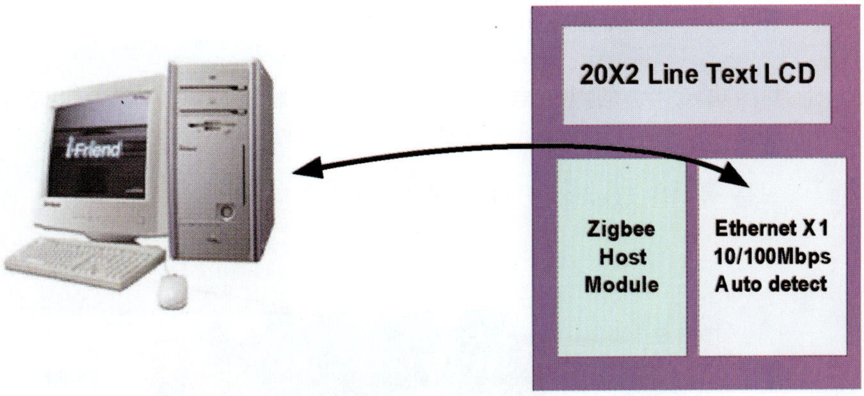

[그림 4-3] ED-ZigM 호스트 보드 블록도

〈표 4-1 〉 ED-3160 마스터 모듈 사양

ED-ZigM	Interface	RS232, TCP/IP, GPIO Port
	JTAG	ISP
	Processor	Atmega128L, 8bit RISC
	Memory	128K Program Flash, 64K SRAM
	Operating System	FW8, TinyOS
	Multi Channel	2.4/2.4835GHz
	Data Rate	250kBaud
	RF Chip	CC2420(IEEE 802.15.4)
	RTC	DS1307
	Network	10/100 Auto Detect
	Power	3.0~3.3V

- 인터페이스 : RS-232 TCP/IP, GPIO 포트
- JTAG : ISP
- 프로세서 : ATmega128L, 8bt RISC
- 메모리 : 128k Program flash, 64k SRAM
- 운영체제 : FW8, TinyOS
- 멀티채널 주파수 : 2.4 / 2.4835GHz
- 데이터 비율 : 250kBaud
- RTC : DS1307
- 네트워크 : 10/100 자동감지(auto detect)
- 전원 : 3.0~3.3V

(2) ED-ZigS(ED4526)

ED-ZigS는 ED-ZigM과 클라이언트(client) 간에 지그비 프로토콜을 통해 데이터를 전송하고 수집하는 역할을 한다.

모든 통신은 ED-ZigS를 통해 이루어진다.

[그림 4-4] ED-3160 슬레이브 보드 구성도(ED-ZigS)

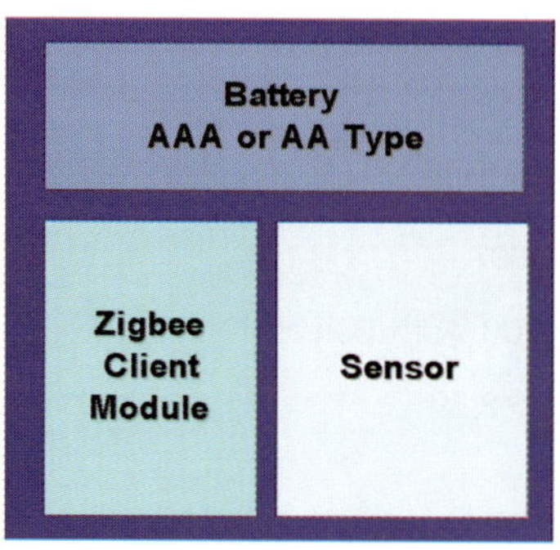

[그림 4-5] Zigbee 슬레이브 모듈 블록도

〈표 4-2〉 ED-3160 슬레이브 모듈 사양

ED-ZigS	Interface	RS232, GPIO Port
	JTAG	ISP
	Processor	Atmega128L, 8bit RISC
	Memory	128K Program Flash
	Operating System	FG8, TinyOS
	Multi Channel Radio	2.4/2.4835GHz
	Data Rate	250kBaud
	RF Chip	CC2420(IEEE 802.15.4)
	Power	3.0~3.3V

- 인터페이스 : RS-232, GPIO 포트
- JTAG : ISP
- 프로세서 : ATmega128L, 8bit RISC 프로세서
- 메모리 : 128k Program Flash
- 운영체제 : FW8, TinyOS
- 멀티채널 주파수 : 2.4 / 2.4835GHz
- 데이터 비율 : 250kBaud
- RF 칩 : CC2420(IEEE 802.15.4)
- 전원 : 3.0~3.3V

(3) 인터페이스 모듈(ED4590 ; Interface Module)

베이스 스테이션과 PC를 연결하는 모듈이다.

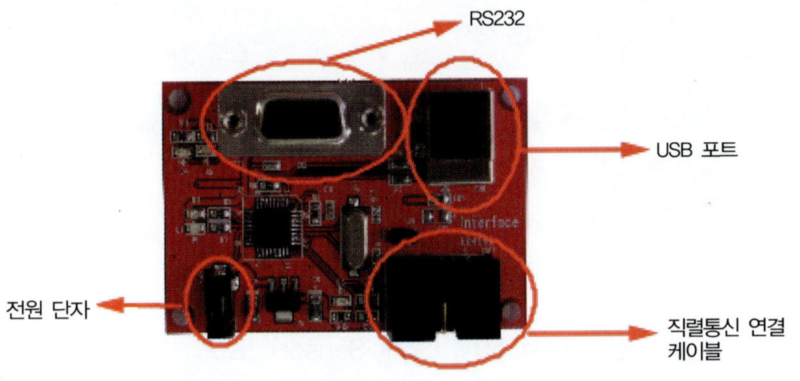

[그림 4-6] ED-3160 인터페이스 보드(ED4590)

- 직렬통신을 통한 PC와 연결
- USB를 통한 PC와 연결
- USB 2.0 지원
- ED-ZigM을 대신해 사용가능
- Mote의 전원 또는 USB 전원 이용 가능

3) 센서 모듈

〈표 4-3〉 USN 응용 시스템의 센서 모듈

센 서	역학 센서	반도체형 압력 센서
		유속 센서
	조도 센서	CDS
		Photo Diode
		Optical Fiber
	자기 센서	Hall Sensor
		HallIC
	온도 센서	Thermistor
		초전 센서(인체감지)
	거리 센서	초음파 센서
		적외선 센서
	화학 센서	가스 센서
		pH 센서(화학변환장치)
		습도 센서
		온도 센서
	기울기 센서	가속도 센서(X,Y)
	위치 센서	GPS
	자동인식 시스템	RFID
		지문인식

(1) 조도 센서(ED4550 ; Light Sensor) 노드

2개의 센서를 이용하여 빛의 양을 감지한다.

[그림 4-7] 조도 센서 노드

- Cds 및 퍼터 IC를 이용한 조도 측정
- 저전력 설계
- 온도 보상기능 내장으로 정확한 광량 측정
- 범용 IC 사용으로 여러 가지 편리한 GUI 제공
- RS-232를 이용한 통신
- 측정범위 : 0.1~50,000 LUX
- 최소분해능 : 0.1 LUX

(2) 자기 센서(ED4550 ; Magnetic Sensor) 노드

두 방향의 자계강도를 측정한다.

[그림 4-8] 자기 센서 노드

- 2축 자계강도 측정
- 저전력 설계
- 나침반으로 응용 가능
- 범용 IC를 이용한 편리한 GUI 제공
- RS-232 통신
- 측정범위 : −6.00~+6.00 가우스
- 최소분해능 : 0.01 가우스

(3) 온도 센서(ED4546 ; Temperature Sensor) 노드

2가지 센서를 이용하여 정밀한 온도를 측정한다.

[그림 4-9] 온도 센서 노드

- 서미스터(thermistor), IC를 이용한 정밀한 온도 측정
- 저전력 설계
- 온도 · 습도 · 이슬점 계산
- 범용의 IC를 이용한 편리한 GUI 제공
- RS-232 통신
- 측정범위 : -40~123.8도
- 최소분해능 : 0.01도

(4) 습도 센서(ED4547 ; Humidity Sensor) 노드

[그림 4-10] 습도 센서 노드

- 서미스터(thermistor), IC를 이용한 정밀한 온도 · 습도 측정
- 저전력 설계
- 온도 · 습도 · 이슬점 계산
- 온도 보상회로 내장
- 범용의 IC를 이용한 편리한 GUI 제공

- RS-232 통신
- 측정범위 : 0~100%
- 최소분해능 : 0.03%

(5) 적외선(IR) 센서(ED4549 ; IR Sensor) 노드

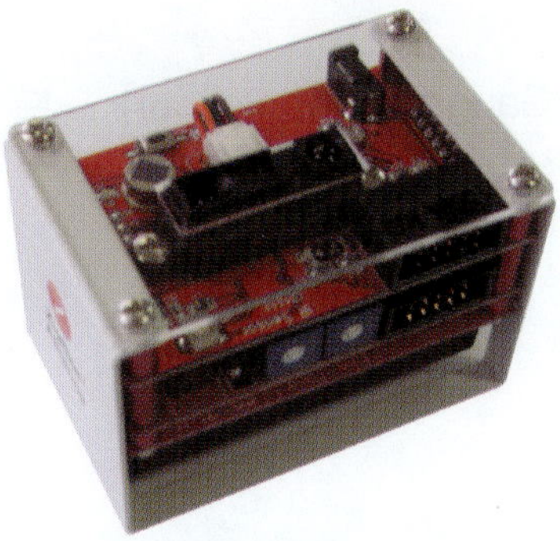

[그림 4-11] 적외선 센서 노드

- 적외선을 이용한 거리 측정
- 인체감지 센서를 이용한 출입감시 응용 가능
- 적외선감지
- 범용의 IC를 이용한 편리한 GUI 제공
- RS-232 통신
- 측정범위 : 10~80cm
- 최소분해능 : 0.1cm

(6) 음향 센서(ED4568 ; Sound Level Meter Sensor) 노드

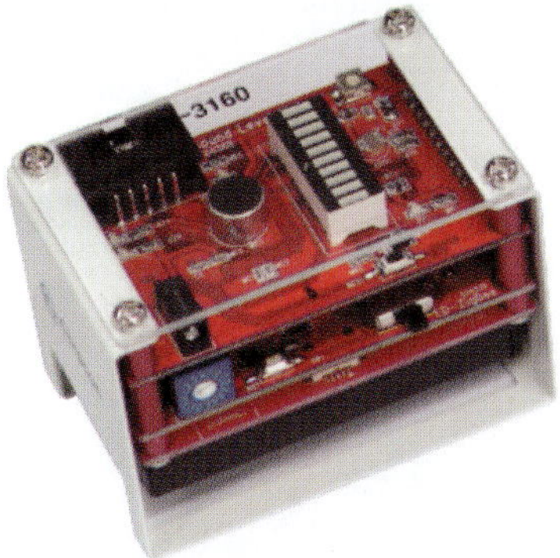

[그림 4-12] 음향 센서 노드

- 마이크로폰을 이용한 음파 측정
- 레벨 메터기를 이용한 디스플레이
- 범용의 IC를 이용한 편리한 GUI 제공
- RS-232 통신
- 측정주파수 : 31.5Hz ~ 8.5kHz
- 최소분해능 : 0.1dB

(7) 압력 센서(ED4569 ; Pressure Gauge Meter Sensor) 노드

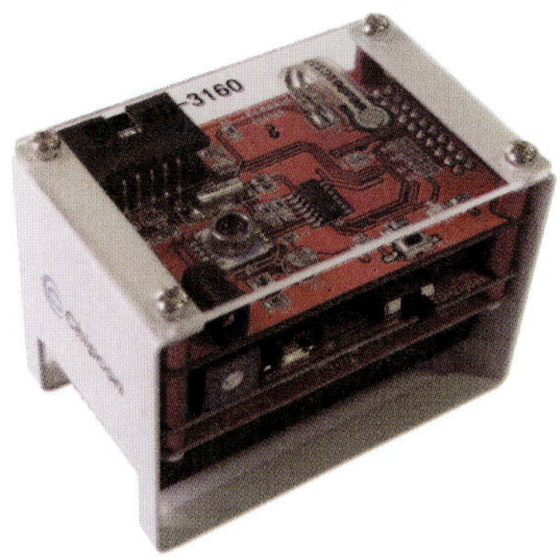

[그림 4-13] 압력 센서 노드

- 바로미터(barometer)를 이용한 대기압 측정
- FSR(Force Sensing Resistor)를 이용한 접촉 압력 측정
- 온도, 고도 측정 가능
- 범용 IC를 이용한 편리한 GUI 제공
- RS-232 통신
- 측정범위 : 300 ~ 1100mbar, 0.5 ~ 10kgf/cm^2
- 최소분해능 : 0.1mbar, 0.1kgf/cm^2

(8) 가스 센서(ED4570 ; Gas Sensor) 노드

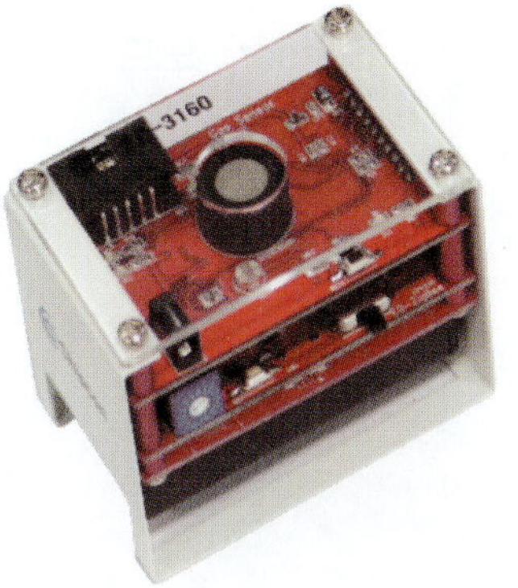

[그림 4-14] 가스 센서 노드

- 공기 중의 일산화탄소, 메탄, 에탄올, 프로판, 이소부탄, 하이드로겐 측정 가능
- 범용 IC를 이용한 편리한 GUI 제공
- RS-232 통신
- 측정범위 : 500~10,000ppm
- 최소분해능 : 1ppm

(9) RFID 리더기(ED4552 ; RFID reader) 노드

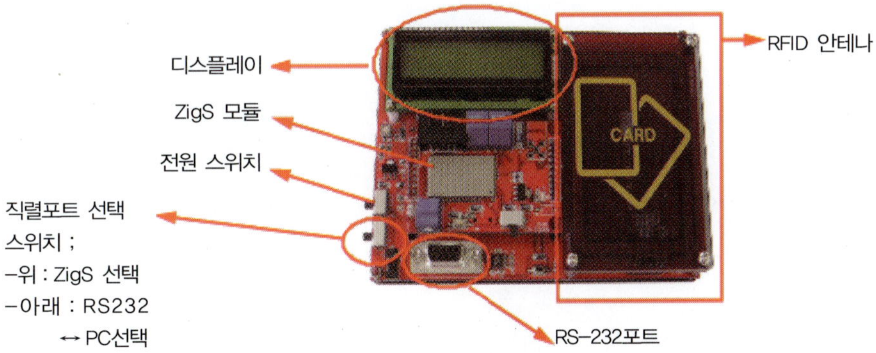

[그림 4-15] RFID 리더기 노드

- 13.56MHz RFID 리더기
- 저전력 설계
- 탐지거리 100mm
- ISO/ IEC 14443 type A, type B 읽기
- ISO 15693 읽기

- 신용카드, 교통카드 읽기

(10) 가속도 센서(ED4571 ; Accelerometer Sensor) 노드

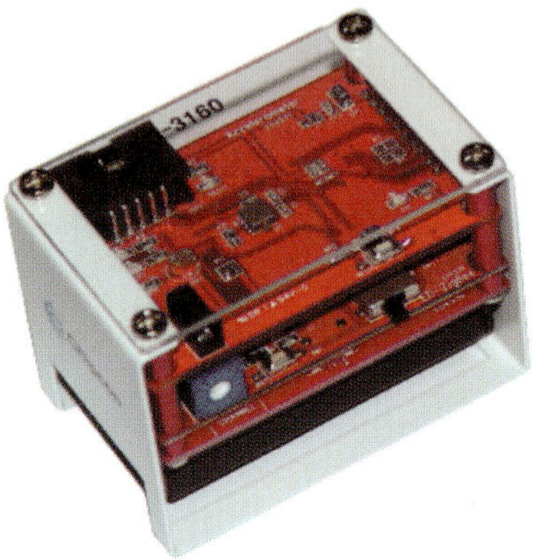

[그림 4-16] 가속도 센서 노드

- 2축 기울기 측정
- MEMS 기술기반
- 2방향 중력가속도 측정
- 움직임 측정에 용이
- 범용의 IC를 이용한 편리한 GUI
- RS-232 통신
- 측정범위 : ±25도
- 최소분해능 : 0.1도

(11) 방위각 센서(ED4572 ; Compass Senor) 노드

[그림 4-17] 방위각 센서 노드

- 전자나침반 센서
- 북극을 LED도 표시(10도)
- 저전력 설계
- 범용의 IC를 이용한 편리한 GUI
- RS-232 통신

(12) pH 센서(ED4573 ; pH Sensor) 노드

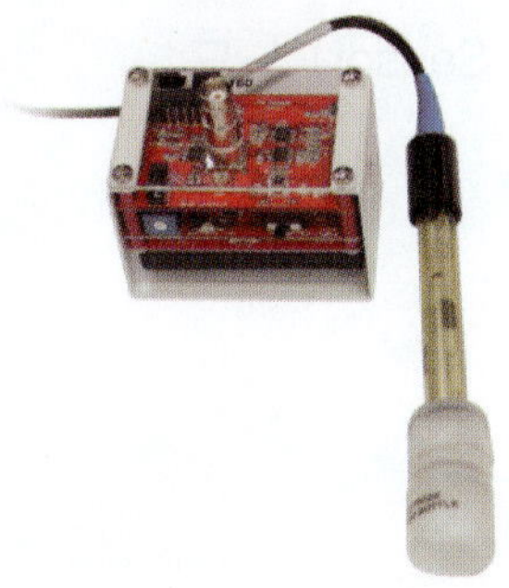

[그림 4-18] pH 센서 노드

- BNC 케이블을 이용하여 센서와 연결
- 탐지봉을 이용한 액체 pH센싱
- 저전력 설계
- 범용의 IC를 이용한 편리한 GUI
- 측정범위 : 0~14pH
- 최소분해능 : 0.07pH

(13) GPS 센서(ED4574 ; GPS Sensor) 노드

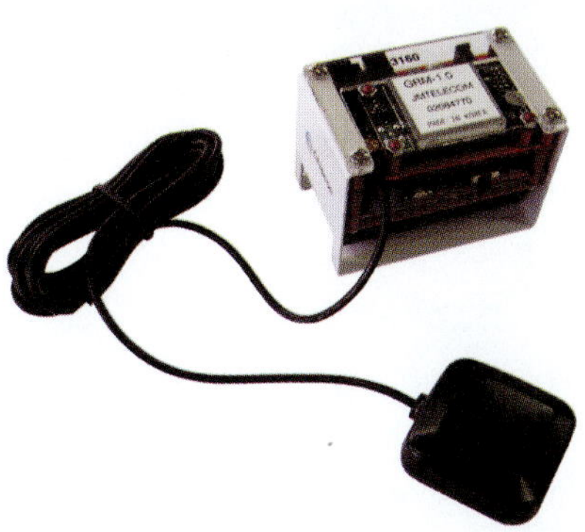

[그림 4-19] GPS 센서 노드

- GPS 안테나를 이용한 위치감지
- 고도감지
- 속도감지
- 저전력 설계
- 범용의 IC를 이용한 편리한 GUI
- 측정범위 : 0.01초
- 이동속도 표시 : 300m/sec(max)

(14) 지문인식 센서(ED4575 ; Finger Print Sensor) 노드

[그림 4-20] 지문인식 센서 노드

- DSP를 이용한 초고속 지문인식
- 최고의 인식률
- 지문저장 가능
- sensing area 16×19mm
- 500dpi의 영상 해상도
- 영상품질이 우수한 축전식 센서 사용
- 낮은 Avg EER

(15) 릴레이 모듈(ED4593 ; Relay)

- 릴레이 2EA
- 버저 1EA
- CDs를 이용한 조도측정
- 서미스터를 이용한 온도측정
- 소프트웨어를 이용한 릴레이, 버저 구동

(16) 초음파 센서(ED4551 ; Ultrasonics Sensor) 노드

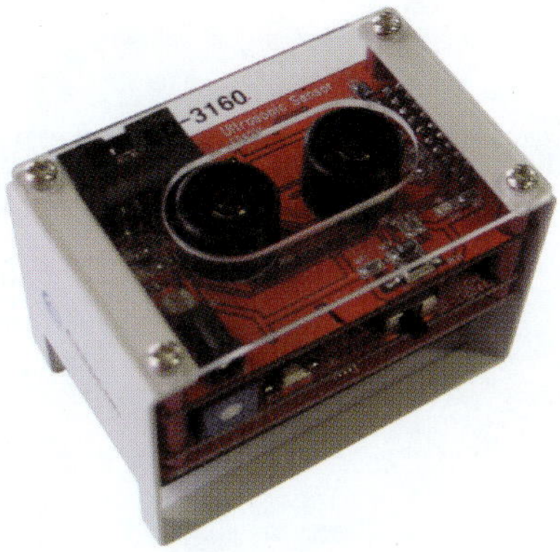

[그림 4-21] 초음파 센서 노드

- 초음파 센서 : 거리 측정
- 초음파를 이용한 거리 측정
- 온도보상 기능
- 범용의 ATMega8L 사용
- RS-232를 이용한 통신
- 측정범위 : 50～200cm

4) 소프트웨어 및 개발환경

USN 응용 시스템의 소프트웨어 구성은 <표 4-4>와 같다.

<표 4-4> USN 응용 시스템의 소프트웨어 구성

S/W	F8W, TinyOS, QPlus
	Multi-hop, Ad-hoc 라우팅 프로토콜
	각 센서 라이브러리
	네트워크 모니터 프로그램
	응용 프로그램

(1) 모니터 소프트웨어

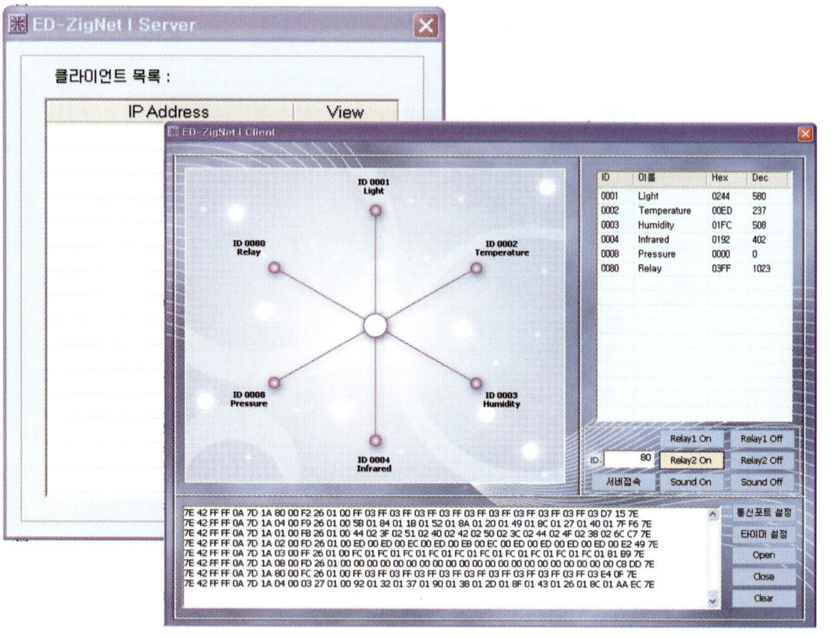

- 각종 OS를 인식가능
- 각 센서 라이브러리 인식
- 네트워크 모니터 프로그램
- 응용 프로그램
- Multi-hop, Ad-hoc 라우팅 프로토콜
- 서버와 클라이언트의 분리로 온라인을 통한 통합관리 가능

(2) 장비의 사용법 및 주의사항

- ED-3160은 배터리로 동작하므로 정격의 배터리를 사용하도록 한다.
- ED-3160은 어댑터를 이용하여 사용할 경우 지급된 어댑터 이외의 것을 사용하는 것을 금지한다.
- 장비와 PC와의 연결 또는 장비와 임베디드 시스템과 연결할 때에는 반드시 전원을 off한 상태에서 연결한다.
- ED-ZigM의 전원을 먼저 켠 상태에서 센서의 전원을 켠다.
- 배터리 소모를 방지하기 위해서 실험 종료 후에는 반드시 전원 스위치를 off 한다.

(3) ED-3160 CD에 포함되어 있는 내용

- 모니터 프로그램
- 센서 라이브러리
- 응용 노트
- AVR Studio
- WinAVR
- TinyOS-1.1-11
- USB2.0 TO RS232 Cable 드라이버
- ED-3160 회로도
- ED-3160 수정 및 소스

(4) PC 권장 사양

ED-3160을 사용하기 위해서는 다음과 같은 사양의 PC가 권장된다.

- Microsoft Windows 2000, Windows NT 4.0, Windows 98, Windows XP(권장 운영체제 : Windows 2000)
- 펜티엄 IV 1.7GHz 이상
- 하드디스크에 빈 공간이 500MB 이상
- RAM 512MB
- CD-ROM 드라이브
- 마우스나 기타 호환 가능한 입력 디바이스
- RS-232 통신 포트
- 10/100 베이스 이더넷

4.2 유비쿼터스 센서 네트워크 응용 시스템의 소프트웨어 설치

USN 응용 시스템의 소프트웨어 환경구축을 하기 위하여 ED-ZigNet1 서버 프로그램을 설치하고 ED-ZigNet1 클라이언트 프로그램을 설치한다. 그리고 USN 응용 시스템의 컴파일을 위하여 AVR Studio와 WinAVR을 설치하고 난 후 TinyOS 패키지를 설치한다. TinyOS는 윈도우용으로 하나의 설치 파일 패키지로 되어 있으며, 이 설치 패키지는 Cygwin, TinyOS, JDK 1.4 & JavaCOMM 패키지, GraphViz 등이 포함되어 있다.

1) USN 응용 시스템의 소프트웨어 환경구축

ED-3160은 PC와 연결하여 PC상에서 제어와 계측을 하는 장비이므로 사용하기 위해서는 해당하는 소프트웨어를 사용하고자 하는 PC에 설치해야 한다.

ED-3160을 운용하기 위해서는 다음과 같은 사양의 PC가 권장된다.

(1) PC 기본사양

- Microsoft Windows 2000, Windows NT 4.0, Windows XP
- 펜티엄 Ⅲ 500MHz 이상
- 하드디스크에 빈 공간이 100MB 이상
- RAM 256MB
- CD-ROM 드라이브
- 마우스나 기타 호환 가능한 입력 디바이스
- 시리얼 포트가 있는 PC
- 10/100 베이스 이더넷 포트

(2) 사용시 주의사항

프로그램의 안정적인 인스톨을 위하여 실행 중인 다른 응용 프로그램들은 종료하고, 설치 프로그램 CD를 PC의 CD-ROM 드라이브에 넣는다.

2) USN 응용 시스템의 ED-ZigNet 프로그램 설정

USN 응용 시스템을 구현하기 위하여 ED-ZigNet의 응용 프로그램은 ED-ZigNet1 서버와 ED-ZigNet1 클라이언트로 구별된다.

(1) ED-ZigNet1 서버 프로그램 설정

우선 ED-ZigNet1 서버 프로그램의 설치방법은 다음과 같다.

① 제공된 CD의 ED-ZigNet1/실행 프로그램 폴더의 서버 폴더에서 'ServerSetup.exe'을 클릭한다.

② 초기 셋업 화면이 뜨면 '다음'을 클릭하여 설치를 시작한다.

③ 설치경로를 설정해주는 창이 뜨면 '설치시작'을 클릭하여 진행을 계속한다. (이때 설치경로를 변경하지 않고 기본으로 설정된 경로로 설치한다.)

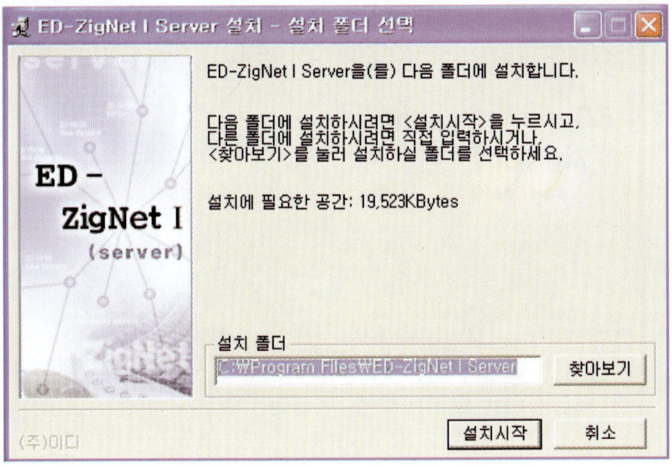

(여기서 설치경로를 변경하면 아래와 같은 메시지가 출력된다.)

④ 설치를 시작하면 설치상태 바가 설치 진행 상태를 나타낸다.

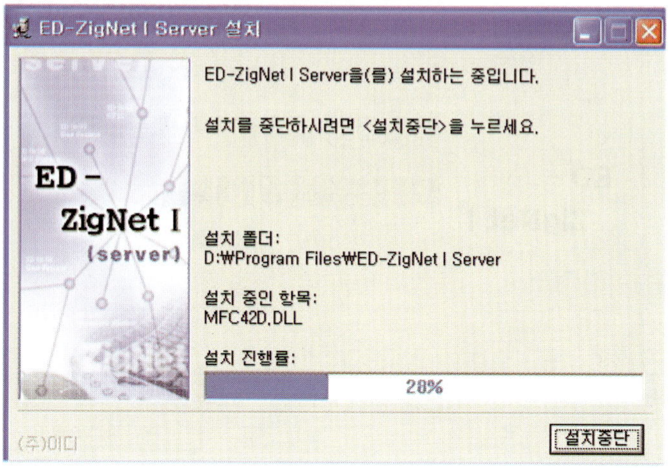

⑤ 성공적으로 설치했음을 알리는 메시지가 나오면 확인을 클릭하여 설치를 완료한다.

(2) ED-ZigNet1 클라이언트 프로그램 설정

ED-ZigNet1 클라이언트 설치과정은 다음과 같다.

ED-ZigNet1 클라이언트의 설치는 ED-ZigNet1 서버의 설치와 동일한 방법으로 설치한다.

① 제공된 CD의 ED-ZigNet1 프로그램 폴더/실행/클라이언트 폴더에서 'ClientSetup.exe'을 클릭한다.

② 초기 셋업 화면이 뜨면 'Next'를 클릭하여 설치를 시작한다.

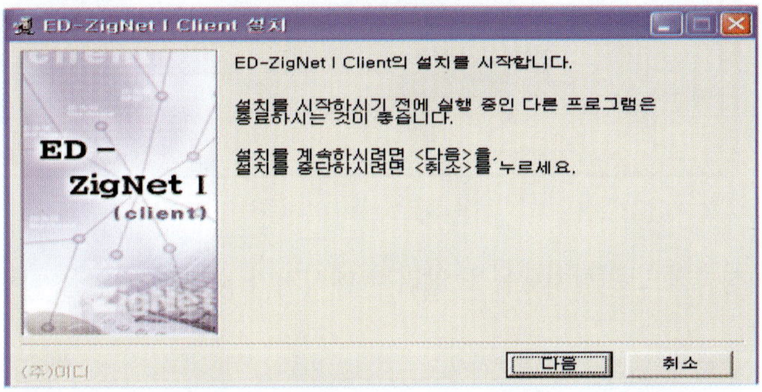

③ 설치 경로를 설정해 주는 창이 뜨면 '설치시작'을 클릭하면 진행을 계속한다. (이때 설치경로를 변경하지 않고 기본으로 설정된 경로로 설치한다.)

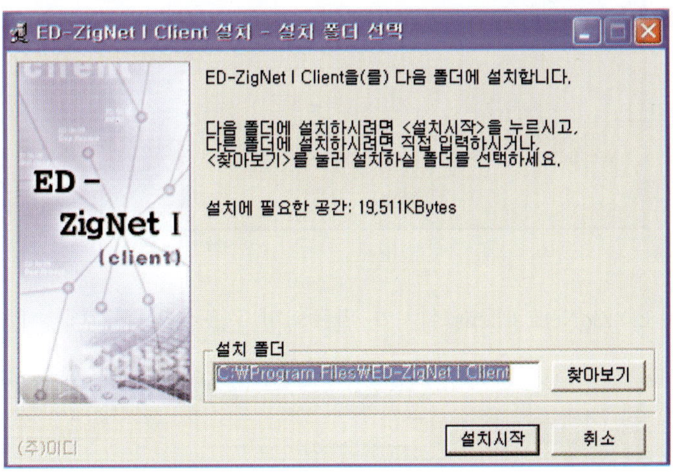

제4장

④ ED-ZigNet1 Client 설치를 시작하면 설치상태 바가 설치 진행 상태를 보여준다.

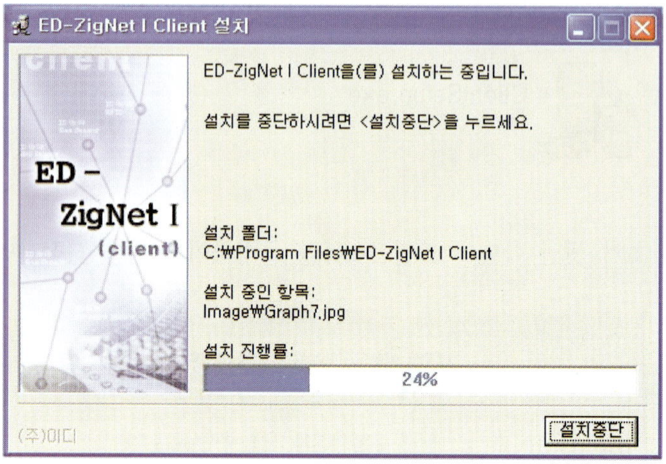

⑤ 성공적으로 설치했음을 알리는 메시지가 나오면 확인을 클릭하여 설치를 완료한다.

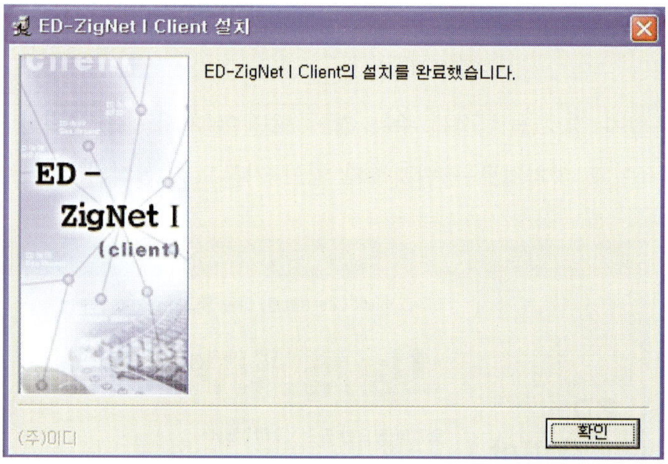

⑥ ED-ZigNet1 Client 설치가 완료되면 윈도우의 시작메뉴에 표시된다.

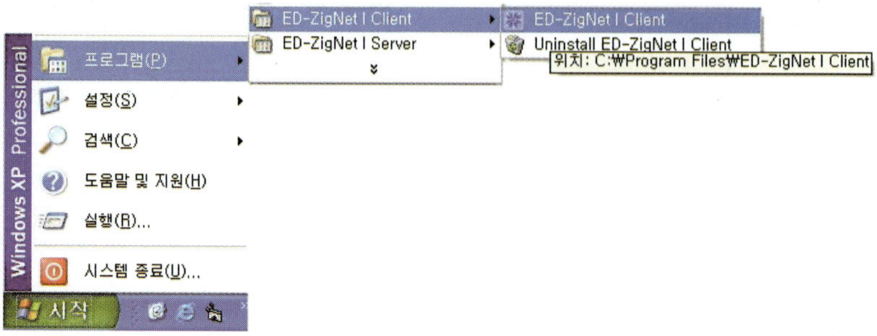

3) USN 응용 시스템의 컴파일러

(1) AVR Studio의 설치

Atmel사의 AVR 마이크로컨트롤러는 성능이 뛰어나고 사용이 편리한 ISP 기능을 가지고 있고, 개발에 필요한 개발 툴을 대부분 무료로 사용할 수 있다.

ED-3160 USN 응용 시스템에 사용된 모든 프로그램은 이 AVR Studio를 이용하여 만들어 졌고 수정 및 편집이 가능하다.

그리고 AVR Studio 4.12버전부터는 별도의 IDE(Integrated Development Environment) 없이 사용 가능하고 별도의 다운로드 프로그램을 사용하지 않고 프로그램을 다운로드할 수 있다.

AVR Studio의 최신버전은 아래 Web사이트에서 다운로드를 받을 수 있다.

① 상기 Web 또는 제공된 CD에서 다운받은 'aStudio4b460.exe'를 클릭하여 설치한다.
http://www.atmel.com/dyn/resources/prod_documents/aStudio4b460.exe

② 'Next'를 클릭하여 AVR Studio 프로그램을 설치한다.

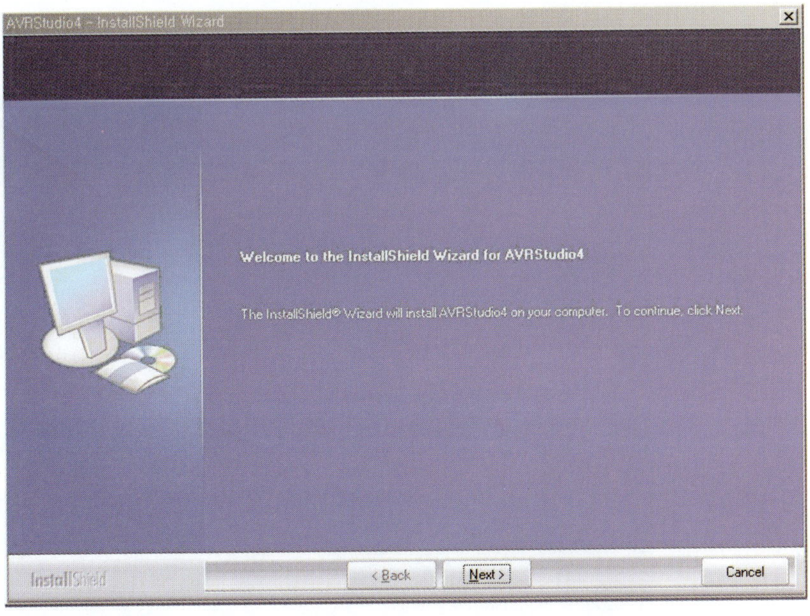

③ 'Next'를 클릭하여 사용자 설치에 대한 동의를 한다.

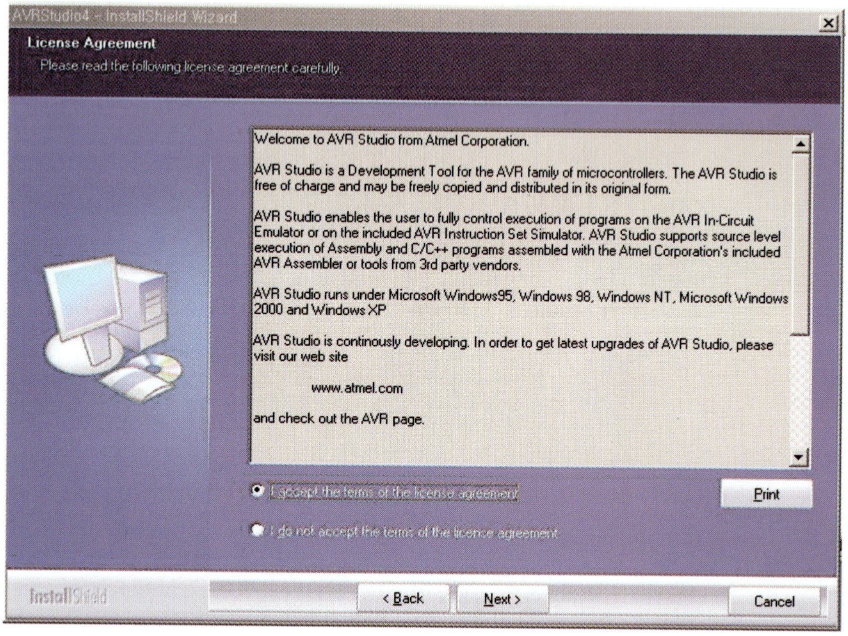

④ AVR Studio가 설치될 폴더를 선택한다.

기본폴더는 C:₩Program Files₩Atmel₩AVR Tools이다.

만약 이 폴더를 바꾸고자 한다면 'Change'를 클릭하여 설정해주어도 된다.

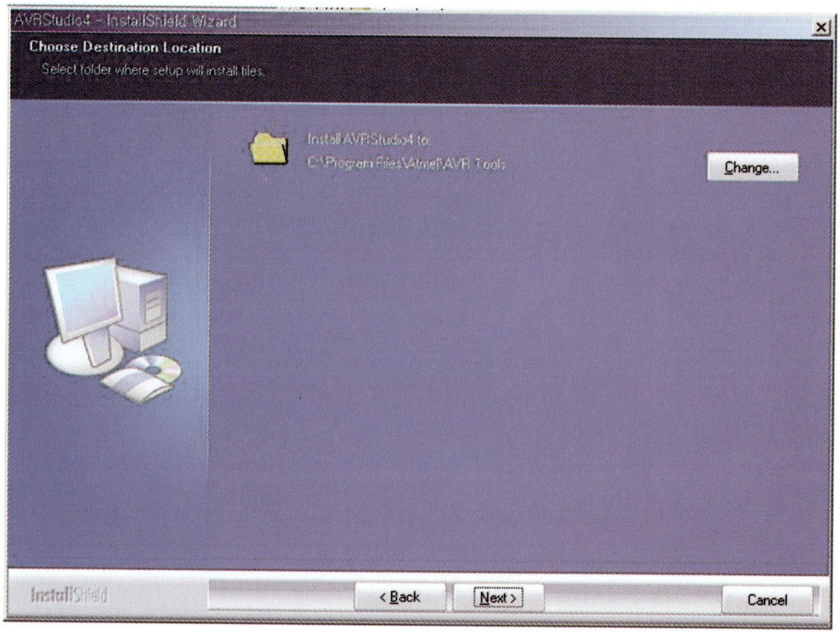

⑤ JTAG MK II 등 USB를 이용한 다운로드 및 디버그를 위해서 USB 드라이버를 선택한다.

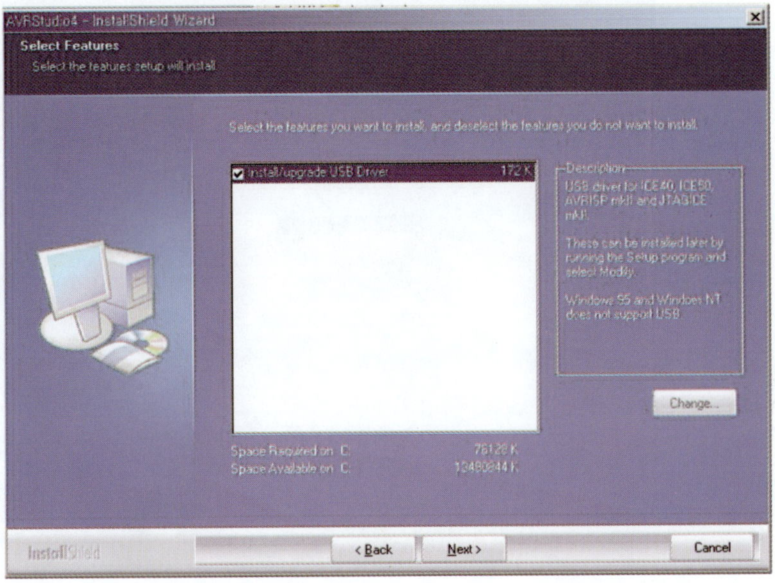

⑥ AVR Studio의 옵션 설정을 완료한다.

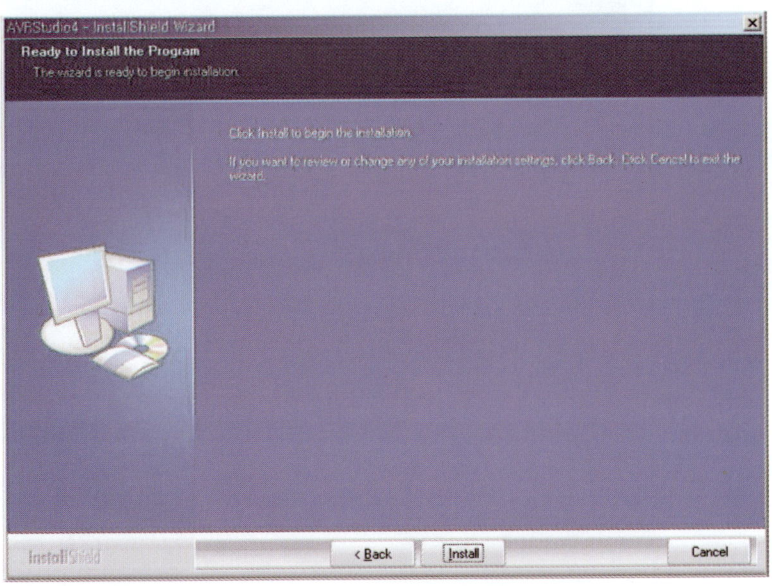

⑦ AVR Studio 설치를 위한 파일 복사가 끝나면 설치가 완료된다.

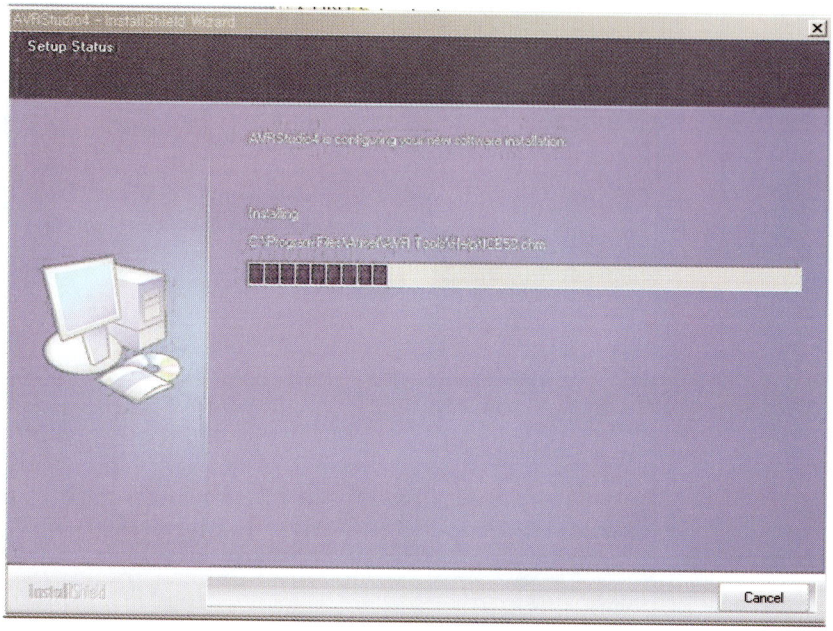

⑧ 이로써 AVR Studio의 설치가 완료되었다.

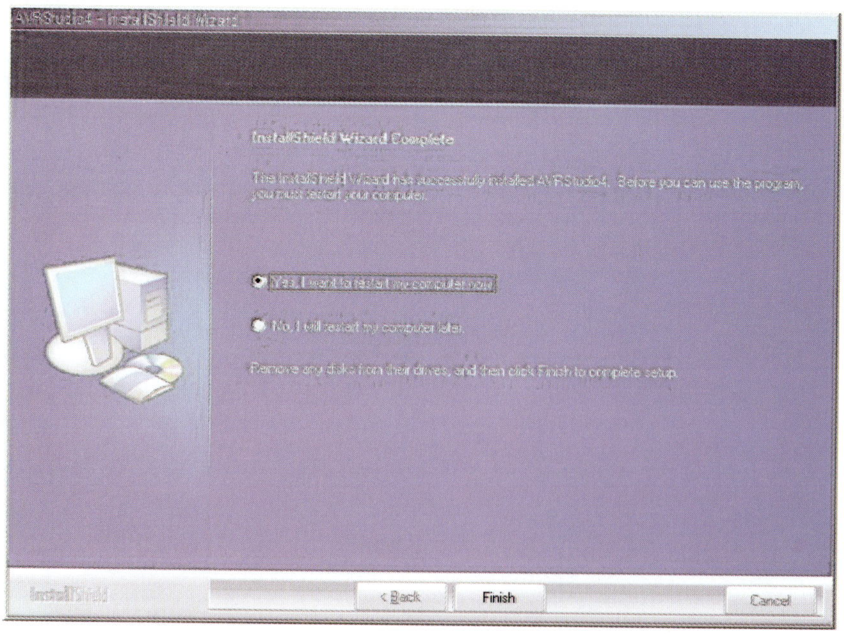

⑨ AVR Studio의 설치가 완료되면 프로그램을 클릭하여 AVR Studio 4를 확인한다.

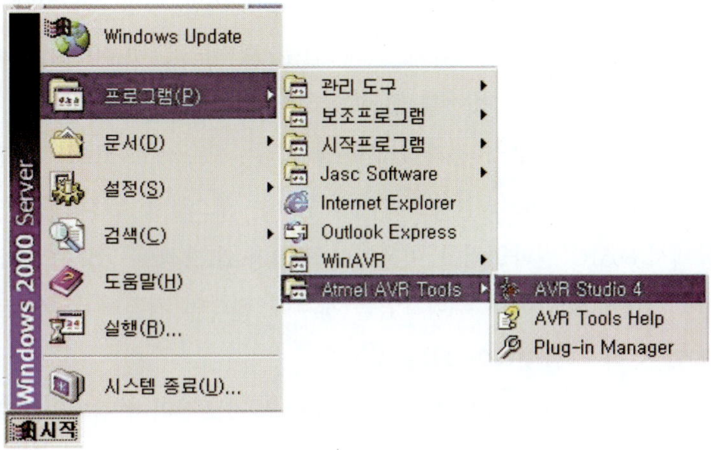

(2) WinAVR의 설치

GCC는 FSF(Free Software Fundation : 자유 소프트웨어 재단)에서 추진 중인 GNU(GNU is Not Unix) 프로젝트의 일환으로 개발된 공개 C언어 컴파일러이다. 공개임에도 불구하고 GCC는 매우 뛰어난 성능과 안정성을 갖추고 있으며, 전세계의 해커들에 의해서 보완 발전되고 있다.

이런 이유로 GCC는 매우 다양한 유닉스 시스템에 이식되어 있으며, 특히 리눅스 시스템의 경우 기본적으로 GCC를 시스템용 C컴파일러로 채택하고 있다.

GCC의 여러 가지 특징들 가운데 하나는 이식성(portability)이다. 이는 본래의 GNU 프로젝트가 여러 유닉스 시스템 지원을 목표로 삼고 있으며, GCC 역시 그러한 플랫폼을 지원하는 C컴파일러이다(실제로 지금까지 나온 거의 모든 CPU를 지원한다). 이러한 특징으로 GCC는 여러 플랫폼에 대하여 거의 동일한 개발환경(development environment)과 소스 코드 호환성(source code compatibility)을 제공한다.

개발자에게 있어서 개발환경은 매우 중요하다. 특히 CPU가 바뀜에 따라서 변화하는 개발환경은 개발자에게 매우 긴 적응시간을 소비하게 만든다.

GCC의 경우 플랫폼에 상관없이 대부분의 컴파일러 옵션을 이용할 수 있다. 그리고 소스 코드 호환성 역시 중요한데, 예를 들면 x86계열의 시스템에서나 PowerPC 또는 SPARC 계열의 시스템에서 약간의 소스 코드 수정만으로도 호환되는 프로그램 개발이 가능하다는 것을 의미한다.

이 역시 개발자가 다른 플랫폼을 지원하기 위해 소스 코드를 재작성하는 시간을 줄여주기 때문에 매우 중요한 점이다. 이외에 더 많은 뛰어난 특징들이 있다.

크로스 컴파일러를 이해하기 전에 먼저 호스트 플랫폼(host platform)과 타깃 플랫폼(target platform)이라는 용어를 먼저 이해해야 한다.

타깃 플랫폼은 크로스 컴파일러가 생성되는 오브젝트 코드가 실제로 수행되는 시스템, 호스트 플랫폼은 크로스 컴파일러를 수행하는 시스템을 일컫는다. 예를 들면 펜티엄 컴퓨터 상에서 8051C 컴파일러를 이용하여 8051용 오브젝트 코드를 생성하고 그 결과 코드를 ROM에 담아서 8051에서 수행하였을 경우에 펜티엄 컴퓨터는 호스트 플랫폼이 되는 것이고, 8051은 타깃 플랫폼이 되는 것이다.

여기에서 크로스(corss ; 교차, 즉 플랫폼을 가로질러서 컴파일하다)라는 말이 생긴 것이다. 따라서 호스트 플랫폼과 타깃 플랫폼이 같은 경우에는 크로스라는 말을 붙이지 않는다. 이 경우의 대표적인 예는 x86호환 컴퓨터에서 Boland C컴파일러를 이용해서 386EX(x86과 호환되는 임베디드용 프로세서)용 오브젝트 코드를 생성하는 경우이다.

앞에서 말했듯이 GCC는 뛰어난 이식성을 가지고 있다. 이러한 특징을 가능하게 하기 위해서는 GCC는 플랫폼에 의존적인 부분과 플랫폼에 비의존적인 부분으로 모듈화되어 있으며, 각 모듈은 서로 특정한 규칙으로 인터페이스되어 있다.

따라서 플랫폼에 의존적인 부분만 수정하고, 다른 모듈과 인터페이스를 맞추어 주면 새로운 플랫폼을 지원하는 GCC를 제작할 수가 있다. 사실 AVR-GCC도 그런 방식으로 만들어졌다.

GCC가 크로스 컴파일러로서 동작하기 위해서는 몇 개의 도움이 더 필요하다.

GCC는 단지 C언어를 어셈블러로 변환하는 기능을 갖는다. 따라서 변환된 어셈블러를 오브젝트 코드로 변환시켜주는 어셈블러(assembler), 그리고 여러 개의 오브젝트 코드를 하나의 오브젝트 코드로 병합하는 링커(linker)가 필요하다.

호스트 플랫폼과 타깃 플랫폼이 같은 경우에는 어셈블러와 링커를 따로 제작할 필요없이 호스트 플랫폼을 이용하면 되지만 크로스 컴파일러의 경우 변환된 어셈블러를 타깃용 오브젝트 코드로 만들어줄 어셈블러와 링커가 필요하다.

GNU 프로젝트에도 어셈블러와 링커가 포함되어 있다. 그러나 그것들은 크로스 플랫폼용으로 이용되지 않았다. 적어도 Cygnus사의 크로스 플랫폼용 솔루션을 개발하고 상품화하는 과정에서 GNU 툴인 gas(GNU assembler), ld(linker) 등을 크로스 플랫폼용으로 이식하였다. 이렇게 해서 나온 것이 Binutils이다.

CD의 'WinAVR-20050214-install.exe'를 클릭하면 다음과 같은 언어선택 화면이 나타난다.

① 언어를 선택하고 '다음'을 클릭한다.

② WinAVR의 설치를 시작한다.

GCC를 기반으로 한 컴파일러라는 내용이 들어 있다.

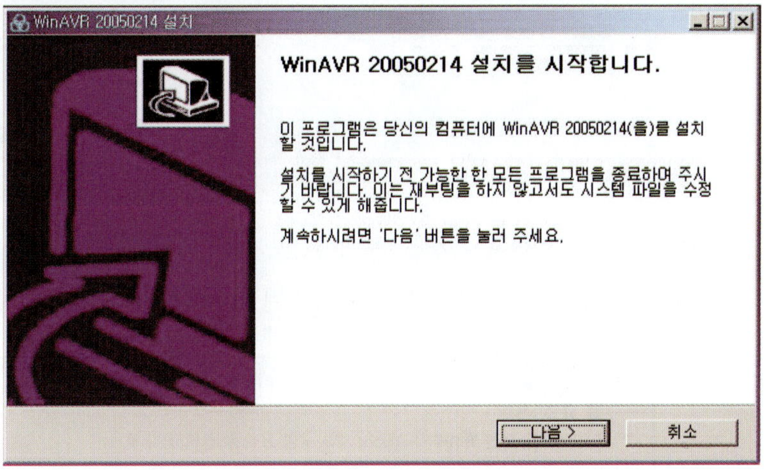

③ WinAVR를 설치하기 위해 내용을 '동의함'을 클릭한다.

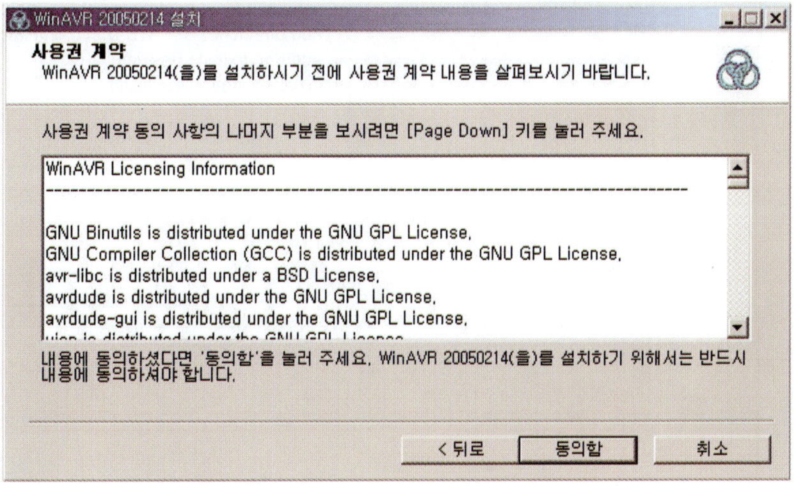

④ WinAVR의 설치위치를 선택한다.

설치 폴더의 경로를 확인하고 난후 '다음'을 클릭한다.

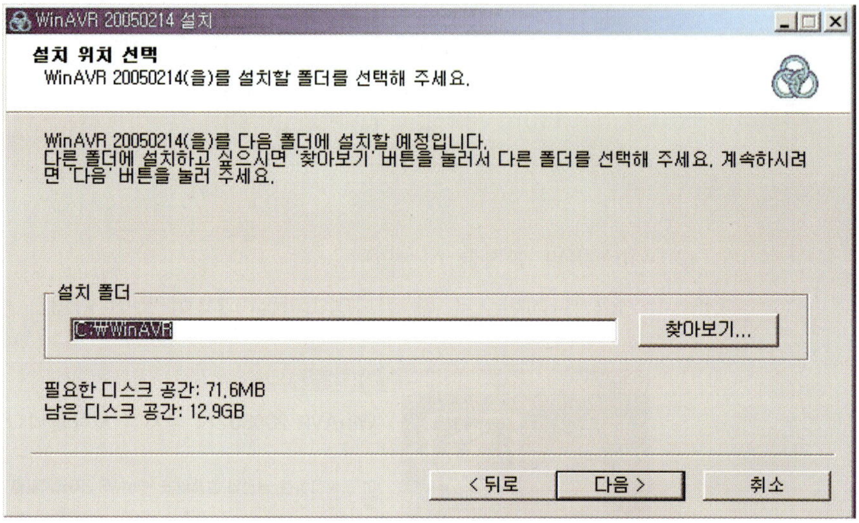

⑤ WinAVR의 설치 옵션을 선택한다.

GCC-AVR은 유닉스 기반으로 개발된 언어이므로 여러 가지 옵션을 사용할 수 있다.

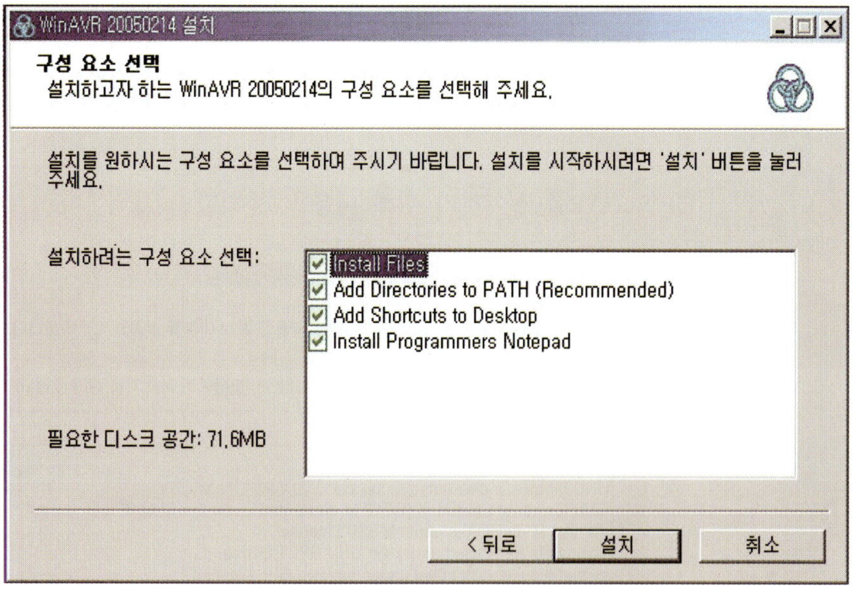

⑥ 설치를 시작하면 설치 상태바가 진행 상태를 보여준다.

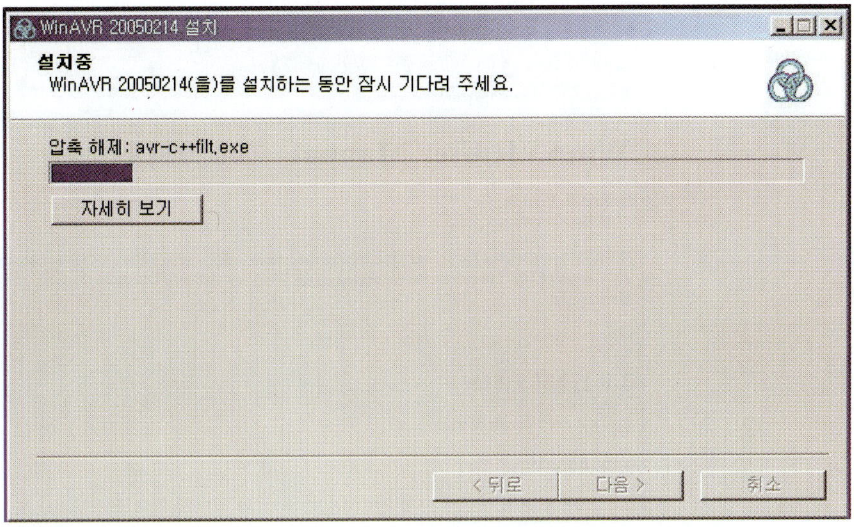

⑦ 파일의 복사가 완료되면 '마침'을 클릭하면 설치가 끝난다.

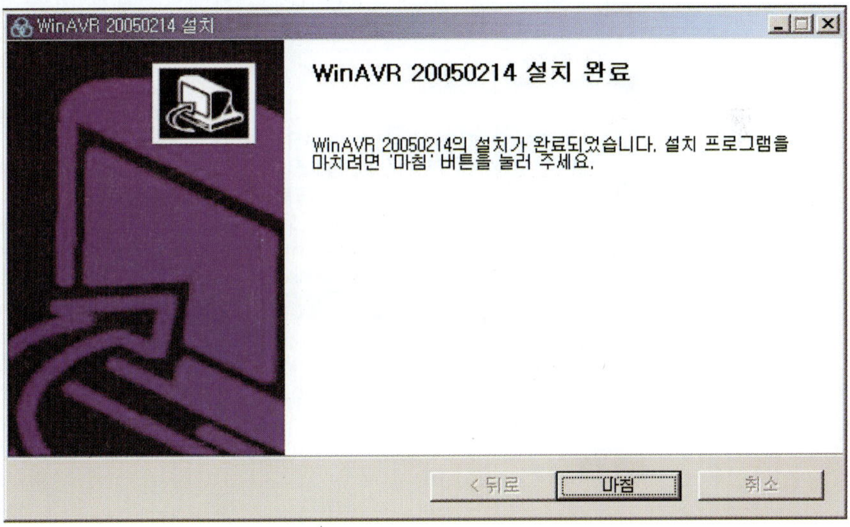

⑧ 설치가 완료되면 WinAVR의 Release Note가 표시된다.

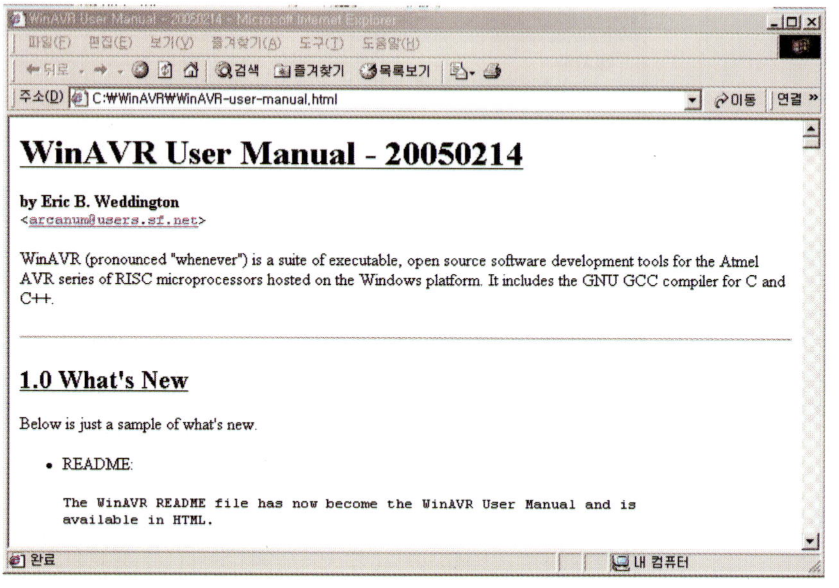

⑨ 설치가 완료되면 윈도우 프로그램 시작메뉴에서 설치를 확인할 수 있다.

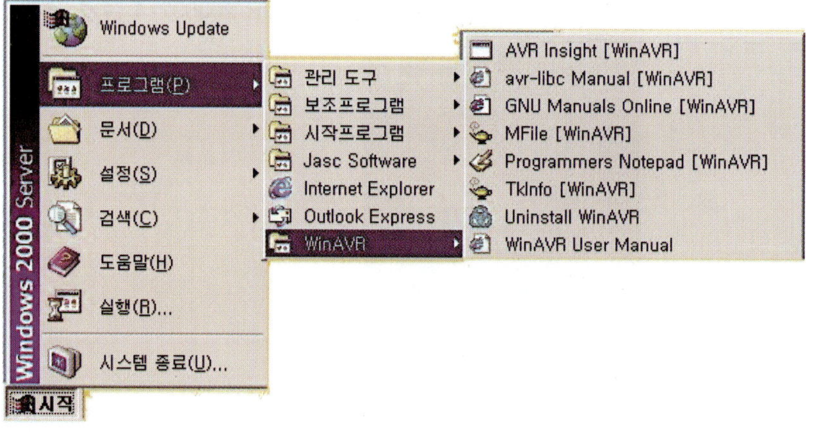

4) TinyOS의 설치

TinyOS는 유비쿼터스 센서 네트워크를 위해 고안된 공개 소스 운영체제이다. 센서 네트워크에서 요구되는 제한된 메모리에 맞게 코드 크기를 최소화하여 구현되었고, 빠르게 신기술을 도입할 수 있는 컴포넌트 기반구조로 되어 있다는 것과 이벤트-구동 실행모델이라는 것이 특징이다. TinyOS는 nesC 프로그래밍 언어로 구성되어 있다.

설치에 앞서 TinyOS 설치 프로그램을 다운받는다. TinyOS는 윈도우용으로 하나의 설치 파일로 되어 있으며, 설치 패키지는 Cygwin, TinyOS, JDK 1.4 & JavaCOMM 패키지, GraphViz 등이 포함되어 있다.

제공된 CD의 TinyOS 폴더에 하나의 설치 프로그램으로 모든 설치를 끝낼 수 있다.

TinyOS 또한 Xbow사에서 무료로 배포한다.

(1) Web 사이트에서 TinyOS 다운

http://www.tinyos.net/dist-1.1.0/tinyos/windows/ 주소로 들어가면 다음과 같은 화면이 나온다.

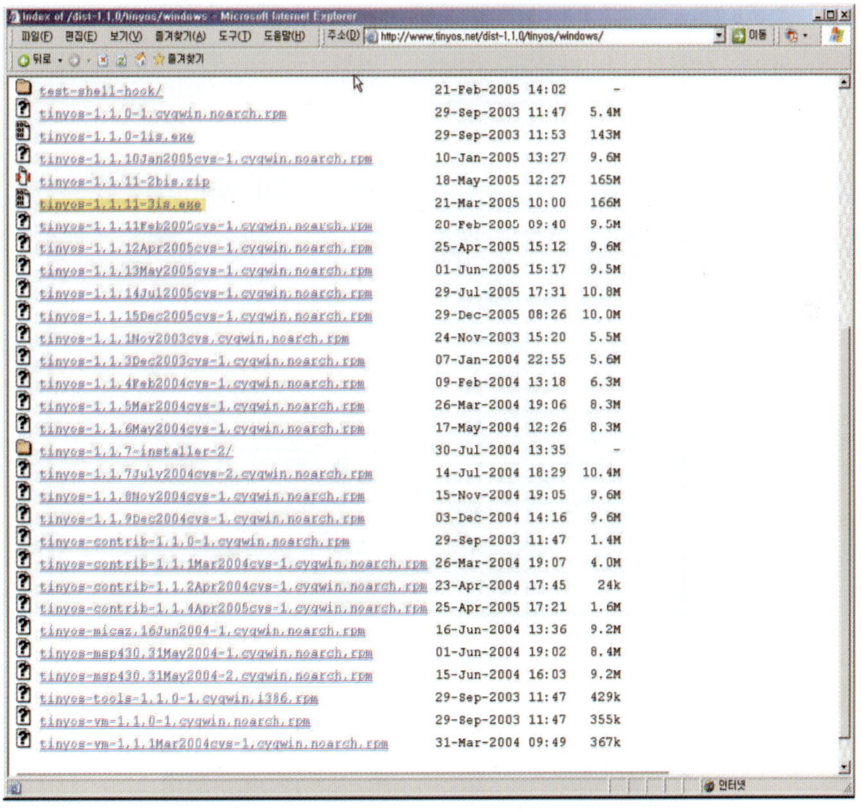

여기에서 'tinyos-1.1.11-3is.exe'(노란색으로 칠해진 부분)를 다운받는다.

다운이 끝나면 다운받은 폴더에 다음과 같은 파일이 생성된다.

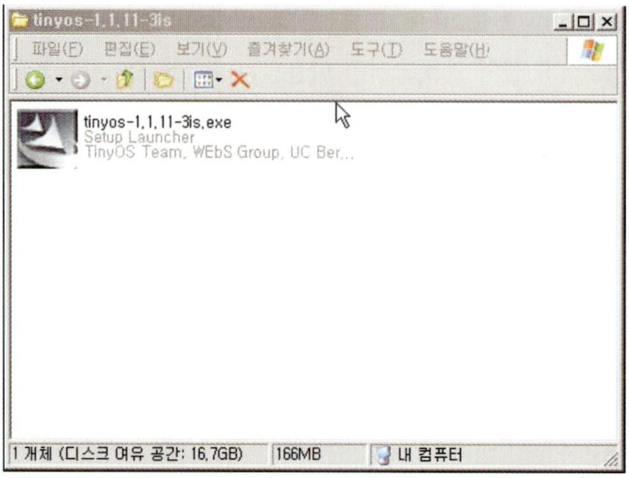

위 TinyOS 파일(tinyos-1.1.11-3is.exe)을 더블 클릭하면 TinyOS 1.1.11 버전을 자동 설치한다. 설치과정은 다음과 같다.

① 파일을 실행할 것인지 묻는 창이 뜨고, '실행'을 클릭한다.

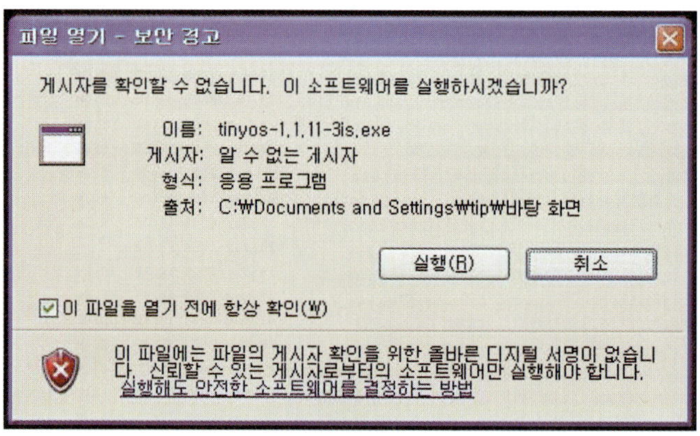

② 설치준비 과정이 시작된다.

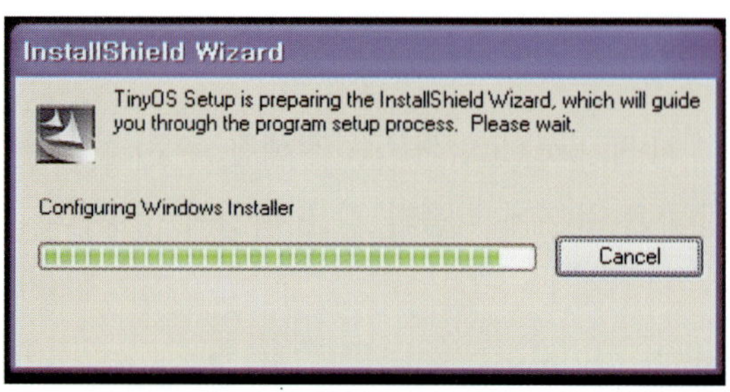

③ 준비과정이 끝나면 원하는 setup의 type 선택과 설치할 폴더를 지정해 준다. 기본적으로 complete type과 C:Program Files UCB로 정해져 있다. 선택하였다면 'Next'를 클릭한다(이 책에서는 complete type을 선택하고 폴더는 C:₩tinyos를 선택하였다).

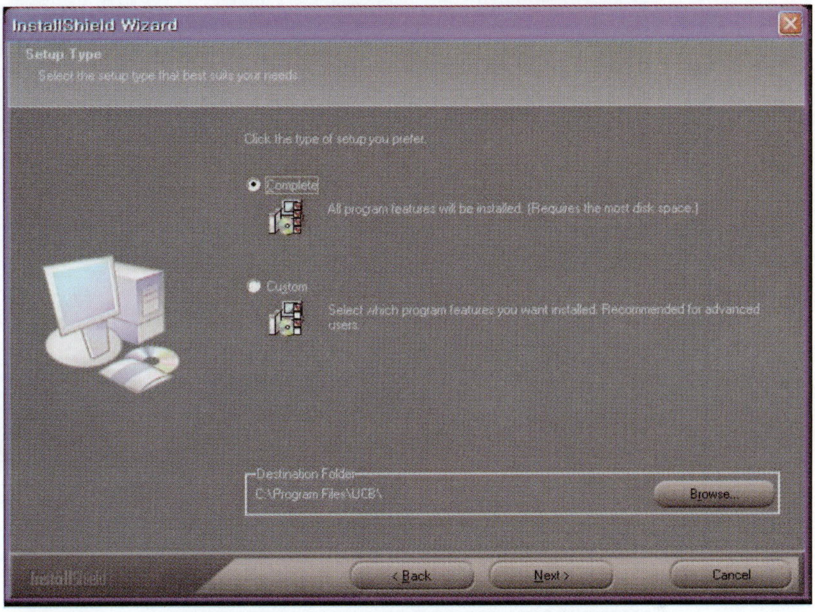

④ Java License에 대한 동의를 묻는다. 'Yes'를 클릭한다.

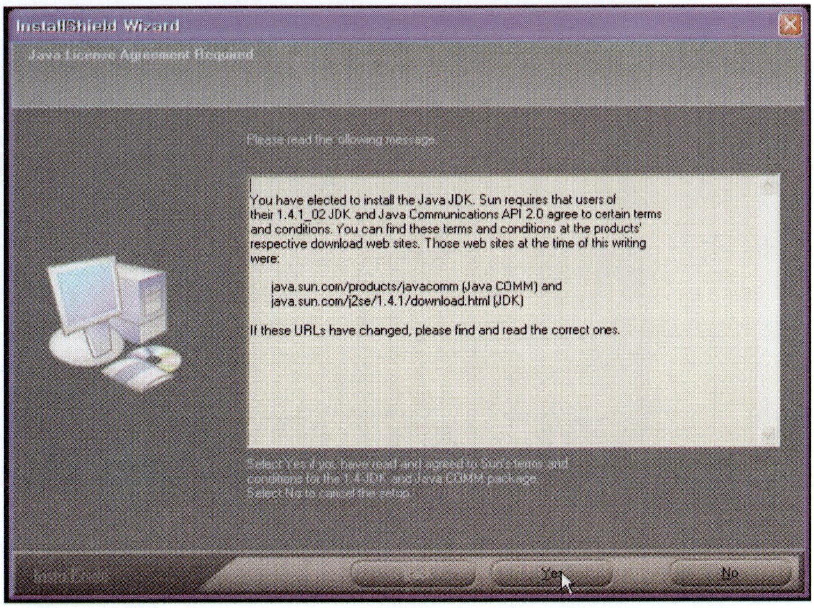

⑤ 현재 설정을 나타낸다. 설정이 맞는다면, 'Next'를 클릭한다.

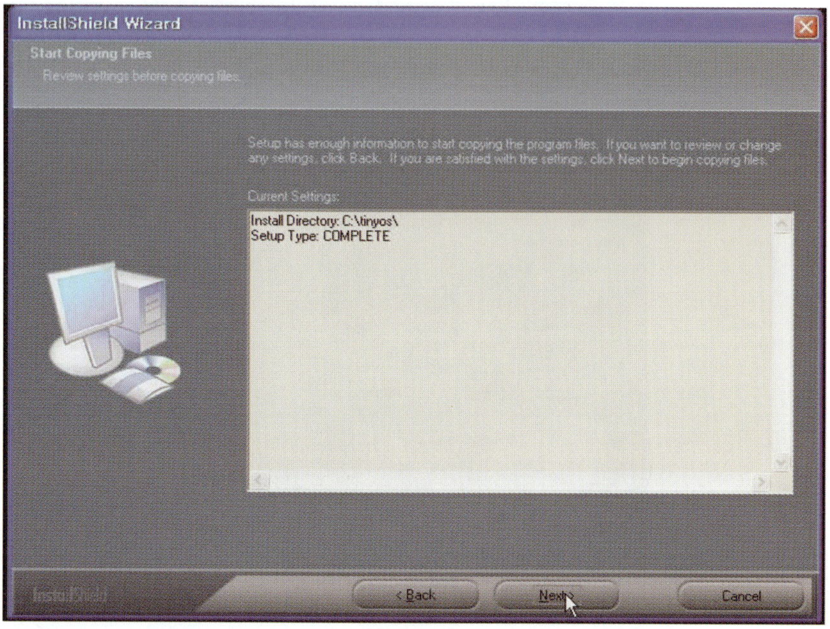

⑥ 설치가 시작된다.

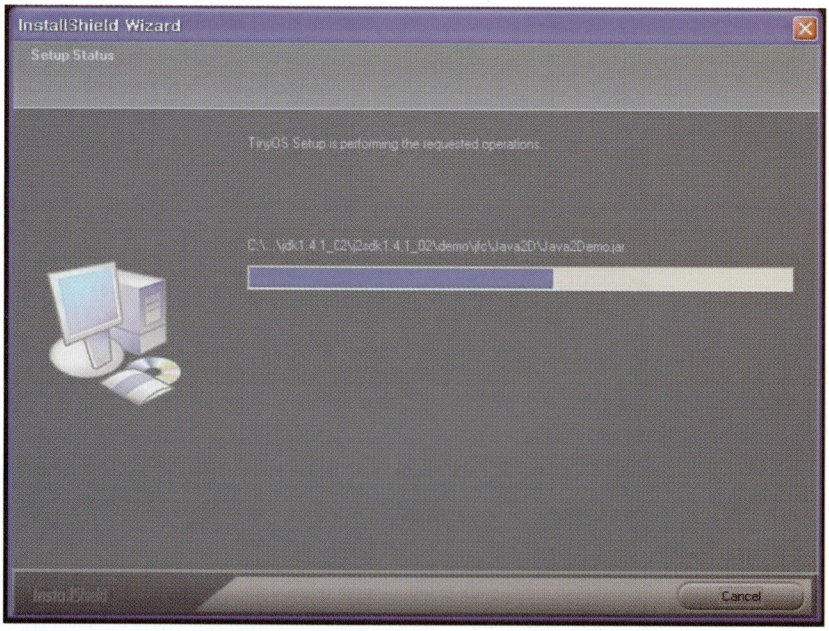

⑦ 설치에 필요한 파일들의 복사가 끝나면 아래와 같은 화면이 나온다. Cygwin 설치를 위해 'Continue'를 클릭한다.

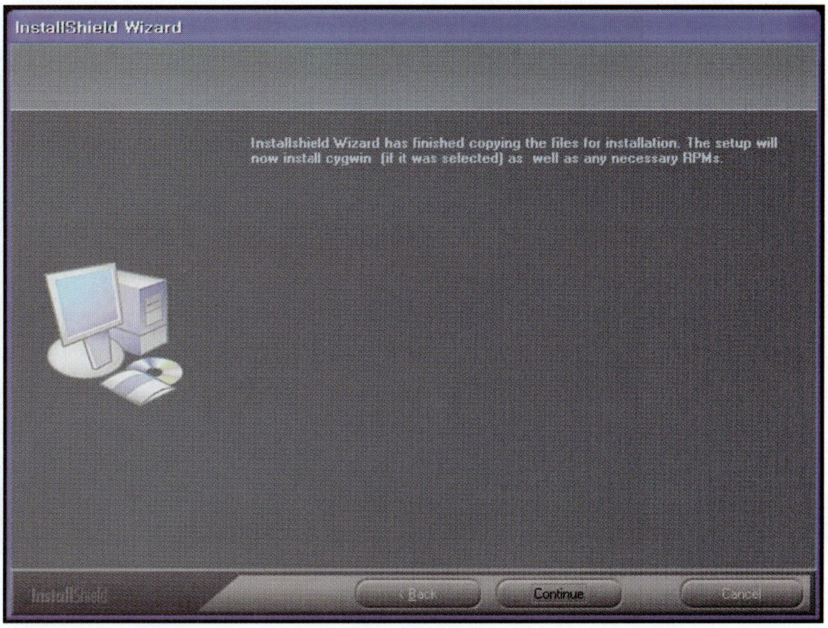

⑧ Cygwin이 설치된다.

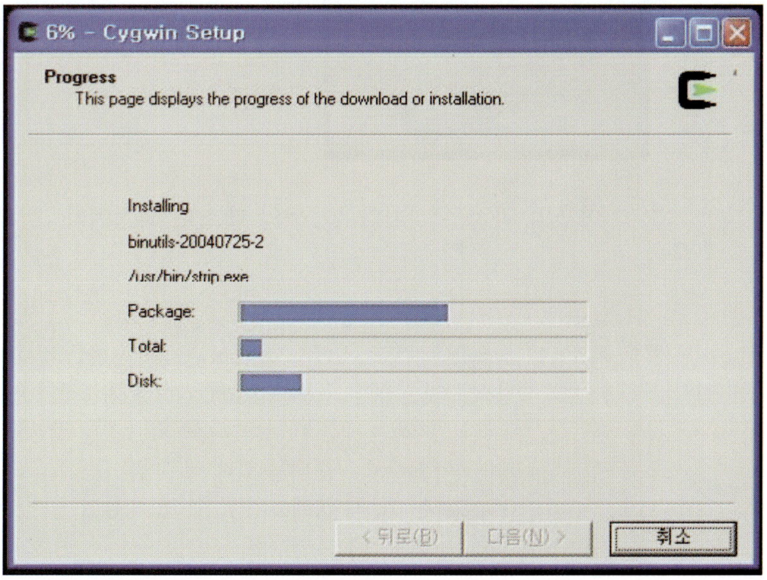

윈도우상에 설치가 끝나면 Cygwin 아이콘이 생기고, Cygwin 내부 설치가 계속된다(여기에서 TinyOS, JDK 1.4 & JavaCOMM 패키지, GraphViz 등이 설치된다).

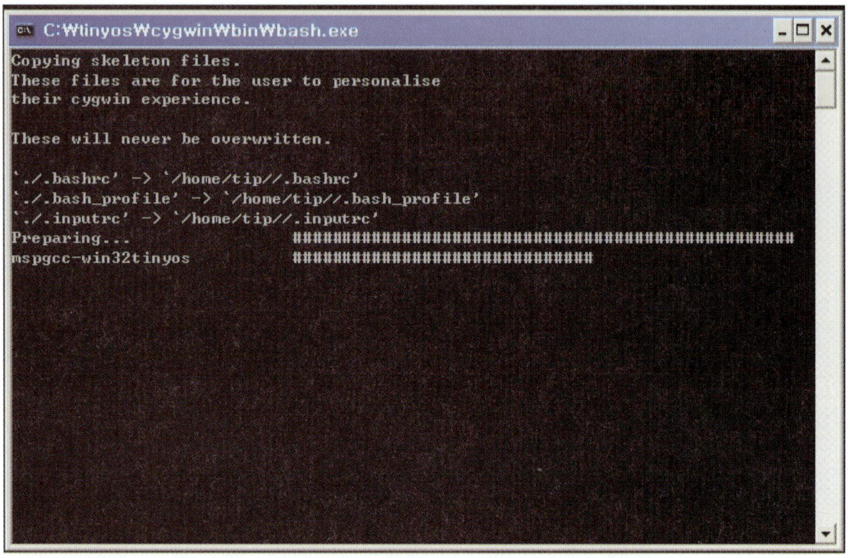

⑨ 다음과 같은 창이 뜨면서 설치가 끝났다. '확인'을 클릭한다.

⑩번 이후의 과정은 설치가 된 후의 테스트 과정이다. 필요하면 참조한다.

참고

1. Cygwin은 윈도우상에서 리눅스 환경을 구현한 것이다.
   자세한 것은 http://www.cygwin.com/를 참조하기 바란다.
2. Java가 설치되는 것은 TinyOS가 구동되는 것을 확인하기 위한 PC쪽의 애플리케이션이 Java로 구현되어 있기 때문이다.
3. GraphViz는 TinyOS상에서 도큐멘트를 만들어 줄 때 사용된다.

⑩ 바탕화면에 생긴 Cygwin 아이콘을 더블클릭해서 실행하면 다음과 같은 창이 뜬다. 이것이 Cygwin이 실행된 창이다.

⑪ 현재의 디렉토리에서 ls 명령을 사용하면 설치된 rpm에 대한 log 파일들이 나온다.

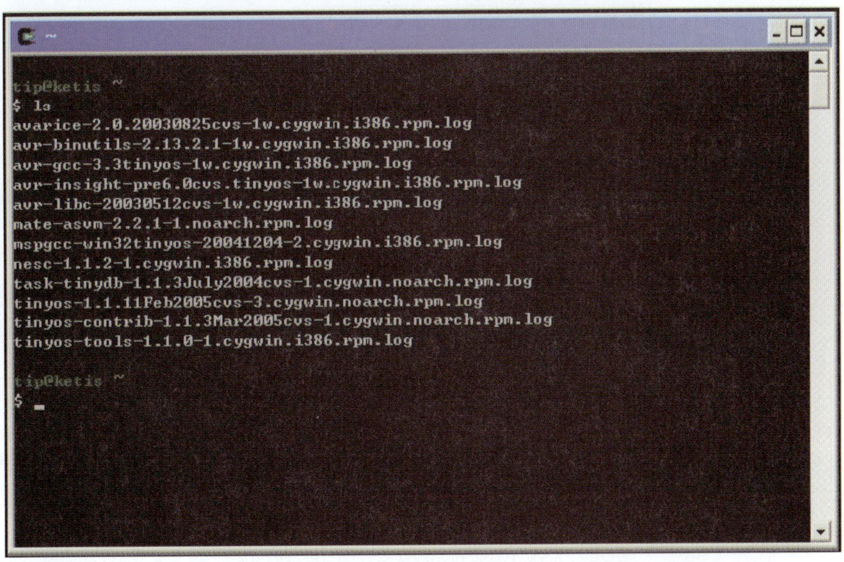

제 4 장

⑫ TinyOS의 apps 디렉토리로 들어가 보자. 위치는 opt/tinyos-1.x/apps이다.

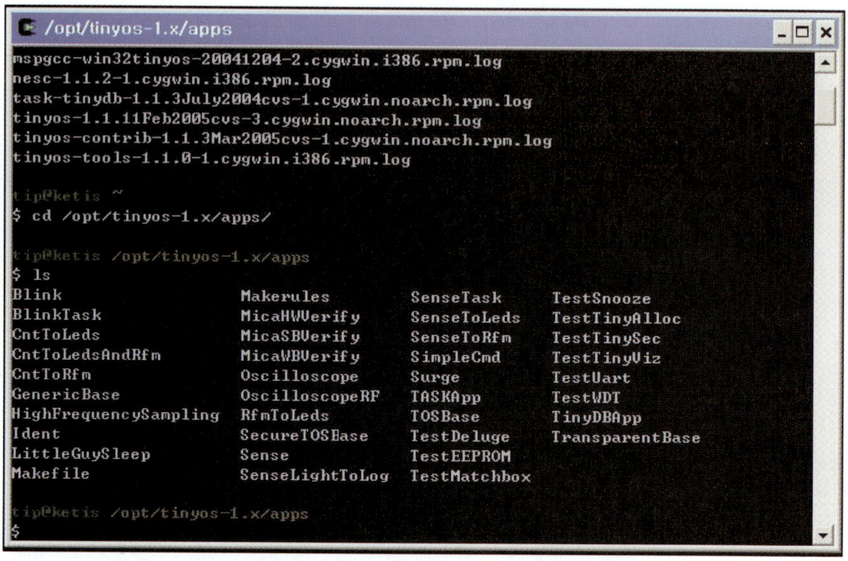

⑬ Blink 디렉토리로 들어가서 Blink 애플리케이션을 컴파일해 보았다.

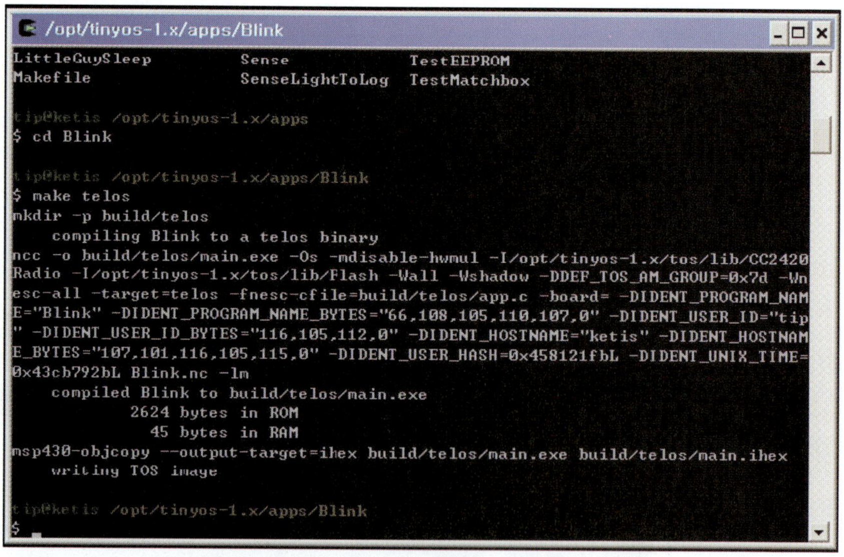

위와 같이 나옴으로써 설치가 제대로 된 것을 간단히 확인할 수 있다.

4.3 유비쿼터스 센서 네트워크 응용 시스템의 포팅 및 확인

TinyOS는 유비쿼터스 센서 네트워크용 OS로서 대부분 USN 장비업체에서 사용하고 있다. 그렇지만 아직 USN의 표준으로 확정 및 정립되지는 않은 상태이다. TinyOS를 포팅하여 사용한 USN 장비제품들은 〈표 4-5〉와 같다.

〈표 4-5〉 USN 장비제품

Mote Name	출시	Clock	CPU	Flash (Code KB)	RAM (KB)	Radio (kBaud)	Radio Type
WeC	1999	4MHz	Atmel	8	0.5	10	RFM
RENE	2000	4MHz	Atmel	8	0.5	10	RFM
DOT	2001	4MHz	Atmel	16	1	10	RFM
MCA	2002	4MHz	Atmel	128	4	40	RFM
MICA2	2003	7MHz	Atmel	128	4	40	Chip Con
iMote	2003	12MHz	ARM	512	64	460	Zeevo Con
btNode	2003	12MHz	Atmel	128	4	460	Enicsson BT
Telos	2004	20MHz	Motorola	60	4	250	ZigBee
MICAz	2004	7MHz	Atmel	128	4	250	ZigBee

최근 출시된 USN 플랫폼들 중에 ED-3160은 가장 최근에 개발된 Micaz 플랫폼과 동일한 통신방식, 마이크로프로세서, CC2420 chip(ZigBee Chip)과 동일하게 사용하고 센서의 종류와 위치 등은 Micaz와 좀 다르게 구성하였다. 따라서 ED-3160만의 포팅이 필요하다.

ED-3160 포팅 과정은 유비쿼터스 센서 네트워크 플랫폼의 하드웨어 구조와 응용 프로그램을 분석하여 유저 스스로 포팅할 수 있지만 유저의 편리를 위해 일련의 과정들을 생략하고, 제공된 CD의 TinyOS 폴더 전체를 그대로 복사함으로써 ED-3160의 포팅 과정이 완료하게 된다.

다음은 ED-3160의 포팅과정이다.

제공된 CD에서 TinyOS 폴더에 들어가서 tinyos-1.x 폴더 전체를 복사하여 유저의 컴퓨터에 이미 TinyOS가 기본 설정되어 있는 C:Program Files₩UCB에서 tinyos/cygwin/opt에 그대로 복사하면 포팅이 완료된다.

① 제공된 CD의 TinyOS 폴더로 이동한다.

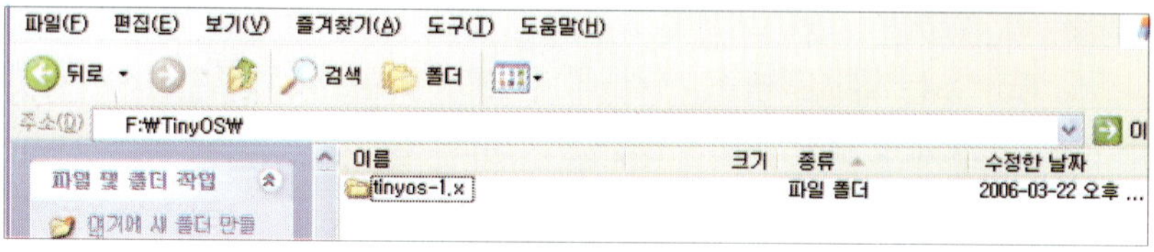

② tinyos-1.x 폴더 전체를 복사한다.

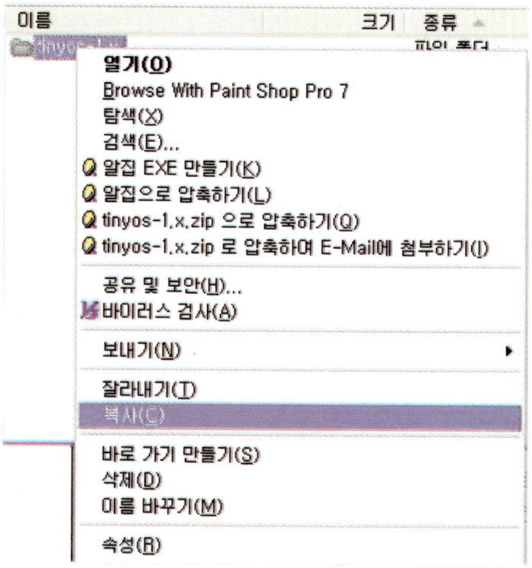

③ 설치된 TinyOS 폴더를 찾아간다.

(기본은 C:Program Files₩UCB로 설정되어 있으나 필자는 D:₩tinyOS에 설치하였다.)

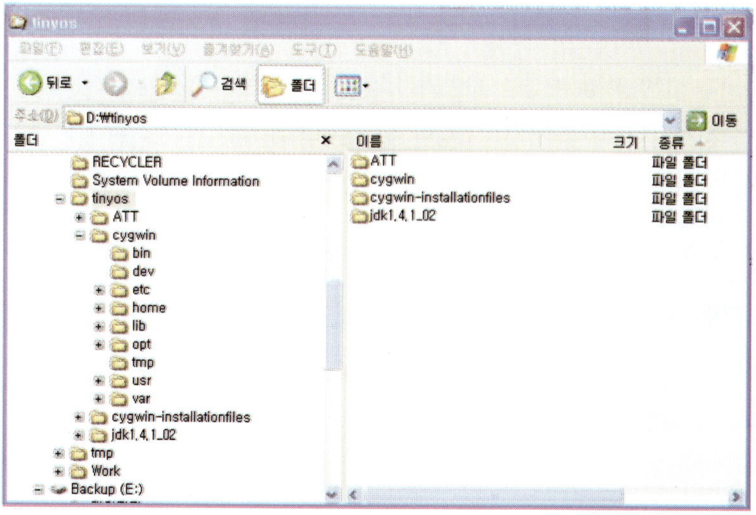

④ tinyos/cygwin/opt 폴더로 이동한다.

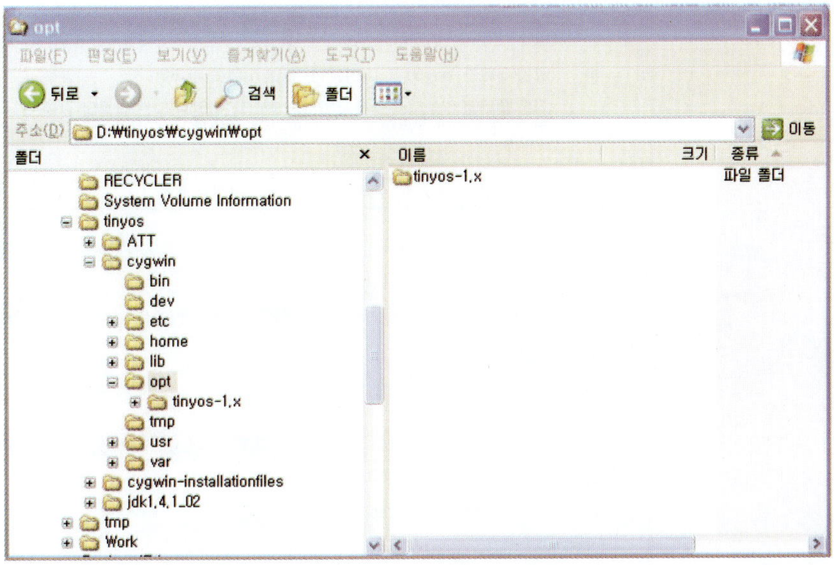

⑤ 복사한 폴더를 '붙여넣기'한다.

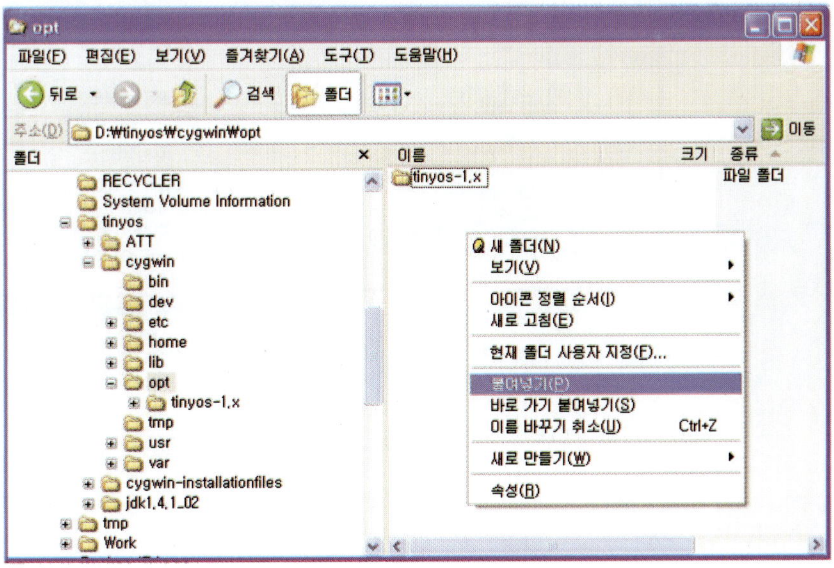

제4장

⑥ 폴더 바꾸기 확인이라는 메시지가 나타나면 '모두 예(A)'를 클릭한다.

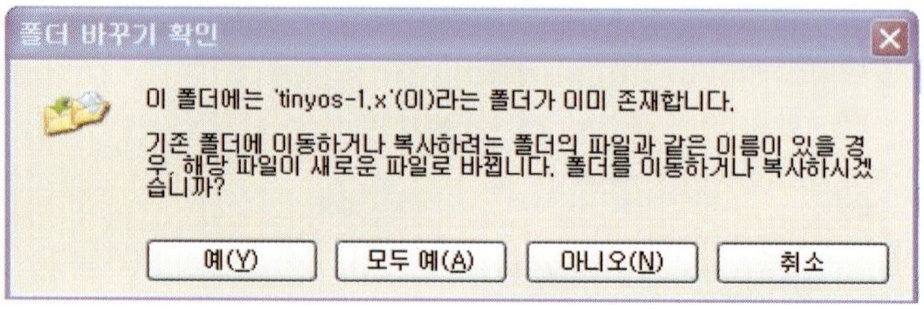

⑦ 만약 원래의 Tinyos-1.x 폴더에 덮어쓰기를 원치 않는다면 ⑤번 과정 전에 tinyos-1.x 의 이름을 바꾸면 된다.

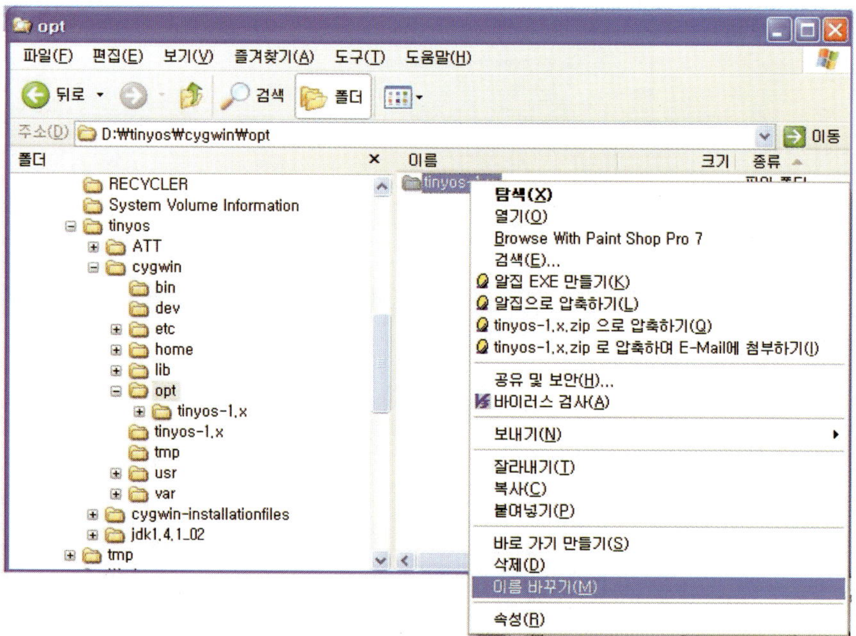

⑧ 파일의 복사가 끝나면 ED-3160의 포팅이 끝난다.

ED-3160의 포팅의 자세한 변경사항은 tinyos-1.x 폴더의 *.h파일과 *.nc 파일 중 //ED-ZigNet라고 remark된 부분을 참조하기 바란다.

1) ED-ZigNet 모니터 프로그램 사용법

ED-ZigNet 모니터 프로그램은 Mote로부터 받은 데이터를 PC상에 디스플레이하는 역할을 한다. 그 중 클라이언트 프로그램은 ED-ZigNet와 직접 연결하여 데이터를 디스플레이하고 서버 프로그램은 각 클라이언트들로부터 데이터를 수집하고 각 클라이언트로 명령을 하달할 수 있다. 따라서 인터넷이 연결된 어느 곳에서도 ED-ZigNet을 연결하여 센서를 모니터하고 센서 명령을 내릴 수 있다.

(1) ED-ZigNet1 클라이언트 프로그램 사용법

ED-ZigNet 모니터 프로그램은 Mote로부터 받은 데이터를 PC상에 디스플레이하는 역할을 한다. 설치가 완료된 ED-ZigNet1 클라이언트 프로그램은 다음과 같이 구성되어 있다. 아주 단순하면서도 강력한 기능을 지원한다.

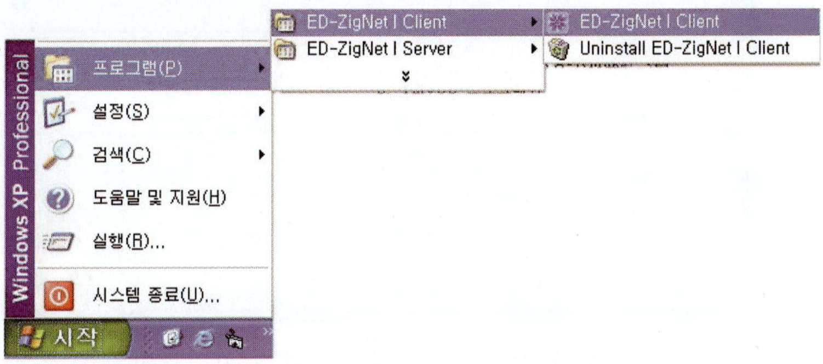

① ED-ZigNet1의 실행

바탕화면의 ED-ZigNet1 아이콘(ED-ZigNet I Server)을 클릭하면 프로그램이 실행된다.

② ED-ZigNet1의 프로그램 설명

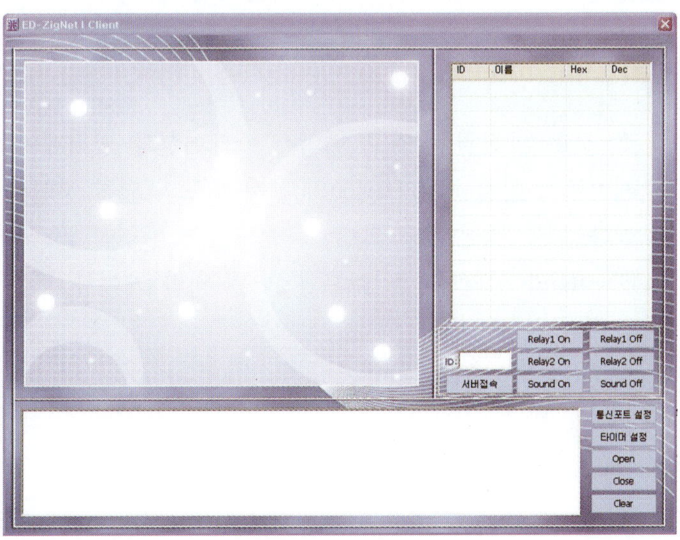

제4장

ED-ZigNet1 클라이언트의 실행모습이다. 구체적인 설명은 다음과 같다.

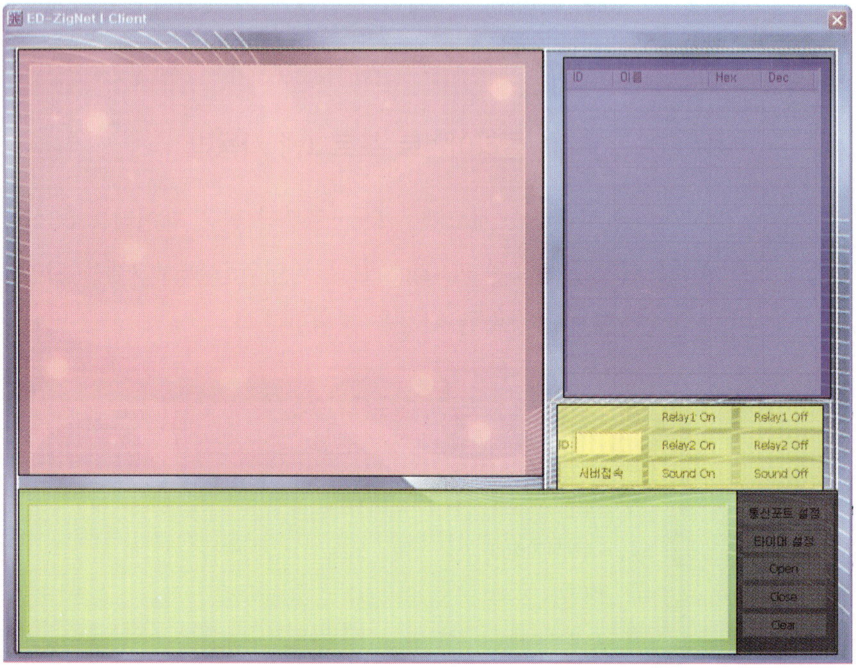

: 현재 센서의 연결상태를 그래픽으로 보여주는 부분이다.

: 현재 센서로부터 받은 데이터를 표시하는 부분이다.

: 현재 센서로부터 들어오는 모든 데이터를 표시하는 부분이다.

: 릴레이 및 버저에 대한 명령부분이다.
서버와의 연결을 위한 부분이다.

: 포팅을 세팅하고 on/off하는 부분이다.

③ 연 결

- 각 모트의 전원을 켜고 베이스 스테이션과 인터페이스 보드를 10핀 플랫 케이블로 연결한다(ED-3160의 센서 노드의 연결 부분과 10핀 케이블을 연결한다).
- ED-3160의 인터페이스 보드와 PC를 직렬 케이블 또는 USB 케이블로 연결한다.

- 통신포트 설정을 클릭하여 다음과 같이 설정한다.

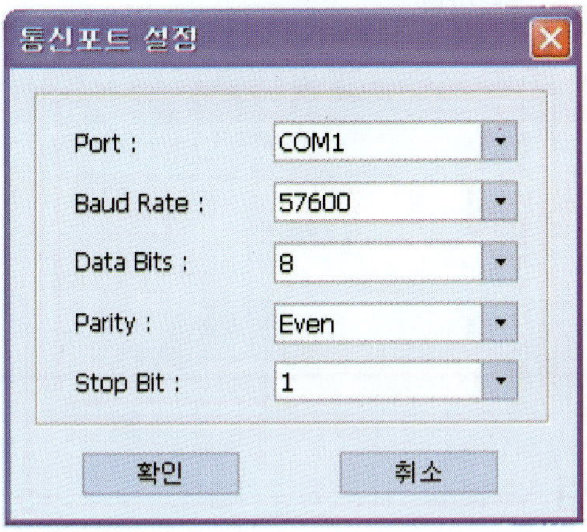

- 포트 부분에 연결된 직렬포트를 설정한다.
- 보 비율을 설정한다(기본은 57600bps이다).
- 필요에 따라 데이터 비트, 패리티, 스톱 비트를 설정한다.
- 확인을 클릭하면 통신포트 설정창이 없어진다. 'Open'을 클릭하여 포트를 오픈한다.

④ 포트를 오픈함과 동시에 메시지 창에 센서 노드로부터 들어오는 정보가 디스플레이된다.

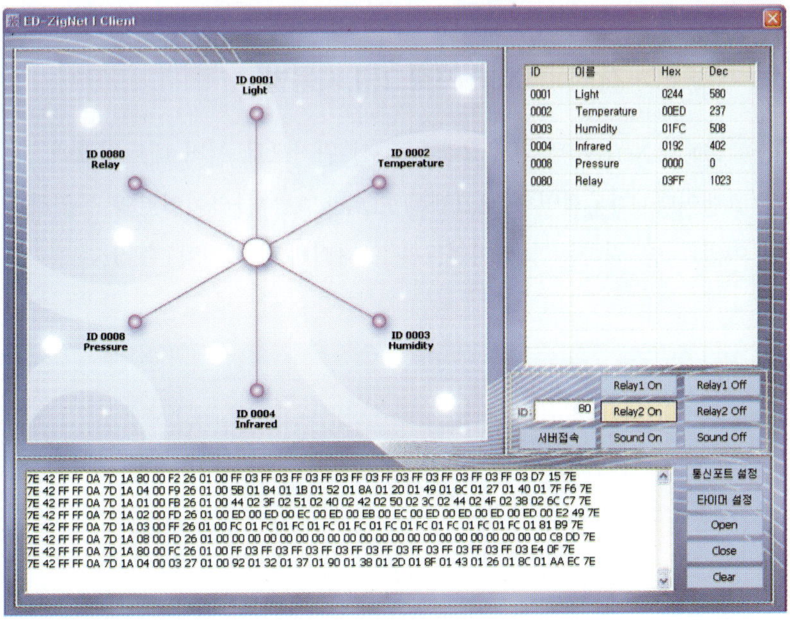

⑤ 서버접속하기

- '서버접속'을 클릭한다.

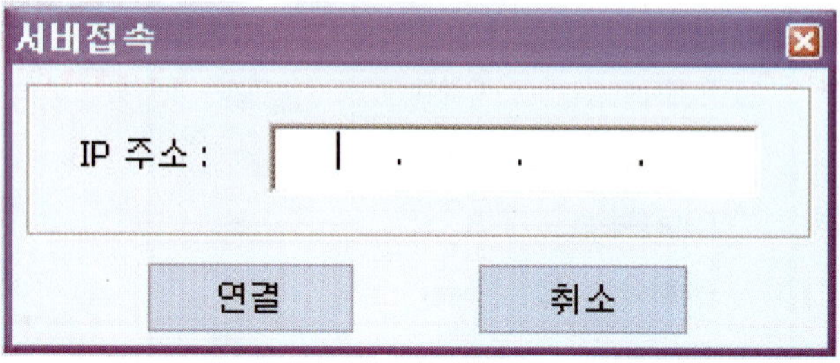

- 서버의 IP를 입력하고 연결을 클릭한다.
- 서버와 연결되면 다음과 같이 표시된다.

이로써 ED-ZigNet1 서버로 센서로드의 데이터를 보낼 수 있고 ED-ZigNet1 서버로부터 명령을 받을 수 있다.

(2) ED-ZigNet1 서버 프로그램 사용법

ED-ZigNet1 서버 프로그램은 무선 원격으로 서버 네트워크에 접속할 수 있게 하는 프로그램이다. 기본적인 프로그램은 ED-ZigNet1 클라이언트와 동일하다. 다만 여러 개의 클라이언트 중 원하는 클라이언트를 모니터하고 제어할 수 있다.

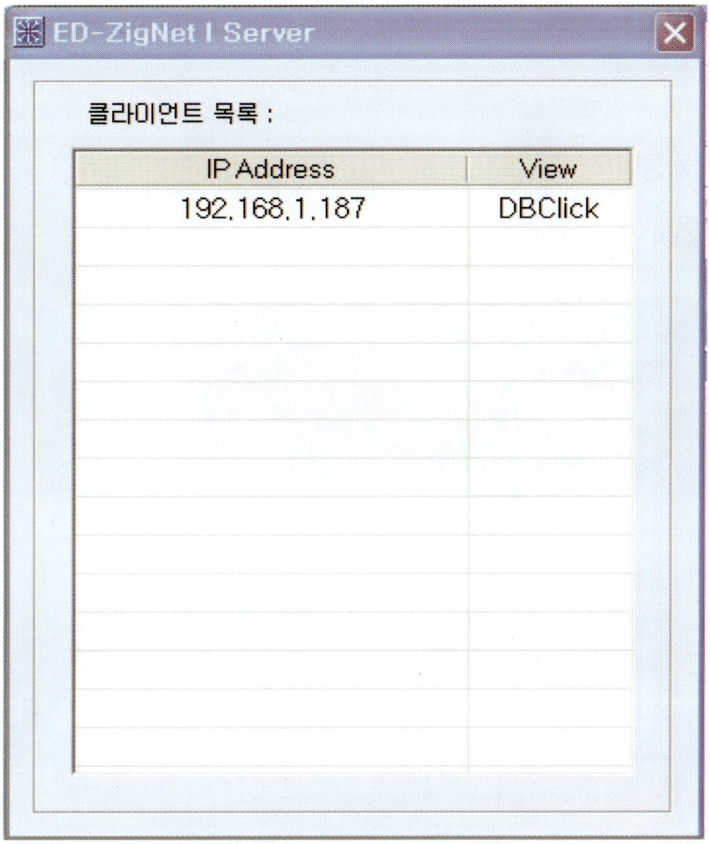

ED-ZigNe1 서버 프로그램에 접속된 클라이언트를 보여준다. 원하는 IP를 더블클릭하면 클라이언트의 화면이 보여진다.

다만 왼쪽 상단에 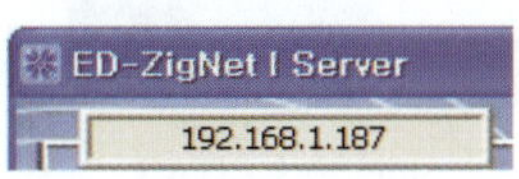

클라이언트의 IP가 표시된다. 여러 개의 클라이언트 모니터도 가능하다.

2) JTAG 다운로드

(1) 정 의

JTAG를 이용하여 다운로드하는 방법을 알아본다.

(2) 사용 모듈

① ED-ZigM(메인 모듈–4525)

② ED-ZigS(ZigBee 모듈-4526)

③ 영진 모듈

(3) 사용장비

① AVR JTAG 또는 MK II

AVR JTAG

② 연결방법(1)

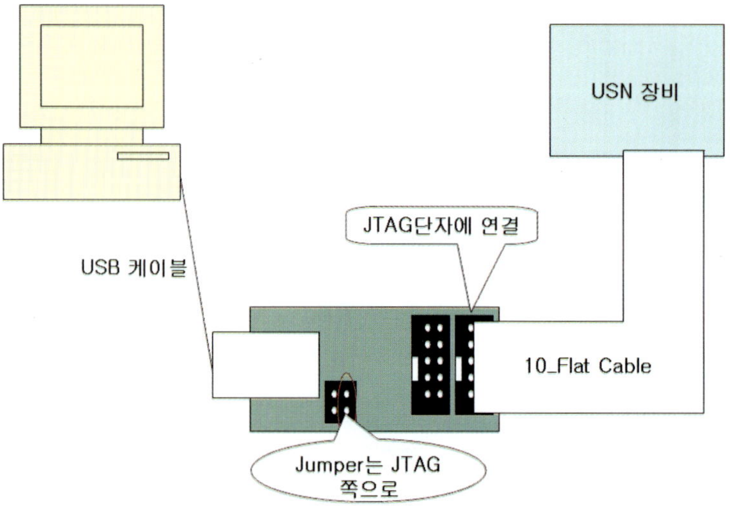

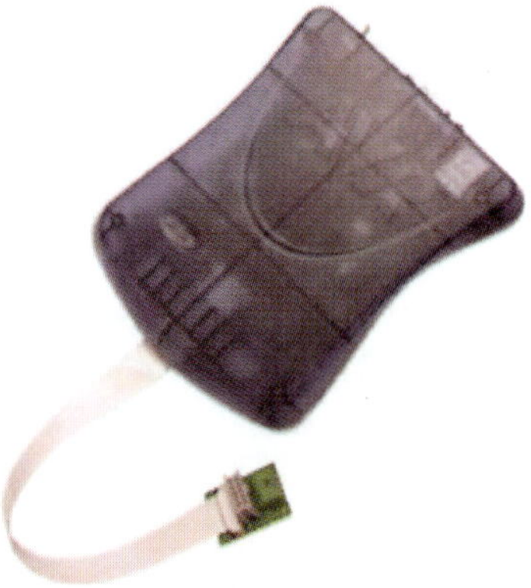

③ 연결 방법(2)

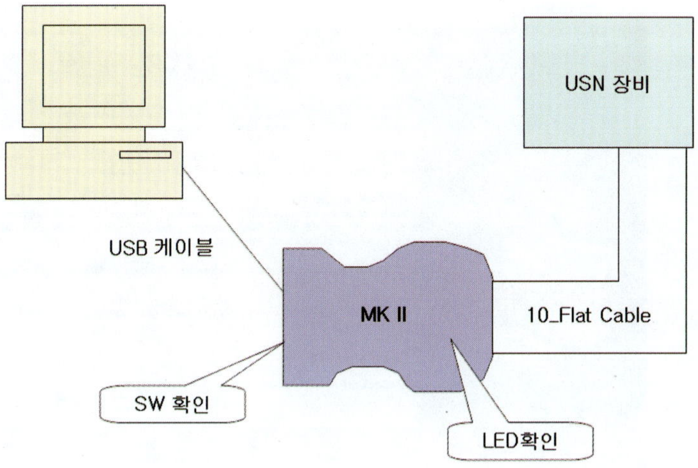

(4) 프로그램 설치

AVR Studio 프로그램 설치

① CD의 'aStudio4b460.exe'를 클릭하여 설치한다.

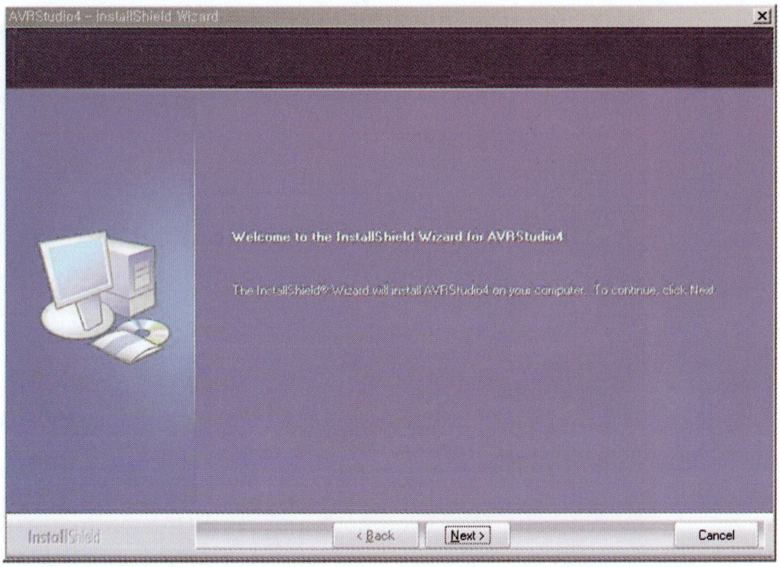

AVR Studio의 설치화면

② 'Next'를 눌러 프로그램을 설치한다.

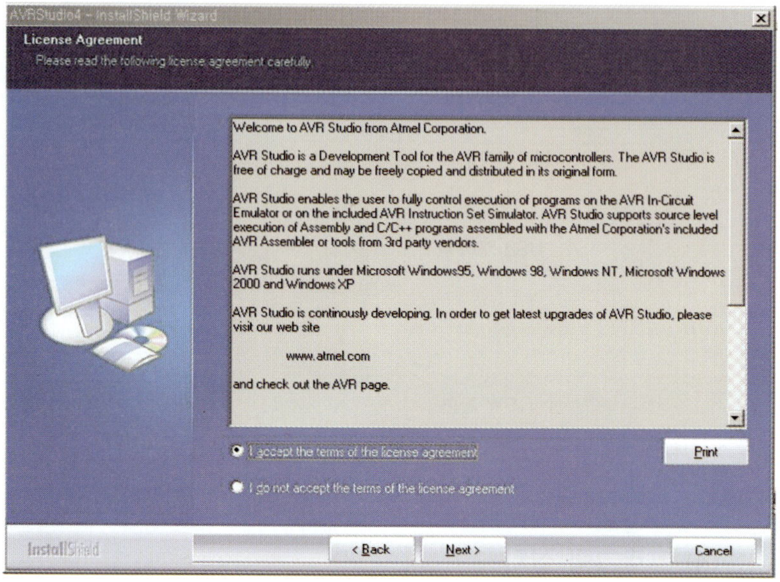

③ 'Next'를 눌러 사용자 설치에 대한 동의를 한다.

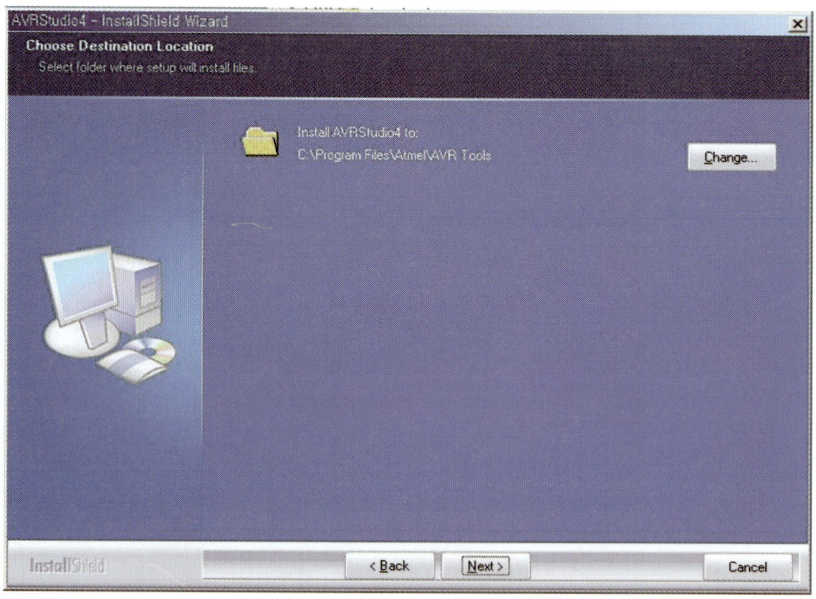

④ AVR Studio가 설치될 폴더를 선택한다.

기본 폴더는 C:₩Program Files₩ Atmel₩AVR Tools이다.

만약 이 폴더를 바꾸고자 한다면 'Change'를 눌러 설정해주어도 된다.

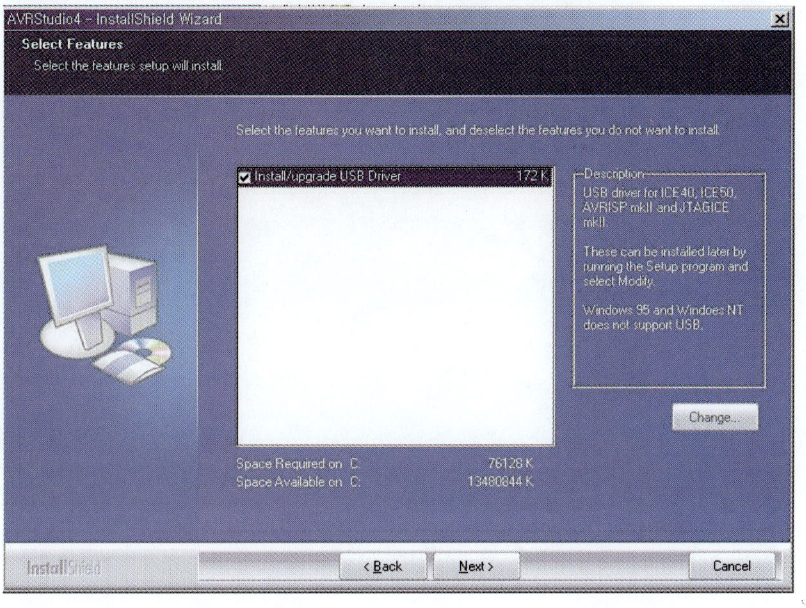

⑤ JTAG MK II 등 USB를 이용한 다운로드 및 디버그를 위해서 USB 드라이버를 선택한다.

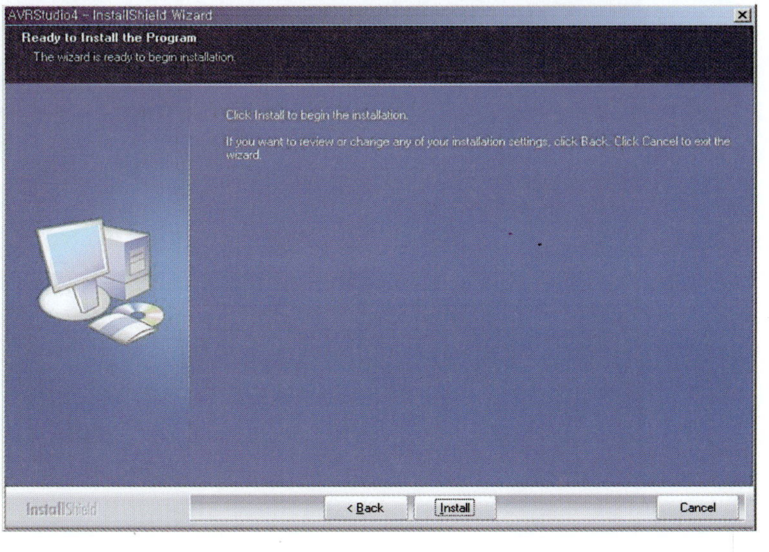

제 4 장

⑥ AVR Studio의 옵션 설정을 완료한다.

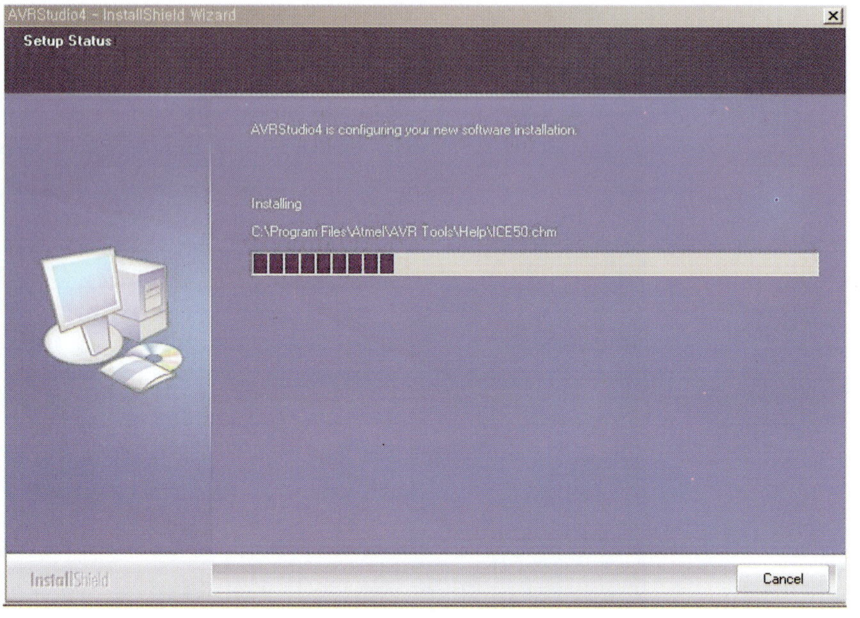

⑦ AVR Studio 설치를 위한 파일 복사가 끝나면 설치가 완료된다.

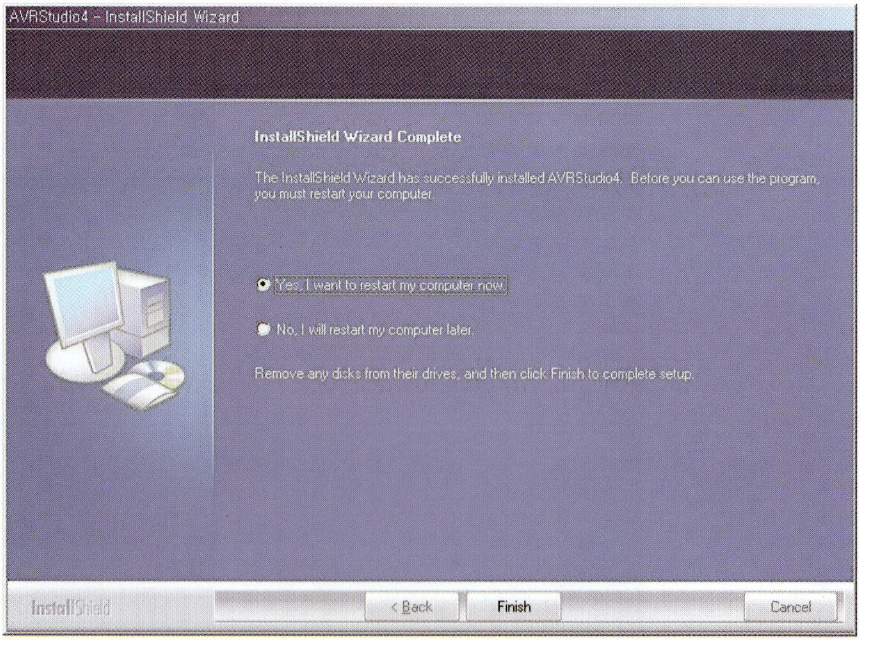

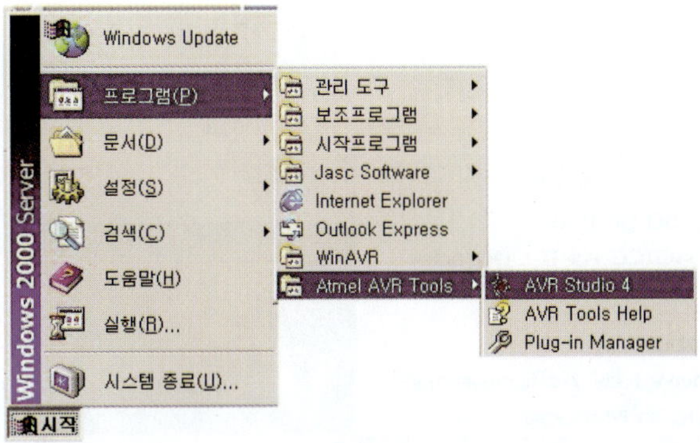

⑧ 이로써 AVR Studio의 설치가 완료되었다.

(5) 장비의 연결

ED-3160 USN응용 시스템(호스트 보드. 슬레이브 보드, 인터페이스 보드, JTAG, 각 센서 노드 등)과 PC를 연결한다.

(6) 프로그램 다운로드하기

AVR Studio를 이용하여 Hex 프로그램 다운로드하기

① AVR Studio를 실행한다.

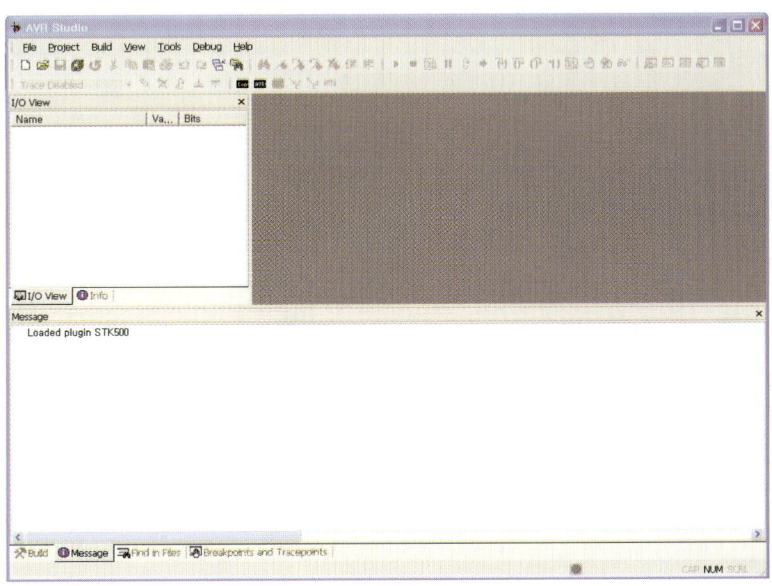

② Tools, Program AVR, Connect를 클릭한다.

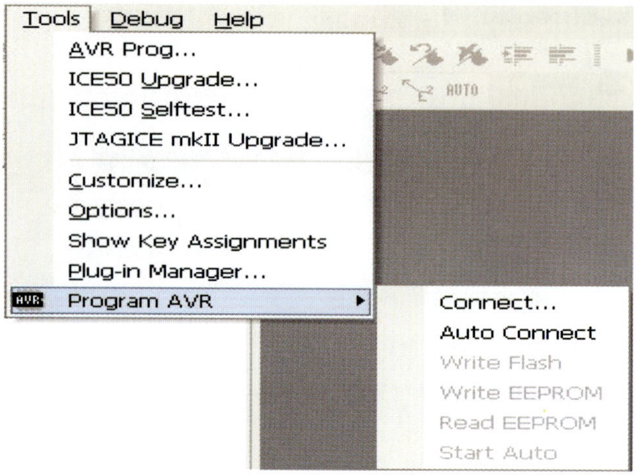

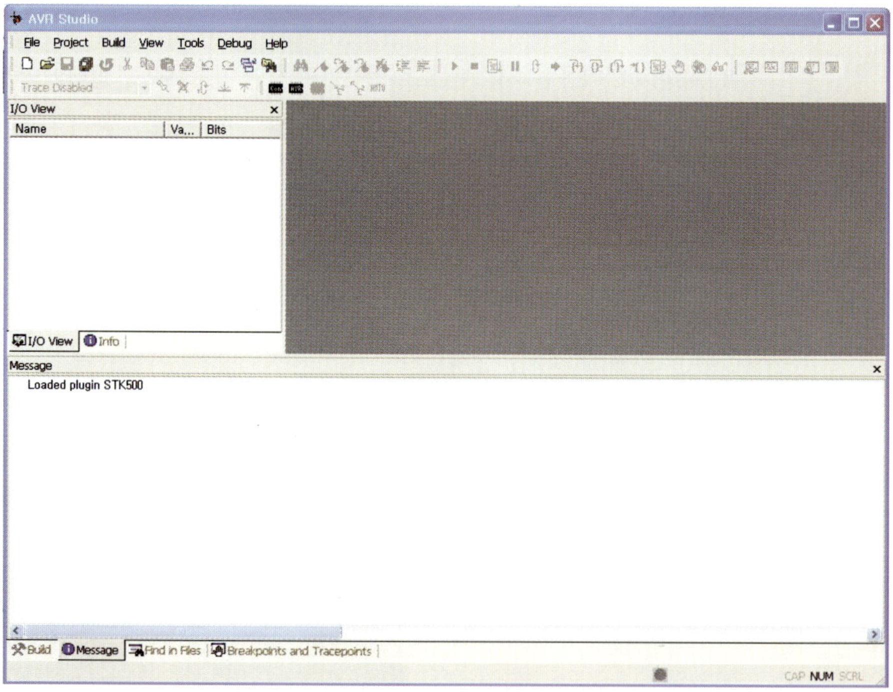

③ 프로그래머 디바이스를 선택한다.

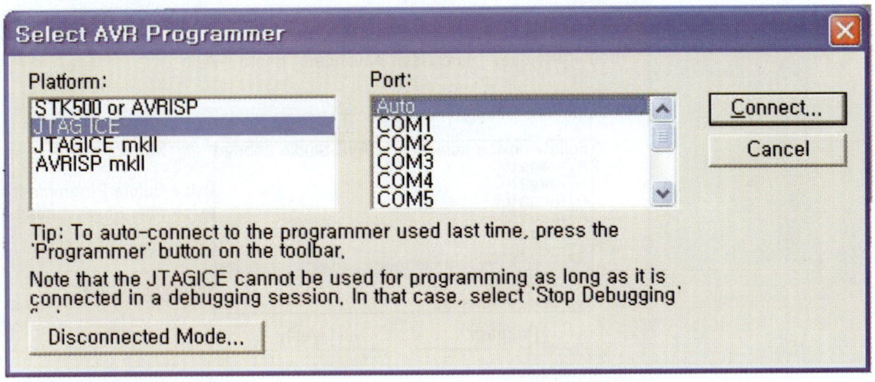

- AVR-JTAG은 플랫폼에서 JTAG ICE를 선택한다.
- MK II는 플랫폼에서 JTAGICE mkII를 선택한다.
- 포트를 알고 있을 경우에는 포트를 선택한다.

모르는 경우에는 Auto를 선택한다. Connect를 눌러 장비를 연결한다.

④ 정상적으로 연결되면 다음과 같이 나온다.

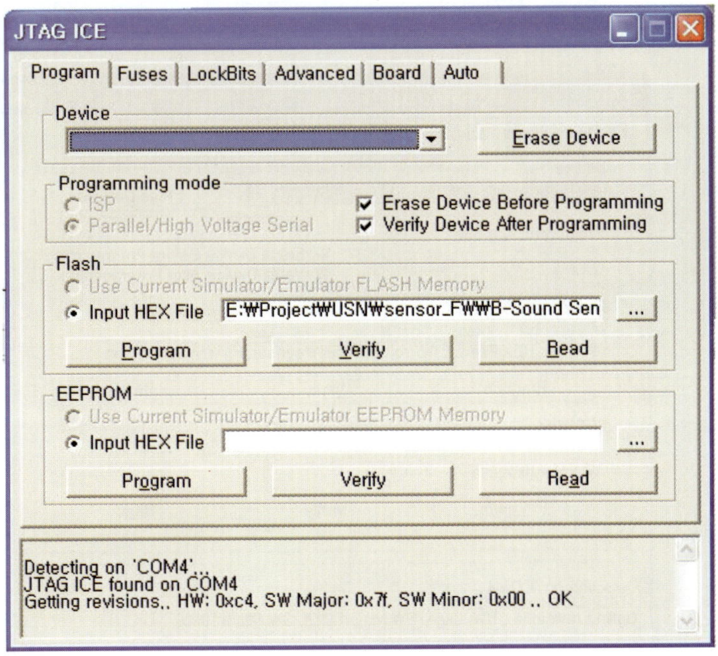

⑤ 디바이스를 선택한다.

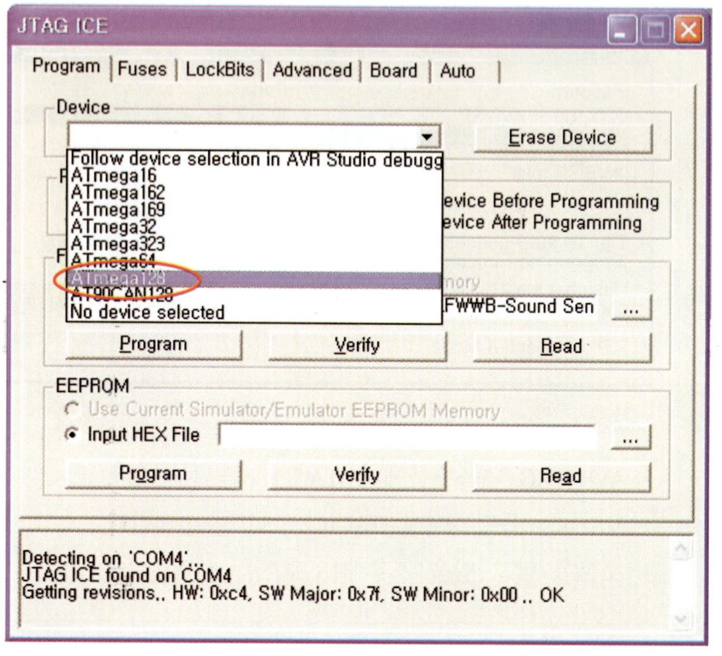

- ATmega128을 선택한다.

⑥ Fuse Bit를 설정한다.

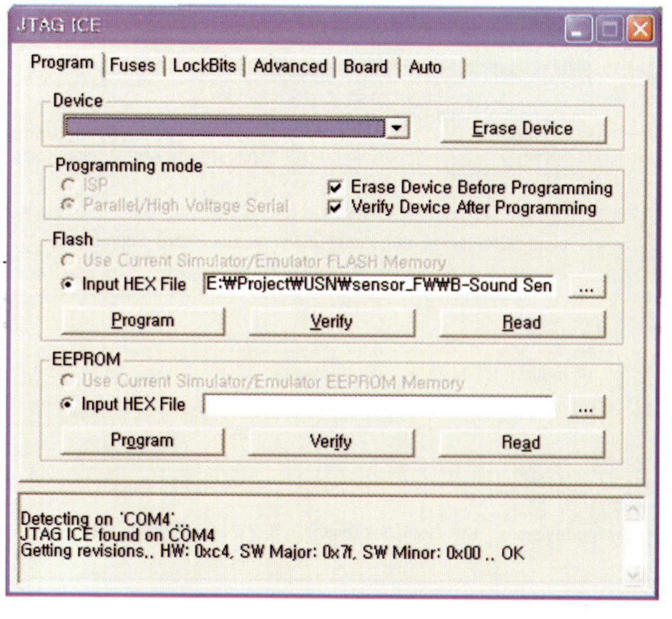

LockBits을 클릭하면 다음과 같이 Fuse Bit가 설정된다.

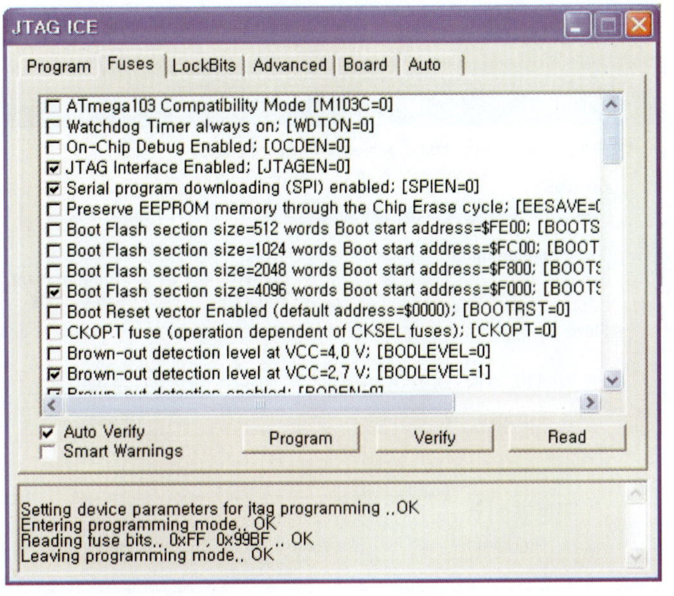

다음처럼 설정한다.

- ATmega103 Compatibility Mode (×)
- JTAG Interface Enable (○)
- Serial Program downloading (SPI) enabled (○)
- Boot Flash section size = 4096 word ... (○)
- Brown-out detection level at VCC=2.7V (○)
- Brown-out detection enable (○)
- Ext. Crystal/Resonator High Freq.; Start-up time : 16K CK+64ms (○) (제일 밑에 있다)

제 4 장

* 프로그램을 클릭하여 다음과 같이 설정한다.

⑦ 프로그램을 선택한다.

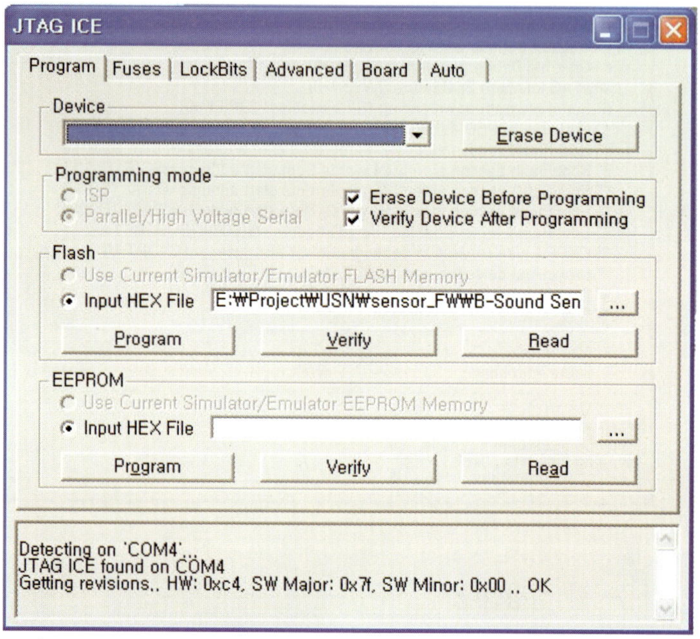

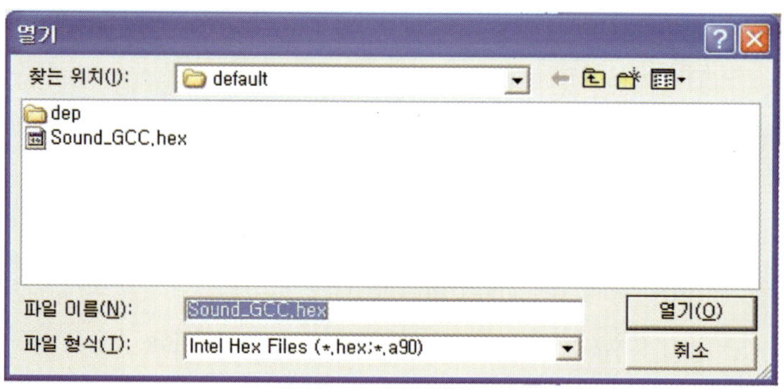

⑧ 프로그램을 클릭하여 다운로드한다 .

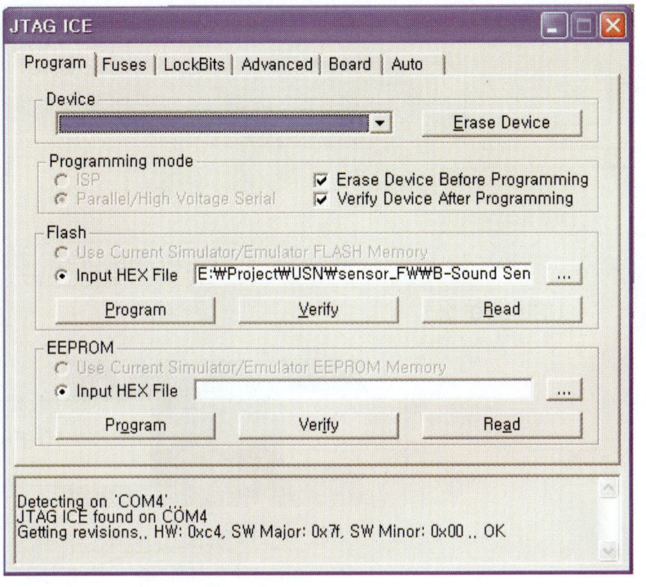

3) ISP 다운로드

(1) 정 의

ISP를 이용하여 ATmega8에 프로그램을 다운로드한다.

(2) 사용 모듈

초음파 센서, 음향 센서

(3) 사용장비

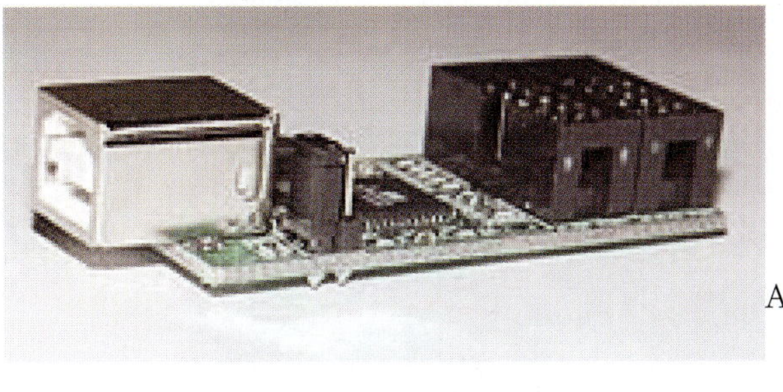

AVR JTAG

-연결 방법

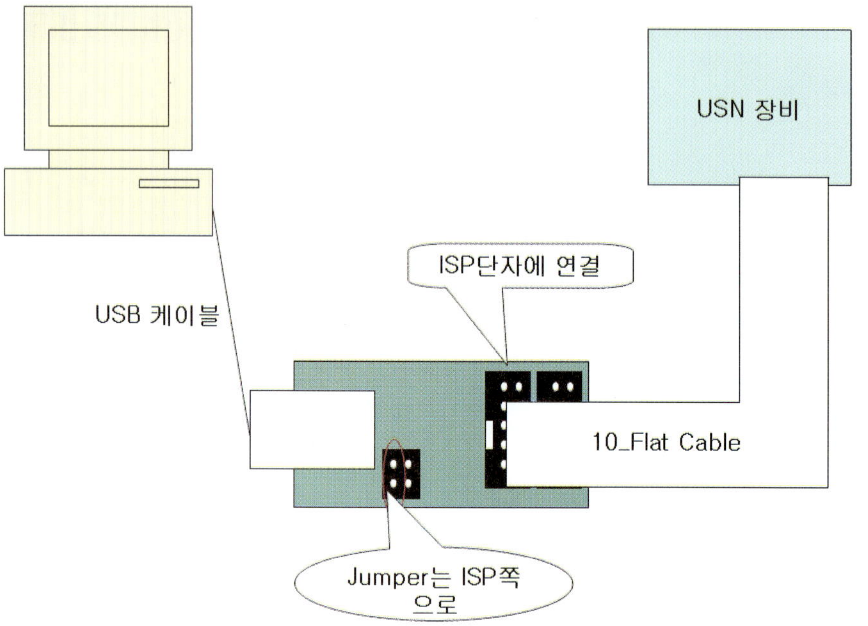

4) USN 응용 시스템의 점검

(1) 정 의

배터리 보드의 조립상태와 배터리 케이스의 조립상태를 체크한다.

(2) 시험구성도

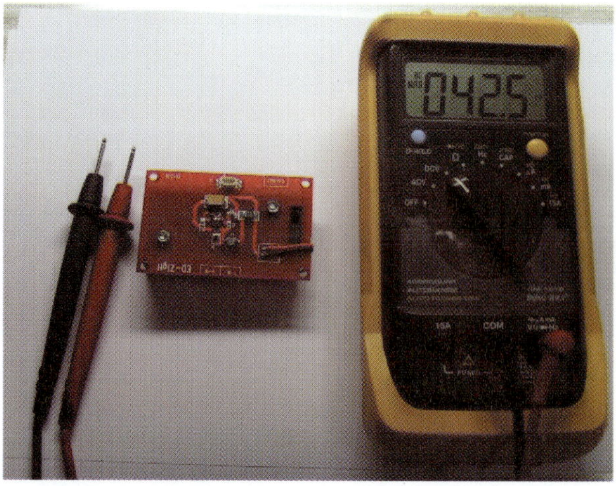

(3) 시험절차

① 배터리를 삽입한다.

배터리의 극성에 주의하여 배터리를 삽입한다.

② A-B 단자의 전압을 측정한다.

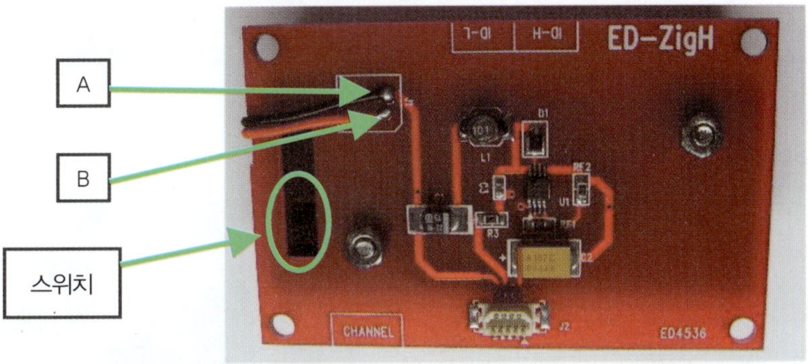

(4) 시험규격

① 충전용 배터리를 사용하였을 경우 2.3~2.8V가 정상이다.
② 일반 건전지를 사용하였을 경우 2.8~3.1V가 정상이다.

(5) 트러블 슈팅

① 전압이 수십 mV로 측정될 경우
- 배터리의 충전상태를 확인한다.
  다른 건전지를 이용하여 다시 테스트한다.

- 배터리 케이스 SW를 반대방향으로 한다.
  배터리 케이스에 따라 SW의 위치가 바뀔 수도 있으므로
- 배터리 케이스의 배터리 연결상태 확인
  배터리 케이스와 배터리의 연결 불량

② 전압이 1.0~2.0 사이로 측정될 경우

- 배터리를 교체한다.
- 배터리의 불량
  둘 중 하나의 배터리가 충전이 안된 상태

③ (−) 전압이 측정될 경우

- 배터리의 극성이 바뀐 경우

5) ZigS(ED4526) 조립상태 확인

(1) 정 의

배터리 보드(ED4536)와 ZigS(ED4526) 조립상태 및 정상동작을 확인한다.

(2) 시험구성도

(3) 시험절차

① 배터리 보드와 ZigS 보드를 결합한다.

(커넥터 방향에 맞게 결합하고 스페이서는 ZigS 보드에 미리 조립한 상태에서 진행한다.)

ZigS 보드의 스페이서 조립상태

결합상태

② ZigS 보드의 전원을 on한다.

전원 LED가 점등된다.

(4) 시험규격

전원 스위치를 on하면 전원 LED가 점등된다.

(5) 트러블 슈팅

전원 LED가 점등되지 않을 때

① ZigS 보드의 바닥에 J4와 배터리 보드의 J2의 연결 상태를 확인한다.

- 단순히 접촉 불량인 경우가 있으니 ZigS 보드와 배터리 보드를 약간 힘을 주어 결합한다.

② 배터리 보드의 배터리 연결 상태를 확인한다.

배터리 보드의 배터리를 뽑았다가 다시 연결한다.

③ DMM을 이용하여 C7 양단의 전압을 측정한다.

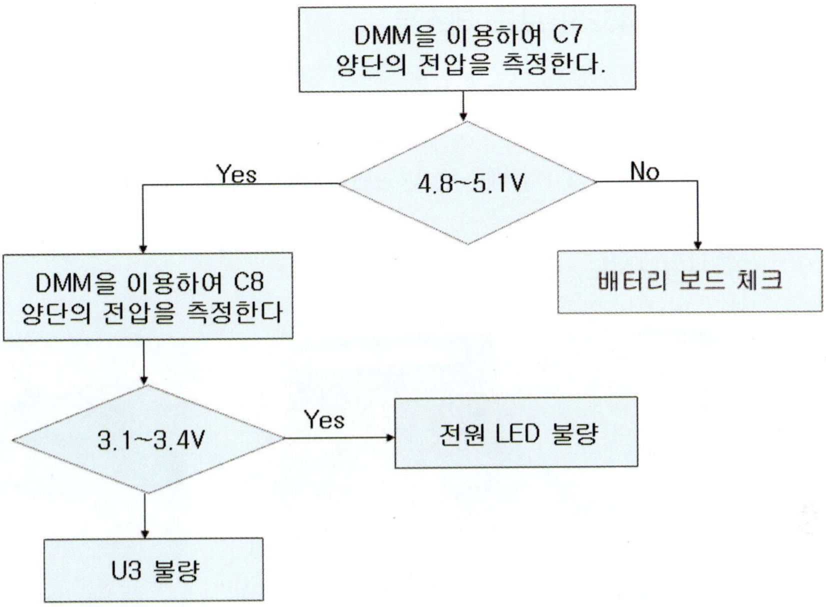

[그림 4-22] 고장수리 순서도

6) ZigM(ED4525) 보드 테스트

(1) 정 의

ZigM 보드(ED4525)의 테스트 및 프로그램을 다운로드한다.

(2) 시험구성도

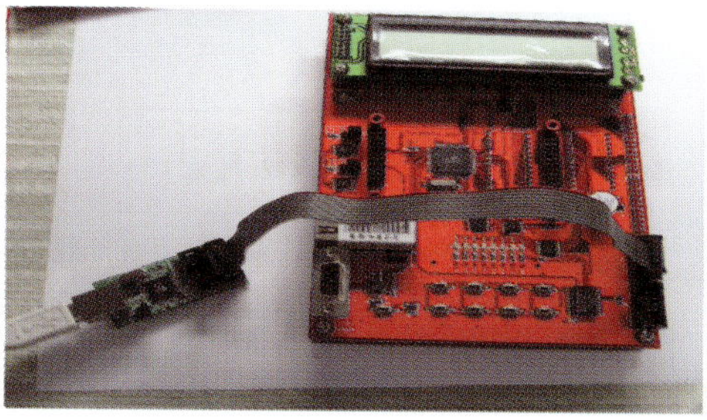

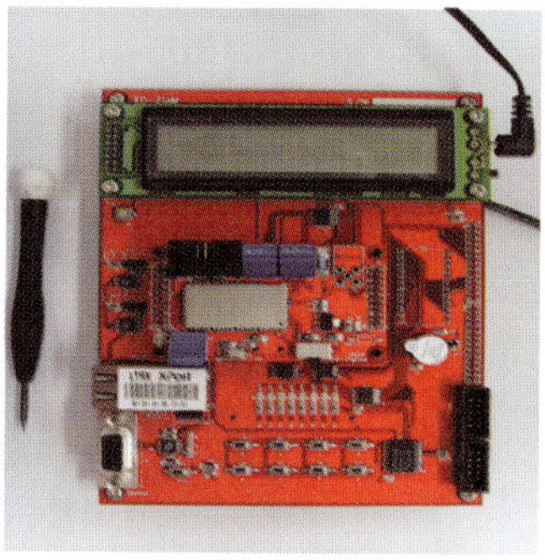

(3) 시험절차

① PC에 AVR Studio를 설치한다.
(ED3160 프로그램 다운로드 방법 참조)

② PC와 AVR JTAG을 USB 케이블을 이용하여 연결한다.

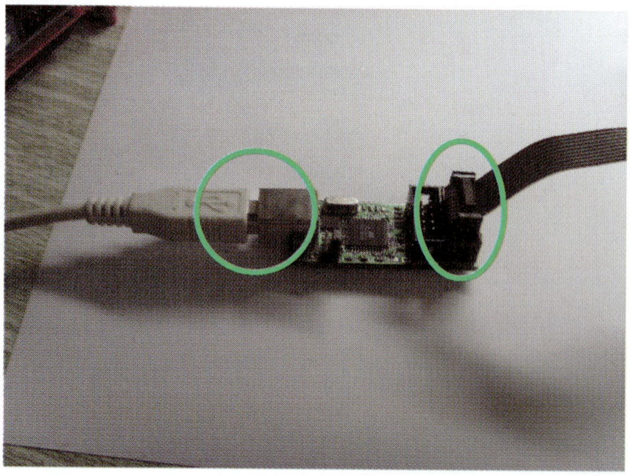

③ AVR JTAG의 점퍼를 JTAG로 설정한다.

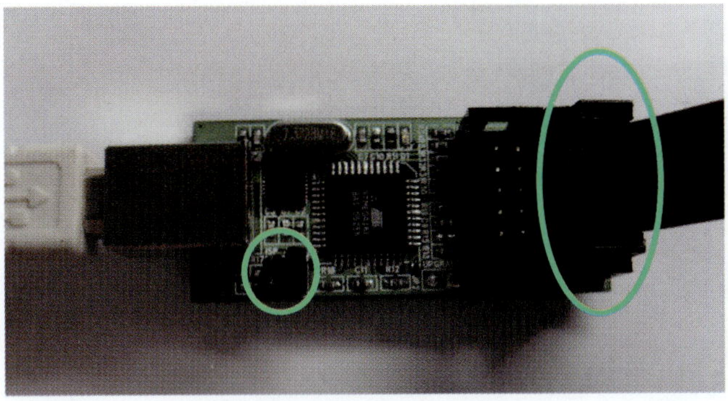

④ 10_Flat cable을 이용하여 AVR JTAG의 JTAG 포트와 ZigM의 메인 JTAG를 연결한다.

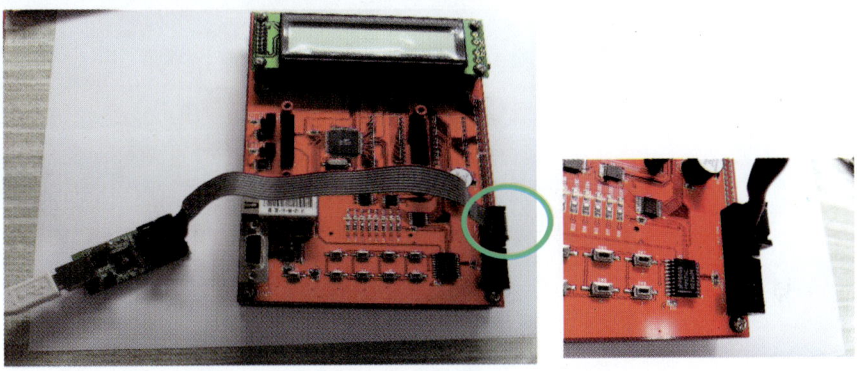

⑤ ZigM에 어댑터를 연결하고 전원 스위치를 on한다.

⑥ PC에서 AVR Studio를 실행한다.

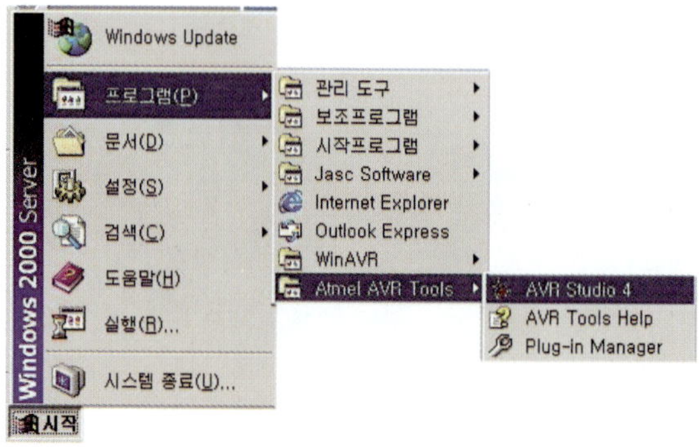

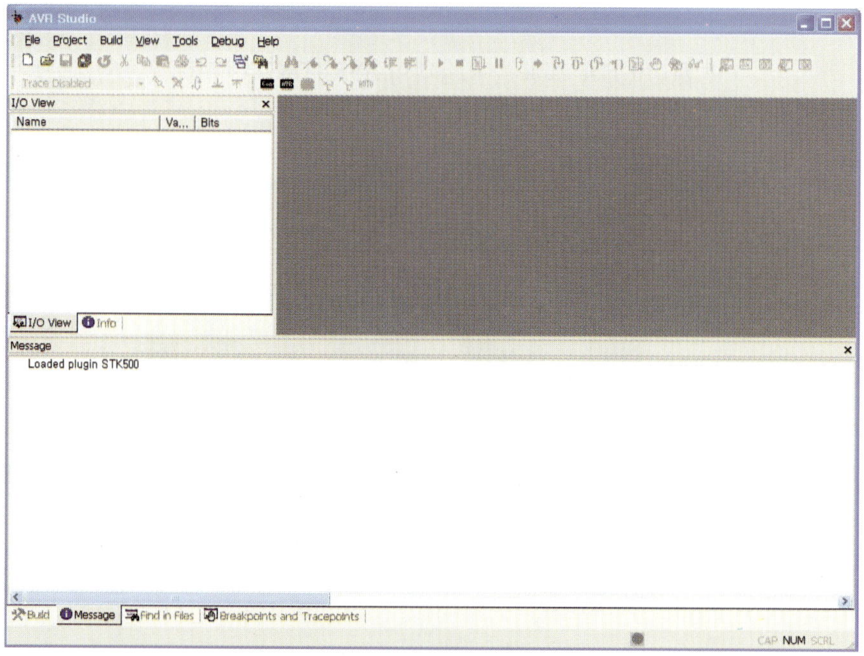

⑦ Tools-Program AVR - Connect를 클릭한다.

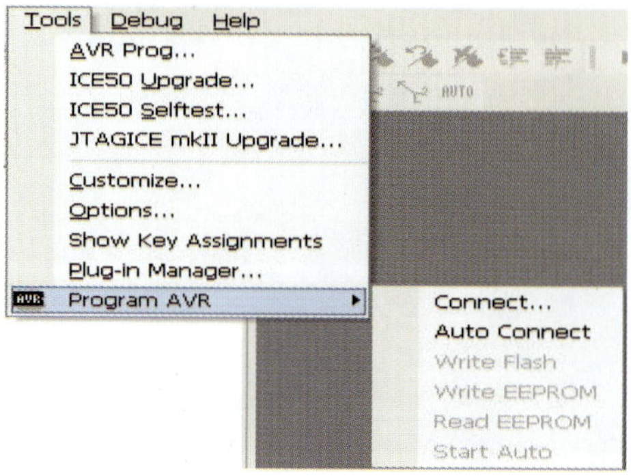

⑧ 프로그래머 디바이스를 선택한다.

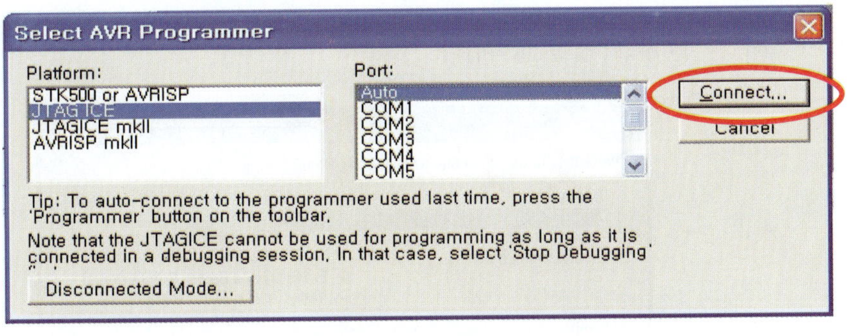

- 플랫폼 : JTAG ICE를 선택한다.
- 포트 : USB 케이블의 포트를 선택한다.
  포트를 모를 때는 Auto를 선택한다.
- Connect… 을 눌러 장비를 연결한다.

⑨ 디바이스에서 ATmega128을 선택한다.

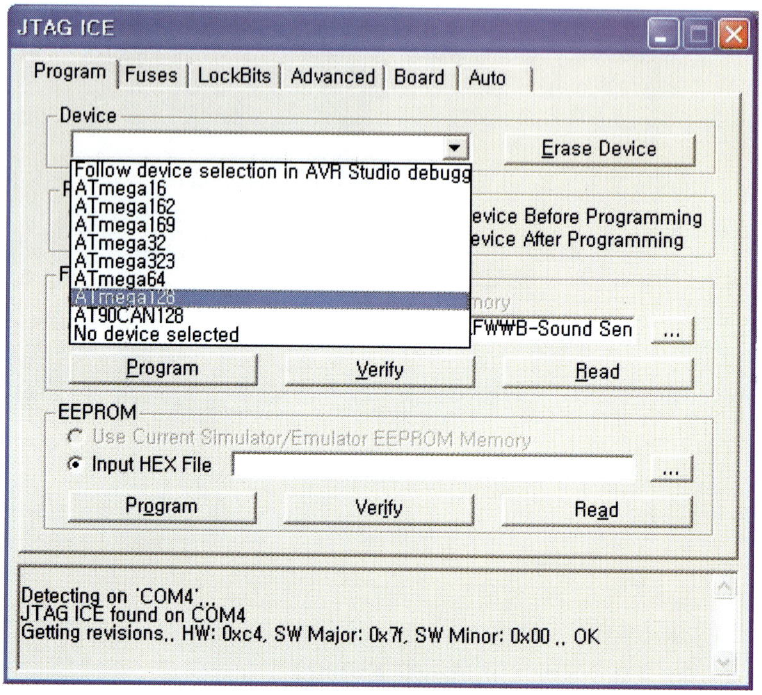

⑩ 퓨즈 탭을 클릭한다.

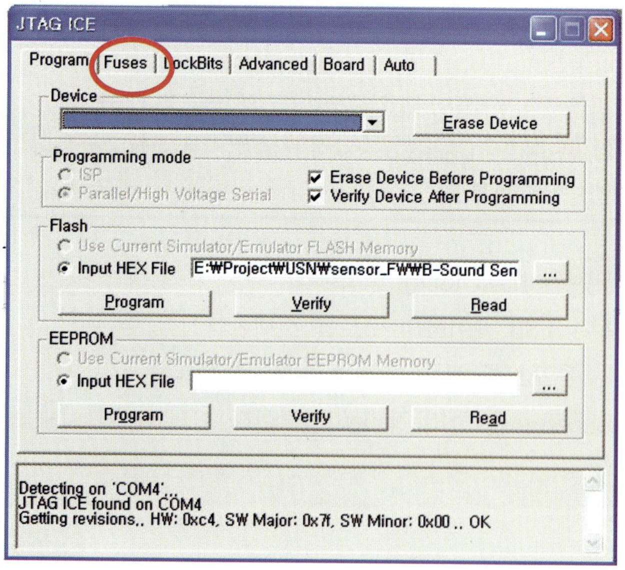

⑪ 퓨즈를 세팅한다.

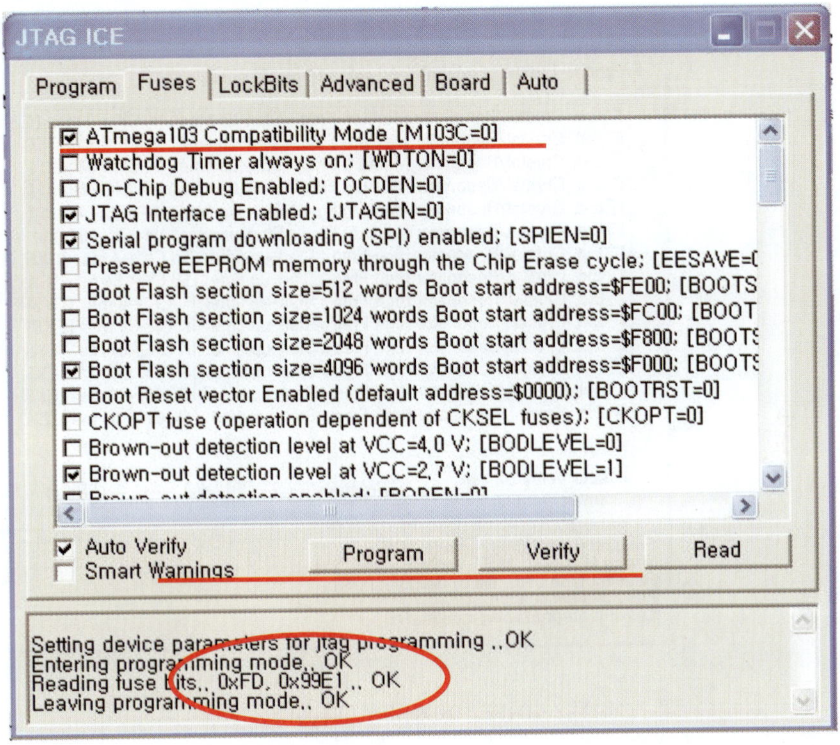

처음은 퓨즈 비트가 0xFD, 0x99E1로 나온다.

- ATmega103 Compatibility Mode [M103C=0] 체크 해제(맨 위의 줄)
- Brown-out detection enabled ; [BODEN=0] 체크(스크롤하기 전 맨 아래 보일 듯 말 듯한 부분)
- Ext. Crystal/Resonator High Freq ; Start-up time 16K CK + 64ms;[CKSEL=1111 SUT=11]

체크(스크롤을 내리면 제일 아래에 있는 줄)한다.

제4장

⑫ 체크가 끝나면 프로그램을 클릭한다.

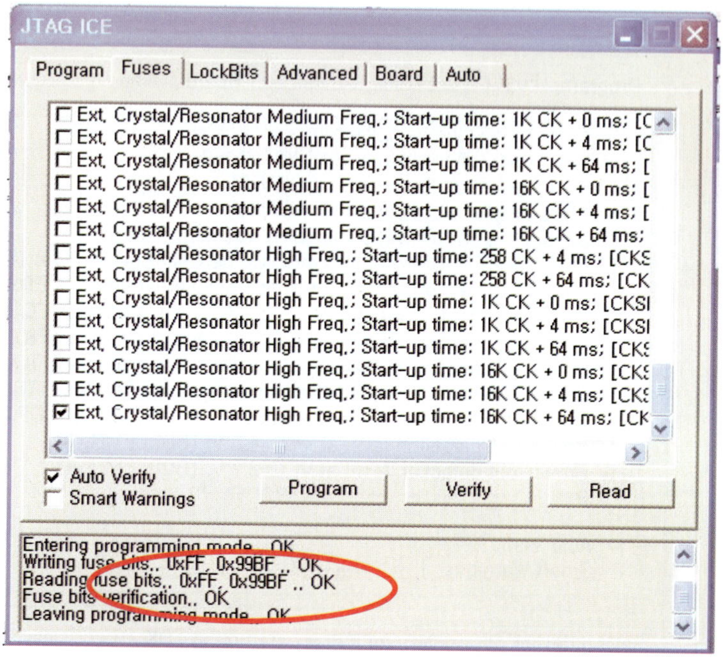

퓨즈 비트가 0xFF, 0x99BF로 나온다.

⑬ 프로그램 탭을 누른다.

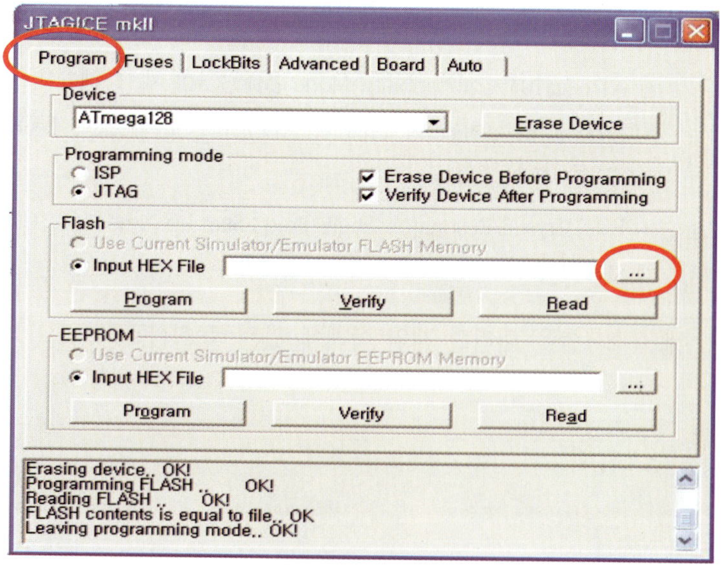

⑭ 플래시의 ... 을 눌러 다운로드할 파일을 선택한다.

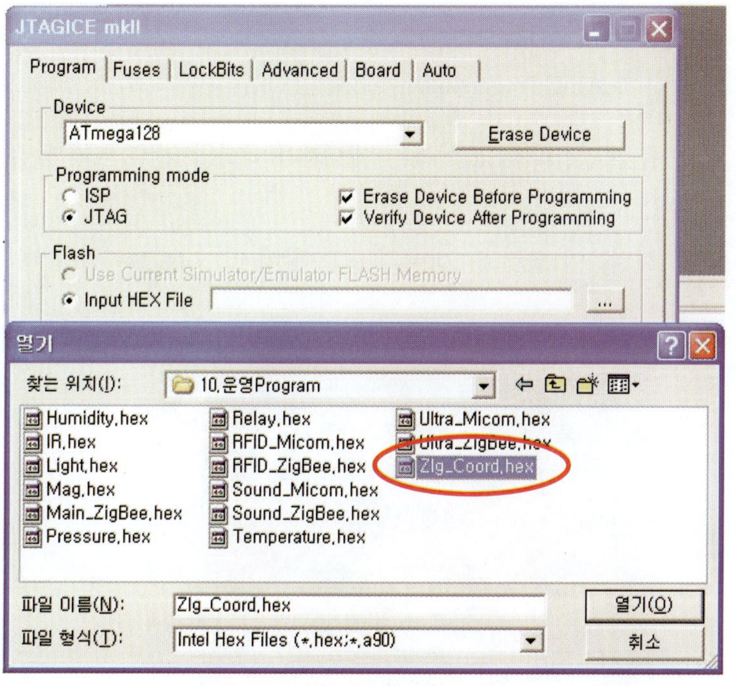

다운로드할 파일의 이름은 Zig_Coord.hex이다.

⑮ 플래시의 Program 을 클릭한다.

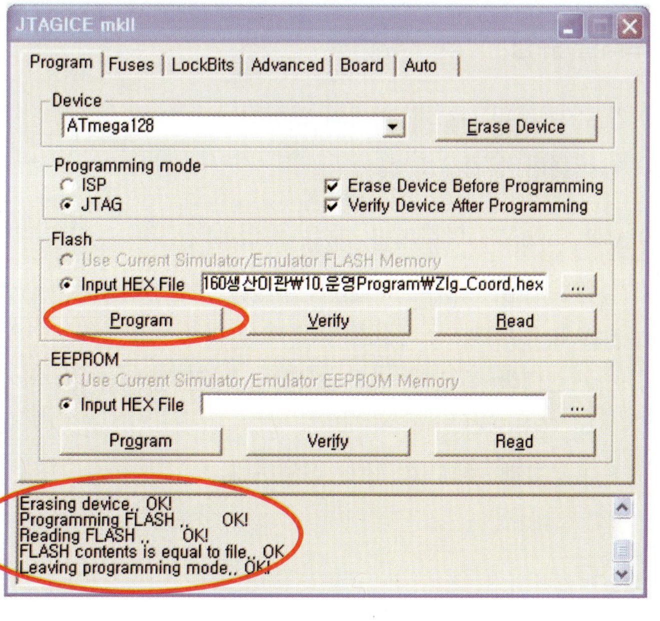

제4장

- Erasing device ... OK !
- Programming Flash .. OK!
- Reading FLASH .. OK !
- Leaving Programming mode .. OK !

를 확인한다. 'Fail'이라는 메시지가 나타날 경우 트러블 슈팅을 참조한다.

⑯ Connect창을 닫는다.

⑰ 버저음이 울리고, ZigM의 LCD 창에 ED-Zignet1이라는 메시지가 뜬다.

(4) 트러블 슈팅

① ZigM의 전원 LED가 켜지지 않는다.

- 어댑터 연결상태 확인

② AVR Studio가 멈춰버릴 때(응답 없음)

- 2개 이상의 AVR Studio 프로그램이 실행되고 있다.
- AVR JTAG과 동기신호가 맞지 않다.
- 프로그램 종료가 되지 않는다. 이럴 때는 USB 케이블을 분리하면 프로그램이 종료된다.
- 프로그램 종료 후 다시 실행한다.

③ Connect failed가 나올 때

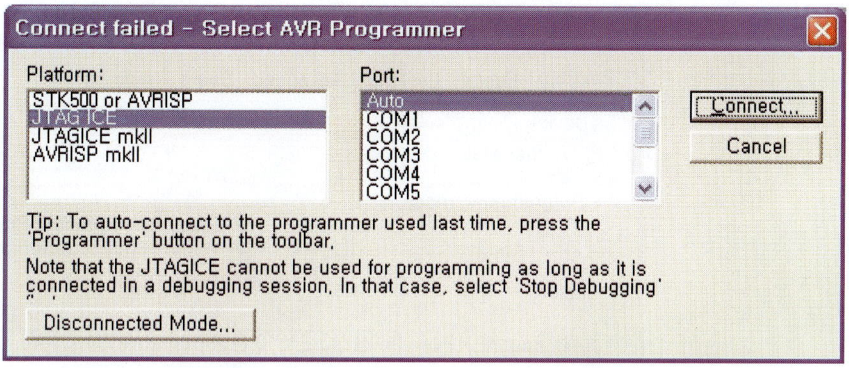

- 전원 연결 불량 전원
  → 전원 연결 상태 확인
- AVR JTAG의 연결 불량
  → USB, 10_Flat cable 연결상태 확인
- 다른 AVR JTAG를 사용한다(AVR JTAG 불량일 경우).
- ATMega128L 불량(가끔 발생한다)
  → ATMega128L을 교체한다.

④ 퓨즈 세팅시 에러 발생

- 퓨즈 세팅을 잘못하고 프로그램한 경우 발생한다(JTAG Enable bit를 삭제하였을 경우).
  → JTAG를 이용해서 수리할 수 없다.
  (crystal을 분리한 후 결선을 다시 해서 ISP를 이용하여 살릴 수는 있다. 그러나 엄청나게 복잡하다.)

⑤ 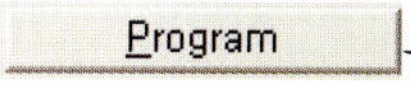

을 눌렀을 때 fail 메시지가 나올 때

플래시를 프로그램했을 때 다음의 메시지 창에서 OK!가 나오지 않고 Fail이 나올 경우는 프로그램을 잘못한 경우이다.

다음의 그림을 참조로 확인한다.

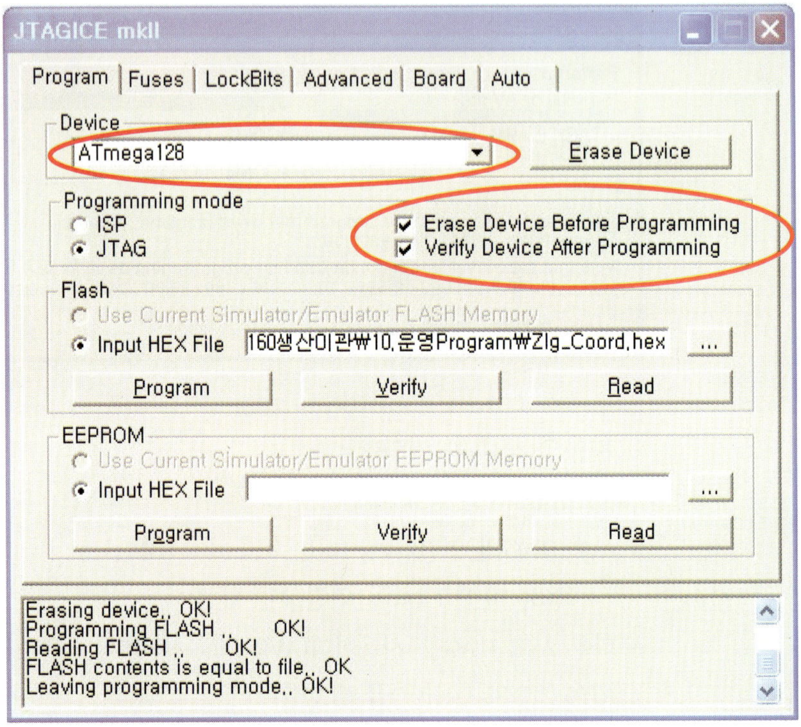

- 디바이스에 ATmega128이 맞나 확인한다.
- Erase Device Before Programming, Verify Device After Programming 부분의 체크를 확인한다.

  확인 후 다시 [...]을 눌러 프로그램을 선택한 후 [Program]을 클릭한다.

  그래도 동일한 현상이 나오면 다른 AVRJTAG을 이용하여 프로그램한다.

⑥ ZigM의 LCD가 나타나지 않을 때

- 버저는 울리는데 LCD에 'ED-Zignet1'이 출력되지 않을 때는 VR1을 조정한다.
- VR1을 조정해도 출력이 되지 않을 경우에는 JTAG을 ZigM과 분리한 후 리셋 키를 눌러준다.

⑦ 버저가 울리지 않을 때

- 프로그램이 정상적으로 다운로드되었으나 버저가 울리지 않을 때는 버저의 불량이다.

제 5 장

TinyOS 및 nesC 프로그래밍

5.1 TinyOS의 개요

1) TinyOS의 확인

TinyOS는 Crossbow가 무료로 제공하며, MS 윈도우 PC(XP, 2000) 또는 리눅스에서 설치(install) 가능하고 설치 HDD 드라이버 공간은 1GB 이상 공간이 필요하다.

인스톨러의 다운로드는 http://www.tinyos.net/dist-1.1.0/tinyos/windows에서 *.exe로 된 최신 버전을 받아 설치하거나, 제공된 CD의 tinyos-1.1.11-3is.exe를 사용하면 된다.

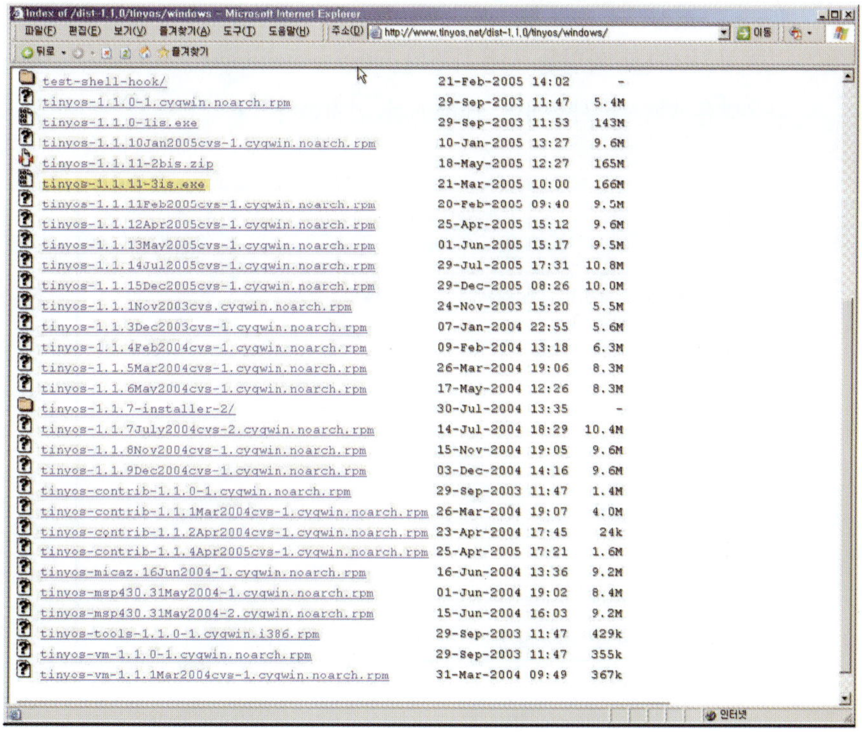

여기서 *.exe는 인스톨러 실행 파일이며 *.rpm 파일은 리눅스의 자동설치 파일이다. 그리고 *.zip 파일은 다운로드를 위해서 압축하여 제공하는 파일이다.

■ TinyOS의 설치

TinyOS를 설치할 때는 관리자 권한을 가지는 ID로 로그 온해야 한다.

(1) 설치 전 확인사항

TinyOS를 설치하기 전에 확인해야 할 사항은 다음과 같다.

- HDD 공간확인 : TinyOS는 Cygwin과 함께 설치되며 그 용량은 780MB에 달한다. 따라서 1GB 정도의 HDD 여유를 가지고 설치하는 것이 바람직하다.
- 이전 버전의 설치확인 : 이전에 TinyOS가 설치되어 있는지를 검토한다. 만약 이전 버전의 TinyOS나 Cygwin이 설치되었으면 Uninstall TinyOS나 Uninstall Cygwin을 한다.
- Uninstall은 다음 절에서 설명한다.

(2) TinyOS의 설치과정

제공된 CD의 파일을 사용하거나 http://www.tinyos.net/dist-1.1.0/tinyos/windows로부터 다운받은 파일을 사용하여 TinyOS를 설치한다.

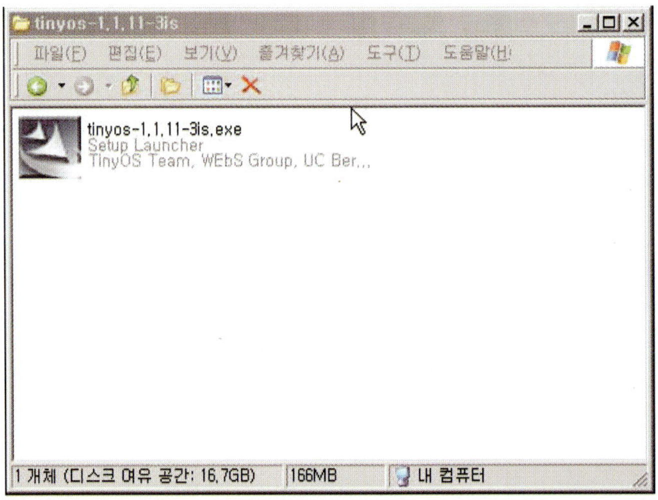

tinyos-1.1.11-3is.exe 파일을 더블클릭하여 TinyOS의 설치를 시작한다.

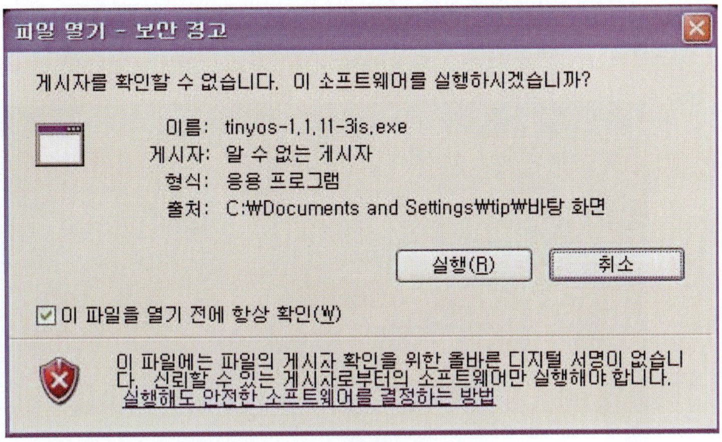

① 파일을 실행할 것인지 묻는 창이 뜨면, '실행'을 클릭한다.

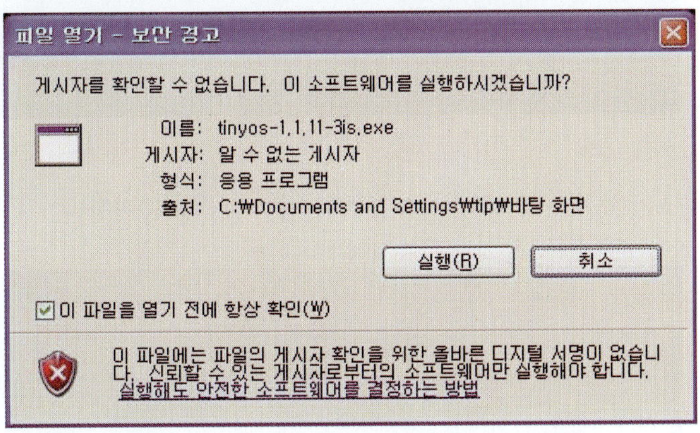

② 설치 준비과정이 시작된다.

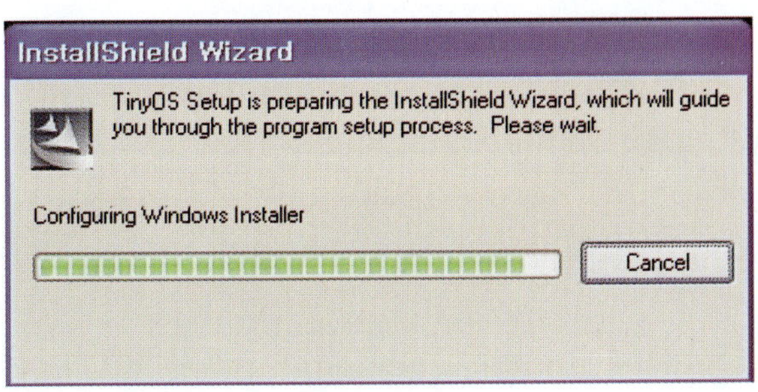

③ 준비과정이 끝나면 원하는 setup의 type 선택과 설치할 폴더를 지정해 준다. 기본적으로 complete type과 C:₩Program Files₩UCB₩로 정해져 있다. 선택하였다면 'Next'를 클릭한다.

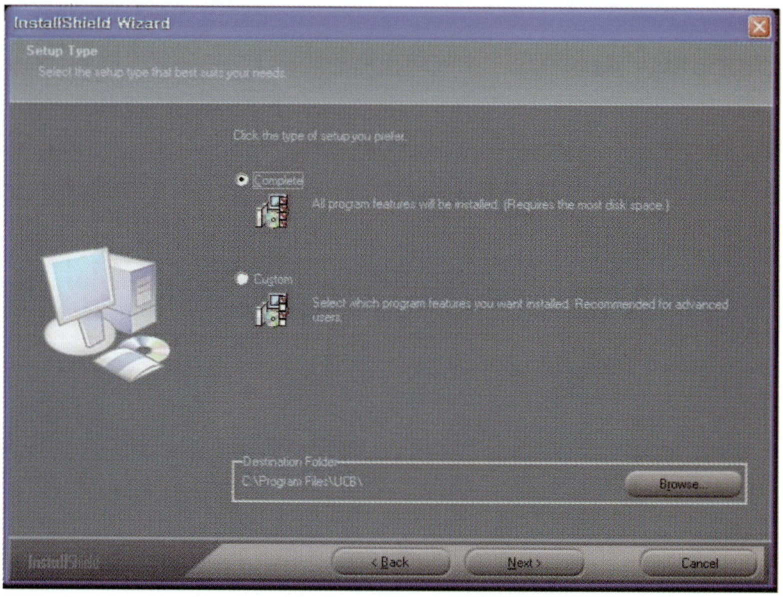

④ Java License에 대한 동의를 묻는다. 'Yes'를 클릭한다.

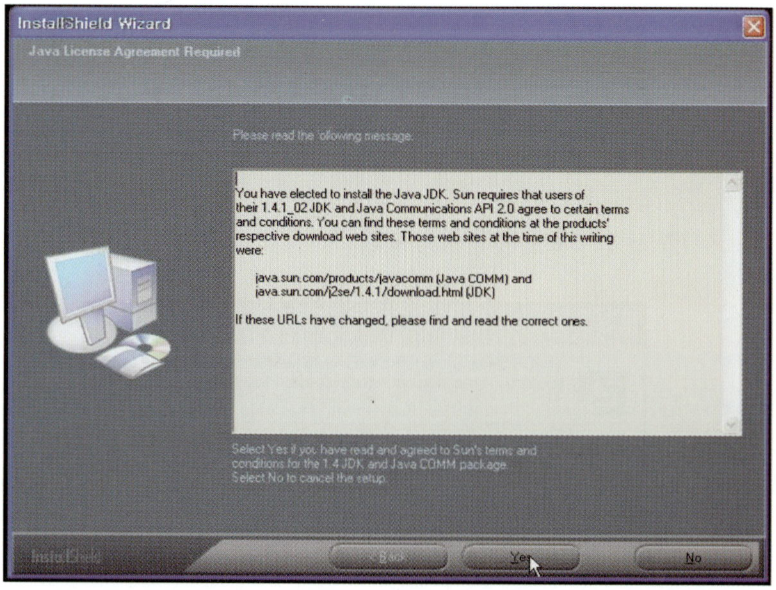

⑤ 현재 세팅을 보여준다. 세팅이 맞다면, 'Next'를 클릭한다.

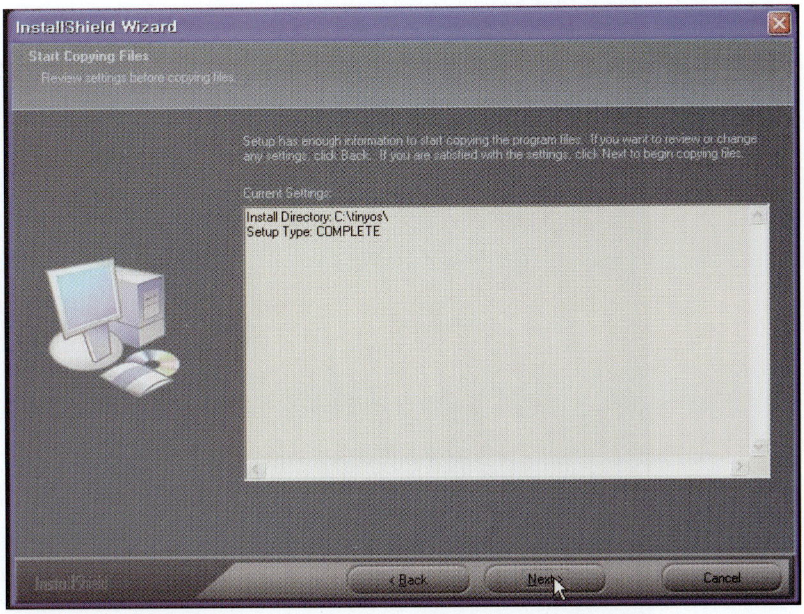

⑥ 설치가 시작된다.

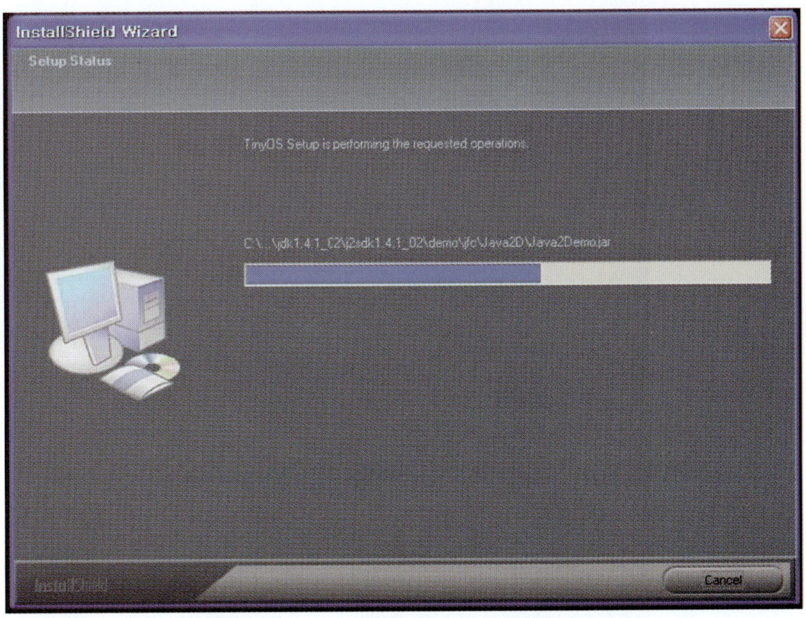

⑦ 설치에 필요한 파일들의 복사가 끝나면 아래와 같은 화면이 나온다. Cygwin설치를 위해 'Continue'를 클릭한다.

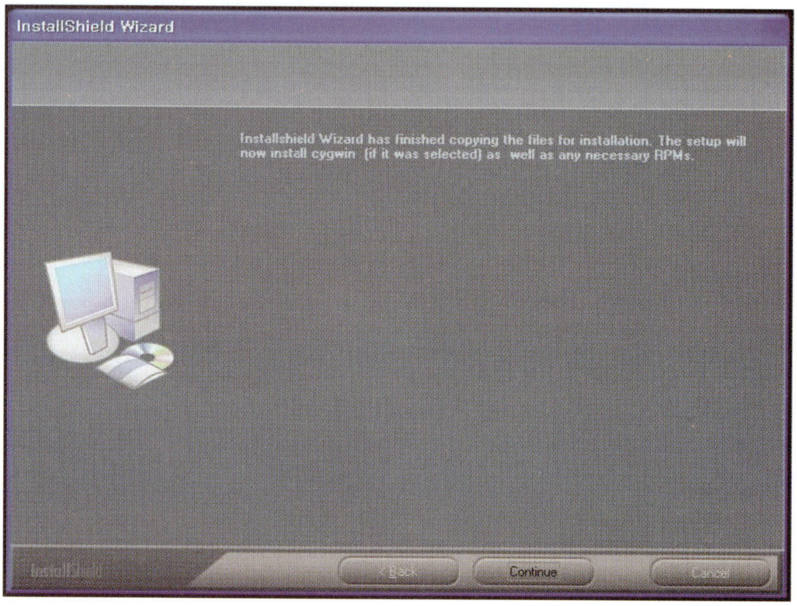

⑧ Cygwin이 설치된다.

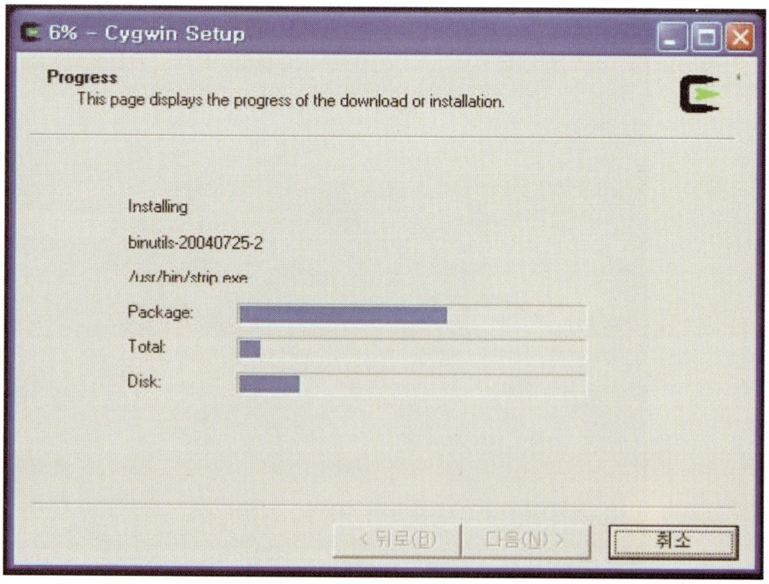

Windows상에 설치가 끝나면 Cygwin 아이콘이 생기고, Cygwin 내부 설치가 계속 된다(여기에서 TinyOS, JDK 1.4 & JavaCOMM 패키지, GraphViz 등이 설치된다).

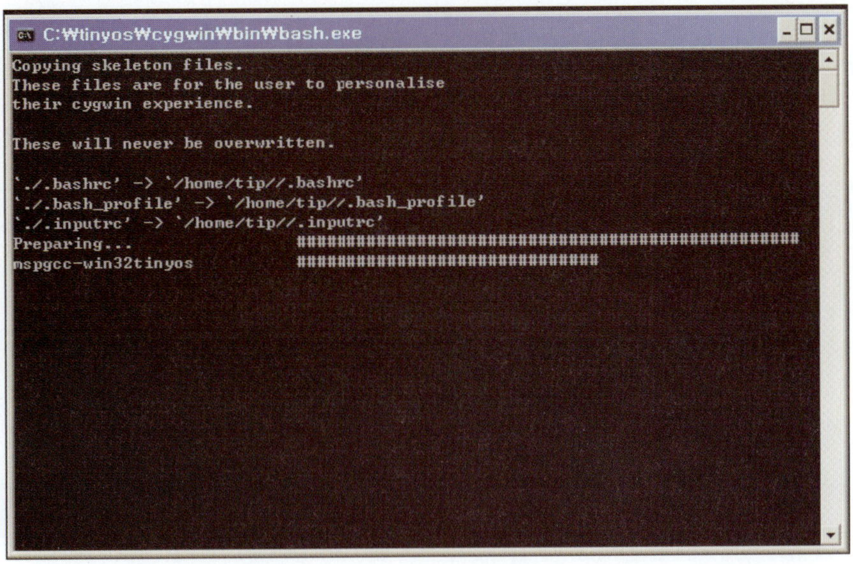

⑨ 다음과 같은 창이 뜨면서 설치가 끝난다. '확인'을 클릭한다.

⑩번 이후의 과정은 설치가 된 후의 테스트 과정이다. 필요하면 참조하면 된다.

참고

1. Cygwin은 윈도우상에서 리눅스 환경을 구현한 것이다. 자세한 것은 http://www.cygwin.com/를 참조하기 바란다.
2. Java가 설치되는 것은 TinyOS가 구동되는 것을 확인하기 위한 PC쪽의 애플리케이션이 Java로 구현되어 있기 때문이다.
3. GraphViz는 TinyOS상에서 도큐멘트를 만들어 줄 때 사용된다.

⑩ 바탕화면에 생긴 Cygwin 아이콘을 더블클릭해서 실행하면 다음과 같은 창이 뜬다. 이것이 Cygwin이 실행된 창이다.

⑪ 현재의 디렉토리에서 ls 명령을 사용하면 설치된 rpm에 대한 log 파일들이 나온다.

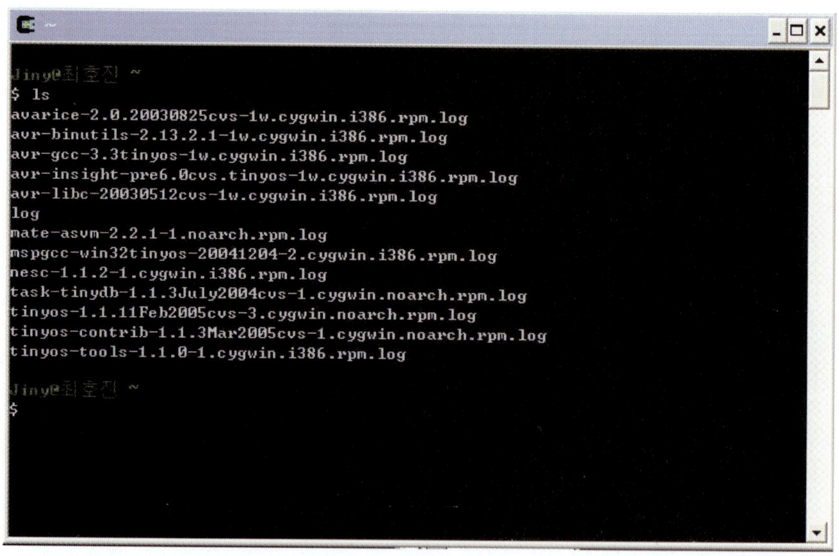

⑫ TinyOS의 apps 디렉토리로 들어가 보자. 위치는 opt/tinyos-1.x/apps이다.

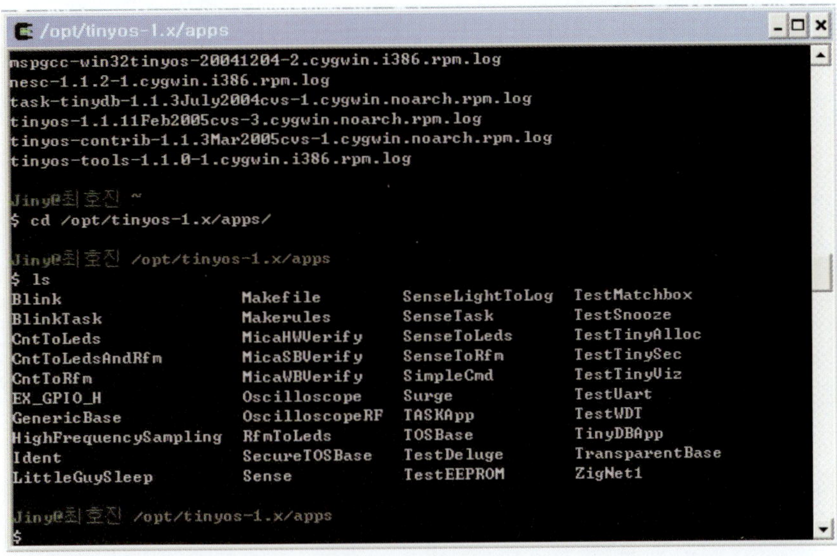

⑬ Blink 디렉터리로 들어가서 Blink application을 컴파일해 보았다.

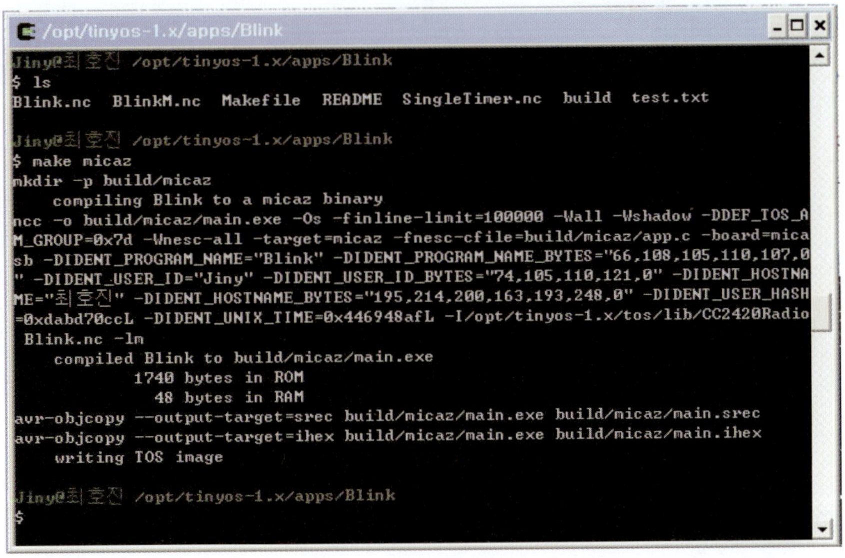

위와 같이 나옴으로써 설치가 제대로 된 것을 간단히 점검해 보았다.

제5장

(3) 설치확인

설치가 완료되면 바탕화면에 Cygwin 아이콘 Cygwin이 생성된다.

그리고 설치된 폴더를 찾아가서 TinyOS를 비롯한 여러 가지 툴이 설치되었는지 확인한다(기본 설치 폴더는 C:₩Program Files/UCB/Cygwin이다).

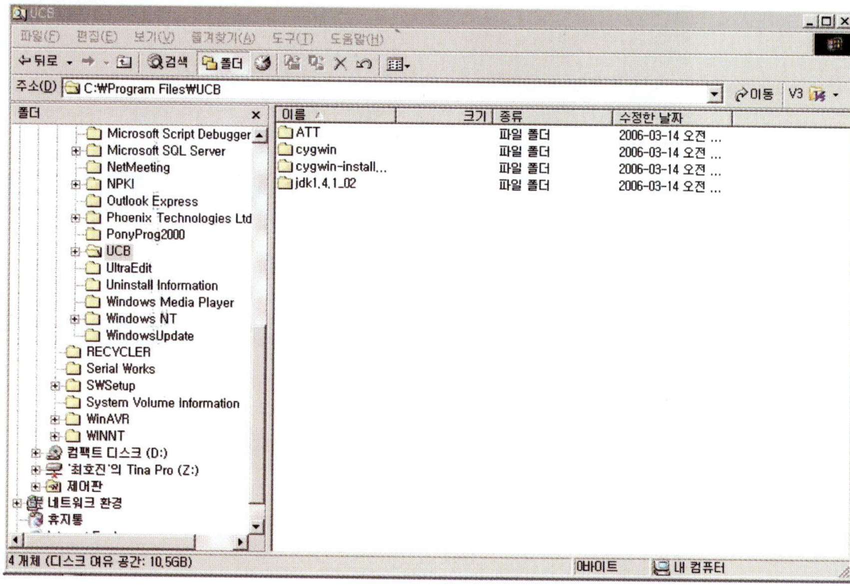

설치된 항목들은 다음과 같다.

- TinyOS & Tools : 무선 센서 네트워크를 위한 이벤트 구동 OS와 디버깅을 위한 툴
- nesC : TinyOS를 위하여 설계된 Cdjs의 확장 언어
- Cygwin : 리눅스와 같은 환경을 제공하는 윈도우기반의 에뮬레이터
- AVT Tools : Atmel의 AVR 프로세서를 위한 소프트웨어 개발환경의 일종
- Java 1.4 JDK와 JavaCOMM2.0 : 호스트 PC 응용과 포트 통신
- GraphViz : make docs로부터 view files까지 만든다.

① 애플리케이션 프로그램 확인

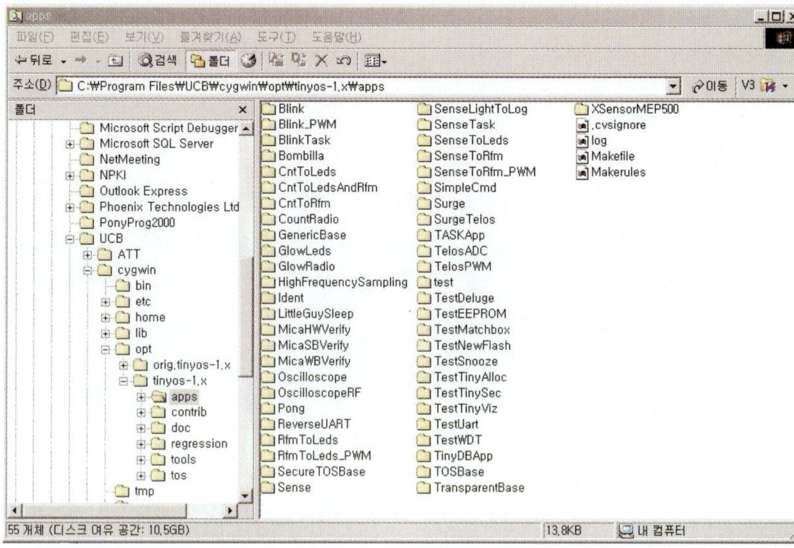

C:₩Program Files/UCB/cygwin/opt/tinyos-1.x/apps

폴더를 살펴보면 여러 가지 애플리케이션 프로그램들이 있다. 이는 실험 실습을 할 때 사용되는 애플리케이션 프로그램들이다. 만약 잘못 설치가 되었다면 CD의 폴더를 모두 복사해서 사용하면 된다.

② 자바 애플리케이션 확인

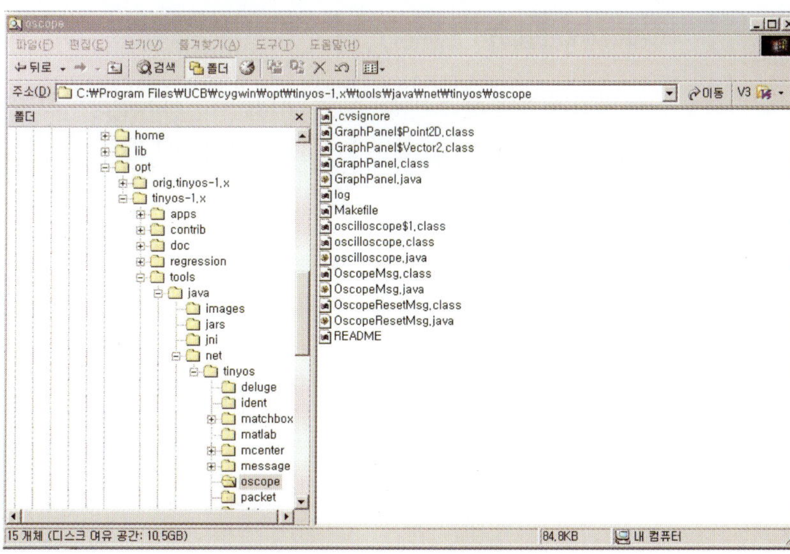

C:₩Program Files/UCB/cygwin/opt/tinyos-1.x/tools₩java₩net₩tinyos₩ oscope

TinyOS를 이용하여 PC 상에 디스플레이시킬 때 필요한 Java 파일이다.

*.class인 오브젝트 파일과 *.java인 소스 파일이 있다.

주의사항

자바 프로그램을 이용하여 그래픽을 표현하는 프로그램을 작성할 경우에 현재 컴퓨터에 예전에 자바 프로그램이 설치되어 있으면 서로 프로그램이 문제를 발생하여 자바를 이용하는 응용 프로그램이 동작하지 않으므로 우선 TinyOS를 인스톨하기 전에 반드시 이전에 자바 프로그램 관련 파일 및 디렉토리를 삭제해야만 한다. 삭제하지 않으면 동작하지 않는다.

(4) Cygwin의 실행

바탕화면에 

이라는 에뮬레이터 프로그램이 설치된 것을 볼 수 있다 .

이는 윈도우 기반의 OS에서 Linux 프로그램을 사용가능하도록 해주는 프로그램이다. 이는 리눅스의 모든 명령어를 사용할 수 있다 .

① Cygwin의 명령어

Cygwin의 명령어는 리눅스의 명령어와 동일하다(물론 리눅스처럼 대 · 소문자를 구별하여 사용하여야 한다).

많은 리눅스 명령어 중 많이 사용하는 몇 가지를 알아보고자 한다.

chown(change owner)

→ 파일의 소유자를 바꾼다. 이 명령은 누구나 실행시킬 수는 있지만 root가 아닌 경우에는 제약이 많아 거의 사용하지 않는다.

☞ **사용법**

chown [option] newowner file(s)

option〉 -R : 서브디렉토리까지 재귀적으로 실행된다.

chgrp(change group)

→ 파일의 소유 그룹을 바꾼다.

☞ **사용법**

chgrp [option] newgroup file(s)

option〉 -R : 서브디렉토리까지 재귀적으로 실행된다.

chmod(change mode)

→ 허가권을 설정하거나 제거하는 명령이다.

☞ 사용법

1. chmod [option] absolute-mode file(s)
2. chmod [option] symbolic-mode file(s)

cp(copy)

→ 파일을 복사한다.

☞ 사용법

1. cp file1 file2
2. cp [option] source_file(s) destination_directory

option〉

−r : 서브디렉토리까지 재귀적으로 복사한다.

−i : 복사할 대상 파일이 이미 존재할 때 덮어 쓸 것인지를 물어본다.

mv(move)

→ 파일, 디렉토리의 이름을 바꾸거나 위치를 이동시킨다.

☞ 사용법

1. mv [option] oldname newname
2. mv [option] file(s) directory

option〉

−f : 옮겨질 파일이 이미 존재하더라도 묻지 않고 덮어 쓴다.

−i : 옮겨질 파일이 이미 존재하는 파일이면 덮어 쓸 것인지 물어 본다.

−v : 옮기고 있는 파일 이름을 출력한다.

rm(remove)

→ 파일을 지운다. 옵션에 따라 디렉토리도 지울 수가 있다.

☞ 사용법

rm [option] file(s)

option〉

–f : 허용권에 따라 지울 수 없는 파일도 아무 메시지 없이 강제로 지운다.

–i : 파일마다 지울 것인지를 확인한다.

–r : 디렉토리 안의 모든 내용을 재귀적으로 지운다. 이 옵션을 쓸 때는 파일 이름 대신에 디렉토리 이름을 주어야 한다.

mkdir(make directory)

→ 디렉토리를 만든다.

☞ 사용법

mkdir [option] directory_name(s)

option〉 -p : 만들고자 하는 디렉토리의 parent 디렉토리가 존재하지 않더라도 에러메시지 없이 parent 디렉토리를 모두 만든다.

rmdir(remove directory)

→ 디렉토리를 제거한다. 디렉토리 안이 비어 있지 않으면 지울 수 없으므로 비어 있지 않은 디렉토리를 지울 때는 『rm -r』 명령을 써야 한다.

☞ 사용법

rmdir directory_name(s)

find

→ 파일을 찾아서 특별한 기능을 실행한다.

☞ 사용법

find pathname-list [options]

option〉

–name expression : expression과 일치하는 파일만 찾는다.

–print : 파일 이름을 보여준다.

–ls : 파일 속성을 보여준다.

–exec : 명령어 명령을 수행한다. 명령은 『;』로 끝나야 하고, 『』를 명령어의 인수로 사용하면 현재 파일 이름으로 치환된다.

–type : 파일 유형에 따라 찾는다. 쓸 수 있는 파일 유형에는 다음과 같은 것들이 있다.

d : 디렉토리

f : 일반파일

l : 심벌릭 링크

−expr1 -o expr2 : expr1이나 expr2를 만족하는 것을 대상으로 한다.

file

→ 파일의 종류를 알아본다.

☞ **사용법**

file file(s)

파일의 종류에는 대략 다음과 같은 것들이 있다.

directory

ascii txt

commands text(shell scripts)

c program text

executable

not stripped

English text

empty

ls(list)

→ 파일들의 리스트를 보여준다.

☞ **사용법**

ls [option] [file(s) or directories]

option〉

−a : 모든 파일들을 보여준다. 『.』로 시작되는 히든파일도 보여준다.

−A : a와 똑같지만 현재 디렉토리와 상위 디렉토리를 나타내는 『.』과 『..』은 보여주지 않는다.

−C : 강제로 multi-column으로 출력한다.

−d : ls의 인자가 디렉토리인 경우 디렉토리 안의 내용은 보여주지 않고 디렉토리 이름만을 보여준다.

−g : 파일의 소유그룹을 보여준다.

−i : 파일의 i-node number를 보여준다.

−R : 재귀적으로 서브디렉토리까지 보여준다.

−1 : 강제로 1줄에 1개의 파일만 보이도록 한다.

−n : −l과 똑같지만 파일의 소유자 이름과 소유그룹 이름 대신에 사용자 번호와 그룹번호를 표시한다.

−t : 파일이 생성된 순서대로 표시

touch

→ 파일의 최종 수정날짜와 시간을 바꾼다. touch는 0바이트 크기의 파일을 만들 때도 사용된다.

☞ 사용법

touch [option] filename(s)

option〉

−c : 지정해준 파일이 존재하지 않더라도 만들지 않는다. 존재하지 않는 파일에 대해 touch를 실행하면 0바이트 크기의 파일이 생성되는데, 이것을 불가능하게 한다.

예 touch first.ctouch -c apple

cat(concatenate)

→ 파일의 내용을 표준 출력으로 보내준다. 여러 개의 파일 이름을 적어주면 차례로 출력시키므로 파이프나 리다이렉션을 통해 여러 파일들을 하나로 합치는 기능도 할 수 있다.

☞ 사용법

cat [option] [filename(s)]

option〉

−b : 줄 번호를 붙여준다.

−u : 버퍼를 통하지 않고 보내준다.

cut

→ 행의 지정된 필드 제거(지정된 필드만 출력할 때 용이)

☞ 사용법

cut -c 리스트 [file name]

예 cut -c 2,11 cut.data : 파일의 2행과 11행만 선택

cut -c 2-11 cut.data : 파일의 2행에서 11행까지 선택

cut -f 2-4 -d" cut.data : 파일의 2에서 4까지의 문자열 선택. 단, 필드 구분자는 공백

paste

→ 여러 개의 파일에 대하여 행간결합

☞ 사용법

예 paste -d 리스트 file1 file2

sh

→ 스크립트 파일 실행

☞ 사용법

예 sh Xiontek.bat

sort

→ 파일의 내용을 정렬한다.

☞ 사용법

sort [option] [filename(s)]

파일 이름이 주어져 있지 않으면 표준입력을 사용한다.

option〉

−b : 선행하는 공백문자를 무시한다.

−f : 대·소문자를 무시한다.

−r : 정렬순서를 반대로 하여 내림차순으로 정렬한다.

+n1/−n2 : 비교 대상이 되는 필드를 n1번째 필드에서 n2번째 필드까지로 제한한다. 필드란 공백으로 구분되는 부분들이다. 필드의 번호는 첫 번째 필드가 0이다.

② Cygwin 버전의 확인

Cygwin 윈도우 형태에서 rpm-qa로써 설치된 버전을 확인할 수 있다.

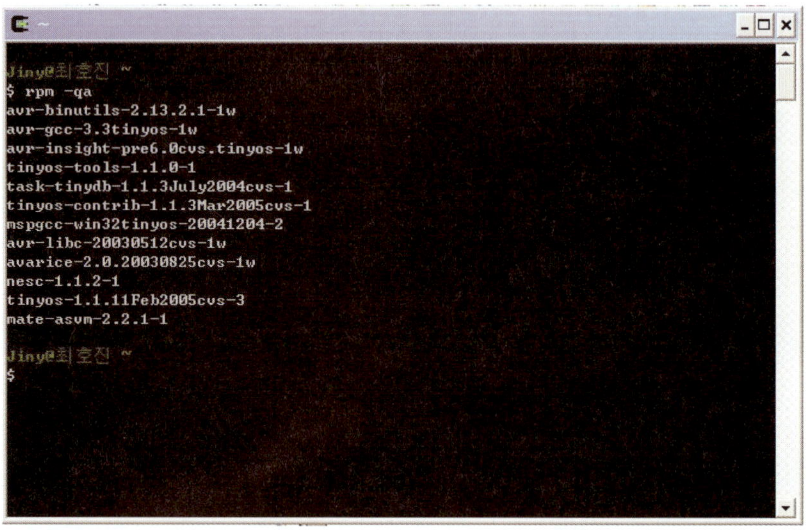

2) TinyOS의 Uninstall 방법

TinyOS가 그전 버전이나 설치과정중 문제가 발생시 uninstall을 다음과 같이 설치해야 한다.

① 제어판에서 프로그램 추가/삭제에서 TinyOS를 지운다.

② C:₩Program File₩UCB를 삭제한다. 이때 하위 디렉토리 및 파일을 포함하여 삭제해야 한다.

③ 윈도우의  을 클릭한 후 실행을 클릭한다.

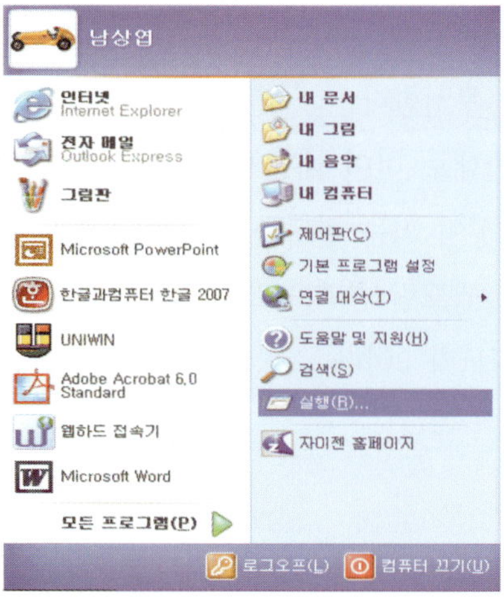

④ 실행을 클릭한 후 regedit를 쓴 후 확인을 클릭한다. 즉 레지스트리 편집기로 들어간다.

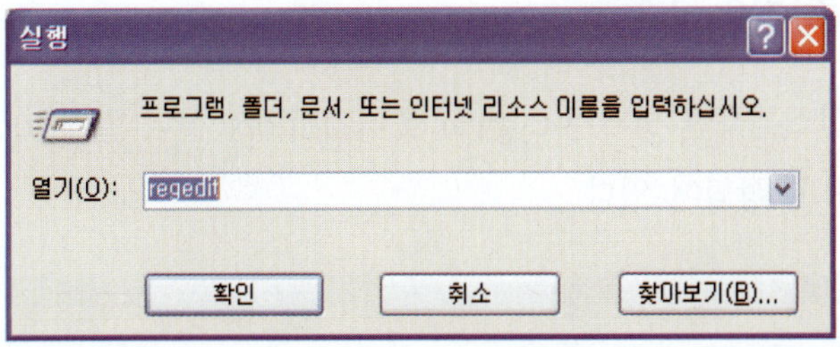

⑤ 레지스트리 편집기에 들어가서 HKEY_LOCAL_MACHINE 디렉토리 밑에, SOFTWARE 디렉토리 밑에, Cygnus Solution 디렉토리 밑에 해당되는 모든 것을 삭제하면 완료된다.

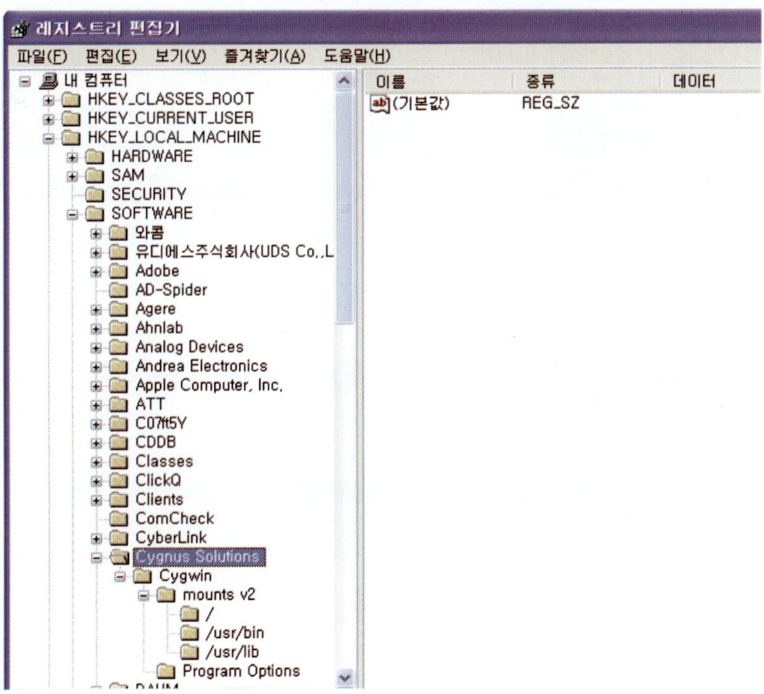

5.2 TinyOS의 구조

1) TinyOS 폴더의 구조

TinyOS를 인스톨하면 생기는 Cygwin 폴더에서 opt 폴더 밑에 /opt/tinyOS- 1.x의 위치에 다음 그림처럼 구성되어 있다.

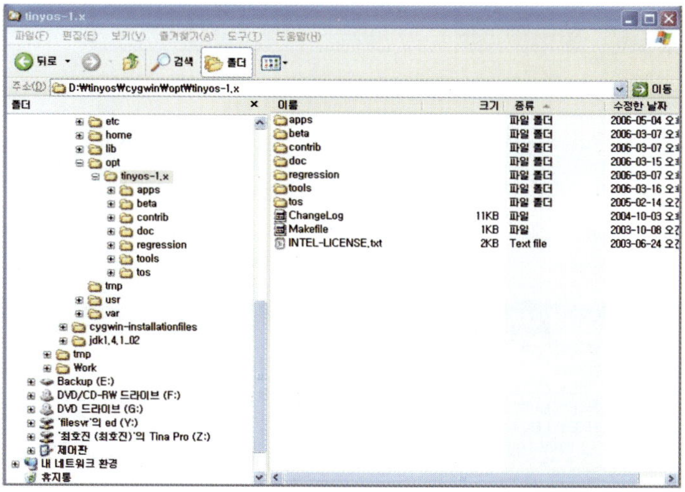

2) Apps 폴더

Apps 폴더는 센서 키트를 위한 응용 파일들이 있는 폴더이며 /opt/tinoy-1.x/ apps에 위치해 있다.

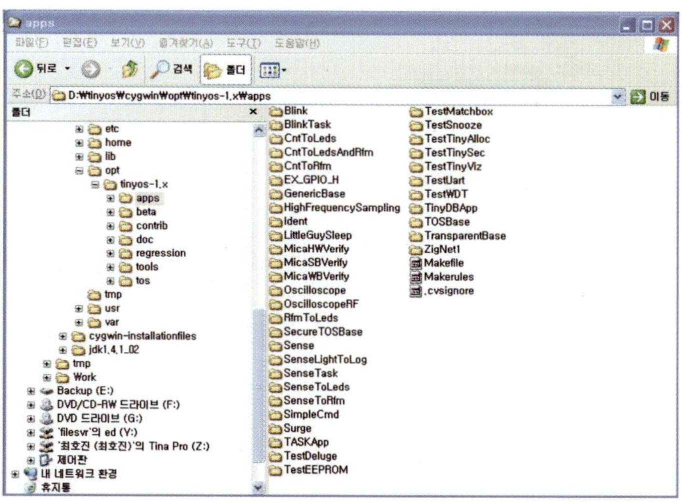

우리가 여기에서 실습에 사용할 예제는 Blink, BlinkTask, CntToLeds, RfmtoLeds, Surge, TestSnooze, TinyDBApp, TOSSBase, Oscilloscope, OscilloscopeRF 등이다.

(1) Blink 응용 프로그램

이 응용 프로그램은 1Hz의 타이머를 이용하여 LED가 토글식으로 On-Off 되는 상태를 프로그램한 것이다. 이 프로그램은 TinyOS를 이해하고 개념을 얻는 가장 기본적인 예제 프로그램이다. 응용 프로그램에서 타이머의 속도를 변화시켜보고 2개의 LED를 변화시켜 프로그램할 수 있다. 이를 통해서 TinyOS와 nesC를 이용한 USN 키트 응용을 이해하는 가장 기본적인 프로그램이다.

(2) 오실로스코프 응용

이 응용은 TinyOS의 응용 프로그램에서 센서를 통하여 유선·무선 또는 멀티 Ad-hoc 통신을 하는 것을 직접 오실로스코프처럼 컴퓨터상에서 확인할 수 있는 프로그램이다.

그러므로 환경설정이 필요하다. 또 노드의 수에 따라서 오실로스코프상의 그래프로 나타난다. 환경설정은 통신방법(serial or local host)과 포트 및 보 비율을 설정한다.

(3) CntToLeds

4Hz 타이머상의 카운터를 유지하고 카운터 값의 가장 낮은 2비트를 디스플레이한다.

적색 LED가 LSB이고 황색 LED가 MSB이다.

(4) RfmToLeds

RfmToLeds는 InfMsg 형태의 메시지를 관찰하고 있다. 이것은 1개의 메시지를 받을 때 수신된 값의 가장 낮은 2비트에 의하여 LED가 켜진다.

CntToRfm과 CntToLedAndRfm과 조합하여 간단한 TinyOS의 네트워크를 실현할 수 있다.

(5) Surge

Surge는 멀티 홉 Ad-hoc 라우팅을 사용하는 응용예제이다. 이것은 Surge 자바툴과 함께 사용되도록 설계되어 있다.

각 Surge 노드는 베이스 스테이션까지 그들을 가져간다.

각 노드는 베이스로부터 브로드캐스트 명령어까지 응답할 수 있다.

(6) TestSnooze

TestSnooze는 유저가 정의된 기간 동안에 노드가 저전력상태로 놓이게 하기 위하여 Snooze 컴포넌트의 사용을 설명하는 기초응용이다. 노드가 3개의 클록의 대기, fire()이벤트, 그리고 다음 저전력상태로 된다.

(7) TinyDBApp

TinyOS 센서의 네트워크로부터 추출된 정보에 대한 조회처리 시스템이다. TinyOS에서 데이터 처리를 하는 데 있어서 기존 솔루션과 다르게 TinyDB는 센서에 대하여 임베디드 C코드를 쓰기 위하여 요구하지 않는다. 그대신 TinyDB는 단순하고 SQL 같은 인터페이스를 추출하고자 원하는 데이터를 지정하기 위해 제공한다. 추가로 데이터는 리플래시되어야 한다.

(8) TOSBase

시리얼과 라디오 링크 사이에 간단히 연결되는 동작을 표시하는 응용 프로그램이다. TOSBase는 시리얼 링크에서 라디오 링크까지 움직이는 메시지 그룹 ID별로 표현한다. 그리고 그룹 ID가 포함되지 않고 발생한 라디오 메시지는 제거한다.

3) DOC 폴더

DOC 디렉토리는 documents, Totorial 및 nes의 document들이 있다.

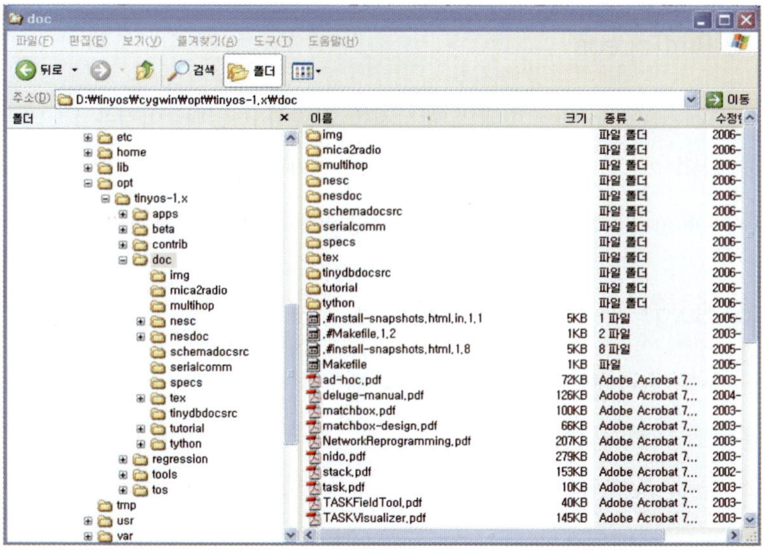

4) TOS 폴더

TOS 폴더는 interface, lib, platform, sensorboards, system, types 폴더를 가지고 있다. 이 폴더의 역할은 모트 키트를 위한 시스템 코드를 갖고 있고 TinyOS의 커널, 무선통신 라우팅 프로토콜 및 센서 인터페이스 관련 파일을 갖고 있다.

- 인터페이스는 모든 표준 컴포넌트에 대하여 정의한다.
- lib는 주요 라이브러리(reliable route, TinyDB, TinySec)이다.
- platform은 Mote의 특별한 드라이브 컴포넌트이다.
- sensorboards는 센서의 특별한 드라이버이다.
- system은 TinyOS 서비스(스케줄러, timers)이다.
- types는 TOS 데이터 구조(TOSMsg)이다.

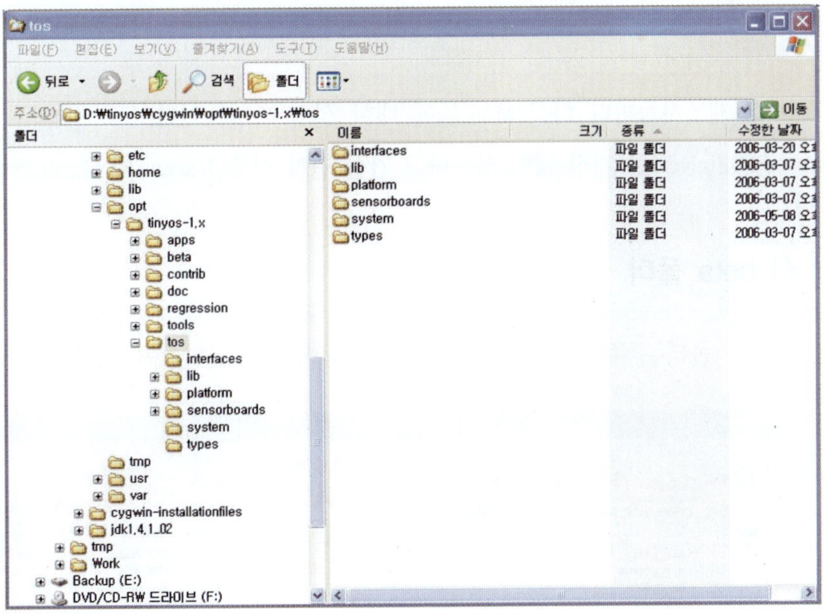

5) Contrib 폴더

Contrib 폴더는 TinyOS 유저그룹에서 제공되는 것이다.

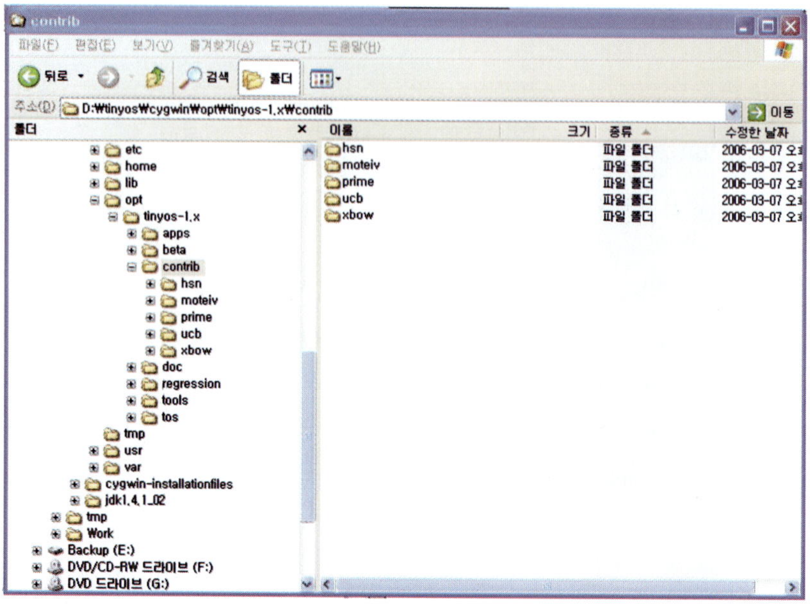

각 제조사들마다 다른 Mote들에 대한 설정 파일들이다.

ED-ZigNet1은 가장 많이 사용하고 가장 먼저 시작한 xbow의 Micaz를 모태로 개발되었다.

6) beta 폴더

beta 폴더는 주요 TOS 컴포넌트의 joint 개발을 위한 폴더이다.

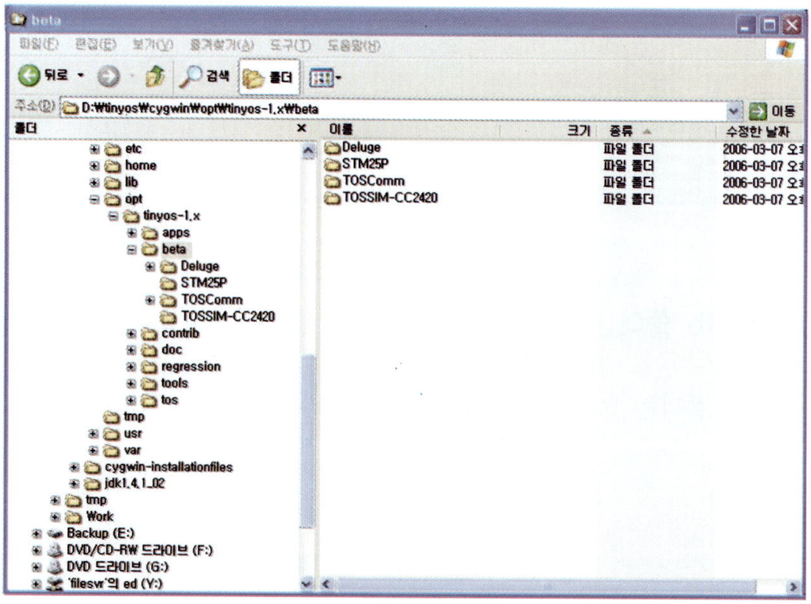

7) tools 폴더

tools 폴더는 TOS 개발자의 tool이다. 이 폴더와 Java는 호스트 GUI이고, make는 new make 툴이다. matlab은 호스트 응용 툴이고 scripts와 uisp 등이 있는 폴더가 포함되어 있다.

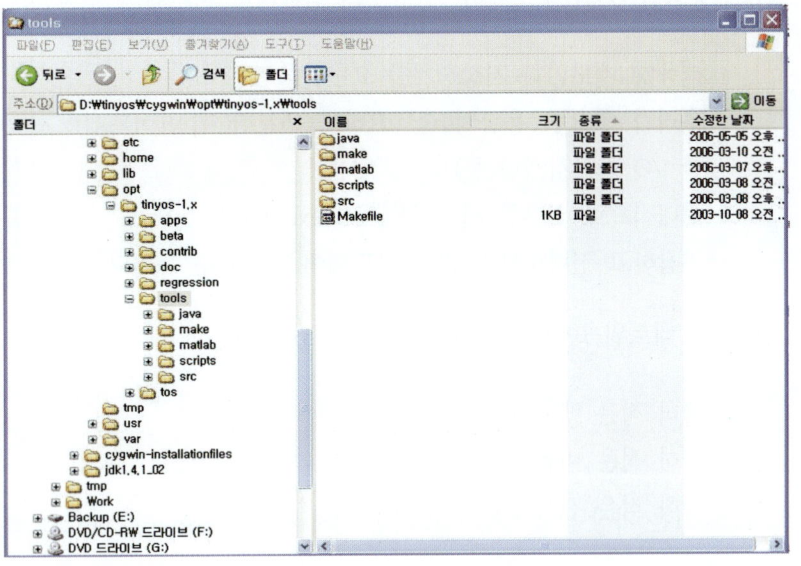

8) regression 폴더

regression 폴더는 regression(복귀)과 호환성 테스트를 위한 폴더이다.

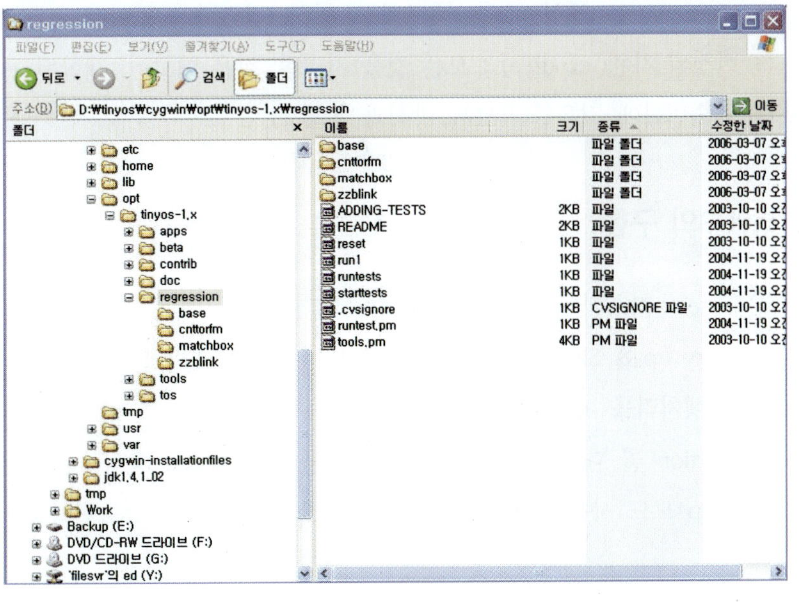

5.3 TinyOS의 특징

1) 전통적인 OS

① 전통적인 OS의 구조에서 큰 규모의 임베디드 시스템의 문제점은 다음과 같다.

- 대용량 메모리와 저장장치를 요구한다.
- 우리가 필요한 용량의 불필요하고 과분한 기능(어드레스 공간의 분리, 복잡한 I/O 서브시스템 등)
- 상대적으로 과분한 시스템(예 context switch 등)
- 복잡하고 전력소모가 많은 하드웨어 제공요구 등이다.

② 센서 네트워크에서 요구하는 OS의 구조는 다음과 같다.

- 극히 적은 메모리 공간
- 극히 적은 비용의 시스템
- 극히 적은 전력소모

2) TinyOS의 설계 개념

① 저전력 및 Ad-hoc 센서 네트워크 : 센서 입력에 감응하기 쉽고 이벤트의 중심이고 크기를 조정할 수 있다.

② 주요 요소는 센싱, 검출, 네트워킹, 통신, 전력관리 등이다.

③ 한정된 자원(resource) : 모든 것을 저전력, 작은 메모리, 제한된 프로세싱 등이다.

④ 기술변화에 적응한다(모듈 방식과 재사용).

3) TinyOS의 구현

① issue : 최소의 전력소모, 전원의 극대화

② hurry up & Sleep : 동작이 신속하고 비동작시 대기 모드화

③ 수행처리를 신속하게 추진 : 인터럽트 구동방식이고 polling 방식을 배제하고 function 콜 대신에 인라인 코드를 사용하고 매크로 방식을 채택한다.

④ sleep 모드 사용 : 어떤 동작이 발생했을 때 sleep 모드로 전력소모가 최소화한다.

4) Mote 자원의 제약

(1) 마이크로컨트롤러

Atmel의 ATMega128L을 사용한다. 이 프로세서는 4~8MIPs 정도 성능의 8비트 RISC 프로세서이다.

(2) 메모리

변수와 데이터를 위한 용량은 4kb SRAM, 코드 공간을 위하여 128kb 플래시를 사용한다.

(3) 저장장치

off-chip 시리얼 플래시 방식을 이용하여 512kb 플래시를 사용한다.

(4) 전 력

마이크로프로세서, 무선 및 센서를 위해 50~100mW를 사용하고 평균 50~250μW를 사용한다.

5) TinyOS의 구조

(1) TinyOS의 특징

TinyOS는 이벤트 발생에 의한 상태전이 방식을 채택한 상태 머신(state machine) 기반의 프로그래밍 개념을 사용한 운영체제로서, 제한된 메모리 공간의 효율적인 이용과 프로세싱의 동시성 등을 지원해주는 운영체제이다.

TinyOS에서는 시스템 자원의 제약들 때문에 기존의 IP 프로토콜, 소켓, 스레드 개념들을 사용하지 않는다. 이러한 TinyOS의 특징을 크게 다음의 3가지로 구분해 볼 수 있다.

① 하드웨어 추상화(hardware abstraction)부터 상위수준 소프트웨어까지 모두 재사용 가능한 소프트웨어 컴포넌트 기반의 운영체제이며, 응용 프로그램은 하드웨어 컴포넌트의 입·출력을 연결하듯 소프트웨어 컴포넌트의 입·출력 인터페이스를 연결함으로써 작성된다.

② 상태 머신기반의 구조를 가지는 운영체제로, 각각의 상태는 TinyOS의 컴포넌트가

해당된다. 각 컴포넌트의 명령(command)과 이벤트 처리기는 한 상태에서 다른 상태로 빠르게 전이를 수행하며, 기본적으로는 하드웨어의 신호처리와 같은 특성을 가지므로 적은 양의 부가처리와 논블로킹(non-blocking)의 특성을 지닌다.

③ 센서 노드의 중요한 요구사항의 하나인 저전력 소모를 구현하기 위해 사용되지 않는 CPU의 사이클 동안은 휴지상태로 들어가 불필요한 전력소모를 줄인다.

자원 제약사항과 센서 네트워크의 응용을 고려한 센서 네트워크 운영체제를 위한 설계 요구사항은 다음과 같다.

우선 센서 네트워크의 운영체제의 크기는 작게 하고 특히 RAM의 사용을 많이 줄여야 한다. 이 때문에 센서 운영체제의 태스크들은 스택을 공유하거나, 심지어는 TinyOS 경우처럼 컨텍스트 오버헤드를 줄이기 위해 태스크 간 선점(preemption)을 허용하지 않는 경우도 있다.

센서 운영체제는 전력소모를 관리하기 위해서 전력관리자를 두어 마이크로컨트롤러와 무선 칩의 다양한 슬립 모드와 세부기능의 전력공급을 제어하고, 센서 자체의 전력공급을 제어함으로써 저전력 운영을 하게 된다.

센서 노드는 일반적으로 제한된 병렬처리 능력과 하드웨어 제어구조를 가지며, 센서와 같은 하드웨어 I/O 장치를 지능형 제어기가 아닌 원시적인 직접접근 방식에 의해 제어를 수행하므로, 이러한 I/O 제약사항이 운영체제 설계에 역시 고려되어야 한다.

또한 다양한 응용분야를 가지는 센서 네트워크에서는 범용 하드웨어와 소프트웨어가 존재하는 것이 아니라 응용분야에 따라 크게 달라질 수 있으므로 운영체제는 가능한 어떠한 응용에서도 효과적으로 사용할 수 있도록 유연성과 모듈성을 갖추고 있어야 한다.

또한 센서 노드들은 한번 배치되고 나면 유지 보수가 어렵고, 운용환경 또한 열악할 수 있으므로, 이들을 고려하여 강인한 구조로 설계되어야 한다.

마지막으로 센서 네트워크의 핵심 프로토콜인 저전력 Ad-hoc 라우팅 프로토콜, 위치인식, 클록 동기기능을 지원하며 프로그래밍 용이성이 고려되어야 한다.

우리가 원하는 OS의 구조가 메모리 크기와 시스템의 비용을 줄이는 것이 목표이므로 TinyOS의 구조는 다음과 같다.

① 커널이 없다 : 직접적으로 하드웨어를 처리한다.

② 처리관리(process management)가 없다 : 단지 동작 중에 한번의 처리만 있다.

③ 가상(virtual) 메모리가 없다 : 단일 선형 물리 어드레스 공간만 있다.

④ 직접적인 메모리 할당은 없다 : 단지 컴파일 동안에 할당한다.

⑤ 소프트웨어 신호나 예외처리가 없다 : 대신 function call을 한다.

⑥ 구성은 응용 = 스케줄러(scheduler)('Main') + 컴포넌트의 그래프로 구성된다.

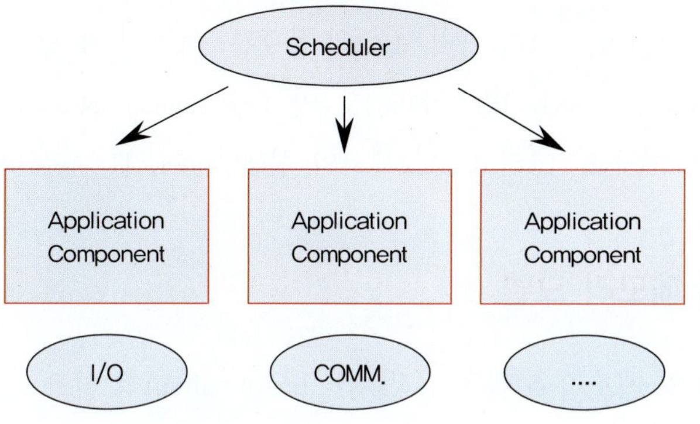

[그림 5-1] TinyOS의 스케줄러 구조

6) TinyOS의 계층도

(1) TinyOS의 응용(User 부문)

■ 센싱의 응용들

① XMesh : Mote-View를 위한 저전력 mesh 단계로 전개한다.

② XSensor : xlisten을 가진 센서 읽기의 단일 hop을 테스트한다.

③ Surge_Reliable : multi-hop mesh 네트워크 통계량

④ TASKApp, TinyDB : 읽기를 모아 send(최소 / 평균 / 최대)

⑤ Oscilloscope : 자바 툴에서 읽은 광센서를 주기적으로 보내는 응용 프로그램

■ 기본 응용들

① TOSBase : 기본 패킷 탐색기

② RfmToLeds : 라디오 정보를 LED상에 표시하는 수신기

③ CntToLedsAndRfm : up-counting하면서 무선과 LED상에 표시하는 전송기

④ SimpleCmd : Mote의 송신명령어에 대한 테스트 응용

⑤ Blink : 간단한 LED의 토글 응용

(2) TinyOS의 컴포넌트 계층도(S/W와 H/W 부문)

■ TinyOS의 드라이버(TOS와 H/W부문)

TOS 드라이버는 여러 가지 Mote의 플랫폼, 여러 가지 센서 보드, 여러 가지 무선 스택들(CC2420 FSK), IEEE 802.15.4의 DSSS(Direct Sequence Spread Spectrum), ZigBee, Bluetooth, 그리고 프로세서의 형태(Atmel, TI, ARM)가 내장되어 있다.

7) TinyOS의 메모리 모델

① TinyOS의 메모리 모델은 정적이다. heap(malloc)이 없고 실시간 배치하며 다이내믹하지 않고 컴포넌트들은 함께 적적으로 연결되어 있다. 컴파일 시간에 크기의 결정을 요구한다.

② 글로벌 변수가 메모리에 보관되고 버퍼에 복사되지 않는 포인터를 사용한다.

③ 로컬 변수들은 스택상에 있다.

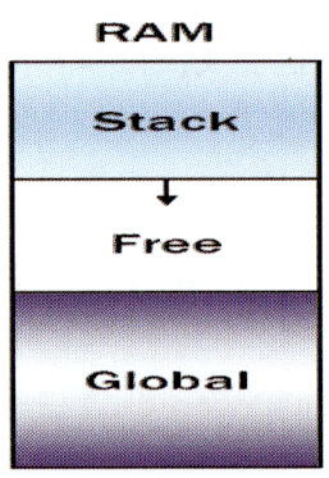

[그림 5-2] TinyOS의 메모리 모델

8) TinyOS의 모듈화

Mote의 응용을 만들기 위한 구성으로써 함께 연결된 컴포넌트들이다. 'wire' 컴포넌트를 사용하는 방법만 알고 있어도 응용을 구현하는 데 충분하다. 컴포넌트를 연결하는 인터페이스는 'provides'와 'uses'를 사용한다. 컴포넌트는 2가지 형태이다. 즉, 하나는 코드로 쓰여진 작은 단위의 컴포넌트인 모듈과 다른 하나는 컴포넌트를 함께 연결한 컴포넌트를 configuration하는 형태가 있다(그림 5-3).

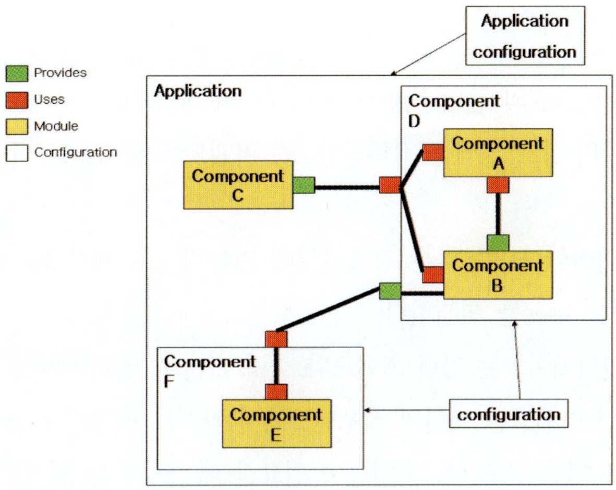

[그림 5-3] TinyOS 모듈화 블록

(1) TinyOS의 컴포넌트

TinyOS의 하나의 주요 컴포넌트는 [그림 5-4]와 같이 3가지로 구성되어 있다. 즉 frame(내부상태), function(computation)과 interface로 구성되어 있다. 프레임은 글로벌 변수와 데이터를 가지고 있고 컴포넌트당 하나씩 있고 적적으로 배치하고 크기가 고정되어 있다. function은 커맨드, 이벤트와 태스크를 구현하고 커맨드와 이벤트는 간단한 C function call이다.

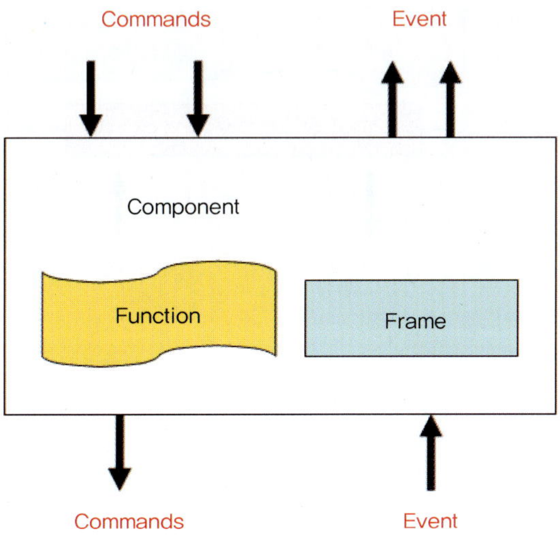

[그림 5-4] TinyOS의 컴포넌트 구조

(2) TinyOS의 인터페이스

인터페이스는 [그림 5-5]와 같이 커맨드와 이벤트의 하나 또는 더 많은 집합체이다. 그리고 컴포넌트들 사이의 상호 영역을 정의한다. 즉 커맨드는 입력으로 이벤트는 callback으로 정의한다.

각 컴포넌트를 연결한다. 즉 다른 컴포넌트에 기능적으로 제시하는 provides와 또 다른 컴포넌트를 요구하는 uses를 연결한다.

각 컴포넌트의 인터페이스는 입력 커맨드와 출력 커맨드, 입력 이벤트와 출력 이벤트 4가지로 구성된다. 입력 커맨드는 자신의 컴포넌트에서 커맨드 핸들러를 통해 서비스하는 함수로 상위 컴포넌트가 해당 컴포넌트의 기능이 필요할 때 호출하는 것이며, 출력 커맨드는 하위 컴포넌트의 서비스를 호출할 때 사용한다. 입력 이벤트는 해당 컴포넌트의 이벤트 핸들러에 의해 처리되며 상위의 컴포넌트가 해당 컴포넌트에 신호를 넘겨주기 위하여 사용되는 것이며, 출력 이벤트는 해당 컴포넌트가 상위의 컴포넌트에 신호를 전달하기 위해 사용된다.

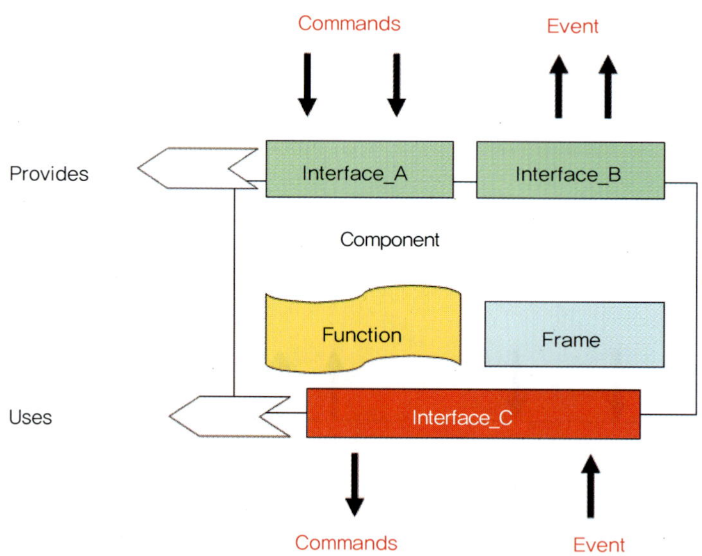

[그림 5-5] TinyOS의 인터페이스 구조

(3) TinyOS function의 구현

① command

커맨드는 스택 위에 밀어 넣고 매개변수를 변화시키며, 논블로킹 특성이고 상태를 돌려받으며 낮은 레벨 커맨드를 call할 수 있다.

② event

이벤트는 회수(callback) 인터페이스(server signals client)이고, command call, post tasks 외에 다른 이벤트 신호를 할 수 있다. 하드웨어 인터럽트 트리거는 가장 낮은 레벨 이벤트이고 스택 위에 밀어 넣고 매개변수를 변화시키며 비동기 preempt task들이다.

③ task

태스크는 가장 낮은 우선순위에서 계산적으로 강한 작업이다.

9) TinyOS의 스케줄러

TinyOS의 스케줄러는 2레벨인 이벤트와 태스크를 스케줄링하고 스케줄러는 간단한 FIFO 이다. 하나의 태스크는 또 다른 태스크를 선점할 수 없다. 이벤트가 가장 우선순위 선점 태스크이다.

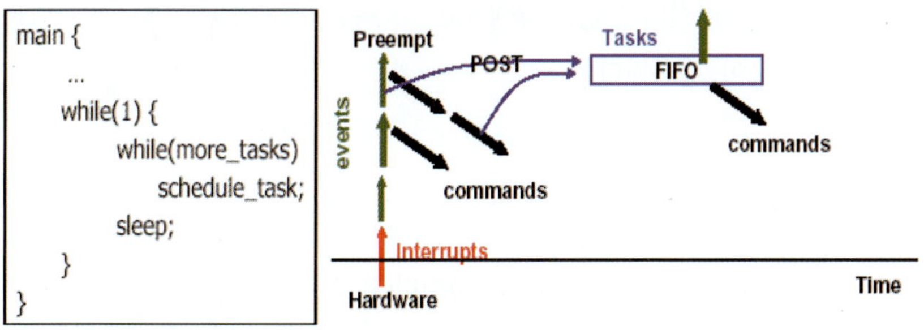

[그림 5-6] TinyOS의 스케줄러 구조

10) TinyOS의 응용과 커널

내부적으로 TinyOS 응용 프로그램은 커맨드와 이벤트를 이 중 우선순위에 의해 스케줄하는 경량 스케줄러와 함께 [그림 5-7]과 같이 컴포넌트의 상태전이 그래프로 구성되어 있다.

예제의 응용은 센서 노드가 온도와 조도를 센싱하여 무선 인터페이스를 통해 베이스 노드로 전송하는 단순한 경우이며, 실제 3450바이트의 코드와 226바이트의 데이터만을 사용하는 초소형 프로그램이다. 여기서 active message 컴포넌트는 센서 노드와 베이스 노드와의 통신을 담당한다.

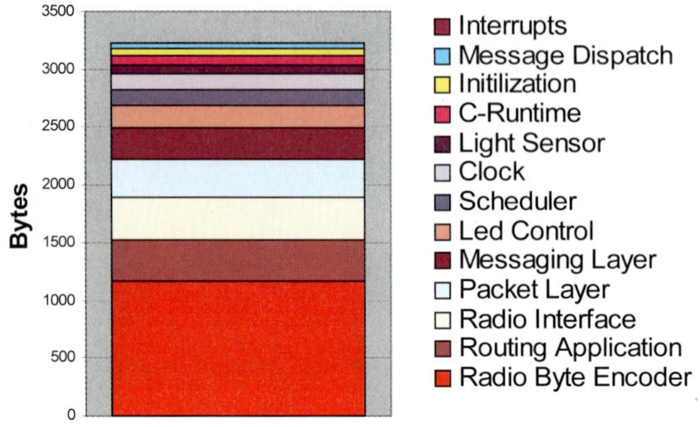

[그림 5-7] 컴포넌트의 상태전이 그래프

TinyOS는 코어 운영체제 이외에도 센서 네트워크용 소형 데이터 베이스 엔진인 TinyDB와 태스크 툴킷, PC상에서 시뮬레이션할 수 있는 TOSSIM, 센서 노드로의 바이트 코드 프로그램의 자동적인 포워딩과 업로드를 가능하게 하고 TinyOS 프로그래밍을 쉽고 간결하게 해주는 가상 머신의 일종인 BOMBILLA, 시큐리티 기능을 제공하는 TinySec을 포함한 다른 유틸리티들이 제공된다.

11) TinyOS의 라이브러리들

TinyOS의 라이브러리들(libraries)이다(TOS).

① Brodcast : 기존 커맨드 broadcast 모듈

② Deluge : over the air 프로그래밍

③ PeaceKeeper : 스택 개요와 RAM 변기 감지 라이브러리

④ Queue : 무선 패킷의 송수신의 우선순위를 매기는 핸들들

⑤ ReliableRouto : 원래의 Crossbow mesh 네트워킹 스택

⑥ SystemCore : 간단한 네트워크 관리 서비스(SNMS)

⑦ TimeSync : 네트워크 범위 노드 시간동기 계층

⑧ VM : Mote의 가상 머신 : TinyOS의 스크립트 코드가 동작한다.

⑨ XEE : EEPROM을 사용한 안정된 Mote의 configuration 라이브러리

⑩ XMesh : Crossbow로부터 art mesh 네트워크 스택의 상태

⑪ XSensor : XCommand에 포함된 공통 응용 프레임워크

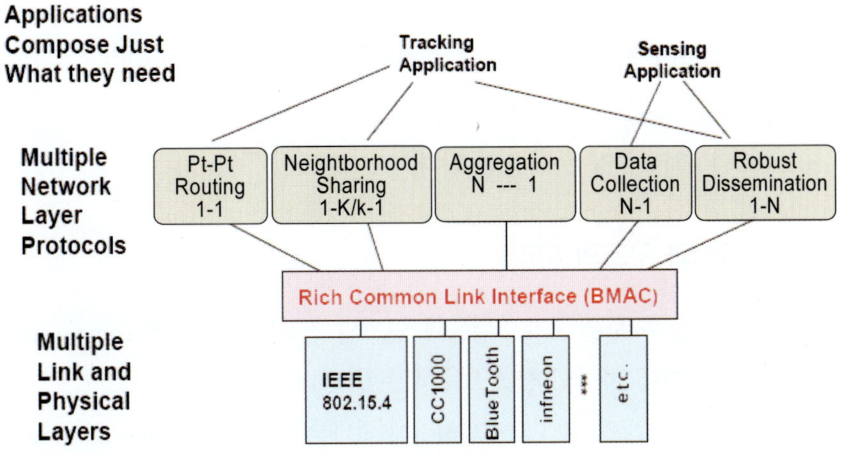

[그림 5-8] BMAC구조

5.4 nesC의 프로그램

1) nesC의 기본개념

TinyOS는 미국 UC 버클리대학에서 무선 센서 네트워크를 위한 OS로써 nesC[nes-si]라는 언어를 사용하여 개발되었고, 응용 프로그램도 마찬가지로 nesC로 기술해야 한다.

TinyOS의 응용 프로그램들은 30Kbyte 이하의 적은 용량의 크기로 컴파일된다.

개발된 nesC 소프트웨어는 변환(translation)과정을 거쳐 C언어로 바뀌며 컴파일되어 센서 노드에 다운되어 실행된다.

nesC는 센서 네트워크와 같은 임베디드 시스템을 위해 개발되었고 여러 개의 컴포넌트로 구성된 하나의 응용 형태로 구성되어 있다. 각 센서 노드의 응용을 위해 반드시 필요한 라이브러리와 커널 컴포넌트들만을 컴파일하여 효과적으로 코드 사이즈를 줄일 수 있다.

nesC는 TinyOS의 특성을 지원하기 위해 고안된 프로그래밍 언어로서 센서 네트워크의 애플리케이션 개발에도 사용되고, 초소형, 초저전력 컴포넌트 기반구조를 갖고 있으며, 태스크 및 이벤트에 기반한 동시성 모델로서 공유 데이터의 동시 액세스가 가능하다.

nesC는 TinyOS의 실행 모델과 구조적인 개념을 표현하기 위하여 설계된 C언어의 확장된 언어이다. nesC 응용 프로그램은 컴포넌트와 양방향 인터페이스로 구성되어 있다. static의 의미는 다이내믹 메모리가 없고 기능 pointers가 없다는 뜻이다.

프로그램은 Flash memory(128k), SRAM(4k), EEPROM(4k)를 프로그램할 수 있다. TinyOS

는 매우 제한된 리소스(즉, 8Kbyte의 프로그램 메모리, 512byte의 ROM)를 센서 네트워크의 노드를 위하여 설계된 이벤트에 의하여 구동되는 운영체계이다.

TinyOS는 nesC에 의하여 재구현되었다.

nesC의 기본 구성은 다음과 같다.

(1) 구성과 구조의 분리

프로그램들은 모든 프로그램들과 연결된 컴포넌트로 구성(composition)되어 있다. 컴포넌트는 C++이나 자바의 클래스와 비슷한 의미이다.

컴포넌트는 2개의 범위로 정의하는데 하나는 그들의 사양(specification), 즉 인터페이스와 다른 하나는 그들의 구현(implementation)이다. 제어의 흐름은 인터페이스를 통하여 컴포넌트로 통과한다. 이들 흐름은 태스크나 하드웨어 인터럽트, 둘 중 하나에 의하여 제어된다. 컴포넌트 구조(construction)를 TinyOS에서 채택한 가장 중요한 이유는 빠른 프로그램 개발과 보다 적은 코드를 원하는 프로그램을 만들 수 있기 때문이다.

(2) 인터페이스의 set과 관련한 컴포넌트의 동작규정

인터페이스는 컴포넌트에 의하여 사용되고 제공된다. 제공된 인터페이스는 컴포넌트가 유저에게 제공하는 상관관계를 표현하고, 사용된 인터페이스는 컴포넌트가 작업 수행을 위하여 필요한 상관관계를 표현한다.

(3) 양방향 인터페이스

인터페이스의 공급자(provider)에 의하여 커맨드를 수행하고 인터페이스의 사용자에 의하여 이벤트를 수행한다. 이것은 컴포넌트 사이의 복잡한 상호작용을 표현하기 위하여 단일 인터페이스를 허용한다(예를 들면, 어떠한 이벤트에서 흥미를 표현하거나 이벤트가 발생했을 때 callback에 의하여 실행한다).

이것은 TinyOS에서 모두 긴 커맨드(예를 들면 send packet)는 논블로킹이기 때문에 매우 중요하다. 이것의 완성은 이벤트를 통하여 신호를 보낸다(예를 들면 send done). 인터페이스의 조건에 따라서 컴포넌트는 sendDone 이벤트의 실행을 제공하지 않는 한 send command를 call할 수 없다.

일반적으로 커맨드 call은 아래쪽으로, 즉 이벤트 call을 위쪽으로 하는 동안에 응용 컴포넌트로부터 하드웨어에 보다 가까이 한다. 확실한 선점(primitive) 이벤트들은 하드웨어 인터럽트에 속박된다(이들 속박의 성질은 시스템에 의존한다.)

(4) 컴포넌트의 연결

컴포넌트들은 서로 다른 인터페이스들을 경유해서 고정된 상태로 연결되어 있다. 이것은 프로그램을 보다 적적인 분석을 허용하고 강건한 설계를 장려하고 실시간 효과를 증가시킨다.

(5) 코드발생 및 분석

nesC는 모든 프로그램 컴파일러에 의하여 발생될 코드의 기대 값 아래 설계되었다. 이것은 보다 나은 코드의 발생과 분석을 허용한다.

(6) 인터럽트 핸들러 기반

nesC의 동시병행 모델의 수행하고 달성하는 태스크들은 각각 인터럽트 태스크를 할 수 있는 인터럽트 핸들러를 기반으로 하였다. nesC 컴파일러는 인터럽트 핸들러에 의하여 일어나는 가능한 데이터 경선신호들이다.

2) nesC의 구조

nesC의 구조는 코드 파일인 module(xxxM.nc), 컴포넌트를 연결하는 configuration (xxx.nc/xxxC.nc), 커맨드와 이벤트를 실행하는 인터페이스(xxx.nc)로 구성되어 있다. nesC의 구조는 [그림 5-9]와 같다.

(1) nesC 파일 이름 규칙

nesC 파일의 접미사는 000.nc로 구성되어 있고 configuration을 위해 C를 붙인다. 'C'는 컴포넌트와 인터페이스 사이를 구분하기 위해 사용한다(예 Timer, TimerC, TimerM).

(2) nesC의 주요 컴포넌트 관련 키워드

① interface : 커맨드와 이벤트의 수집을 정의한다.
② module : nesC에서 구현한 기본 컴포넌트이다.
③ configuration : 다른 컴포넌트 연결로부터 만든 컴포넌트이다.
④ implementation : 모듈이나 configuration에 대한 변수와 코드를 포함한다.

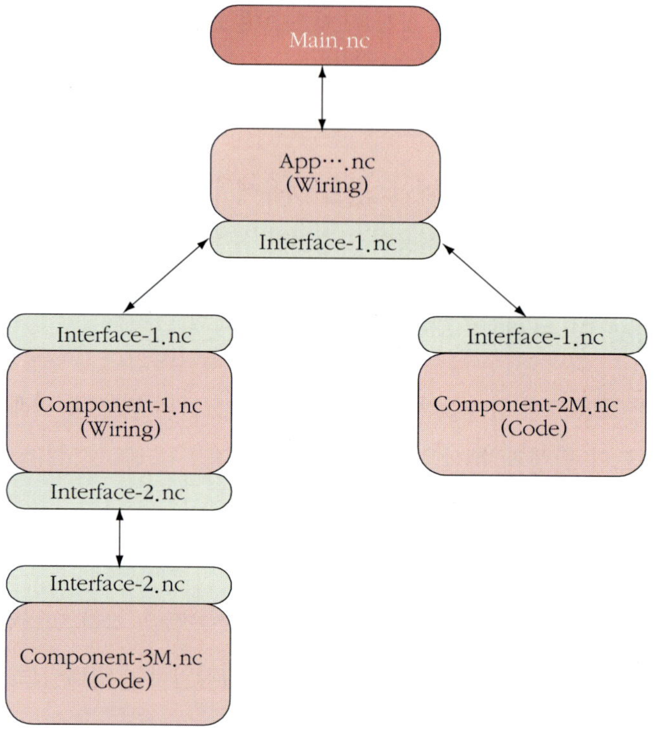

[그림 5-9] NesC의 구조

⑤ components : 컴포넌트의 list가 configuration에 의하여 사용된다.

⑥ provides : 정의된 인터페이스가 컴포넌트에 의하여 제공된다.

⑦ uses : 정의된 인터페이스가 모듈이나 configuration에 의하여 사용된다.

⑧ as : 다른 이름에 변환하여 쓸 수 있다.

⑨ command : 직접 function call이 인터페이스에 의하여 나타낸다.

⑩ event : callback 메시지가 인터페이스에 의하여 나타낸다.

(3) nesC의 인터페이스

컴포넌트의 범위를 정의하고 call과 callback 기능이 하나인 세트로서, [그림 5-10]처럼 양방향 인터페이스로 provider와 uses로 구분된다.

nesC에서 인터페이스는 파일 이름이 xxx.nc 형태로 되어 인터페이스는 양방향성으로 provider와 user가 되는 컴포넌트를 연결하는 역할을 하고, 컴포넌트는 여러 개의 인터페이스를 사용할 수 있으며 이 인터페이스를 이용하여 커맨드, 메시지를 처리한다. 두 컴포넌트 사이의 연결 인터페이스를 연결하는 것을 와이어링(wiring)이라 한다.

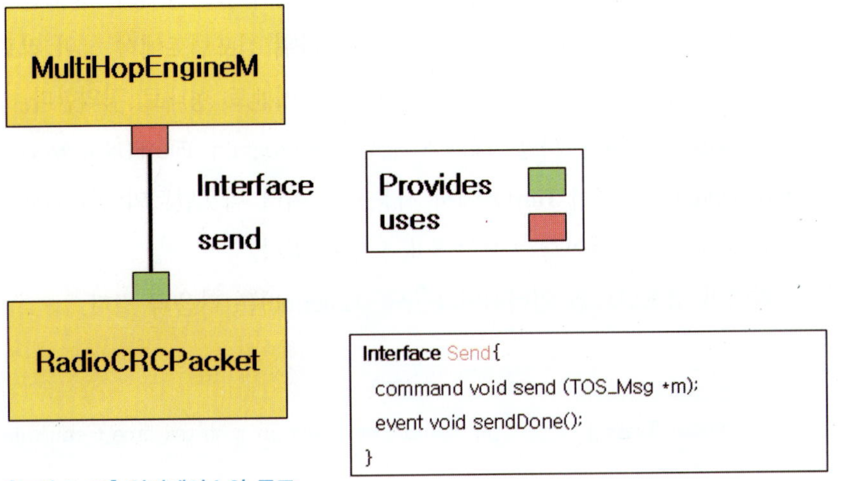

[그림 5-10] 인터페이스의 구조

그림의 인터페이스 프로그램은 send 컴포넌트의 인터페이스 구문으로 인터페이스가 제공하는 함수 send(TOS_Msg*m), sendDone()와 함수의 형태는 커맨드와 이벤트로 나눌 수 있다. 커맨드로 정의된 함수는 현재 컴포넌트의 모듈 부분에 구현된 함수로서 현재 컴포넌트를 사용하는 상위 컴포넌트에서 'signal'명령을 통해 호출된다.

이벤트로 정의된 함수는 현 컴포넌트를 사용하는 상위 컴포넌트에 구현되는 함수로서 특정 인터럽트나 조건이 만족되는 경우 현재 컴포넌트가 어떤 정보를 상위 컴포넌트에 전달할 때 사용한다.

〈표 5-1〉 TinyOS의 인터페이스 종류

인터페이스 종류	설 명
ADC.nc	ADC에 인터페이스
I2C.nc	I2C버스 프로토콜 인터페이스
Leds.nc	LED 추출 인터페이스
LogData.nc	저장장치에 logging 데이터를 위한 인터페이스
Radio.nc	무선 하드웨어를 위한 비트레벨 인터페이스
Receive.nc	일반적인 메시지 인터페이스-수신
Send.nc	일반적인 메시지 인터페이스-송신
StdControl.nc	표준 컴포넌트 제어 인터페이스
Timer.nc	일반적인 타이머 제어 인터페이스

즉 상위 컴포넌트와 하위 컴포넌트로 구성되어 있으면 상위 컴포넌트에서 호출하는 인터페이스를 커맨드 형태로 정의하고, 현재 하위 컴포넌트에서 상위 컴포넌트로 특정 정보를 전달하기 위해서 호출되는 인터페이스를 이벤트 형태로 정의한다.

Cygwin을 설치한 다음 TinyOS 폴더(C:₩Program File₩USB ₩cygwin ₩Tinyos-1.1.x ₩tos₩interfaces)에서 TinyOS에서 사용하는 여러 컴포넌트의 인터페이스를 정의하였다.

TinyOS의 인터페이스 종류는 〈표 5-1〉과 같다.

타이머 컴포넌트의 인터페이스 구문(Timer.nc)은 다음과 같다.

```
includes TosTime;
interface Timer {  /**  * get current time. Return it in tos_time_t structure
   **/
  async command tos_time_t get();

  /** get the high 32 bits of current time */
  async command uint32_t getHigh32();

  /** get the lower 32 bits of current time */
  async command uint32_t getLow32();

  /** get clock phase offset since last clock tick
    * in unit of micro-seconds.
   **/
  async command uint16_t getUs();

}
```

(4) nesC의 컴포넌트 형태와 구조

컴포넌트는 [그림 5-11]처럼 module과 configuration으로 구성되는데 모듈은 컴포넌트의 구현을 C코드에 의해서 제공하고 implements와 하나 이상의 인터페이스로 구성된다. configuration은 connect, wire, 다른 컴포넌트와 함께 인터페이스를 이용하여 다른 컴포넌트를 연결한 형태와 동작 상태를 설명하고 있다. 일반적으로 (컴포넌트이름).nc, (컴포넌트이름)C.nc의 형태의 파일이름은 인터페이스나 configuration을 위해 사용되고 (컴포넌트이름)M.nc는 모듈을 위해 사용되는 파일 이름이다.

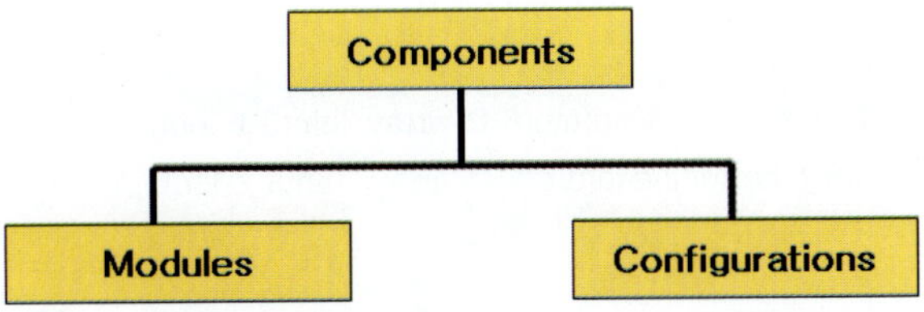

[그림 5-11] 컴포넌트의 구조

① nesC 컴포넌트의 구조

nesC의 컴포넌트는 [그림 5-12]처럼 사양(specification)과 구현(implementation)으로 구성되어 있다. 사양은 제공된 서비스를 선언하고 또 다른 컴포넌트(uses, porvides, 새로운 이름으로써 변환하는 리스트)이고, 그들의 사양을 통하여 단지 교차된 컴포넌트를 제어하는 실마리이다. 구현은 내부의 작업을 정의하고 '와이어링' 연관되어 있으며 다른 컴포넌트를 포함할 수 있다.

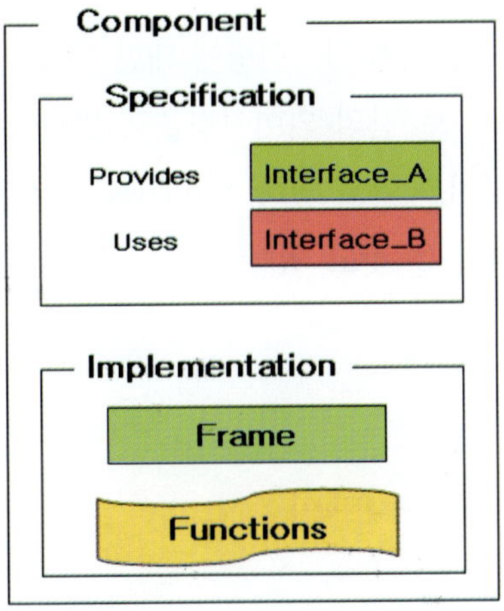

[그림 5-12] 컴포넌트의 상세구조

② nesC의 모듈

모듈은 파일 이름이 xxxM.nc 형태로 implementation {}에 모듈이 제공된 모든 commands(event)를 구현할 수 있다. 그리고 모듈은 commands를 calling하고 events를 signaling한다. call이나 signal의 표현에 의해서 수행되는 실제의 커맨드나 이벤트 구현들은 프로그램의 configuration에서 wiring statement에 의존한다.

```
module SmoothingFilterC {
  provides command unit8_t topRead(uint8_t* array, uint8_t len);
  uses command uint8_t bottomRead(uint8_t* array, uint8_t len);
}
```

다음은 모듈의 간단한 예제이다.

```
module A1 {
   uses interface x;
   uses interface y;
} ...
```

```
module A1 {
   uses {
      interface X;
      interface Y;
   }
} ...
```

모듈의 기술방법에서 위의 두 방법은 같은 의미로 프로그램을 사용한다.

③ nesC의 configuration

configuration은 다른 컴포넌트와 함께 와이어링에 대한 내용을 정의하고 연결에 사용할 컴포넌트를 나열하고 컴포넌트 간의 와이어링을 설명하고 있다.

configuration은 파일 이름 2가지를 갖고 있다. top-level configuration(xxx.nc)과 일반 configuration 형태의 파일 이름을 갖고 있다.

```
configuration identifier {
        provides {
                interface interface_name1
        }
}
implementation {
        componts identifireM, com1, com2 ...
        interface_name1=identifierM.interface_name1
        identifireM.interface_name2 -> com1.interface_name3
        com1.interface_name3 <- identifierM.interface_name2
}
```

configuration 뒤의 identifier는 컴포넌트의 이름이고 다음 줄의 의미는 현재 컴포넌트에서 공급하는 인터페이스(interface_name1)를 나타낸다.

그 다음 줄의 implementation 부분은 현재 컴포넌트에서 사용될 아래 컴포넌트

(identifireM, com1, com2 ..)가 연차적으로 서술되고, 특히 identifireM 컴포넌트는 현재 컴포넌트의 실제 코드로 구현되는 모듈 파일을 나타내며 다른 컴포넌트 com1, com2 등과는 다른 형태이다.

그리고 implementation 아랫줄의 각 컴포넌트 간의 와이어링은 3가지 형태인 (=, ->, <-)로 구현된다.

다음은 센서 보드의 광온도(PhotoTemp) 컴포넌트의 configuration 파일을 예를 들어 설명한다.

```
includes sensorboard;
configuration PhotoTemp
{
  provides interface ADC as ExternalTempADC;
  provides interface StdControl as TempStdControl;
}
implementation
{
  components PhotoTempM, ADCC, TimerC;
  TempStdControl = PhotoTempM.TempStdControl;
  ExternalTempADC = PhotoTempM.ExternalTempADC;
  PhotoTempM.InternalTempADC -> ADCC.ADC[TOS_ADC_TEMP_PORT];
  PhotoTempM.ADCControl -> ADCC;
  PhotoTempM.TimerControl -> TimerC;
  PhotoTempM.PhotoTempTimer -> TimerC.Timer[unique("Timer")];
}
```

configuration에 의해 PhotoTemp라는 컴포넌트가 정의되어 있고, PhotoTemp 컴포넌트는 ADC, StdControl이라는 인터페이스를 가지고 있다. 이때 as를 사용하여 이름을 다시 ADC를 ExternalTempADC로, StdControl을 TempStdControl로 재선언하였다.

PhotoTemp라는 컴포넌트가 구현되어 있는 모듈인 PhotoTempM과 실제 하드웨어를 제어하는 컴포넌트 ADCC, TimerC 간의 와이어링은 다음과 같다.

TempStdControl = PhotoTempM.TempStdControl

제5장

```
ExternalTempADC = PhotoTempM.ExternalTempADC
```

위의 두 문장은 각 문장에서 2개의 인터페이스가 같음을 의미한다.

```
PhotoTempM.InternalTempADC -> ADCC.ADC[TOS_ADC_TEMP_PORT]
```

PhotoTempM에서 사용하는 InternalTempADC이라는 인터페이스는 ADCC 컴포넌트에 구현되어 있는 ADC[TOS_ADC_TEMP_PORT] 인터페이스와 링크되어 있음을 알 수 있다. 이 의미는 PhotoTempM의 InternalTempADC 인터페이스는 ADCC에 구현되는 ADC[TOS_ADC_TEMP_PORT] 인터페이스를 그대로 따르겠다는 의미이다.

```
PhotoTempM.ADCControl -> ADCC;
```

위 문장은 'PhotoTempM.ADCControl -> ADCC. ADCControl' 문장과 같이 인터페이스가 같다.

```
PhotoTempM.TimerControl -> TimerC;
```

위 문장은 'PhotoTempM.TimerControl -> TimerC.TimerControl' 문장과 같이 인터페이스가 같다. 중복해서 쓰는 것보다 TimerControl을 생략하여 쓴다.

```
PhotoTempM.PhotoTempTimer -> TimerC.Timer[unique("Timer")];
```

④ nesC의 wiring 구문

연결된 구성요소들은 반드시 호환되어야만 한다. 즉, 인터페이스-인터페이스, 커맨드-커맨드, 이벤트-이벤트이다. send to send만 연결할 수 있다. 예제에서 보듯이 send to receive는 연결할 수 없다.

provider의 구현에 uses를 묶는다.

("Uses".interface -> "Provider".interface) 형식으로 다음 예제를 만들었다.

```
myApp.Timer -> FastClocker.Timer
```

또는

myApp.Timer -> FastClocker("Timer" 인터페이스가 함축되어 있다.)

⑤ nesC wiring 명령문

nesC에서 3가지 선 연결 문장이 있다.

- endpoint1 = endpoint2

2개의 인터페이스가 같음을 의미하고 양쪽 인터페이스가 서로 같은 공급자 혹은 사용자임을 [그림 5-13]처럼 표시한다.

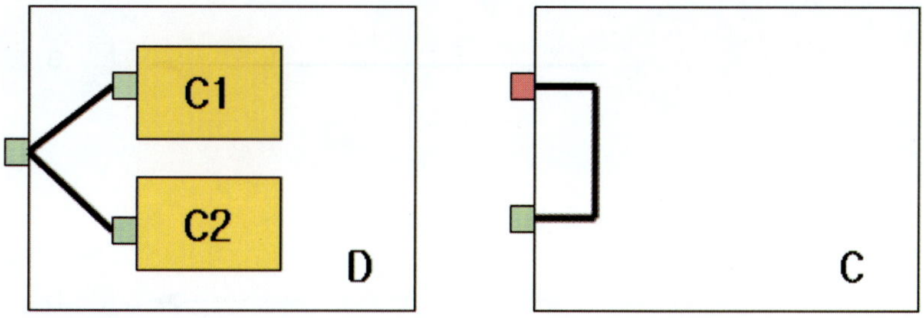

[그림 5-13] 양쪽 인터페이스가 같은 경우

```
configuration C {
  Provides interface x as xprovider;
  uses interface x as xuser;
}
implementation {
  xuser = xprovider;
}
```

Provide의 interface x는 as로써 xprovider로 재설정하고, Use의 interface x는 as로써 xuser로 재설정하였다. 그러므로 x=x, xuser=xprovider이므로 양쪽 인터페이스가 같음을 알 수 있다.

- endpoint1 -> endpoint 2(direct linkage)
- endpoint1 <- endpoint 2(동등한 표시관계)

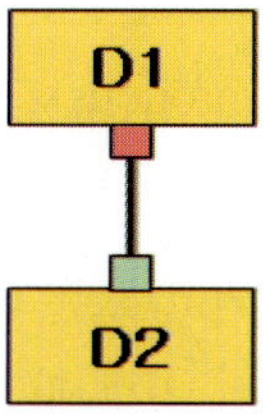

[그림 5-14] 양쪽 인터페이스가 다른 경우

제5장

(case 1)은 A가 인터페이스 I를 요구하고 B는 I를 제공한다. 그러므로 A와 B는 동등한 관계이다.

(case 2)는 C와 D의 양쪽에서 요구하거나 J를 양쪽에서 제공한다. 이 경우의 접선 화살표는 C=D를 의미하는 연결이다.

(case 3)은 E는 function f를 요구하고, F는 function f를 제공한다.

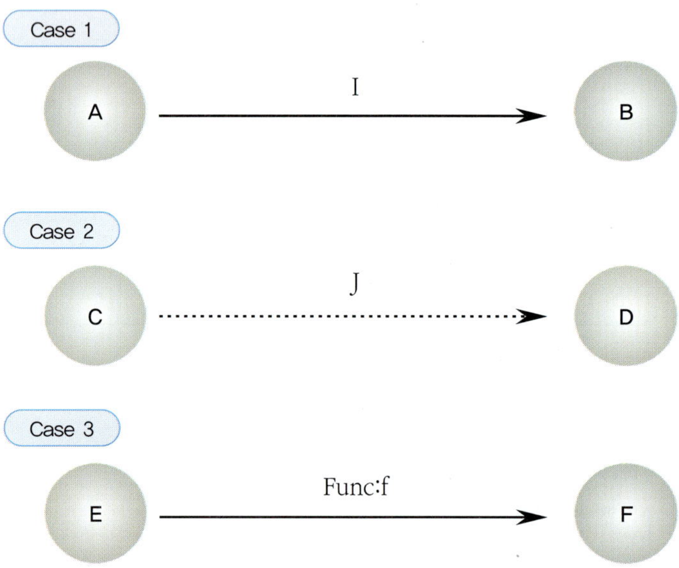

[그림 5-15] 인터페이스 예제

와이어링은 모듈 사이의 인터페이스의 연결방법을 표시하는 것으로 이들 인터페이스 이름이 같아야 하는데 컴파일할 때 인터페이스 함수의 매개변수가 정수가 아닌 경우, 한쪽 인터페이스만 매개변수를 가진 경우, 매개변수 값이 원하는 값보다 작거나 큰 경우나 형태가 같지 않을 경우에 에러가 발생한다.

(5) nesC의 구현(Implementation)

TinyOS의 코드는 2가지 형태로써 인터럽트에 의하여 발생되는 비동기 코드(asynchronous code)와 FIFO Queue에 의해 순차 진행하는 동기 코드(synchronous)가 있다. TinyOS의 프로세스는 task와 event로 나누고 스케줄링은 2단계 스케줄링을 사용한다. TinyOS의 task는 함수호출, 연산 등에 사용하며 FIFO의 Queue를 통해 실행되고 모든 task가 끝난 후 queue가 비어 있는 경우에는 다른 task가 생성되기 전까지 CPU의 소모에너지를 최소화한다. 그리고 task는 다른 task에 의하여 선점되지 않고 event에 의해 선점된다. event는 하드웨어 인터럽트 또는 특정 조건을 만족했을 경우 호출되는 프로세스로서 다른 task보다 먼저 실행된다. 인터럽트에 의하여 event가 발생하면 연결된 컴포넌트가 연속적으로 상위 컴포넌트의 특정 함수를 호출하면 여러 처리 함수들이 task 형태로 만들어져 FIFO의 Queue에 저장된다.

기본 구현 키워드

- call : 커맨드 실행
- signal : 이벤트 실행
- post : 실행 큐상에 태스크를 넣는다.
- task : 백그라운드에서 기능을 수행한다.
- includes : 헤더 파일을 포함한다.

implementation은 컴포넌트 작업을 어떻게 할 것인지를 정의한다.

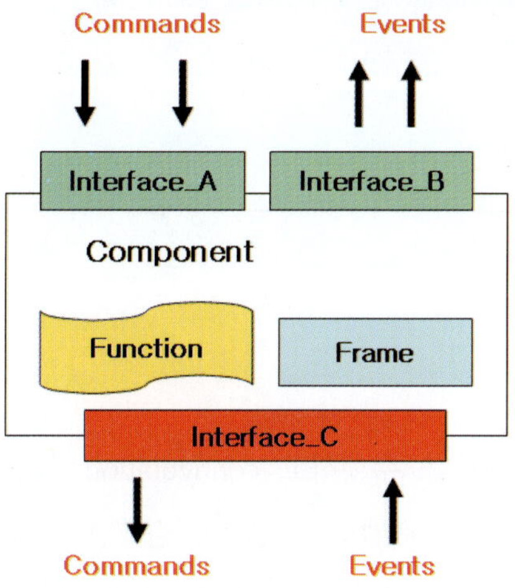

[그림 5-16] 다중구현 예제

어떤 인터페이스에 대해서는 [그림 5-16]과 같이 다중 implementation을 허용한다. 예를 들면 무선에서 Micaz의 implementation이 대표적이다. 다중 인터페이스는 제어(start, stop)와 데이터 흐름(send, receive)을 한다.

implementation의 요구사항은 인터페이스의 두 섹션에서 'provides'로써 선언하는 모든 명령어와 이벤트는 구현되어야 한다. 두 섹션은 인터페이스 provides와 uses를 선언하는 모듈과 프로그램 코드인 implementation이다.

다음은 모듈에 대한 구문이다.

제5장

```
module Counter {
  provides {
    interface StdControl;
  }
  uses {
    interface Timer;
    interface IntOutput;
  }
}

implementation {
  int state;

  command result_t StdControl.start() {
    return call Timer.start(TIMER_REPEAT, 2500);
  }
  event result_t IntOutput.outputComplete(result_t success) {
    if(success == 0) state--;
    return SUCCESS;
  }
} //implementation
```

① nesC에서 Command와 Event의 사용

■ Signal

signal은 즉각적인 이벤트를 수행하고 configuration 계층의 위로 흘러들어가고 callback이 제공되면 보다 높은 레벨로 나타난다. 컴포넌트에 signaling하는 것에는 복귀를 제어한다. 스택상의 매개변수는 표준 C function이다.

```
  event result_t Send.sendDone(TOS_MsgPtr msg, result_t success)
 {
   if (pending && msg == &data)
     {
        pending = FALSE;
        signal IntOutput.outputComplete(success);
     }
   return SUCCESS;
 }
//tinyos-1.x₩tos₩lib₩Counter₩IntToRfmM.nc
```

Call

call은 즉시 커맨드를 실행하여 configuration 계층의 아래로 흘러들어가고 라이브러리 코드를 사용하면 보다 낮은 레벨로 나타나며, 컴포넌트에 calling하는 것에 복귀를 제어한다. 스택상의 매개변수는 표준 C function이다.

```
command result_t StdControl.start()
{
  return call Timer.start(TIMER_REPEAT, 250);
}
//tinyos-1.x₩tos₩lib₩Counter₩Counter.nc
```

② Blink application

다음은 nesC를 이용하여 TinyOS 위에서 Blink라는 응용 프로그램을 개발한 예제를 보여준다. 먼저 nesC는 2가지 타입의 컴포넌트와 인터페이스를 지원하는데 첫째는 모듈로서 컴포넌트의 실제 행동을 기술하는 기본단위이다(예 BlinkM.nc). 두 번째 타입의 컴포넌트는 configuration이라는 컴포넌트로서 하위의 다른 configuration이나 모듈을 자식 컴포넌트로 둘 수 있으며, 자식 컴포넌트들 간의 연결정보를 담고 있다(예 Blink.nc). 이때 컴포넌트들 간의 연결정보를 추상화시킨 데이터 타입이 인터페이스(예 BlinkM.nc에서 StdControl, Timer, 그리고 Leds)이며, 자바의 인터페이스와 같이 한쪽 컴포넌트는 인터페이스를 사용한다.

예를 들면 아래의 그림에서 BlinkM.nc 모듈은 StdControl.init()라는 커맨드와 Timer.fired()라는 이벤트를 제공한다.

간단한 테스트 프로그램 'Blink'는 LED를 1Hz로 on/off하는 프로그램이다.

Blink application은 2개의 컴포넌트로 구성되어 있다.

include는 'BlinkM.nc'

configuration은 'Blink.nc'

모든 애플리케이션은 top-level configuration flie이 필요한데, 일반적으로 애플리케이션 자체의 이름을 top-level configuration file로 명시한다.

```
configuration Blink {
}
implementation {
  components Main, BlinkM, SingleTimer, LedsC;
  Main.StdControl -> SingleTimer.StdControl;
  Main.StdControl -> BlinkM.StdControl;
  BlinkM.Timer -> SingleTimer.Timer;
  BlinkM.Leds -> LedsC;
}
```

configuration의 이름은 Blink로 선언하였으며, component는 Main, BlinkM, SingleTimer, LedsC로 구성되었다.

Main의 StdControl은 BlinkM과 SingleTimer와 연결되어 있어, Main. StdControl.init()가 호출되면 SingleTimer.StdControl.init()와 BlinkM. StdControl. init()가 호출된다.

nesC는 화살표(->)를 사용하여 인터페이스 사이의 관계를 나타낸다.

화살표의 왼쪽은 오른쪽을 사용하고, 화살표의 오른쪽은 왼쪽에 공급하는 역할을 한다. 즉, 다음과 같이 화살표 왼쪽에 있는 BlinkM.Timer는 Timer를 인터페이스하는 역할을 하고, 반면에 화살표 오른쪽에 있는 SingleTimer.Timer는 Timer를 implementation하는 역할이다.

```
BlinkM.Timer -> SingleTimer.Timer;
```

또한 마지막 줄처럼 함축적으로 나타낼 수 있다.

BlinkM.Leds -> LedsC;

는

BlinkM.Leds -> LedsC.Leds;

```
module BlinkM {
  provides {
    interface StdControl;
  }
  uses {
```

```
    interface Timer;
    interface Leds;
  }
}
implementation {
  command result_t StdControl.init() {
    call Leds.init();
    return SUCCESS;
  }


  command result_t StdControl.start() {
    return call Timer.start(TIMER_REPEAT,1000);
  }

  command result_t StdControl.stop() {
    return call Timer.stop();
  }


  event result_t Timer.fired()
  {
    call Leds.redToggle();
    return SUCCESS;
  }
}
```

module 이름은 BlinkM으로 선언하고, 모듈 안에서 provides와 uses를 위와 같이 선언하였다. StdControl은 application에 필요한 component들을 초기화하고 작동시키는데 사용되는 공통 인터페이스이다. implementation에서 command result_t StdControl.init()부터 보면 command는 바로 작동한다고 했으니 이 명령어를 읽어들인 후로는 StdControl interface를 통해서 모든 컴포넌트들이 초기화될 것이다.

call Leds.init()은 Leds component가 초기화될 것임을 알 수 있다. 참고로 init()는 여러 번 사용될 수 있으나 start()와 stop() 다음에는 사용될 수 없다.

다음으로 command result_t StdControl.start()를 살펴보자.

역시 StdControl interface를 통해서 작동하며 시작하는 역할을 한다. return call Timer. start (TIMER_REPEAT,1000)를 통해서 시간 간격은 1000ms로 TIMER_REPEAT이기 때문에 stop() command에 의해 멈출 때까지 동작은 계속될 것이다. command result_t StdControl.stop()은 Timer를 StdControl interface를 통해서 스톱시키는 것이다. command를 implementation했듯이 event도 implementation해주어야 한다. event result_t Timer.fired()에서 보듯이 timer 간격이 끝나면 fired() event에 신호를 보낼 것이고 command는 event가 interrupt하여서 command작동이 중단되고 event가 실행될 것이다. call Leds.redToggle() 명령어를 사용했으므로 event가 실행되면 LED의 빨간 불이 토글될 것이다.

■ /* Blink.nc */

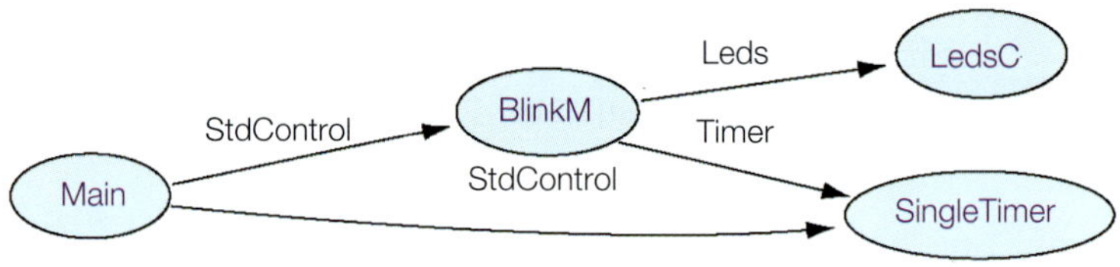

[그림 5-17] Blink 구조

```
configuration Blink{
    component Main, BlinkM, SingleTimer, LedsC;
    Main.StdControl  ->  SingleTimer.StdControl;
    Main.StdControl  ->  BlinkM.StdControl;
    BlinkM.Timer  ->  SingleTimer.Timer;
    BlinkM.Leds  ->  LedsC;
```

Blink.nc component는 configuration이다. configuration은 관계된 컴포넌트들끼리 연결을 시켜주는 것이다. 컴포넌트들은 양방향성을 가지고 있다. 그래서 provider와 user 역할 2가지를 모두 수행한다. 왼쪽이 use하는 쪽이고 오른쪽이 provide하는 쪽이라고 이해하면 될 것이다.

(user -> provider) 먼저 사용되는 컴포넌트들을 선언하고 있다. Blink application은 Main, BlinkM, SingleTimer, Leds component를 사용하고 있음을 알 수 있다. 그 다음은 연결을 해주는 작업이다.

"Main.StdControl -> SingleTimer.StdControl"은 Main과 SingleTimer를 StdControl 인터페이스를 통해서 연결해주는 것이고, "Main.StdControl -> BlinkM.StdControl"은 Main과 BlinkM을 StdControl 인터페이스를 통해서 연결해주는 것이다.

"BlinkM.Timer -> SingleTimer.Timer"와 "BlinkM.Leds -> LedsC"도 역시 마찬가지이다.

/* StdControl.nc */

```
interface StdControl
{
    command result_t init();
    command result_t start();
    command result_t stop();
}
```

StdControl은 TinyOS component들을 init() 초기화하고, start() 시작하고, stop() 멈춤을 시키는 데 사용하는 공통 인터페이스이다. 컴포넌트에서 init()호출을 하면 subcomponent에서도 init()호출을 하게 되어 모든 컴포넌트가 초기화된다.

/* Leds.nc */

```
interface Leds {
    async command result_t init();
    async command result_t redO();
    async command result_t redoff();
    async command result_t redToggle();

    async command result_t greenOn();
    async command result_t greenoff();
    async command result_t greenToggle();

    async command result_t yellowOn();
    async command result_t yellowoff();
    async command result_t yellowToggle();

    async command unit8_t get();
    async command result_t   set(unit8_t   value);
}
```

command와 event 기술시 반드시 “async” 키워드로 기술되어야 한다. Leds component도 매우 간단히 되어 있다. 빨강, 초록, 노랑 3가지 색상에 On(), Off(), Toggle() 3가지로 되어 있고, unit8 형태로 값을 받으며 unit8 형태로 값을 set한다.

/* Timer.nc */

```
interface Timer {
    command result_t start(char type, unit32_t, interval);
    command result_t stop();
    event result_t fired();
}
```

Timer component는 2개의 커맨드와 한 개의 이벤트를 가지고 있다.

start() command는 char type(TIMER_REPRAT or TIMER_ONE_SHOT)와 unit32_t와 interval을 받아서 실행된다.

stop() command는 작동을 스톱하는 것이고, fired() event는 interval 시간이 지나면 이벤트인 fired()로 signaling을 보내어 fired()가 인터럽트하여 이벤트를 수행하는 것이다.

(6) Task

task는 인용하기 전에 선언하고 파라미터 없이 프레임 변수를 사용한다.

TinyOS의 task들은 융통성 있는 TOS의 스케줄러에 의하여 연속적으로 동작한다.

즉, 동기적으로 FIFO(First In, First Out) 스케줄이다. 이벤트에 의하여 인터럽트되고 다른 task에 관하여 완성하기 위하여 동작한다. [그림 5-18]은 TinyOS의 스케줄러의 구조이다.

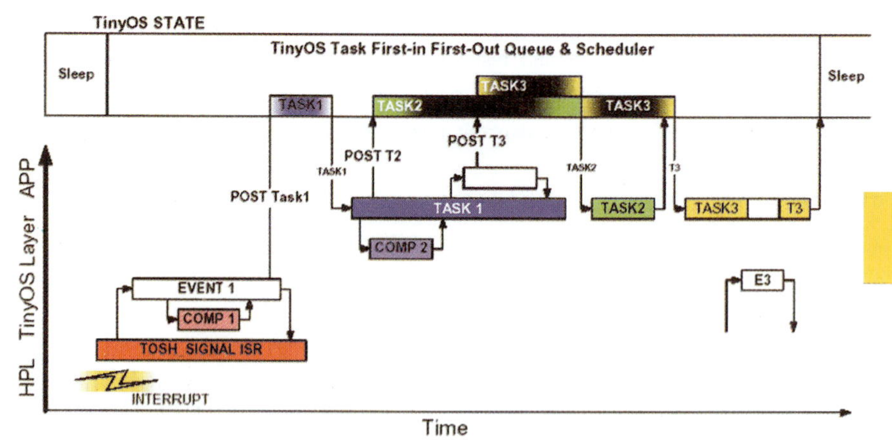

[그림 5-18] TinyOS 스케줄러 구조

```
task void HandleFire() {
    uint8_t i;
    uint16_t int_out;
     setIntervalFlag = 1;
    atomic {
        int_out = interval_outstanding;
        interval_outstanding = 0;
    }
    if (mState) {
        for (i=0;i<NUM_TIMERS;i++)  {
            if (mState&(0x1L<<(i)) {
                mTimerList[i].ticksLeft -= int_out;
                if (mTimerList[i].ticksLeft<=2) {
                    if (post signalOneTimer()) {
                        if (mTimerList[i].type==TIMER_REPEAT) {
                          mTimerList[i].ticksLeft += mTimerList[i].ticks;
                        } else {// one shot timer
                          mState &=~(0x1L<<(i);
                        }
                      enqueue(i);
                    }
                    else {
                        mTimerList[i].ticksLeft = mInterval;
                    }
                }
            }
        }
    }
    atomic int_out = interval_outstanding;
    if (int_out == 0)
        adjustInterval();

}
```

(7) Atomic과 상태의 공유

■ Race 조건의 자동적인 예방을 위해 제공

비동기 코드가 전역변수를 사용하는 경우 race 조건이 발생한다. race 조건을 제거하는 방법은 전역변수를 사용하지 않거나 인터럽트를 사용하지 않고, 코드의 크기를 짧게 하여 인터럽트를 사용하지 않도록 코드를 구성하거나 하여 atomic을 사용하는 경우 등이다.

- async : 커맨드, 이벤트를 비동기로 실행한다.
- atomic : 문자에서 자동적인 실행을 보장한다.
- norace : race 조건 nesC 감지의 경고를 제거한다.

최근 정보의 상태를 공유하기 위해 허용된다.

Sync는 단지 동기 코드(예를 들면 task) 안에 있고 'atomic'의 매크로는 { } 블록의 동안에 모든 인터럽트를 해제한다. 주의사항은 'atomic'은 노드의 성능에 영향을 미칠 수 있는 것이다.

atomic 블록은 다음과 같다.

```
atomic {
//code is atomic - can not be interrupted
  Applicationsate = NewState;
}
```

다음은 'atomic'구문에 대한 예제이다.

```
command result_t Timer.stop[uint8_t id]() {

    if (id>=NUM_TIMERS) return FAIL;
    if (mState&(0x1L<<(id)) { // if the timer is running
        atomic mState &= ~(0x1L<<(id);
        if (!mState) {
            setIntervalFlag = 1;
        }
        return SUCCESS;
    }
    return FAIL; //timer not running
}
```

① atomic statements

```
task void processing(){
    if (state)
        call Leds.redOn();
    else
        call Leds.redOff();
}
```

```
event result_t Timer.fired()
{
    state = !state;
    post processing();
    return SUCCESS;
}
```

구문이 실행될 때 어떠한 다른 computation도 동시에 발생할 수 없으므로 call command, signal event, goto, return, break, continue, case, default, labels를 금지한다.

② 동기(sync)와 비동기(async)의 비교

비동기 코드는 최소한 한 개의 인터럽트 핸들러로부터 도달할 수 있고 동기 코드인 command, event, 또는 task는 오직 task로부터 도달할 수 있다. 비동기로부터 도달할 수 있는 상태(메모리)를 공유하기 위한 최신정보는 잠재적인 데이터 경쟁 속에 있다.

nesC는 async를 갖고 선언하지 않는 것과 async인 어떤 이벤트나 명령어에 대하여 컴파일-시간 에러를 보고한다. 비동기 특성은 비동기의 흐름의 일부분인 이벤트나 명령어를 가리키기 위해 사용된다. 비동기 처리들은 task의 posting에 의하여 'decoupled'된다. task는 항상 동기이다.

```
async event result_t Clock.fire() {
        atomic {
            if (interval_outstanding == 0)
                post HandleFire();
            else
            interval_outstanding += call Clock.getInterval() + 1;
        }
        return SUCCESS;
    }
```

TOS의 규칙에 따라서 하드웨어 이벤트 핸들러 명령이나 이벤트는 비동기 키워드로 반드시 선언되어야 한다. 이 코드는 다른 프로세서와 task를 위하여 비동기적으로 수행할 수 있는 것을 가리킨다. nesC는 만약 상태(변수)가 경쟁(race)에 영향을 받을 수 있다면 경고하거나 검사할 것이다. 경쟁은 task내에서 독점적으로 공유한 데이터를 접근함으로써 피할 수 있다. 왜냐하면 task는 서로 인터럽트를 할 수 없다. 또 경쟁은 공유한 변수를 접근하기 위해 atomic statement를 사용함으로써 피할 수 있다. argument가 없는 스토리지 클래스 task 함수에 의해서 정의된 독립된 제어영역이다.

3) Graphic View

(1) configuration의 그래프

모든 TOS 응용은 Single top level configuration 파일을 가지고 있다.

configuration 'wire'는 인터페이스를 통하여 함께 컴포넌트를 연결한다.

'make 〈platform〉 docs' 명령어를 사용하면 CntToLedsAndRfm 응용의 documentation을 만든다. 이 파일을 열기 위하여 웹브라우저를 사용한다.

tinyos-1.x/docs/nesdoc/micaz/index.htm

그리고 'apps' 폴더 밑에 CntToLedsAndRfm.nc를 선택한다.

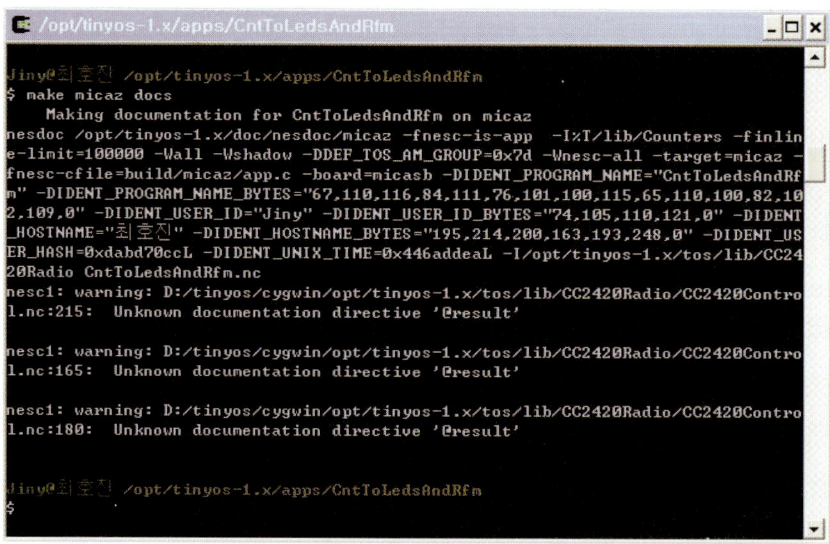

[그림 5-19]는 CntToLedsAndRfm의 configuration을 나타낸다.

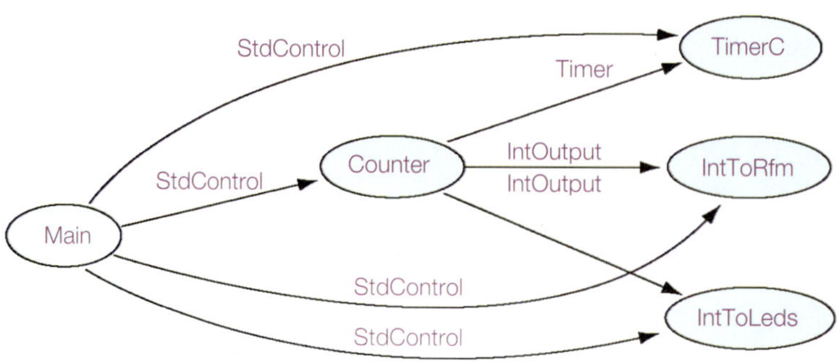

[그림 5-19] CntToLedsAndRfm의 configuration

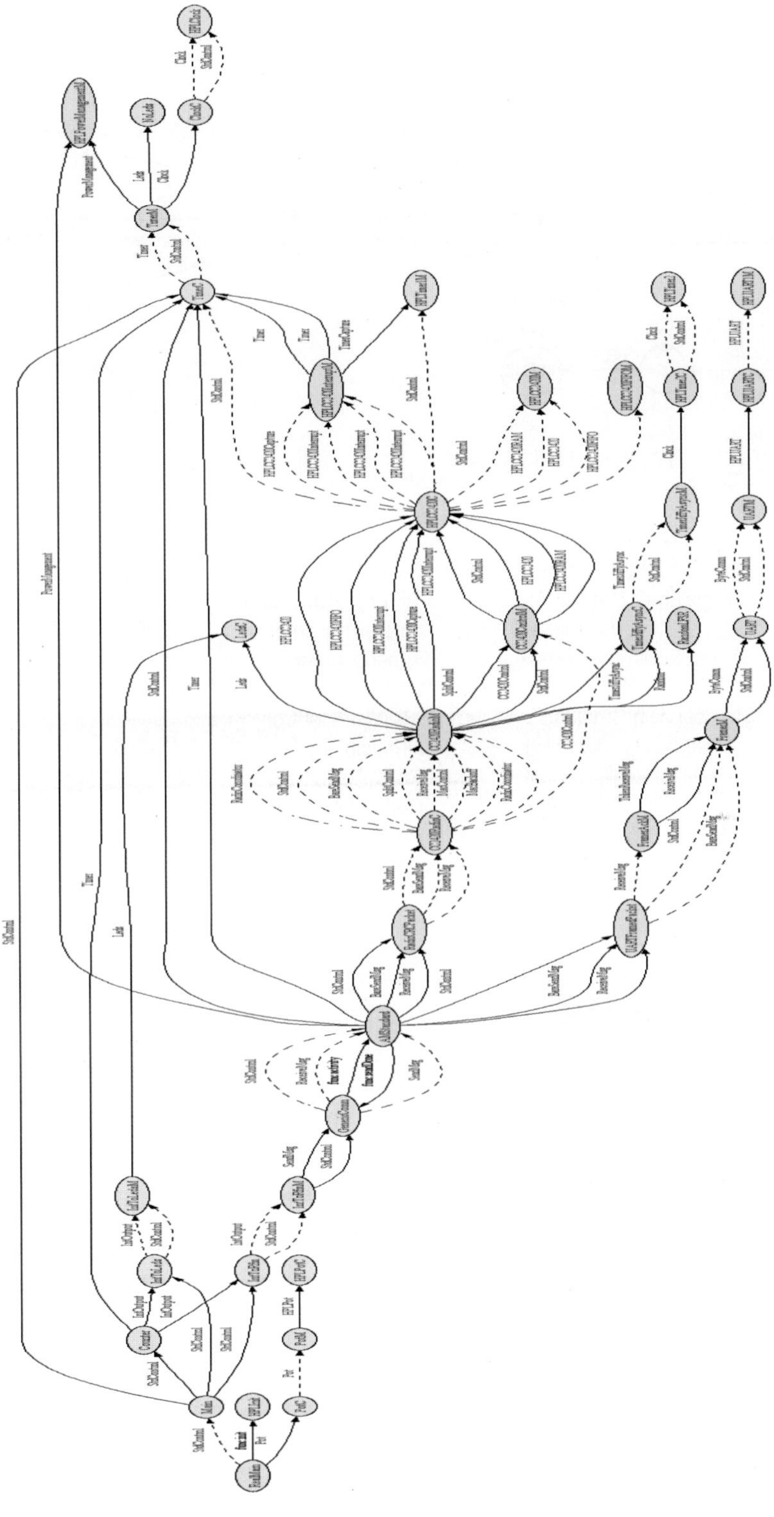

(2) 컴포넌트의 그래프

다음은 컴포넌트 그래프를 나타낸다.

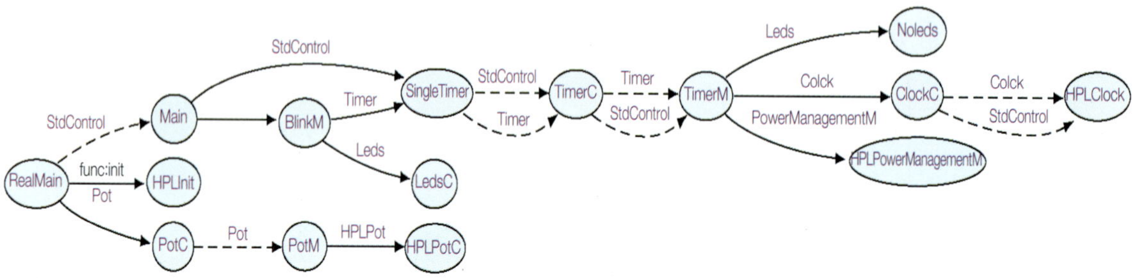

컴포넌트 그래프를 문자로 표시한 연결 그래프이다.

Main.StdControl	->	SingleTimer.StdControl
Main.StdControl	>	BlinkM.StdControl
SingleTimer.StdControl	=	TimerC.StdControl
BlinkM.limer	->	Singlelimer.limer
SingleTimer.Timer	=	TimerC.Timer
BlinkM.Leds	->	LedsC.Leds
RealMain.StdControl	=	Main.StdControl
RealMain.hardwareInit	->	HPI Init.init
RealMain.Pot	->	PotC.Pot
PotC.Pot	–	PotM.Pot
PolM.HPLPot	->	HPLPotC.HPLPot

5.5 TinyOS 프로그래밍

1) TinyOS의 컴파일 명령어(Make)

유저의 특별한 옵션인 그룹ID, 무선주파수, Mote 프로그램 보드(MIB)를 가지고 nesC를 구성하기 위하여 'make'를 사용하여 TinyOS를 build한다. 그리고 TOS의 configuration과 components를 xxx.c으로 변화하기 위하여 nesC 컴파일러를 동작해야 한다. 타깃 Mote에 대하여 바이너리로 실행하기 위하여 c 코드로 컴파일해야 한다. 그리고 RS-232케이블을 이용하여 Mote에 코드를 인스톨해야 한다.

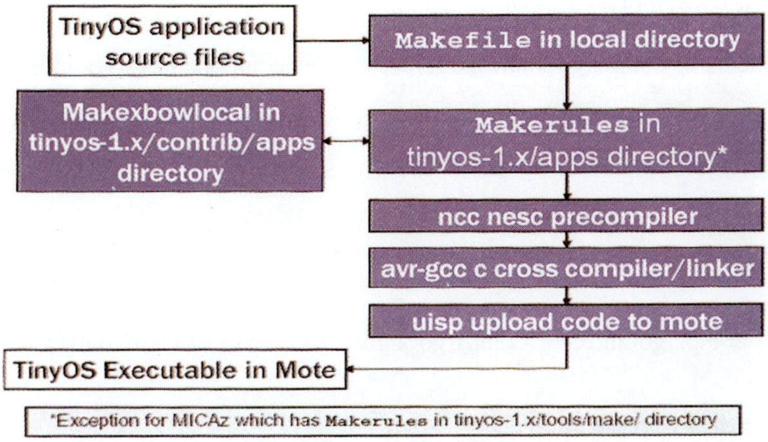

[그림 5-20] TinyOS의 컴파일 명령어 구조

다음 라인의 한 명령어를 이용하여 build와 download를 수행한다.

make 〈platform〉 install, 〈#〉 mib510,com1

〈#〉은 Mote의 노드 어드레스이다. com1은 /dev/ttyS0로 표현한다.
built 파일 모두를 삭제하기 위한 명령어이다.
'make docs' 명령어는 documentation을 생성하기 위한 명령어이다.
'make pc' 명령어는 PC상에서 시뮬레이션하기 위한 명령어이다.

2) TinyOS 프로그래밍

(1) 분할단계 요구와 Done 시퀀스

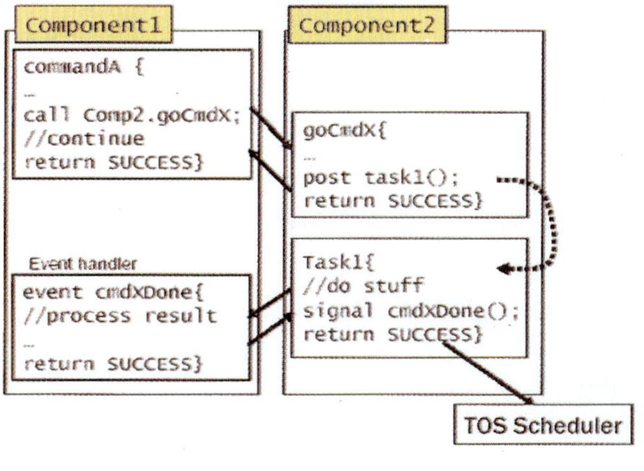

[그림 5-21] 분할단계 요구와 Done 시퀀스

TinyOS는 컴포넌트 구조에 provide-use 인터페이스 함수를 제공한다. [그림 5-21]에서 component1에 Comp2.goCmx()를 호출하게 되면 component2는 goCmdx() 함수 서비스를 제공해주는 제공자 역할을 한다. 그림과 같이 goCmdx가 호출될 때 Task1()를 호출하고 Task1은 signal cmdxDone() 함수를 호출함으로써 상위 컴포넌트인 Component1에 이벤트 cmdxDone함수를 호출하는 것이다.

다음과 같은 호출 구조를 가진다.

Comp2.goCmdx → Comp1.goCmdx → Comp1.task1 → cdmxDone

(2) 분할단계 예제(클라이언트 측면)

```
event result_t Timer.fired()
{
  if (call IntOutput.output(state))
    state++;
  return SUCCESS;
}

event result_t IntOutput.outputComplete(result_t success)
{
  if(success == 0) state --;
  return SUCCESS;
}
```

위의 Timer.fire 함수는 타임 인터럽트인데 IntOutput.output(state)가 호출되고, 이 루틴이 완료되었을 경우 IntOutput.outputComplete 함수가 호출됨으로써 한 일련작업을 완료할 수 있다.

(3) 분할단계 예제(서버 측면)

```
command result_t IntOutput.output(uint16_t value)
{
  IntMsg *message = (IntMsg *)data.data;

  if (!pending)
    {
```

```
        pending = TRUE;

        message->val = value;
        atomic {
          message->src = TOS_LOCAL_ADDRESS;
        }
        if (call Send.send(TOS_BCAST_ADDR, sizeof(IntMsg), &data))
          return SUCCESS;

        pending = FALSE;
      }
    return FAIL;
  }

  event result_t Send.sendDone(TOS_MsgPtr msg, result_t success)
  {
    if (pending && msg == &data)
      {
        pending = FALSE;
        signal IntOutput.outputComplete(success);
      }
    return SUCCESS;
  }
```

위에서 timer.fired 함수에서 IntOutput.output 함수를 호출하게 되고 이 함수는 send.send 함수를 호출함으로써 최종적으로 Send.sendDone 함수가 호출되면서 일련의 작업이 완료되는 것이다.

(4) 타이머 파라미터 예제(서버 측면)

```
configuration CntToLedsAndRfm {
}
implementation {
  components Main, Counter, IntToLeds, IntToRfm, TimerC;

  Main.StdControl -> Counter.StdControl;
  Main.StdControl -> IntToLeds.StdControl;
  Main.StdControl -> IntToRfm.StdControl;
  Main.StdControl -> TimerC.StdControl;
  Counter.Timer -> TimerC.Timer[unique("Timer")];
```

```
   IntToLeds <- Counter.IntOutput;
   Counter.IntOutput -> IntToRfm;
}
module TimerM {
      provides interface Timer[uint8_t id];
      provides interface StdControl;
      uses {
            interface Leds;
            interface Clock;
            interface PowerManagement;
      }
}
```

위에서 Counter.Timer → TimerC.Timer[unique("Timer")]에서 timer[unique("Timer")]는 프로그램상에서 여러 개의 timer 함수를 들 수 있는데 그 함수들을 구분하기 위해서 독특한 옵션을 줌으로써 TimerM.nc에 있는 Timer[unit8_t id]에서는 유일한 id값을 갖는 것이다.

(5) 팬 아웃(Fan-Out)

```
configuration CntToLedsAndRfm {
}
implementation {
   components Main, Counter, IntToLeds, IntToRfm, TimerC;

   Main.StdControl -> Counter.StdControl;
   Main.StdControl -> IntToLeds.StdControl;
   Main.StdControl -> IntToRfm.StdControl;
   Main.StdControl -> TimerC.StdControl;
   Counter.Timer -> TimerC.Timer[unique("Timer")];
   IntToLeds <- Counter.IntOutput;
   Counter.IntOutput -> IntToRfm;
}
```

컴포넌트는 여러 개의 목적지로 연결된다. commands와 Events는 모든 연결된 컴포넌트 사이로 진행된다. Order는 보장하지 않는다. CntToLedsAndRfm.nc는 component들에 연결 구도를 기술한 컴포넌트로서, 여기에서는 Main, counter, IntToLeds, IntToRfm, TimerC 컴포넌트가 선언되어 있고, Counter.InOut에 IntToLeds와 InToRfm 두 컴포넌트가 중복연결되어 있다. tinyOS는 이렇게 중복연결을 지원한다.

3) TOS Messaging

(1) TOSmsg 구조체

```
#define TOSH_DATA_LENGTH 29
typedef struct TOS_Msg
{
  uint16_t addr;
  uint8_t type;
  uint8_t group;
  uint8_t length;
  int8_t data[TOSH_DATA_LENGTH];
  uint16_t crc;
}
```

TOS_msg 구조체는 TinyOS에서 대표적인 구조체라고 할 수 있으며, 네트워크 패킷 구조체로 사용된다. 각 필드는 아래와 같다.

- addr : 패킷을 보내기 위한 주소(예 브로드캐스트 : 0xff, UART채널 0X7E)
- type : 패킷의 타입, 즉 패킷마다 성질을 다르게 주기 위한 것이다(예 위치 정보에 관한 패킷은 0xff ff, 일반 네트워크 패킷은 0xfe 등)
- group : 그룹 ID
- length : 패킷의 길이
- data : 데이터 배열

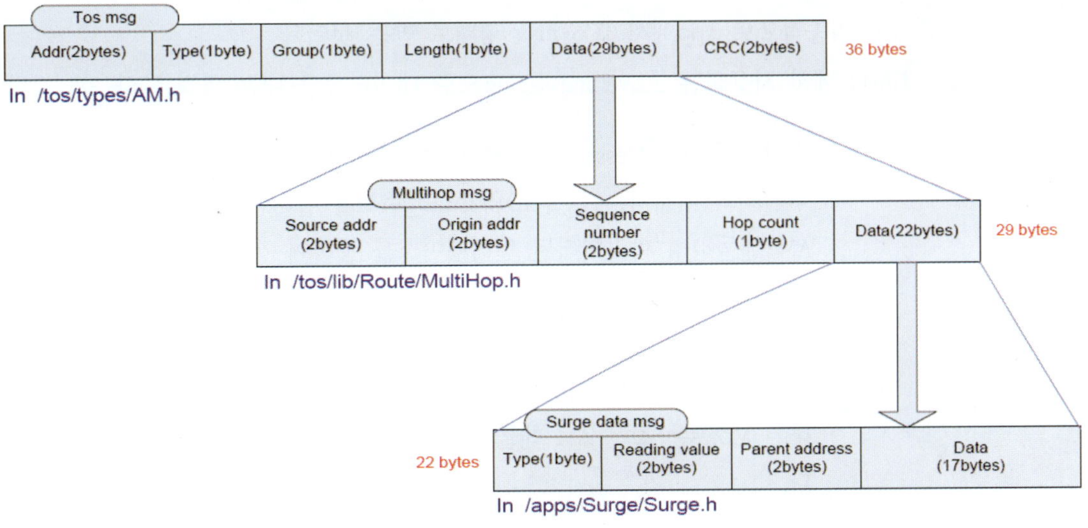

[그림 5-22] TOS_msg 구조체

(2) 동작 메시지 흐름도

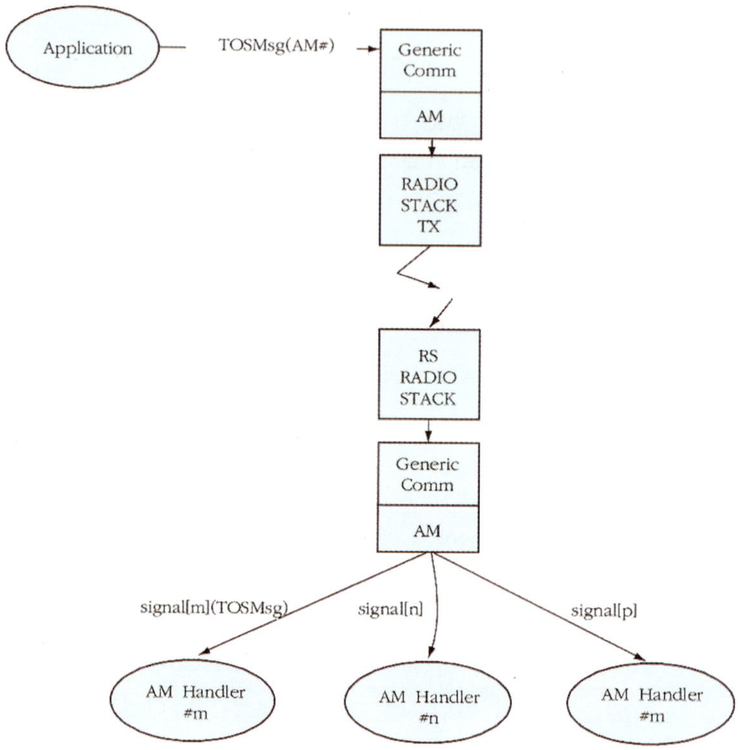

[그림 5-23] TOS_msg 구조체 동작 메시지 흐름도

위의 응용에서는 TOS_msg 구조체로 MAC에 보내지고 MAC에서 AM 추상패킷 형태로 변환하여 RF 전송을 한다. 수신측에서는 RF 수신을 하여 AM 추상패킷의 형태로 MAC에서 관리하고 최종적으로 App에서 TOS_msg 형태로 받는 것이다.

TinyOS에서 사용하는 active messaging으로 데이터를 보내는 과정은 다음과 같다.

- 송신자의 TOS Message가 목적지 주소를 지정한다.
- 수신자의 메시지는 그룹 ID와 노드 주소를 필터한다.
- AM 핸들러의 파라미터된 인터페이스를 통하여 적절한 메시지 이벤트 핸들러에게 루트된다.
- 네트워크상 각각의 메시지는 헤더에다 AM 핸들러를 기입한다.
- 메시지가 수신되면 이벤트는 신호화된 AM 핸들러와 연결된다.
- 다른 Motes은 같은 AM 핸들러로 다른 수신 이벤트 핸들러와 결합시킬 수 있다.

(3) 동작 메시지(파라미터된 인터페이스)

```
includes IntMsg;

configuration IntToRfm
{
  provides {
    interface IntOutput;
    interface StdControl;
  }
}
implementation
{
  components IntToRfmM, GenericComm as Comm;

  IntOutput = IntToRfmM;
  StdControl = IntToRfmM;

  IntToRfmM.Send -> Comm.SendMsg[AM_INTMSG];
  IntToRfmM.SubControl -> Comm;
}
```

(4) 메시지 버퍼 교환

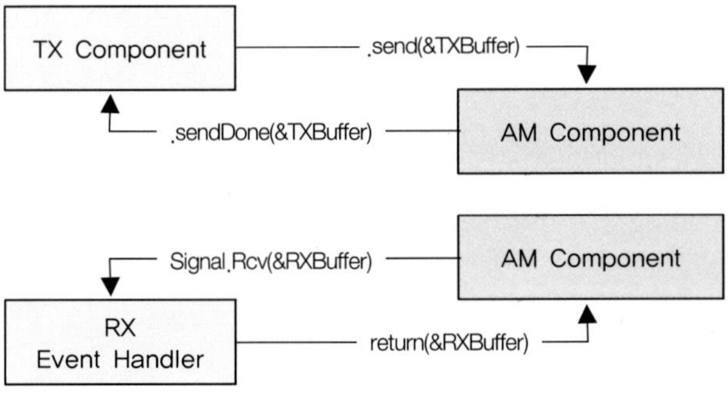

AM component는 신호의 전달이 끝날 때까지 TXBuffer의 소유권을 가지고 있다.

Event Handler는 RXBuffer를 가지고 있다. 그리고 다음 RX message를 위해 RX Buffer를 반환한다. .send는 센서 노드에서 TOS_MSG 형태의 포인터를 반환할 것이고, .sendDone는 send(함수)를 통해 메시지가 모두 전송되었을 때, 이벤트 형태로 호출되는 함수이다. TX 컴포넌트에서 send()했을 때 AM 컴포넌트에서 sendDone해서 완료하는 것을 보이는 것이고, RX Event Handler는 RF 하드웨어 디바이스에서 받은 패킷을 MAC에 AM 컴포넌트에 전달하고 리턴해서 확인하는 것을 나타낸다.

제 5 장

프로그래머는 AM Layer로부터 .sendDone Event를 얻을 때까지 버퍼를 수정해서는 안된다. 그리고 다음 받을 메시지를 위해 'free' 버퍼 포인터를 리턴해야 한다.

(5) 전송 메시지

```
command result_t IntOutput.output(uint16_t value)
{
  IntMsg *message = (IntMsg *)data.data;

  if (!pending)
    {
      pending = TRUE;

      message->val = value;
      atomic {
        message->src = TOS_LOCAL_ADDRESS;
      }
      if (call Send.send(TOS_BCAST_ADDR, sizeof(IntMsg), &data))
        return SUCCESS;
      pending = FALSE;
    }
  return FAIL;
}
```

위의 소스에서 IntOutput.output에서 pending값은 일종의 전송을 하기 위한 locking하는 기법이다. 만약 pending값이 0이라면 Send.send() 함수를 호출해서 전송하게 된다.

(6) AM 표준(수신 메시지)

```
TOS_MsgPtr received(TOS_MsgPtr packet)  __attribute__ ((C, spontaneous)) {
  uint16_t addr = TOS_LOCAL_ADDRESS;
  counter++;
  if (packet->crc == 1 && // Uncomment this line to check crcs
      packet->group == TOS_AM_GROUP &&
      (packet->addr == TOS_BCAST_ADDR ||
       packet->addr == addr))
    {
      uint8_t type = packet->type;
      TOS_MsgPtr tmp;
```

```
            tmp = signal ReceiveMsg.receive[type](packet);
            if (tmp)
              packet = tmp;
        }
    return packet;
}
```

위에서 received() 함수는 위 함수 Send.send()에서 보낸 패킷이 전송되었을 때 수신측에서 호출되는 함수로서, crc체크, group, addr 등에 필드값으로 필터링하는 것이다. 만약 정상적이고, 수신측에서 받아야 하는 패킷이라면 receiveMsg.receive(); 호출함으로써, 상위 컴포넌트로 전달하게 되고 최종적으로 app까지 도달하는 것이다.

(7) 응용계층 동작 메시지 핸들러

```
event TOS_MsgPtr ReceiveIntMsg.receive(TOS_MsgPtr m) {
  IntMsg *message = (IntMsg *)m->data;
  call IntOutput.output(message->val);
  return m;
}
```

위에서 ReceiveLntMsg.receive() 함수는 TOS_msg 구조체를 IntMsg 구조체로 한풀 벗기고 IntOutput.output(message → val)에서 val값만을 상위 컴포넌트에 전달하는 것이다.

4) 센서 TOS 컴포넌트

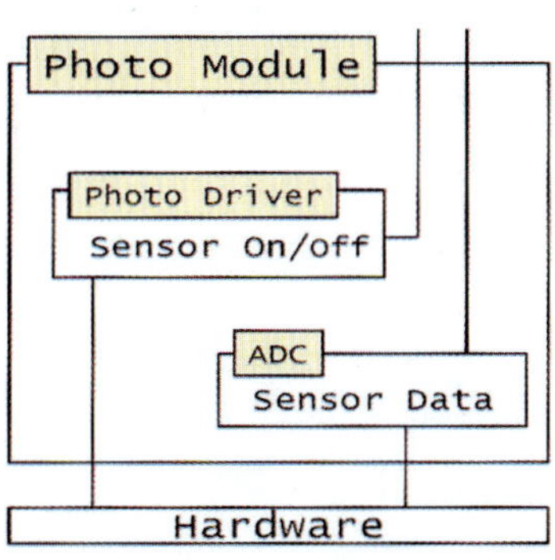

[그림 5-25] 센서 TOS 컴포넌트 구조

[그림 5-25]는 포토 센서 특별 드라이버(Sensor on/off)와 ADC 컴포넌트 양쪽을 포함한 phot 모듈을 생성한다. 많은 센서 드라이버는 또한 ADC 컴포넌트를 사용한다.

(1) PhotoDriver 컴포넌트

다음의 프로그램은 센서 인터페이스 핀들을 제어하기 위한 컴포넌트를 생성한다. 이것은 init(), start()와 stop()의 표준 TinyOS 제어 기능을 구현한다.

stdControlstart(), stdControl.stop()는 여기에서 on/off 기능이다. 데이터 부분은 ADCControl 인터페이스에서 전달되는 것이다.

```
includes sensorboard;
configuration Photo
{
  provides interface ADC as PhotoADC;
  provides interface StdControl;
}
implementation
{
  components PhotoTemp;
  StdControl = PhotoTemp.PhotoStdControl;
  PhotoADC = PhotoTemp.ExternalPhotoADC;
}
```

(2) photoDriver configuration

```
includes sensorboard;
configuration PhotoTemp
{
  provides interface ADC as ExternalPhotoADC;
  provides interface ADC as ExternalTempADC;
  provides interface StdControl as TempStdControl;
  provides interface StdControl as PhotoStdControl;
}
implementation
{
  components PhotoTempM, ADCC, TimerC;

  TempStdControl = PhotoTempM.TempStdControl;
```

```
    PhotoStdControl = PhotoTempM.PhotoStdControl;
    ExternalPhotoADC = PhotoTempM.ExternalPhotoADC;
    ExternalTempADC = PhotoTempM.ExternalTempADC;
    PhotoTempM.InternalPhotoADC -> ADCC.ADC[TOS_ADC_PHOTO_PORT];
    PhotoTempM.InternalTempADC -> ADCC.ADC[TOS_ADC_TEMP_PORT];
    PhotoTempM.ADCControl -> ADCC;
    PhotoTempM.TimerControl -> TimerC;
    PhotoTempM.PhotoTempTimer -> TimerC.Timer[unique("Timer")];
}
```

위에서 PhotoDriver는 ADC on/off 기능과 ADC에서 데이터가 들어왔을 때 Photo값을 이벤트로 전달해준다.

5.6 TinyOS의 Makefile 구조

1) Makefile 구조

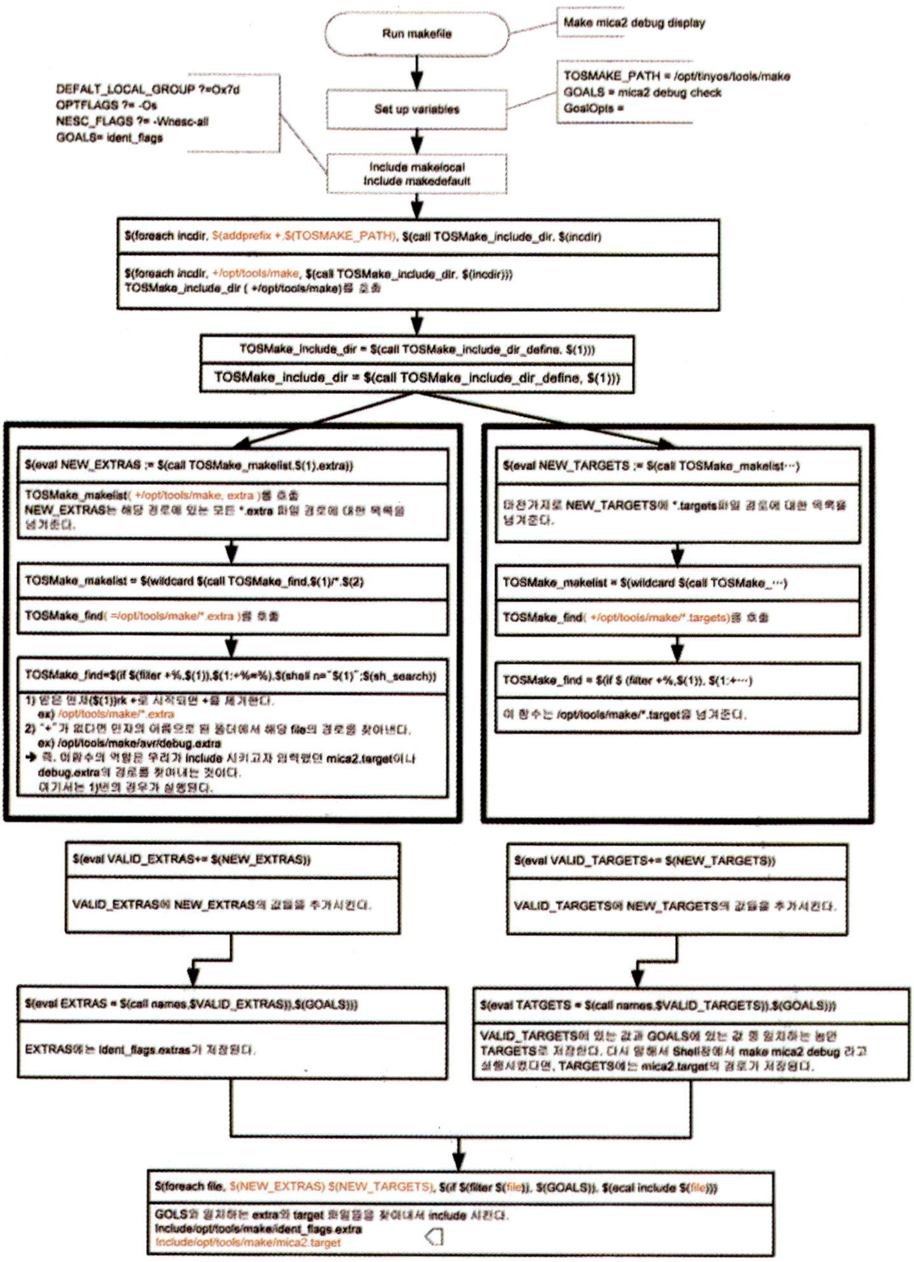

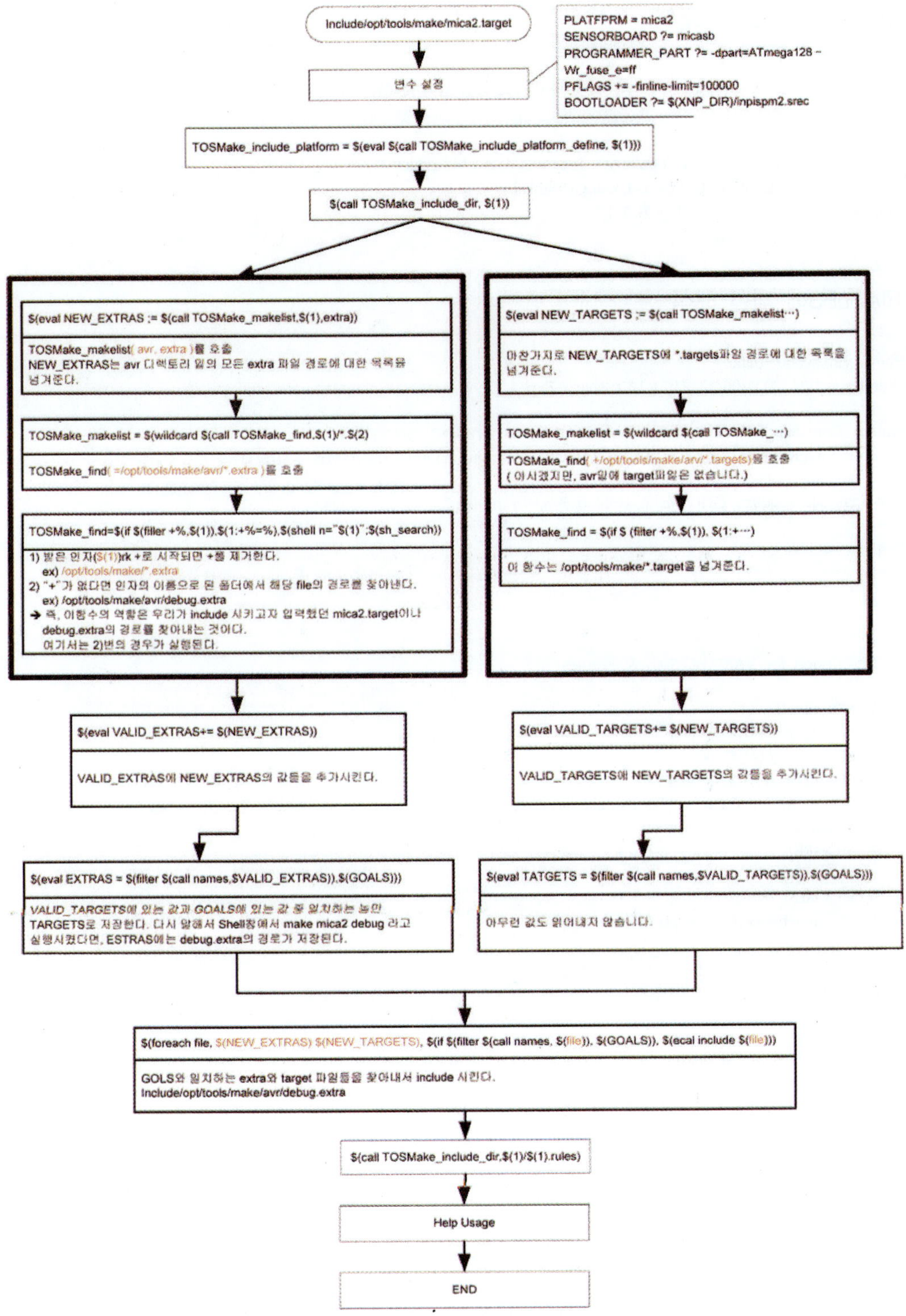

Include/opt/tools/make/mica2.target
변수 설정
PLATFPRM = mica2
SENSORBOARD ?= micasb
PROGRAMMER_PART ?= -dpart=ATmega128 -
Wr_fuse_e=ff
PFLAGS += -finline-limit=100000
BOOTLOADER ?= $(XNP_DIR)/inpispm2.srec
TOSMake_include_platform = $(eval $(call TOSMake_include_platform_define, $(1)))
$(call TOSMake_include_dir, $(1))
$(eval NEW_EXTRAS := $(call TOSMake_makelist,$(1),extra))
TOSMake_makelist(avr, extra)를 호출
NEW_EXTRAS는 avr 디렉토리 밑의 모든 extra 파일 경로에 대한 목록을 넘겨준다.
TOSMake_makelist = $(wildcard $(call TOSMake_find,$(1)/*.$(2)
TOSMake_find(=/opt/tools/make/avr/*.extra)를 호출
TOSMake_find=$(if $(filler +%,$(1)),$(1:+%=%),$(shell n="$(1)";$(sh_search))
1) 받은 인자($(1))rk +로 시작되면 +를 제거한다.
ex) /opt/tools/make/*.extra
2) "+"가 없다면 인자의 이름으로 된 폴더에서 해당 file의 경로를 찾아낸다.
ex) /opt/tools/make/avr/debug.extra
→ 즉, 이함수의 역할은 우리가 include 시키고자 입력했던 mica2.target이나 debug.extra의 경로를 찾아내는 것이다.
여기서는 2)번의 경우가 실행된다.
$(eval NEW_TARGETS := $(call TOSMake_makelist…)
마찬가지로 NEW_TARGETS에 *.targets파일 경로에 대한 목록을 넘겨준다.
TOSMake_makelist = $(wildcard $(call TOSMake_…)
TOSMake_find(+/opt/tools/make/arv/*.targets)를 호출
(아시겠지만, avr밑에 target파일은 없습니다.)
TOSMake_find = $(if $ (filter +%,$(1)), $(1:+…)
이 함수는 /opt/tools/make/*.target을 넘겨준다.
$(eval VALID_EXTRAS+= $(NEW_EXTRAS))
VALID_EXTRAS에 NEW_EXTRAS의 값들을 추가시킨다.
$(eval VALID_TARGETS+= $(NEW_TARGETS))
VALID_TARGETS에 NEW_TARGETS의 값들을 추가시킨다.
$(eval EXTRAS = $(filter $(call names,$VALID_EXTRAS)),$(GOALS)))
VALID_TARGETS에 있는 값과 GOALS에 있는 값 중 일치하는 놈만 TARGETS로 저장한다. 다시 말해서 Shell창에서 make mica2 debug 라고 실행시켰다면, ESTRAS에는 debug.extra의 경로가 저장된다.
$(eval TATGETS = $(filter $(call names,$VALID_TARGETS)),$(GOALS)))
아무런 값도 읽어내지 않습니다.
$(foreach file, $(NEW_EXTRAS) $(NEW_TARGETS), $(if $(filter $(call names, $(file)), $(GOALS)), $(ecal include $(file)))
GOLS와 일치하는 extra와 target 파일들을 찾아내서 include 시킨다.
Include/opt/tools/make/avr/debug.extra
$(call TOSMake_include_dir,$(1)/$(1).rules)
Help Usage
END

제5장

2) TinyOS의 Makefile 해석

MAKERULES in TINYOS

DIR : [/opt/tinyos-1.x/tools/make/Makerules]
EX APPS : BLINK [/opt/tinyos-1.x/apps/Blink/]
TinyOS Version : tinyOS 1.1.7

(1) VARIABLES에 대한 해석

```
#-*-Makefile-*- vim:syntax=make
#$Id: Makerules,v 1.11 2004/06/17 23:31:12 cssharp Exp $

# 1st. @author Cory Sharp <cssharp@eecs.berkeley.edu> 2004/06/17 23:31:12
# 2nd. @author "SOEK-JOON. HONG" [JOON] <yada0414.@unitel.co.kr> 2004/08/05 17:01:00

### --- This makefile requires GNU Make version 3.80 or newer.
### ---
### --- Prepare variables
### ---
```

Description for VARIABLES in Makerules.

1. $(TOSDIR)
2. $(TINYOS_MAKE_PATH)
3. $(TINYOS_MAKELOCAL)
4. $(TINYOS_MAKEDEFAULT)
5. $(TOSMAKE_PATH)
6. $(GOALS)
7. $(OptRE)
8. $(GoalOpts)
9. $(GOALS)
10. $(foreach opt,$(GoalOpts),$(eval $(opt)))

1. $(TOSDIR)

definition :

```
ifndef TOSDIR
TOSDIR := $(shell ncc -print-tosdir)
endif
```

values :

--> /opt/tinyos-1.x/tos

description :

Get TOSDIR from ncc if it isn't set already.

2. $(TINYOS_MAKE_PATH)

definition :

```
ifndef TINYOS_MAKE_PATH
```

```
ifdef MAKERULES
  TINYOS_MAKE_PATH := $(dir $(MAKERULES))
  TINYOS_MAKE_PATH := $(TINYOS_MAKE_PATH:%/=%)
else
  TINYOS_MAKE_PATH := $(TOSDIR)/../tools/make
endif
endif
```

values :

--> /opt/tinyos-1.x/tools/make

description :

Deduce TINYOS_MAKE_PATH, the path to this file, if it's not defined already.

3. $(TINYOS_MAKELOCAL)

definition :

TINYOS_MAKELOCAL ?= $(TINYOS_MAKE_PATH)/Makelocal

values :

--> /opt/tinyos-1.x/tools/make/Makelocal

description :

Use a default Makelocal if it's not defined already.

4. $(TINYOS_MAKEDEFAULT)

definition :

TINYOS_MAKEDEFAULTS ?= $(TINYOS_MAKE_PATH)/Makedefaults

values :

--> /opt/tinyos-1.x/tools/make/Makedefaults

description :

Use a default Makedefaults if it's not defined already.

5. $(TOSMAKE_PATH)

definition :

TOSMAKE_PATH += $(TINYOS_MAKE_PATH)

values :

--> /opt/tinyos-1.x/tools/make

description :

Allow users to specify additional directories to find TOSMake files.

6. $(GOALS)

definition :

GOALS += $(MAKECMDGOALS)

values :

--> reinstall mica2 (ex> $ make reinstall mica2)

description :

Save makecmdgoals (a read only var) to goals so that we can modify it.
/opt/tinyos-1.x/tools/make/ 하위의 .target, .extra 파일들을 찾을 때,
/opt/tinyos-1.x/tools/make/$(PLATFORM) 디렉토리를 찾을 때,
/opt/tinyos-1.x/tools/make/$(PLATFORM) 하위의 .target, .extra 파일들을 찾을 때, 사용되어진다.

Extract user options from goals of the form opt,arg, transform to opt=arg,

\# and evaluate. Then, reduce GOALS to have the args removed.

7. $(OptRE)
    definition :
        OptRE := [,.]
    values :
        --〉 [,.]
    description :
    option 값들을 인식하기 위한 인자 (ex〉 make mica2,1234 reinstall.4321 check)

8. $(GoalOpts)
    definition :
        GoalOpts := $(shell perl -e 'print join " ", map {s{^(.*?)$(OptRE)}{₩U$$1=}; $$_} grep /$(OptRE)/, split /₩s+/, "$(GOALS)";')
    values :
        --〉 mica2=1234 reinstall=4321 (ex〉 make mica2,1234 reinstall.4321 check)
    description :
    Extract user options from goals of the form opt,arg, transform to opt=arg, and evaluate. Then, reduce GOALS to have the args removed.

split를 통하여 make 〈target〉의 수만큼(₩s 옵션을 사용하여string단위로) 잘라낸 후,
grep 을 통하여 OptRE([,.]) 의 "," "." 가 있으면 옵션으로 인식하여 해당되는 것만 잡아내고, map을 통하여 "," "." 등을 "=" 으로 바꾸어 준다. join 을 통하여 target 사이에 스페이스를 하나 준다.

ex〉 $〉 make mica2.1234 check,4321 check
    split : mica2.1234reinstall,4321check
    grep : mica2.1234reinstall,4321
    map : mica2=1234reinstall=4321
최종 join : mica2=1234 reinstall=4321

9. $(GOALS)
    definition :
    GOALS := $(shell perl -e '$$_="$(GOALS)"; s{$(OptRE)₩S*}{}g; print;')
    values :
    --〉 mica2 reinstall check (ex〉 make mica2,1234 reinstall.4321 check)
    description :option 값들을 삭제한 〈target〉값만을 갖는다.

10. $(foreach opt,$(GoalOpts),$(eval $(opt)))
    values :mica2=1234 (ex〉 make mica2,1234 reinstall.4321 check)
        reinstall=4321
    description :GoalOpts에 있는 값들을 하나씩 초기화한다.

(2) FUNCTION에 대한 해석

```
#-*-Makefile-*- vim:syntax=make
#$Id: Makerules,v 1.11 2004/06/17 23:31:12 cssharp Exp $

# 1st. @author Cory Sharp 〈cssharp@eecs.berkeley.edu〉 2004/06/17 23:31:12
# 2nd. @author "SOEK-JOON. HONG" [JOON] 〈yada0414.@unitel.co.kr〉 2004/08/05 17:01:00


### --- This makefile requires GNU Make version 3.80 or newer.
### ---
### --- Define make functions.
### ---
### --- dir : /opt/tinyos-1.x/make/tools/Makerules
### --- The functions a user will generally be interested in are
### ---     TOSMake_include(file)
```

```
### ---    TOSMake_include_platform(dir)
### ---

          Description for FUNCTION in Makerules.

          1. names
          2. TOSMake_find
          3. TOSMake_makelist
          4. TOSMake_include
          5. TOSMake_extra_targets
          6. TOSMake_include_dir
          7. TOSMake_include_dir_define
          8. TOSMake_include_platform(dir)
          9. TOSMake_include_platform_define


1. names

          definition : names = $(sort $(basename $(notdir $(1))))

          example :$(call names, /usr/local/bin/test.exe)-->          test

          description :받은 인자값의 파일이름을 얻는다.

          detail :$(1) := /opt/tinyos-1.x/tools/make/mica2.target /opt/tinyos-1.x/tools/make/
                                                                      ident_flag.target
                  $(notdir $(1)) :                               -> mica2.target ident_flag.target
                  $(basename $(notdir $(1))) :                   -> mica2 ident_flag
                  $(sort $(basename $(notdir $(1)))) : -> ident_flag mica2


2. TOSMake_find

          definition :sh_search = for a in $(TOSMAKE_PATH); do [ -e "$$a/$$n" ] && echo
                                                                  "$$a/$$n" && break; done
                  TOSMake_find=$(if $(filter +%,$(1)),$(1:+%=%),$(shell n="$(1)";
                  $(sh_search)))

          example :$(call TOSMake_find, +/opt/tinyos-1.x/tools/make)
                  -->          /opt/tinyos-1.x/tools/make

          description :받은 인자값의 앞에 "+"가  있으면 +/opt/.../xx  --> /opt/.../xx
                      없으면 검색한다.

          detail :      case 1 : +가 있을 때
                                $(1) := +/opt/tinyos-1.x/tools/make
                                (filter +%,$(1))                 -> /opt/tinyos-1.x/tools/make
                        case 2 : +가 없을 때
                                $(1) := avr
                                $(shell n="$(1)"; $(sh_search)) -> /opt/tinyos-1.x/tools/make/avr
$(if $(filter +%,$(1)),$(1:+%=%),$(shell n="$(1)"; $(sh_search)))-> opt/tinyos-1.x/tools/make/avr


3. TOSMake_makelist

          definition : TOSMake_makelist = $(wildcard $(call TOSMake_find,$(1))/*.$(2))

          example :$(call TOSMake_makelist,/opt/tinyos-1.x/tools/make,target)
                  = $(wildcard $(call TOSMake_find,/opt/tinyos-1.x/tools/make/*.target)
```

제
5
장

```
-->        /opt/tinyos-1.x/tools/make/cc2420dbk.target
           /opt/tinyos-1.x/tools/make/check.target
           /opt/tinyos-1.x/tools/make/clean.target
           /opt/tinyos-1.x/tools/make/mica.target
           /opt/tinyos-1.x/tools/make/mica2.target
           /opt/tinyos-1.x/tools/make/mica2dot.target
           /opt/tinyos-1.x/tools/make/micaz.target
           /opt/tinyos-1.x/tools/make/pc.target
           /opt/tinyos-1.x/tools/make/telos.target
           /opt/tinyos-1.x/tools/make/telos_hc08.target
```

description :$(1)의 경로에서 $(2)인자값을 확장자로 가지는 파일의 리스트를 얻는다.

```
detail :$(call TOSMake_find,$(1))                    -> a.target a.extra a.rules
        $(wildcard $(call TOSMake_find,$(1))/*.target)  -> a.target
```

4. TOSMake_include

definition :

```
TOSMake_include = $(eval include $(call TOSMake_find,$(1)))
```

example:

```
$(call TOSMake_include, avr/avr.rules)
include ./avr/avr.rules
```

description:

해당 파일을 include한다.

5. TOSMake_extra_targets

definition :

```
define TOSMake_extra_targets
        $(subst :,%,$(1)): FORCE
@:
endef
```

example :

```
$(call TOSMake_extra_targets,check:)
-->        check% : FORCE
```

description :

extra_targets의 인자를 받아 ":"의 기호가 있으면 %로.
": FORCE"를 설정하여 강제 실행한다.

detail :

```
$(1) := mica2:
$(subst :,%,%(1))        -> mica2%
```

6. TOSMake_include_dir

definition :

```
TOSMake_include_dir = $(eval $(call TOSMake_include_dir_define,$(1)))
```

example :

```
$(call TOSMake_include_dir,$(1))
```

description :

TOSMake_include_dir_define에 정의된 일련의 동작들을 수행한다.

7. TOSMake_include_dir_define

definition :

```
define TOSMake_include_dir_define
        $(eval NEW_EXTRAS := $(call TOSMake_makelist,$(1),extra))
        $(eval NEW_TARGETS := $(call TOSMake_makelist,$(1),target))
        $(eval VALID_EXTRAS += $(NEW_EXTRAS))
        $(eval VALID_TARGETS += $(NEW_TARGETS))
        $(eval EXTRAS = $(filter $(call names,$(VALID_EXTRAS)),$(GOALS)))
        $(eval TARGETS = $(filter $(call names,$(VALID_TARGETS)),$(GOALS)))
        $(eval OTHERS = $(filter-out $(EXTRAS) $(TARGETS),$(GOALS)))
        $(foreach file,$(NEW_EXTRAS) $(NEW_TARGETS),$(if $(filter $(call
         names,$(file)),$(GOALS)),$(eval include $(file))))
endef
```

exectuion :

$(call TOSMake_include_dir_define,$(1))

--> NEW_EXTRAS : *.extra의 list를 얻는다.
NEW_TARGETS : *.target의 list를 얻는다.
VALID_EXTRAS : NEW_EXTRAS의 값을 추가한다.
VALID_TARGETS : NEW_TARGETS의 값을 추가한다.
EXTRAS : VALID_EXTRAS의 값들 중 $(GOALS)의 값과 일치하는 list를 얻는다.
TARGETS : VALID_TARGETS의 값들 중 $(GOALS)의 값과 일치하는 list를 얻는다.
OTHERS : .extra, .target 이외의 다른 <target>값의 list를 얻는다.
include -> 최종 EXTRAS, TARGETS, OTHERS의 파일들을 include한다.

descritpion :
.extra 와 .target을 찾아낸후 GOALS값(make mica2 => mica2,ident_flags)
과 일치하는 .extra와 .target을 찾아내어 include한다.

detail :

:=	-> 변수 고정
=	-> 변수 설정
+=	-> 이전 값에 새값을 더할 것
?=	-> 이전 값이 없으면 넣을 것

8. TOSMake_include_platform(dir)

definition :

```
TOSMake_include_platform=$(eval $(call TOSMake_include_platform_define,$(1)))
```

example :

```
$(call TOSMake_include_platform,$(1))
```

descritpion :
TOSMake_include_platform_define에 정의된 일련의 동작들을 수행한다.
see the No.9 section (TOSMake_include_platform_define part)

9. TOSMake_include_platform_define

definition :

```
define TOSMake_include_platform_define
        $(call TOSMake_include_dir,$(1))
        $(call TOSMake_include,$(1)/$(1).rules)
endef
```

example :

```
$(call TOSMake_include_platform_define,avr)
```

제5장

description :
- avr/ 디렉토리에서의 .extra와 .target을 찾아낸 후 GOALS값(make mica2 => mica2,ident_flags)과 일치하는 .extra와 .target을 찾아내어 include한다.
- avr/avr.rules를 include한다.

(3) INCLUDE(EXECUTION)에 대한 해석

```
#-*-Makefile-*- vim:syntax=make
#$Id: Makerules,v 1.11 2004/06/17 23:31:12 cssharp Exp $

# 1st. @author Cory Sharp <cssharp@eecs.berkeley.edu> 2004/06/17 23:31:12
# 2nd. @author "SOEK-JOON. HONG" [JOON] <yada0414.@unitel.co.kr> 2004/08/05 17:01:00

### --- This makefile requires GNU Make version 3.80 or newer.
### ---
### --- Include Makelocal and Makedefaults
### ---
```

Description for INCLUDE(EXECUTION) in Makerules.

1. -include $(TINYOS_MAKELOCAL)
2. -include $(TINYOS_MAKEDEFAULTS)
3. $(foreach incdir,$(addprefix +,$(TOSMAKE_PATH)),$(call TOSMake_include_dir,$(incdir)))
4. $(foreach goal,$(MAKECMDGOALS),$(if $(filter-out $(TARGETS) help,$(goal)),$(eval $(call TOSMake_extra_targets, $(goal)))))

1. -include $(TINYOS_MAKELOCAL)

DIR for include files :
/opt/tinyos-1.x/tools/make/Makedefaults

description :dir 경로의 Makelocal 파일을 include.하지만 실제로 Makelocal 파일이 존재하지 않는다.
* -include 에서 "-"는 존재하면 include, 존재하지 않으면 그냥 넘어가라는 옵션이다.

2. -include $(TINYOS_MAKEDEFAULTS)

DIR for include files :
/opt/tinyos-1.x/tools/make/Makedefaults

description :
dir 경로의 Makedefaults 파일을 include.

content :
Makedefaults --> nesc 컴파일시 기본적인 옵션들과 DEFAULT_HELP(USAGE)가 정의한다.

3. $(foreachincdir,$(addprefix +,$(TOSMAKE_PATH)),$(call TOSMake_include_dir,$(incdir)))

DIR for include files :
(ex> $ make reinstall mica2)
/opt/tinyos-1.x/tools/make/mica2.target
mica2.target 파일에서 다음의 .../avr/ 하위의 파일들을 include한다.
/opt/tinyos-1.x/tools/make/avr/avr.rules
/opt/tinyos-1.x/tools/make/avr/reinstall.extra
/opt/tinyos-1.x/tools/make/ident_flags.extra

description :

Mark TOSMAKE_PATH with a + so that they're not searched for by TOSMake_find.
/opt/tinyos-1.x/tools/make/ 하위의 *.extra, *.extra 중 $(GOALS)에 해당하는 파일들을 include한다.

content :

mica2.target --〉 해당 타겟(mica2)의 platform에 따른 .target, .extra, .rules 파일들을 include.
ident_flags.extra --〉 컴포넌트 정의, nesc 옵션들이 정의한다.

4. $(foreach goal,$(MAKECMDGOALS),$(if $(filter-out $(TARGETS) help,$(goal)),$(eval $(call TOSMake_extra_targets,$(goal)))))

DIR for include files :

description :

Make default rules for each extra with full argument
기본적으로 제공하는 〈TARGETS〉 이외의 사용자 정의 〈TARGETS〉 사용시 사용된다.

그러나 사용자 정의 target의 경우도 /opt/tinyos-1.x/tools/make/ 아래에
check.target이라는 파일을 새로 생성하여 그 안에 정의한다면 이것은 〈OTEHRS〉가 아닌 〈TARGETS〉으로 인지한다.

즉, Makerules파일이 실행되면서
/opt/tinyos-1.x/tools/make/와/opt/tinyos-1.x/tools/make/$(PLATFORM)을 검색하여
해당되는 파일이 존재하느냐의 여부로 〈OTHERS〉이냐 아니냐의 여부를 판단한다.

기본적으로는 사용되지 않는 실행부분이다.

(4) HELP에 대한 해석

```
#-*-Makefile-*- vim:syntax=make
#$Id: Makerules,v 1.11 2004/06/17 23:31:12 cssharp Exp $

# 1st. @author Cory Sharp <cssharp@eecs.berkeley.edu> 2004/06/17 23:31:12
# 2nd. @author "SOEK-JOON. HONG" [JOON] <yada0414.@unitel.co.kr> 2004/08/05 17:01:00


### --- This makefile requires GNU Make version 3.80 or newer.
### ---
### --- Define USAGE, print help if necessary or requested, etc.
### ---

# USAGE is printed out when help is requested.  Files other than this should
# add text to HELP, not USAGE.
```

Description for HELP in Makerules.

1. USAGE in Makerules
2. DEFAULT_HELP
3. AVR_HELP
4. MSP_HELP
5. HC08_HELP
6. DESCRIPTION

1. USAGE in Makerules

dir :

제 5 장

```
            /opt/tinyos-1.x/tools/make/Makerules
content :
            define USAGE
                        Usage:  make <target> <extras>
                                make <target> help

                                Valid targets: $(call names,$(VALID_TARGETS))
                                Valid extras: $(call names,$(VALID_EXTRAS))
                        $(HELP)
            endef

source1 :
            #  If no target or an invalid target is specified, print usage.
            ifeq ($(TARGETS),)
              ifeq ($(GOALS),)
                $(error $(USAGE)Please specify a valid target)
              else
                $(error $(USAGE)ERROR, "$(GOALS)" does not specify a valid target)
              endif
            endif

source2 :
            #  If the user specifically had help on the command line, don't build any
            #  targets, instead display help information and exit with a nice error.
            ifeq ($(filter help,$(GOALS)),help)
            define USAGE

            Usage:  make $(TARGETS) <extras>

                        Valid targets: $(call names,$(VALID_TARGETS))
                      Valid extras: $(call names,$(VALID_EXTRAS))
            $(HELP)

            endef
            $(error $(USAGE)Thank you)
            endif
```

2. DEFAULT_HELP

```
         dir :
            /opt/tinyos-1.x/tools/make/Makedefaults
         define :
            define DEFAULT_HELP
                        Welcome to the TinyOS make system!

                        You must specify one of the valid targets and possibly some combination
                        of the extra options.  Many targets have custom extras and
                        extended help, so be sure to try "make <target> help" to learn of
                        all the available features.

                        Global extras:

                          docs     : compile additional nescdoc documentation
                          tinysec : compile with TinySec secure communication
            endef

         Add to $(HELP) :
            HELP += $(DEFAULT_HELP)
```

```
3. AVR_HELP
        dir :
                /opt/tinyos-1.x/tools/make/avr/avr.rules
        define :
                define AVR_HELP
                        AVR extras:
                          debug     : compile with minimal optimization and debug symbols
                          debugopt : compile with debug symbols
                          xnp       : compile for network programming
                        Programmer options:
                          dapa            : (default) use parallel port programmer
                          mib510,<dev> : use MIB510 serial port programming board at port <dev>
                          eprb,<host>   : use EPRB at hostname <host>
                          avrisp,<dev> : use AVRISP serial programmer at port <dev>

                          The dev or host parameter for the programmer option need not
                          be specified, in which case it is expected to be defined as in an
                          environment variable of the same name in all caps (such as
                          MIB510, EPRB, or AVRISP).
                endef

        add to $(HELP) :
                HELP += $(AVR_HELP)


4. MSP_HELP
        dir :
                /opt/tinyos-1.x/tools/make/msp/msp.rules
        define :
                define MSP_HELP
                        MSP extras:
                          debug     : compile with minimal optimization and debug symbols
                          debugopt : compile with debug symbols
                          xnp       : compile for network programming
                        Programmer options:
                          bsl,<com=3> : (default) use BSL programmer on <com> port, default 3
                          The dev or host parameter for the programmer option need not be
                          specified, in which case it is expected to be defined as in an
                          environment variable of the same name in all caps (such as BSL).
                endef

        add to $(HELP) :
                HELP += $(MSP_HELP)


5. HC08_HELP
        dir :
                /opt/tinyos-1.x/tools/make/hc08/hc08.rules

        define :
                define HC08_HELP
                        HC08 extras:
                          none yet
                        Programmer options:
                          pemicro : (default) use pemicro programmer
                endef

        add to $(HELP) :
                HELP += $(HC08_HELP)
```

6. DESCRIPTION

make를 실행하면 최초 DEFAULT_HELP의 내용이 $(HELP)에 추가된다.
이후 platform에 따른 $(PLATFORM).rules파일을 통하여
$($(PLATFORM)_HELP)의 내용이 $(HELP)에 추가되어
HELP, 또는 요구시에 출력된다.

제 6 장

유비쿼터스 센서 네트워크 응용 시스템의 응용실습

- 6.1 유비쿼터스 센서 네트워크 응용 시스템 설정 및 검증
- 6.2 센서 노드의 LED 구동
- 6.3 센서 노드 입력 제어
- 6.4 백그라운드 실행을 통한 멀티 태스크 구현
- 6.5 ED-3160을 이용한 무선 통신
- 6.6 ED-3160을 이용한 PC상의 데이터 구현
- 6.7 OscilloscopeRF를 이용한 데이터 수집
- 6.8 센서 노드의 데이터 ED-ZigNet 모니터 프로그래밍 활용
- 6.9 TinyDB를 활용한 데이터 실행
- 6.10 멀티 홉 메시 네트워크

6.1 유비쿼터스 센서 네트워크 응용 시스템 설정 및 검증

USN 응용 시스템(ED-3160)의 호스트와 각 센서 노드 시스템의 정상적인 시스템 설정 및 검증이 우선 필요하므로 이 실습을 통하여 USN 응용 시스템의 설정 및 검증을 한다. 호스트 PC에서 USN 응용 시스템의 호스트(base station))에 시리얼 및 USB 인터페이스를 통하여 USN 응용 시스템의 센서 노드(Mote)에 연결하여 센서 네트워크가 이루어지는지의 환경 설정 과정 실습과 각 베이스 스테이션과 각 센서 노드의 하드웨어 기능이 제대로 동작하는지 검증하는 과정이 필요하므로 이 과정에서 실습을 통하여 확인하고자 한다.

1) 개 요

유비쿼터스 센서 네트워크의 OS인 TinyOS의 설치와 nesC 프로그램의 변경 및 저장을 통하여 올바르게 USN 응용 시스템(ED-3160)의 환경 설정과 TinyOS가 설치되었는지 검증하여 보자.

2) 목 표

센서 노드의 LED를 점멸하는 프로그램을 작성하여 Mote의 H/W 검증 및 프로그램 작성 방법 그리고 프로그램 다운로드 방법에 대해 알아본다.

3) 선행과제

USN 응용 시스템의 센서 노드는 Atmega 128L CPU와 CC2420 지그비 무선 프로토콜 칩 등으로 구성되어 있다. 자세한 사양은 별첨 CD에 상세히 제시하였으므로 참고바란다.

Atmega128L은 8bit RISC마이컴으로 내부 플래시 메모리를 가지고 있어 프로그램이 가능하다. 따라서 이 실험에서는 Atmega128L의 내부 메모리에 TinyOS의 응용 프로그램을 이용하여 수정, 컴파일 및 다운로딩 프로그램을 작성하여 실습을 한다.

TinyOS의 응용 프로그램을 작성 및 프로그램하기 위해서는 5장에서 nesC 프로그램의 개념과 구조에 대하여 익숙해질 필요가 있다.

이 과정에서는 앞서 설치한 TinyOS를 이용하여 Bilnk(1초동안 LED가 토글 점등 프로그램)를 위한 간단한 프로그램을 하고자 한다. 5장에서 상세한 프로그램 해석을 해 놓았다.

아직 TinyOS가 설치되지 않았다면 4장의 'TinyOS의 설치'편을 참조하여 설치하기 바란다.

4) 실습내용

① Cygwin 실행방법 및 기본적인 명령어 사용법
② 프로그램 컴파일
③ 컴파일한 *.ihex파일을 ED-3160의 센서 노드에 다운로드하는 방법

이상의 3가지에 대해서 실험실습한다.

5) 실험실습

우선 실습하기 전에 TinyOS 먼저 USN 응용 시스템에 해당되는 OS를 포팅이 성공적으로 된 후에 반드시 실습을 진행해야 된다.

(1) Compile Test

TinyOS 설치와 포팅이 정상적으로 되었는지 검증한다.

① 바탕화면의 Cygwin 아이콘 ()을 더블클릭하면 그림처럼 Cygwin을 실행한다.

② 예제파일이 있는 폴더로 이동하기 위하여 $ cd /opt/tinyos-1.x/apps/Blink를 입력하면 [그림처럼 나타난다.

☛ $ cd /opt/tinyos-1.x/apps/Blink

참고 키를 입력할 때 해당되는 디렉토리를 쓸 때 한 글자를 입력하고 Tab키를 누르면 나머지 디렉토리 이름이 나타난다(예를 들면 tinyos-1.x를 입력할 때 t만 입력한 다음 tab키를 입력하면 나머지 inyos-1.x가 나타난다). ls의 명령어를 통하여 각 디렉토리에 있는 파일 및 디렉토리를 확인할 수 있다. cd는 change directory로서 해당 디렉토리로 이동하는 명령어이다.

③ 컴파일하기 위해 $ make micaz를 입력하면 [그림 6-3]처럼 실행된다.

이 make명령어는 컴파일을 실행하라는 명령어로서 해당 플랫폼(ED-3160에서는 micaz로 명기한다.) 이름을 작성한 후 엔터키를 친다.

TinyOS의 make명령어를 사용하는 경우는 3가지가 있다.

- 컴파일만 하는 경우 : make micaz
- 다운로딩만 하는 경우 : make micaz reinstall 게이트웨이보드, 통신포트
  (예 : make micaz reinstall mib520,/dev/ttyS0)
- 컴파일과 다운로딩하는 경우 : make micaz install 게이트웨이보드, 통신포트
  (예 : make micaz install mib520,/dev/ttyS0)

☛ $ make micaz

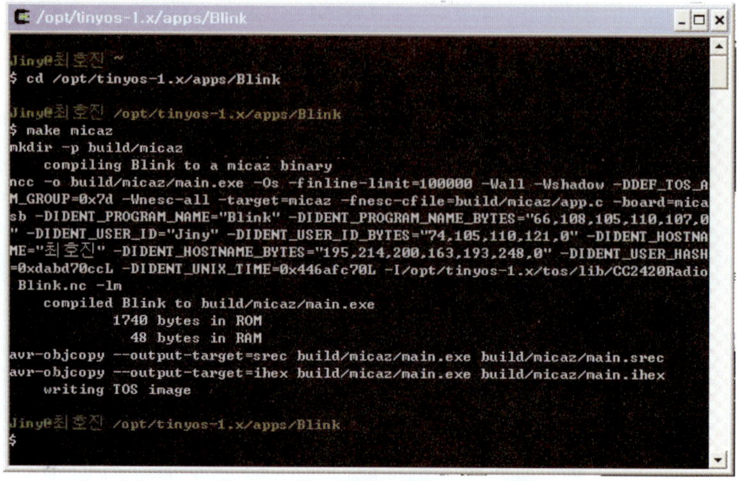

ED-3160의 센서 노드는 Micaz와 동일한 플랫폼을 사용한다.

④ 컴파일 완료 후 센서 노드에 다운로드할 파일을 확인한다.

☛ $ cd build/micaz

정상적으로 컴파일이 되었다면 build라는 폴더가 생성되고, build 디렉토리 아래 micaz라는 플랫폼을 나타내는 폴더가 생성된다.

그 디렉토리의 파일을 ls명령어를 사용하여 확인한다. 폴더의 파일들을 디스플레이한다.

☛ $ ls

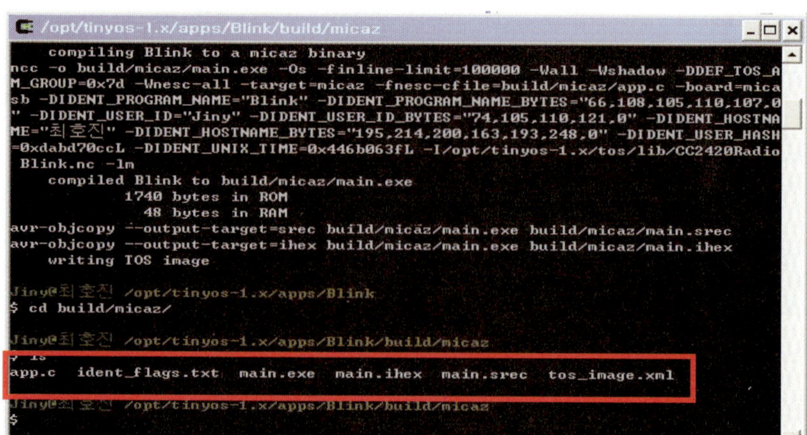

⑤ 정상적으로 컴파일된 후의 /build/micaz/ 폴더의 내용들이 디스플레이된다. 생성된 파일들을 살펴보면 다음과 같다.

app.c -> nesC 파일을 C 파일로 변환한 파일
ident_flags.txt -> 컴파일에 관한 정보가 담겨 있는 파일
main.exe -> PC에서 실행하기 위한 파일
main.ihex -> Mote에 다운로드할 파일
main.srec -> Object 파일
tos_image.xml -> 이미지 파일

이로써 TinyOS가 정상적으로 설치되었음을 알 수 있다.

이제 ED-3160 센서 노드가 정상적으로 동작하는지에 대해서 알아보기 위하여 생성된 main.ihex 파일을 센서 노드에 다운로드해 보자.

ED-3160 USN 응용 시스템에 기본으로 내장된 센서 노드는 총 10개이다. 선택사항으로는 6개가 있어 총 16개의 센서 노드를 사용하여 유비쿼터스 센서 네트워크를 구축하여 응용 실습을 할 수 있다. 그러나 기본으로 제공되는 10개의 센서 노드는 ED-3160 USN 응용 시스템의 구동 소프트웨어인 ED-ZigNet에서 각 노드의 상태를 체크하여 구동시킬 수 있다. 물론 선택사항인 6개 센서 노드에 대해서도 ED-ZigNet에서 구동시켜서 지그비 프로토콜 통신을 구현할 수 있다. 그리고 각 센서 노드에는 온도와 조도 센서는 필수적으로 들어 있다. 만약 해당 기본 센서로 장착된 것을 다른 센서로 변경할 경우는 다음 센서 노드에서 상세히 설명하니 참고바란다.

(2) Download Test

① Atmel사의 AVR Studio를 실행한다.

해당되는 프로그램은 첨부 CD에 있다. 지금부터 실습은 AVR Studio 프로그램이 기본적으로 설치 완료된 것을 전제로 실습을 진행한다. 만약 AVR Studio가 설치되지 않았다면 4장의 'AVR Studio의 설치'를 참조하여 설치한다.

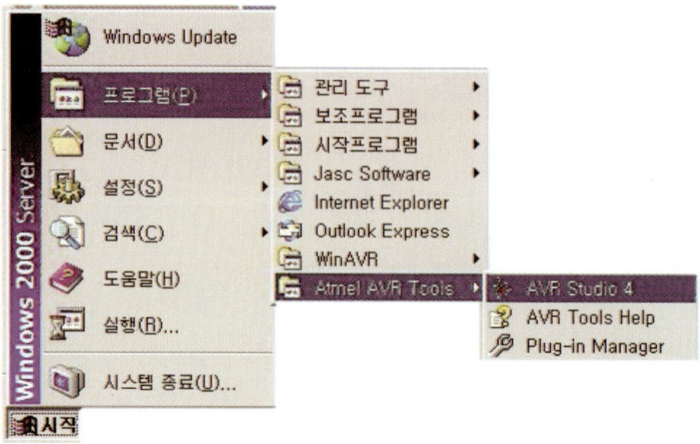
Windows Update
프로그램(P)
문서(D)
설정(S)
검색(C)
도움말(H)
실행(R)...
시스템 종료(U)...
Windows 2000 Server
시작
관리 도구
보조프로그램
시작프로그램
Jasc Software
Internet Explorer
Outlook Express
WinAVR
Atmel AVR Tools
AVR Studio 4
AVR Tools Help
Plug-in Manager

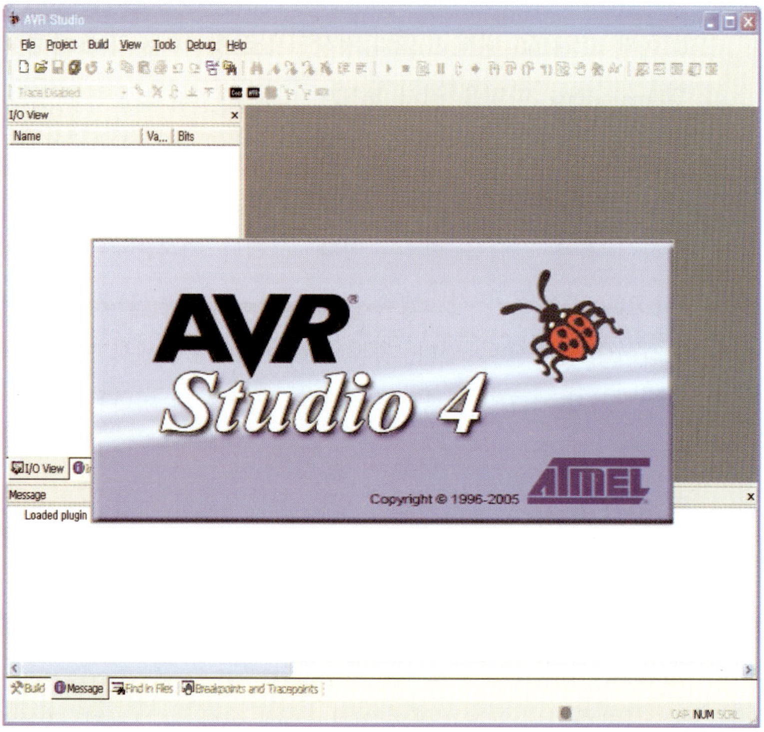
AVR Studio
File Project Build View Tools Debug Help
I/O View
Name
Va...
Bits
AVR
Studio 4
Copyright © 1996-2005
ATMEL
Message
Loaded plugin
Build
Message
Find in Files
Breakpoints and Tracepoints
NUM

② Tools - Program Avr - Connect를 클릭한다.

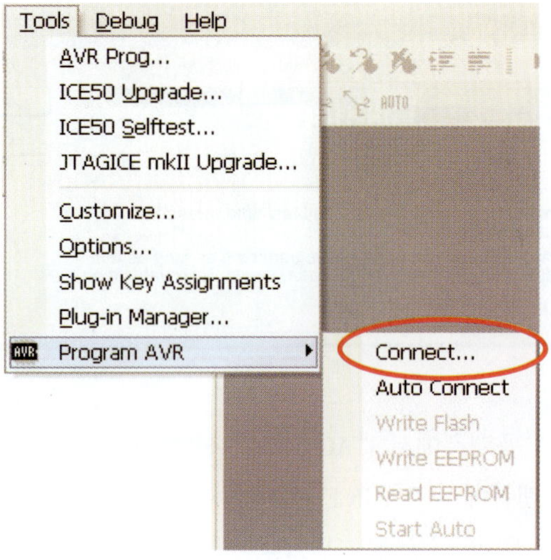

또는 해당 로그를 클릭한다.

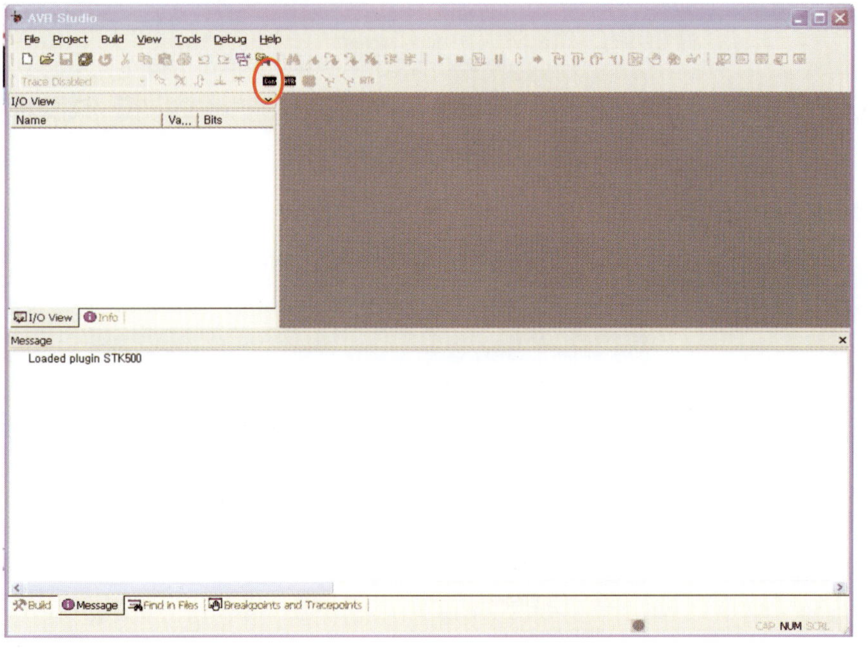

③ AVR 프로그래머 디바이스를 선택한다.

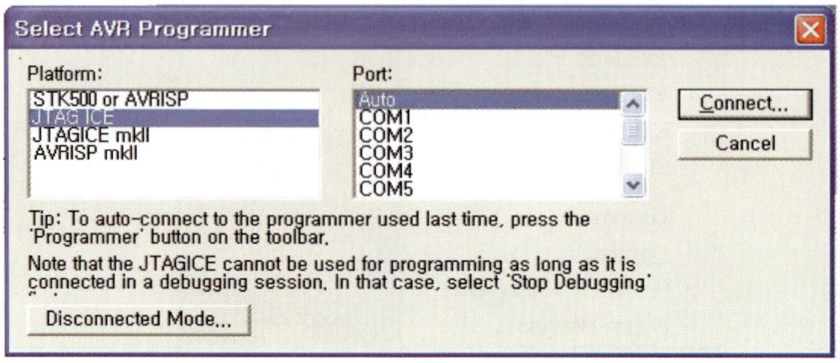

- AVR-JTAG은 플랫폼에서 JTAG ICE를 선택한다.
- MK II는 플랫폼에서 JTAGICE mkII를 선택한다.
- 포트를 알고 있을 경우에는 포트를 선택한다. 모를 경우에는 Auto를 선택한다.

참고 편리상 대개 COM1으로 RS-232를 선택하고 USB인 경우는 COM3 또는 COM6로 컴퓨터의 설정에 따라 사용할 수 있다. 그리고 최신 컴퓨터에는 RS-232 포트가 없고 USB 포트만 있는 경우에는 USB 포트를 사용하든지 아니면 RS-232 포트를 USB 포트로 변환기를 사용할 경우에는 USB 드라이버를 변환기 업체에서 제공한 드라이버를 별도로 설치해야만 한다.

④ JTAG가 정상적으로 연결이 되었다면 다음과 같이 나온다.

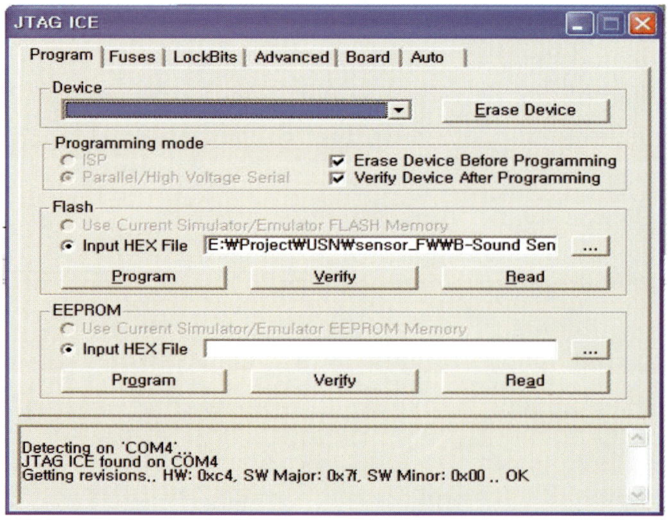

만약 JTAG가 정상적으로 연결되지 않았거나 센서 노드의 전원이 인가되지 않았다면 다음 그림과 같이 나타난다.

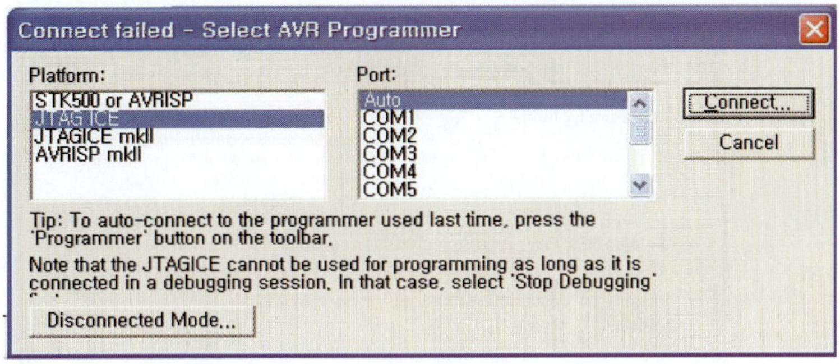

이 경우에는 센서 노드의 전원을 확인하고, JTAG의 연결 상태를 확인하고 다시 연결하면 된다.

만약 JTAG의 디바이스 드라이브가 제대로 설치되지 않았을 경우에도 이와 같은 결과가 나타난다. 그러면 다시 디바이스 드라이버를 설치한다.

⑤ CPU 디바이스 ATmega 128를 선택한다.

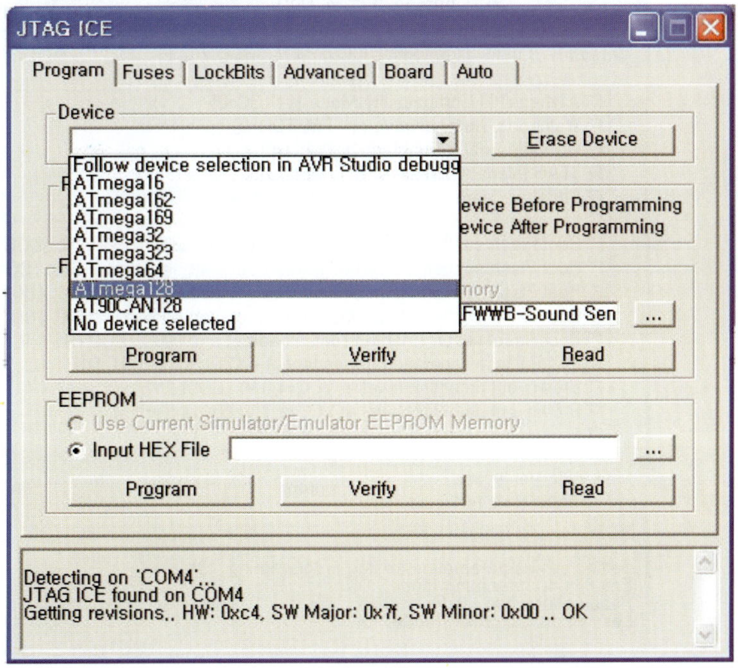

⑥ 퓨즈 비트 설정을 위해 Fuses를 클릭한다.

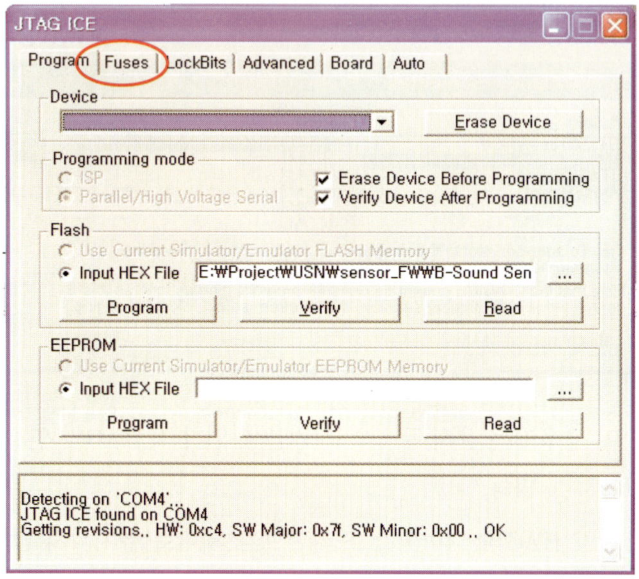

Fuses를 클릭하면 다음과 같이 나타난다. 이때 해당 선택사항을 선택해야만 환경 설정이 완료되고 완료 후 Program을 클릭한다.

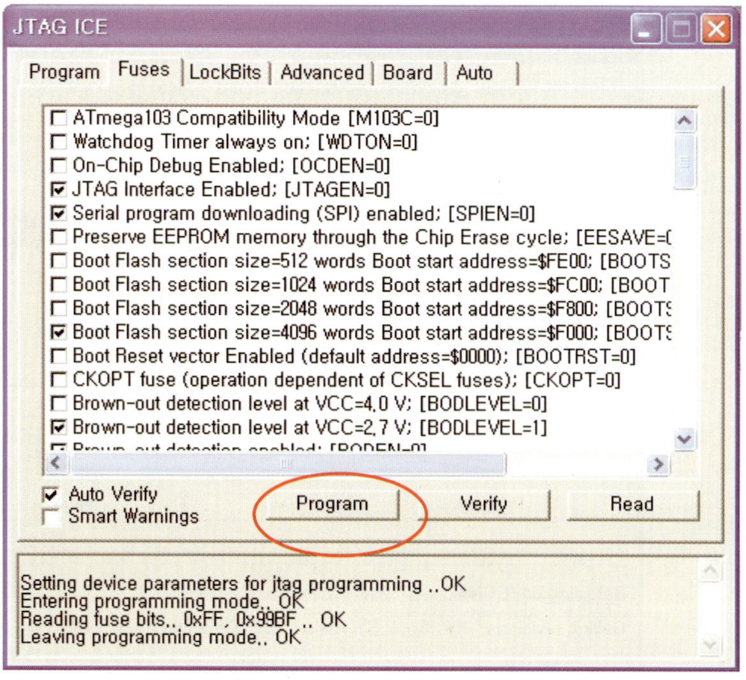

- ATmega103 Compatibility Mode (×)
- JTAG Interface Enable (○)
- Serial Program downloading (SPI) enabled (○)
- Boot Flash section size = 4096 word ... (○)
- Brown-out dection level at VCC=2.7V (○)
- Brown-out dection enable (○)
- Ext. Crystal/Resonator High Freq.; Start-up time : 16K CK + 64ms (○) (제일 밑에 있다)를 체크 확인한다.

다음 프로그램을 클릭하여 프로그램한다.

⑦ 다운로드할 HEX 파일 프로그램을 선택한다.

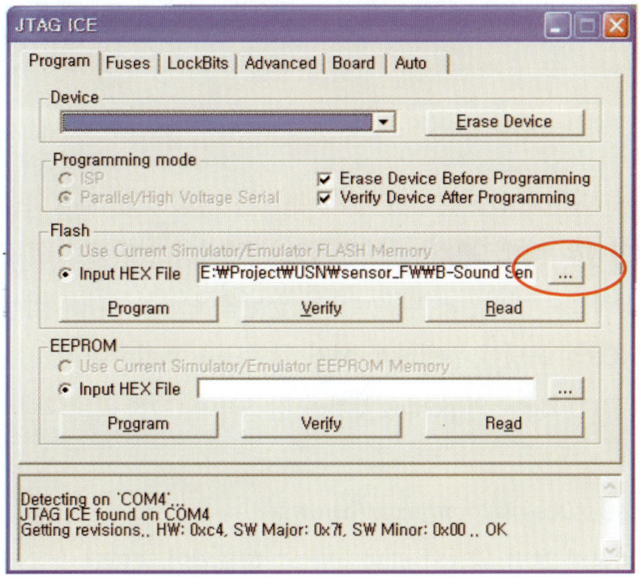

다운로드할 프로그램의 위치는 /opt/tinyos-1.x/apps/Blink/build/micaz이다.

모든 컴파일된 파일들은 build 아래 micaz에 해당 hex파일이 들어 있다.

물론 컴파일(make) 명령어의 실행은 해당 apps 디렉토리에서 실행되어야만 된다.

그러면 위에서 다운로드할 파일들이 자동 생성되어 보관되어 있다.

⑧ ED-3160, USN응용 시스템의 플래시 RAM에 HEX 파일을 프로그램한다.

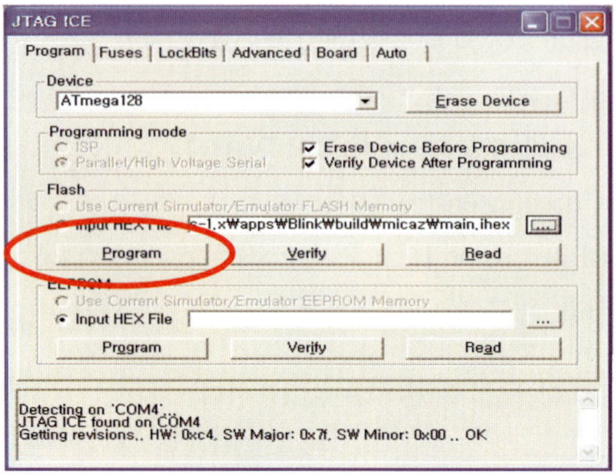

이로써 TinyOS의 컴파일 그리고 다운로드까지 끝냈다.

다운로드가 끝나면 센서 노드는 자동으로 해당 프로그램을 실행한다.

6) 결 과

ED-3160에 다운로드가 끝나면 센서 노드는 자동으로 Blink 프로그램을 실행한다. 이 Blink 프로그램은 적색 LED가 1초 주기로 깜빡거리게 된다.

만약 정상적으로 컴파일과 다운로드가 끝났음에도 불구하고 적색 LED가 깜빡거리지 않는다면 TinyOS의 포팅이 완벽하게 되지 않았음을 의미한다.

이때는 4장'ED-ZigNet의 porting'부분을 참조하여 CD의 프로그램과 TinyOS의 프로그램을 비교해 본다.

opt/tinyos-1.x/tos/platform/micaz/hardware.h

파일을 비교해 보면 원래의 ED-ZigNet의 하드웨어가 아닌 원본 TinyOS가 들어 있을 것이다. 원본 TinyOS의 의미는 Crossbow사에서 제공하는 TinyOS는 mote kit에서 동작하도록 구성되어 있는데 이 USN 응용 시스템(ED-3160)의 시스템에서 동작이 가능하도록 재구성, 즉 포팅과정이 간단히 필요하다는 의미이다. 포팅과정을 해당 디렉토리에 가서 제공한 CD에서 해당 TinyOS를 그대로 복사하면 되고, 그 외에 설정할 조건은 없다.

7) 응용실습

① opt/tinyos-1.x/apps/의 폴더에는 어떠한 애플리케이션이 있는지 살펴보자.

② opt/tinyos-1.x/apps/ZigNet1/ 폴더에는 어떠한 것들이 있는지 살펴보자.

③ 두 폴더의 차이점이 무엇인지 토론해 보자.

6.2 센서 노드의 LED 구동

TinyOS는 유비쿼터스 센서 네트워크에 최적의 OS로써 탄생한 OS이다. TinyOS는 NesC로 프로그램되어 있으므로 TinyOS에서 제공하는 응용 프로그램인 Blink를 이용하여 센서 노드의 3개의 LED를 구동하기 위해서는 NesC의 구조 및 구성을 이해를 통하여 USN 시스템을 이해할 수 있다.

본 과정에서는 nesC 프로그램 방법을 실험을 통해서 구현 및 변경하여 실행해 보고자 한다.

1) 개 요

ED-3160 USN 응용 시스템의 구동에서 기본 3색 LED(R, G, Y)를 구동해 본다.

2) 목 표

처음 접하는 NesC라는 언어를 이용하여 하드웨어를 제어하는 방법을 이해하고, TinyOS의 NesC의 구조와 프로그래밍 방법을 학습하여 최적의 응용 프로그램을 작성할 수 있는 능력을 배양한다.

3) 선행과제

(1) TinyOS의 설치

실험 1을 이용하여 TinyOS가 정상적으로 설치가 되었는지 확인한다.

특히 USN 응용 시스템인 ED-3160은 Micaz 플랫폼을 이용하여 동작하는 장비이므로 TinyOS와 많은 부분이 호환된다. 그러나 주변장치들에 대해서는 독자적인 방법을 사용하므로 여러 가지 파일들이 Micaz와 틀리게 설정되어 있다. 따라서 4장 'ED-ZigNet의 포팅' 부분을 참조하여 정확하게 설치하여야 정확한 동작을 보장할 수 있다. 그리고 제공된 별첨 CD에 해당 변경 파일 및 디렉토리의 소스를 첨부해 놓았으니 참고바란다.

(2) ED-3160의 USN 응용 시스템 하드웨어 검증

실험 1을 이용하여 ED-3160의 USN 응용 시스템의 하드웨어 검증 후 사용한다.

하드웨어의 검증이 완료되었다는 것은 프로그램할 준비가 되었음을 의미한다.

하드웨어의 동작상태는 프로그램의 성공여부를 알 수 있는 실험실습이므로 ED-3160 하드웨어의 검증은 반드시 필요한 절차라 할 수 있다. 특히 반드시 검토할 부분이 바로 배터리 부분이다.

ED-3160 USN 응용 시스템에서는 각 센서 노드의 저전압을 감지하여 동작을 차단시키는 기능이 있다. 따라서 배터리의 전력이 부족한 경우에는 동작을 차단하여 어떠한 프로그램도 동작하지 않는다.

(3) TinyOS 및 AVR Studio 프로그램의 설치

TinyOS를 비롯하여 AVR Studio가 정상적으로 설치되어야 한다.

더불어 이 과정부터는 프로그램을 직접 작성해야 하므로 text 에디터 툴이 필요하다. 이는 윈도우의 기본인 메모장으로도 사용할 수 있으나 프로그램하기에 편리한 여러 가지 기능을 지원하는 전문 에디터 툴의 사용을 권장한다.

(4) JTAG의 설치

프로그램을 컴파일한 후 ED-3160의 플래시 메모리에 다운로드하기 위해서는 JTAG가 필요로 한다.

따라서 JTAG의 설정 및 사용법을 숙지한 후 실험실습을 하기 바란다.

(5) C언어에 대한 이해

TinyOS는 NesC를 이용하여 만들어졌으며, NesC는 C언어 기반에서 새 개념을 도입하여 확장하여 만들어졌다. 그러므로 C언어를 알아야 NesC도 이해하는 데 도움이 된다.

(6) TinyOS & NesC의 이해

TinyOS의 특징과 NesC의 기본적인 이해가 선행되어야 본 과정을 이해할 수 있다.

이 과정을 진행하기에 앞서 5장 'TinyOS 및 NesC 프로그래밍' 부분을 읽어보기 바란다.

그리고 이 교재에 첨부된 CD에 아래 매뉴얼을 첨부하였으므로 참고바란다.

/otp/tinyos-1.x/doc/nesc의 NesC Reference Manual과
/opt/tinyos-1.x/doc/tutorial
를 읽어보기 바란다.

(7) ATmega128의 이해

ED-3160 USN 응용 시스템은 ATmega128L RISC 8비트 CPU를 프로그램해서 동작하도록 구성되어 있다. 따라서 마이크로프로세서(특히 ATmega128)의 기본적인 지식을 알고 있어야 본 과정을 이해하는 데 큰 도움이 된다. ATmega128L에 대한 자세한 사양은 제공된 별첨 CD를 참고하기 바란다.

4) 실습내용

① NesC를 이용하여 프로그램을 작성한다.
② NesC 컴파일러인 ncc를 이용하여 프로그램을 컴파일한다.
③ TinyOS의 구성 요소인 Configuration, component, implementation, module의 개념을 이해한다.

5) 실험실습

① TinyOS 프로그램에서 우선 configuration을 이해해야 한다.

해당 관련 파일 소스는 메모장 또는 text editor tool(Cygwin의 vi 에디터 등)을 이용하여 프로그램 변경 및 작성을 한다(예 : vi Blink.nc 또는 vi BlinkM.nc을 하면 소스를 볼 수 있다).

configuration은 connect, wire, 다른 컴포넌트를 함께 인터페이스를 이용하여 다른 컴포넌트를 연결한 형태와 동작 상태를 설명하고 있다. 일반적으로(컴포넌트이름).nc, (컴포넌트이름)C.nc의 형태의 파일이름은 인터페이스나 configuration을 위해 사용된다.

```
configuration Blink {
}
```

여기서 configuration Blink는 이 프로그램의 configuration을 Blink 컴포넌트로 부른다는 것이다.

제6장

② configuration에 implementation될 부분을 정의한다.

configuration은 다른 컴포넌트와 함께 wiring에 대한 내용을 정의하고 연결에 사용할 컴포넌트를 나열하고 컴포넌트 간의 wiring을 설명하고 있다.

```
implementation {
  components Main, BlinkM, SingleTimer, LedsC;
  Main.StdControl -> SingleTimer.StdControl;
  Main.StdControl -> BlinkM.StdControl;
  BlinkM.Timer -> SingleTimer.Timer;
  BlinkM.Leds -> LedsC;
}
```

여기서 BlinkM은 BlinkM이라는 모듈을 사용하겠다는 정의인 것이다.

모듈은 파일 이름이 xxxM.nc 형태로 implementation {}에 모듈이 모든 제공된 commands(event)를 구현할 수 있다. 그리고 모듈은 commands를 calling하고 events를 signaling한다. call이나 signal의 표현에 의해서 수행되는 실제의 command나 event 구현들을 프로그램의 configuration에서 wiring statement에 의존한다.

```
  Main.StdControl -> SingleTimer.StdControl;
  Main.StdControl -> BlinkM.StdControl;
  BlinkM.Timer -> SingleTimer.Timer;
  BlinkM.Leds -> LedsC;
```

이처럼 각 StdControl들을 wiring한다.

③ StdControl에 대해 살펴본다.

/opt/tinyos-1.x/tos/interface/StdControl.nc에 StdControl이 정의되어 있다.

```
interface StdControl
{
   command result_t init();
  command result_t start();
  command result_t stop();
}
```

의 내용이다. 이는 StdControl은 init(), Start (), stop () 부분으로 되어 있다.

즉 하나의 인터페이스를 사용하기 위해서는 그 인터페이스를 초기화해주는 부분(init()), 인터페이스를 call하는 부분 (Start()), 그리고 종료하는 부분(stop())이 필요하다.

④ LED를 깜빡거릴 모듈을 만들어보자.

새로운 파일을 하나 만들고 그 파일 이름을 BlinkM.nc로 하여 다음을 작성한다.

```
module BlinkM {
  provides {
    interface StdControl;
  }
  uses {
    interface Timer;
    interface Leds;
  }
}
```

사용할 인터페이스에 대한 정의를 한다.

즉 Timer와 Leds에 대한 standard control을 인터페이스로 사용하겠다는 정의인 것이다.

⑤ 선언한 인터페이스에 대해서 implementation을 해보자.

```
implementation {
  command result_t StdControl.init() {
    call Leds.init();
    return SUCCESS;
  }

  command result_t StdControl.start() {
    return call Timer.start(TIMER_REPEAT,1000);
  }

  command result_t StdControl.stop() {
    return call Timer.stop();
  }
}
```

인터페이스에 대한 implementation 부분이다.

앞서 설명한 바와 같이 각 인터페이스에 대해 init(), start(), stop()을 정의하였다.

⑥ Timer의 사용법에 대해 알아본다.

/opt/timyos-1.x/tos/interface/timer.nc에 보면 Timer에 대한 정의가 되어 있다.

```
interface Timer {
  command result_t start(char type, uint32_t interval);
  command result_t stop();
  event result_t fired();
}
```

Timer를 사용하기 위해서는 init()부분이 없다는 것을 알 수 있다.

그리고 Timer를 사용하기 위해서는 start(char type, uint32_t interval)를 call함으로써 사용할 수 있다. 그리고 event가 발생한다는 것을 알 수 있다.

⑦ event에 대한 부분을 정의해 보자.

```
event result_t Timer.fired()
{
   call Leds.redToggle();
   return SUCCESS;
}
```

Timer가 event를 발생할 때마다. 적색 LED를 toggle하도록 프로그램한다.

event의 return값은 반드시 SUCCESS로 귀환한다.

⑧ 이상 Blink.nc 프로그램을 종합해 보면 다음과 같다.

```
Blink.nc
configuration Blink {
}
implementation {
  components Main, BlinkM, SingleTimer, LedsC;
  Main.StdControl -> SingleTimer.StdControl;
```

```
  Main.StdControl -> BlinkM.StdControl;
  BlinkM.Timer -> SingleTimer.Timer;
  BlinkM.Leds -> LedsC;
}

BlinkM.nc
module BlinkM {
  provides {
    interface StdControl;
  }
  uses {
    interface Timer;
    interface Leds;
  }
}
implementation {
  command result_t StdControl.init() {
    call Leds.init();
    return SUCCESS;
  }

  command result_t StdControl.start() {
    // Start a repeating timer that fires every 1000ms
    return call Timer.start(TIMER_REPEAT,1000);
  }

  command result_t StdControl.stop() {
    return call Timer.stop();
  }

  event result_t Timer.fired()
  {
    call Leds.redToggle();
    return SUCCESS;
  }
}
```

⑨ Blink를 컴파일한다.

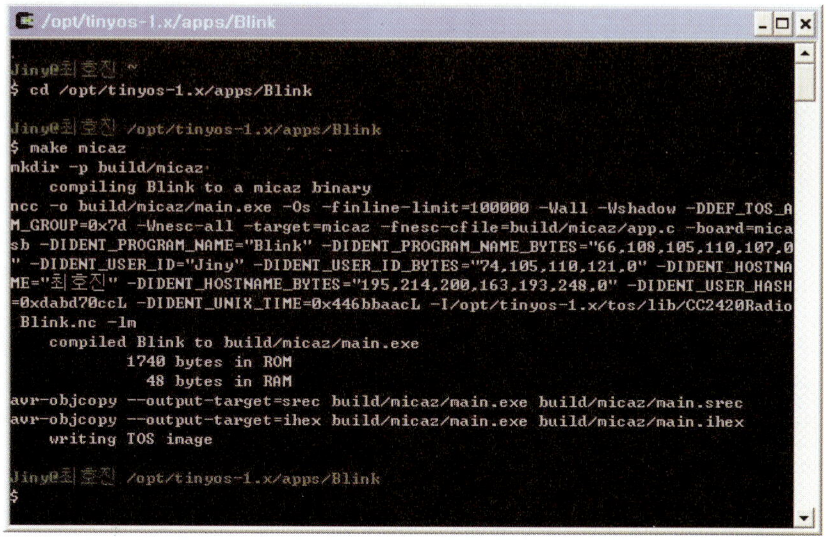

```
/opt/tinyos-1.x/apps/Blink

Jiny@최호진 ~
$ cd /opt/tinyos-1.x/apps/Blink

Jiny@최호진 /opt/tinyos-1.x/apps/Blink
$ make micaz
mkdir -p build/micaz
    compiling Blink to a micaz binary
ncc -o build/micaz/main.exe -Os -finline-limit=100000 -Wall -Wshadow -DDEF_TOS_A
M_GROUP=0x7d -Wnesc-all -target=micaz -fnesc-cfile=build/micaz/app.c -board=mica
sb -DIDENT_PROGRAM_NAME="Blink" -DIDENT_PROGRAM_NAME_BYTES="66,108,105,110,107,0
" -DIDENT_USER_ID="Jiny" -DIDENT_USER_ID_BYTES="74,105,110,121,0" -DIDENT_HOSTNA
ME="최호진" -DIDENT_HOSTNAME_BYTES="195,214,200,163,193,248,0" -DIDENT_USER_HASH
=0xdabd70ccL -DIDENT_UNIX_TIME=0x446bbaacL -I/opt/tinyos-1.x/tos/lib/CC2420Radio
 Blink.nc -lm
    compiled Blink to build/micaz/main.exe
            1740 bytes in ROM
              48 bytes in RAM
avr-objcopy --output-target=srec build/micaz/main.exe build/micaz/main.srec
avr-objcopy --output-target=ihex build/micaz/main.exe build/micaz/main.ihex
    writing TOS image

Jiny@최호진 /opt/tinyos-1.x/apps/Blink
$
```

만약 컴파일한 후 잘못되어 있다면 컴파일한 것을 지울 수 있다

☞ make micaz clean

⑩ 컴파일이 완료되면 build/micaz/main.ihex를 ED-3160에 다운로드하여 동작을 확인한다.

⑪ wiring 모습을 보면 다음과 같다.

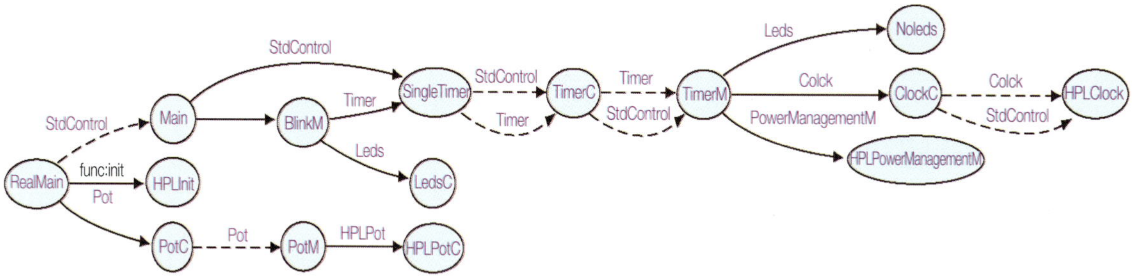

6) 결 과

컴파일과 다운로드가 끝나면 ED-3160 USN 응용 시스템은 자동으로 프로그램을 동작한다. 오른쪽 상단의 적색 LED가 1초 주기로 Blink하는 것을 볼 수 있다.

7) 응용실습

① LED의 깜빡거림 속도를 0.5초가 되게끔 프로그램을 작성하라.
② 적색 LED가 아닌 황색 LED를 점멸하도록 프로그램을 작성하라.
③ 적색, 녹색, 황색 LED가 동시에 점멸하도록 프로그램을 작성하라.

6.3 센서 노드 입력 제어

1) 개 요

이 과정은 유비쿼터스 센서 네트워크의 기본이 되는 센서 노드로부터 물리적 값을 입력받아 ED-3160 USN 응용 시스템의 LED를 통해 조도의 양의 변화에 따라 디스플레이하도록 한다.

ED-3160의 모든 센서 노드에는 빛의 양을 측정하기 위한 CDs가 부착되어 있다. 이를 통해서 입력받은 빛의 양을 LED를 통해 디스플레이하도록 한다. 각 센서의 사양은 별첨CD에 자세히 설명되어 있다.

2) 목 표

센서로부터 입력받은 아날로그 값을 LED를 통해 디스플레이시킨다.

3) 선행과제

(1) 마이크로프로세서의 이해

앞의 과정에서 설명하였듯이 ED-3160 USN 응용 시스템은 ATmega128을 이용하여 동작한다. ATmega128에는 10bit ADC를 내장하고 있다. 그리고 이러한 ADC port가 8개 준비되어 있다.

이 실험에서는 ATmega128이 가지고 있는 ADC를 이용하여 아날로그 값을 읽을 것이다. 따라서 ATmega128의 이해가 필요하다. 이에 대한 자세한 매뉴엘은 별첨 CD에 첨부되어 있다.

(2) CDs의 이해

물리적인 빛의 양을 전기적인 양으로 바꿔주는 장치 중의 하나인 CDs를 이용하여 빛의 양을 측정하고자 한다. 따라서 CDs에 대한 전반적인 이해가 필요하다.

간단히 설명하면 CDs는 빛의 양에 따라 저항 값이 바뀌는 성질을 가지고 있다. 빛의 양이 많으면 저항 값은 감소하고 빛의 양이 적으면 저항 값이 커지게 된다.

4) 실습내용

① NesC를 이용하여 프로그램을 작성한다.

② 센서의 값을 읽기 위해서 각 센서의 포트를 설정한다.

③ provides를 이해한다.

5) 실험실습

① SenseM.nc 프로그램의 컴포넌트를 정의해 보자.

메모장 또는 Cygwin의 vi text editor를 이용하여 다음과 같이 프로그램한다. 모듈 파일명은 SenseM.nc으로 작성한다.

```
module SenseM {
  provides {
    interface StdControl;
  }
  uses {
    interface Timer;
    interface ADC;
    interface StdControl as ADCControl;
    interface Leds;
  }
}
```

Timer와 Leds는 앞 실험실습 과정에서 설명하였다.

이번 실습과정에서는 아날로그 값을 입력받아 처리하기 위해서 ADC라는 인터페이스와 그 ADC를 제어하기 위한 ADCControl을 인터페이스로 사용한다.

interface StdControl as ADCControl에서 as의 명령어는 StdControl을 ADCControl

이름으로 사용하겠다는 선언이다.

② Top-level configuration의 wiring

configuration wiring을 위해 다음과 같이 프로그램한다.

메모장 또는 vi text editor를 이용해서 Sense.nc라는 파일을 만들고 다음과 같이 프로그램한다.

```
configuration Sense {
}
implementation
{
  components Main, SenseM, LedsC, TimerC, DemoSensorC as Sensor;

  Main.StdControl -> Sensor;
  Main.StdControl -> TimerC;
  Main.StdControl -> SenseM;

  SenseM.ADC -> Sensor;
  SenseM.ADCControl -> Sensor;
  SenseM.Leds -> LedsC;
  SenseM.Timer -> TimerC.Timer[unique("Timer")];
}
```

센서를 제어하기 위해서 ADC가 wiring된 것을 볼 수 있다 .

SenseM.ADC -> Sensor;

SenseM.ADCControl -> Sensor;

그리고 새로운 컴포넌트인 DemoSensorC가 wiring된 것을 볼 수 있다.

/opt/tinyos-1.x/tos/sensorboards/macasb에 DemoSensorC.nc를 볼 수 있다.

③ DemoSensorC를 살펴보면 다음과 같다.

```
configuration DemoSensorC
{
  provides interface ADC;
  provides interface StdControl;
}
implementation
{
```

```
    components Photo as Sensor;

    StdControl = Sensor;
    ADC = Sensor;
}
```

Photo channel의 ADC를 제어하는 부분이다.

④ 실질적인 구동을 위한 implementation을 정의해 보자.

SenseM.nc에 다음과 같이 추가한다.

```
implementation {
    result_t display(uint16_t value)
    {
        if (value &1) call Leds.redOn();
        else call Leds.yellowOff();
        if (value &2) call Leds.greenOn();
        else call Leds.greenOff();
        return SUCCESS;
    }

    command result_t StdControl.init() {
        return call Leds.init();
    }

    command result_t StdControl.start() {
        return call Timer.start(TIMER_REPEAT, 500);
    }

     command result_t StdControl.stop() {
        return call Timer.stop();
    }

     event result_t Timer.fired() {
        return call ADC.getData();
    }

    async event result_t ADC.dataReady(uint16_t data) {
        display(7-((data)>>7) &0x03));
        return SUCCESS;
    }
}
```

앞서 설명한 바와 같이 StdControl의 init(), start(), stop()부분이 정의되어 있다.

그리고 event handler에 대한 부분도 정의되어 있다.

event result_t Timer.fired()

다음은 10bit의 ADC 값을 상위 2비트만을 받아서 디스플레이 함수를 call하는 부분이다.

```
async event result_t ADC.dataReady(uint16_t data) {
    display(7-((data)>7) &0x03));
    return SUCCESS;
  }
```

이 부분은 ADC로부터 입력받은 값의 상위 2 비트만을 가지고 LED를 on 또는 off시키는 function 부분이다.

```
result_t display(uint16_t value)
  {
    if (value &1) call Leds.redOn();
    else call Leds.yellowOff();
    if (value &2) call Leds.greenOn();
    else call Leds.greenOff();
    return SUCCESS;
  }
```

⑤ 전체 Sense.nc와 SenseM.nc 프로그램을 종합해 보면 다음과 같다.

```
Sense.nc

configuration Sense {
}
implementation
{
  components Main, SenseM, LedsC, TimerC, DemoSensorC as Sensor;

  Main.StdControl -> Sensor;
  Main.StdControl -> TimerC;
  Main.StdControl -> SenseM;

  SenseM.ADC -> Sensor;
```

```
  SenseM.ADCControl -> Sensor;
  SenseM.Leds -> LedsC;
  SenseM.Timer -> TimerC.Timer[unique("Timer")];
}

SenseM.nc

module SenseM {
  provides {
    interface StdControl;
  }
  uses {
    interface Timer;
    interface ADC;
    interface StdControl as ADCControl;
    interface Leds;
  }
}

implementation {
  result_t display(uint16_t value)
  {
    if (value &1) call Leds.redOn();
    else call Leds.yellowOff();
    if (value &2) call Leds.greenOn();
    else call Leds.greenOff();
    return SUCCESS;
  }

  command result_t StdControl.init() {
    return call Leds.init();
  }

  command result_t StdControl.start() {
    return call Timer.start(TIMER_REPEAT, 500);
  }

   command result_t StdControl.stop() {
    return call Timer.stop();
  }

   event result_t Timer.fired() {
    return call ADC.getData();
```

```
    }

    async event result_t ADC.dataReady(uint16_t data) {
      display(7-((data)>>8) &0x3));
      return SUCCESS;
    }

}
```

⑥ wiring 부분을 살펴보면 다음과 같다.

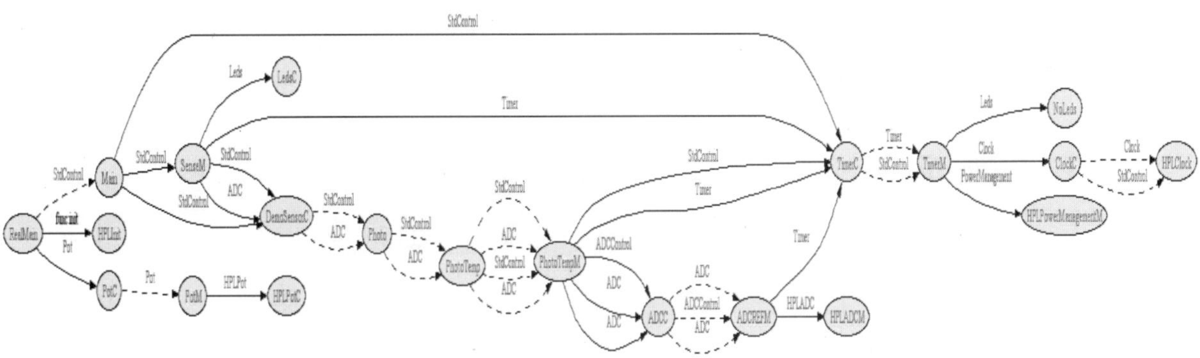

6) 결 과

① $ cd /opt/tinyos-1.x/apps/Sense 디렉토리에서

위 파일을 $ make micaz로 컴파일하여 센서 노드에 JTAG를 사용하여 해당 HEX파일을 다운로드하여 실행한다.

```
/opt/tinyos-1.x/apps/Sense
Jiny@최호진 /opt/tinyos-1.x/apps/Sense
$ make clean
rm -rf build

Jiny@최호진 /opt/tinyos-1.x/apps/Sense
$ make micaz
mkdir -p build/micaz
    compiling Sense to a micaz binary
ncc -o build/micaz/main.exe -Os -finline-limit=100000 -Wall -Wshadow -DDEF_TOS_A
M_GROUP=0x7d -Wnesc-all -target=micaz -fnesc-cfile=build/micaz/app.c -board=mica
sb -DIDENT_PROGRAM_NAME="Sense" -DIDENT_PROGRAM_NAME_BYTES="83,101,110,115,101,0
" -DIDENT_USER_ID="Jiny" -DIDENT_USER_ID_BYTES="74,105,110,121,0" -DIDENT_HOSTNA
ME="최호진" -DIDENT_HOSTNAME_BYTES="195,214,200,163,193,248,0" -DIDENT_USER_HASH
=0xdabd70ccL -DIDENT_UNIX_TIME=0x446bce24L -I/opt/tinyos-1.x/tos/lib/CC2420Radio
 Sense.nc -lm
    compiled Sense to build/micaz/main.exe
            3730 bytes in ROM
             101 bytes in RAM
avr-objcopy --output-target=srec build/micaz/main.exe build/micaz/main.srec
avr-objcopy --output-target=ihex build/micaz/main.exe build/micaz/main.ihex
    writing TOS image

Jiny@최호진 /opt/tinyos-1.x/apps/Sense
$
```

제6장

② 다운로드가 끝나면 ED-3160은 자동으로 실행한다.

빛의 양을 손가락으로 센서 부분을 접촉하여 ED-3160 USN 응용 시스템의 LED의 변화모습을 확인할 수 있다.

7) 응용실습

① CDs가 아닌 서미스터를 이용하여 온도 값을 디스플레이하라.

② 릴레이 센서를 이용하여 일정 밝기 이상이 되면 버저를 울리도록 프로그램하라.

6.4 백그라운드 실행을 통한 멀티 태스크 구현

1) 개 요

지금까지의 프로그램은 OS라기보다는 마이크로프로세서 구동에 가까웠다. 즉, 멀티 스레드를 이용한 다양한 프로그램 구동이 아닌 하나의 프로그램만 구동하는 것이었다.

그러나 이 과정에서는 OS로서의 기본이 되는 백그라운드 실행을 통해서 멀티 태스크를 실행하고자 한다.

그 우선 과제인 task의 의미와 사용법에 대해 알아본다.

2) 목 표

센서로부터 입력받은 빛의 양을 LED를 통해서 디스플레이한다.

task를 이용해서 백그라운드 실행을 목표로 한다.

3) 선행과제

(1) ADC 제어

이전 실습 과제에서 익힌 ADC 제어 부분에 대한 이해를 필요로 한다.

이를 위해서는 우선 ATmega128의 ADC 부분에 대한 이해가 필수적이다.

(2) TinyOS의 이해

task를 이용한 백그라운드 실행을 위해서는 TinyOS의 스케줄러에 대한 이해가 필요하다. 이를 위해서 5장의 'TinyOS 및 NesC 프로그래밍' 부분을 읽어보기 바란다.

4) 실습내용

① NesC를 이용하여 Sensor.nc, SenseTaskM 프로그램을 작성한다.
② 센서의 값을 읽기 위해서 각 센서의 포트를 설정한다.
③ task를 이해한다.
④ atomic을 이해한다.

5) 실험실습

① 이번 실험실습에서 필요한 configuration을 정의해보자.
메모장, vi editor 또는 text editor를 이용하여 Sensor.nc를 작성해보자.

```
configuration SenseTask {
}
implementation
{
  components Main, SenseTaskM, LedsC, TimerC, DemoSensorC as Sensor;

  Main.StdControl -> TimerC;
  Main.StdControl -> Sensor;
  Main.StdControl -> SenseTaskM;

  SenseTaskM.Timer -> TimerC.Timer[unique("Timer")];
  SenseTaskM.ADC -> Sensor;
  SenseTaskM.Leds -> LedsC;
}
```

실험 3과 동일한 컴포넌트를 사용한다.
단지 SenseTaskM 모듈을 사용하는 것이 이전 실험과 다른 점이라 할 수 있다.

② 사용할 인터페이스에 대한 선언

Timer, ADC, Leds 인터페이스를 사용할 것을 앞서 선언한 configuration을 통해서 알 수 있다.

이들을 메모장이나 Vi text editor를 이용해서 작성해 보자.

파일의 이름은 SenseTaskM.nc로 한다(configuration에서 컴포넌트를 SenseTaskM 선언하였기 때문이다).

```
module SenseTaskM {
  provides {
    interface StdControl;
  }
  uses {
    interface Timer;
    interface ADC;
    interface Leds;
  }
}
```

여기까지는 실험 3의 내용과 거의 비슷하다.

③ 실질적인 동작을 이루는 implementation을 작성하자.

```
implementation {
  result_t display(uint16_t value)
  {
      if (value &1) call Leds.redOn();
      else call Leds.yellowOff();
      if (value &2) call Leds.greenOn();
      else call Leds.greenOff();

      return SUCCESS;
  }

  command result_t StdControl.init() {
    atomic head =0;
    return call Leds.init();
  }
  command result_t StdControl.start() {
    return call Timer.start(TIMER_REPEAT, 500);
```

```
  }
  command result_t StdControl.stop() {
    return call Timer.stop();
  }
  event result_t Timer.fired() {
    return call ADC.getData();
  }
}
```

이상과 같이 StdControl에 대한 init(), start(), stop() 을 작성하였다.

지금까지 3개의 실험실습에 걸쳐 설명한 부분이므로 구체적인 설명은 생략하도록 하겠다.

④ Task 실행을 위한 프로그램

백그라운드 실행을 위해 task를 이용해서 프로그램한다.

```
implementation {

  enum {
    log2size = 3,             // log2 of buffer size
    size=1 << log2size,       // Circular buffer size
    sizemask=size - 1,        // bit mask
  };

  int8_t head;
  int16_t rdata[size];
inline void putdata(int16_t val)
  {
    int16_t p;

    atomic
      {
         p = head;
         head = (p+1) & sizemask;
         rdata[p] = val;
      }
  }
  task void processData()
  {
     int16_t i, sum=0;
```

```
    atomic
      for (i=0; i<size; i++)
        sum += (rdata[i] >> 7);

    display(sum >> log2size);
  }

  async event result_t ADC.dataReady(uint16_t data) {
    putdata(data);
    post processData();
    return SUCCESS;
  }
}
```

task를 이용해서 동작하기 위해서 task void processData()라는 function을 추가하였다.

이 task에서는 ADC값의 평균을 구하도록 프로그램하였다.

이 processData() task의 실행은

async event result_t ADC.dataReady(uint16_t data)

에서 실행하게 된다.

즉 ADC의 값이 읽어지면 task를 실행하게 된다.

⑤ 다음 Sensetask.nc, SenseTaskM.nc 종합해 보면 다음과 같다.

```
Sensetask.nc
configuration SenseTask {
}
implementation
{
  components Main, SenseTaskM, LedsC, TimerC, DemoSensorC as Sensor;

  Main.StdControl -> TimerC;
  Main.StdControl -> Sensor;
  Main.StdControl -> SenseTaskM;

  SenseTaskM.Timer -> TimerC.Timer[unique("Timer")];
  SenseTaskM.ADC -> Sensor;
```

```
  SenseTaskM.Leds -> LedsC;
}

SenseTaskM.nc
module SenseTaskM {
  provides {
    interface StdControl;
  }
  uses {
    interface Timer;
    interface ADC;
    interface Leds;
  }
}
implementation {
  enum {
    log2size = 3,              // log2 of buffer size
    size=1 << log2size,        // Circular buffer size
    sizemask=size - 1,         // bit mask
  };
  int8_t head;                 // index to the head of the circular buffer
  int16_t rdata[size];         // circular buffer

  inline void putdata(int16_t val)
  {
    int16_t p;

    atomic
      {
        p = head;
        head = (p+1) & sizemask;
        rdata[p] = val;
      }
  }

  result_t display(uint16_t value)
  {
      if (value &1) call Leds.redOn();
      else call Leds.yellowOff();
      if (value &2) call Leds.greenOn();
      else call Leds.greenOff();
      return SUCCESS;
  }
```

```
  task void processData()
  {
     int16_t i, sum=0;

     atomic
       for (i=0; i<size; i++)
           sum += (rdata[i] >> 7);

     display(sum >> log2size);
  }

  command result_t StdControl.init() {
    atomic head =0;
    return call Leds.init();
  }

  command result_t StdControl.start() {
    return call Timer.start(TIMER_REPEAT, 500);
  }

  command result_t StdControl.stop() {
    return call Timer.stop();
  }

  event result_t Timer.fired() {
    return call ADC.getData();
  }

  async event result_t ADC.dataReady(uint16_t data) {
    putdata(data);
    post processData();
    return SUCCESS;
  }

}
```

⑥ 이 프로그램에 대한 wiring은 다음과 같다.

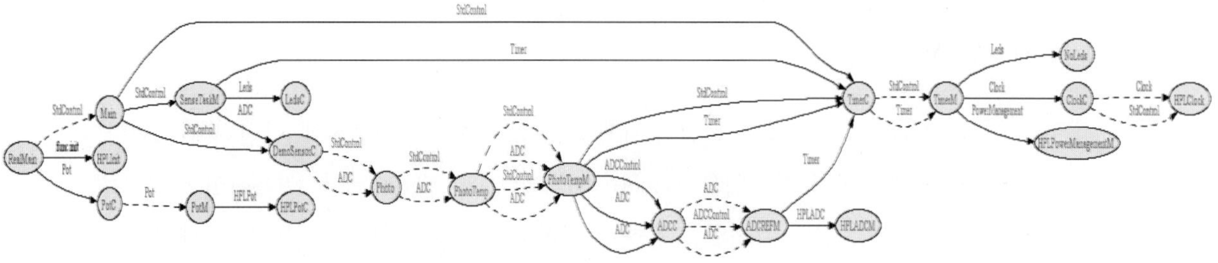

6) 결 과

① $cd/opt/tinyos-1.x/apps/SenseTask 디렉토리에서 $make micaz로 컴파일하여 $build/micaz디렉토리의 해당 Hex파일을 JTAG를 통하여 ED-3160에 다운로드한다.

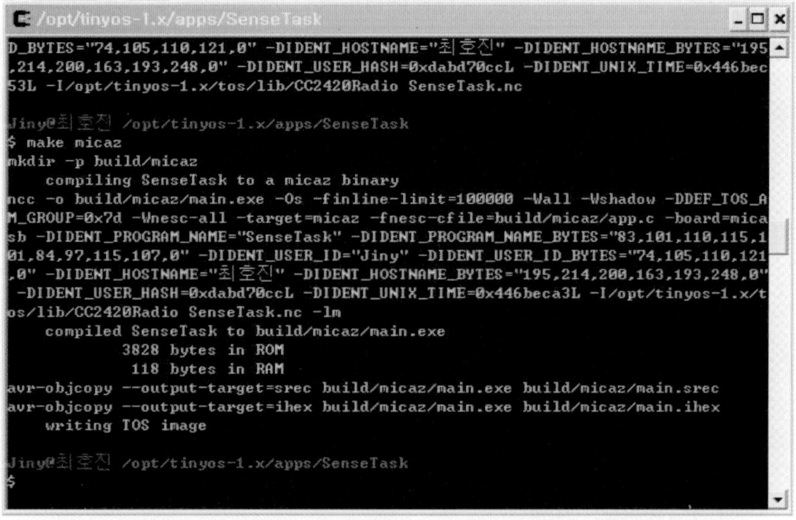

```
/opt/tinyos-1.x/apps/SenseTask
D_BYTES="74,105,110,121,0" -DIDENT_HOSTNAME="최호진" -DIDENT_HOSTNAME_BYTES="195
,214,200,163,193,248,0" -DIDENT_USER_HASH=0xdabd70ccL -DIDENT_UNIX_TIME=0x446bec
53L -I/opt/tinyos-1.x/tos/lib/CC2420Radio SenseTask.nc

Jiny@최호진 /opt/tinyos-1.x/apps/SenseTask
$ make micaz
mkdir -p build/micaz
    compiling SenseTask to a micaz binary
ncc -o build/micaz/main.exe -Os -finline-limit=100000 -Wall -Wshadow -DDEF_TOS_A
M_GROUP=0x7d -Wnesc-all -target=micaz -fnesc-cfile=build/micaz/app.c -board=mica
sb -DIDENT_PROGRAM_NAME="SenseTask" -DIDENT_PROGRAM_NAME_BYTES="83,101,110,115,1
01,84,97,115,107,0" -DIDENT_USER_ID="Jiny" -DIDENT_USER_ID_BYTES="74,105,110,121
,0" -DIDENT_HOSTNAME="최호진" -DIDENT_HOSTNAME_BYTES="195,214,200,163,193,248,0"
 -DIDENT_USER_HASH=0xdabd70ccL -DIDENT_UNIX_TIME=0x446beca3L -I/opt/tinyos-1.x/t
os/lib/CC2420Radio SenseTask.nc -lm
    compiled SenseTask to build/micaz/main.exe
            3828 bytes in ROM
             118 bytes in RAM
avr-objcopy --output-target=srec build/micaz/main.exe build/micaz/main.srec
avr-objcopy --output-target=ihex build/micaz/main.exe build/micaz/main.ihex
    writing TOS image

Jiny@최호진 /opt/tinyos-1.x/apps/SenseTask
$
```

② 빛의 변화에 따라 LED가 변하는 것을 알 수 있다.

③ 실험 3과 비교했을 때 변화되는 속도가 약간 느림을 알 수 있다.
이는 task의 sum 부분이 추가되었기 때문이다.

7) 응용 실습

① CDs 대신 서미스터를 이용하여 온도 값을 측정하여 보자.

② 실험 3과 실험 4의 차이를 설명하여라.

6.5 ED-3160을 이용한 무선 통신

1) 개 요

이 과정에서는 유비쿼터스 센서 네트워크의 송수신 무선통신에 관련된 과정이다.

ED-3160 USN 응용 시스템은 ATmega128과 CC2420 ZigBee 칩을 이용하여 무선으로 데이터를 송수신한다. 단일 무선망을 통해서 데이터를 송수신 부분을 실험을 통해서 알아보자.

2) 목 표

2개의 센서 노드를 이용하여 무선으로 데이터를 송수신한다.

① 임의의 변수를 증가시켜가면서 그 값을 RF로 송신하면서 LED에 표시한다.
② RF를 통해 받은 값을 LED로 디스플레이한다.

3) 선행과제

(1) RF의 이해

RF(Radio Frequency) 전파를 이용하여 공간적으로 떨어진 곳에 데이터를 전송하는 기술을 말한다.

ED-3160 USN 응용 시스템은 2.4GHz의 전파를 이용하여 데이터를 송수신한다. 따라서 전파에 대한 기본이론을 숙지하고 있으면 이 과정을 이해하는 데 상당한 도움을 준다.

(2) Task의 이해

이 과정에서는 단순히 무선으로 데이터만 송수신하는 것이 아니라 송수신 데이터를 확인할 수 있도록 LED를 통해서 디스플레이할 것이다. 따라서 RF 통신에 대한 부분과 LED 디스플레이 부분이 동시에 이루어져야 한다.

4) 실습내용

① NesC를 이용해서 프로그램을 작성한다.
② RF 송신을 위한 프로그램을 작성한다.

③ RF 수신을 위한 프로그램을 작성한다.

④ radio communication stack을 이해한다.

5) 실험실습

(1) 송신용 프로그램 작성

① 송신용 프로그램의 configuration을 위해 다음과 같이 프로그램한다. 메모장 또는 Vi text editor를 이용하여 CntToLedsAndRfm.nc 파일을 만든다.

```
configuration CntToLedsAndRfm {
}
implementation {
  components Main, Counter, IntToLeds, IntToRfm, TimerC;

  Main.StdControl -> Counter.StdControl;
  Main.StdControl -> IntToLeds.StdControl;
  Main.StdControl -> IntToRfm.StdControl;
  Main.StdControl -> TimerC.StdControl;
  Counter.Timer -> TimerC.Timer[unique("Timer")];
  IntToLeds <- Counter.IntOutput;
  Counter.IntOutput -> IntToRfm;
}
```

송신용 프로그램은 별도의 컴포넌트 모듈 없이 configuration으로만 이루어져 있다.

모든 컴포넌트 모듈은 library를 이용한다. 이 CntToLedsAndRfm프로그램은 RF 전송 메시지를 송신하면서 LED를 토글하는 프로그램이다.

② $cd /opt/tinyos-1.x/apps/CntToLedsAndRfm 디렉토리로 이동 후 $make micaz로 컴파일한 후 build/micaz에 해당 Hex값을 ED-3160에 JTAG를 통하여 다운로드한다.

```
/opt/tinyos-1.x/apps/CntToLedsAndRfm
$ make micaz
mkdir -p build/micaz
    compiling CntToLedsAndRfm to a micaz binary
ncc -o build/micaz/main.exe -Os -I%T/lib/Counters -finline-limit=100000 -Wall -W
shadow -DDEF_TOS_AM_GROUP=0x7d -Wnesc-all -target=micaz -fnesc-cfile=build/micaz
/app.c -board=micasb -DIDENT_PROGRAM_NAME="CntToLedsAndRfm" -DIDENT_PROGRAM_NAME
_BYTES="67,110,116,84,111,76,101,100,115,65,110,100,82,102,109,0" -DIDENT_USER_I
D="Jiny" -DIDENT_USER_ID_BYTES="74,105,110,121,0" -DIDENT_HOSTNAME="최호진" -DID
ENT_HOSTNAME_BYTES="195,214,200,163,193,248,0" -DIDENT_USER_HASH=0xdabd70ccL -DI
DENT_UNIX_TIME=0x446c0bfeL -I/opt/tinyos-1.x/tos/lib/CC2420Radio CntToLedsAndRfm
.nc -lm
D:/tinyos/cygwin/opt/tinyos-1.x/tos/platform/micaz/HPLCC2420InterruptM.nc:161: w
arning: `CCATimer.start' called asynchronously from `CCA.startWait'
D:/tinyos/cygwin/opt/tinyos-1.x/tos/lib/CC2420Radio/CC2420RadioM.nc:115: warning
: `Send.sendDone' called asynchronously from `sendFailed'
    compiled CntToLedsAndRfm to build/micaz/main.exe
          10148 bytes in ROM
            391 bytes in RAM
avr-objcopy --output-target=srec build/micaz/main.exe build/micaz/main.srec
avr-objcopy --output-target=ihex build/micaz/main.exe build/micaz/main.ihex
    writing TOS image

Jiny@최호진 /opt/tinyos-1.x/apps/CntToLedsAndRfm
$
```

③ 이 CntToLedsAndRfm 프로그램의 wiring은 다음과 같다.

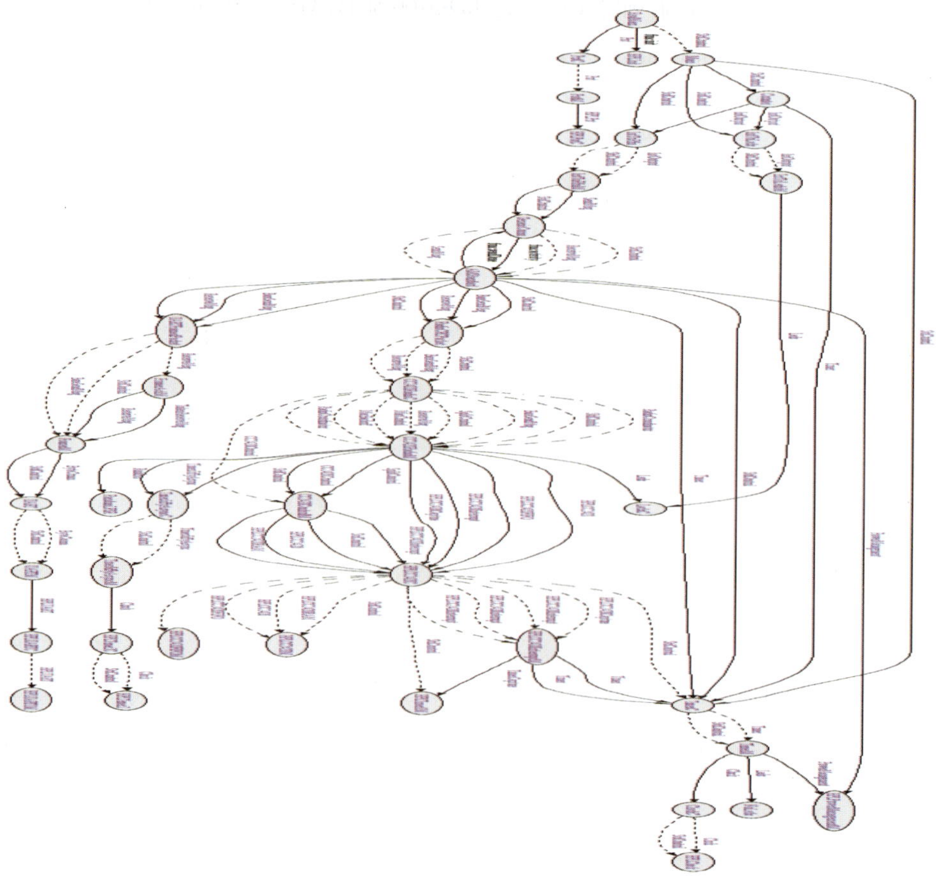

(2) 수신용 프로그램 작성

① 수신용 RfmToLeds프로그램을 configuration하기 위해서 다음과 같이 프로그램한다. 메모장 또는 vi text editor를 이용하여 RfmToLeds.nc 파일을 만든다.

```
configuration RfmToLeds {
}
implementation {
  components Main, RfmToInt, IntToLeds;

  Main.StdControl -> IntToLeds.StdControl;
  Main.StdControl -> RfmToInt.StdControl;
  RfmToInt.IntOutput -> IntToLeds.IntOutput;
}
```

수신용 프로그램도 별도의 컴포넌트 모듈 없이 기존의 library를 사용한다.

② $cd/opt/tinyos-1.x/apps/RfmToLeds 디렉토리에서 $make micaz 컴파일한 후 build/micaz에 해당 Hex값을 ED-3160에 JTAG을 사용하여 다운로드하여 실험한다.

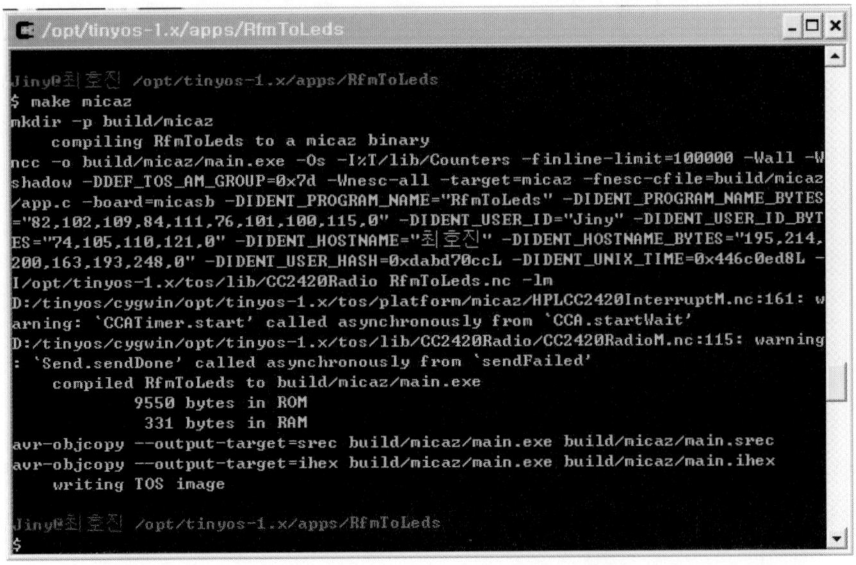

```
/opt/tinyos-1.x/apps/RfmToLeds

Jiny@최호진 /opt/tinyos-1.x/apps/RfmToLeds
$ make micaz
mkdir -p build/micaz
    compiling RfmToLeds to a micaz binary
ncc -o build/micaz/main.exe -Os -I%T/lib/Counters -finline-limit=100000 -Wall -W
shadow -DDEF_TOS_AM_GROUP=0x7d -Wnesc-all -target=micaz -fnesc-cfile=build/micaz
/app.c -board=micasb -DIDENT_PROGRAM_NAME="RfmToLeds" -DIDENT_PROGRAM_NAME_BYTES
="82,102,109,84,111,76,101,100,115,0" -DIDENT_USER_ID="Jiny" -DIDENT_USER_ID_BYT
ES="74,105,110,121,0" -DIDENT_HOSTNAME="최호진" -DIDENT_HOSTNAME_BYTES="195,214,
200,163,193,248,0" -DIDENT_USER_HASH=0xdabd70ccL -DIDENT_UNIX_TIME=0x446c0ed8L -
I/opt/tinyos-1.x/tos/lib/CC2420Radio RfmToLeds.nc -lm
D:/tinyos/cygwin/opt/tinyos-1.x/tos/platform/micaz/HPLCC2420InterruptM.nc:161: w
arning: `CCATimer.start' called asynchronously from `CCA.startWait'
D:/tinyos/cygwin/opt/tinyos-1.x/tos/lib/CC2420Radio/CC2420RadioM.nc:115: warning
: `Send.sendDone' called asynchronously from `sendFailed'
    compiled RfmToLeds to build/micaz/main.exe
            9550 bytes in ROM
             331 bytes in RAM
avr-objcopy --output-target=srec build/micaz/main.exe build/micaz/main.srec
avr-objcopy --output-target=ihex build/micaz/main.exe build/micaz/main.ihex
    writing TOS image

Jiny@최호진 /opt/tinyos-1.x/apps/RfmToLeds
$
```

③ 이 RfmToLeds 프로그램의 wiring을 살펴보면 다음과 같다.

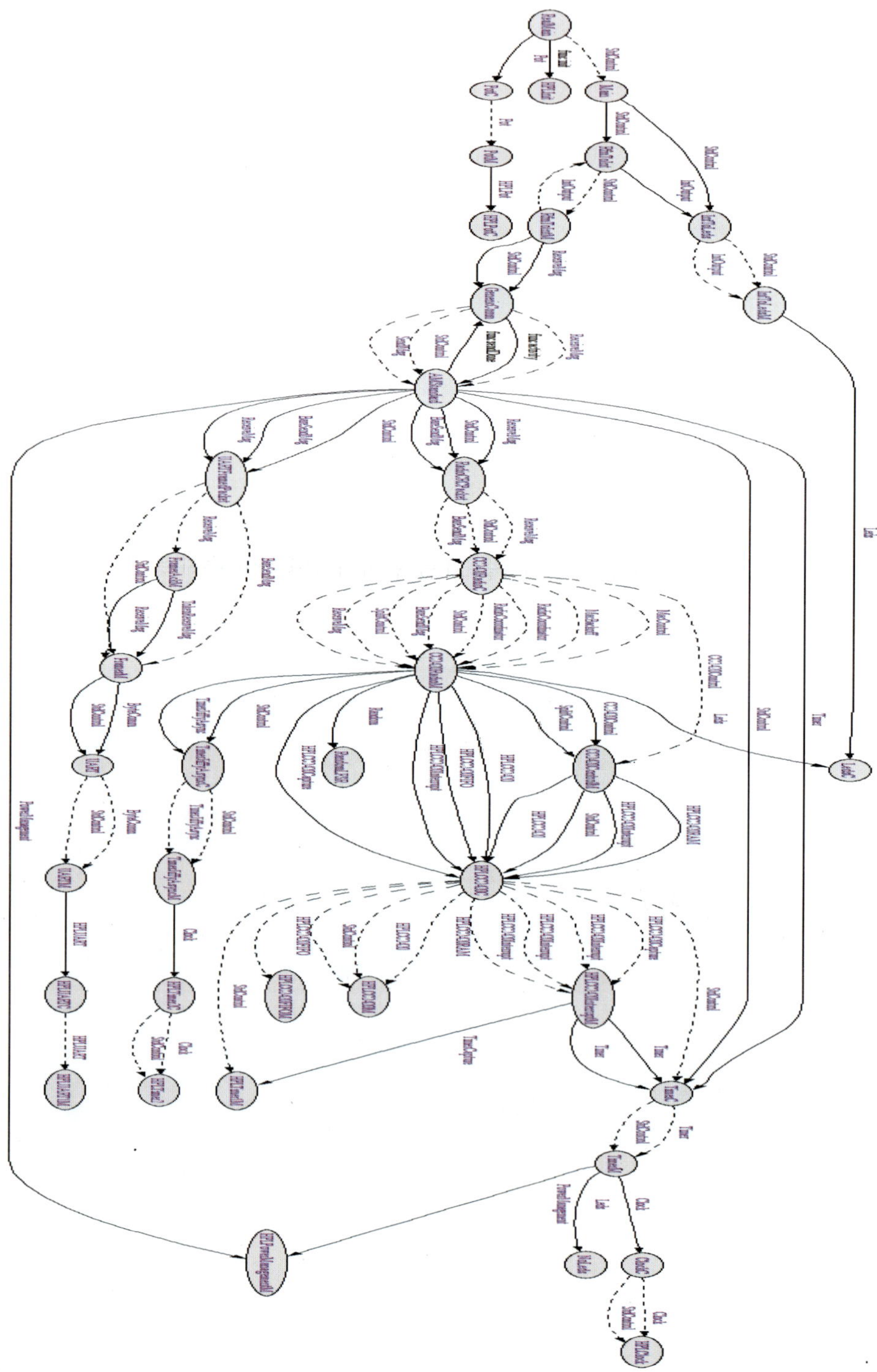

6) 결 과

① 송신용 센서 노드와 수신용 센서 노드의 LED가 동시에 같이 움직이는 것을 볼 수 있다.

② 송신용 센서 노드의 전원을 끄면 수신용 센서 노드는 더 이상 동작하지 않는다.

③ 송수신용 센서 노드의 거리가 100m 이상이면 수신하지 못하는 패킷이 생기므로 LED가 순차적으로 움직이지 않는 현상으로 알 수 있다. 물론 장애물이 있을 경우에는 또 다른 문제가 생긴다.

④ 센서 노드의 송수신 거리를 완전히 벗어나면 수신용 센서 노드에는 더 이상 동작하지 않는다.

7) 응용실습

① 송신용 센서 노드를 여러 개를 동시에 켰을 때 수신용 센서 노드에는 어떠한 반응이 일어나는가? 그리고 그러한 반응이 일어나는 이유는 무엇인가?

② 실험 3의 센서의 반응을 RF를 통하여 전송하여 수신측 센서 노드에서 수신하기 위한 프로그램을 작성하라.

6.6 ED-3160을 이용한 PC상의 데이터 구현

1) 개 요

이 과정은 ED-3160 USN응용 시스템을 통해서 수집된 정보를 PC상에 디스플레이하는 과정에 대해 공부한다. TinyOS의 구동 응용 프로그램은 일정한 메시지 형식에 의해 자바 응용과 통신하게 된다.

ED-3160의 센서 노드는 각각의 데이터를 수집하고 수집된 데이터를 베이스 스테이션으로 전송한다. 베이스 스테이션에 수집된 데이터는 PC 혹은 ED-ZigM을 통해서 디스플레이된다.

2) 목 표

베이스 스테이션에 수집된 데이터는 시리얼을 통하여 PC를 이용하여 PC상에 데이터를 디스플레이하는 방법을 학습한다.

3) 선행과제

(1) Linux 명령어의 이해

① Cygwin은 Linux용 프로그램을 MS-Windows에서 사용할 수 있도록 하는 에뮬레이터이다. 따라서 Cygwin은 Linux 명령체계를 가지고 있다. 그러므로 Linux 명령에 대한 지식이 필요하다.

② 'Linux 명령어' 부분을 참조하기 바란다.

(2) 시리얼 통신의 이해

① 베이스 스테이션으로부터 시리얼 통신을 이용해서 데이터가 전송된다.

② 전송된 데이터를 PC상에 디스플레이하기 위해서는 시리얼 통신에 대한 전반적인 지식이 요구된다.

③ 컴퓨터 포트 설정, 보 비율 설정 등이 기본이 되는 지식들이다.

(3) USB to Serial

베이스 스테이션으로부터 시리얼로 전송되는 데이터를 USB 포트를 통해서 받을 수 있다. 이는 인터페이스 보드를 통해서 시리얼이 USB로 전송된다. 따라서 시리얼을 USB용 전환기 드라이버의 설치가 필수적이다.

(4) Channel, ID의 이해

베이스 스테이션은 여러 센서 노드로부터 데이터를 받는다. 이들을 구별하는 수단으로는 센서 노드의 ID가 있다.

그리고 여러 개의 통신망을 가지고 있을 경우에는 하나의 센서 노드의 데이터가 여러 개의 베이스 스테이션에서 받아들일 수 있다. 이 경우 통신망과 통신망을 구별하는 요소가 바로 채널이다.

4) 실습내용

① 센서로부터 입력받은 데이터를 시리얼로 전송한다.

② 센서로부터 전송받은 데이터를 화면에 디스플레이하기 위한 프로그램을 사용한다.

5) 실험실습

① Oscilloscope 프로그램의 configuration을 위해 다음과 같이 프로그램한다.

메모장 또는 vi text editor를 이용하여 Oscilloscope.nc파일을 만든 UARTComm component module을 implementation하였다.

이는 ADC로부터 받은 데이터를 시리얼로 전송하기 위한 부분이다. 응용 프로그램이 실행하고 있는 동안 빨간 LED센서가 임계값(0x0300)을 넘으면 발광하도록 default 프로그래밍되어 있다. 노란 LED는 시리얼 포트를 통해 패킷이 전달될 때 토글하게 되어 있다.

Oscilloscope 응용 프로그램의 메시지 포맷은 다음과 같다. 우선 로(raw) 메시지 포맷은 다음과 같다.

SYNC_BYTE	패킷형태(PACKET TYPE)	PAYLOAD 데이터	SYNC_BYTE
0x7E	0x40,0x41,0x42,0xFF	n-1(n; 0x7E)	n

- SYNC_BYTE : 항상 0X7E(메시지 시작 바이트)
- 패킷 형태
  - −0X40 : 0X41에 응답 패킷
  - −0X41 : ACK가 필요한 유저 패킷
  - −0X42 : ACK가 필요하지 않는 유저 패킷
  - −0XFF : 형식이 없는 패킷
- Payload 데이터(유저 정의 데이터)
  - −n : 항상 0x7E(메시지의 마지막 바이트)
  - −Payload 데이터에 0x7e,0x7d, 시리얼 제어문자를 함께 보내면 우선 0x7d를 보내고 0x7e와 0x20을 EOR(배타적 논리합)을 처리한 0x5d를 보낸다.

제6장

페이로드 데이터를 사용하는 TinyOS의 메시지형태(TOS_Msg)는 다음과 같다.

- Destination address(2바이트)
  - 직렬 포트인 경우 : 0x007e
  - RF인 경우 : 0xffff
- Active Message handler ID(1바이트)
  - AMTYPE_XUART=0x00
  - AMTYPE_MHOP_DEBUG=0x03
  - AMTYPE_SURGE_MSG=0x11
  - AMTYPE_XSENSOR=0x32
  - AMTYPE_XMULTIHOP=0x33
  - AMTYPE_MHOP MSG=0xFA
- 그룹 ID(1바이트)
  응용 프로그램의 makefile에서 정의하고 정의하지 않으면 0x7d가 된다.
- 메시지 길이(1바이트)
- 페이로드(최대 29바이트)
  - 소스 모트ID(2바이트)
  - 샘플 카운터(2바이트)
  - ADC 채널(2바이트)
  - ADC데이터 reading(10 reading에 각각 2바이트씩)

data packet을 다음과 같이 해독할 수 있다.

dest addr	handler ID	group ID	msg len	source addr	counter	channel	readings
7e 00	0a	7d	1a	01 00	14 00	01 00	96 03 97 03 97 03 98 03 97 03 96 03 97 03 96 03 96 03 96 03

모트로부터 발송된 데이터가 little-endian format이 되는것에 주의한다. 예를 들어, 96 03 2개의 바이트 코드가 최상위 바이트0x03, 최하위 바이트 0x96으로 한 개의 센서가 표시한다. 즉 0x0396이거나 918 정수이다.

```
configuration Oscilloscope { }
implementation
{
  components Main, OscilloscopeM
             , TimerC
             , LedsC
             , DemoSensorC as Sensor
             , UARTComm as Comm;

  Main.StdControl -> OscilloscopeM;
  Main.StdControl -> TimerC;

  OscilloscopeM.Timer -> TimerC.Timer[unique("Timer")];
  OscilloscopeM.Leds -> LedsC;
  OscilloscopeM.SensorControl -> Sensor;
  OscilloscopeM.ADC -> Sensor;
  OscilloscopeM.CommControl -> Comm;
  OscilloscopeM.ResetCounterMsg -> Comm.ReceiveMsg[AM_OSCOPERESETMSG];
  OscilloscopeM.DataMsg -> Comm.SendMsg[AM_OSCOPEMSG];
}
```

② OscilloscopeM component module을 프로그램한다.

메모장 또는 vi Text Editor를 이용하여 OscilloscopeM.nc를 만든다.

```
includes OscopeMsg;
module OscilloscopeM
{
  provides interface StdControl;
  uses {
    interface Timer;
    interface Leds;
    interface StdControl as SensorControl;
    interface ADC;
    interface StdControl as CommControl;
    interface SendMsg as DataMsg;
    interface ReceiveMsg as ResetCounterMsg;
  }
}
```

includes OscopeMsg; 미리 만들어진 오실로스코프 메시지에 대한 규정을 따르기 위하여 OscopeMsg.h를 include하였다.

OscilloscopeM component module에 사용될 인터페이스를 선언한다.

③ 실질적인 프로그램을 implementation한다.

```
implementation {
  uint8_t packetReadingNumber;
  uint16_t readingNumber;
  TOS_Msg msg[2];
  uint8_t currentMsg;

  command result_t StdControl.init() {
    call Leds.init();
    call Leds.redOff(); call Leds.greenOff();
    call SensorControl.init();
    call CommControl.init();
    atomic {
      currentMsg = 0;
      packetReadingNumber = 0;
      readingNumber = 0;
      }
   return SUCCESS;
   }
  command result_t StdControl.start() {
    call SensorControl.start();
    call Timer.start(TIMER_REPEAT, 125);
    call CommControl.start();
    return SUCCESS;
  }

  command result_t StdControl.stop() {
    call SensorControl.stop();
    call Timer.stop();
    call CommControl.stop();
    return SUCCESS;
  }

  task void dataTask() {
    struct OscopeMsg *pack;
    atomic {
      pack = (struct OscopeMsg *)msg[currentMsg].data;
```

```
        packetReadingNumber = 0;
        pack->lastSampleNumber = readingNumber;
      }

      pack->channel = 1;
      pack->sourceMoteID = TOS_LOCAL_ADDRESS;

       if (call DataMsg.send(TOS_UART_ADDR, sizeof(struct OscopeMsg),
                                          &msg[currentMsg]))
        {
          atomic {
            currentMsg ^= 0x1;
          }
          call Leds.yellowToggle();
        }
  }
  async event result_t ADC.dataReady(uint16_t data) {
      struct OscopeMsg *pack;
      atomic {
        pack = (struct OscopeMsg *)msg[currentMsg].data;
        pack->data[packetReadingNumber++] = data;
        readingNumber++;
          post dataTask();
        }
      }
      if (data > 0x0300)
        call Leds.redOn();
      else
        call Leds.redOff();
      return SUCCESS;
    }
    event result_t DataMsg.sendDone(TOS_MsgPtr sent, result_t success) {
      return SUCCESS;
    }
    event result_t Timer.fired() {
      return call ADC.getData();
    }
    event TOS_MsgPtr ResetCounterMsg.receive(TOS_MsgPtr m) {
      atomic {
        readingNumber = 0;
      }
      return m;
```

```
    }
}
```

task event를 이용하여 ADC로부터 받을 값을 시리얼로 전송하도록 프로그램했다.

마지막의 event TOS_MsgPtr ResetCounterMsg.receive(TOS_MsgPtrm) 부분은 시리얼로부터 받는 데이터이다. 즉 PC로부터 센서 노드로 전달하는 명령이다. 여기서 TOS_LOCAL_ADDRESS는 /opt/tinyos-1.x/system/tos.h에 정의되어 있다.

④ $cd /opt/tinyos-1.x/apps/Oscilloscope 디렉토리로 이동 후 $make micaz로 컴파일 후 ED-3160에 JTAG로 다운로드한다.

⑤ 다운로드가 끝나도 센서 노드에는 아무런 변화가 없다. 가끔 적색 LED가 깜빡거릴 수도 있다.

⑥ PC와 연결한다. 연결방법은 ED-3160 Mote - 인터페이스 보드 - PC 순으로 연결한다.

인터페이스 보드의 황색 LED가 희미하게 깜빡이는 것을 볼 수 있다.
이 상태는 센서 노드로부터 PC 쪽으로 데이터가 전송되는 것을 의미한다.

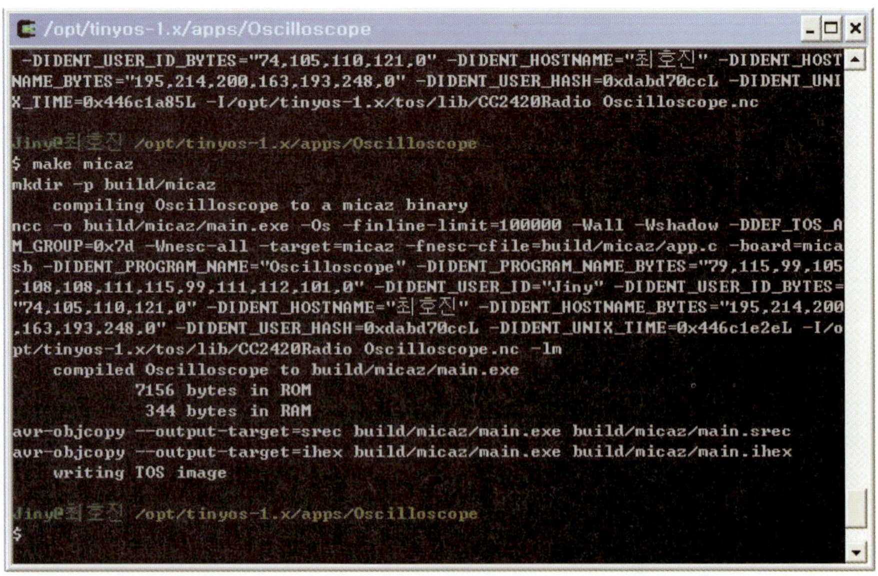

⑦ Listen의 실행

PC로 들어오는 데이터를 확인하기 위하여 시리얼 응용 프로그램 중의 하나인 Listen을 실행한다. 이 Listen은 탈출문자, 패킷시작 바이트, 끝 바이트, 패킷의 타입, CRC바이트를 제거하고 패킷의 내용 자체만을 보여준다. 따라서 7e와 패킷타입, CRC는 보이지 않고 보통 데이터가 맞게 수신되었는지 확인할 때 사용하는 자바 응용 프로그램이다. 센서를 판독하기 위해 모듈은 시리얼 포트의 패킷을 통해 데이터를 보낸다. Mote는 단지 시리얼 포트로 패킷을 발송할 뿐이다.

실행하는 순서는 다음과 같다.

- 바탕화면의 Cygwin 아이콘()을 실행한 후 해당 디렉토리로 이동 후 컴파일한다. 그리고 Listen을 실행한다.
- $export MOTECOM=serial@COM1:57600을 입력한다.

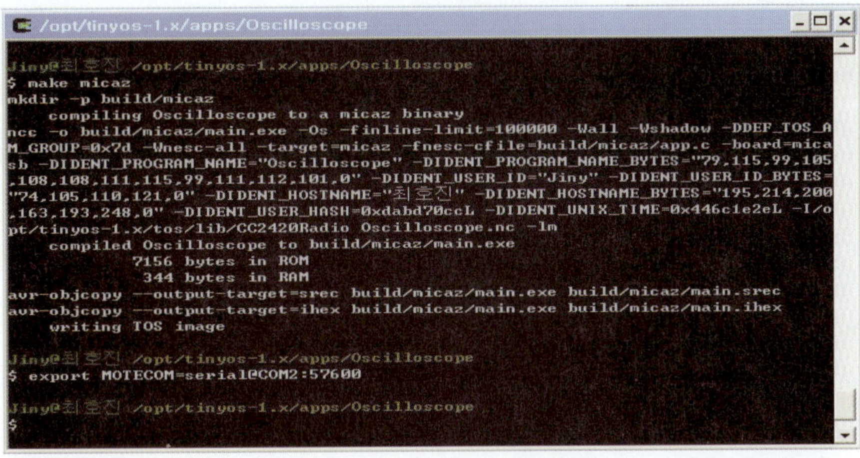

여기에서 COM1은 연결된 시리얼 포트를 나타낸다. 만약 COM2에 연결되어 있다면 COM2로 변경해야만 한다.

- $ jave net.tinyos.tools.Listen을 입력한다.

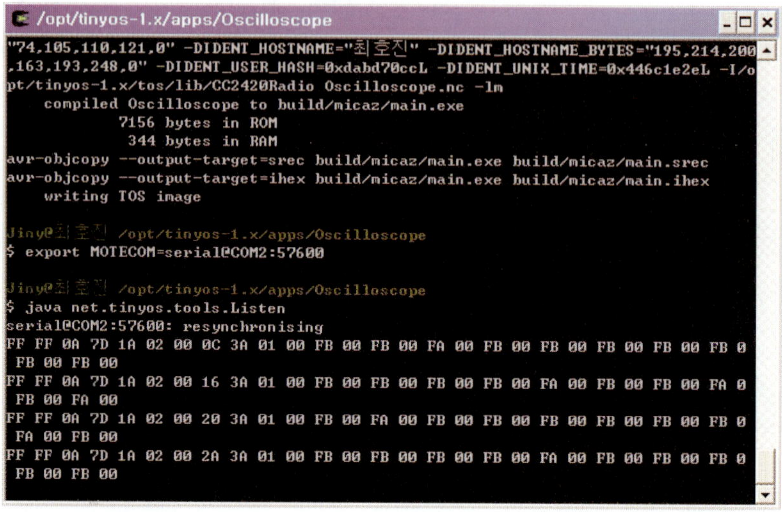

이 Listen 결과는 탈출문자, 패킷시작 바이트, 끝 바이트, 패킷의 타입, CRC 바이트를 제거하고 패킷의 내용 자체만을 보여준다. 따라서 7e와 패킷타입, CRC는 보이지 않고 보통 데이터가 맞게 수신되었는지 확인할 때 사용됨을 알 수 있다.

시리얼 포트를 통해서 들어오는 데이터가 디스플레이된다.

Listen을 통해서 들어오는 데이터는 Listen 프로그램을 통해서 한 번의 처리가 된 데이터를 디스플레이한다. 따라서 실제로 시리얼 포트를 통해서 들어오는 데이터와는 차이가 있을 수 있다.

- 자세한 사항은 TinyOS의 CRC 규격을 참조하기 바란다.
- 계속 처리되는 데이터의 디스플레이를 멈추고자 할 때는 Ctrl+C를 누른다.

⑧ ListenRaw의 실행

ListenRaw는 시리얼 포트를 통해서 들어오는 모든 데이터를 여과 없이 디스플레이한다.

- $export MOTECOM=serial@COM1:57600을 입력한다.

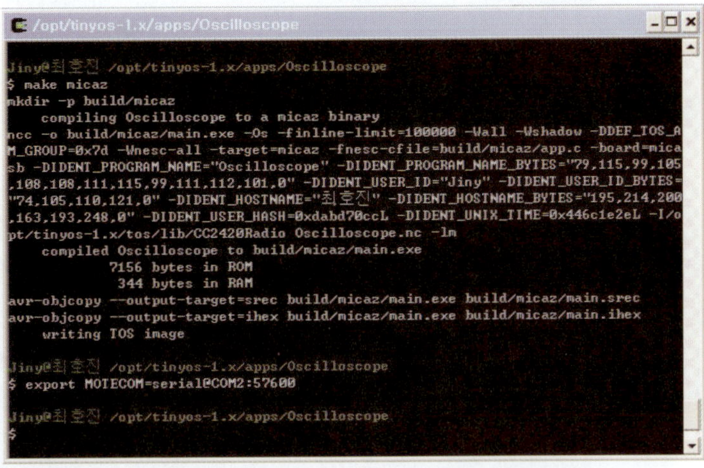

- $ java net.tinyos.tools.ListenRew 57600 COM1을 입력한다. 여기서 COM1은 자신의 com port를 설정한다.

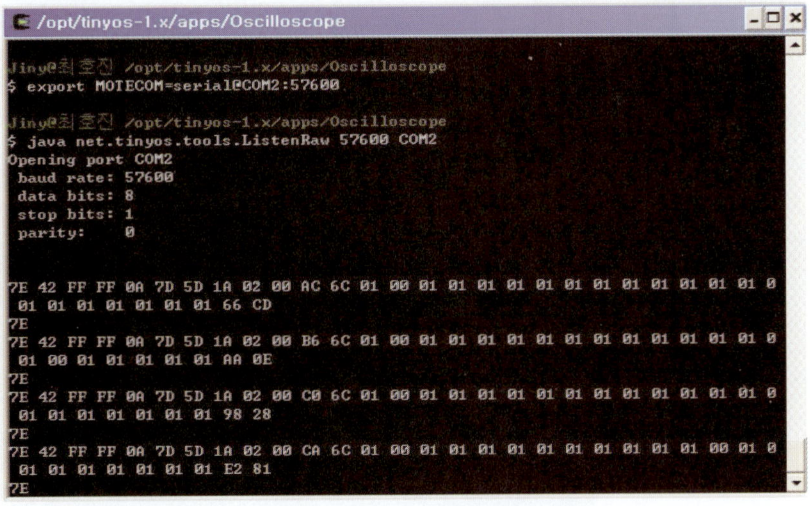

이 결과를 보면 데이터의 시작과 끝이 7E임을 알 수 있다. 그리고 탈출문자 7D 다음에 20을 배타적인 논리합(EOR) 연산이 되어 5D가 전송되었다.

- Listen과 ListenRaw를 통해서 디스플레이되는 정보가 틀리게 나타난다.
  이는 TinyOS의 TOS_Msg 처리규약에 따른 것이다.
  /opt/tinyos-1.x/tools/net/tinyos/util/crc.java를 참조하기 바란다.

⑨ Oscilloscope의 실행

Oscilloscope는 ED-3160을 통해서 들어오는 데이터를 오실로스코프의 파형 그래픽으로 디스플레이한다.

- $ export MOTECOM=serial@COM1:57600을 입력한다.

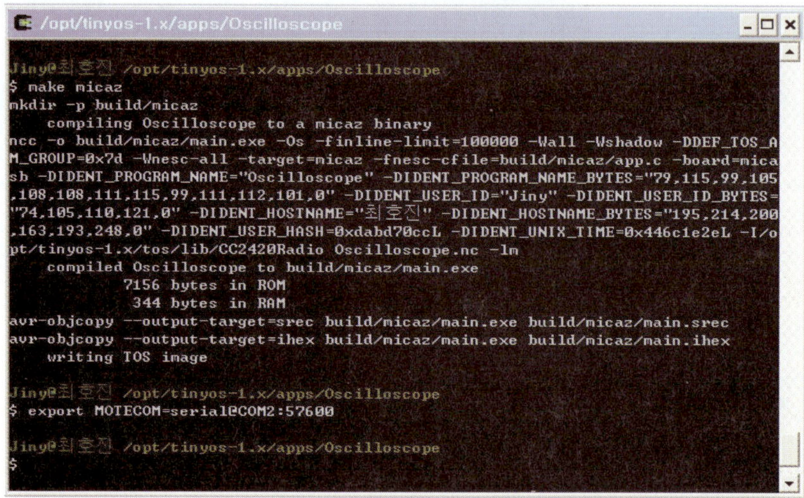

- $ java net.tinyos.oscope.oscilloscope를 입력한다.

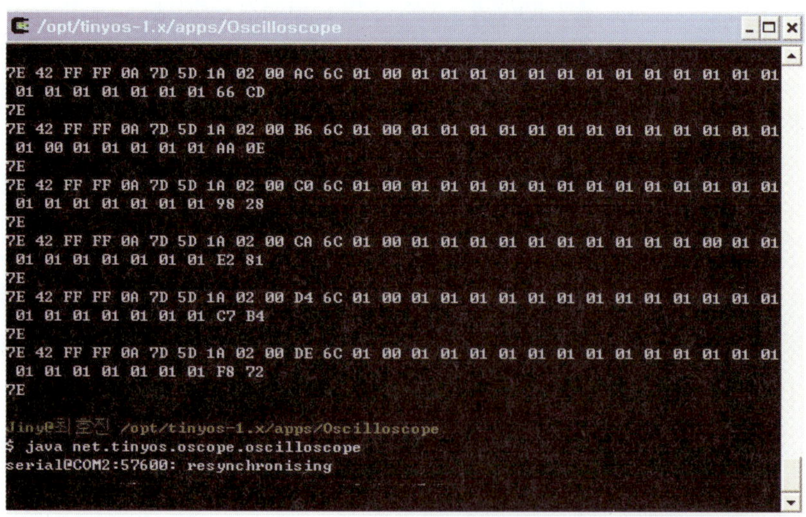

- 그러면 다음처럼 파형이 발생한다. 만약 파형이 나타나지 않으면 Scrolling을 세팅하면 파형이 나타난다. 이 Oscilloscope 프로그램에서는 1개의 센서 노드를 표현하는 데 사용되는 응용 프로그램이다. 만약에 여러 개의 센서 노드를

사용하는 경우에는 다음 절에서 다루어 보기로 한다.

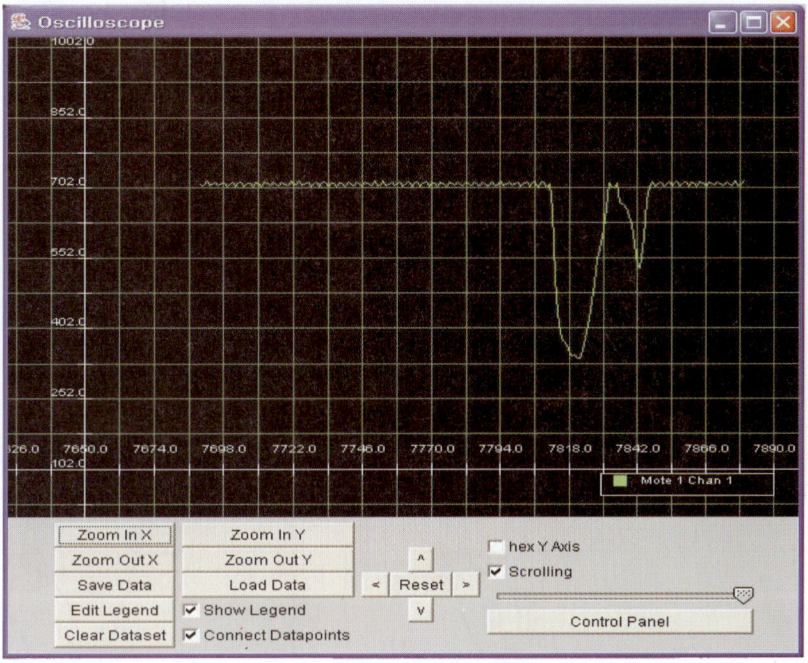

java applet이 구동되면서 화면이 보인다.

- Oscilloscope의 사용법은 다음과 같다.
  - Scrolling : 수신되는 센서 데이터를 연속적으로 디스플레이한다.
  - Zoom In X/Out X : X축에 대한 확대 축소
  - Zoom In Y/Out Y : Y축에 대한 확대 축소
  - Clear Dataset : 수신되는 센서 데이터 그래프를 클리어한다.

⑩ Oscilloscope의 wiring을 보면 다음과 같다.

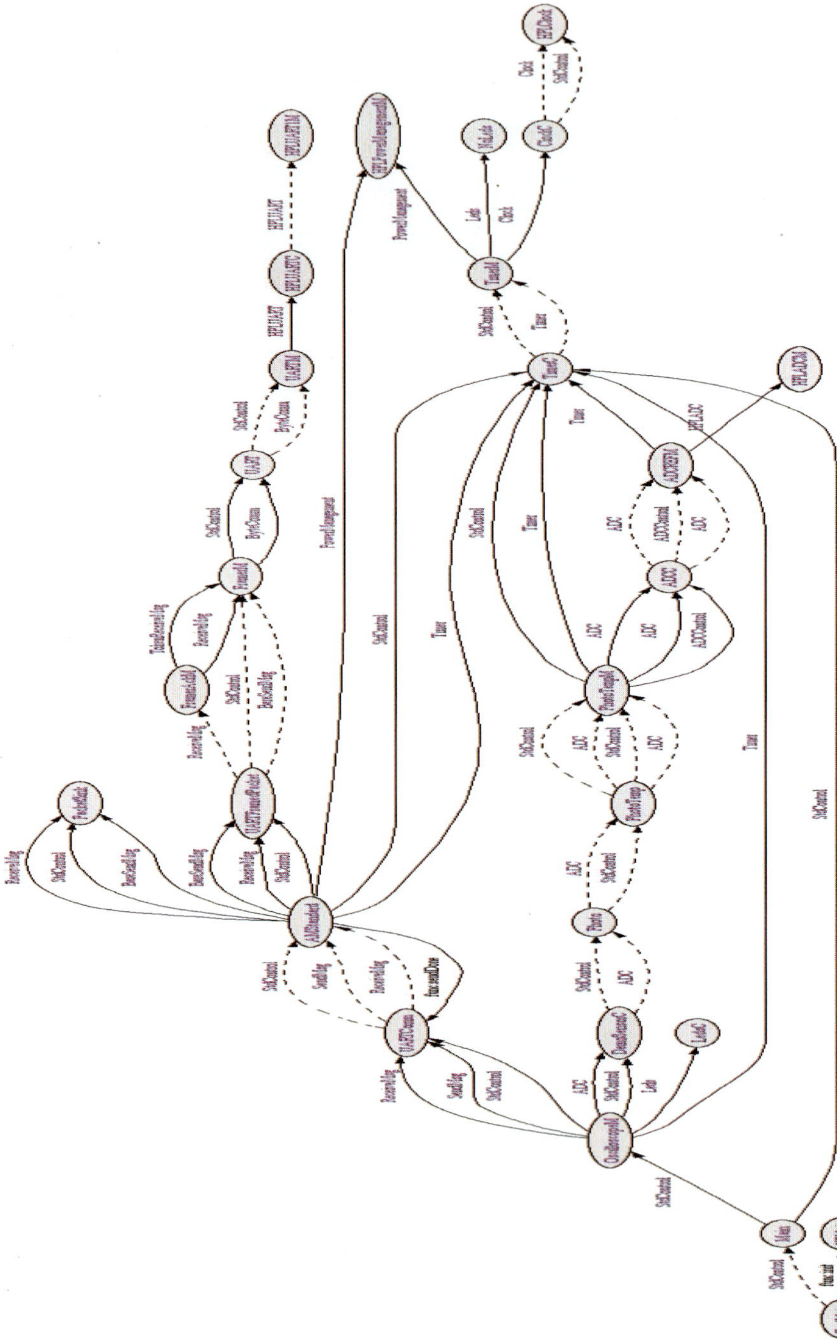

6) 결 과

① Oscilloscope를 컴파일하여 ED-3160에 다운로드하면 Mote로부터 측정된 데이터를 PC로 전송한다.

② 센서 노드로부터 전송되는 데이터를 보기 위해서는 Listen, ListenRaw, Oscilloscope 등의 프로그램을 이용하면 쉽게 볼 수 있다.

7) 심화학습

① USB를 이용하여 Oscilloscope를 실행하라.

② Listen과 ListenRaw의 차이점에 대해 기술하라.

6.7 OscilloscopeRF를 이용한 데이터 수집

1) 개 요

실험 6에서 센서를 통해서 입력된 데이터를 PC상에 디스플레이하는 방법에 대해서 알아보았다. 그리고 실험 5에서는 센서 노드간 통신하는 법에 대해서도 알아보았다.

이 과정에서는 이 두 과정을 합쳐서 실험해 보도록 하겠다. 다시 말해서 센서를 통해서 입력받은 데이터를 RF로 전송하고, 전송받은 데이터를 PC상에서 디스플레이되도록 한다.

2) 목 표

각 센서 노드는 센서로부터 데이터를 입력받는다. 그리고 입력받은 데이터를 RF를 이용해서 베이스 스테이션에 전송한다. 이렇게 모아진 각 센서 노드의 데이터를 베이스 스테이션은 PC로 전송한다.

이렇게 전송된 데이터를 PC상에 디스플레이한다.

3) 선행과제

(1) 센서 노드 간의 RF 통신의 이해

실험 5에서 배운 바와 같이 센서 노드 간의 통신을 위한 프로그램을 이해하고, 실험 6에서의 수신부분의 수신에 대한 이해가 필요하다.

(2) 시리얼 통신의 이해

ED-3160과 PC 사이의 시리얼 통신에 대한 이해가 필요하다.

(3) 모니터 프로그램의 운용

ED-3160로부터 전송되어 오는 데이터를 PC상에서 디스플레이하기 위해서는 Listen, ListenRaw, Oscilloscope 등과 같은 시리얼 모니터 프로그램에 대한 이해가 필요하다.

4) 실습내용

① 센서의 데이터를 RF로 전송할 프로그램 NesC를 이용하여 작성한다(OscilloscopeRF).
② 센서 노드로부터 전송되어오는 데이터를 수집하여 PC로 전송할 베이스 스테이션 프로그램을 NesC를 이용하여 작성한다(TOSBase).
③ 베이스 스테이션으로부터 전송되는 데이터를 PC에 디스플레이하기 위한 프로그램인 Oscilloscope를 이용하여 디스플레이한다.

5) 실험실습

(1) OscilloscopeRF 프로그램 작성

① Oscilloscope 프로그램을 바탕으로 OscilloscopeRF을 작성한다.
② Oscilloscope 프로그램을 configuration 프로그램한다. 메모장 또는 Vi text editor를 이용하여 Oscilloscope.nc 파일을 만든다.

```
includes OscopeMsg;
configuration Oscilloscope { }
implementation
{
  components Main, OscilloscopeM
           , TimerC
           , LedsC
           , DemoSensorC as Sensor
           , GenericComm as Comm;

  Main.StdControl -> OscilloscopeM;
  Main.StdControl -> TimerC;

  OscilloscopeM.Timer -> TimerC.Timer[unique("Timer")];
  OscilloscopeM.Leds -> LedsC;
  OscilloscopeM.SensorControl -> Sensor;
  OscilloscopeM.ADC -> Sensor;
  OscilloscopeM.CommControl -> Comm;
  OscilloscopeM.ResetCounterMsg -> Comm.ReceiveMsg[AM_OSCOPERESETMSG];
  OscilloscopeM.DataMsg -> Comm.SendMsg[AM_OSCOPEMSG];
}
```

이는 실험 6에서의 Oscilloscope.nc와 거의 유사하다. 다만 차이점이 있다면 실험 6에서는 UARTComm component를 쓴 반면에 여기서는 무선통신을 위한 컴포넌트인 GenericComm component를 쓴다는 것 이외의 차이점은 없다.

③ 이제 OscilloscopeM.nc를 프로그램한다. 메모장 또는 text editor를 이용하여 OscilloscopeM.nc 파일을 만든다.

```
includes OscopeMsg;
module OscilloscopeM
{
  provides interface StdControl;
  uses {
    interface Timer;
    interface Leds;
    interface StdControl as SensorControl;
    interface ADC;
```

제 6 장

```
    interface StdControl as CommControl;
    interface SendMsg as DataMsg;
    interface ReceiveMsg as ResetCounterMsg;
  }
}

implementation
{
  uint8_t packetReadingNumber;
  uint16_t readingNumber;
  TOS_Msg msg[2];
  uint8_t currentMsg;

  command result_t StdControl.init() {
    call Leds.init();
    call Leds.yellowOff(); call Leds.redOff(); call Leds.greenOff();
    call SensorControl.init();
    call CommControl.init();

    atomic {
      currentMsg = 0;
      packetReadingNumber = 0;
      readingNumber = 0;
    }
     return SUCCESS;
  }
  command result_t StdControl.start() {
    call SensorControl.start();
    call Timer.start(TIMER_REPEAT, 125);
    call CommControl.start();
    return SUCCESS;
  }
  command result_t StdControl.stop() {
    call SensorControl.stop();
    call Timer.stop();
    call CommControl.stop();
    return SUCCESS;
  }

  task void dataTask() {
    struct OscopeMsg *pack;
    atomic {
```

```
      pack = (struct OscopeMsg *)msg[currentMsg].data;
      packetReadingNumber = 0;
      pack->lastSampleNumber = readingNumber;
    }

    pack->channel = 1;
    pack->sourceMoteID = TOS_LOCAL_ADDRESS;

    if (call DataMsg.send(TOS_BCAST_ADDR, sizeof(struct OscopeMsg),
                                        &msg[currentMsg]))

      {
         atomic {
           currentMsg ^= 0x1;
         }
         call Leds.greenToggle();
      }
  }
async event result_t ADC.dataReady(uint16_t data) {
    struct OscopeMsg *pack;
    atomic {
      pack = (struct OscopeMsg *)msg[currentMsg].data;
      pack->data[packetReadingNumber++] = data+50;
      readingNumber++;
      if (packetReadingNumber == BUFFER_SIZE) {
         post dataTask();
      }
    }
    if (data > 0x0300)
      call Leds.redOn();
    else
      call Leds.redOff();

    return SUCCESS;
  }

  event result_t DataMsg.sendDone(TOS_MsgPtr sent, result_t success) {
    return SUCCESS;
  }

  event result_t Timer.fired() {
    return call ADC.getData();
```

```
    }
    event TOS_MsgPtr ResetCounterMsg.receive(TOS_MsgPtr m) {
      atomic {
        readingNumber = 0;
      }
      return m;
    }
  }
```

④ 컴파일하기 전에 알아두어야 할 TOS_LOCAL_ADDRESS 부분을 보자. 이는 센서 노드의 ID를 말한다.

따라서 이렇게 컴파일해서 여러 개의 센서 노드에 다운로드하게 되면 모든 센서 노드가 동일한 ID를 가지게 된다. 그러면 어떤 센서 노드에서 데이터를 보냈는지 알 수가 없다.

따라서 각 센서 노드마다 TOS_LOCAL_ADDRESS를 바꿔서 컴파일해야 한다(TinyOS는 메모리 사이즈를 줄이기 위해서 이러한 일련의 과정들은 컴파일할 때 결정된다).

TOS_LOCAL_ADDRESS는 /opt/tinyos-1.x/tos/system/tos.h에 있다.

TOS_LOCAL_ADDRESS를 바꿔가면서 컴파일한 후 센서 노드에 다운로드한다(단 0번은 베이스 스테이션 전용 ID이다).

⑤ 만약 2개 이상의 통신망이 가까이에 존재해야 하는 상황이라면 채널 또한 다르게 세팅한 후 컴파일해야 한다.

CC2420_DEF_CHANNEL 값을 바꾸어서 채널을 바꿀 수 있다.

이는 /opt/tinyos-1.x/tos/lib/CC2420Radio/CC2420Const.h에서 수정할 수 있다.

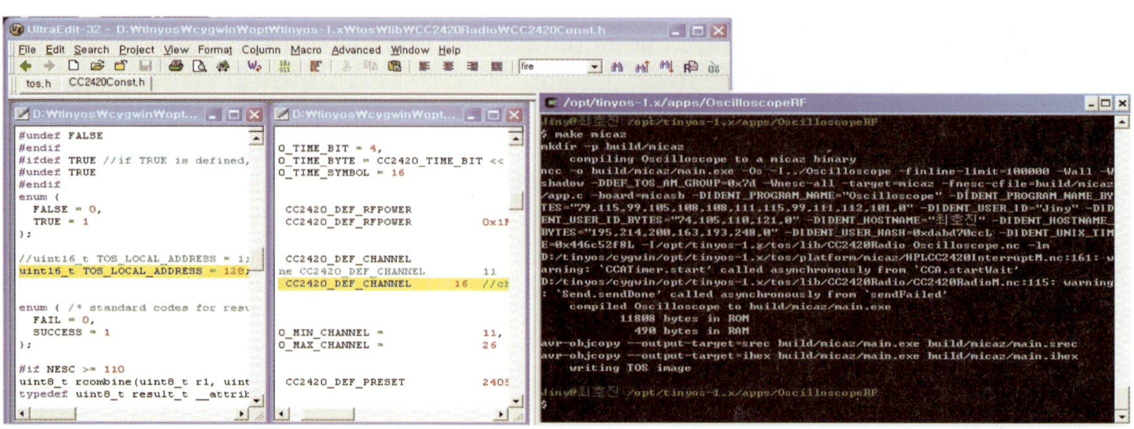

⑥ OscilloscopeRF의 wiring을 보면 다음과 같다.

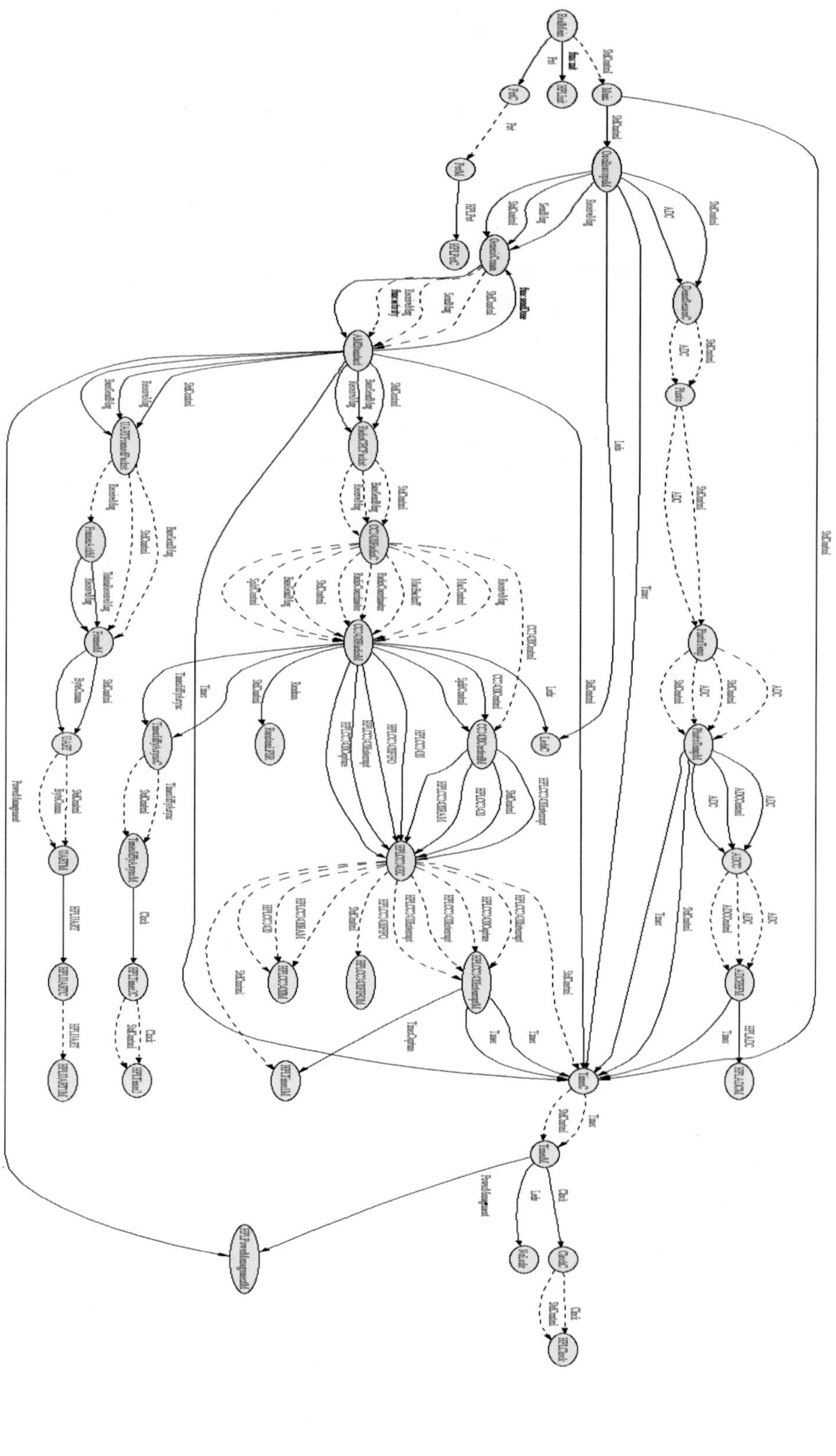

(2) 베이스 스테이션 프로그램

① TOSBase 프로그램의 configuration을 프로그램한다.

메모장 또는 vi text editor를 이용하여 TOSBase.nc를 만든다.

RadioCRCPacket과 FramerM component를 사용한다.

```
configuration TOSBase {
}
implementation {
  components Main, TOSBaseM, RadioCRCPacket as Comm, FramerM, UART, LedsC;

  Main.StdControl -> TOSBaseM;

  TOSBaseM.UARTControl -> FramerM;
  TOSBaseM.UARTSend -> FramerM;
  TOSBaseM.UARTReceive -> FramerM;
  TOSBaseM.UARTTokenReceive -> FramerM;

  TOSBaseM.RadioControl -> Comm;
  TOSBaseM.RadioSend -> Comm;
  TOSBaseM.RadioReceive -> Comm;

  TOSBaseM.Leds -> LedsC;

  FramerM.ByteControl -> UART;
  FramerM.ByteComm -> UART;
}
```

② TOSBaseM module을 프로그램한다.

```
#ifndef TOSBASE_BLINK_ON_DROP
#define TOSBASE_BLINK_ON_DROP
#endif

module TOSBaseM {
  provides interface StdControl;
  uses {
    interface StdControl as UARTControl;
```

```
    interface BareSendMsg as UARTSend;
    interface ReceiveMsg as UARTReceive;
    interface TokenReceiveMsg as UARTTokenReceive;

    interface StdControl as RadioControl;
    interface BareSendMsg as RadioSend;
    interface ReceiveMsg as RadioReceive;

    interface Leds;
  }
}

implementation
{
  enum {
    UART_QUEUE_LEN = 12,
    RADIO_QUEUE_LEN = 12,
  };

  TOS_Msg      uartQueueBufs[UART_QUEUE_LEN];
  TOS_MsgPtr uartQueue[UART_QUEUE_LEN];
  uint8_t      uartIn, uartOut;
  bool         uartBusy, uartFull;

  TOS_Msg      radioQueueBufs[RADIO_QUEUE_LEN];
  TOS_MsgPtr radioQueue[RADIO_QUEUE_LEN];
  uint8_t      radioIn, radioOut;
  bool         radioBusy, radioFull;

  task void UARTSendTask();
  task void RadioSendTask();

  void failBlink();
  void dropBlink();

  command result_t StdControl.init() {
    result_t ok1, ok2, ok3;
    uint8_t i;

    for (i = 0; i < UART_QUEUE_LEN; i++) {
      uartQueue[i] = &uartQueueBufs[i];
    }
```

```
    uartIn = uartOut = 0;
    uartBusy = FALSE;
    uartFull = FALSE;

    for (i = 0; i < RADIO_QUEUE_LEN; i++) {
      radioQueue[i] = &radioQueueBufs[i];
    }
    radioIn = radioOut = 0;
    radioBusy = FALSE;
    radioFull = FALSE;

    ok1 = call UARTControl.init();
    ok2 = call RadioControl.init();
    ok3 = call Leds.init();

    return rcombine3(ok1, ok2, ok3);
  }

  command result_t StdControl.start() {
    result_t ok1, ok2;

    ok1 = call UARTControl.start();
    ok2 = call RadioControl.start();

    return rcombine(ok1, ok2);
  }

  command result_t StdControl.stop() {
    result_t ok1, ok2;

    ok1 = call UARTControl.stop();
    ok2 = call RadioControl.stop();

    return rcombine(ok1, ok2);
  }

  event TOS_MsgPtr RadioReceive.receive(TOS_MsgPtr Msg) {
    TOS_MsgPtr pBuf = Msg;

    if ((!Msg->crc) || (Msg->group != TOS_AM_GROUP))
```

```
    return Msg;

  atomic {
    if (!uartFull) {
       pBuf = uartQueue[uartIn];
       uartQueue[uartIn] = Msg;

       if( ++uartIn >= UART_QUEUE_LEN ) uartIn = 0;

       if (uartIn == uartOut) {
         uartFull = TRUE;
       }

       if (!uartBusy) {
         if (post UARTSendTask()) {
           uartBusy = TRUE;
         }
       }
    } else {
       dropBlink();
    }
  }

  return pBuf;
}

task void UARTSendTask() {
  bool noWork = FALSE;


  atomic {
    if (uartIn == uartOut && uartFull == FALSE) {
       uartBusy = FALSE;
       noWork = TRUE;
    }
  }
  if (noWork) {
    return;
  }

  if (call UARTSend.send(uartQueue[uartOut]) == SUCCESS) {
    call Leds.greenToggle();
```

```
  } else {
    failBlink();
    post UARTSendTask();
  }
}

event result_t UARTSend.sendDone(TOS_MsgPtr msg, result_t success) {

  if (!success) {
    failBlink();
  } else {

    atomic {
       if (msg == uartQueue[uartOut]) {
         if( ++uartOut >= UART_QUEUE_LEN ) uartOut = 0;
         if (uartFull) {
           uartFull = FALSE;
         }
       }
    }
  }
  post UARTSendTask();

  return SUCCESS;
}

event TOS_MsgPtr UARTReceive.receive(TOS_MsgPtr Msg) {
  return Msg;
}

event TOS_MsgPtr UARTTokenReceive.receive(TOS_MsgPtr Msg, uint8_t Token) {
  TOS_MsgPtr   pBuf = Msg;
  bool reflectToken = FALSE;


  atomic {
    if (!radioFull) {
       reflectToken = TRUE;
       pBuf = radioQueue[radioIn];
       radioQueue[radioIn] = Msg;
       if( ++radioIn >= RADIO_QUEUE_LEN ) radioIn = 0;
       if (radioIn == radioOut)
```

```
          radioFull = TRUE;

        if (!radioBusy) {
          if (post RadioSendTask()) {
            radioBusy = TRUE;
          }
        }
      } else {
        dropBlink();
      }
    }

    if (reflectToken) {
      call UARTTokenReceive.ReflectToken(Token);
    }

    return pBuf;
  }

  task void RadioSendTask() {

    bool noWork = FALSE;


    atomic {
      if (radioIn == radioOut && radioFull == FALSE) {
        radioBusy = FALSE;
        noWork = TRUE;
      }
    }
    if (noWork)
      return;

    radioQueue[radioOut]->group = TOS_AM_GROUP;

    if (call RadioSend.send(radioQueue[radioOut]) == SUCCESS) {
      call Leds.redToggle();
    } else {
      failBlink();
      post RadioSendTask();
    }
  }
```

```
  event result_t RadioSend.sendDone(TOS_MsgPtr msg, result_t success) {

    if (!success) {
      failBlink();
    } else {
      atomic {
         if (msg == radioQueue[radioOut]) {
           if( ++radioOut >= RADIO_QUEUE_LEN ) radioOut = 0;
           if (radioFull)
             radioFull = FALSE;
         }
      }
    }

    post RadioSendTask();
    return SUCCESS;
  }

  void dropBlink() {
#ifdef TOSBASE_BLINK_ON_DROP
    call Leds.yellowToggle();
#endif
  }

  void failBlink() {
#ifdef TOSBASE_BLINK_ON_FAIL
    call Leds.yellowToggle();
#endif
  }
}
```

③ 컴파일하기 전 TOS_LOCAL_ADDRESS와 CC2420_DEF_CHANNEL을 설정한 후 컴파일한다.

TOS_LOCAL_ADDRESS는 반드시 0으로 설정한다.

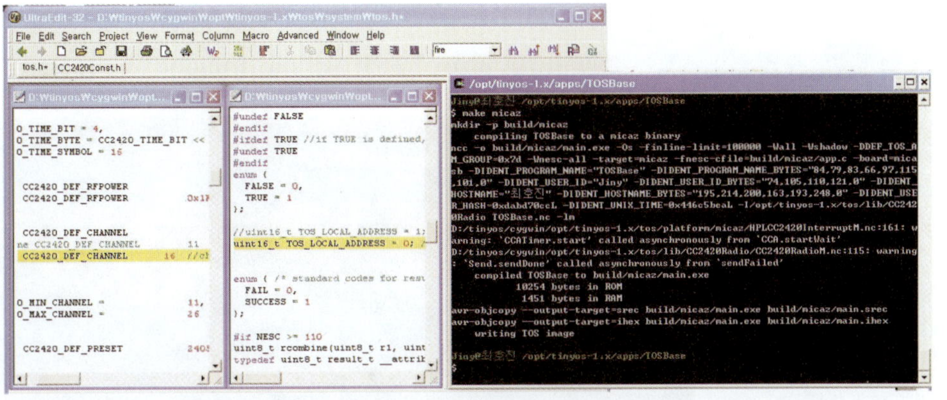

④ 베이스 스테이션에 JTAG로 다운로드한다. 베이스 스테이션은 어떠한 센서 노드도 될 수 있다. 어떠한 프로그램이 다운로드되느냐의 차이일 뿐이다.

⑤ 베이스 스테이션과 인터페이스 보드 그리고 PC를 연결한다.

(3) Oscilloscope의 실행

① Cygwin을 실행한다.

② $export MOTECOM=serial@COM1:57600을 입력한다.

③ $javanet.tinyos.oscope.oscilloscope를 입력한다.

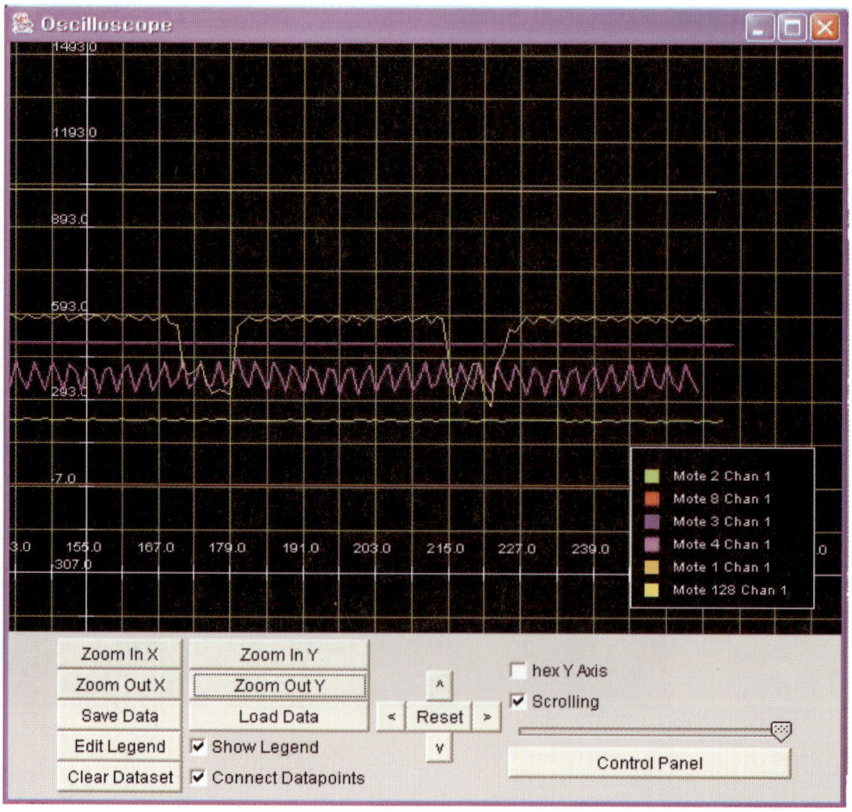

Mote ID와 채널의 값이 디스플레이된다.
이처럼 여러 개의 센서 노드 값을 동시에 디스플레이할 수 있다 .

6) 결 과

① 베이스 스테이션에는 TOSBase 프로그램을 다운로드한다.
② 센서 노드에는 OscilloscopeRF 프로그램을 다운로드한다.
③ 베이스 스테이션-인터페이스 보드-PC를 연결한다.
④ Oscilloscope 프로그램을 실행한다. 여러 센서 노드로부터 받은 데이터를 한 번에 표시할 수 있다.

7) 응용실습

① 센서 노드 2개 이상을 동일한 ID로 지정하고 프로그램을 다운로드한 후 Oscilloscope를 통해서 결과를 관찰하라.
② 베이스 스테이션을 2개의 센서 노드에 다운로드하고 각각의 베이스 스테이션을 PC에 연결하여 Oscilloscope를 통해서 관찰하라.
③ 2개의 PC에서 동일한 결과가 나오는가?
④ 베이스 스테이션 중의 둘 중 하나의 Clear Dataset를 클릭해 보라. 어떠한 결과가 나오는가?

6.8 센서 노드의 데이터 ED-ZigNet 모니터 프로그래밍 활용

1) 개 요

호스트 PC에서 USN 응용 시스템의 호스트(base station)에 시리얼 및 USB 인터페이스를 통하여 USN 응용 시스템의 센서 노드에 연결하여 센서 네트워크가 이루어지는지의 ED-ZigNet 모니터 프로그램 과정 실습을 통하여 각 센서 노드의 데이터 측정 및 분석을 통하여 알아본다.

2) 목 표

센서 노드의 ED-ZigNet 모니터 프로그래밍을 이용하여 센서 노드 및 프로그램 다운로드 방법을 통하여 센서 데이터를 분석해 본다.

3) 선행과제

USN 응용 시스템의 센서 노드는 Atmega 128L CPU와 CC2420 지그비 무선 프로토콜 칩 등으로 구성되어 있다. TinyOS의 응용 프로그램을 이용하여 수정, 컴파일 및 다운로딩 프로그램을 작성하여 실습요령을 이전 실습과정을 통하여 선행 숙지해야만 된다. TinyOS의 응용 프로그램을 작성 및 프로그램하기 위해서는 5장에서 nesC 프로그램의 개념과 구조에 대하여 익숙해질 필요가 있다.

4) 실습내용

① Cygwin 실행방법 및 기본적인 명령어 사용법
② 프로그램 컴파일
③ 컴파일한 hex파일을 ED-3160의 센서 노드에 다운로드하는 방법

이상의 3가지에 대해서 실험실습한다.

5) 실험실습

우선 실습하기 전에 TinyOS를 먼저 USN 응용 시스템에 해당되는 OS 포팅이 성공적으로 된 후에 반드시 실습을 진행해야 된다.

(1) Compile 실습 및 다운로드

① 바탕화면의 Cygwin 아이콘(Cygwin)을 더블클릭하면 Cygwin을 실행한다.
② 예제 파일이 있는 폴더로 이동하기 위하여 $cd/opt/tinyos-1.x/apps/ZigNet1를 디렉토리에 간다. 컴파일이 완료되면 build 디렉토리 아래 micaz라는 플랫폼을 나타내는 폴더가 생성된다.
③ 센서 노드에 다운로드할 파일을 확인한다. 그 디렉토리의 파일을 ls명령어를 사용

하여 확인한다. 폴더의 파일들을 디스플레이한다. 해당/build/micaz 디렉토리에서 센서 노드 값의 Hex값을 확인할 수 있다. ED-3160의 센서 노드는 Micaz와 동일한 플랫폼을 사용한다.

이제 ED-3160 센서 노드에 생성된 main.ihex 파일을 센서 노드에 다운로드해 보자.

ED-3160 USN 응용 시스템에 기본으로 내장된 센서 노드는 총 10개이다.

선택사항으로는 6개가 있어 총 16개의 센서 노드를 사용하여 유비쿼터스 센서 네트워크를 구축하여 응용 실습을 할 수 있다. 그러나 기본으로 제공되는 10개의 센서 노드는 ED-3160 USN 응용 시스템의 구동 소프트웨어인 ED-ZigNet에서 각 노드의 상태를 체크하여 구동시킬 수 있다. 물론 선택사항인 6개 센서 노드에 대해서도 ED-ZigNet에서 구동시켜서 지그비 프로토콜 통신을 구현할 수 있다. 그리고 각 센서 노드에는 온도와 조도 센서는 필수적으로 들어 있다. 만약 해당 기본 센서로 장착된 것을 다른 센서로 변경할 경우는 다음 센서 노드에서 상세히 설명하니 참고바란다.

(2) Download Test

■ ED-ZigNet1 서버/클라이언트 프로그램의 설치

해당되는 프로그램은 첨부 CD에 있다. 지금부터 실습은 ED-ZigNet1 서버/클라이언트 프로그램이 기본적으로 설치 완료된 것을 전제로 실습을 진행한다.

ED-ZigNet1 Client 설치가 완료되면 윈도우의 시작메뉴는 다음과 같다.

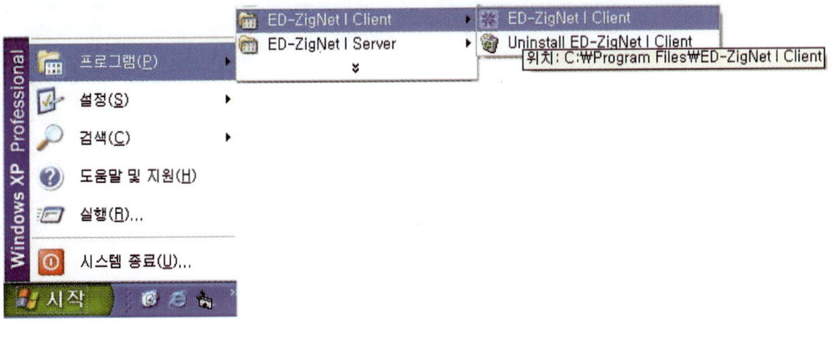

■ AVR Studio 프로그램을 기본적으로 설치

① Atmel사의 AVR Studio를 실행한다.

해당되는 프로그램은 첨부 CD에 있다. 지금부터 실습은 AVR Studio 프로그램이 기본적으로 설치 완료된 것을 전제로 실습을 진행한다.

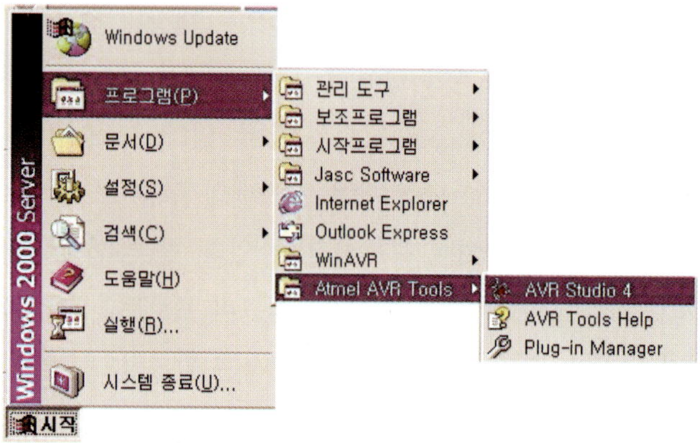

AVT Studio 4 프로그램 실행

AVT Studio 4 실행과정

② Tools - Program Avr - Connect를 클릭한다.

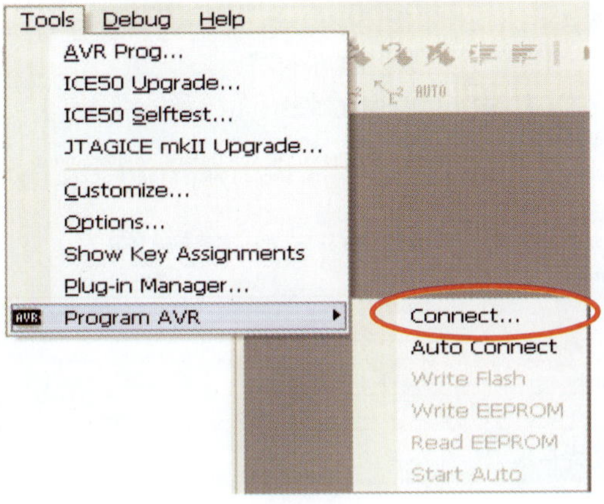

③ AVR 프로그래머 디바이스를 선택한다.

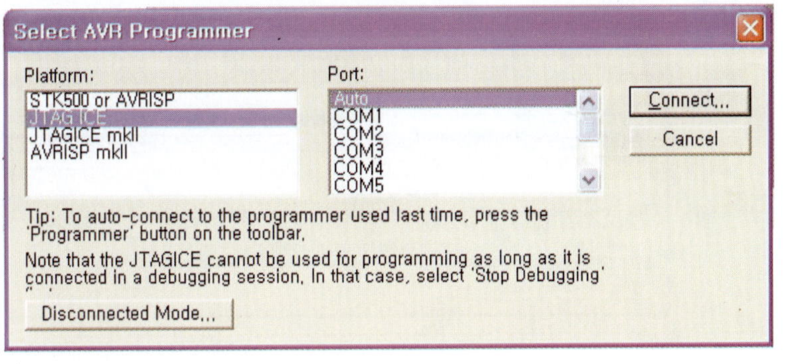

- AVR-JTAG은 플랫폼에서 JTAG ICE를 선택한다.
- MK II는 플랫폼에서 JTAGICE mkII를 선택한다.
- 포트를 알고 있을 경우에는 포트를 선택한다. 모를 경우에는 Auto를 선택한다.

④ JTAG가 정상적으로 연결이 되었다면 다음과 같이 나온다.

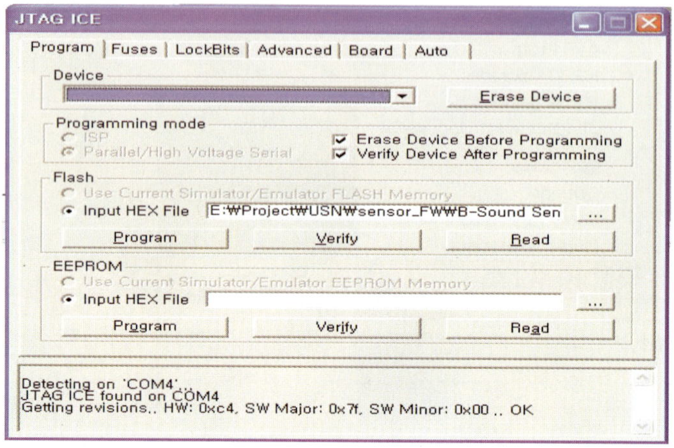

만약 JTAG가 정상적으로 연결되지 않았거나 센서 노드의 전원이 인가되지 않았다면 다음 그림과 같이 나타난다.

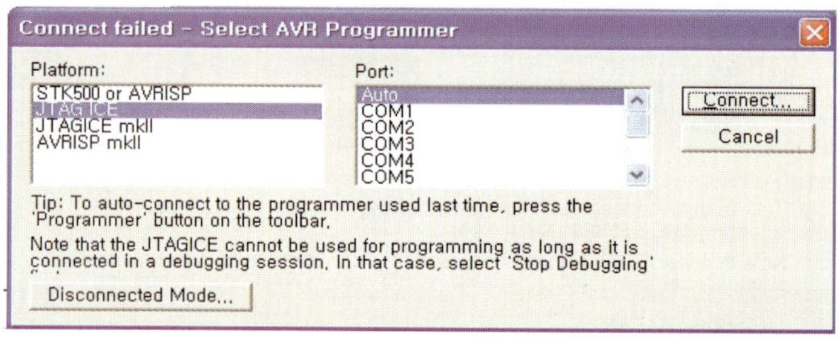

이 경우에는 센서 노드의 전원을 확인하고, JTAG의 연결 상태를 확인하고 다시 연결하면 된다.

⑤ CPU 디바이스 ATmega 128를 그림처럼 선택한다.

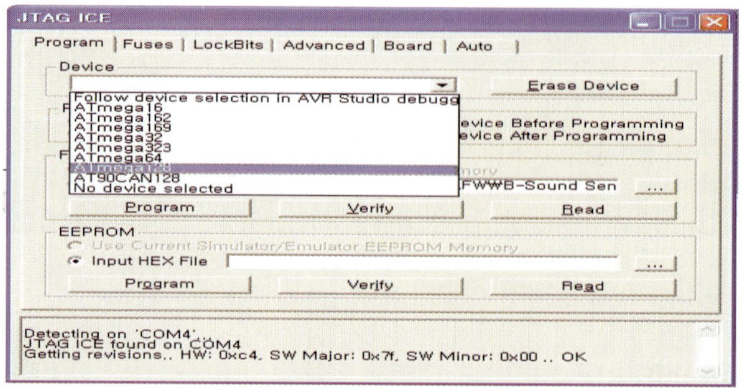

⑥ 퓨즈 비트 설정을 위해 Fuses를 클릭한다.

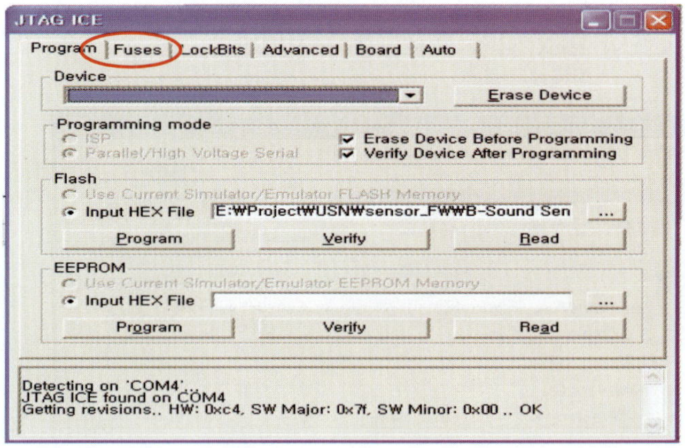

Fuses를 클릭하면 그림처럼 나타난다. 이때 해당 선택사항을 선택해야만 환경 설정이 완료되고 완료 후 Program을 클릭한다.

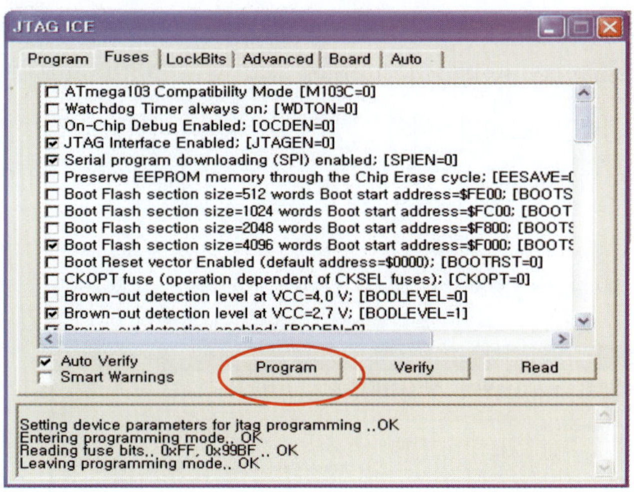

- ATmega103 Compatibility Mode (×)
- JTAG Interface Enable (○)
- Serial Program downloading (SPI) enabled (○)
- Boot Flash section size = 4096 word ... (○)
- Brown-out dection level at VCC=2.7V (○)
- Brown-out dection enable (○)
- Ext. Crystal/Resonator High Freq.; Start-up time : 16K CK + 64ms (○) (제일 밑에 있다.)를 체크 확인한다.

다음 프로그램을 클릭하여 프로그램한다.

⑦ 다운로드할 HEX 파일 프로그램을 선택한다.

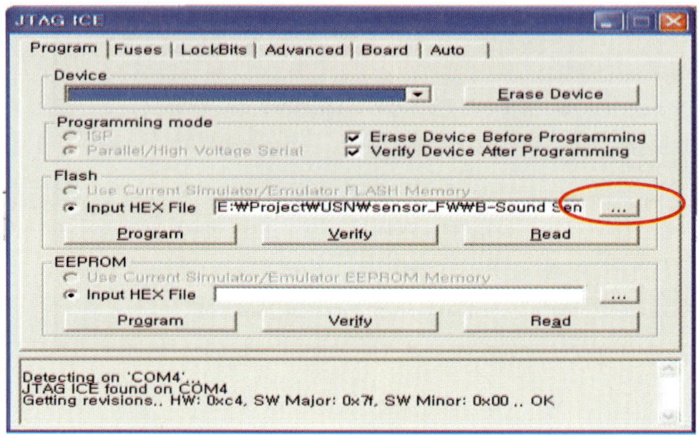

다운로드할 프로그램의 위치는 /opt/tinyos-1.x/apps/Blink/build/micaz이다.
모든 컴파일된 파일들은 build 아래 micaz에 해당 hex파일이 들어 있다.
물론 컴파일(make)명령어의 실행은 해당 apps 디렉토리에서 실행되어야만 된다.
그러면 위에서 다운로드할 파일들이 자동 생성되어 보관되어 있다.

⑧ ED-3160, USN 응용 시스템의 플래시 RAM에 HEX 파일을 프로그램한다.

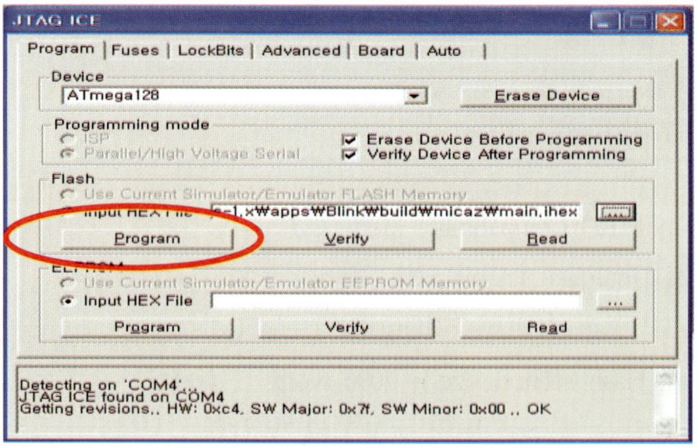

이로써 TinyOS의 컴파일 그리고 다운로드까지 끝냈다.
다운로드가 끝나면 센서 노드는 자동으로 해당 프로그램을 실행한다.

6) 결 과

(1) 조도 센서 노드(ED4550 ; Light Sensor)

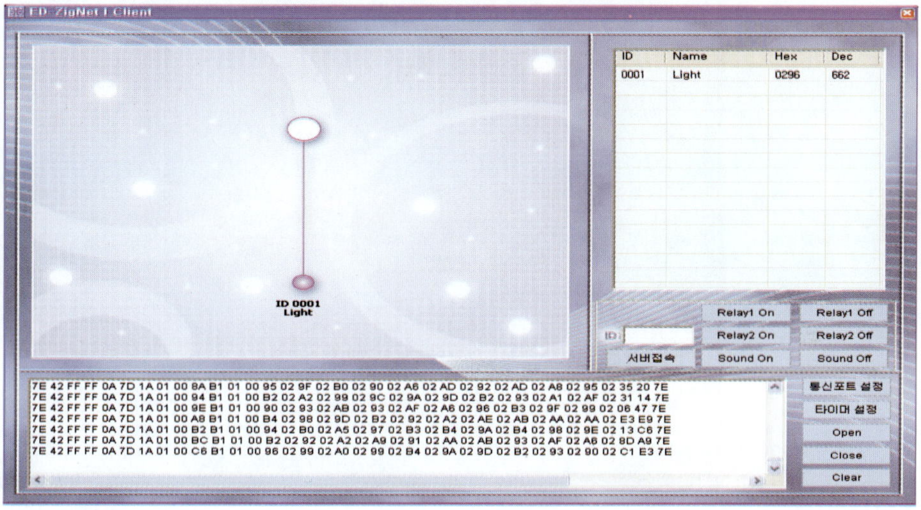

조도 센서 노드 디스플레이

(2) 온도 센서(ED4546 ; Temperature Sensor)

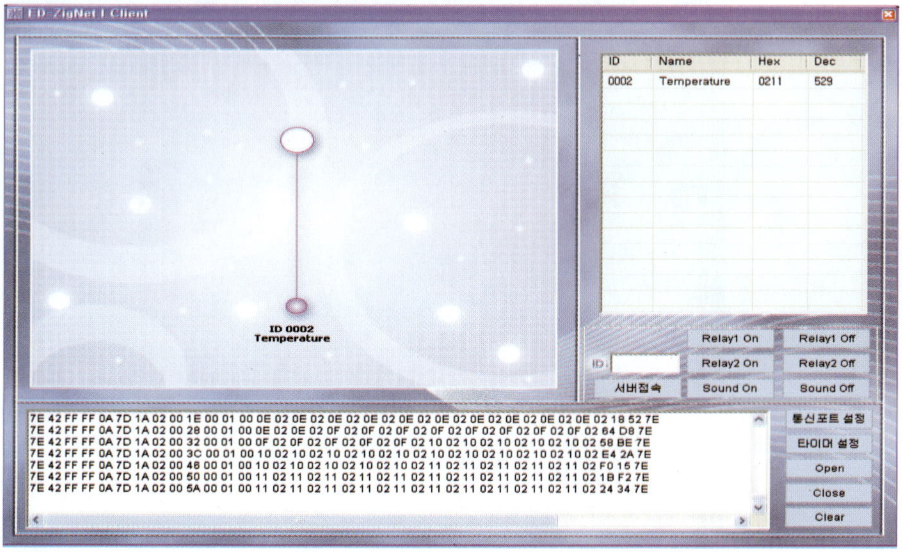

온도 센서 노드 디스플레이

(3) 습도 센서(ED4547 ; Humidity Sensor)

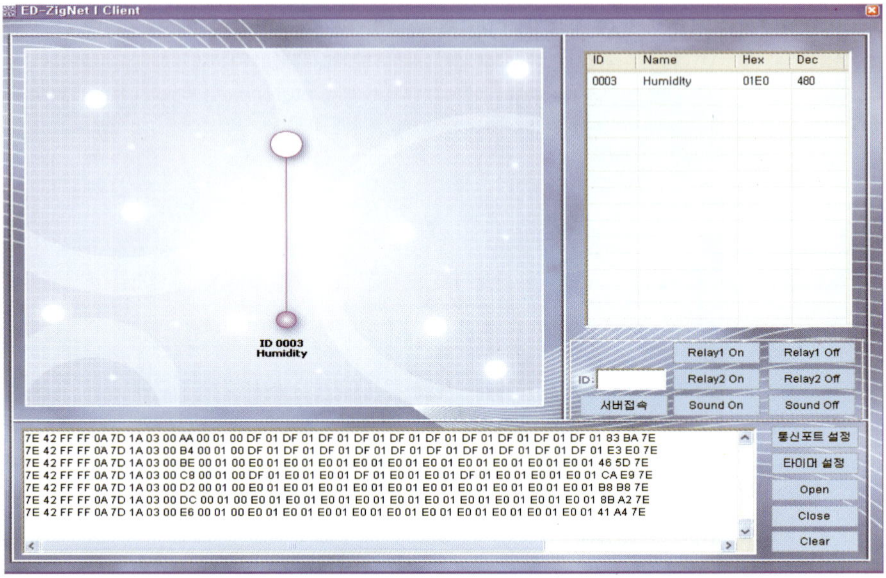

습도 센서 노드 디스플레이

(4) 적외선(IR) 센서(ED4549 ; IR Sensor)

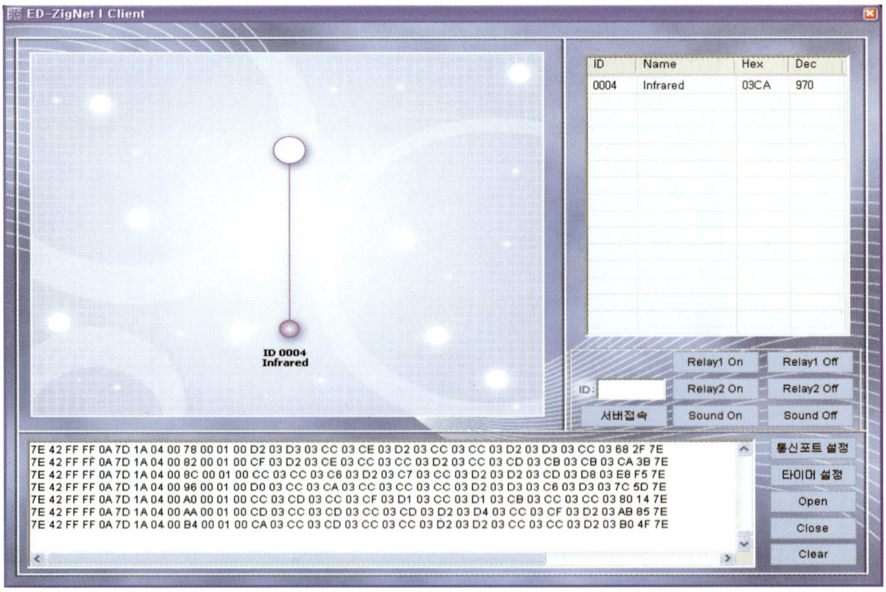

적외선 센서 노드 디스플레이

(5) 자기 센서(ED4550 ; Magnetic Sensor)

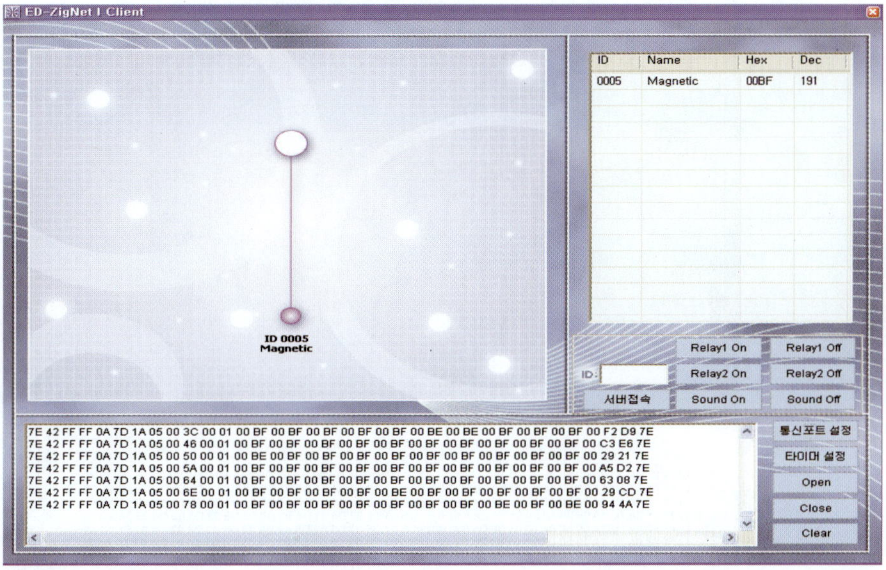

자기 센서 노드 디스플레이

(6) 압력 센서(ED4569 ; Pressure Gauge Meter)

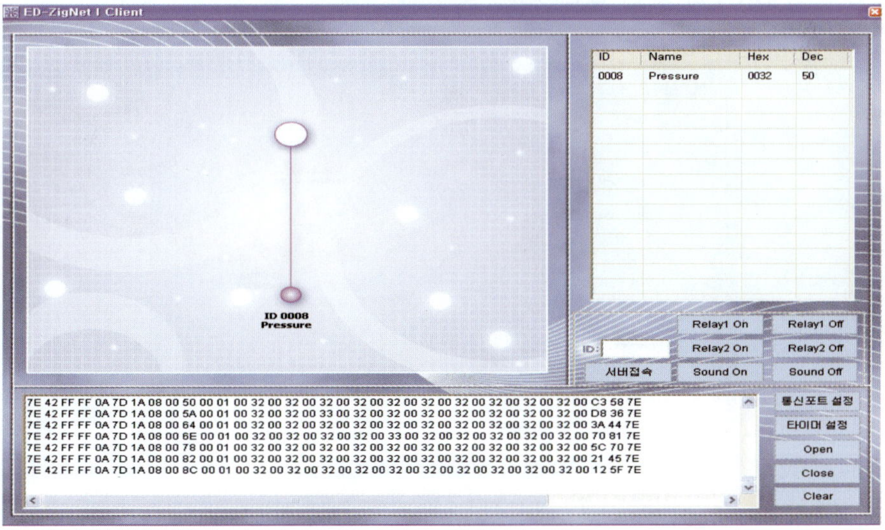

압력 센서 노드 디스플레이

제6장

(7) 가스센서(ED4570 ; Gas Sensor)

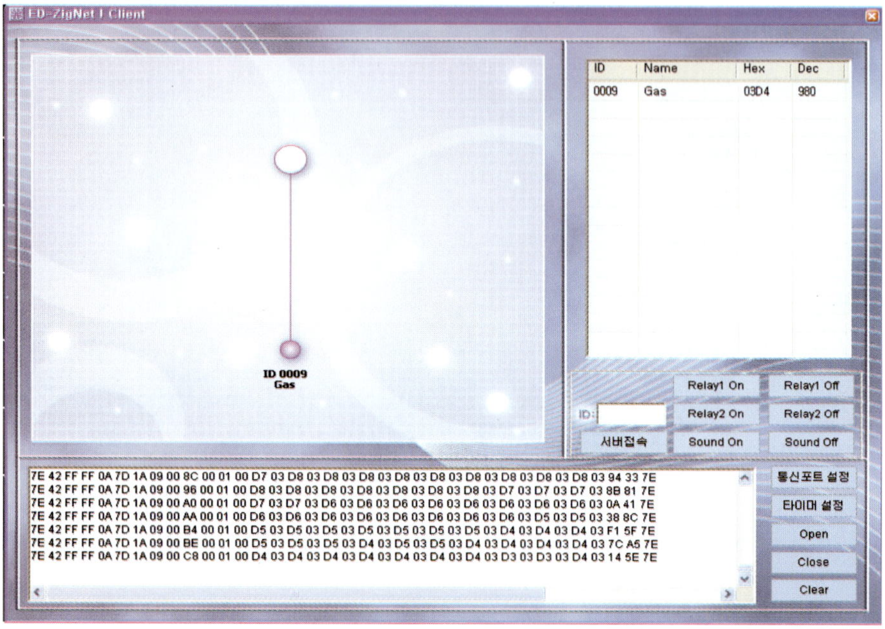

가스 센서 노드 디스플레이

(8) 7개 센서 노드 멀티 홉

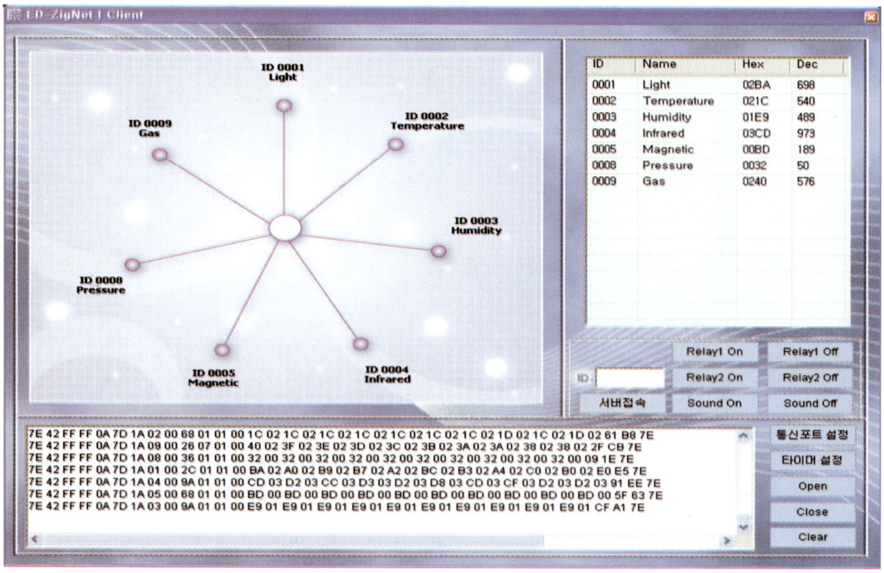

7개 센서 노드 멀티 홉 디스플레이

(9) 문자 LCD에 데이터 실행

다음 3개의 센서 노드(RFID 리더기, 음향 센서, 초음파 센서) 는 문자 LCD에 데이터를 실행한다.

① RFID 리더기(ED4552 ; RFID reader) 노드

RFID 리더기에 신용카드를 대면 해당번호가 ED-3160 USN응용시스템의 LCD화면에 번호가 나타난다.

② 음향 센서(ED4568; Sound Level Meter)

음향센서도 그 해당 값이 ED-3160 USN응용시스템의 LCD화면에 번호가 나타난다.

③ 초음파 센서(ED4551 ; Ultrasonics Sensor)

초음파 노드센서도 그 해당 값이 ED-3160 USN응용시스템의 LCD화면에 번호가 나타난다.

7) 응용실습

① 현재 센서 노드에는 온도 센서와 조도 센서는 필수적으로 되어 있다. 각 센서 노드에는 자기만의 센서로 설정되어 있다. 이 설정된 센서 노드를 온도 센서 또는 광센서로 변경해 보자.

② opt/tinyos-1.x/apps/ZigNetI/ 폴더에 해당된 센서 값을 다운로드하여 ZigNet 1 모니터 프로그램에 표시해보고 분석해 보자.

③ 3개의 센서노드(RFID 리더기, 음향센서, 초음파 센서)는 문자 LCD에 데이터를 실행해보고 토론해보자.

6.9 TinyDB를 활용한 데이터 실행

1) 개 요

TinyOS 센서의 네트워크로부터 정보발췌를 위한 검색처리 시스템인 TinyDB를 실행시켜 보자. TinyDB는 다음과 같은 특징을 가진다.

- 원하는 추출 데이터 나열을 위해 SQL 인터페이스 제공
- 센서 네트워크 소프트웨어와 자바 바탕의 클라이언트 간 인터페이스
- 환경 모니터링(저비율 데이터 수집) 응용

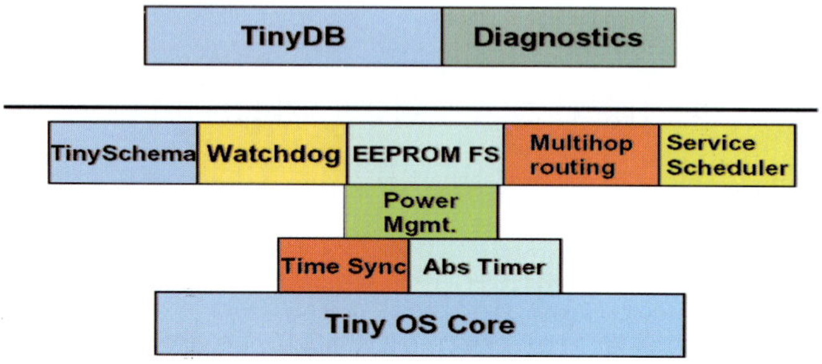

TinyDB의 구조

2) 목 표

센서 노드의 ED-ZigNet 모니터 프로그래밍을 이용하여 센서 노드 및 TinyDB 프로그램 다운로드 방법을 통하여 센서 데이터를 분석해 본다. TinyOS 센서의 네트워크로부터 정보 발췌를 위한 검색처리 시스템인 TinyDB를 실행시켜보는 데 목표가 있다.

3) 선행과제

(1) 센서 노드 간 RF 통신의 이해

원하는 추출 데이터 나열을 위해 SQL 인터페이스에 대한 분석과 이해가 필요하다.

(2) 시리얼 통신의 이해

ED-3160과 PC 사이의 시리얼 통신에 대한 이해가 필요하다.

(3) 모니터 프로그램의 운용

ED-3160으로부터 전송되어 오는 데이터를 PC상에서 디스플레이하기 위해서는 Listen, TinyDBApp 등과 같은 시리얼 모니터 프로그램에 대한 이해가 필요하다.

4) 실습내용

① TinyDBApp의 Setup 및 실행 과정
② 통신방법 설정 및 실행
③ Java 프로그램 설정 및 실행
④ TinyDBMain 실행

5) 실험실습

① TinyDBApp디렉토리로 이동

$cd /opt/tinyos-1.x/apps/TinyDBApp

② 컴파일과 업로딩(각 노드별)

$make micaz하면 컴파일되어서 $cd/opt/tinyos-1.x/apps/TinyDBApp/build의 micaz 밑에 디렉토리에 컴파일된 Hex파일이 생성된다. 이 파일을 JTEG를 이용하여 USN 응용 시스템(ED-3160)의 플래시 RAM에 Hex 파일을 프로그램한다.

③ 통신방법 설정

통신방법(serial or local host)과 포트 및 보 비율을 설정한다.

export MOTECOM=serial@COM1:57600

④ Java 프로그램 실행

$/opt/tinyos-1.x/tools/java

제6장

⑤ TinyDBMain 실행

$ java net.tinyos.tinydb.TinyDBMain

⑥ 결 과

위의 과정이 성공적으로 실행되면 다음 그림이 나타난다.

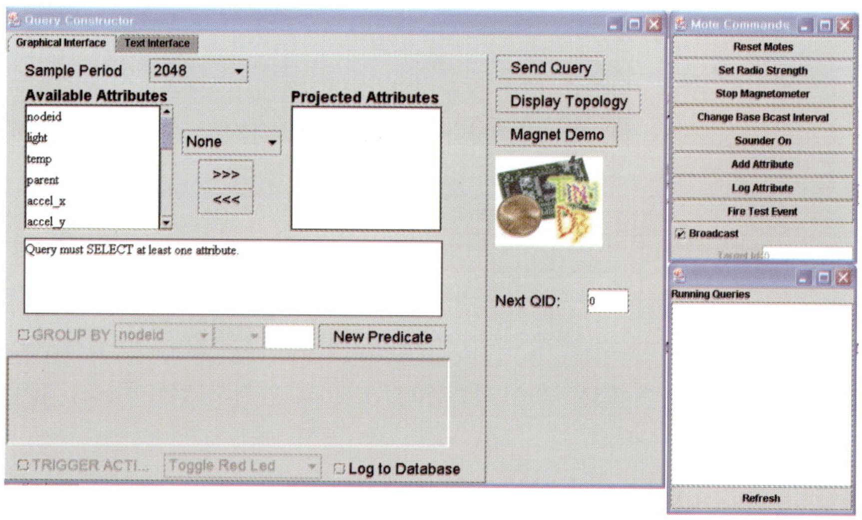

Available Attributes에서 해당 항목을 Projected Attributes로 보낸다. 여기서는 light, temp을 클릭하여 보내면 다음 그림과 같다.

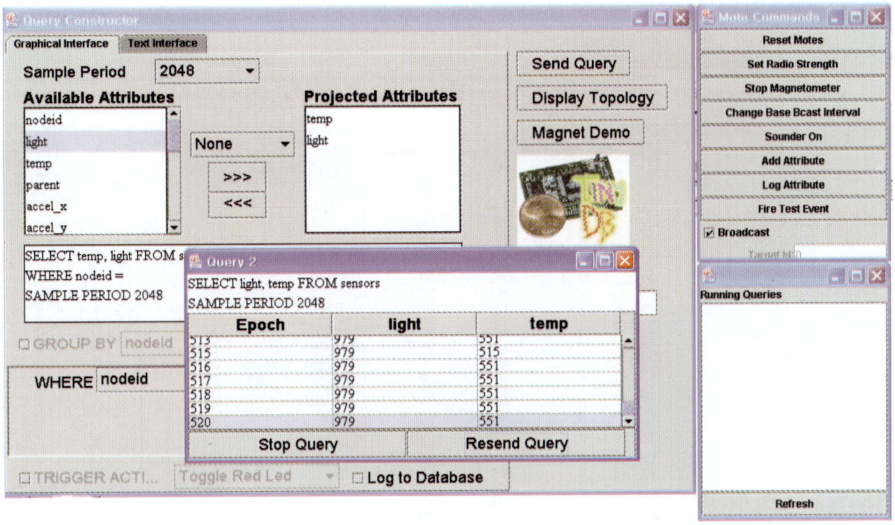

디스플레이 토폴로지를 하면 노드 0(base station), 노드 1, 노드 2의 토폴로지 연결 상태를 볼 수 있다(3개 로드를 사용할 때).

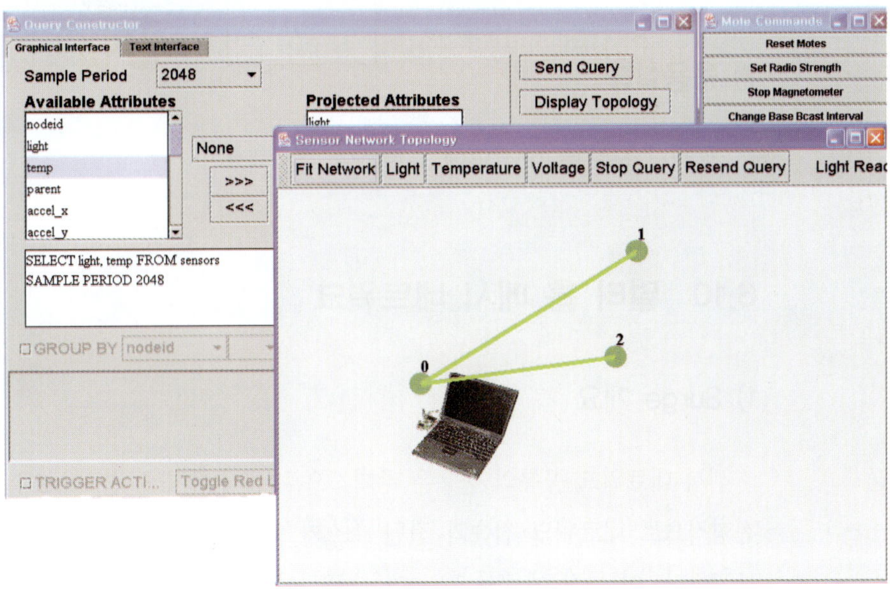

각 노드별 온도와 광센서의 변화 데이터를 그래프로 표현하면 다음과 같다.

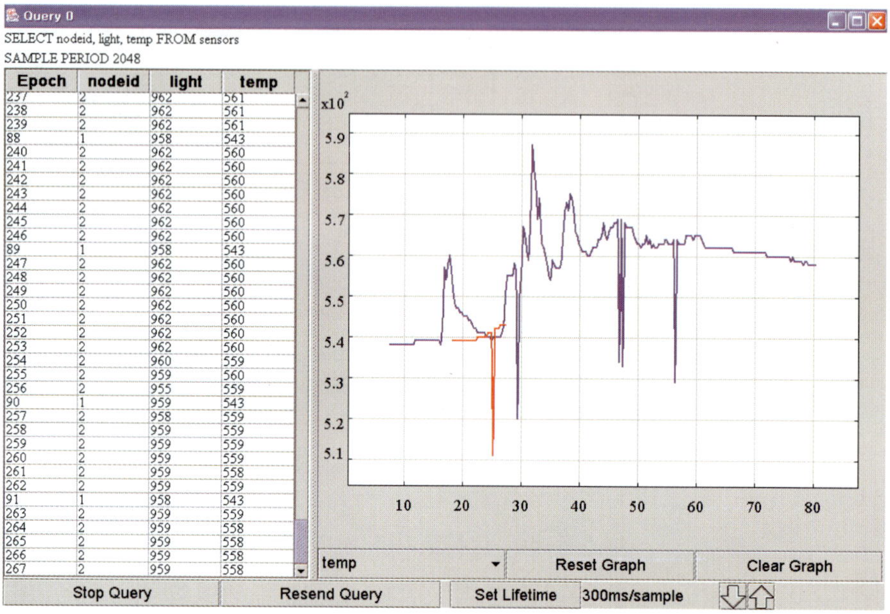

7) 응용실습

각 센서 노드를 TinyDB에 표현하여 분석해보자

6.10 멀티 홉 메시 네트워크

1) Surge 개요

센서 네트워크 공통의 응용은 주기적으로 센서(예를 들면, 빛 또는 온도)의 샘플을 뽑고, 전형적으로 네트워크 접속과 전원 소스가 있는 유선처럼 베이스 스테이션에 읽은 상태를 보고한다. 이 동작 예로서 Surge가 대표적이다. 즉 주기적인 센서 샘플 데이터를 추출하여 무선 네트워크로 특별한 멀티 홉 라우팅의 샘플을 베이스 스테이션에 전달하기 위해 사용하는 단순한 응용이다.

Surge는 의도적으로 단순하고, in-network 데이터 집단과 같은 진보적인 기능을 수행하지 않는다. Surge Mote는 그들 자신을 베이스 스테이션에 센서 노드(Mote)를 양쪽에 묶은 트리 구조로 되어 있다. 각 Mote는 트리 구조로 그 부모 주소를 갖고 있으면서 각 무선 메시지(센서 데이터 샘플 또는 전송되는 메시지)의 깊이(depth)에 대한 정보를 전송한다.

노드는 가장 작은 깊이의 노드를 선택하고 메시지를 얻기 위해 초기 부모를 선택한다. 즉 스패닝 트리의 구조를 만들기 위한 정보를 주기 위해 베이스 스테이션은 깊이(depth) 0으로 비콘 메시지를 주기적으로 알린다.

노드는 부모의 링크 품질을 추정한다. 링크 품질이 일부 문턱(threshold) 아래에 떨어질 때, 노드는 링크 품질 추정값과 깊이의 근거로 그들의 인접에서 새로운 부모를 선택한다. 한 순간, 각 Mote는 그 광센서의 정보를 얻어 그 부모에게 샘플 정보를 보낸다. 부모는 수신된 패킷을 받았음을 알려준다.

Surge는 신뢰할 수 있는 트랜스포트 층을 제공하기 위해 알려준다. 부모 링크 품질은 응답받는 전송된 메시지를 계산한다. 노드가 또 다른 노드로부터 메시지를 받을 때, 그 부모에게 메시지를 전송한다. 센서 노드의 샘플 정보는 분석하고 시각화할 수 있는 베이스 스테이션에 모아진다.

그림은 surge의 컴포넌트와 컴포넌트를 연결하는 인터페이스를 보여준다. 이 예는 컴포넌트의 중요한 몇 개의 장점을 보여준다. Surge 응용은 필요로 하는 TinyOS의 컴포넌트, 즉 시스템 부츠 코드(Main) 컴포넌트, 타이머(Timer) 컴포넌트, 센서(Photo) 컴포넌트, LED(Leds) 컴포넌트과 멀티 홉 메시지 라우팅(Multi-hop) 컴포넌트를 그대로 사용한다.

다음 장점은 응용 코드이다. Surge 컴포넌트는 명백히 인터페이스에 관계되는 환경을 그대로 사용한다. Surge는 타이머(Timer interface), 센서(ADC interface), LED(Leds interface)와 통신(Send interface)을 필요로 한다. 그러므로 코드는 사용되는 특별한 센서 하드웨어로부터 독립해 있다. 예를 들면, ADC가 2개의 같은 인터페이스를 제공함으로써 광센서보다 온도 센서에 쉽게 연결할 수 있다.

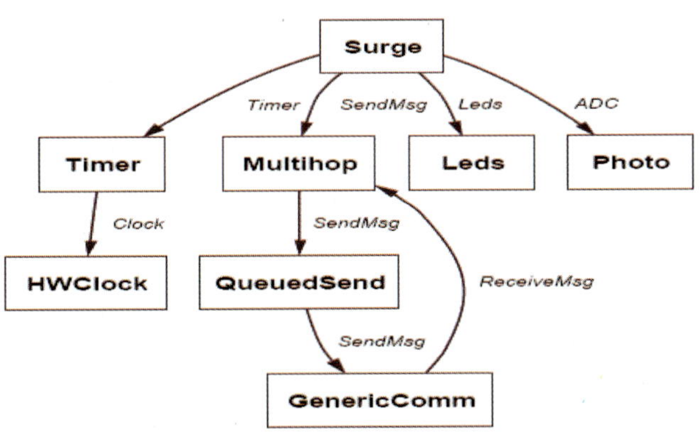

Surge 응용 프로그램의 구조

그림은 멀티홉 라우팅 프로그램 관련 와이어링이다.

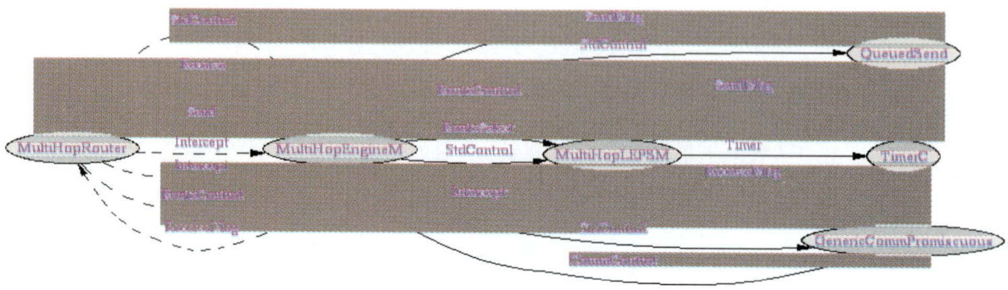

멀티 홉 라우팅 와이어링 구조

Surge 구조의 Surge-View GUI(graphical user interface) 툴은 .exe 파일의 실행 동작을 편리하게 그래프로 변화시켜 주는 툴이다.

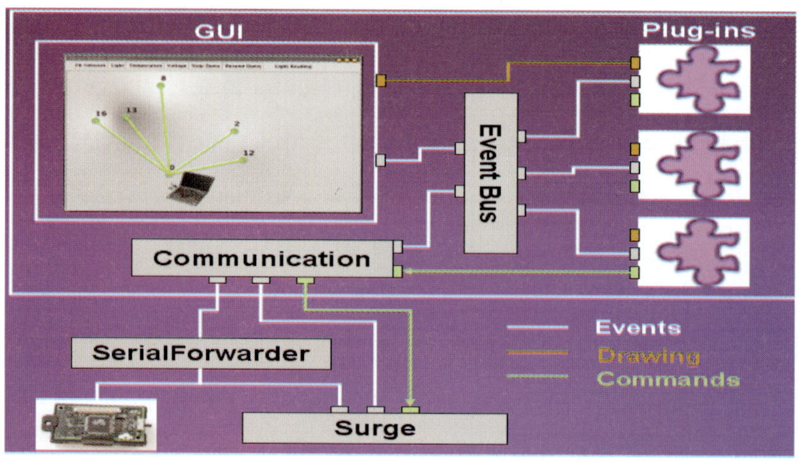

Surge의 구조

2) 목 표

센서 노드의 ED-ZigNet 모니터 프로그래밍을 이용하여 여러 개의 센서 노드에 멀티 홉 응용 프로그램인 Surge 프로그램을 작성하고 다운로드 방법을 이용하여 센서 데이터의 멀티 홉 라우팅 상태를 분석해 본다.

3) 선행과제

(1) 센서 노드 간 RF 통신의 이해

실험 5에서 배운 바와 같이 센서 노드(Mote) 간의 통신을 위한 프로그램을 이해하고, 실험 6에서의 수신부분의 수신(receive)에 대한 이해가 필요하다. 주기적인 센서 샘플 데이터를 추출하여 무선 네트워크로 특별한 멀티 홉 라우팅의 샘플을 베이스 스테이션에 전달하기 위해 사용하는 단순한 응용에 대한 이해를 한다.

(2) 시리얼 통신의 이해

ED-3160과 PC 사이의 시리얼 통신에 대한 이해가 필요하다. Listen 프로그램은 센서 노드와 통신하는 기초적인 시리얼 포트를 여러 화면에 수신한 패킷 데이터를 화면에 나타낸다. 그러나 단점은 그래픽화하는 데 어려움이 있다. 그래서 센서 네트워크에 데이터를 검색하고 모니터링하는 최적의 방법이 Serial Forwarder 프로그램이다.

(3) 모니터 프로그램의 운용

ED-3160으로부터 전송되어 오는 데이터를 PC상에서 디스플레이하기 위해서는 Serial Forwarder, Surge 등과 같은 시리얼 모니터 프로그램에 대한 이해가 필요하다.

4) 실습내용

① Surge 프로그램 작성 및 실행
② 컴파일과 다운로딩 실행
③ 각 센서 노드에 해당 Hex 파일을 다운로딩
④ 통신방법 설정
⑤ Java 프로그램 실행
⑥ serial Forwarder 프로그램을 실행
⑦ Surge 프로그램 실행

5) 실험실습

① Surge 디렉토리로 이동

$cd /opt/tinyos-1.x/apps/Surge

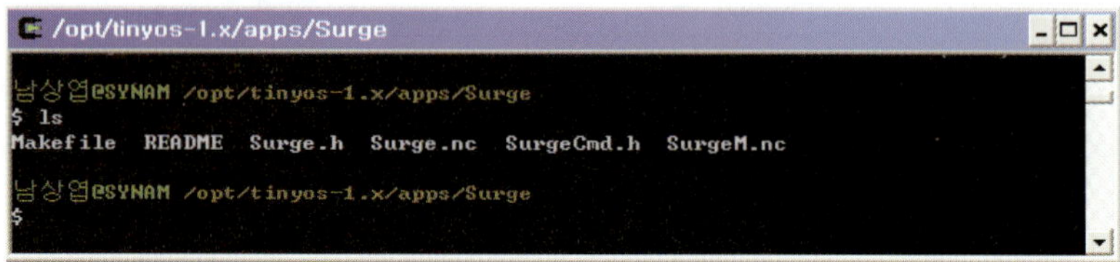

② 컴파일과 다운로딩

$make micaz하면 컴파일되어 $cd /opt/tinyos-1.x/apps/Surge/build의 micaz 밑에 디렉토리에 컴파일된 Hex파일이 생성된다. 이 파일을 JTEG을 이용하여 ED-3160, USN응용 시스템의 플래시 RAM에 Hex 파일을 프로그램한다.

③ 각 센서 노드에 해당 Hex 파일을 다운로딩

베이스 스테이션 Mote에 대하여 node ID 0으로 다운로딩하고 나머지 센서 노드에 각각 해당ID에 다운로딩한다.

④ 통신방법(serial or local host)과 포트 및 보 비율을 설정

export MOTECOM=serial@COM1:57600

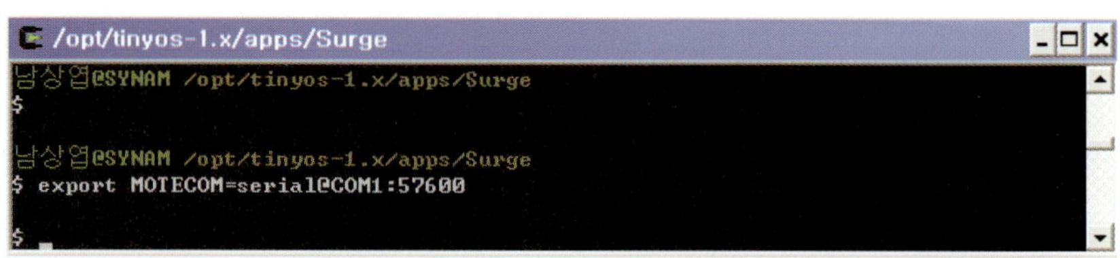

⑤ Java 프로그램 실행

$/opt/tinyos-1.x/tools/java

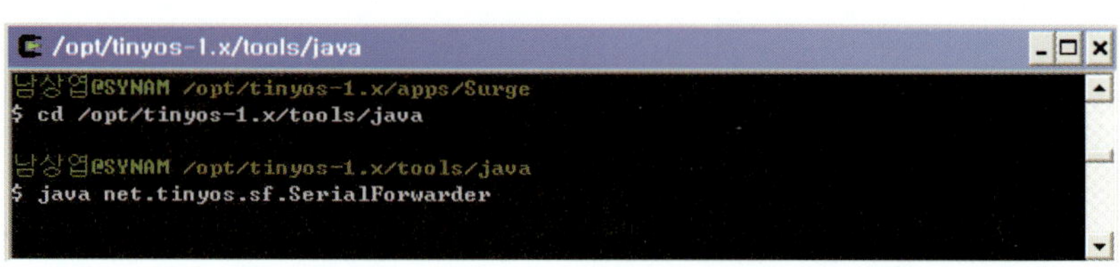

⑥ serialForwarder 프로그램 실행

$java net.tinyos.sf.SerialForwarder를 실행하면 다음 그림이 나타난다.

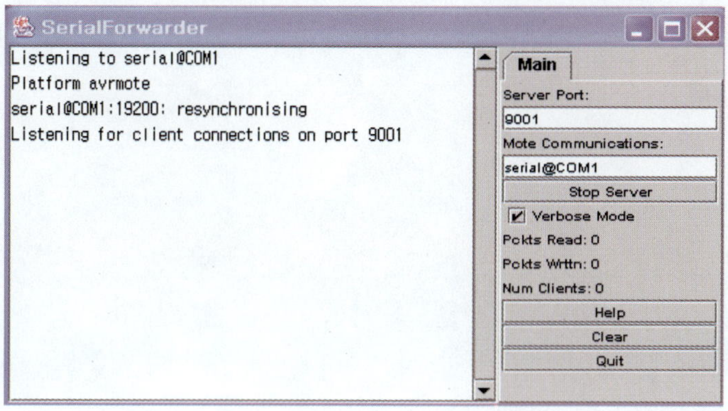

이 SerialForwarder 프로그램은 COM1과 시리얼통신하고 주어진 TCP포트(디폴트 값 9001)로 네트워크 클라이언트 접속을 위해 수신하며, 단순히 TinyOS메시지를 시리얼 포트로부터 네트워크 클라이언트 접속 안으로 송신해주고 받는다. 이 SerialForwarder에서 Quit를 클릭하여 빠져 나온다.

⑦ Surge 프로그램 실행

$ cd /opt/tinyos-1.x/tools/java

$ java net./tinyos/surge/MainClass 125

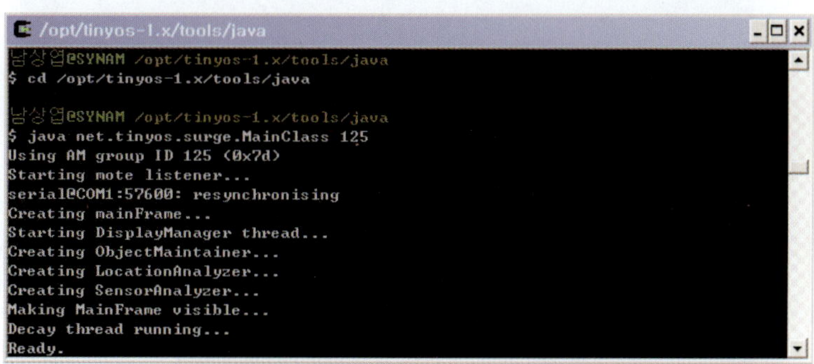

6) 결 과

결과가 실행하면 GUI 환경의 토폴로지가 실행된다. 해당 그룹 아이디를 가진 노드만 출력된다. 해당 로드는 품질(quality), yield 및 prediction일 때 발생한다.

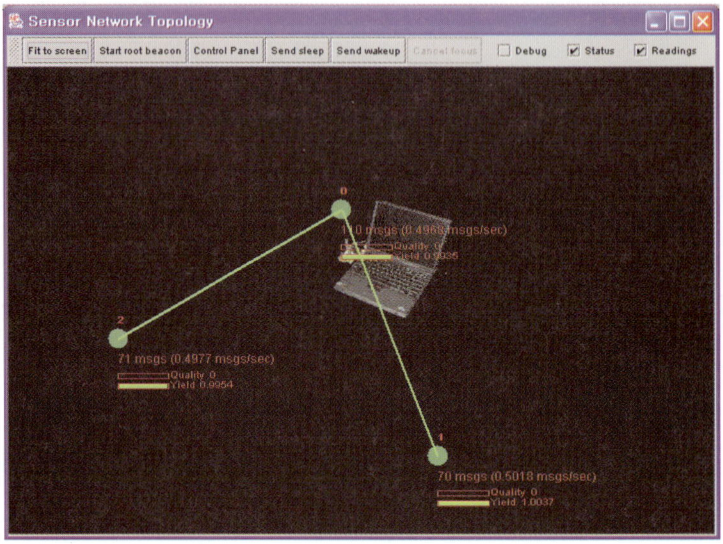

각 Mote는 센서의 정보를 얻어 그 부모에게 샘플 정보를 보내면 부모는 수신된 패킷을 받았음을 알려주고, Surge는 신뢰할 수 있는 트랜스포트 층을 제공하기 위해 알려준다. 부모 링크 품질은 응답받는 전송된 메시지를 계산하여 노드가 또 다른 노드로부터 메시지를 받을 때, 그 부모에게 메시지를 전송한다. 센서 노드의 샘플 정보는 분석하고 시각화할 수 있는 베이스 스테이션에 모아진다.

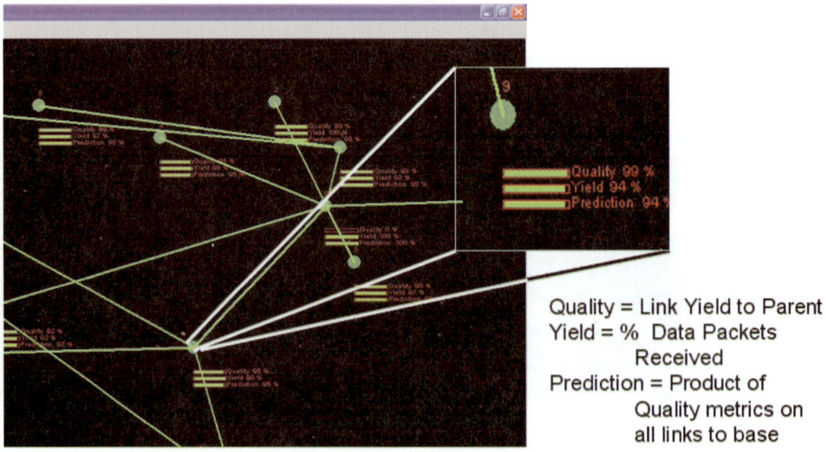

7) 응 용

Surge View를 이용하여 다음과 같은 응용을 구현해 보자.

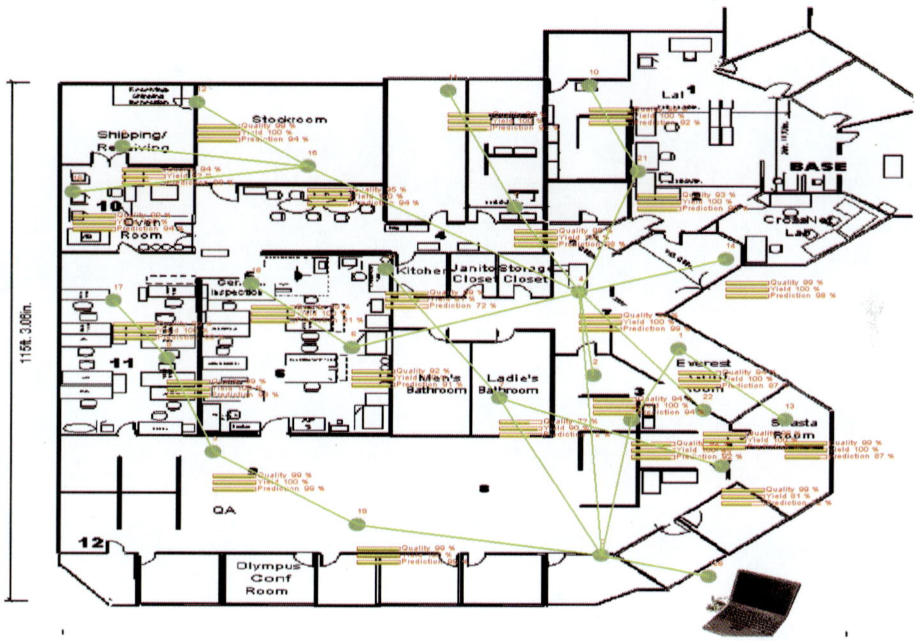

멀티 홉 응용 사례

부 록 ED-zignet 회로도

1) ATmega128 + CC2420 회로

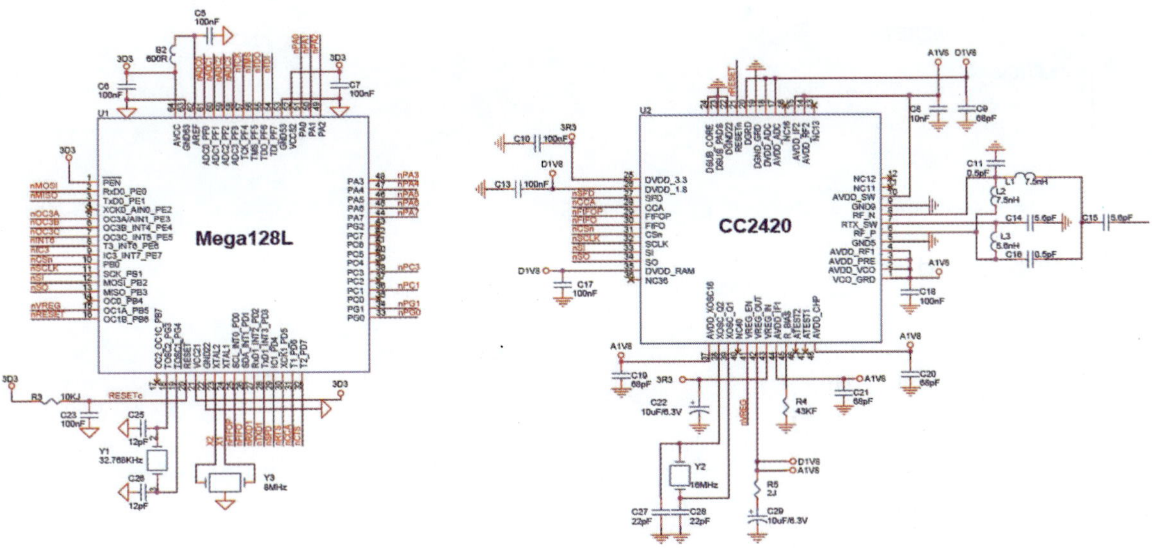

2) ED-ZigS board - 1/3

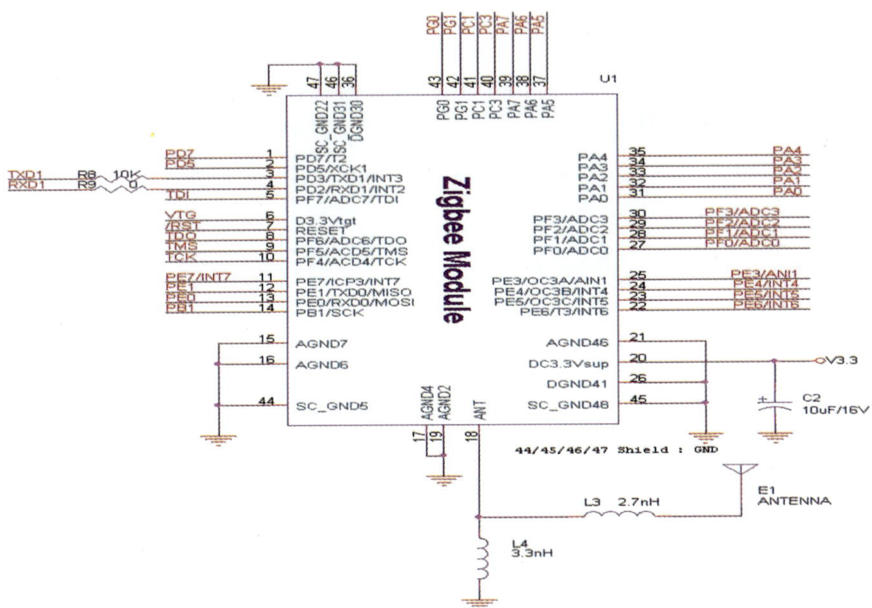

ATmega128 + CC2420 module

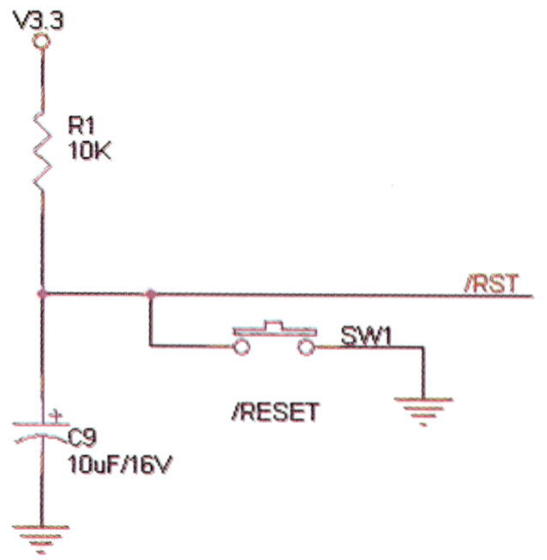

Reset 회로

3) ED-ZigS board - 2/3

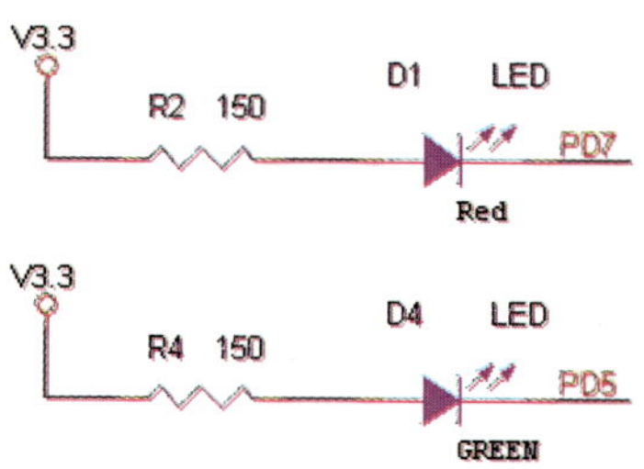

LED part

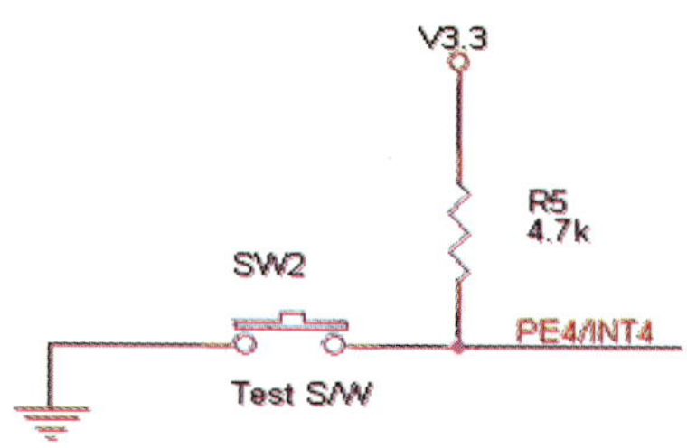

Test SW

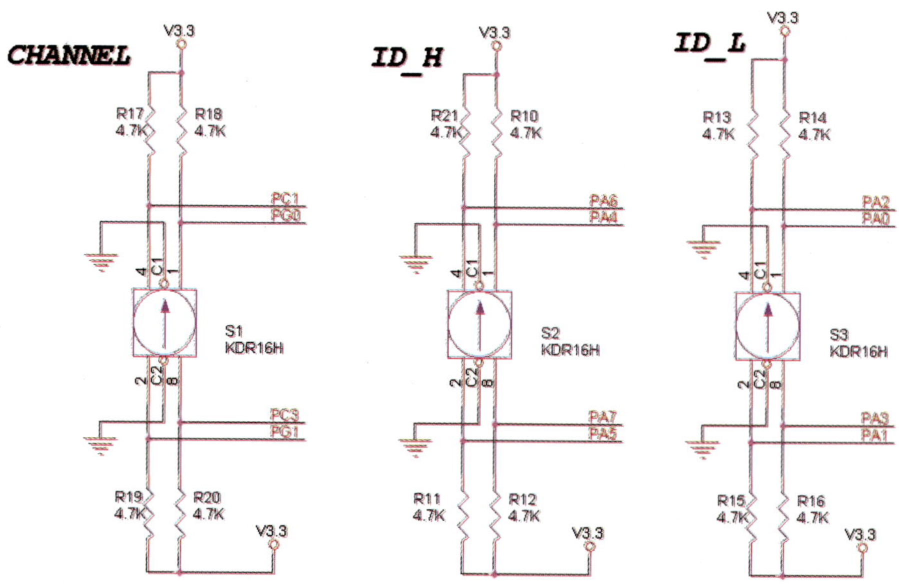

Channel & ID Select SW

4) ED-ZigS board - 3/3

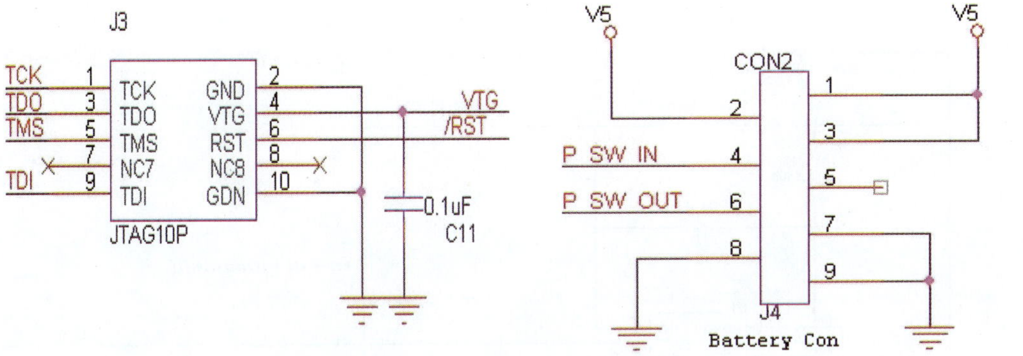

JTAG

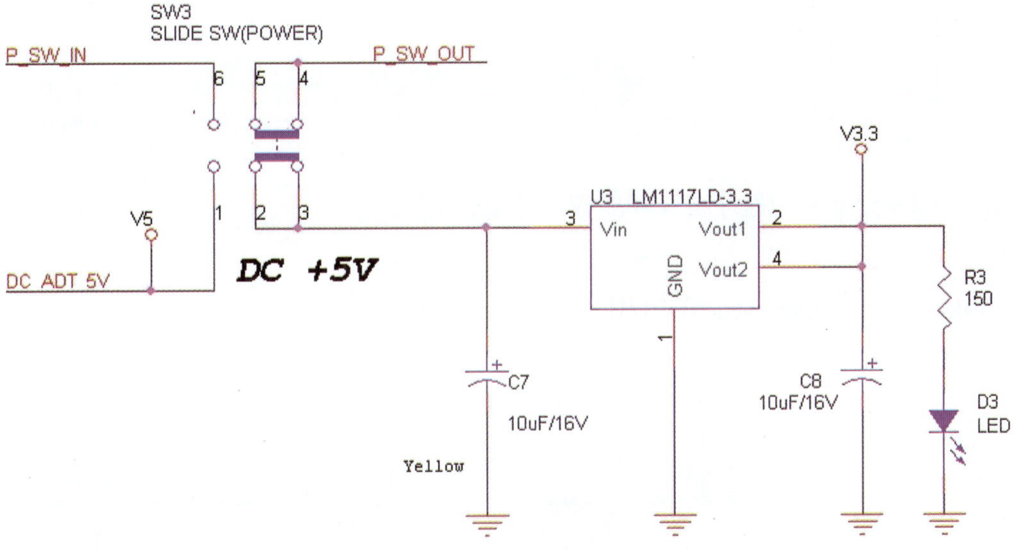

Power Connect

5) ED-ZigH board (Battery board) – 1/1

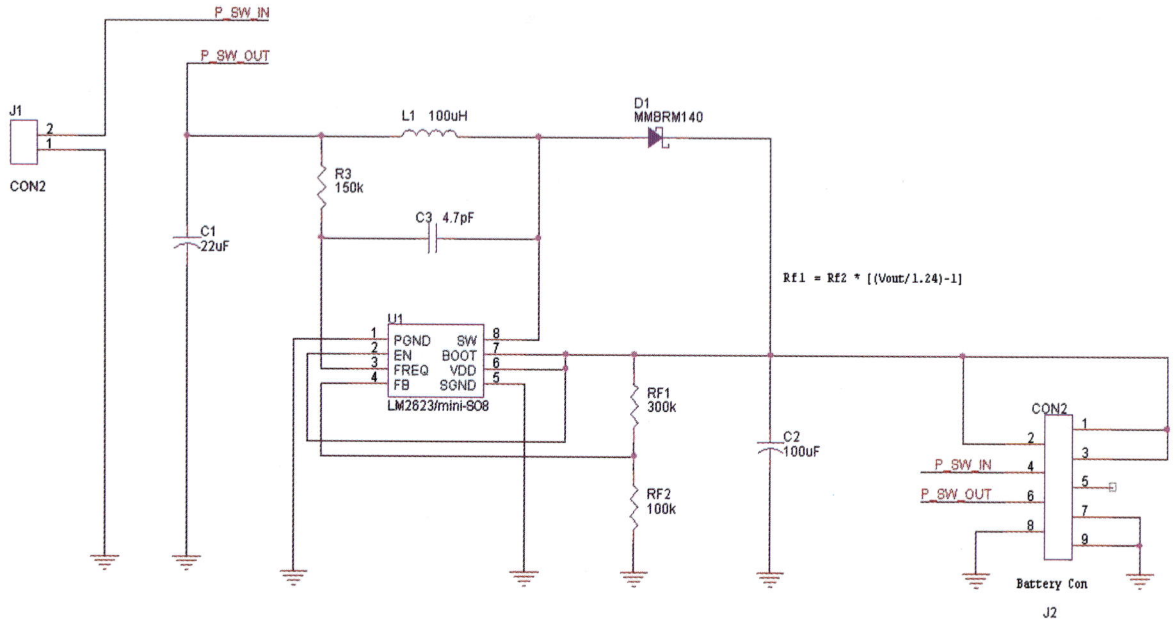

J1을 통해서 2.4~3.0 V 전원이 공급되면 5V로 승압한다.

6) ED-ZigM board (Main Board) –1/11

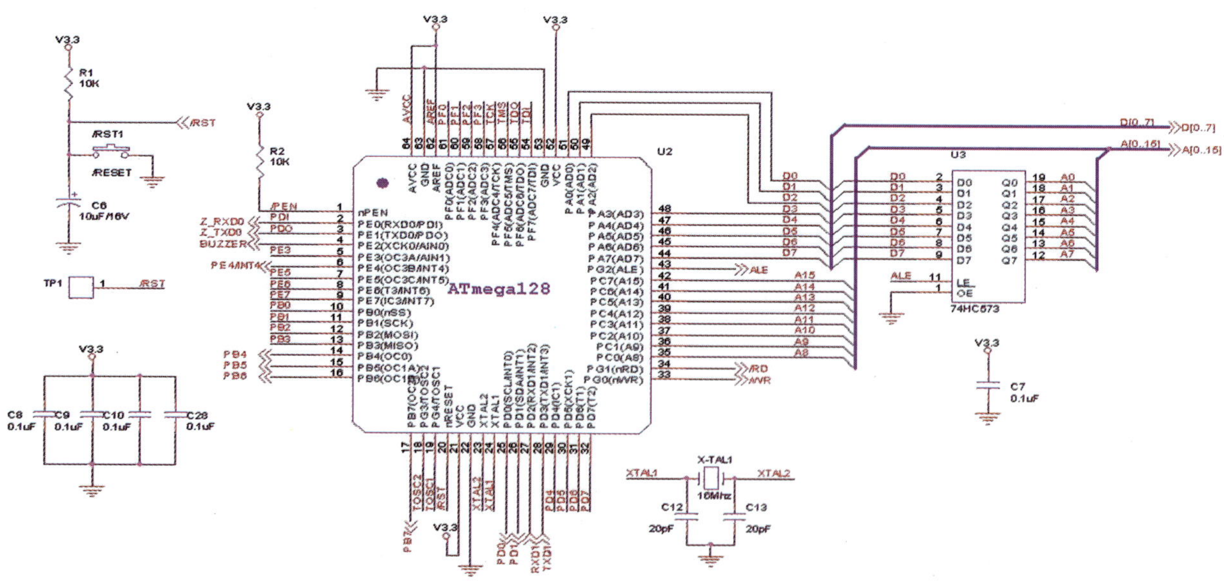

ATmega128 & 래치

7) ED-ZigM board (Main Board) -2/11

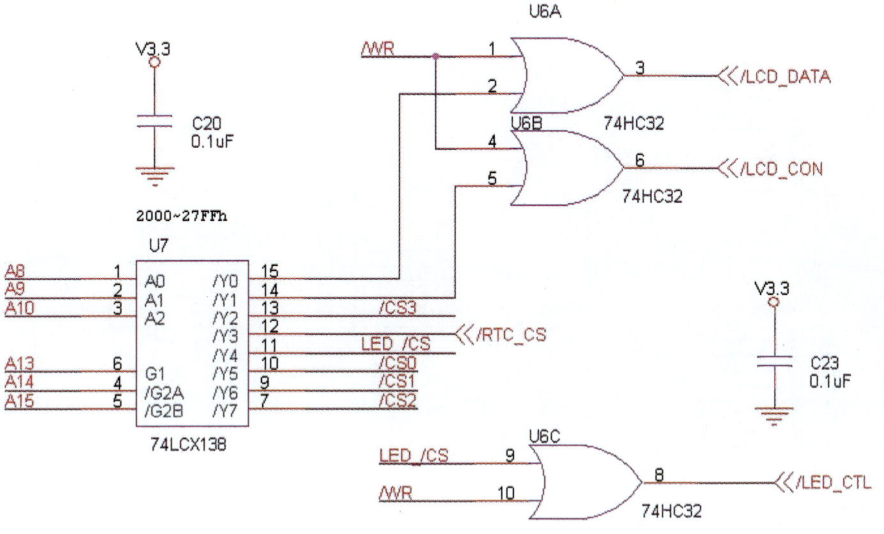

Address decoding

8) ED-ZigM board (Main Board) – 3/11

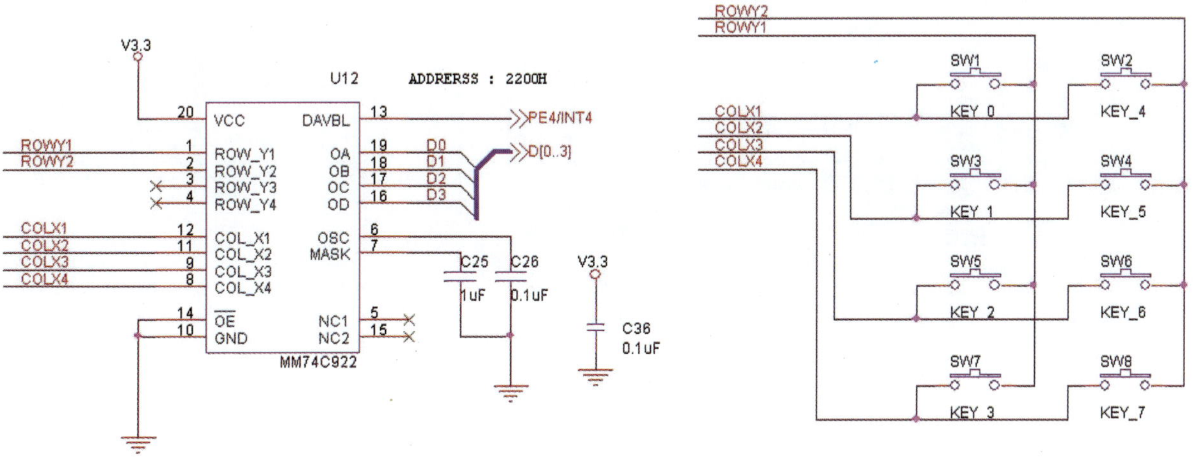

Keypad

9) ED-ZigM board (Main Board) - 4/11

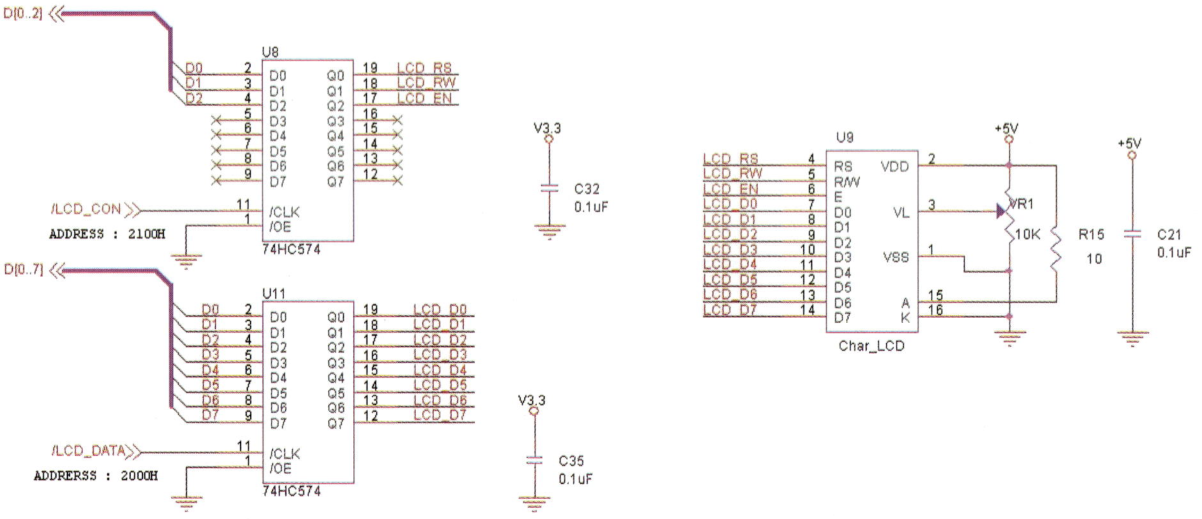

LCD

10) ED-ZigM board (Main Board) - 5/11

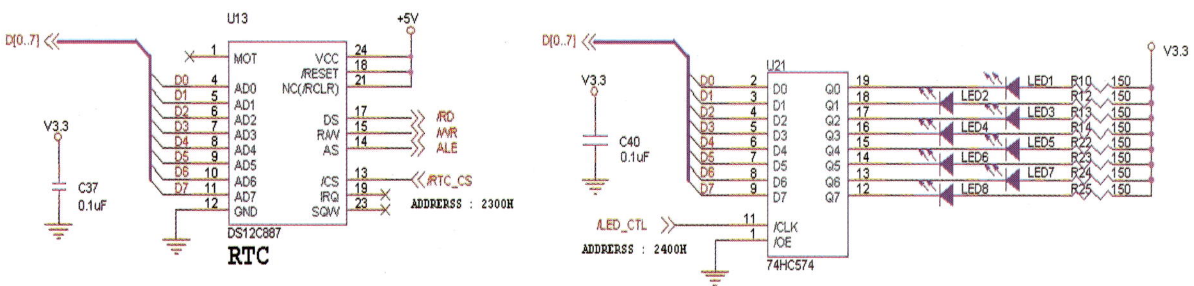

LED & RTC

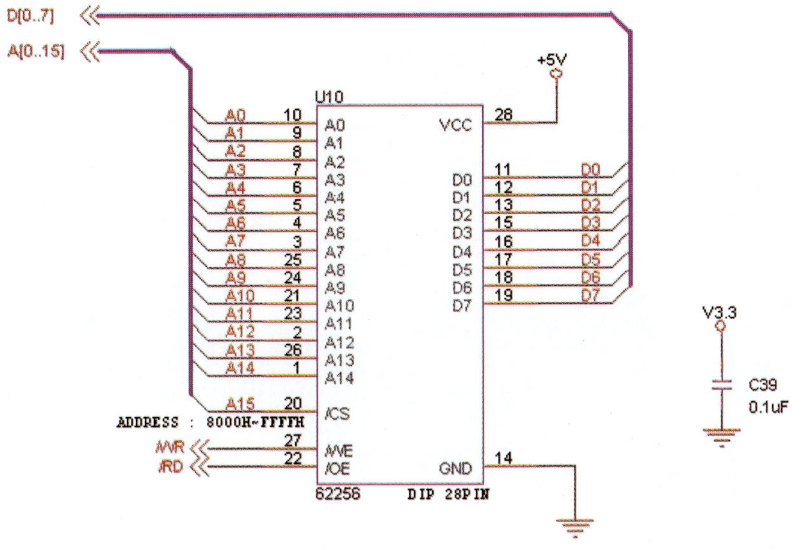

External Memory

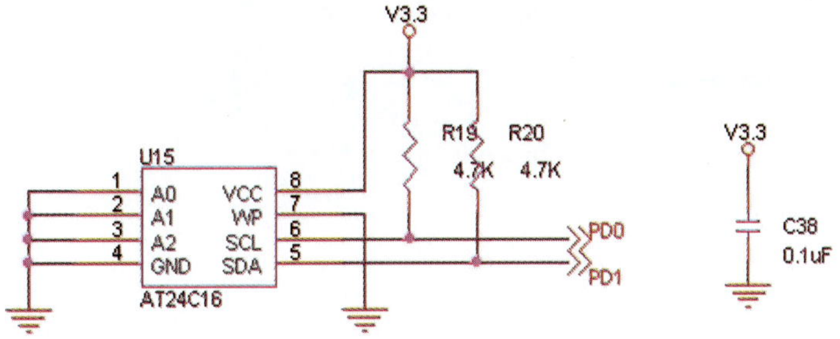

MAC Addr

11) ED-ZigM board (Main Board) - 6/11

Main Power

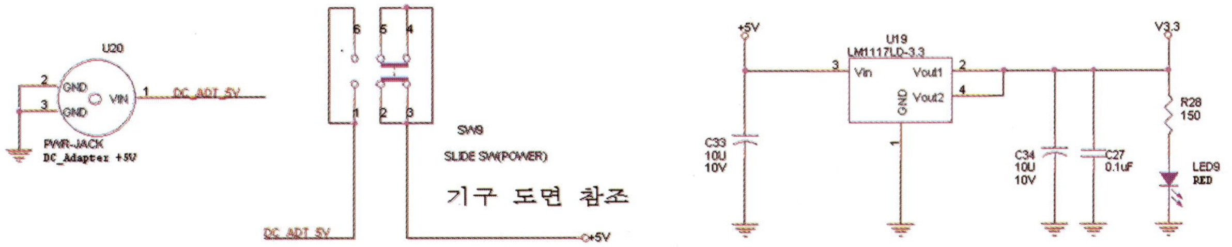

Power

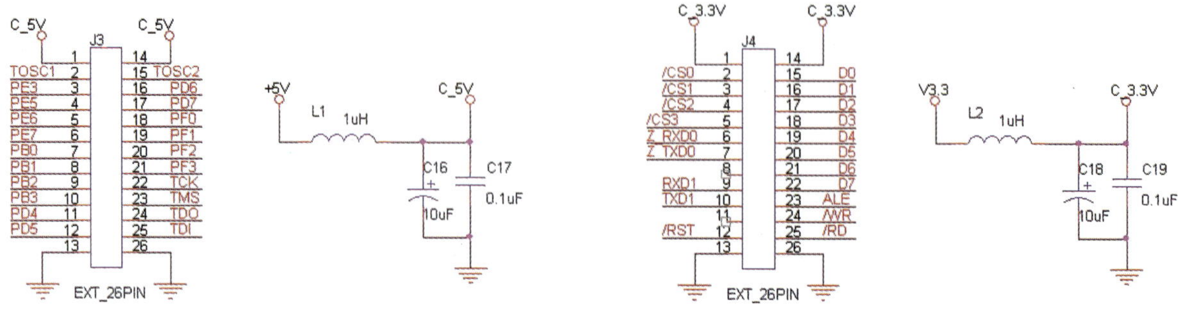

External Connector

12) ED-ZigM board (Main Board) - 7/11

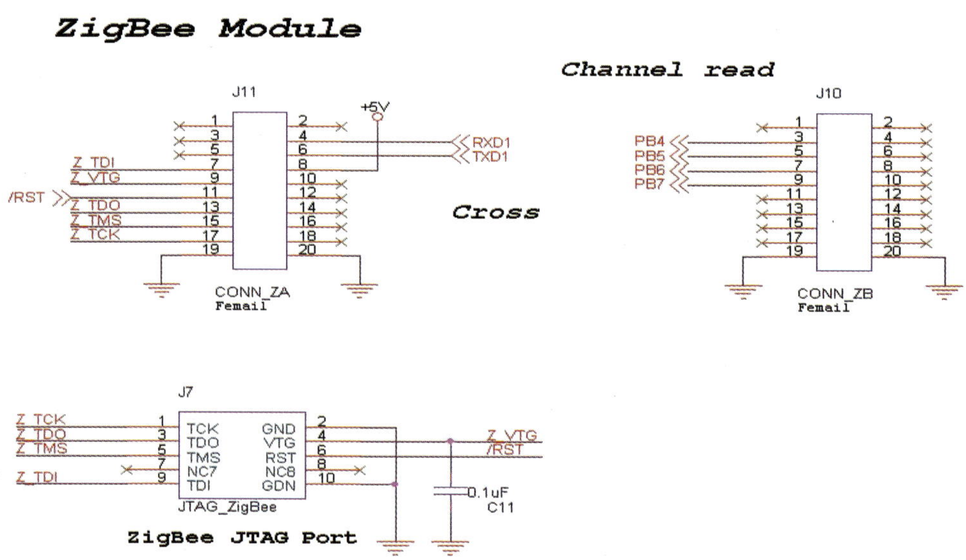

ZigBee Connector & ZigBee JTAG

13) ED-ZigM board (Main Board) – 8/11

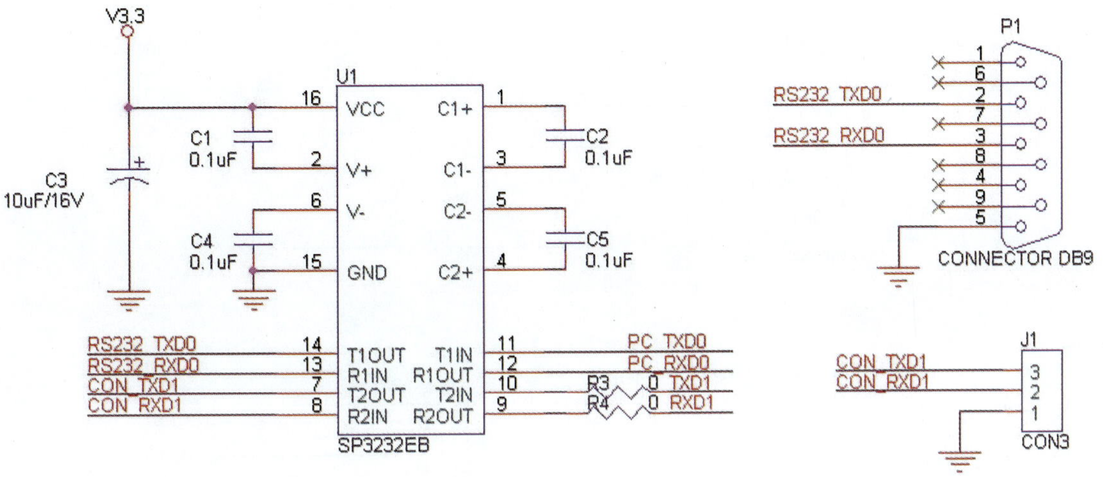

RS-232

14) ED-ZigM board (Main Board) –9/11

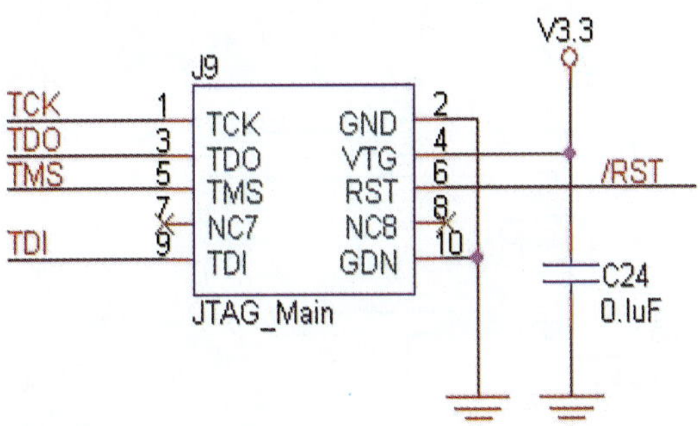

Main JTAG Ethernet

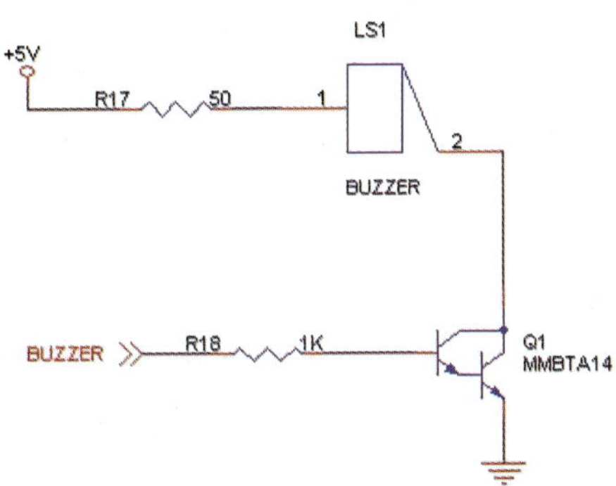

Buzzer

15) ED-ZigM board (Main Board) – 10/11

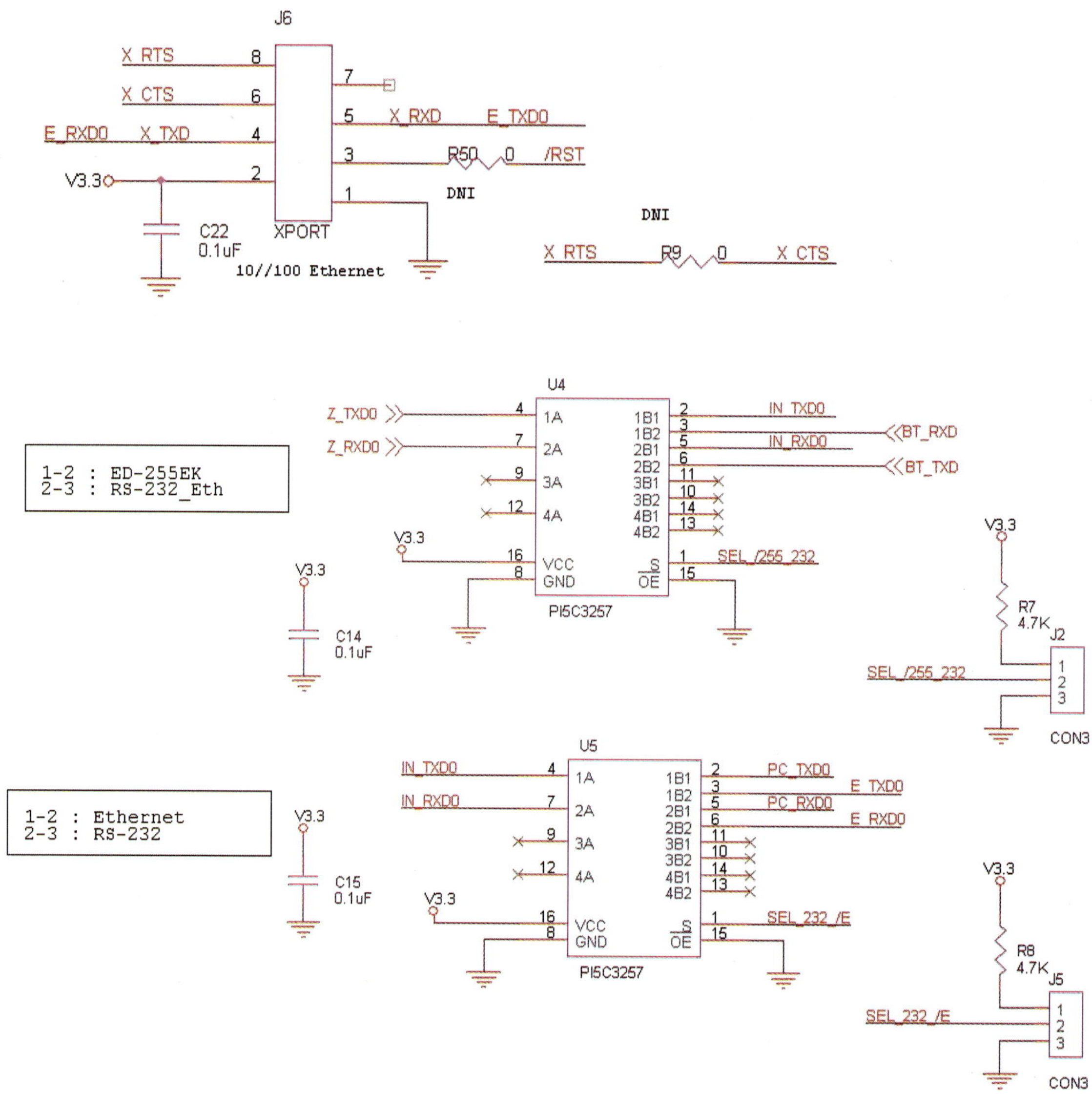

RS-232 Select SW

16) ED-ZigM board(Main Board) – 11/11

ED-255EK Connector

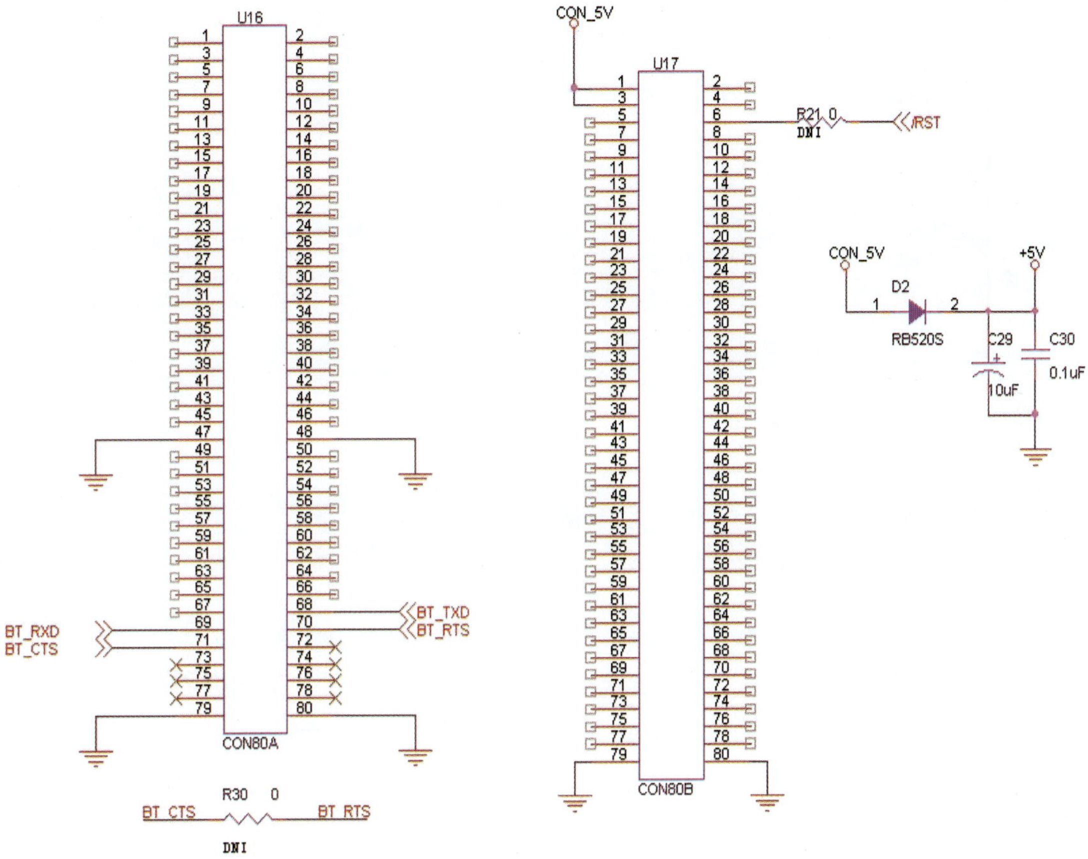

17) ED-Light Sensor board –1/2

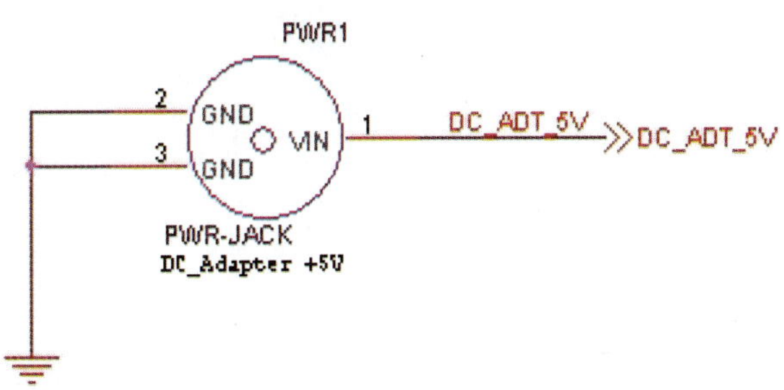

External Power connect

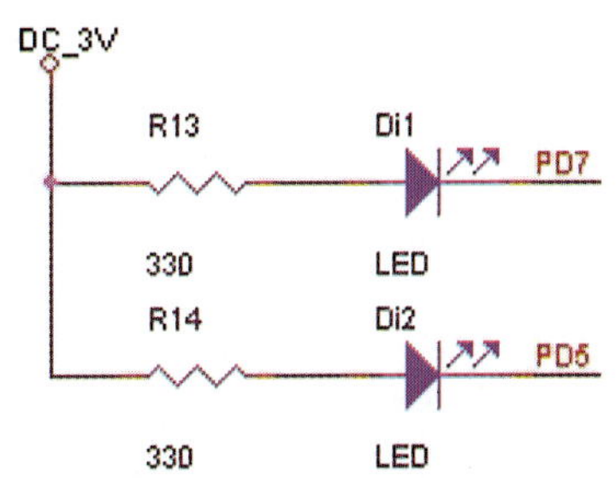

LED

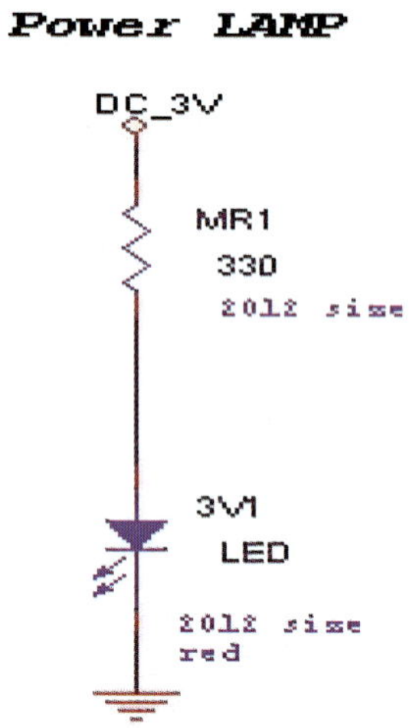

Power LED

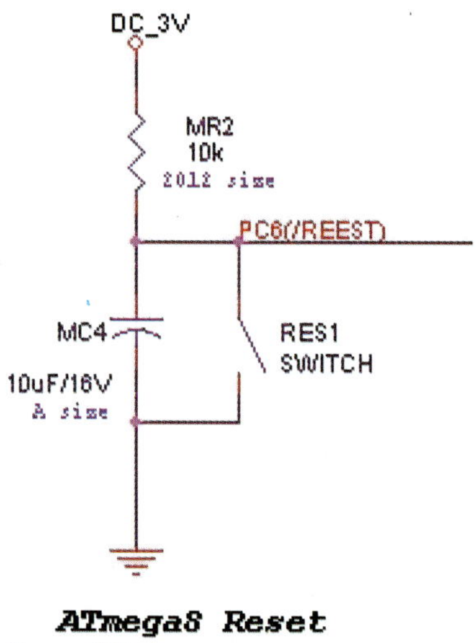

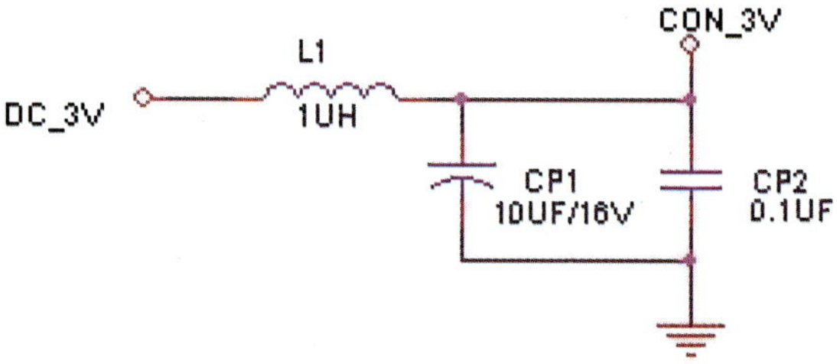

Power Filter

18) ED-Light Sensor board -2/2

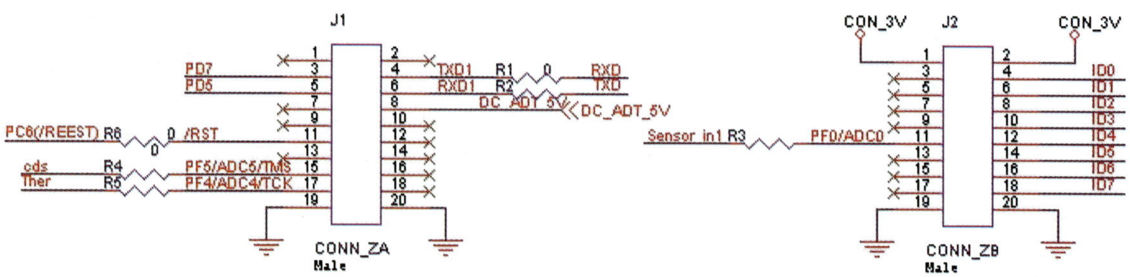

Connector(ZigS와 연결)

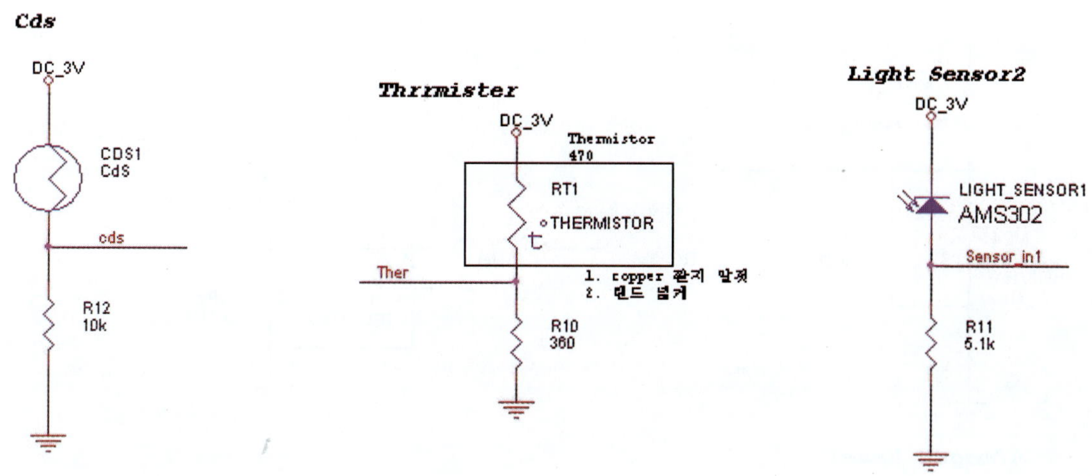

조도 센서 2EA 온도 센서 1EA

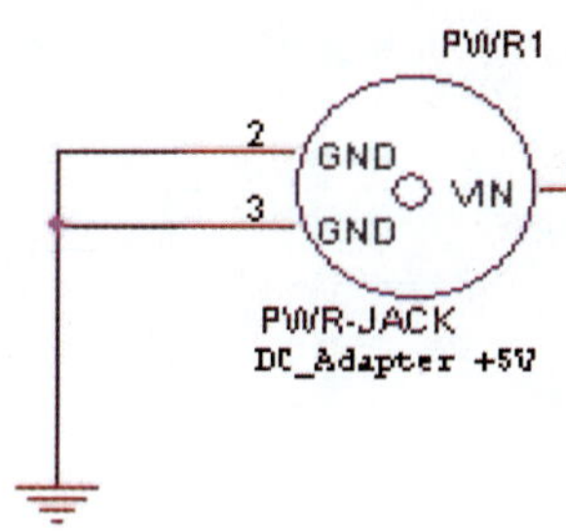

External Power connect

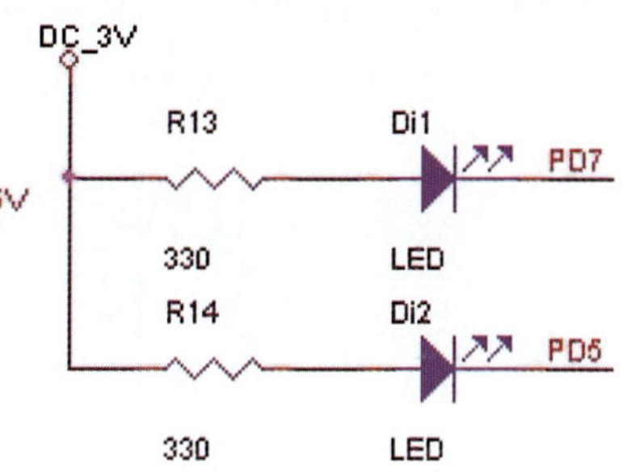

LED

19) ED-Temperature Sensor board – 1/2

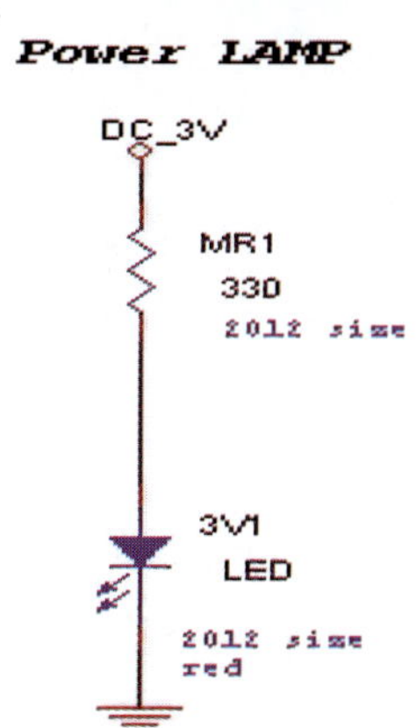

Power LED

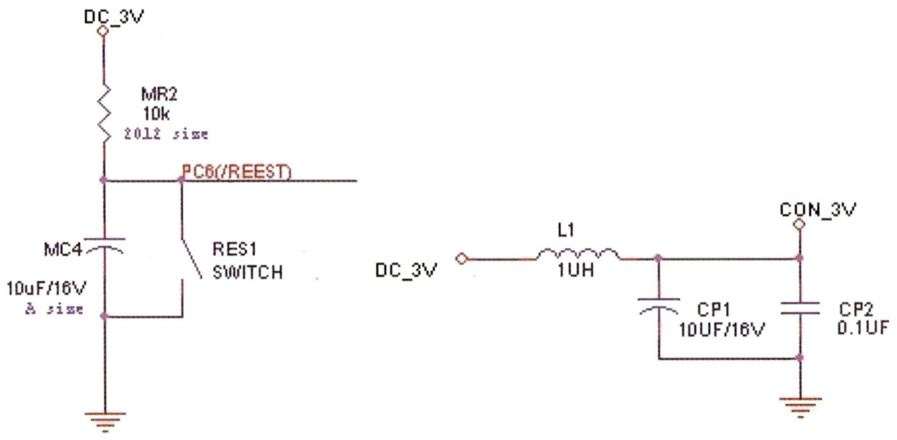

ATmega8 Reset

Power Filter

20) ED-Temperature Sensor board - 2/2

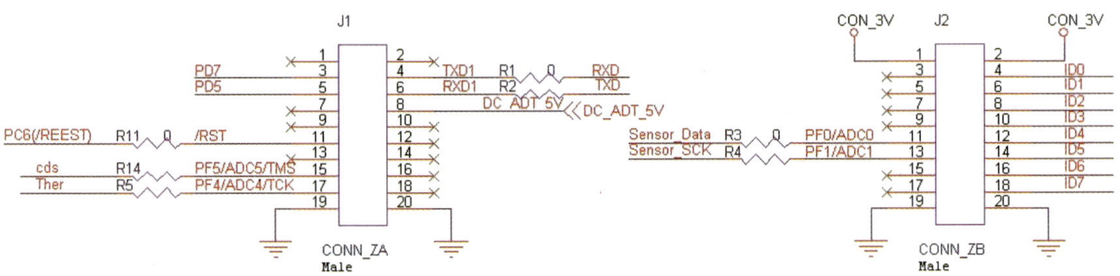

Connector (ZigS와 연결)

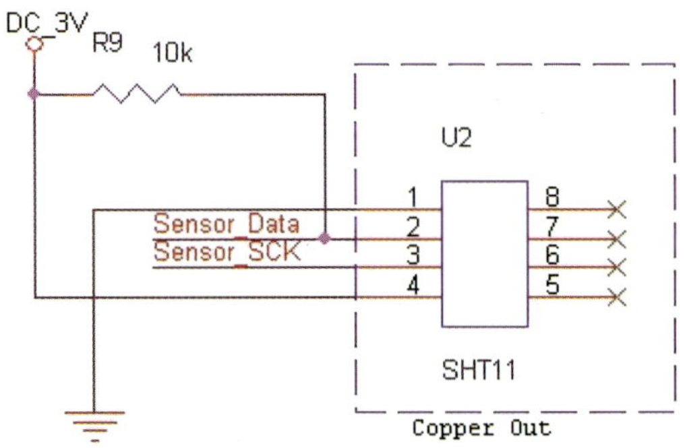

온도센서 IC

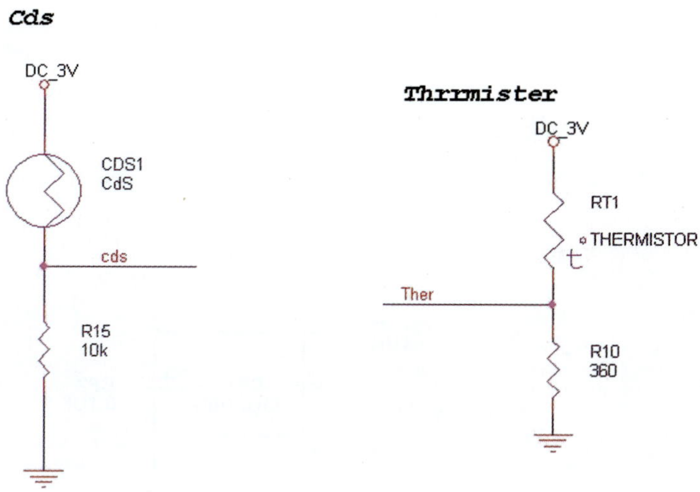

2nd Sensor

21) ED–Humidity Sensor board – 1/2

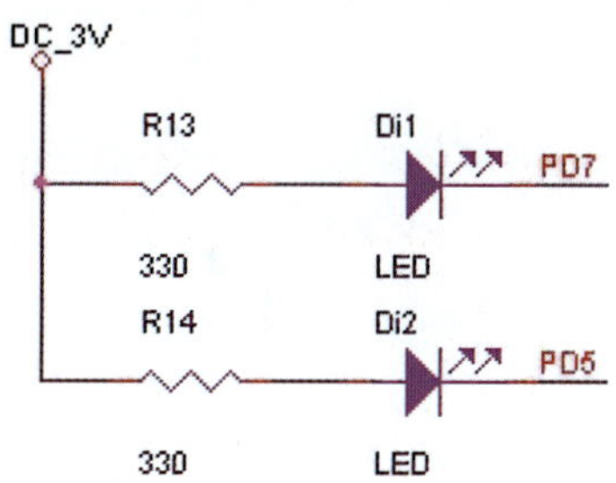

External Power connect

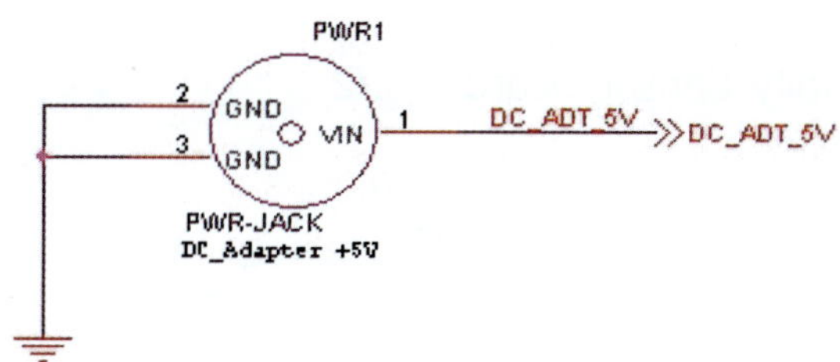

LED

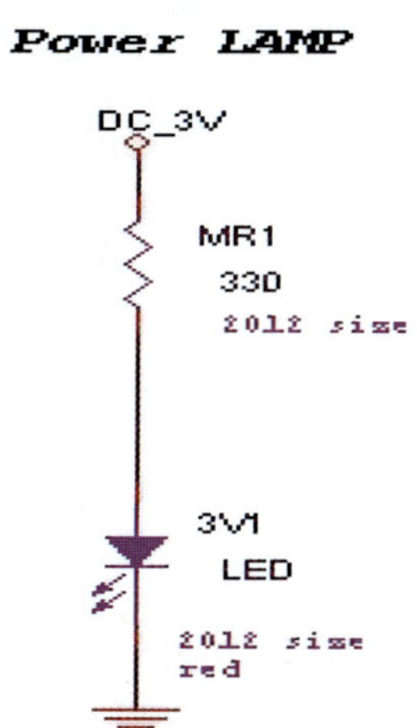

Power LED

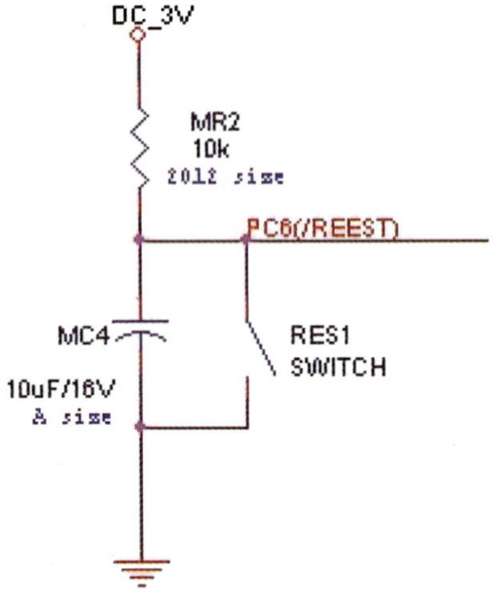

ATmega8 Reset

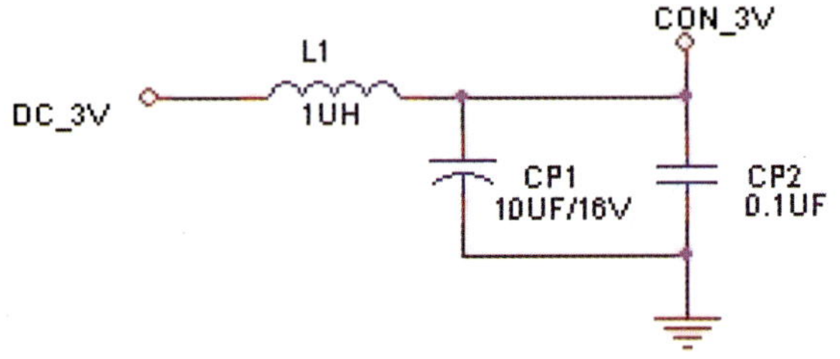

Power Filter

22) ED-Humidity Sensor board – 2/2

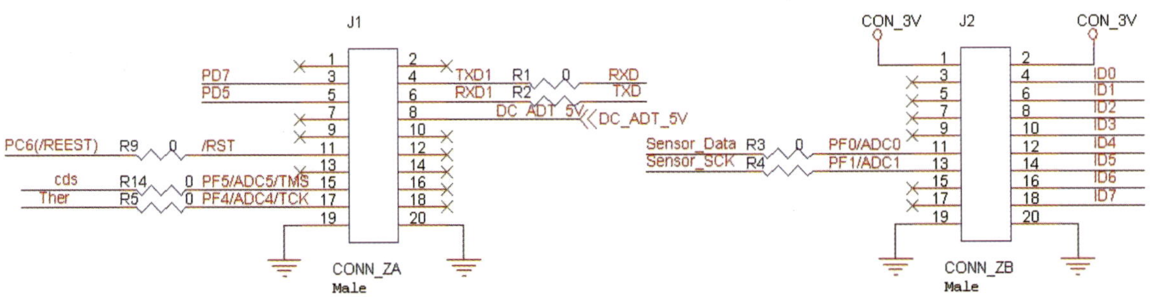

Connector(ZigS와 연결)

Humidity Sensor

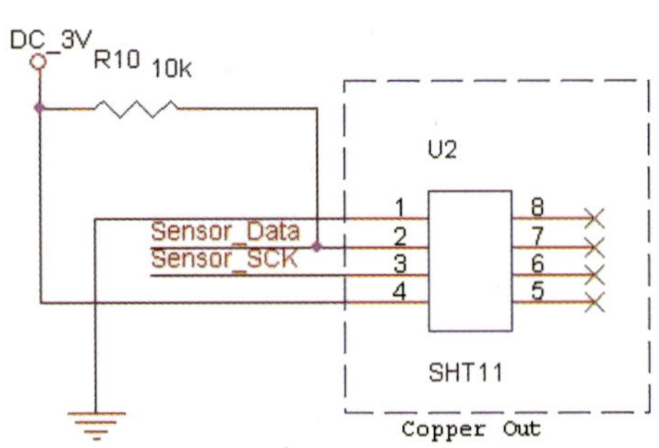

습도센서 IC

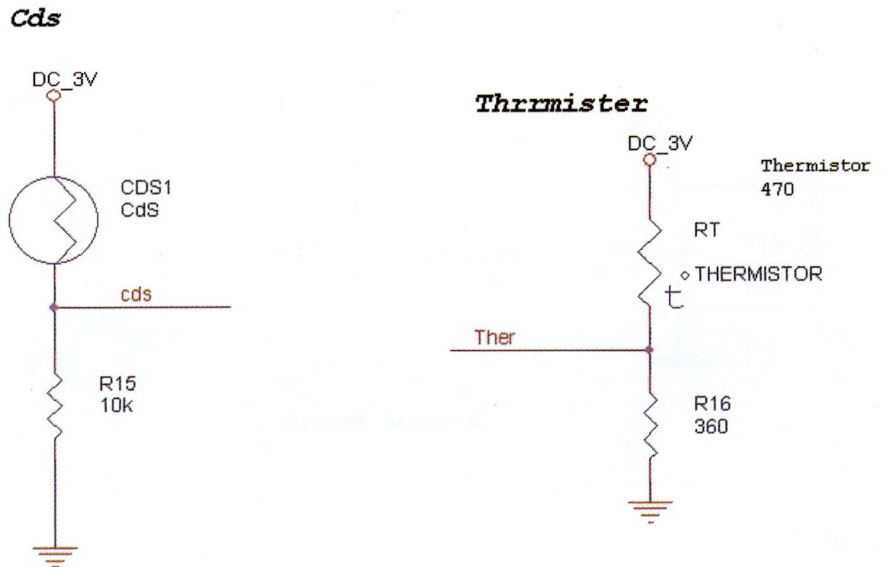

2nd Sensor

23) ED-IR Sensor board – 1/3

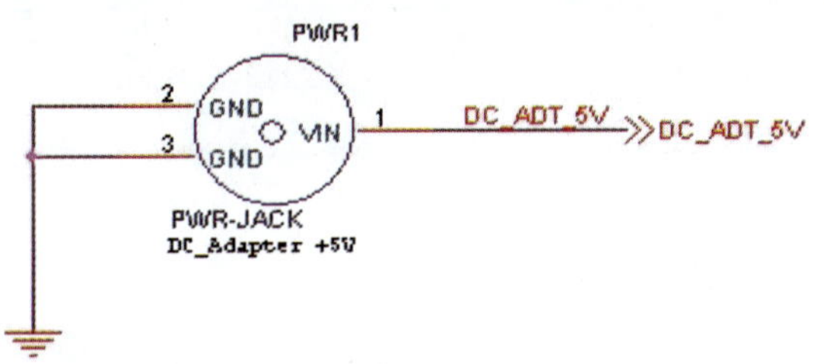

External Power connect

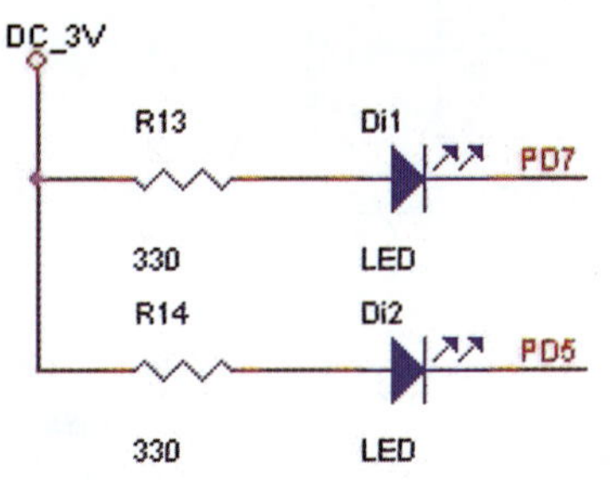

LED

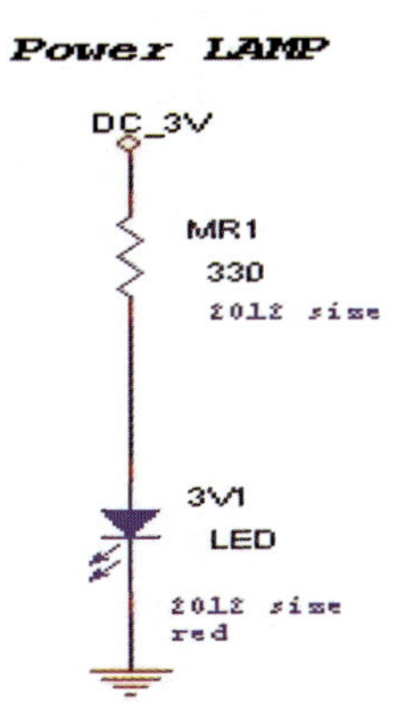

Power LED

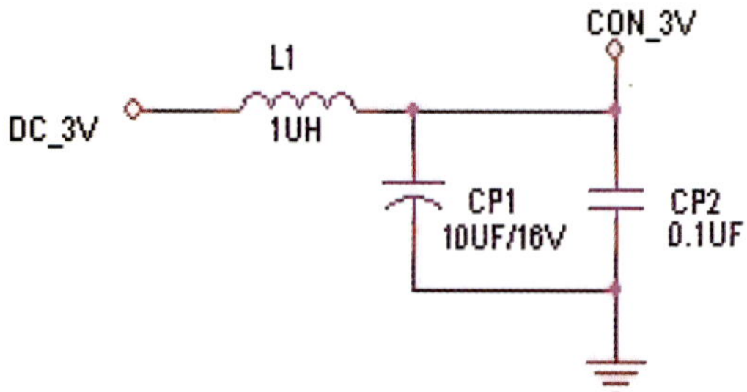

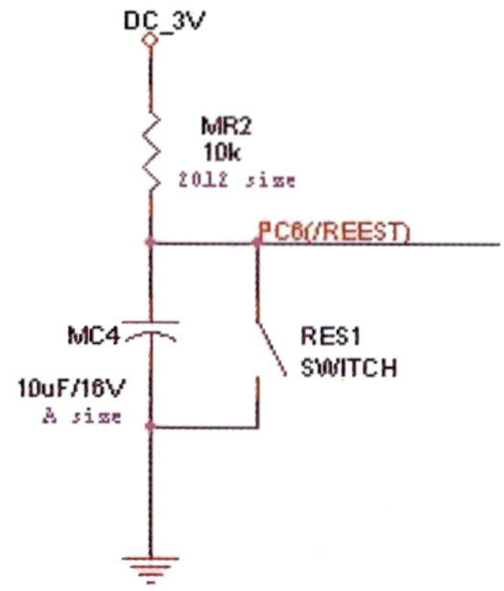

ATmega8 Reset

Power Filter

24) ED-IR Sensor board - 2/3

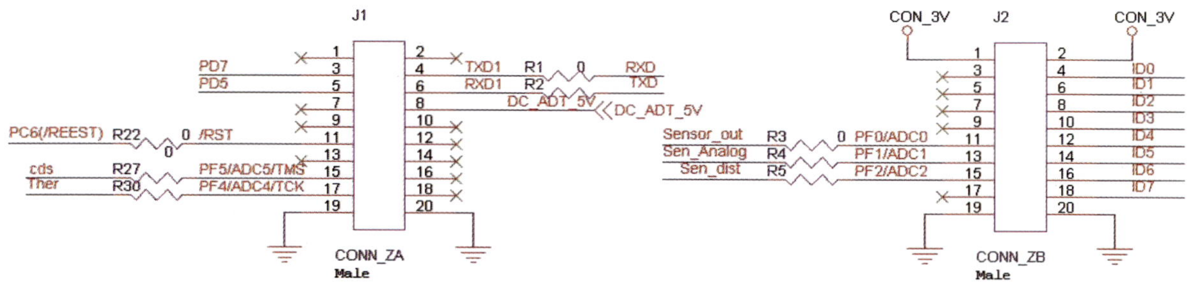

Connector (ZigS와 연결)

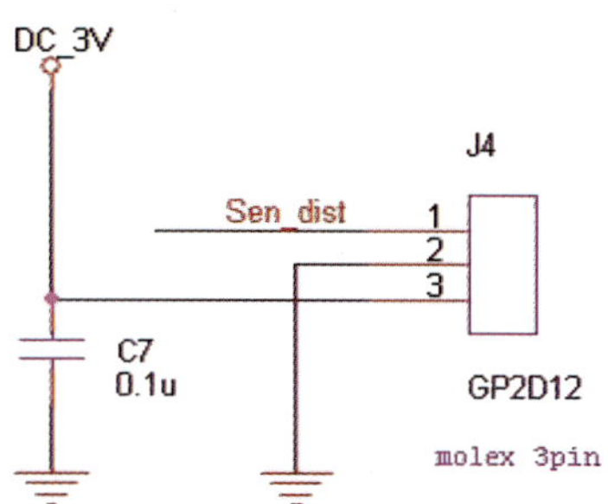

Cds

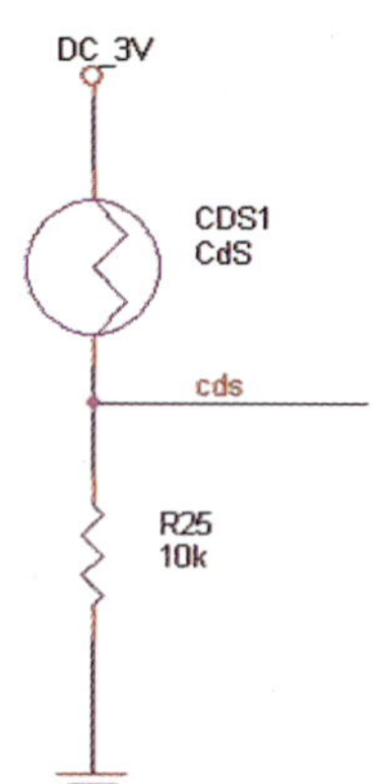

Thrmister

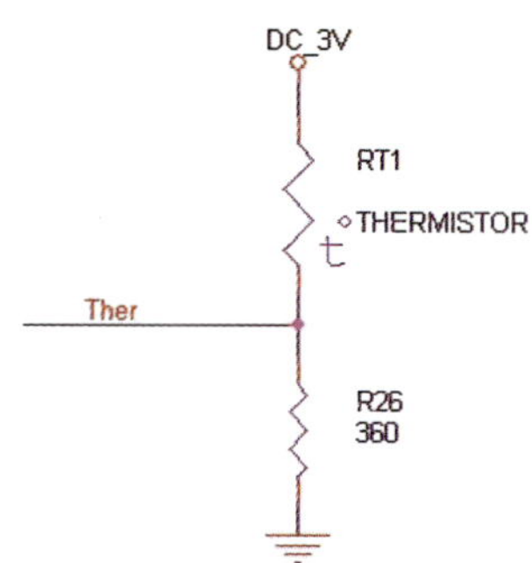

IR거리 센서

2nd Sensor (온도,조도)

25) ED-IR Sensor board - 3/3

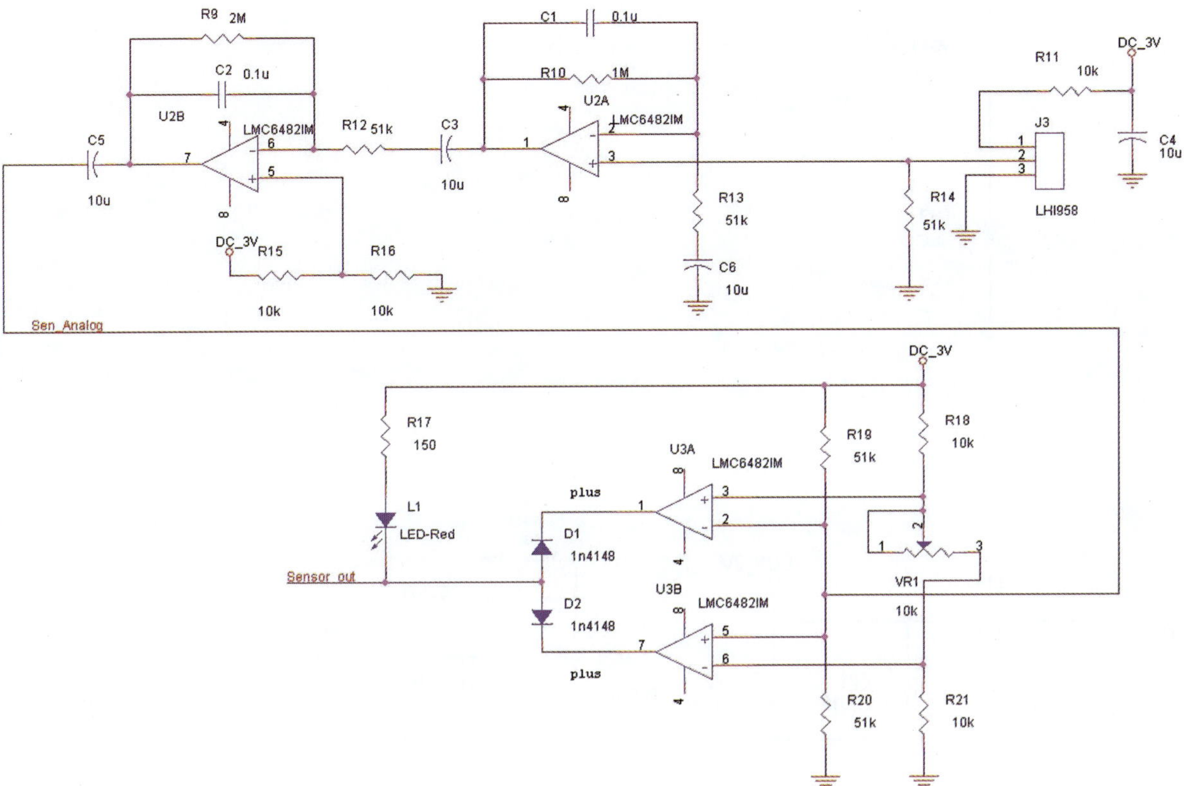

IR 감지 센서

26) ED-Magnetic Sensor board - 1/3

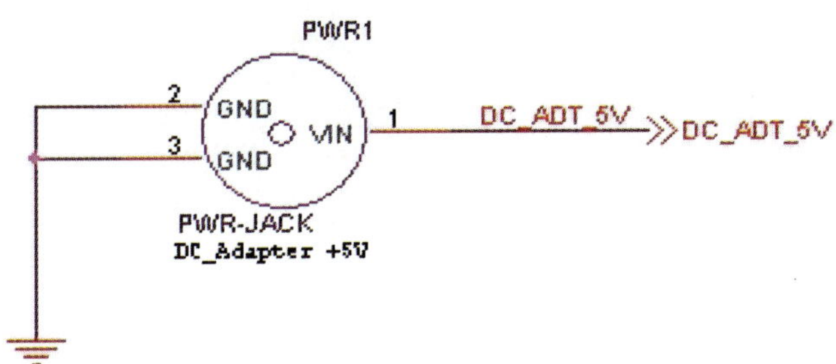

External Power connect

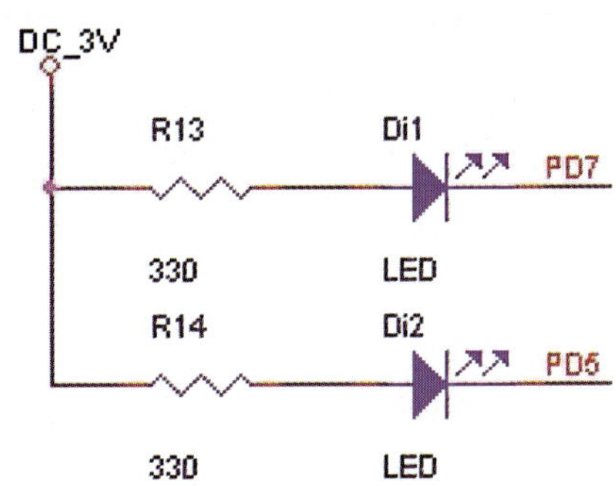

LED

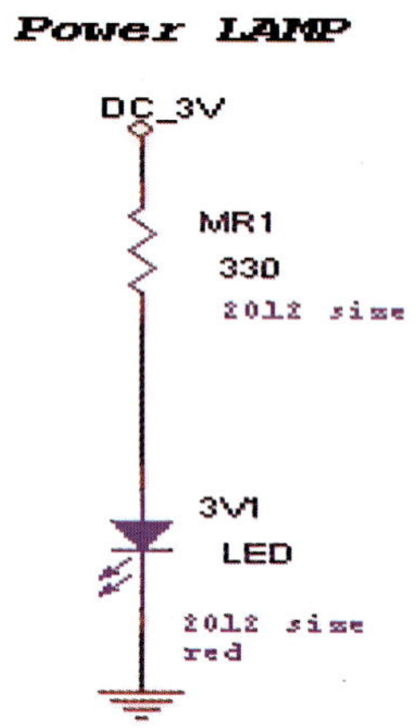

Power LED

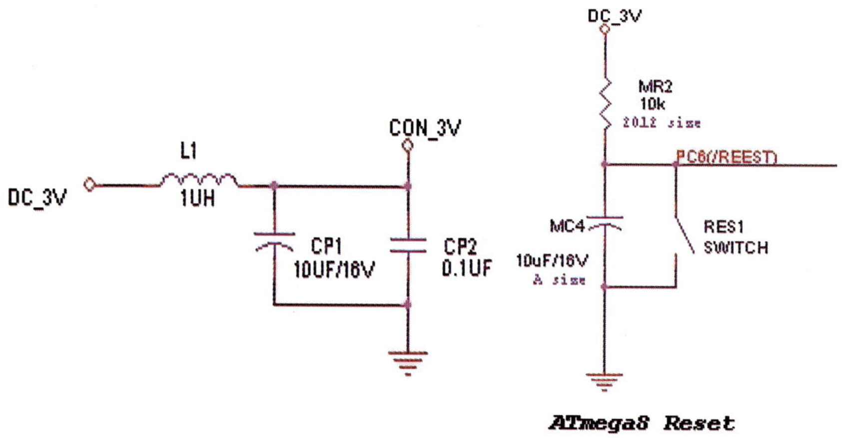

Power Filter

27) ED-Magnetic Sensor board - 2/3

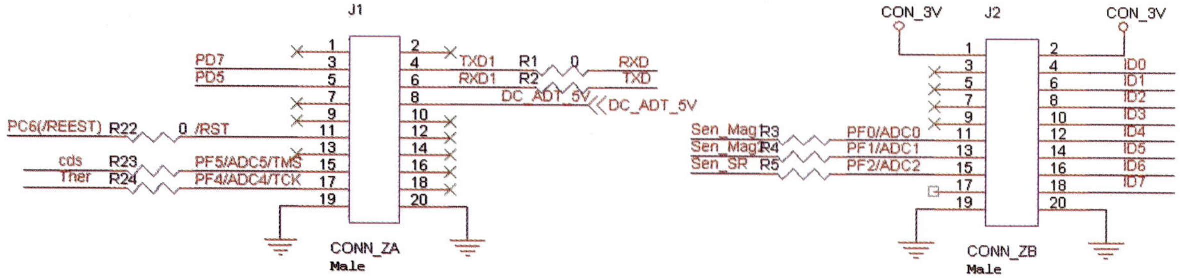

Connector (ZigS와 연결)

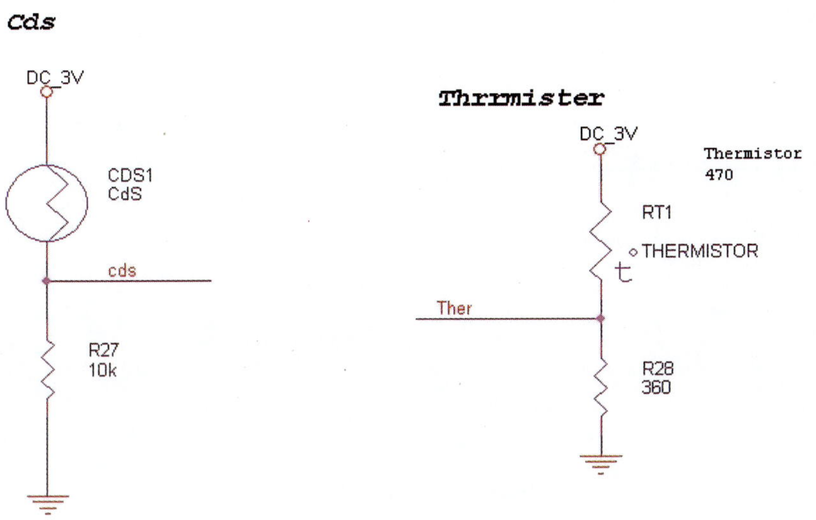

2nd Sensor (온도,조도)

28) ED-Magnetic Sensor board - 3/3

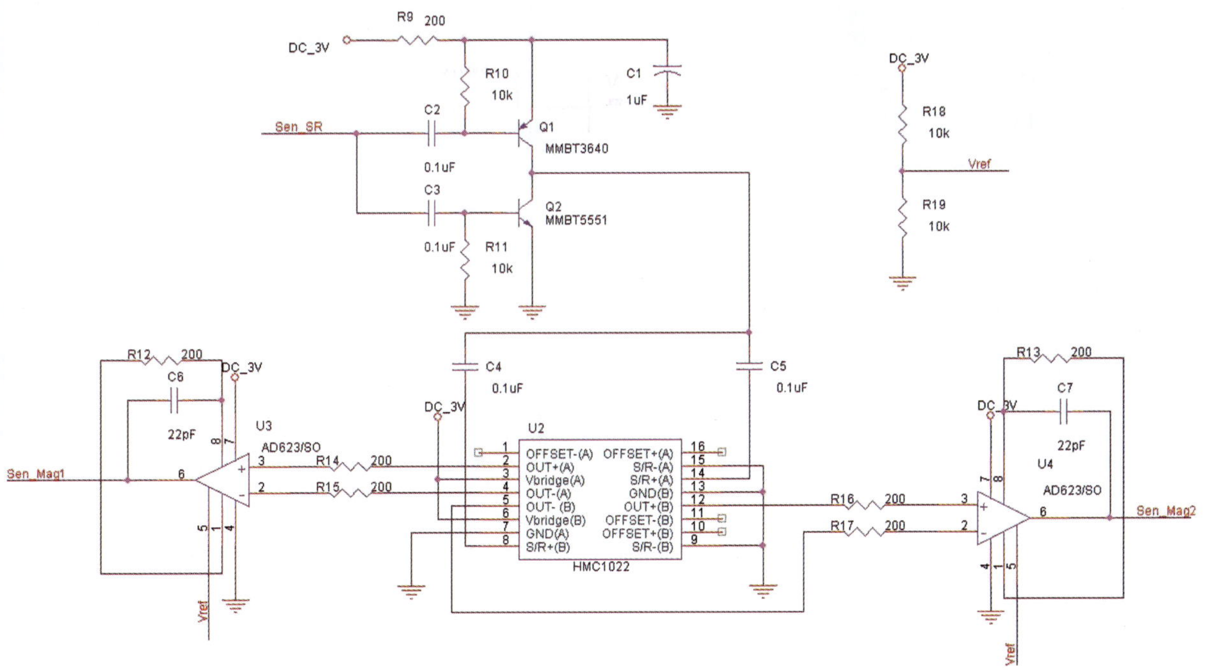

Magnetic Sensor (2축)

29) ED-Sound Sensor board - 1/4

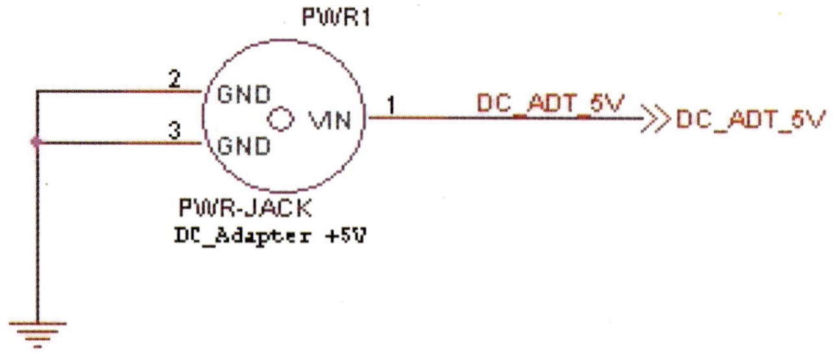

External Power connect

Power LAMP

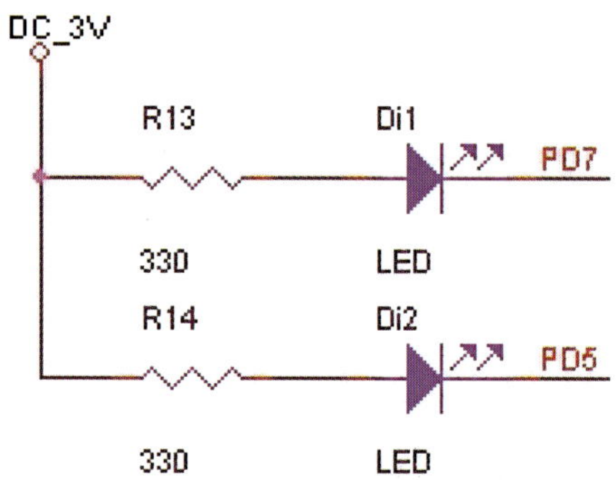

LED

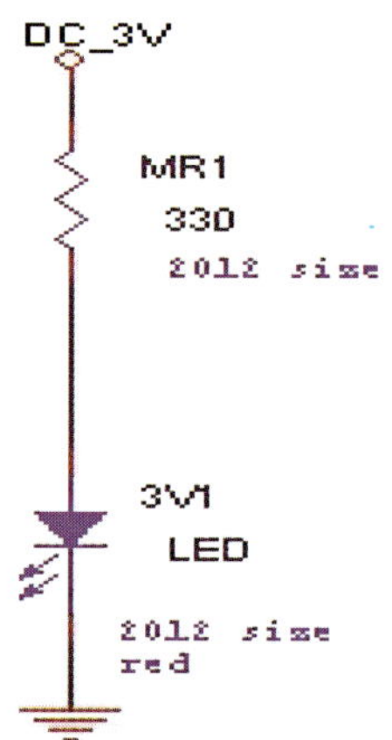

Power LED

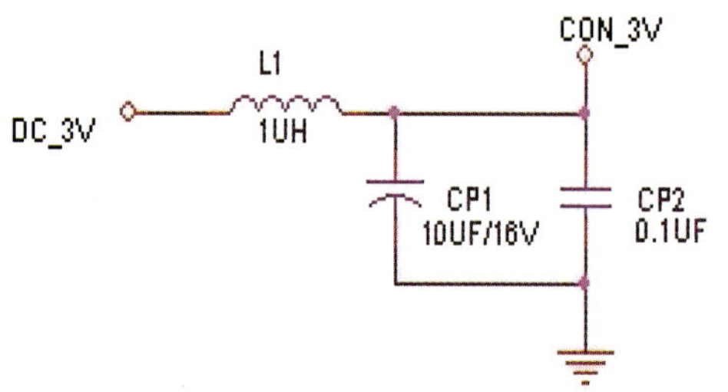

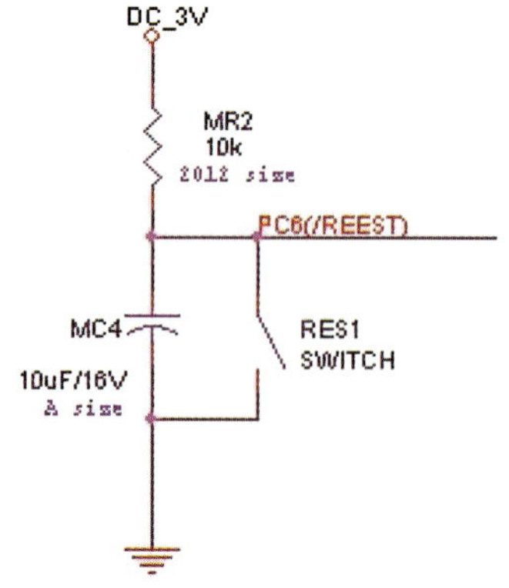

ATmega8 Reset

Power Filter

30) ED-Sound Sensor board - 2/4

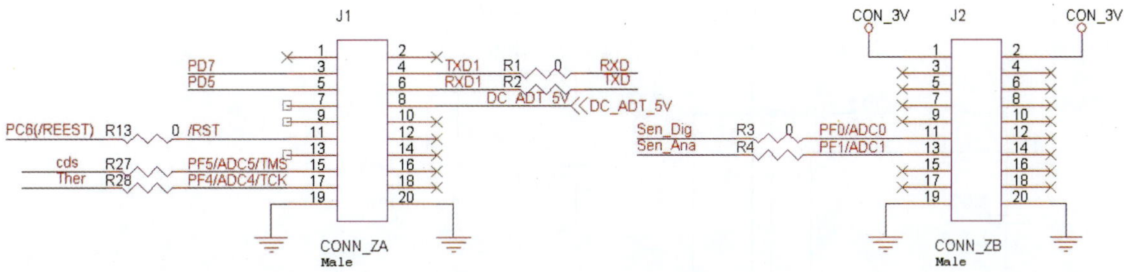

Connector (ZigS와 연결)

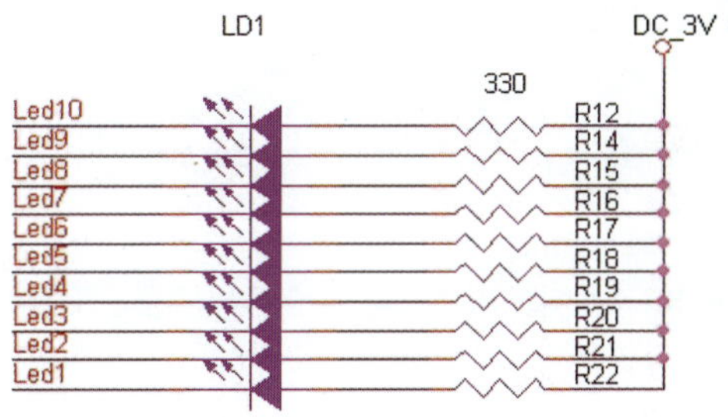

Sound Level meter

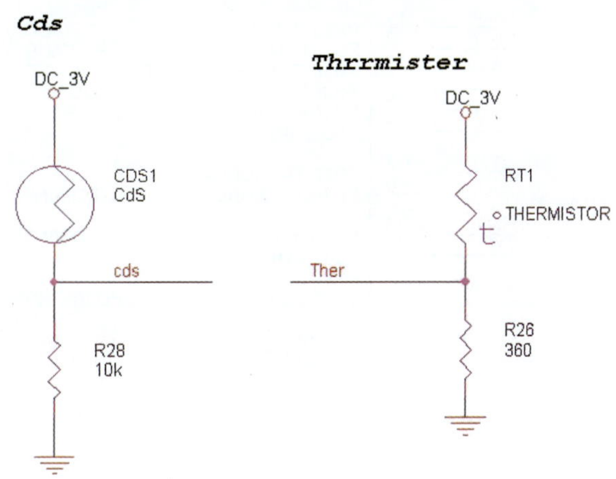

2nd Sensor (온도,조도)

31) ED-Sound Sensor board – 3/4

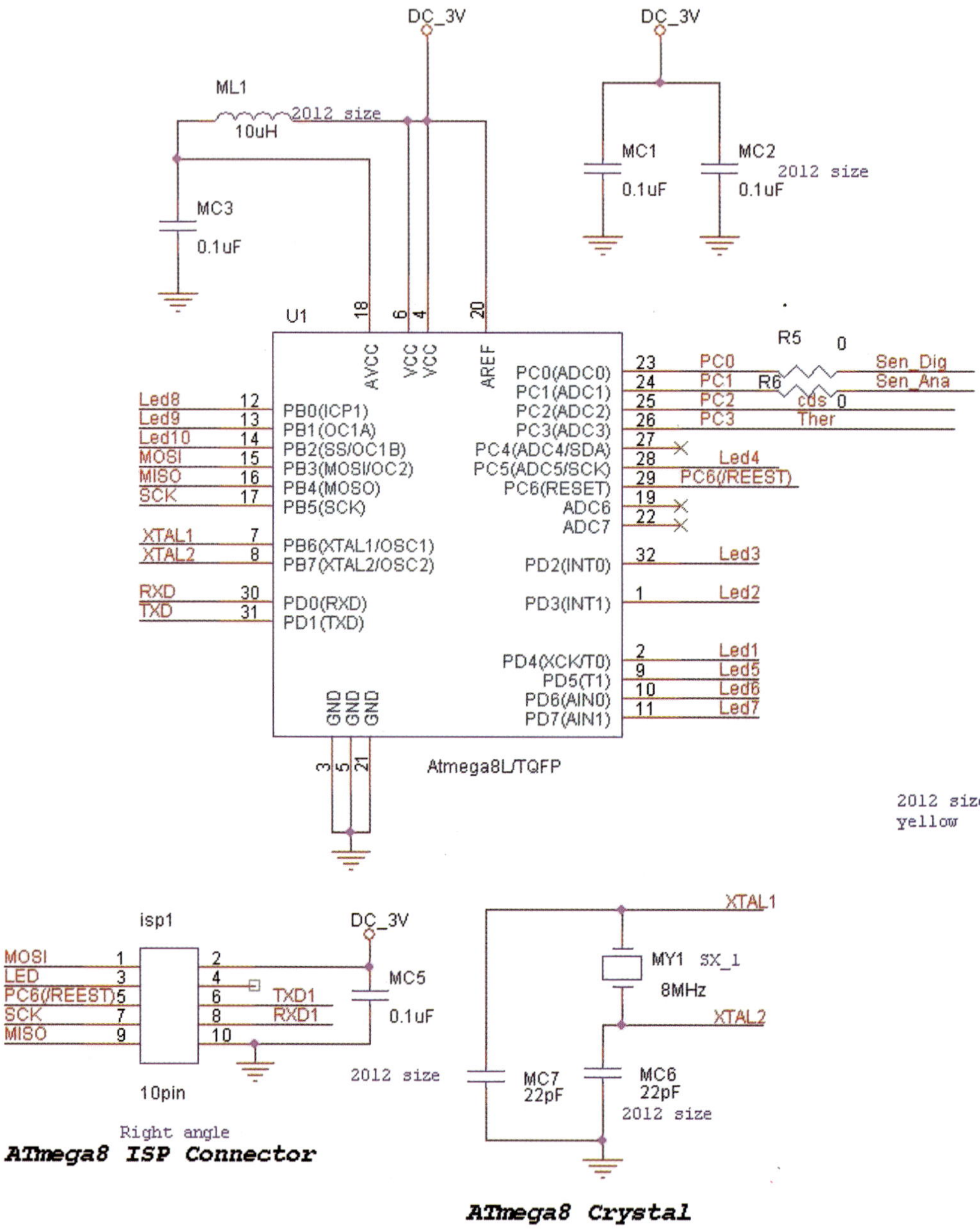

Display용 Micom

32) ED-Sound Sensor board - 4/4

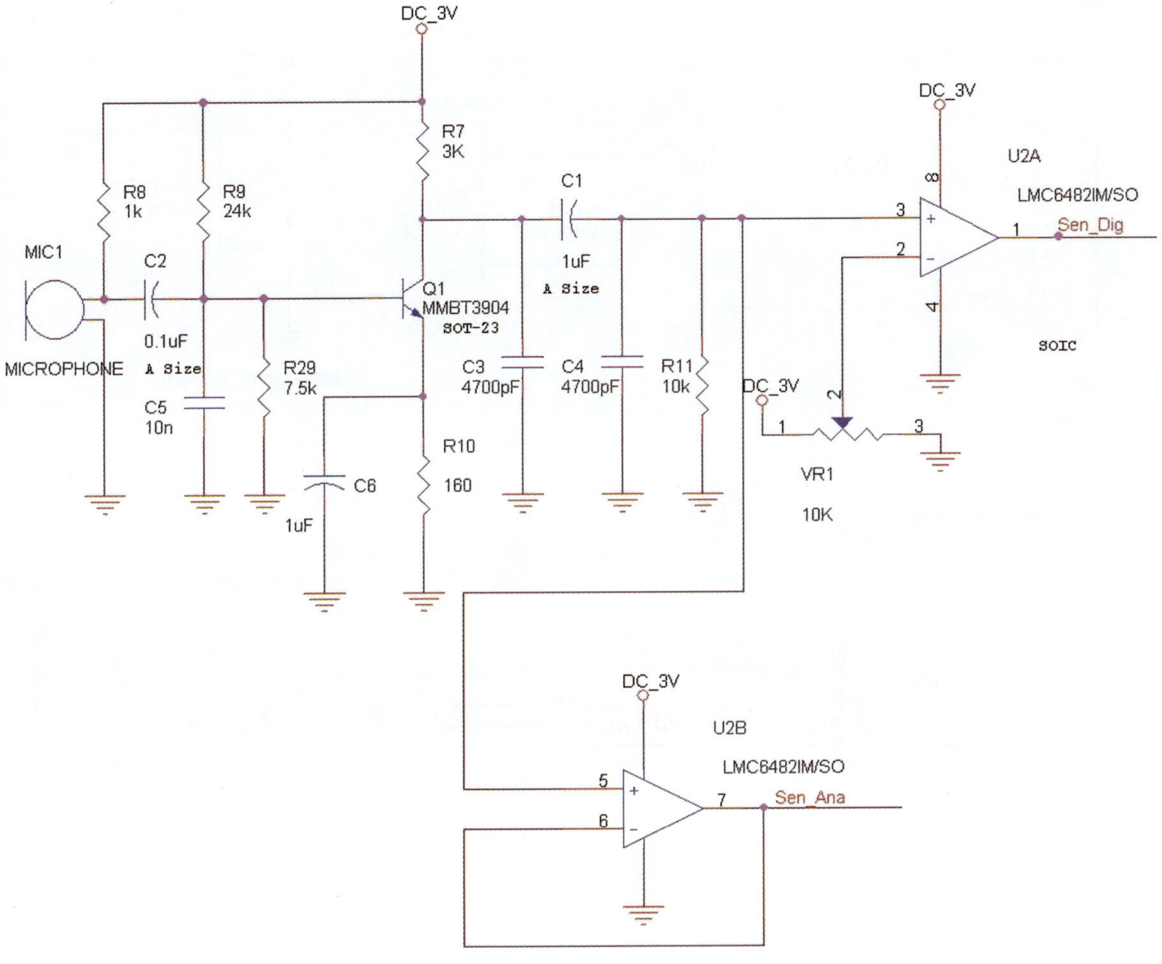

33) ED-UltraSonic Sensor board - 1/5

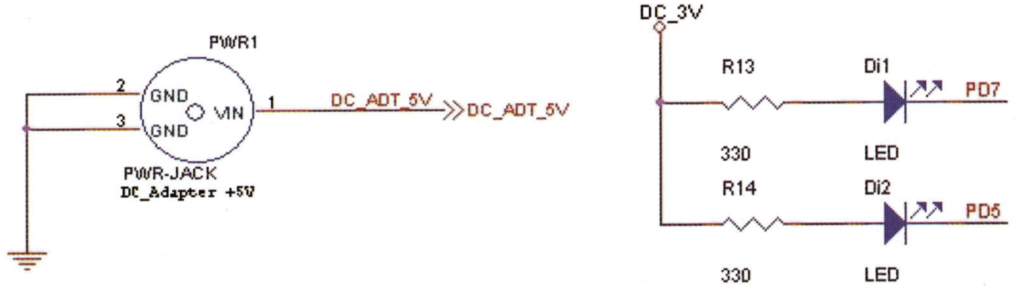

External Power connect

LED

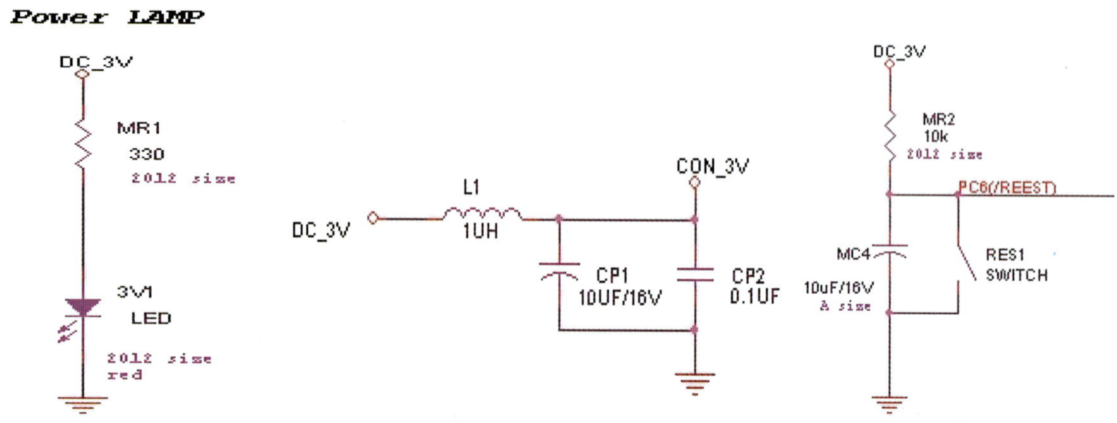

Power LED

Power Filter

ATmega8 Reset

34) ED-UltraSonic Sensor board – 2/5

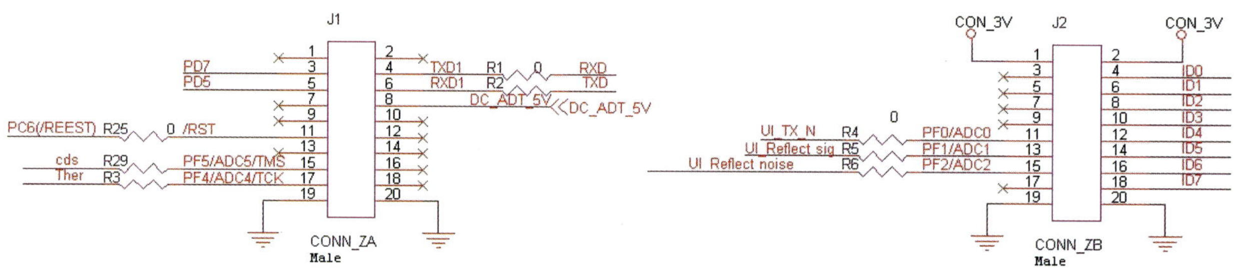

Connector (ZigS와 연결)

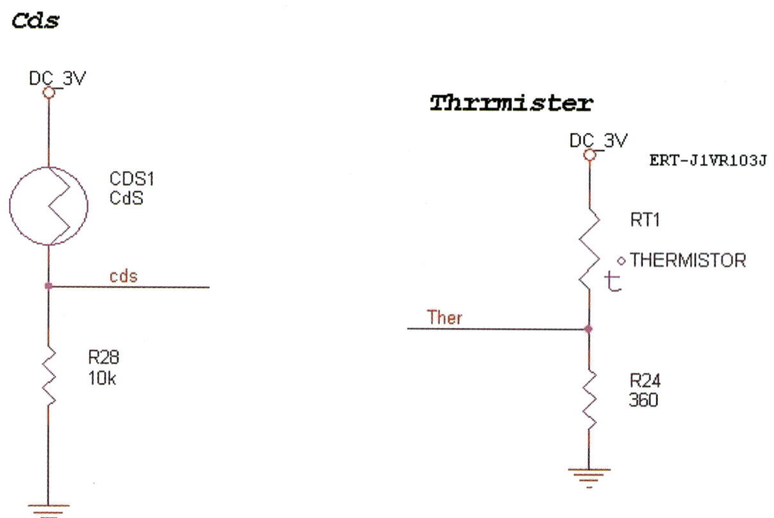

2nd Sensor (온도,조도)

35) ED-UltraSonic Sensor board – 3/5

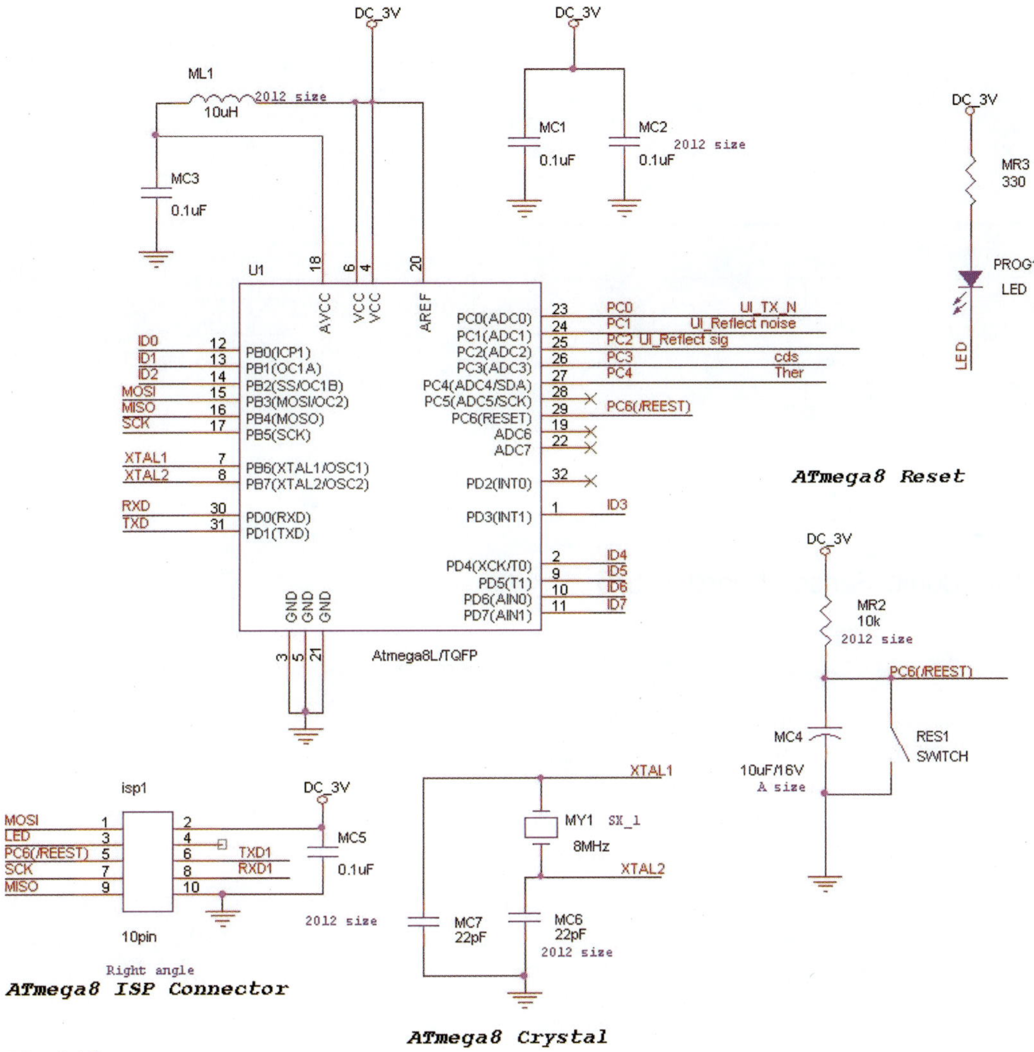

신호 제어용 Micom

36) ED-UltraSonic Sensor board - 4/5

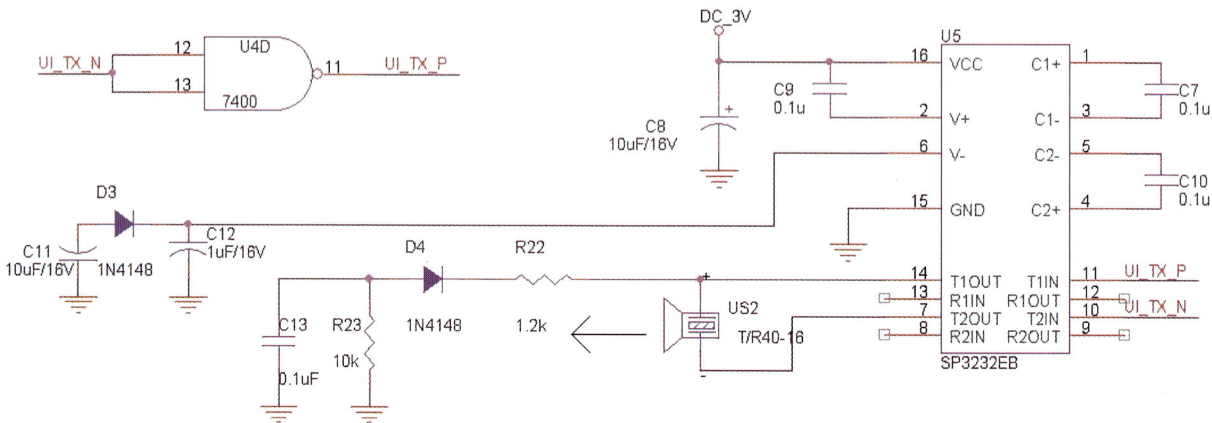

Ultrawave Sensor 의 송신부

37) ED-UltraSonic Sensor board - 5/5

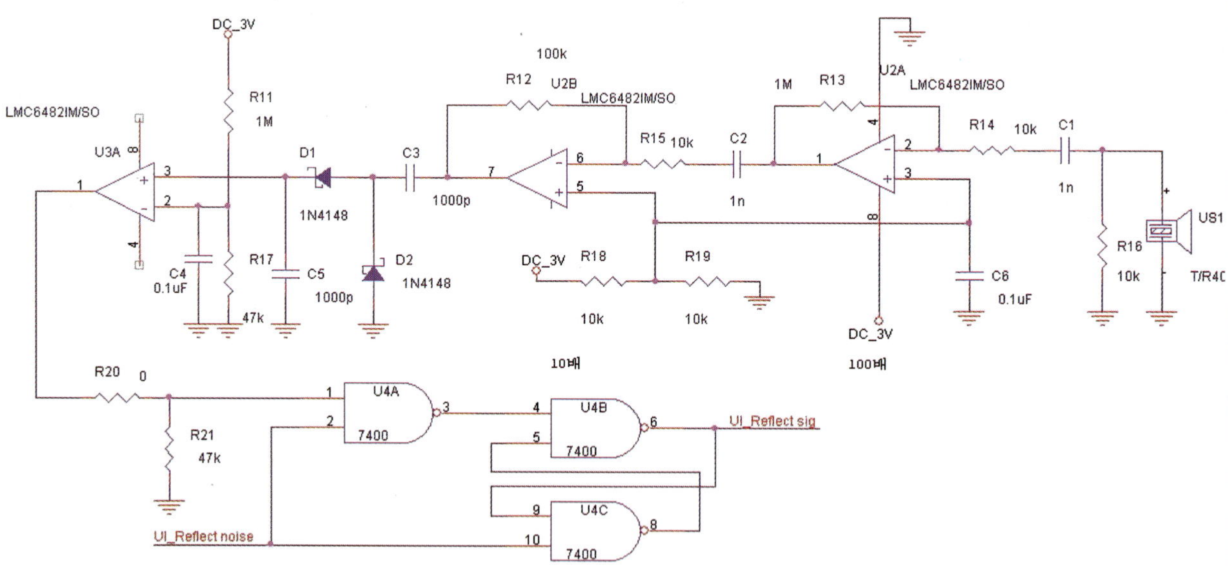

Ultrawave Sensor의 수신부

38) ED-Pressure Sensor board – 1/4

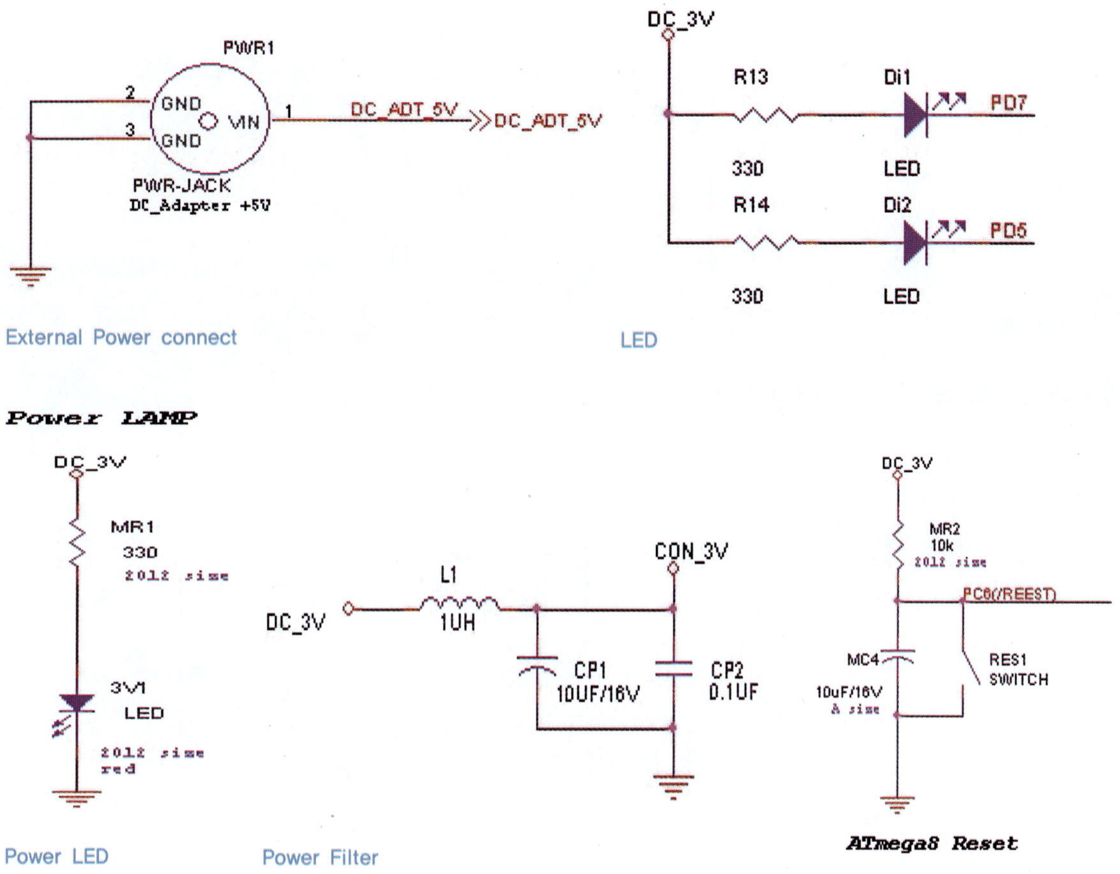

39) ED-Pressure Sensor board – 2/4

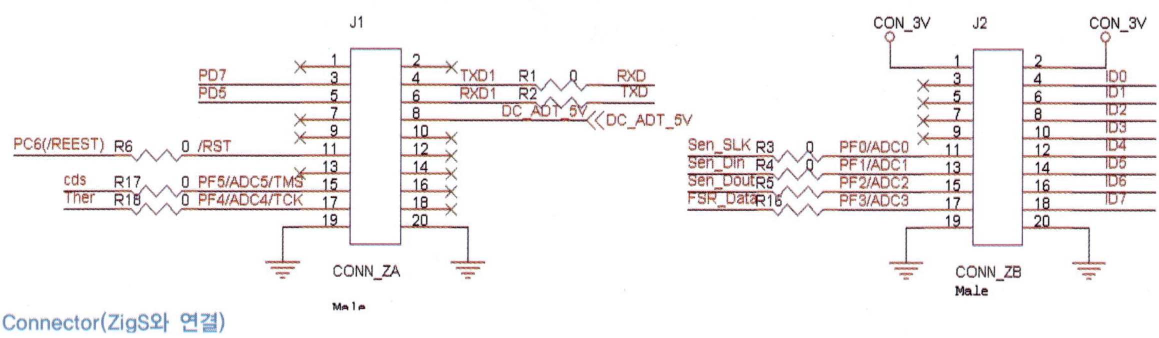

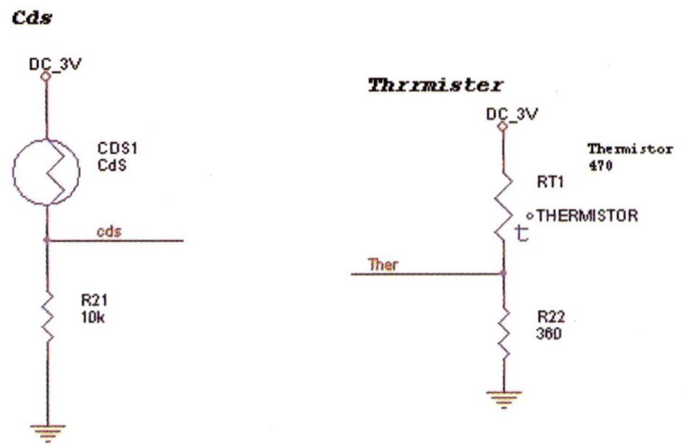

2nd Sensor (온도,조도)

40) ED-Pressure Sensor board – 3/4

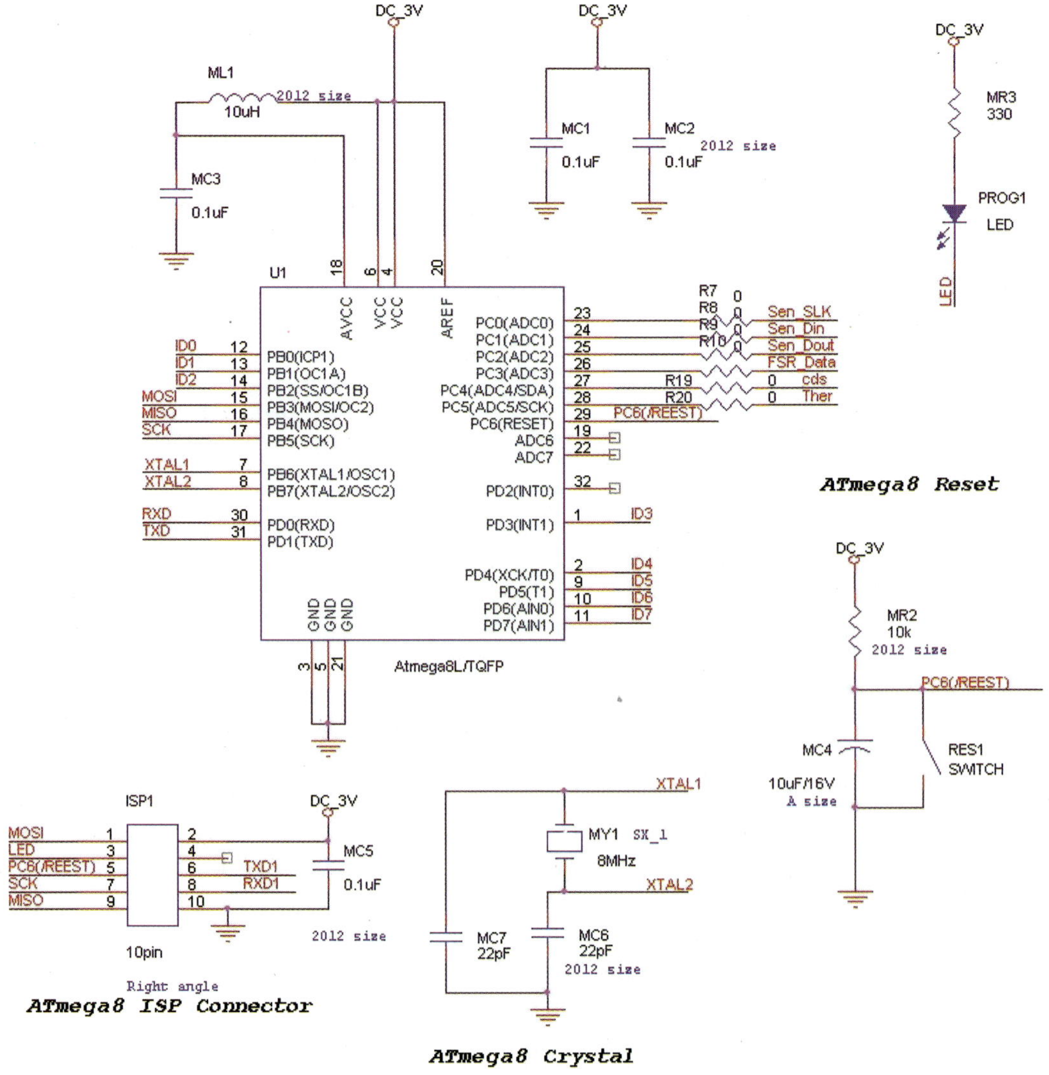

41) ED-Pressure Sensor board - 4/4

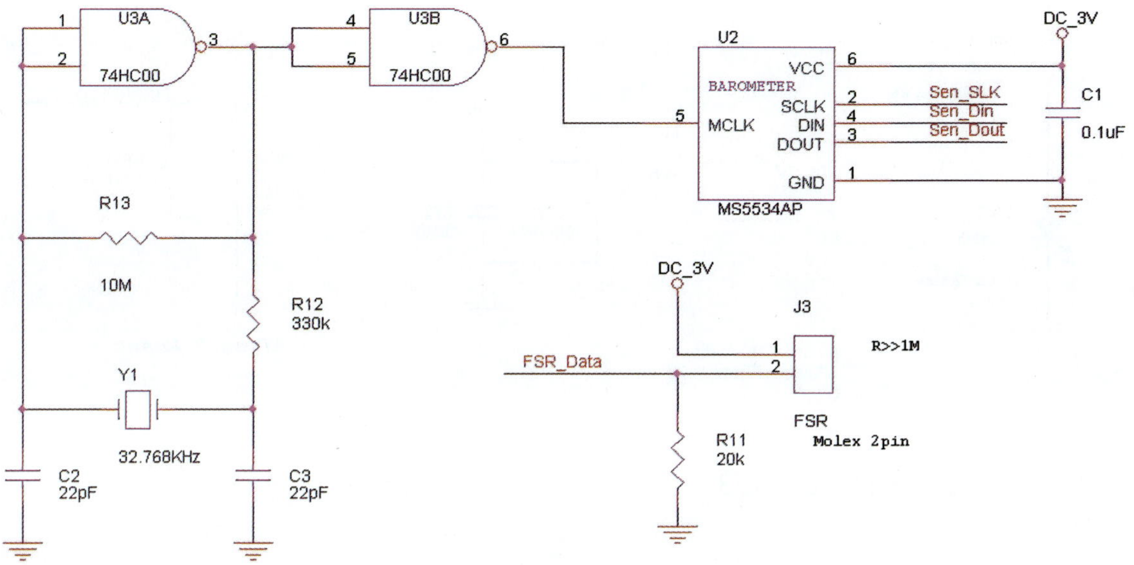

기압 센서 & 압력 센서

42) ED-Gas Sensor board - 1/3

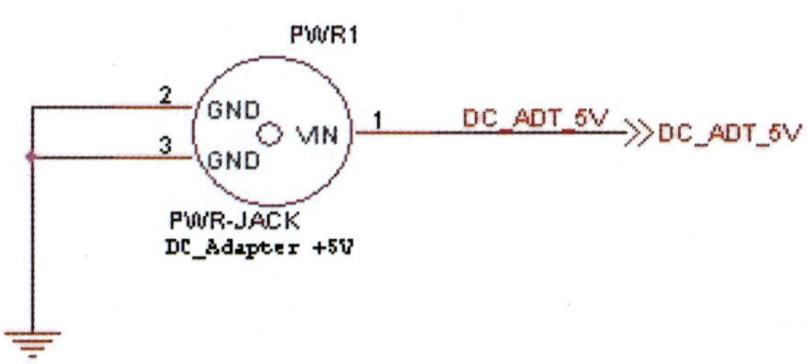

External Power connect

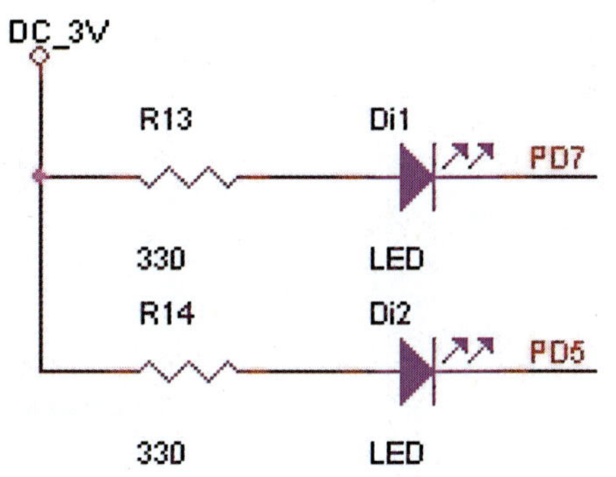

LED

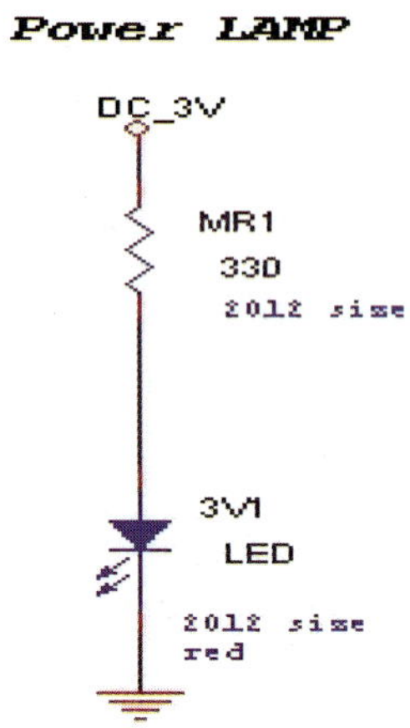

Power LED

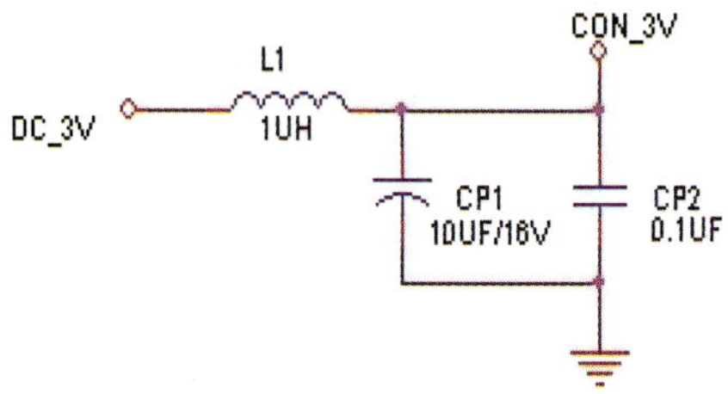

Power Filter

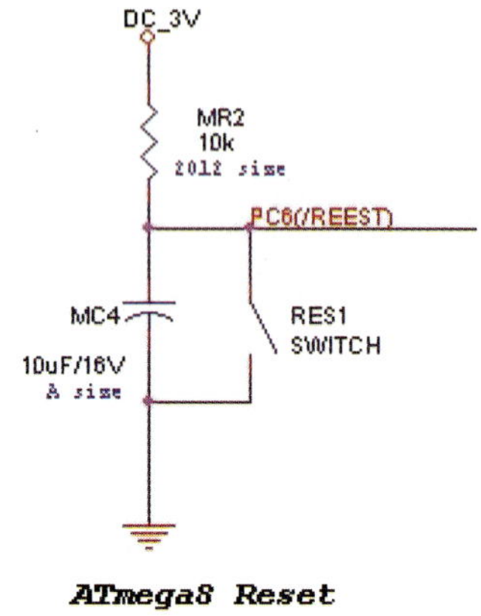

43) ED-Gas Sensor board – 2/3

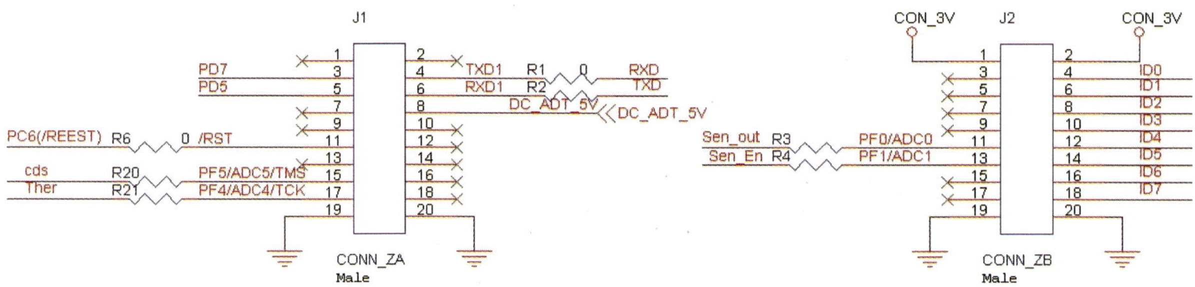

Connector(ZigS와 연결)

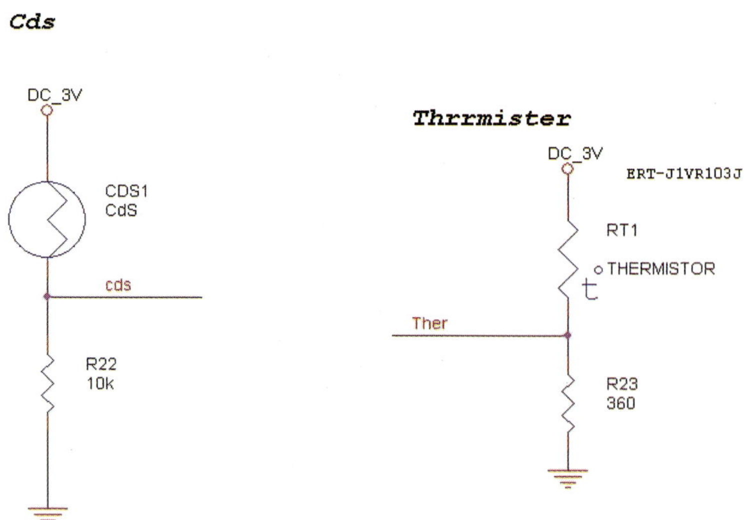

2nd Sensor (온도, 조도)

44) ED-Gas Sensor board - 3/3

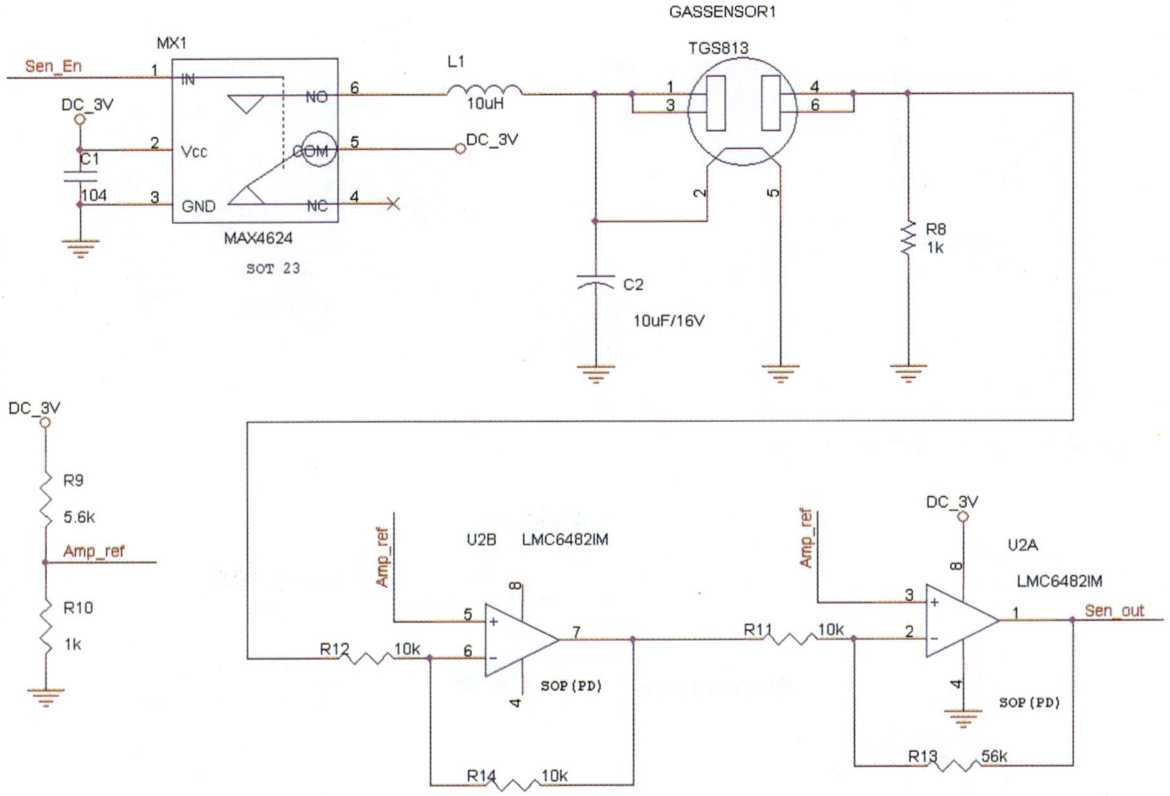

45) ED-RFID Sensor board - 1/5

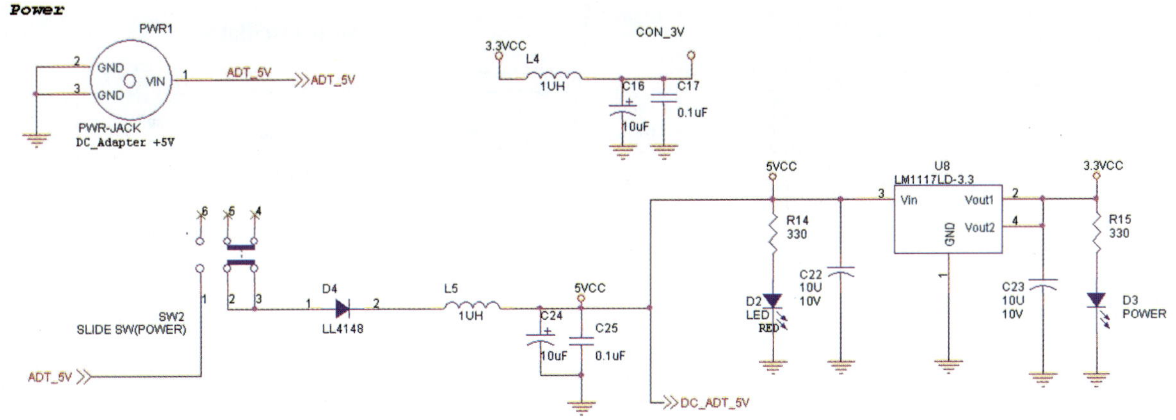

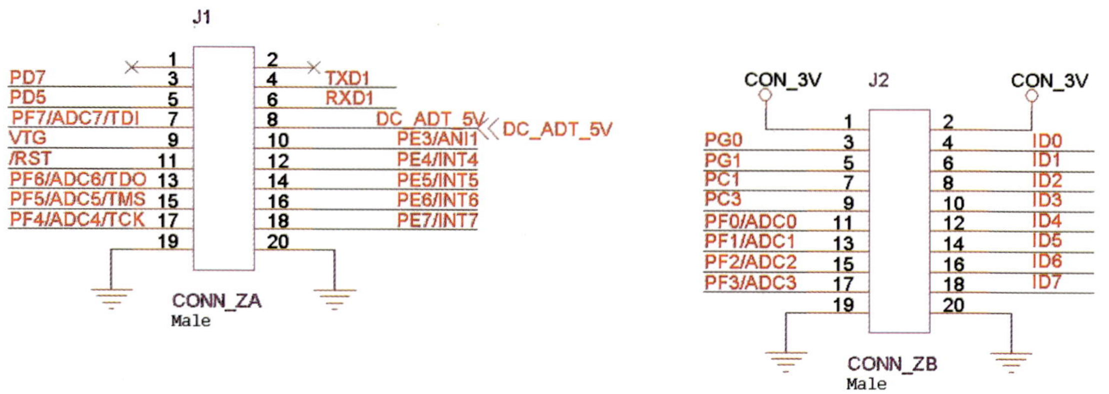

Connector (ZigS와 연결)

46) ED-RFID Sensor board – 2/5

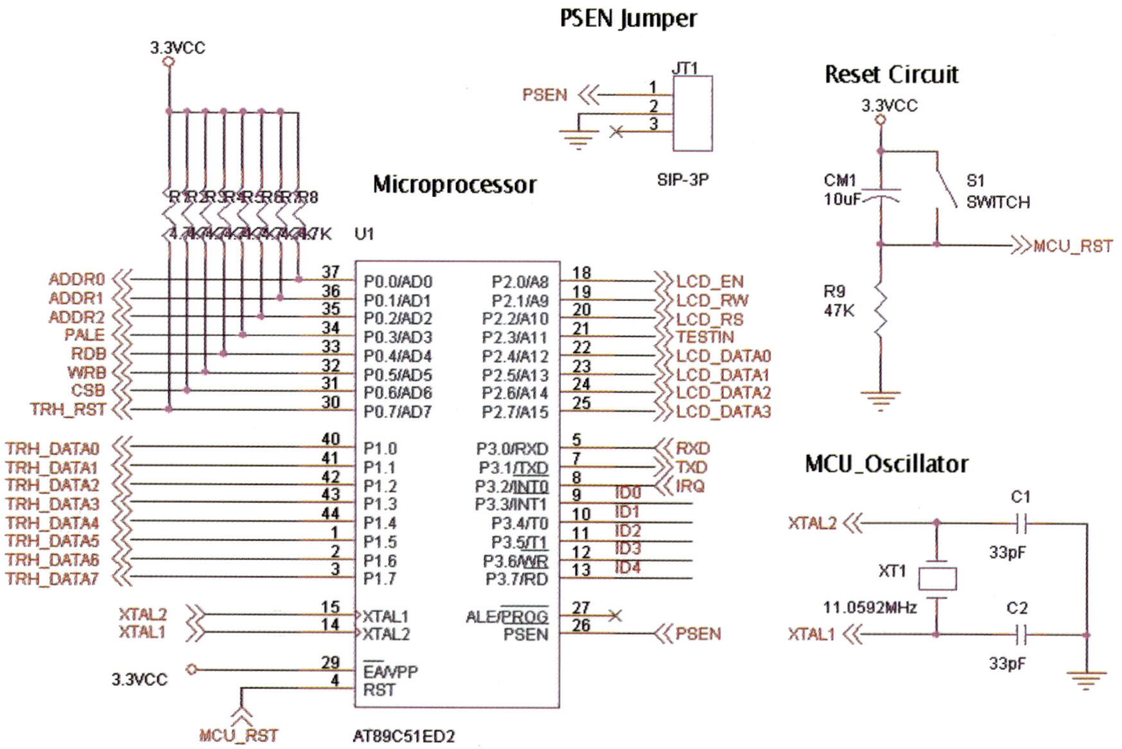

RFID용 Micom

47) ED-RFID Sensor board – 3/5

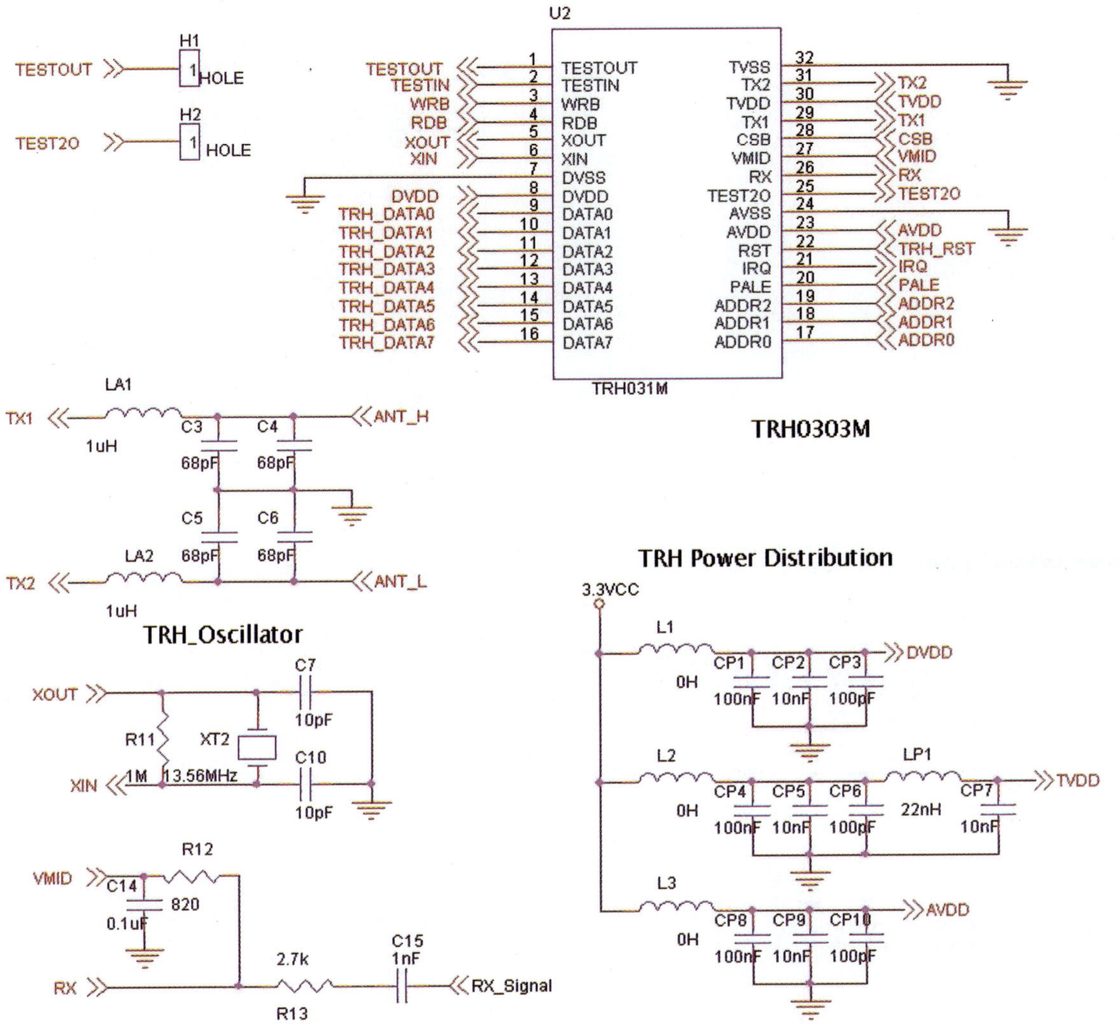

RFID용 RFChip

48) ED-RFID Sensor board – 4/5

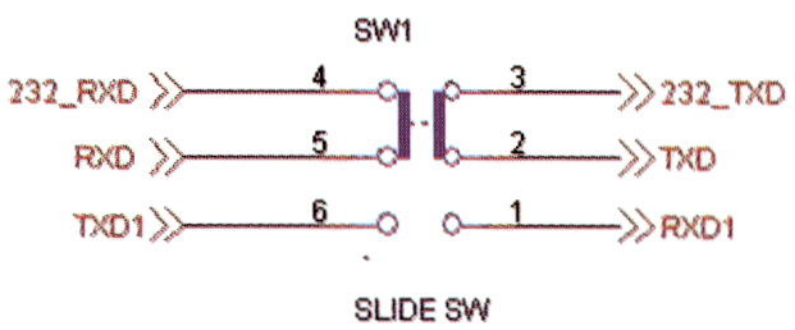

ZigS <-> PC 전환스위치

LCD Module

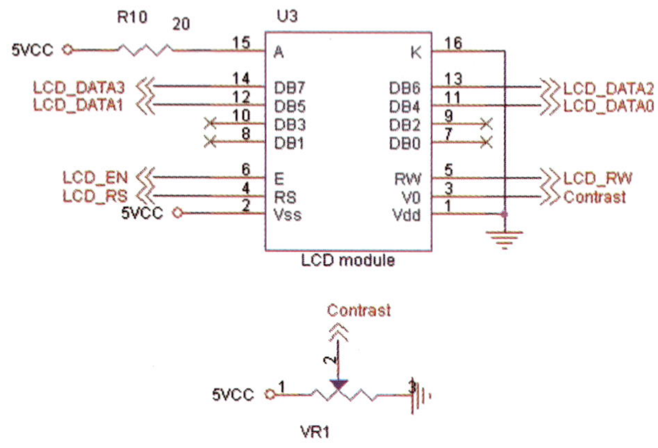

Display LED(16*2)

Communication

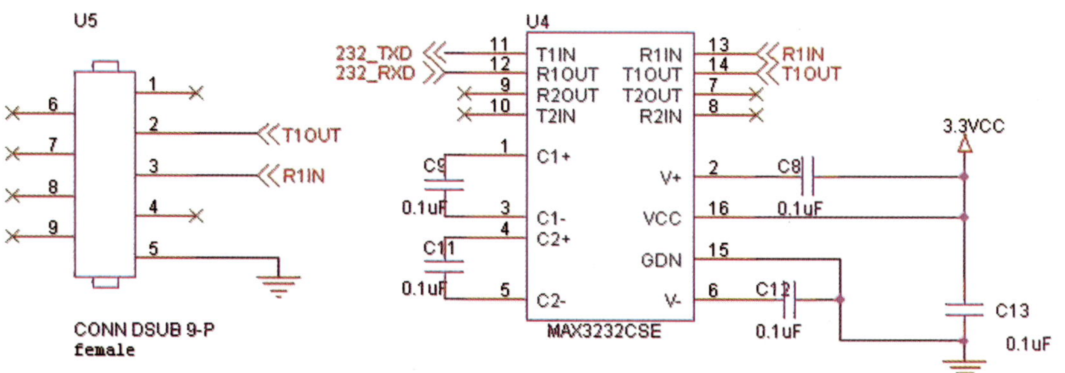

RFID용 RS232 연결부분

49) ED-RFID Sensor board – 5/5

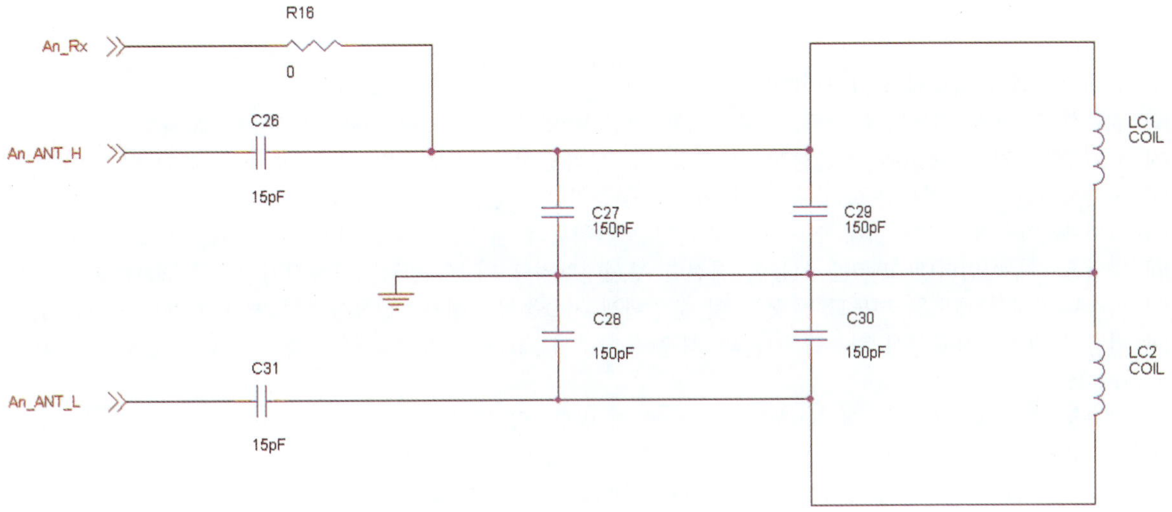

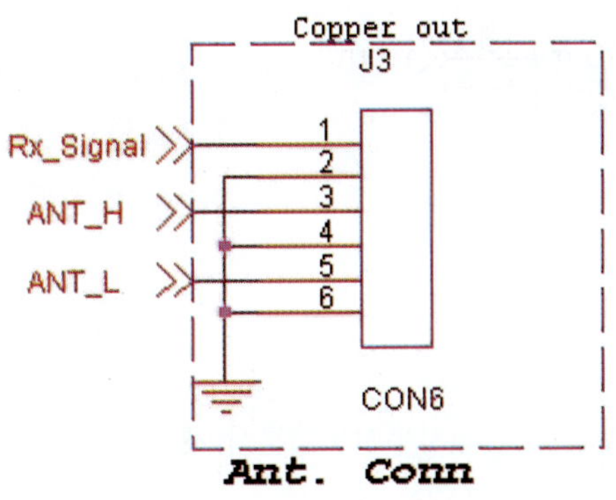

RFID main board의 Ant. 커넥터

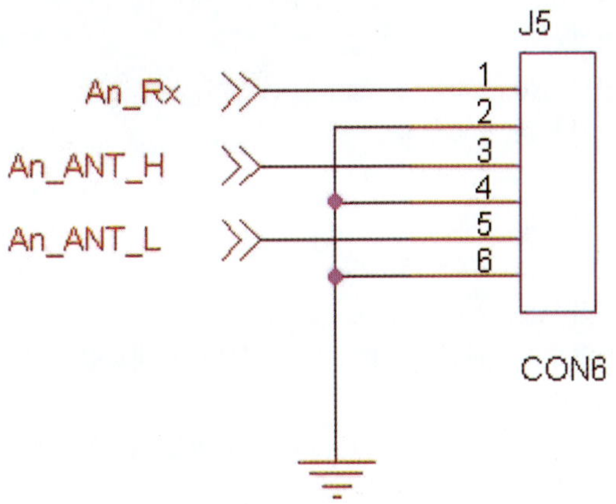

RFID Ant board의 Ant. 커넥터

• 참고문헌 •

[1] 김대영, "센서 네트워크", INFOTHE, 2004. 7. 9.
[2] 김동석, "u-센서 네트워크 구축을 위한 정책 추진 방향", 전파 116호, 2004. 1~2월호, 2004.
[3] 김원수 · 장기수, "ZigBee 기술동향 및 시장전망 분석", 전자부품연구원 전자정보센터, 2003.
[4] 동아사이언스, "고통없는 로봇 내시경 한-이 공동연구 진전', 2004. 10. 12.
[5] 박미애, 이옥연, "IT839 3대 인프라에 관련된 보안위협과 대응", IITA 주간기술동향 제1199호, 2005.
[6] 박수홍, "[무선인터넷] IPv6를 이용한 저전력 무선네트워크 기술", 한국정보통신기술협회, 2005, 2.
[7] 박승민, "센서 네트워크 노드 플랫폼 및 운영체제 기술동향", 전자통신동향분석 제21권 제1호 2006. 2.
[8] 박승창, "USN 상황인식 컴퓨팅 기술의 최근 동향분석", IITA 주간기술동향, 통권 1155호, 2004. 7. 21, pp.1-15.
[9] 박승창, "USN용 매체접속제어(MAC) VLSI의 설계 방향(I)", IDEC News Letter, 2005. 3.
[10] 심원태, "IT839 3대 인프라 보호를 위한 대응 전략", IITA 주간기술동향 제1188호, 2005.
[11] 이강신, "IT839 정보보호", IITA 주간기술동향 제1217호, 2005.
[12] 이동훈, "USN 정보보호 기술동향", IITA 주간기술동향 제1213호, 2005.
[13] 이상학 · 김대환 · 유준재, "유비쿼터스 센서 네트워크 기술 개발 동향", 전자정보센터, IT리포트, 2005. 4. 4.
[14] 이재현, "USN 기술동향", IITA 주간기술동향, 통권 1165호, 2004. 9. 30, pp.21-35.
[15] 전자신문, 2004. 11. 29.
[16] 전자신문, 2004. 2. 16.
[17] 전자신문, 2004. 9. 14.
[18] 전자신문, 2005. 2. 14.
[19] 전자신문, 2005. 3. 10.
[20] 전자신문, 2005. 3. 29.
[21] 전자신문, 2005. 3. 3.
[22] 전황수, 조원진, "유비쿼터스 시대의 새로운 서비스 모델 창출방안 연구", 전자통신동향분석 제19권 제6호, 2004. 12.
[23] 정보통신부, "안전한 u-Korea 구현을 위한 중장기 정보보호 로드맵", 2005. 5.
[24] 정보통신부, "IT839 전략"
[25] 최은영, 이동훈, "RFID 정보보호 기술동향", 정보처리학회지 제12권 5호, 2005.
[26] 한국전산원, 3월 29일 http://www.nca.or.kr
[27] 홍도원, 염용진, 정교일, 지성택, "IT839전략과 정보보호", 정보보호학회지 제 14권 5호, 2004.
[28] A. Boulis, C.C. Han, and M. B. Srivastava, "Design and Implementation of a Framework for Programmable and Efficient Sensor Networks", In The First International Conference on Mobile System, Applications, and Services(MobiSys), 2003.
[29] A. Juels and R. Pappu, "Squealing Euros: Privacy Protection in RFID-enabled Banknotes", Financial Cryptography 2003, LNCS 2742, pp.103-121.
[30] A. Juels et al., "The Blocker Tag: Selective Blocking of RFID Tags for Consumer Privacy", ACM CCS'03, pp.103-111.
[31] A. Juels, "RFID Security and Privacy: A Research Survey", to appear at IEEE Journal on Selected Areas in Communication, 2006.

[32] A. Juels, R. Rivest, M. Szydlo, "The Blocker Tag: Selective Blocking of RFID Tags for Consumer Privacy", 10th ACM CCS, 2003.
[33] A. Murphy and W. Heinzelman, "MiLAN: Middleware Linking Applications and Networks", TR-795, University of Rochester, Computer Science, Nov. 2002.
[34] A. Murphy and W. Heinzelman, "MiLAN: Middleware Linking Applications and Networks", TR-795, University of Rochester, Computer Science, Nov. 2002
[35] A. Murphy and W. Heinzelman, "MiLAN: Middleware Linking Applications and Networks", TR-795, University of Rochester, Computer Science, Nov. 2002.
[36] A. Perrig et al., "Efficient Authentication and Signing of Multicast Streams Over Lossy Channels", In Proc. Of IEEE Security and Privacy Symposium, May 2000.
[37] A. Perrig et al., "SPINS: Security Protocols for Sensor Networks", Wireless Nets, Sep. 2002, pp.521-534.
[38] A. Perrig, R. Szewczyk, V. Wen, D. Culler, and J.D.Tygar, "SPINS: Security Protocols for Sensor Networks", Proc. of the 7th ACM/IEEE International Conference on MobiCom, 2001.
[39] A. Shamir, "How to Share a Secret", Commun. ACM, 22, 1979, pp.612-613.
[40] Andrew Christian, Jamey Hicks, OST/HP Labs, "Fingertips of the Network: Featherweight Communicators and Sensors", HP TechCon 2005, 20-23 Mar. 2005
[41] ason Hill, Robert Szewczyk, Alec Woo, Seth Hollar, David Culler, and Kristofer Pister, "System Architecture Directions for Network Sensors", ASPLOS 2000, Cambridge, Nov. 2000.
[42] Bob Heile, "Emerging Standards: Where does ZigBee fit", ZigBee Alliance, 10. 2004.
[43] Bob Heile, "Emerging Standards: Where does ZigBee fit", ZigBee Alliance, 2004. 10.
[44] Brett Sheppard, CEO & Founder, Absolutely Inc. "Leading ZigBee Applications in 2005-2006 and Beyond", ZIGBEE OPEN HOUSE, 14 Sep. 2005
[45] C. Lim, T. Korkishko, "Design and Implementation of Efficient Block Cipher for Ubiquitous Computing Security", WISA2005, 2005.
[46] C. Perkins, E. Belding-Royer, and S. Das, Ad hoc On-Demand
[47] C. Perkins, E. Belding-Royer, S. Das, "RFC 3561 : Ad hoc On-Demand Distance Vector (AODV) Routing", 2003. 7.
[48] C.Shen, C. Srisathapornphat, C. Jaikeo, "Sensor Information Networking Architecture and Applications", IEEE Personal Communications, Vol.8, No.4, Aug. 2001, pp.52-59.
[49] C.Shen, C. Srisathapornphat, C. Jaikeo, "Sensor Information Networking Architecture and Applications", IEEE Personal Communications, Vol.8, No.4, Aug. 2001, pp.52-59.
[50] Chalermek Intanagonwiwat, Ramesh Govindan, Deborah Estrin, "Directed Diffusion: A Scalable and Robust Communication Paradigm for Sensor Networks", MOBICOM 2000.
[51] Chien-Chung Shen, "Sensor Information Networking Architecture and Applications", IEEE Personal Communications, August 2001.
[52] Chipcon사의 홈페이지, http://www.chipcon.com
[53] Crossbow사의 홈페이지, http://www.xbow.com
[54] D. Boneh et al., "Short Signature Scheme", CRYPTO 2004, LNCS 3152, pp.41-55.
[55] D. Chaum and Van Heyst, "Group Signature", EUROCRYPT'91, LNCS 547, pp.257-265.
[56] D. Chaum, "Blind Signature for Untraceable Payments", CRYPTO'82, pp.199-203.
[57] D. Chaum, "Security Without Identification: Transaction Systems to Make Big Brother Obsolete", Commun. ACM, 1985, pp.1030-1044.

[58] D. Chaum, "Untraceable Electronic Mail, Return Addresses, and Digital Pseudonyms", Communications of the ACM, 1981, pp.84-88.

[59] D. Liu and P. Ning, "Establishing Pairwise Keys in Distributed Sensor Networks", Proc. of the 10th ACM Conference on Computer and Communication Security(CCS), 2003.

[60] D. Liu and P. Ning, "Location-Based Pairwise Key Establishments for Static Sensor Networks", Proc. of the 1st ACM Workshop on the Security of Ad Hoc and Sensor Networks(SASN), 2003.

[61] Distance Vector (AODV) Routing", RFC 3561, 2003. 7.

[62] E. Bresson et al., "Threshold Ring Signatures and Applications to Ad-hoc Groups", CRYPTO 2002,LNCS 2442, pp.465-480.

[63] ECRYPT, eStream - The ECRYPT Stream Cipher Project, http://www.ecrypt.eu.org/estream/

[64] Fan Ye, Haiyun Luo, Jerry Cheng, Songwu Lu, Lixia Zhang, "A Two-Tier Data Dissemination Model for Large-scale Wireless Sensor Networks", MOBICOM 2002. 11.

[65] G. Ateniese et al., "Quasi-efficient Revocation of Group Signature", Financial Cryptography 2002,LNCS 2357, pp.183-197.

[66] G. Ateniese et al., "Some Open Issues and Directions in Group Signatures", Financial Cryptography'99, LNCS 1648, pp.196-211.

[67] G. Gaubatz, J. Kaps, B. Sunnar, "Public Key Cryptography in Sensor Nerworks-Revisited", ESAS2004, 2004.

[68] G. Jolly, Kuscu, and P. Kokate, "A Low-energy Key Management Protocol for Wireless Sensor Networks", Proc. of the 8th IEEE International Symposium on Computers and Communications, June 2003.

[69] H. Chan, A. Perrig, and D. Song, "Random Key-Assignment for Secure Wireless Sensor Networks", Proc. of the 1st ACM Workshop on the Security of Ad Hoc and Sensor Networks(SASN), 2003.

[70] Helicomm 홈페이지, http://www.helicomm.com

[71] http://berkeley.intel-research.net/tinydb/

[72] http://cse.ohio-state.edu/siefast/nest/nest_webpage/ALineIn TheSand.html, The Ohio State Univerwity NEST team

[73] http://eecs.harvard.edu/~mdw/proj/codeblue/, Division of Engineering and Applied Sciences in Harvard University

[74] http://ieee1451.nist.gov/, NIST

[75] http://mediacup.teco.edu/overview/engl/overview.html, 독일 Karsruhe대학교

[76] http://pads.east.isi.edu/

[77] http://renewableenergyaccess.com/rea/news/story?id=21407, Renewable energy ACCESS, Solar Powered Wireless Tested in Japan, 25 Jan. 2005

[78] http://robotics.eecs.berkeley.edu/~pister/

[79] http://robotics.eecs.berkeley.edu/~pister/29Palms0103, UC Berkeley and MLB Co

[80] http://sensorwebs.jpl.nasa.gov/resources/huntington_sw31.shtml의, NASA Jet Propulsion Laboratory

[81] http://teams.gemstone.umd.edu/~chemsense/project/gallery/, University of Maryland Chemsense Team

[82] http://teams.gemstone.umd.edu/~chemsense/project/introduction/, University of Maryland Chemsense Team

[83] http://telegraph.cs.berkeley.edu/

[84] http://tinyos.keti.re.kr/

[85] http://today.cs.berkeley.edu/retreat-6-04/buonadonna-NEST_06_04.ppt
[86] http://today.cs.berkeley.edu/retreat-6-04/cssharp-ExScal-retreat-jun04.ppt
[87] http://today.cs.berkeley.edu/retreat-6-04/fab-app-lama.ppt
[88] http://today.cs.berkeley.edu/retreat-6-04/joep-nest-2004-springretreat-802154.ppt
[89] http://today.cs.berkeley.edu/retreat-6-04/structure_monitoring_sukun.ppt
[90] http://today.cs.berkeley.edu/retreat-6-04/szewczyk-retreat-june2004.ppt
[91] http://wins.rockwellscientific.com/WST_Survey.html, Rockwell Scientific Company LLC
[92] http://www.alanco.com/headcount-hitech.asp
[93] http://www.arm.com
[94] http://www.atmel.com
[95] http://www.Chipcon.com
[96] http://www.citris.berkeley.edu/applications/disaster_response/smartbui ldings.html, UC Berkeley, CITRIS(Center for Information Technology Research in the Interest of Society) program
[97] http://www.cs.berkeley.edu/~binetude/ggb/
[98] http://www.cs.berkeley.edu/~culler
[99] http://www.cs.brown.edu/research/aurora/
[100] http://www.cs.cornell.edu/database/cougar/
[101] http://www.cs.cornell.edu/database/cougar/
[102] http://www.dustnetworks.com
[103] http://www.helicomm.com/?page=2-35, 8051 based modules
[104] http://www.ietf.org, The Internet Engineering Task Force
[105] http://www.ietf.org/html.charters/6lowpan-charter.html, IPv6 over Low power
[106] http://www.intel.com/research./exploratory
[107] http://www.intel.com/research./exploratory/motes. html
[108] http://www.intel-iris.net/
[109] http://www.jlhlabs.com
[110] http://www.merl.com/projects/scpzigbeebridge/, ZigBee/SCP for Home Automation
[111] http://www.merl.com/projects/zigbeehvac/, ZigBee HVAC Application Profile Development
[112] http://www.merl.com/projects/zigbeeipm/
[113] http://www.moteiv.com/products/docs/an001-changes. pdf
[114] http://www.moteiv.com/products/docs/an002-telos.pdf
[115] http://www.nuritelecom.com
[116] http://www.oki.com/en/press/2005/z04123e.html, Oki Electric Starts Experiment for ZigBee Sensor Network Using Solar Batteries at Kobe City, 24 Jan, 2005
[117] http://www.severance.or.kr/hos_intro/main_building/ubiquitous 세브란스병원 /
[118] http://www.tinyos.net
[119] http://www.tscsystems.com
[120] http://www.uk.research.att.com/bat/, An archive of AT&T Laboratories Cambridge
[121] http://www.upnp.org/standardizeddcps/default.asp
[122] http://www.zigbee.org, ZigBee Alliance web page
[123] http://www-db.stanford.edu/stream/
[124] http://www-rtsl.cs.uiuc.edu

[125] Hyungjoo Song, Daeyoung Kim, Kangwoo Lee, Jongwoo Sung, "UPnP-based Sensor Network Management Architecture and Implementation", Second International Conference on Mobile Computing and Ubiquitous Networking(ICMU 2005), April 2005, Osaka University, Osaka, JAPAN

[126] Hyungjoo Song,Daeyoung Kim, Kangwoo Lee, Jongwoo Sung, "UPnP-based Sensor Network Management Architecture and Implementation", Second International Conference on Mobile Computing and Ubiquitous Networking(ICMU 2005), April 2005, Osaka University, Osaka, JAPAN

[127] IEEE Computer Society, "IEEE Std. 802.15.4-2003", 2003. 10.

[128] IEEE, "802.15.4 Wireless Medium Access Control(MAC) and Physical Layer(PHY) Specifications for Low-Rate Wireless Personal Area Networks(LR-WPANs)", IEEE Computer Society, 2003. 10.

[129] IT SoC사업단, Special Report : IT839성장동력별 하드웨어 체계 및 핵심 부품, IT-SoC, 2005. 3. 1.

[130] J. Camenisch and A. Lysyanskaya, "Signature Schemes and Anonymous Credentials from Bilinear Map", CRYPTO 2004, LNCS 3152, pp.56-72.

[131] J. Deng, R. Han, and S. Mishra, "Enhancing Base Station Security in Wireless Sensor Networks", Technical Report CU-CS-951-03, Department of Computer Science, University of Colorado, Apr. 2003.

[132] J. Deng, R. Han, and S. Mishra, "Security Support for In-Network Processing in Wireless Sensor Networks", Proc. of the 1st ACM Workshop on the Security of Ad Hoc and Sensor Networks(SASN), 2003.

[133] Jaein Jeong, David Culler, "Incremental Network Programming for Wireless Sensors", IEEE SECON 2004, 2004. 10.

[134] Jaein Jeong, David Culler, "Incremental Network Programming for Wireless Sensors", IEEE SECON 2004, 2004. 10.

[135] Jason Hill, Robert Szewczyk, Alex Woo, Seth Hollar, David Culler, Kristofer Pister, "System Architecture Directions for Networked Sensors", International Conference on Architectural Support for Programming Languages and Operating Systems, 2000. 11.

[136] Jason Hill, Robert Szewczyk, Alex Woo, Seth Hollar, David Culler, Kristofer Pister, "System Architecture Directions for Networked Sensors", International Conference on Architectural Support for Programming Languages and Operating Systems, 2000. 11.

[137] Jini(tm) Architecture Specification, Sun Microsystems, June. 2003.

[138] Joanna Kulik, Wendi Rabiner Heinzelman, Hari Balakrishnan, " Negotiation-based Protocols for Disseminatin Information in Wireless Sensor Networks", Kluwer Academic Publishers, Wireless Networks 8, 169-185, 2002

[139] Joseph M. Hellerstein, Wei Hong, Samuel R. Madden, "The Sensor Spectrum: Technology, Trends, and Requirements", ACM SIGMOD, Vol.32, No.4, 2003.

[140] K. Kim, S. Yoo, H. Kim, S. Daniel Park, J. LEE, Interoperability of 6LoWPAN, 2005. 7. (download available at http://www.ietf.org/internet-drafts/draft-daniel-6lowpan-interoperability-01.txt)

[141] K. Kim, S. Yoo, H. Lee, S. Daniel Park, J. LEE, "Simple Service Location Protocol (SSLP) for 6LoWPAN", 2005. 7. (download available at http://www.ietf.org/ internet-drafts /draft-daniel-6lowpan -sslp -00.txt)

[142] K. Kim, S. Yoo, J. Park, S. Daniel Park, J. LEE, Hierarchical Routing over 6LoWPAN(HiLow), 2005. 7. (download available at http://www.ietf.org/internet-drafts/draft-daniel-6lowpan-hilow-hierarchical-routing-00.txt)

[143] K. Kim, S. Yoo, S. Daniel Park, G. Montenegro, "6LoWPAN Ad Hoc On-Demand Distance Vector

Routing (LOAD)", 2005.7. (download available at http://www.ietf.org/internet-drafts/draft-daniel-6lowpan-load-adhoc-routing-01.txt)

[144] Kang Lee, A Synopsis of the IEEE P1451 - Standards for Smart Transducer Communication, National Institute of Standards and Technology, 1999.

[145] Kang Lee, "IEEE 1451: A Standard in Support of Smart Transducer Networking", IEEE Instrumentation and Measurement Technology Conference, May 1-4, 2000,

[146] Kang Lee, "Introduction to IEEE 1451 - Family of Standards", Wireless Sensor Standard Workshop/Meeting Sensors Expo/Conference, June 7, 2004.

[147] Kay Romer, Oliver Kasten, Friedemann Mattern, "Middleware Challenges for Wireless Sensor Networks", Mobile Computing and Communications Review, Vol.6, No.4, 2002.

[148] L. Eschenauer and V. Gligor, "A Key-Management Scheme for Distributed Sensor Network", Proc. of the 9th ACM Conference on Computer and Communications Security, 2002.

[149] L. Eschenauer and V. Gligor, "A Key-management Scheme for Distributed Sensor Networks", ACM CCS' 02, Nov. 2002, pp.41-47.

[150] M. Bellare et al., "The One-More_RSA-Inversion Problems and the Security of Chaum's Blind Signature Scheme", Journal of Cryptology, June 2003, pp.185-215.

[151] M. Feldhofer et al., "Strong Authentication for RFID Systems Using the AES Algorithms", CHES 2004, LNCS 3156, pp.357-370.

[152] M. Feldhofer, S. Dominikus, J. Wolkerstorfer, "Strong authentication for RFID systems using the AES algorithm", CHES2004, 2004.

[153] M. Gruteser, G. Schelle, A. Jain, R. Han, and D. Grunwald, "Privacy-Aware Location Sensor Network", 9th Workshop on Hot Topics in Operating Systems(HotOS IX), 2003.

[154] M. Ohkobu et al., "Cryptographic Approach to Privacy-Friendly Tags", 2003, submitted

[155] Malik Tubaishat, Jian Yin, Biswajit Panja, and Sanjay Madria, "A Secure Hierarchical Model for Sensor Network", Proc. of SIGMOD, Mar. 2004.

[156] Marius Clemetsen, Geir Egeland, Paal Engelstad, Frode Kileng, "Report from IETF meeting attendance 2004" Telenor, R&D N, 2005. 4.

[157] Mathias Bohge and Wade Trappe, "An Authentication Framework for Hierarchical Ad Hoc Sensor Networks", Proc. of WiSE' 03, 2003.

[158] Michael R. Moore, "Wireless Interface Options for 1451", Wireless Sensing Workshop Sensors Expo/2001, June 4, 2001.

[159] Moteiv사의 홈페이지, http://www.moteiv.com

[160] N. Kushalnagar, G. Montenegro, "6LoWPAN: Overview, Assumptions, Problem Statement and Goals", 2005. 7. (download available at http://tools.ietf.org/id/draft-ietf-6lowpan-problem-00.txt)

[161] N. Kushalnagar, G. Montenegro, "Transmission of IPv6 Packets over IEEE 802.15.4 Networks", 2005. 7. (download available at http://tools.ietf.org/id/draft-ietf-6lowpan-format-00.txt)

[162] NIST, Cryptographic Hash Function Workshop(Oct. 31-Nov.1, 2005), NIST, Gaithersburg, Maryland, http://www.csrc.nist.gov/pki/HashWorkshop/index.html, 2005.

[163] On World, Wireless Sensor Networks: Growing Markets, Accelerating Demand, July 2005.

[164] On World, Wireless Sensor Networks: Mass Market Opportunities, 2004.

[165] P. chramm, E. Naroska, P. Resch, J. Platte, H. Linde, G. Stromberg, T. Sturm, "A service gateway for networked sensor systems", Pervasive Computing, IEEE Volume 3, Issue 1, Jan.-March 2004 pp.66-74.

[166] P. chramm, E. Naroska, P. Resch, J. Platte, H. Linde, G. Stromberg, T. Sturm, "A service gateway for networked sensor systems", Pervasive Computing, IEEE Volume 3, Issue 1, Jan.-March 2004 pp.66-74.

[167] P. Golle et al., "Universal Re-encryption for Mixnets", CT-RSA 2004, LNCS 2964, pp.163-178.

[168] P. Levis and D. Culler. "Mate: A Virtual Machine for Tiny Networked Sensors", Proc. of ACM Conf. Architectural Support for Programming Languages and Operating Systems, Oct. 2002.

[169] R. Rivest et al., "How to Leak a Secret", ASIACRYPT 2001, LNCS 2248, pp.552-565.

[170] Ralph M. Kling, "Intel Mote: An Enhanced Sensor Network Node", Intel Workshop on Advanced Sensors, Structural Health Monitoring, and Smart Structures, Nov. 2003.

[171] Robert N. Johnson, "Defining the Core Features of Smart Sensors to Facilitate Brader Adoption", Sensors Expo, Chicago, June 3, 2003,

[172] S. Brands, "Untraceable Off-line Cash in Wallets with Observers", CRYPTO'93, LNCS 773, pp.302-318.

[173] S. Li, S. Son, and J. Stankovic, "Event Detection Services Using Data Servcie Middleware in Distributed Sensor Networks", Int'l Workshop on Information Processing in Sensor Networks(IPSN'03), Palo Alto, CA, Apr. 2003.

[174] S. Li, S. Son, and J. Stankovic, "Event Detection Services Using Data Service Middleware in Distributed Sensor Networks", Int'l Workshop on Information Processing in Sensor Networks (IPSN'03), Palo Alto, CA, Apr. 2003.

[175] S. Li, S. Son, and J. Stankovic, "Event Detection Services Using Data Service Middleware in Distributed Sensor Networks", Int'l Workshop on Information Processing in Sensor Networks (IPSN'03), Palo Alto, CA, Apr. 2003.

[176] S. Slijepcevic, M. Potkonjak, V. Tsiatsis, S. Zimbeck, and Mani B. Srivastava, "On Communication Security in Wireless Ad-Hoc Sensor Network", Proc. of WETICE' 02, 2002.

[177] S. Weis et al., "Security and Privacy Aspects of Low-cost Radio Frequency Identification Systems", Security and Pervasive Computing 2003, LNCS 2802, pp.201-212.

[178] S. Weis, "Radio-frequency identification security and privacy", Master's thesis, MIT, 2003.

[179] S. Weis, "Security and Privacy in Radio-frequency Identification Devices", MIT, May 2003.

[180] S. Wolfram, "Cryptography with Cellular Automata", CRTPTO'85, LNCS 218, pp.429-432.

[181] Samuel Madden, Michael J. Franklin, Joseph M. Hellerstein, "The Design of an Acquisitional Query Processor for Sensor Networks", ACM SIGMOD, June 9-12 2003.

[182] Sencun Zhu, Sanjeev Setia, and Sushil Jajodia, "LEAP: Efficient Security Mechanisms for Large-Scale Distributed Sensor Networks", Proc. of the10th ACM Conference on Computer and Communication Security(CCS), 2003.

[183] Shneidman, J. et al. Hourglass: An Infrastructure for Connecting Sensor Networks and Applications. Havard Technical Report TR-21-04, 2004

[184] Shneidman, J. et al. Hourglass: An Infrastructure for Connecting Sensor Networks and Applications. Havard Technical Report TR-21-04, 2004.

[185] Simon Han, Ramkumar Rengaswamy, Roy S Shea, Eddie Kohler, Mani B Srivastava, "A Dynamic Operating System for Sensor Nodes", Third International Conference on Mobile Systems, Applications and Services(Mobisys), 2005. 6.

[186] Simon Han, Ramkumar Rengaswamy, Roy S Shea, Eddie Kohler, Mani B Srivastava, "A Dynamic Operating System for Sensor Nodes", Third International Conference on Mobile Systems, Applications and Services(Mobisys), 2005. 6.

[187] Stan P. Woods, Janusz Bryzek, "IEEE-P1451.2 Smart Transducer Interface Module", Proceeding Sensors Expo Philadelphia, October, 1996.
[188] Steven Chan, "Update on the IEEE 1451 Smart Transducer Interface Standard", AEPTEC Microsystems/3E Technologies STORK, Open Problems in Cryptology
[189] T. Liu and M. Martonosi, "Impala: A Middleware System for Managing Autonomic, Parallel Sensor Systems", Proc. of ACM SIGPLAN symposium on Principles and practice of parallel programming, 2003, pp.107-118.
[190] T. Liu and M.Martonosi, "Impala: A MiddlewareSystem for Managing Autonomic, Parallel Sensor Systems", Proc. of ACM SIGPLAN symposium on Principles.and practice of parallel programming, 2003, pp.107-118.
[191] T. Liu and M.Martonosi, "Impala: A MiddlewareSystem for Managing Autonomic, Parallel Sensor Systems", Proc. of ACM SIGPLAN symposium on Principles and practice of parallel programming, 2003, pp.107-118.
[192] W. Heinzelman, A. Murphy, H. Carvalho and M. Perillo,"Middleware to Support Sensor Network Applications", IEEE Network Magazine Special Issue. Jan. 2004.
[193] Wai Fu Fung, David Sun, Johannes Gehrke, "COUGAR: The Network is the Database", ACM SIGMOD, June 4-6 2002.
[194] Wendi B. Heinzelman, Anantha P. Chandrakasan, Hari Balakrishnan, "An Application-Specific Protocol Architecture for Wireless Microsensor Networks", IEEE Transaction on Wireless Communications, Vol 1, No 4, 2002. 10.
[195] William Stallings, "Data & Computer Communications"-Six Edition, Prentice Hall, 2000.
[196] WPAN(6LoWPAN) Working Group
[197] www.radiopulse.co.kr
[198] www.radiopulse.co.kr
[199] X. Wang, Y. Yin, H. Yu, "Finding Collisions in the full SHA-1", CRYPTO2005, 2005.
[200] Y. Yao and J. E. Gehrke, "The Cougar Approach to In-Network Query Processing in Sensor Networks", Sigmod Record, Vol.31, No.3, Sep. 2002.
[201] Y. Yao and J. E. Gehrke, "The Cougar Approach to In-Network Query Processing in Sensor Networks", Sigmod Record, Vol.31, No.3, Sep. 2002.
[202] Yan Yu, Ramesh Govindan, Deborah Estrin, Geographical and Energy Aware Routing: a recursive data dissemination protocol for wireless sensor networks
[203] Yee Wei Law, Ricardo Corin, Sandro Etalle, and Pieter H. Hartel, "A Formally Verified Decentralized Key Management Architecture for Wireless Sensor Networks", Proc. of PWC' 03, Sep. 2003.
[204] Yong Yao, Johannes Gehrke, "The Cougar Approach to Innetwork Query Processing in Sensor Networks", Sigmod Record, Volume 31, Number 3. September 2002.
[205] Yoshihiro KAWAHARA, Masateru MINAMI, Hiroyuki MORIKAWA, and Tomonori AOYAMA, Design and Implementation of a Sensor Network Node for Ubiquitous Computing Environment, In Proceedings of IEEE Semiannual Vehicular Technology Conference(VTC2003-Fall), Orland, USA, October 2003
[206] ZigBee Alliance 홈페이지, http://www.zigbee.org/en/.
[207] ZigBee Alliance, "ZigBee Specification v1.0", 2005. 6.
[208] ZigBee v1.0 Specification, ZigBee Alliance
[209] ZigBee v1.0 Specification, ZigBee Alliance.

• 찾아보기 •

저자 약력

남 상 엽

- 공학박사
- 삼성종합기술원 정보시스템 연구소 근무
- 모토로라 반도체통신(주) 기술연구소 근무
- (현) 국제대학 정보통신과 교수

정 교 일

- 공학박사(한양대)
- 한국통신기술협회(TTA) 전략기획위원
- 한국전자지불산업협회(KEPIA) 전자지불포럼 표준화위원장
- ITU-T SGIG 연구위원
- Asia IC Card 포럼 운영위원
- 과학기술연합대학원 대학교(UST) 차세대 정보보호 트랙 책임교수
- (현) 한국전자통신연구원(ETRI) 정보보호연구단 정보보호기반 그룹장

김 성 동

- 미국 텍사스 A&M 컴퓨터공학박사
- 삼성전자 컴퓨터사업부 수석연구원
- 동의대학교 컴퓨터공학과 교수
- 해동정보통신(주) 이사
- (주) 디지스타 연구소장
- (현) 전자부품연구원 유비쿼터스 컴퓨팅연구센터장

유비쿼터스 센서 네트워크 구조 및 응용

2006년 11월 10일 1판 1쇄 발행

저 자 남상엽 · 정교일 · 김성동
발행인 남 승 우

발행처 도서출판 상尙 학學 당堂
서울특별시 동작구 사당3동 220-43
TEL : 02) 595-1692~4
FAX : 02) 595-1394
E-mail : namdoo6@unitel.co.kr
신고 : 2-155호 (1968. 11. 29)

(CD 포함) **정가 27,000원**

ISBN 89-85437-52-6 93560
ISBN 978-89-85437-52-3 93560

임베디드 시스템 구성도 EMBEDDED SYSTEM

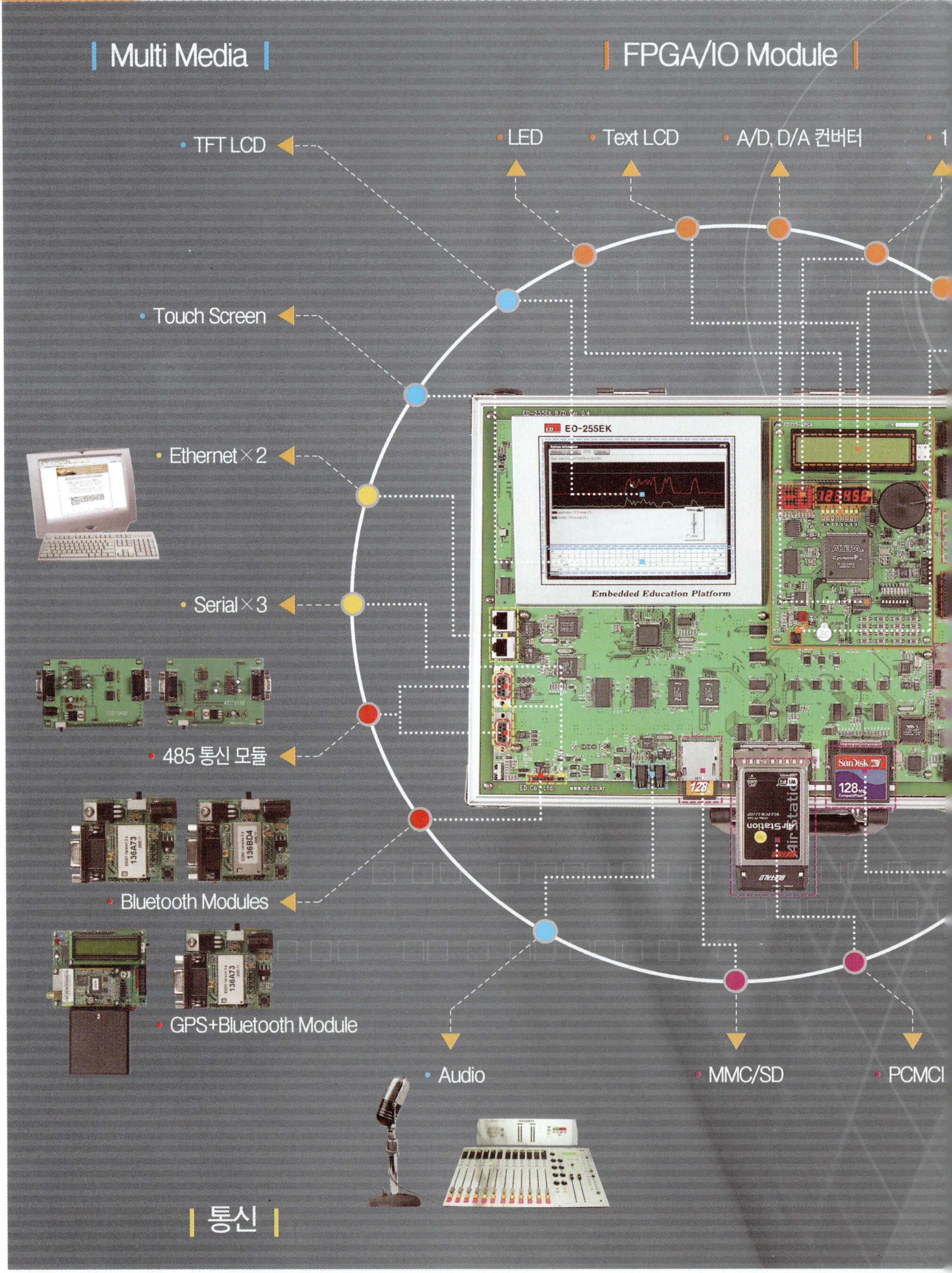

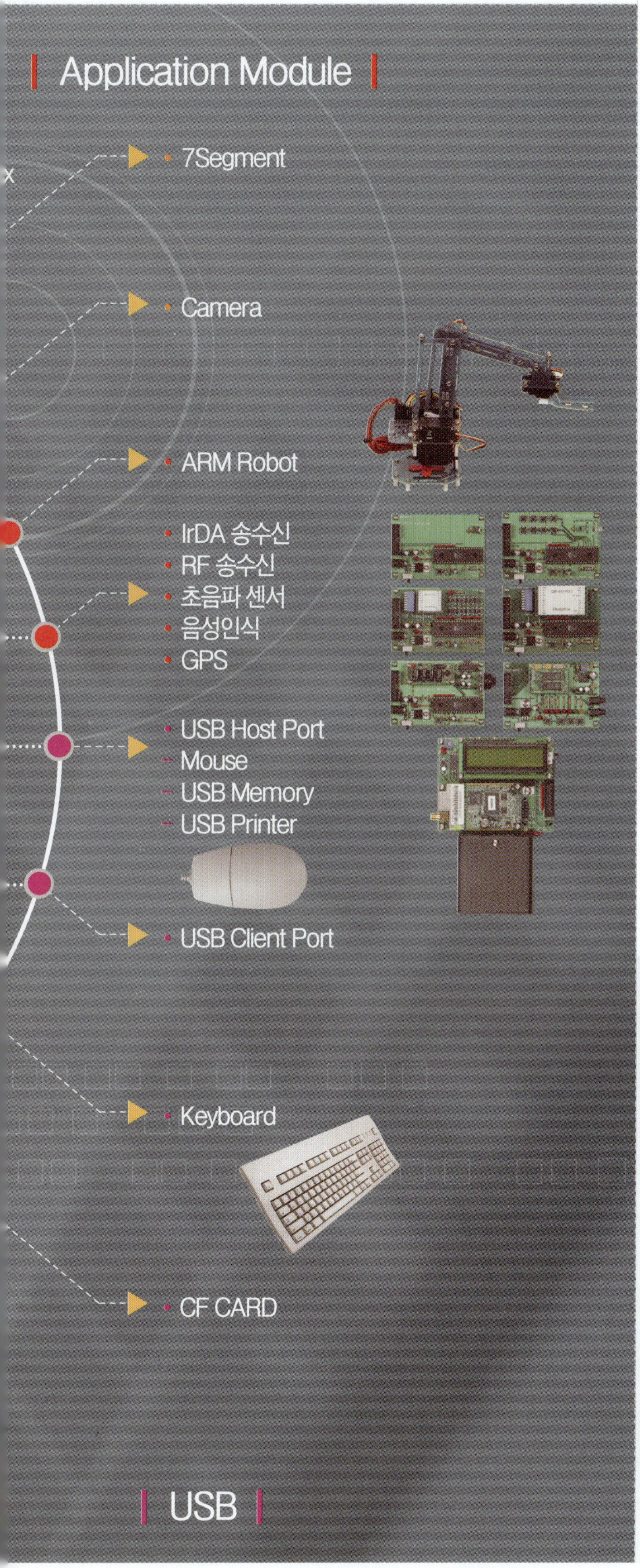

임베디드 응용 시스템 활용 구성 (Embedded System)

ED-255EK

Intel XScale PXA255 400MHz의 저전력 고성능의 프로세서를 채택하였으며 이 실습 장비를 이용하여 네비게이션, Bluetooth, PDA, 라우터, 웹 패드 등 보다 빠른 IT장비들을 개발하기 위한 임베디드 실습 및 개발 솔루션을 제공합니다.

풍부한 시스템 제원

Flash 32Mbyte, SDRAM 128Mbyte, 10Mbps Ethernet 포트와 10/100 Ethernet 포트, Wireless LAN을 지원하여 다양한 네트워크 디바이스를 경험할 수 있으며 USB 1.1/2.0Host/Client, UART, 6.4˝ TFT LCD, AC'97 Codec, RTC와 Multi Media Card들인 PCMCIA, CF, MMC/SD Card를 지원하여 시스템 활용을 극대화 시켰습니다.

12만 Gate FPGA 지원

임베디드 시스템과 독립적으로 또는 병행하여 시스템을 운용할 수 있으며 직접 VHDL코드로 설계하여 LED, Text LCD, A/D, D/A 컨버터, 7-Segment, Dot Matrix, Step Motor, Buzzer, CMOS Image Sensor 등을 설계하고 응용할 수 있습니다.

확장 어플리케이션 시스템 지원

ED-255EK장비의 활용을 극대화하기 위해 다양한 어플리케이션 모듈과 이 모듈들을 설명하는 교재도 같이 제공하고 있습니다. 모듈은 GPS, 초음파, IrDA, RF, 485통신, Bluetooth, 음성인식, ARM Robot 등이 있으며 현재 필드에서 많이 사용되는 것들로 구성을 하였습니다.

임베디드 시스템 응용 모드

▶ **Application Module**
• 음성인식 • Robot • ARM로봇 • IrDA
• RF • GPS • Bluetooth • 초음파

▶ **FPGA/IO(Option) Module**
• FPGA/IO • 20X2 Text LCD • Key Pad
• AD/DA • Motor • Camera • LED • Buzzer

▶ **통 신**
• 네트워크 장비 • 인터넷 • 홈 네트워크 • Webserver

▶ **Multi Media**
• Audio • Display • MP3 • 동영상 플레이

▶ **USB**
• 입력/저장/출력 • Multi Media • Webcam • Printer

임베디드 토탈솔루션

Embedded Training System

Model : ED-255EK, ED-27x MULTI

특징

- Embedded Linux의 기초에서 고급과정까지 다양하게 실험 실습
- 인텔 PXA255 (400MHz) 고성능 마이크로프로세서 사용
- PXA255/PXA270/PXA272를 이용한 시스템 설계 (ED-27x MULTI)
- 6.4″ TFT LCD, Ethernet 2Port, Serial 3Port, PCMCIA/CF/MMC등 다양한 인터페이스 지
- FPGA Chip인 Altera Cyclone 120,000Gates를 탑재하여 SoC 과정까지 연동하여 교육
- 안정적인 하드웨어, 풍부한 실습 프로그램 및 이해가 쉽도록 구성된 실습 교재 제공

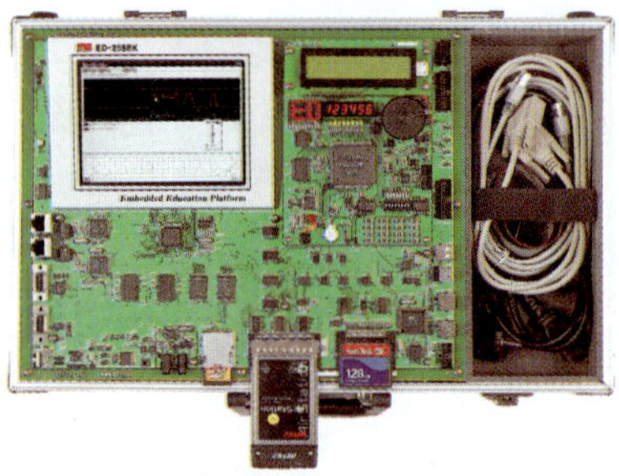

ED-255EK

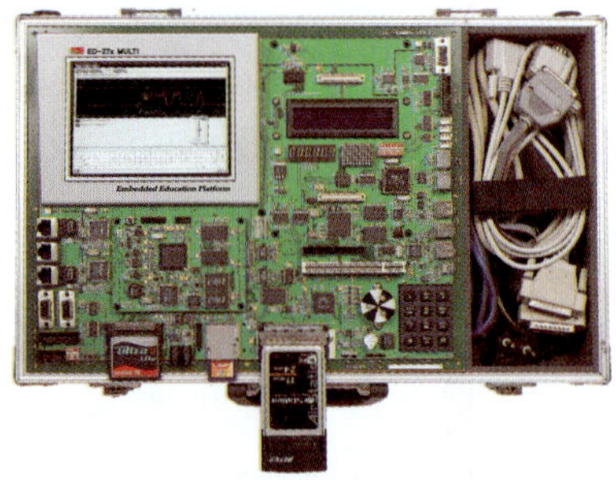

ED-27x MULTI

실험실습내용

- 개발환경 구축 실습, 부트로더 · 커널포팅 실습
- WinCE, Embedded Linux 등의 OS 포팅 실습
- Ramdisk 제작 및 파일시스템 구축 실습
- 다양한 입출력 Device Driver 제작 실습
- 멀티미디어, 네트워크 등 다양한 응용프로그램 개발 실습
- GUI 응용프로그램 제작 실습

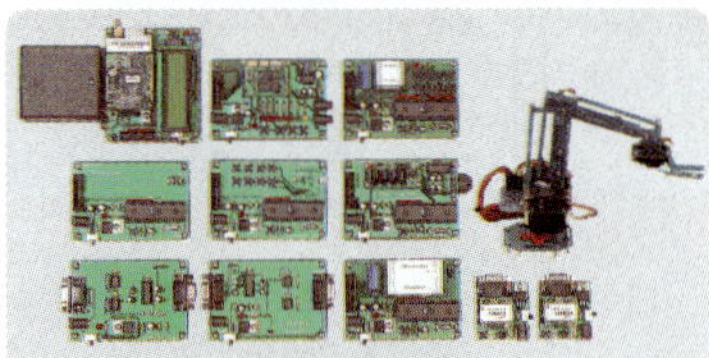

■ Options

ED-255EK 규격

CPU	Intel XScale P×A 255
Memory	FLASH (32Mbyte)
	SDRAM (128Mbyte)
	SRAM (1Mbyte)
Display	TFT LCD / Touch-Screen (6.4inch, 16bits Color, 640×480)
Interface	Ethernet (2port), Serial (3port), USB (Host, Client), PS/2 Port
	PCMCIA, CF, MMC/SD, RTC, IrDA, I^2C
Control	Status LED
Audio	Stereo I/O (Cirrus CS4202)
확장 핀	Ext. I/O, App. I/O, Bluetooth I/O, Servo Motor, I2C I/O
Debug	Multi-ICE, JTAG
일반사양	외형크기 : 490(W)×160(H)×320(D)mm
Software	Boot Loader (uboot-1.0.0), Kernel (Linux-2.4.19)
	File System (Ramdisk : Image, Source)
	Application : Network Application Source, Qt/Embedded Image, Graphic & Text Display Control
	Device Driver : AC97 Audio Codec, ADS7846 Touch-Screen, PCMCIA, MMC/SD, CF Card, Ethernet
FPGA Module (기본) I/O Module (Option)	Altera FPGA Cyclone 120,000Gates (FPGA Module)
	CMOS Camera (FPGA Module), AD/DA 컨버터, Dot Matrix (10×7)
	8-Status LED, 4×4 Key Switch, 8P DIP Switch, 20×2 Line Text LCD
	Stepping Motor, Buzzer
Option Modules	Bluetooth Module, GPS, 음성 인식, Robot Arm, IrDA 송수신,
	초음파, RF 송수신, 485 송수신

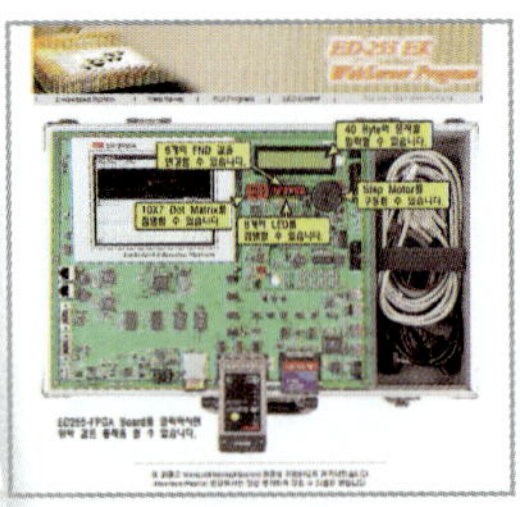

Web Server 프로그램

- Web Server를 통한 원격 제어
- Dot Matrix, LED, Text / Graphics LCD, 7Segment, 스텝 모터 제어

제품문의 : 031-730-7362 www.ed.co.kr

SoC 토탈솔루션

System on a Chip Training System

Model : ED-SoCwinner

특징

- 10만, 40만, 100만 Gates 모두 사용 가능한 통합 Platform으로 구성
- 마이크로 프로세서인 ARM922T를 내장, 쉽고 빠른 OS 탑재가 가능
- Ethernet, UART, IDE, VGA Port, USB, PCMAIA 등의 주변 장치들을 다양한 IP 검증 및 OS를 이용한 디바이스 제어가 가능
- PCI Master / Slave 설계 구현 및 테스트
- 640×480 6.4″ TFT LCD와 CMOS Image Sensor를 이용하여 멀티미디어 장비 구현 가능
- Xilinx Vertex II 3,000,000 ~ 8,000,000 Gate 디바이스가 장착된 확장 모듈을 지원

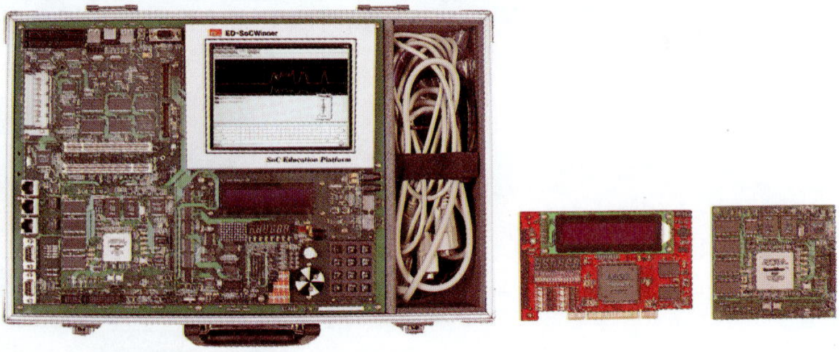

실험실습내용

- H/W와 S/W Co-Verification 및 알고리즘
- AMBA AHB Bus 설계 및 검증
- DMA 설계 및 실습
- CMOS Image Sensor를 통한 영상 처리 실습
- IDE를 이용한 대용량 HDD 제어 실습
- AC97 Codec을 이용한 MP3
- ARM 프로세서 구조 및 개념
- SDRAM Controller 설계 및 실습
- TFT LCD / VGA 포트를 통한 이미지 처리 실습
- Dual Ethernet 을 통한 네트워크 실습
- AD/DA 컨버터 제어 실습
- 다양한 주변기기를 활용한 IP 설계 및 제어
- 리눅스 디바이스 드라이버를 설계하여 주변 기기 제어
- 리눅스 OS 포팅

규격

Excalibur	Device (EPXA4F672C3, EPXA10F1020C2, EPXA1F672C3) CPU (ARM922T) FPGA 10만/40만/100만 Gates SRAM (128kbytes) / DPRAM (64kbytes)
Memory	Flash : 32Mbytes (Max. 64Mbytes), SDRAM : 256Mbytes (Max. 512Mbytes)
TFT-LCD	6.4″ TFT Color LCD
VGA	VGA Port
Serial	UART Port (2ea)
Ethernet	10/100Mbps Ethernet Port (2ea)
PS/2	PS/2 Port 2ea for Keyboard / Mouse
USB	USB 2.0 Host / Client Port (2ea)
RTC	Real Time Clock
Audio	AC97 Audio Codec
CMOS Camera	Hynix CMOS Image Sensor
Character LCD	20×2 Character LCD
ADC / DAC	12bit A/D Converter / 14bit D/A Converter
Dot Matrix	5×7 Dot Matrix (2ea)
7-Segment	6×7-Segment
Keypad	4×4 Keypad / DIP S/W (8 Input DIP Switch)
Step Motor	Step Motor
Buzzer	Buzzer
Expansion	Ubiquitous Sensor Network Board (Option) FPGA Daughter Board (Option) Application Module Port
Debug	JTAG Port, Multi-ICE Port

RFID 토탈솔루션

RFID Application Trainer

Model : ED-3100

특징

- RFID 리더기에 대한 F/W 프로그램 실습
- Air-interface 등의 실험이 가능하도록 다수의 Test Point 제공
- Anti-Collision 기능 지원
- Application Engineer를 위한 OCX Library 제공
- 범용으로 사용되는 13.56MHz I-CODE Type
- Tag에 Data를 Read / Write 가능
- 컨베이어와 연동되는 미니 플랜트 제공 (창고관리, 공정관리, 주차관리 등)
- 탈부착이 가능한 응용 모듈 (출입통제, 물류관리, 자판기 등)

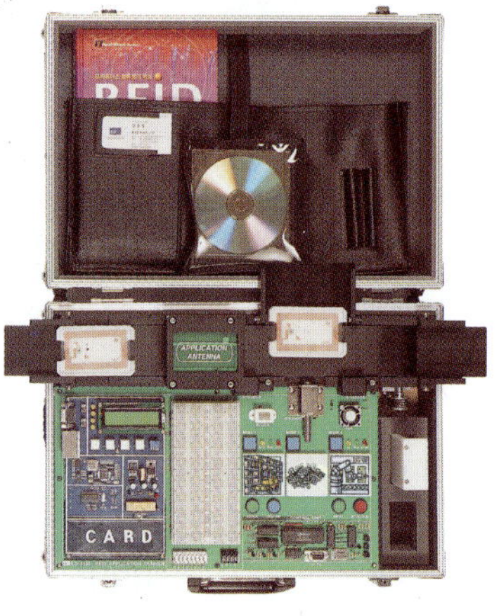

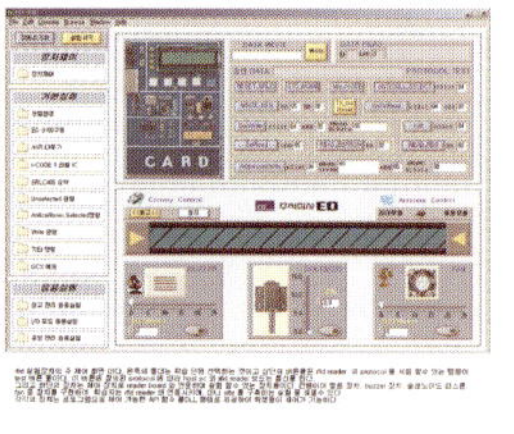

실험실습내용

- 개발환경 익히기 (AVR, JTAG, 컴파일러)
- ED-3100 구성 및 구동법
- 예제를 통한 AVR 장치 학습
- I-CODE1 라벨 IC 학습
- SLRC400 Reader IC 학습
- Unselected 명령어 학습
- Anticollision and Selected 명령
- Write, Selected, Addressed 명령
- 기타명령 (Selected Read, Halt, EAS/Quiet)
- OCX (예제)

규격

RFID Reader	Reader Control CPU	ATMEG128
	Carrier Frequency	13.56MHz ± 1kHz
	Protocol	I-CODE1
	Reading Distance	100mm 내외
	Display	4 Line Character LCD
	입력장치	모드설정용 입력 스위치 4ea
	Interface	RS-232, RS-422
RFID Antenna	2종 (PCB패턴, 플랜트 실습부)	
RFID Tag	13.56MHz I-CODE1 (R/W) : 10ea	
응용모듈	창고관리, 공정관리, I/O확장모드	

유비쿼터스 센서네트워크 토탈솔루션

Ubiquitous Sensor Network Trainer

Model : ED-3120, ED-3160

ED-3120 특징

- 유비쿼터스 센서네트워크 ZigBee (IEEE 802.15.4) 방식 원리 및 개념이해 가능
- 다양한 센서의 장착 및 확장성 확보 (조도센서, 온도센서, 습도센서, 가스센서, 초음파센서)
- 센서네트워크 시스템 교육 및 개발에 필요한 토탈 솔루션을 제공
- 다양한 적응 분야 (운영체제, 네트워크, Security, 로봇, H/W 개발, 센서 응용 등)
- PAN Coordinator에 접수된 화재, 가스누출 등의 경보상황을 PC를 통해 모바일 SMS로 수신 가능

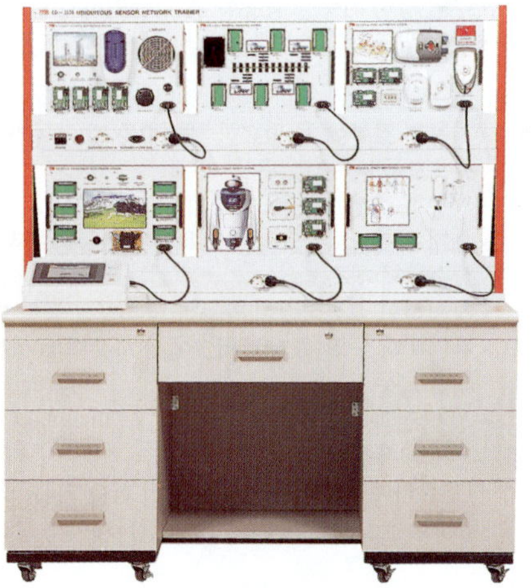

ED-3120

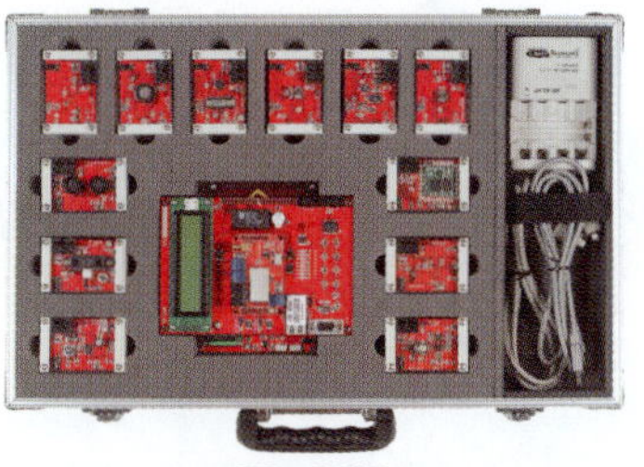

ED-3160

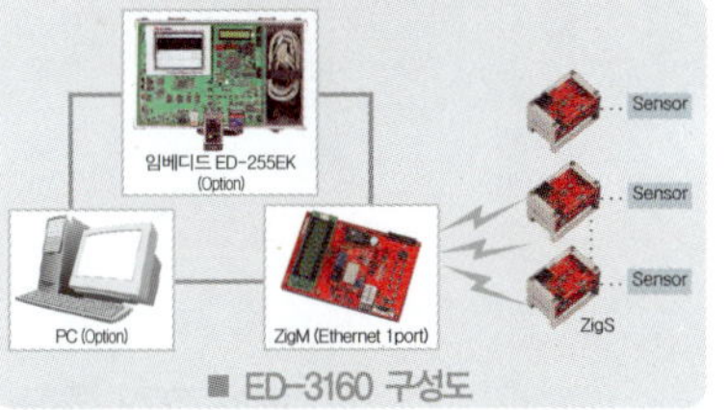

■ ED-3160 구성도

ED-3120 실험실습내용

- 센서 네트워크의 개요
- 센서 네트워크 모듈 하드웨어 이해
- 센서 네트워크 OS의 이해
- 센서 네트워크 환경 구축
- UART를 이용한 통신 프로그램
- 센서 기초 프로그램 (가스, 습도, 온도, 조도)
- 센서 기초 프로그램 (맥박, 체온, 기울기, 방위센서 등)
- RF 응용실습
- 센싱 및 제어 프로그램 및 Multi-hop Routing 프로그램
- Multi-hop을 이용한 제어 프로그램
- 센서네트워크 모니터링
- SMS 전송장치 연동 모니터링
- 센서 네트워크 구축 텀 프로젝트 제안서 작성
- 센서 네트워크 구축 텀 프로젝트 중간보고 및 프로젝트 수정
- 센서 네트워크 구축 텀 프로젝트 최종 보고 및 자료정리
- 텀 프로젝트 결과평가 및 보고회

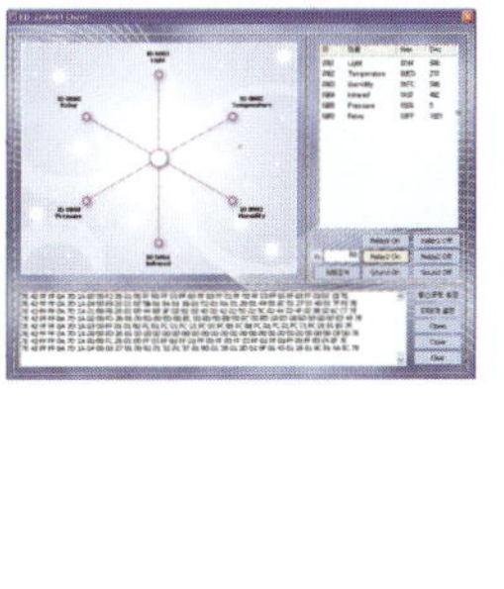

지능형 로봇 토탈솔루션

Intelligent Robot Trainer

Model : ED-7270, 7271, 7272

ED-7270 특징

- 유비쿼터스 및 홈네트워크 기반 실험실습에 적합
- 차세대 2차 전지(리튬이온)을 사양한 배터리 소형화 및 사용시간 증가
- 대화형 언어(프로그램)을 통한 다양한 콘텐츠 로봇 실험실습
- 지능형 로봇에 대한 전반적인 이해와 단계별 실습 가능
- Pan/Tilt USB 카메라를 이용한 영상처리 학습 기능
- 경사도 15° 에서 안정된 자세 제어를 통한 주행 알고리즘 적용
- 무인 방범 기능을 활용한 홈 시큐리티 실험실습
- 인간과 교감할 수 있는 인간 친화형 디자인

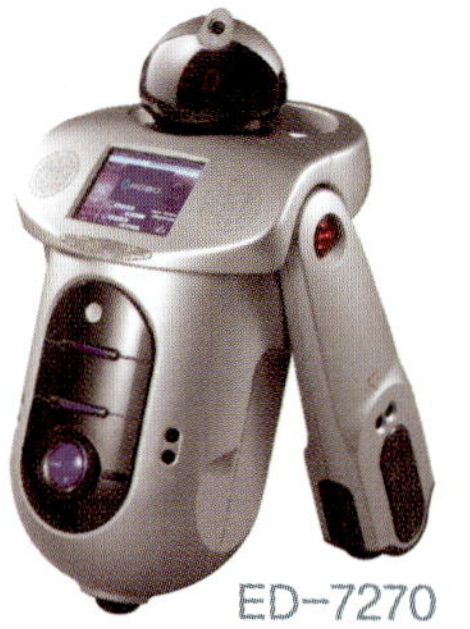

ED-7270

ED-7271 특징

- 지능형 로봇에 꼭 필요한 센서 9종 및 구동기 3종, 응용모듈 4종으로 구성
- 지능형 로봇 구조를 쉽게 파악할 수 있는 시스템
- 초기 로봇 입문 및 활용 교육까지 가능한 풍부한 실습예제 제공
- 창의적인 실험실습이 가능한 탈부착 모듈형 타입
- 유비쿼터스 및 홈 네트워크에서 사용되는 센서 응용 학습 가능
- 센서 결과 데이터를 Visual한 그래픽 형태로 표현하여 센서의 특성 파악 용이
- USB 카메라를 이용한 영상처리 학습 기능
- USB High Speed(480Mbps) 인터페이스 방식 채용

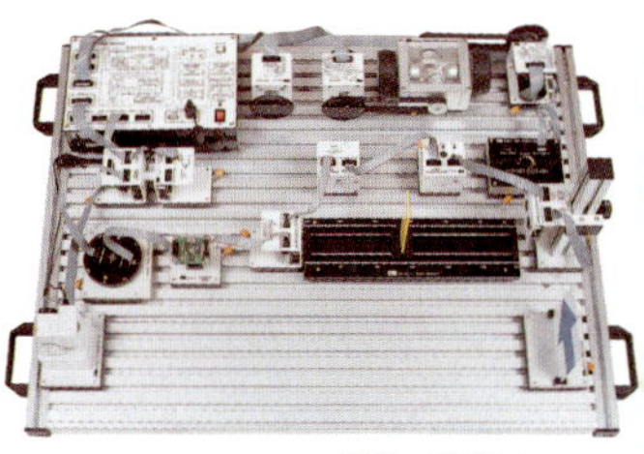

ED-7271

ED-7272 특징

- 무선 네트워크를 통한 실시간 원격제어 가능
- 지능형 로봇 센서 9종에 대한 요소 기술 및 응용 학습 기능
- 화상통신 및 영상처리를 이용한 로봇 응용 실험실습
- 초음파 및 적외선 거리 감지 센서를 이용한 장애물 감지 기능 제공
- USB 카메라를 이용한 영상처리 학습 기능
- USB High Speed(480Mbps) 인터페이스 방식 채용
- 무인 방범 기능을 활용한 홈 시큐리티 실험실습
- 5-Joint ARM을 부착한 통합 로봇 시스템(Option)

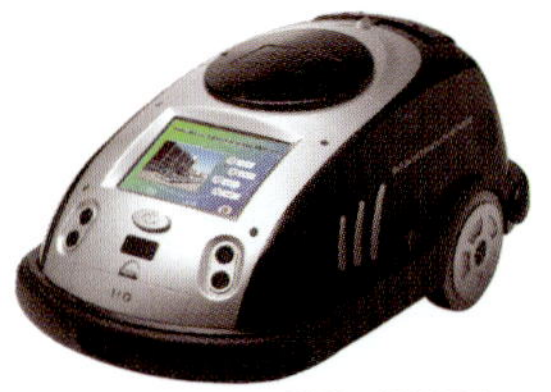

ED-7272

실험실습내용

- 지능형 로봇의 이해
- 지능형 로봇의 요소기술 분류
- 로봇의 기본 구조, 메커니즘 종류 및 장단점 실험실습
- 센서 모듈의 기본 원리 이해 및 실험실습
- Actuator 종류, 특성에 대한 기본 이해와 실험실습 (DC Servo motor, Step motor, RC motor)
- CCD Image Sensor을 이용한 영상처리 실험실습 (디지털 영상처리 기초이론, 패턴, 색채 인식에 대한 원리 및 실험실습)

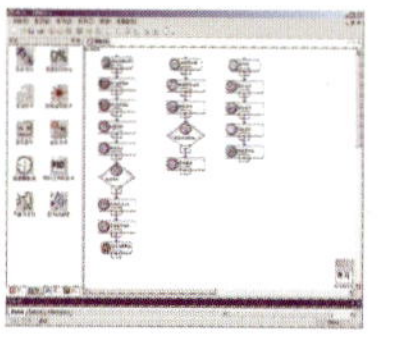